海底科学与技术丛书

全球微幔块层析图集

ATLAS OF GLOBAL MANTLE MICROPLATES WITH TOMOGRAPHIC IMAGES

李三忠　朱俊江　曹现志
刘丽军　周　洁　彭典典／著

科 学 出 版 社
北 京

审图号：GS京（2023）1251 号

图书在版编目（CIP）数据

全球微幔块层析图集 / 李三忠等著 . — 北京：科学出版社，2023.5

（海底科学与技术丛书）

ISBN 978-7-03-075208-6

Ⅰ . ①全…　Ⅱ . ①李…　Ⅲ . ①海洋地质学－图集　Ⅳ .P736-64

中国版本图书馆 CIP 数据核字（2023）第 047573 号

责任编辑：周　杰 / 责任印制：肖　兴

科学出版社 出版

北京东黄城根北街16号

邮政编码：100717

http://www.sciencep.com

北京汇瑞嘉合文化发展有限公司 印刷

科学出版社发行　各地新华书店经销

*

2023年5月第　一　版　开本：787×1092 1/8

2023年5月第一次印刷　印张：33

定价：600.00元

（如有印装质量问题，我社负责调换）

前　言

微板块是指发育于岩石圈乃至下地幔的相对较小、相对刚性、具有统一运动行为的地质体。微板块与大板块有着本质区别，微板块可适用非板块构造体制下，因此也适用于早期地球，乃至其他星球（包括行星及天然卫星）。实际上，我们2010年在《地学前缘》发表的一篇文章中，首次提出新世纪构造地质学发展的“四深”理念，就是试图将构造地质学研究向深海（Deep Ocean）、深部（Deep Interior）、深空（Deep Space）、深时（Deep Time）拓展。2016年，在国家“四深”创新驱动计划中，深部改为了深地（Deep Earth），深时换为了深蓝（意为高科技，Deep Blue为首位下象棋超越人类的智能机器人名称）。2018年以后，国家自然科学基金委员会战略上转向“三深一系统”（深海、深地、深空和地球系统）的系统性、开拓性、创新性研究，科学新征程、新领域、新境界、新思想等在短短几年内得到快速、无限延伸。人们超越目之所见、脑之所想，思索无限的可能，实现知识的更新。微板块研究在这股科技大潮中也得到了广泛重视，题含“微板块”的国际成果爆发式涌现。

尽管如此，人们依然在问：微板块研究如何适应“三深一系统”的要求？如何在破解传统板块构造理论的三大难题（板块起源、板内变形和板块动力）中发展微板块构造理论？如何识别微板块？这些都是自微板块构造理论框架提出以来，人们试图拓展微板块构造理论的过程中实现微板块构造理论框架、工作方法、研究方式从区域向全球、从现今向深时、从浅层向深部可移植、可复制时要求回答的问题。这里以回答以上问题作为本图集的“前言”内容，不是答案，而是试图引导读者进一步思考。

深空中的微板块构造目前可靠信息较少，但从不均一成分组成微块体的星子堆积、星球流体静压平衡下的球形生长、高压升温熔融后的重力分异，到大碰撞诱发岩浆海后的圈层形成，这个早期星球过程似乎总是表现为非板块体制下、前板块构造体制下独特的微块体演化为星球表层单一块体的快速过程。深空星球难以计数，不同星球处于不同的演化阶段、具有不同的构造体制，它们的微板块发育程度也大相径庭。例如，木卫二欧罗巴星上的冰板块实际都不大，其过程都是微板块构造过程，但机制与地球差异悬殊；再如，曾有人提出火星上的板块构造启动机制可能是大陨石撞击触发的初始微板块构造体制。可见，尽管目前相关研究较少，但深空中的微板块构造问题涉及星球的起始，研究意义重大，是构造理论向星际拓展的重要领域、重要途径和重要方向。某种程度上，深空中微板块构造问题可以解决深时中的微板块构造问题，深时中微板块构造问题也可以启发未来对深空中微板块构造问题的探索。

深海中的微板块构造问题是当今研究最为深入的，在传统板块构造理论建立之初就得到高度重视，所以深海也是微板块问题的发源地。20世纪80年代已有学者发现、区分并命名了深海中的微板块，包括微洋块（Oceanic Microplate）和微陆块（Continental Microplate）。尽管如此，微板块在传统板块构造理论中并没有得到系统性、创新性发展。例如，太平洋板块长期被认定为均一洋壳或大洋岩石圈组成的大洋板块，然而大量深海调查发现，太平洋板块是一块由众多微洋块构成的镶嵌式复合型板块，不纯粹由大洋岩石圈组成，也有大陆岩石圈以不同方式卷入其中。特别是，大洋岩石圈板块的生长方式并不完全遵守瓦因-马修斯-莫利（Vine-Mathews-Morley）海底增生模型，其生命历程也不完全符合威尔逊（Wilson）旋回，无论是老Wilson旋回，还是新Wilson旋回，所以微洋块与地幔动力过程的相互作用还需要更多关注。

深地中的微板块构造问题是 20 世纪 90 年代以来逐渐成熟的层析成像技术揭示地球深部结构过程中所面临的构造新领域。这打破了传统板块构造理论指导下构造地质学研究只关注岩石圈演化的局限和桎梏，推动构造地质学家与地幔动力学家、层析成像专家、地球化学家紧密结合、交叉创新，以理解跨圈层组成、结构、构造、循环等问题。由此，全球构造不再被简单地认为是全球岩石圈构造，而是真正被理解为跨圈层、跨时长、跨尺度的整体地球构造。微幔块是对地球深部（深地）不同成因微块体的总称，可以起源于大陆克拉通根的拆沉，也可以是俯冲大洋板片的碎片化，也可能由地幔柱过程触发等过程所致。

地球系统中的微板块构造问题是构造的跨圈层问题，涉及流固耦合、海陆耦合、深浅耦合如何塑造地球宜居性等问题。地球系统也存在演化问题，深时地球系统向现今地球系统转变的过程中，微板块的作用尚不明确。此外，地球系统研究不能局限于研究地球系统本身，要超越地球系统本身，去思考太阳系统对地球系统的作用；也要更深入深空，去寻找深时地球系统的缩影、现今深空宜居地球系统；还要通过对比分析，进而深刻认识地球系统的运行机制和演替进程。

无论何种时空环境的微板块，都首先要解决在研究中如何识别微板块。面对这类问题，实际操作过程中可遵循大板块的划分依据，差别在于微板块尺度小一些。此外，微板块还可以独立存在于深部地幔。对于后者，识别需要依赖层析成像技术。总而言之，微板块的识别从微板块的重力、磁力、地震、热流、组成、密度、结构、构造、演化等角度都可以加以划分。为此，我们编撰了《全球微板块重磁图集》和《全球微幔块层析图集》两本图集，最终目标就是从重磁、层析角度示范微板块的识别途径。

两本图集初稿由李三忠、姜素华、朱俊江、刘洁、曹现志、刘丽军等完成，最终由李三忠完成中文版编辑整理和系统化统稿，由刘丽军教授负责检查通改英文版翻译。其中，本图集具体分工撰写章节如下：第一部分由李三忠、周洁、朱俊江、索艳慧、刘博完成；第二部分和第三部分由朱俊江、李三忠完成；第四部分由曹现志、刘丽军、彭典典完成。

在本组书即将付梓之时，作者感谢为此书做了大量内容初期整理工作的其他团队青年教师和研究生们。尤其是，陈瑞雪、张绍玉、陈星铨、张升升、贾仲佳和欧小林等硕士生们为初稿图件的清绘做出了很大贡献。同时，感谢专家和编辑的仔细校改以及提出的许多建设性修改建议，他们仔细一一校对，万分感激。也感谢作者们家人的支持，没有他们的鼓励和帮助，我们不可能全身心投入图集的编撰中。

最后，十分感谢青岛海洋科学与技术试点国家实验室海洋矿产资源评价与探测技术功能实验室对本图集出版的资助（LSKJ202204400）。感谢以下项目对《海底科学与技术丛书》出版给予的联合资助：国家自然科学基金项目（91958214、42121005、41976054）及中央财政高校专项基金项目（202172003）、青岛海洋科学与技术国家实验室海洋矿产资源功能实验室专项、山东省泰山学者攀登计划（tspd20210305）、崂山实验室科技创新项目“基于数字孪生的全球深时地貌重塑与资源环境预测”（LSKJ202204400）、山东省自然科学基金重大基础研究项目（ZR2021ZD09）、国家自然科学基金委员会国家杰出青年基金项目（41325009）和高等学校学科创新引智计划（B20048）等。

2023 年 3 月

导 言

本图集综合了微板块构造理论、板块构造理论、洋底动力学等海底科学、陆地地质的新近资料和全球尺度及典型区域层析成像的重要成果，适合高等院校及科研院所构造地质学、海洋地质学、地球物理学等专业的研究生和专业人士，是学习、了解全球微幔块的分布及深部地震波速度异常特征的新成果。

本图集在全球微板块构造理论框架的基础上（Harrison，2016；李三忠等，2018，2019a，2019b，2019c，2022；Li et al.，2017，2018a，2018b，2019a，2019b），以基础地质的本质过程为出发点，通过地质地球物理等对比研究，探索全球微板块构造理论的前沿问题和发展趋势，认识全球微板块构造演化对能源、资源、灾害分布的制约；依据全球尺度的P波层析成像模型——MIT-P08 模型（Li et al.，2008a，2008b），以 GMT 软件（Wessel et al.，2019）为成图手段，突出全球微板块构造和典型构造系统的地质学术观点表达，形成清晰规范的全球微幔块层析成像基础图件。

贯穿本图集的主线为：全球尺度微幔块层析成像、区域尺度微幔块层析成像和局部区带微幔块层析成像，以及微幔块重建和地幔对流模拟。全球尺度微幔块是地幔内部的重要特征地质体，与地幔内部重大而持久的结构形成有着重要关联。本图集特别重点强调了不同深度地幔中的高速异常特征和两个巨大的低速异常特征（LLSVP）的关联。这两个大型横波低速异常区分别称为 JASON 和 TUZO。全球尺度微幔块的空间展布则与地球表层岩石圈系统的长期演变，如哥伦比亚（Columbia）、罗迪尼亚（Rodinia）、原潘吉亚（Proto-Pangea）、潘吉亚（Pangea，泛大陆）超大陆聚散相关，也与加里东期、印支期、燕山期、喜马拉雅期构造事件等全球性重大构造事件的发生时间相关。

区域尺度微幔块主要强调全球不同区域的地幔深部高速异常体，本图集解释为脱离了母体板块的孤立俯冲板片，即微幔块。微幔块与前人解释的“俯冲板片”略有不同，本图集认为，俯冲板片是俯冲板块的地幔部分，两者尚相连，是相连的俯冲板块在不同圈层的称谓；微幔块是孤立残存于地幔，并与其岩石圈根部或俯冲板块母体脱离了的俯冲板片部分，这个过程涉及俯冲板片的回卷（Roll–back）、撕裂（Tearing）、拆沉（Delamination）或断离（Break–off）等过程。特定局部区带层析成像主要集中在古大洋俯冲地带，主要选择了特提斯洋俯冲，以及蒙古－鄂霍次克洋俯冲和古南海俯冲区带。

本图集力求简明而直观地表达全球微幔块层析成像特征的最新成果和进展，使读者快速了解全球微板块的构造进展，以及地幔中微幔块的分布和特征。本图集分为四章介绍以上内容。

目　录

第一部分　全球尺度层析成像

第二部分　区域尺度微幔块层析成像

第三部分 局部区带微幔块层析成像

第四部分 微幔块重建与地幔对流模拟

传统板块构造理论是20世纪最具革命性的自然科学理论，是50多年固体地球科学发展的主导核心理论，这期间它仅局限于一个关于岩石圈板块的运动学理论，尚未发展成一个解决整体地球所有固体圈层的动力学理论。伴随传统板块构造理论的发展，地球系统科学理念在地球科学的各分支学科也渗透了近40年。传统板块构造理论如何融入现代地球系统科学发展思潮，一直是固体地球科学家和地球系统学家关注的问题。

与现代地球系统研究不同，深时地球系统研究不仅关注深时地球表层系统的变化规律、全球涌现性、长期效应，如雪球地球、冰期旋回、气候变迁、海平面变化、沉积源汇、地貌变迁、大氧化事件、火山喷发、生命演替等，还重视深时地球深部动力系统的长期演化、循环和旋回，如壳幔耦合、地幔循环、板块运动、超大陆聚散、盆地演化、碰撞造山、俯冲增生、成岩成矿、成藏成灾等。但更为重要的是，要突破传统板块构造理论束缚，构建深部与浅部过程耦合的动力机制，是深时地球系统研究的前沿和关键。这类研究必然涉及固体地球动力系统，其中，板块动力系统是地球系统长期多圈层相互作用的核心，不但涉及深浅耦合、海陆耦合、流固耦合等复杂过程，而且是必须通过层析技术和板块重建技术结合才可有效揭示的系统。层析大地构造学（tomotectonics）是将板块重建与层析成像结合的新兴学科，是多学科交叉研究地幔结构、过程与动力学机制的核心手段，也是定量建立深部动力机制与浅部构造过程关联的有力手段，是构建深时固体地球系统运行模式的关键工具，是通过层析技术和板块重建技术融合，以解决地球整体固体圈层动力机制及大地构造演化（不只是指地表板块构造演化，也包括地幔构造演化）为目标的前沿领域。

层析成像发展已逾30年。早期，受传统板块构造观念约束，人们认为是“自下而上”的动力机制驱动地球板块运动，因而更注重对地震波低速异常体的探索。后来，从地球系统理念出发，人们逐渐意识到，岩石圈板块作为冷的热边界层，属于地幔对流系统的一部分，而且与地幔内部热的热边界层相比，前者可能是动力学上更重要的环节，因此，“自上而下”的动力机制驱动地球板块运动的认识更受关注，对地震波高速异常体的认知也得到快速发展。虽然这些低速异常体和高速异常体构成的现今复杂地幔结构早已被揭示，但对这些结构的解释历来争论较多，长期令人迷惑。层析成像中高速异常体的年龄结构、物质组成、演化过程、成因机制都存在不同认识，本图集以微幔块为切入点，来揭示层析成像中高速异常体的本质及地幔动力学机制。

微幔块（mantle microplate）在前人文献中曾被称为斑点（blob）、斑块（patch）、夹带或裹挟体（entrainment）或沉降板片（sinking slab），这里定义为：位于岩石圈以下的地幔中或剥露于海底的海洋核杂岩（oceanic core complex）或洋陆转换带（ocean-continent transition）构造部位的孤立且微小地幔块体。按照物质组成，可分为陆幔型微幔块、洋幔型微幔块。微幔块成因机制多样，如陆幔型微幔块多数是大陆岩石圈地幔拆沉(delamination)所致，洋幔型微幔块多数是大洋岩石圈地幔俯冲断离（break-off）所致，而海洋核杂岩处洋幔型微幔块是拆离（detachment）剥露所致，洋陆转换带处陆幔型微幔块也是拆离剥露所致。

依据全球尺度、区域尺度和局部层析成像模型结果，与一维地球参考模型PREM或AK135进行比较，可以获取不同区域地幔P波和S波的波速异常变化。在层析成像模型基础上，通过绘制不同深度的切面或者垂直剖面，分析地幔内部物质的波速异常变化。地幔内部物质的波速异常主要反映地幔物质正、负异常的空间分布，通过与板块重建和地幔动力过程耦合模拟的模型进行对比，进一步理解岩石圈板块和深部地幔之间的相互作用，深入理解古大洋和现代大洋岩石圈的俯冲消亡过程及俯冲板片的全球循环与最终归宿，以期认识地球内部运行的基本过程。

第一章节以两个LLSVP（TUZO和JASON）、已知地幔柱分布（表1-1）、相对约束较好的已知微幔块（具体见第二章节）、现今岩石圈厚度（表1-2）、1800Ma来的板块重建及超大陆重建、全球宏观构造分带关联性以及局部可靠地表地质关联为约束，试图从全球超大陆聚合构造事件角度，给出全球层析成像结果的宏观解析模式。

结果表明，全球层析成像揭示了11个微幔块群，分别命名为：亚匹特斯洋微幔块群、原特提斯洋微幔块群、瑞克洋微幔块群、古亚洲洋微幔块、古特提斯洋微幔块群、新特提斯洋微幔块群、古太平洋微幔块群、西太平洋微幔块群、东太平洋微幔块群、东北太平洋微幔块群、南太平洋微幔块群。但是，不排除一些与哥伦比亚超大陆、罗迪尼亚超大陆相关微幔块的局部存在，因为现在的识别技术只能简单地通过微幔块垂直沉降速率计算获得其工作或沉降年龄，所得结果最老也不超过300Ma。然而，实际上，一些微幔块可能在地幔内部水平漂移了很长时间，或者长期滞留于410~660km地幔过渡带或1000~1200km深度等界面。

第一部分 全球尺度层析成像

表 1-1 本图集全球地幔柱编号、名称及年龄 （单位：Ma）

地幔柱编号	英文名称	年龄	地幔柱编号	英文名称	年龄
1	Caroline	19.26~<1	32	Trindade	85~<0.25
2	Hainan	30~ 现今	33	Vema	18~15
3	Lord Howe	27~4.5	34	Tristan	135~ 现今
4	Tasmanid	50~6.5	35	Gough	~130~ ?
5	East Australia	34~6	36	Discovery	40~23
6	Balleny	45~ 现今	37	Shona	92~26
7	Erebus	85~ 现今	38	Bouvet	140~ 现今
8	Amsterdam	38~<0.4	39	Bermuda	47~ ?
9	Kerguelen	147~ 现今	40	Bowie	24~0.7
10	Heard	22~ 现今	41	Anahim	24~ ?
11	Marion	90~ 现今	42	Yellowstone	62~ 现今
12	Crozet	9~0.1	43	Raton	10~ 现今
13	Réunion	73.4~ 现今	44	Guadalupe	?
14	Comoros	<10~ 现今	45	Socorro	0.54~ 现今
15	Afar	75~ 现今	46	Galapagos	5~ 现今
16	JebelMarra/Darfur	36~ 现今	47	San Felix	22~0.4
17	Tibesti	12~ 现今	48	Juan Fernández	4~ 现今
18	Hoggar	35~ 现今	49	Easter	7.5~0.13
19	Mount Etna	0.6~ 现今	50	Crough	11~ 现今
20	Eifel	0.7~ 现今	51	Foundation	17~ 现今
21	JanMayen	60~ 现今	52	Cobb	8~ 现今
22	Iceland	64~ 现今	53	Louisville	90~ 现今
23	Azores	90~ 现今	54	Pitcairn	25~ 现今
24	Madeira	145~ 现今	55	Macdonald	30~<2
25	New England	170~ ?	56	North Austral	20~ 现今
26	Canary	142~<0.2	57	Arago	100~ 现今
27	Cape Verde	>19~<0.1	58	Maria	?
28	Cameroon	31~<0.1	59	Society	5~ 现今
29	Fernando	30~1	60	Samoa	24~ 现今
30	Ascension	90~60	61	Marquesas	6~1
31	St. Helena	81~2.6	62	Hawaii	80~ 现今

注：70% 的地幔柱与 750km 以下的低速异常区吻合度较高，尽管地幔柱也可能以 5~10cm/a 的速度移动（Jiang et al., 2021），但这里仍将其位置的长期稳定性作为深部构造的一个约束。此外，老于 2 亿年的地幔柱有待未来补充，现今地质记录所在位置因多期板块重组，早已脱离其地幔柱根部，因此对探测现今深部年龄结构的指示意义不大。例如，本章节没有列举地幔柱起源的 120Ma 的 Ontong Java 和 144Ma 的 Shatsky 洋底高原，因为其地幔柱根位置与现今洋底高原的差别太大而难以确定。特别注意，对本章节与地幔柱生成带吻合的那些地幔柱，其最大年龄不等于 LLSVP 就是 2 亿年以来才形成的

表 1-2 本图集欧亚大陆及西太平洋地区地壳及岩石圈厚度统计 （单位：km）

构造单元名称	地壳厚度	岩石圈厚度	构造单元名称	地壳厚度	岩石圈厚度
西伯利亚克拉通	40	185	南海	19	64
维尔霍扬斯克造山带	34	100	苏禄海	20	65
西西伯利亚陆块	38	162	苏拉威西海	20	67
哈萨克斯坦陆块	42	160	班达海	18	72
印度克拉通北部	39	170	菲律宾海板块	12	55
印度克拉通南部	40	120	西太平洋	8	100
塔里木克拉通	48	186	翁通 - 爪哇洋底高原	28	110
青藏高原	64	164	东加罗林海盆	16	80
青藏高原东北部	60	140	西加罗林海盆	12	55
青藏高原东部	64	170	东欧陆块	50	200
青藏高原中部	68	166	波罗的克拉通	50	210
青藏高原西部	62	182	华力西造山带	40	100
华北克拉通西部	42	112	阿尔卑斯造山带	24	130
华北克拉通东部	32	73	地中海西部	24	80
兴蒙陆块中部	48	140	地中海东部	28	160
兴蒙陆块西部	47	127	图兰陆块	40	160
兴蒙陆块东部	35	98	里海盆地	36	160
下扬子克拉通	32	90	伊朗陆块	44	146
上扬子克拉通	45	180	土耳其板块	40	120
华夏陆块	32	80	阿拉伯板块	50	80
印支陆块北部	40	115	阿拉伯海	12	70
印支陆块南部	33	74	红海 - 亚丁湾	12	70
安达曼海	31	78	孟加拉湾	20	80
鄂霍次克海	20	65	印度洋	10	60
库页岛	32	65	东西伯利亚海	20	70
日本海	16	57	拉普捷夫海	24	80
日本列岛	30	60	喀拉海	30	160
东海	23	63	巴伦支海	32	140

注：本表用于判断克拉通下高速异常是岩石圈根还是拆沉的微幔块。

资料来源：朱介寿等，2004

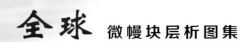

这些不同时期的微幔块群分别与加里东期、华力西期、印支期、燕山期、阿尔卑斯—喜马拉雅造山事件密切相关，但不排除吕梁期或哥伦比亚期、格林威尔期或晋宁期的微幔块局部保存。这些事件起始时间不同且微幔块下沉速率差异悬殊，使得微幔块在岩石圈以下的地幔不同深度层次的工作年龄（即俯冲或下沉开始到俯冲结束的年龄，分别对应第二章节的底部年龄和顶部年龄）结构和组成年龄（即组成微幔块的真实岩石年龄）结构复杂。尽管如此，微幔块工作年龄结构的总体格架是，在上地幔下部的年龄结构相对年轻，在下地幔的年龄结构总体形成较早、较古老。尽管对于微幔块从大洋岩石圈俯冲板片断离或从大

（图1-1）

板片沉降速率随深度变化的分布

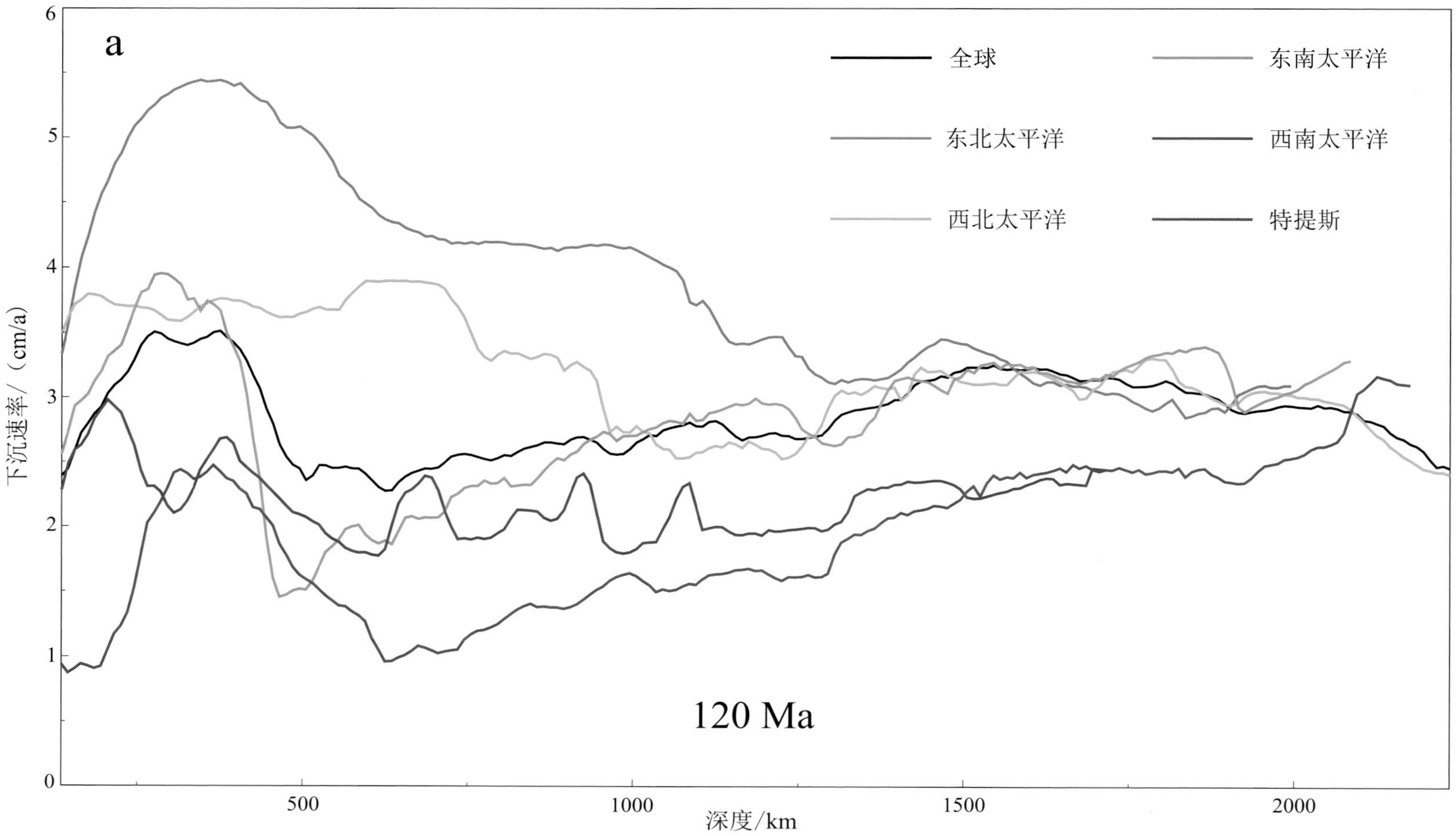
a
全球
东南太平洋
东北太平洋
西南太平洋
西北太平洋
特提斯
120 Ma
下沉速率/（cm/a）
深度/km
0
1
2
3
4
5
6
500
1000
1500
2000

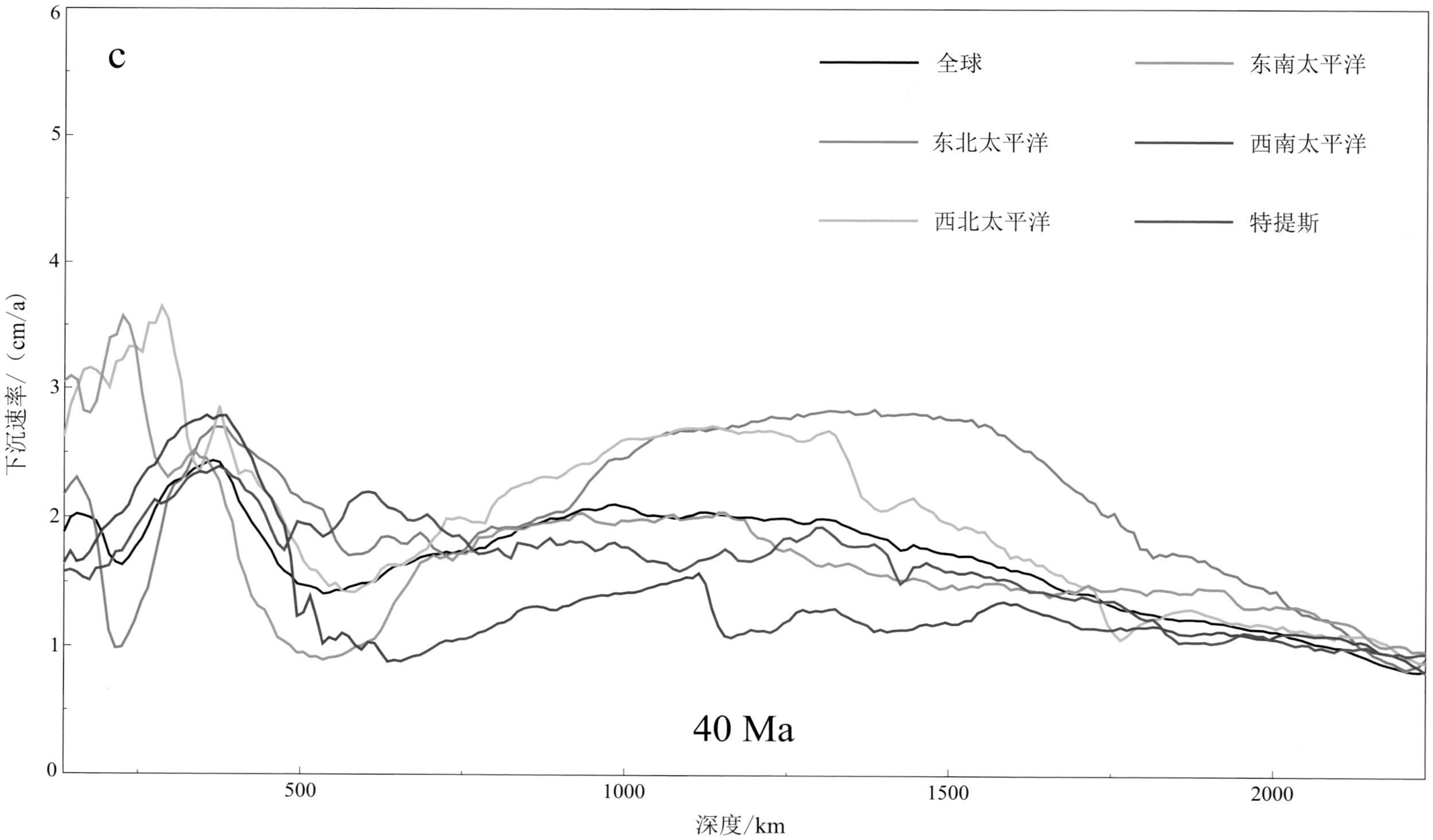
c
全球
东南太平洋
东北太平洋
西南太平洋
西北太平洋
特提斯
40 Ma
下沉速率/（cm/a）
深度/km
0
1
2
3
4
5
6
500
1000
1500
2000

陆岩石圈拆沉后的下沉速率，不同学者的观点差异很大，例如，1~2cm/a（Steinberger et al.，2012），660km 以上为 1.0~2.4cm/a、1700km 以下为 1.2cm/a、核幔边界为 0（van der Meer et al.，2018），1~4cm/a（Peng and Liu，2022）（图 1-1），4mm/a（van der Meer et al.，2018），1~2mm/a（Morgan and Vannucchi，2021），但总体微幔块下沉速率比板块运动速率缓慢一个数量级。特别考虑到，从上地幔下部到地幔过渡带，微幔块在一段滞留时间后才继续往深部下地幔下坠，这都需要时间，因此目前已知的微幔块的工作年龄（van der Meer et al.，2018）都被大大低估了，因此这些估算年龄在本章节图件中仅供参考。

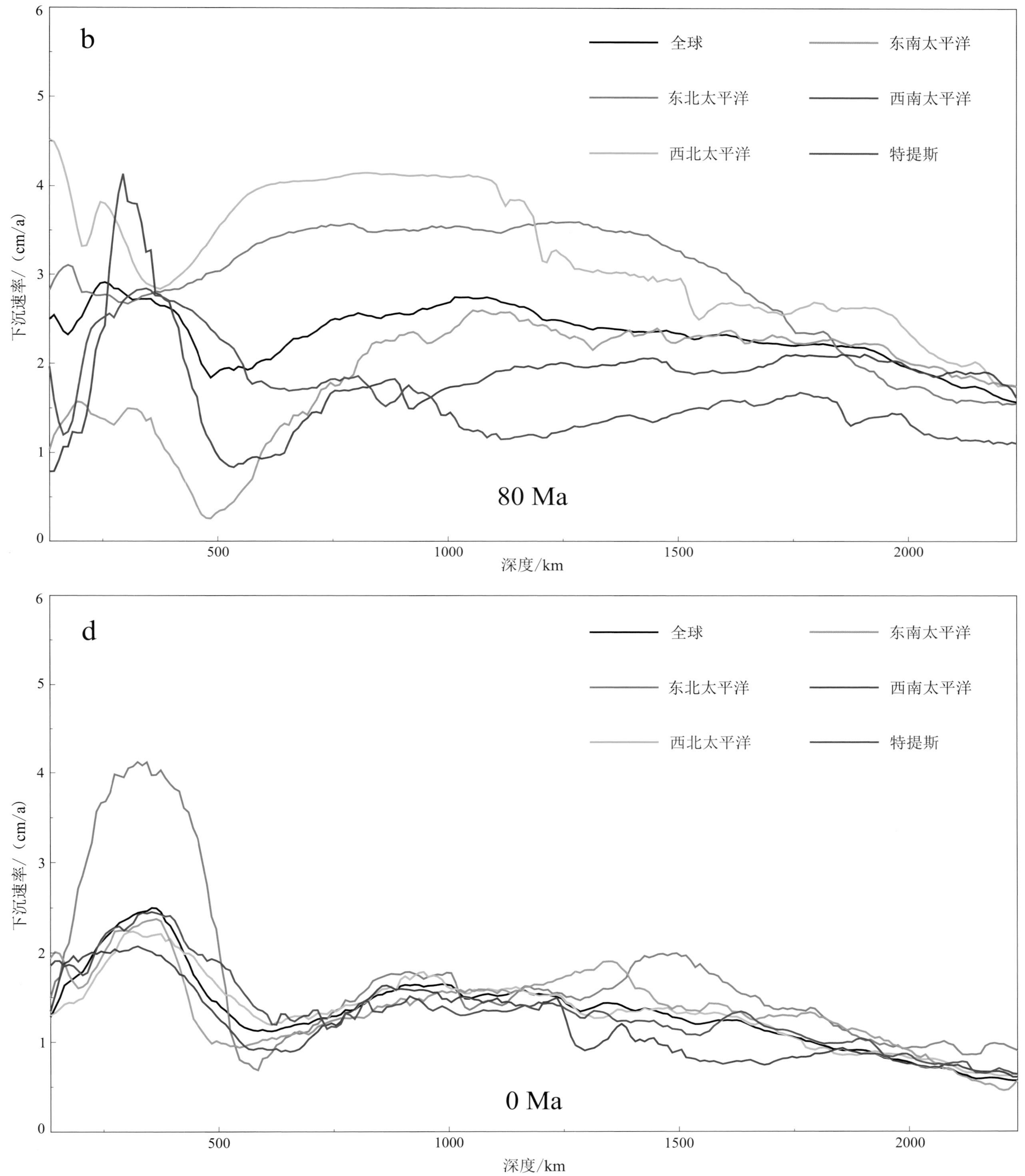

曲线代表全球或某俯冲带的平均沉降速率，平均沉降速率值据某深度范围（10km 范围）计算。从该图统计趋势也大体可知，新生代以来 2500km 深度以下微幔块垂向沉降的最小速率应当小于 5mm/a，与 Cao 等 (2021a) 计算的 LLSVP 水平迁移平均速率相当，直到核幔边界速率为 0

即使以1~2mm/a的最慢速率计算，简单的垂向等速下沉路径，也需要1500Myr以上才能从浅表深入到核幔边界。同样，理论上计算，如果以2cm/a的等速垂直下沉，从地表开始，最快1Myr可以下沉20km，约150Myr就可以触及核幔边界（图1-2）。但是，事实并非如此简单，因为在410~660km或1000~1200km的地幔过渡带，一些微幔块的滞留时间可达100Myr以上，表现在图1-1中下沉速率陡然降低，特别是410~660km深度范围内密度、S波和P波地震波速也表现为陡然增加，而年轻的高角度快速俯冲板片发生拆沉形成的一些微幔块，又可以快速下沉到1000~1200km处滞留一段时间。途中，一些微幔块因为尺寸较小或较年轻，容易被水平地幔流（或地幔风）裹挟着或携带着发生相对较快但仍缓慢的水平漂移。特别是，2000~2500km深度范围正是D”层（厚约200~350km）顶面以上500km内，似乎是同一流系的收敛下降流与发散下降流发生转换的瓶颈区段，很多微幔块堵塞在这个地段（图1-2），要突破这个瓶颈，也需要大量滞留时间。

（图1-2） **确定微幔块工作年龄的简单模式图解**

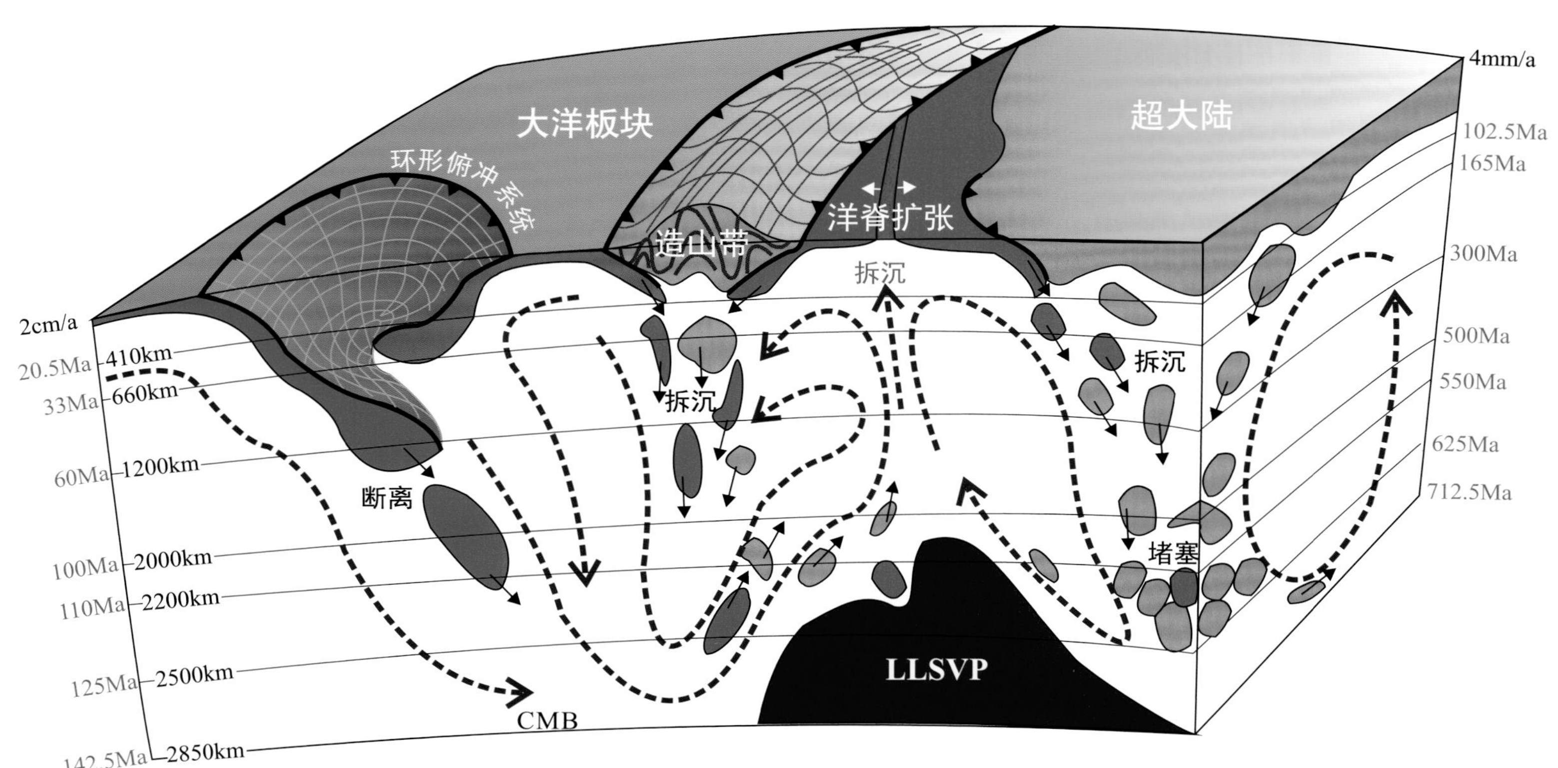

微幔块在前人文献中曾被称为blob(斑点)、patch(斑块)、entrainment(夹带或裹挟体)或sinking slab(沉降板片)。以垂向等速的最低下沉速率(4mm/a)或垂向等速的平均下沉速率(2cm/a)计算，微幔块的垂向下沉年龄分别对应右侧和左侧两个年龄柱（红色字），到达核幔边界的年龄分别约为712.5Ma和142.5Ma；若微幔块在地幔中水平漂移的平均速率按照2cm/a计算，水平跨越2000km则需要100Myr，水平跨越5000km则需要250Myr

组成年龄结构方面，即不同深度或同一深度微幔块之间的岩石年龄格架，更是复杂无比。一些古老大陆岩石圈发生拆沉的工作年龄可以很年轻，但其自身组成年龄却很老，比如，华北克拉通破坏拆沉的陆幔型微幔块，其工作年龄可以是中生代，而其岩石组成年龄可以是太古代的。然而，一些新形成的大洋岩石圈发生板片断离、拆沉的工作年龄可以很年轻，故其组成年龄和工作年龄都是新生代。可见，微幔块之间的物质组成差异、组成年龄差异、工作年龄差异、形成机制差异、运动路径不同等，最终导致现今地幔结构极其复杂(图1-2)。但这些信息的揭示，都应是地幔动力学数值模拟的有效约束，极具价值。

从11个微幔块群的时空分布格局和板块重建分析，本章节不排除南极洲、北美洲、欧洲、亚洲地区的下地幔中可能存在相应时期微幔块的可能。本章节依据板块重建推测，哥伦比亚超大陆汇聚应以南极洲为中心，关键时间为1800Ma，假如中元古代地幔比现在热，若按照4mm/a计算，微幔块不容易下沉，则到达核幔边界可能时刻在1100Ma；罗迪尼亚超大陆汇聚应以北美洲为中心，关键时间为1100Ma，若按照4mm/a计算，到达核幔边界的时刻在400Ma左右。可见，即使以最慢速度下沉，哥伦比亚超大陆和罗迪尼亚超大陆聚合期间的微幔块都已经在核幔边界处了。原潘吉亚超大陆汇聚应以欧洲为中心，关键时间为400Ma，若按照4mm/a计算，则现今最深到达了1600km深处；潘吉亚超大陆汇聚应以亚洲西部为中心，关键时间为250Ma，若按照4mm/a计算，则现今最深到达了1000km深处；若以平均的最快下沉速率2cm/a计算，原潘吉亚超大陆和潘吉亚超大陆汇聚期间的微幔块，现今也可到达核幔边界；按照这个速率，新生代以来的微幔块也可达1200km深处。因此，下地幔的微幔块年龄结构是非常复杂的，可能存在微幔块的年龄交错。未来亚美超大陆汇聚应仍以亚洲东部为中心，关键时间为未来300Ma。

多数超大陆汇聚中心之间的经纬度间隔大体都为90°。超大陆汇聚中心皆大体位于两个LLSVP之间对应的上部空间范围，而不是像前人认为的在其中一个LLSVP的正上方（Torsvik et al.，2008）。地质上，罗迪尼亚超大陆形成相关的格林威尔事件峰期在1100~900Ma(但现今多认为在900~750Ma）（Li et al.，2023），主要发生在北美克拉通、西伯利亚克拉通、亚马孙克拉通和东南极克拉通之间；原潘吉亚超大陆相关的加里东事件峰期在420~400Ma，主要发生在北美克拉通、波罗的克拉通和冈瓦纳古陆之间；潘吉亚超大陆相关的印支事件峰期在270~250Ma，主要发生在西伯利亚克拉通、波罗的克拉通和亚洲一些古陆之间。但从上述简单计算可知，目前多数微幔块工作年龄不超过300Myr，这与前人认识的LLSVP稳定存在于750~1000Ma（Maruyama et al.，2007），甚至2500Ma（Burke et al.，2008）的认识差距较大。Li等（2023）的最新板块重建方案中，某种程度上也隐含着两个LLSVP自2000Ma以来一直存在。尽管LLSVP也会极其缓慢地(水平迁移速率不超过1cm/a)发生水平漂移（Cao et al.，2021a），但因上部超大陆汇聚中心变化远快于下地幔LLSVP迁移，两个LLSVP位置偏移(最大不超过90°)后，也会因为下一个超大陆汇聚中心变迁而得到快速回调，其长期效应是两个LLSVP位置基本未动。

现今两个完整的LLSVP（太平洋下部的JASON及非洲下部的TUZO）在下地幔的高度大约为1000km，但考虑到TUZO在1450~1850km其形态初具一体化趋势，故本章节认为LLSVP总体处于1450~2850km深度。LLSVP的形成实际是一个漫长的过程，低速异常的空间分布基本受上部俯冲板片或微幔块的空间分布制约，特别是在下地幔基本受微幔块的重力下坠空间制约。这犹如石头掉入平静的湖水中，石头是湖水产生涟漪和湖底水草摆动的动因。类似地，微幔块从软流圈下坠到较热的下地幔使LLSVP上部摆动，同时也塑造其根部形态，LLSVP是微幔块长期塑造的结果，即地幔对流机制是自上而下（top-down）机制。不过，微幔块在地幔中的行为比石头入水要复杂得多（图1-3），但由此依然可知，地幔对流并非以前传统板块构造理论中的“自下而上”（bottom-up）地幔对流机制。按照“自上而下”（top-down）的板块运动机制，长期俯冲可驱动超大陆聚合，而俯冲（subduction）、坠离（dripping）、拆沉（delamination）或断离（break-off）是微幔块形成的根本原因，故超大陆汇聚伴随形成大量微幔块，微幔块下坠可塑造LLSVP形态和运动状态，超大陆对LLSVP上部还是两个LLSVP之间的位置没有选择性，但一旦该超大陆正好运移到或形成于LLSVP之上时，LLSVP周边的地幔柱生成带形成的地幔柱上涌以及超大陆盖子隔热效应都可导致该超大陆裂解。若该超大陆不在LLSVP之上，超大陆仅靠盖子隔热效应也可以导致超大陆裂解（Gurnis，1988）。可见，微幔块垂向运动与超级克拉通、超大陆或巨大陆水平聚散也存在关联。

（图1-3） 微幔块在地幔中行为的假设图解

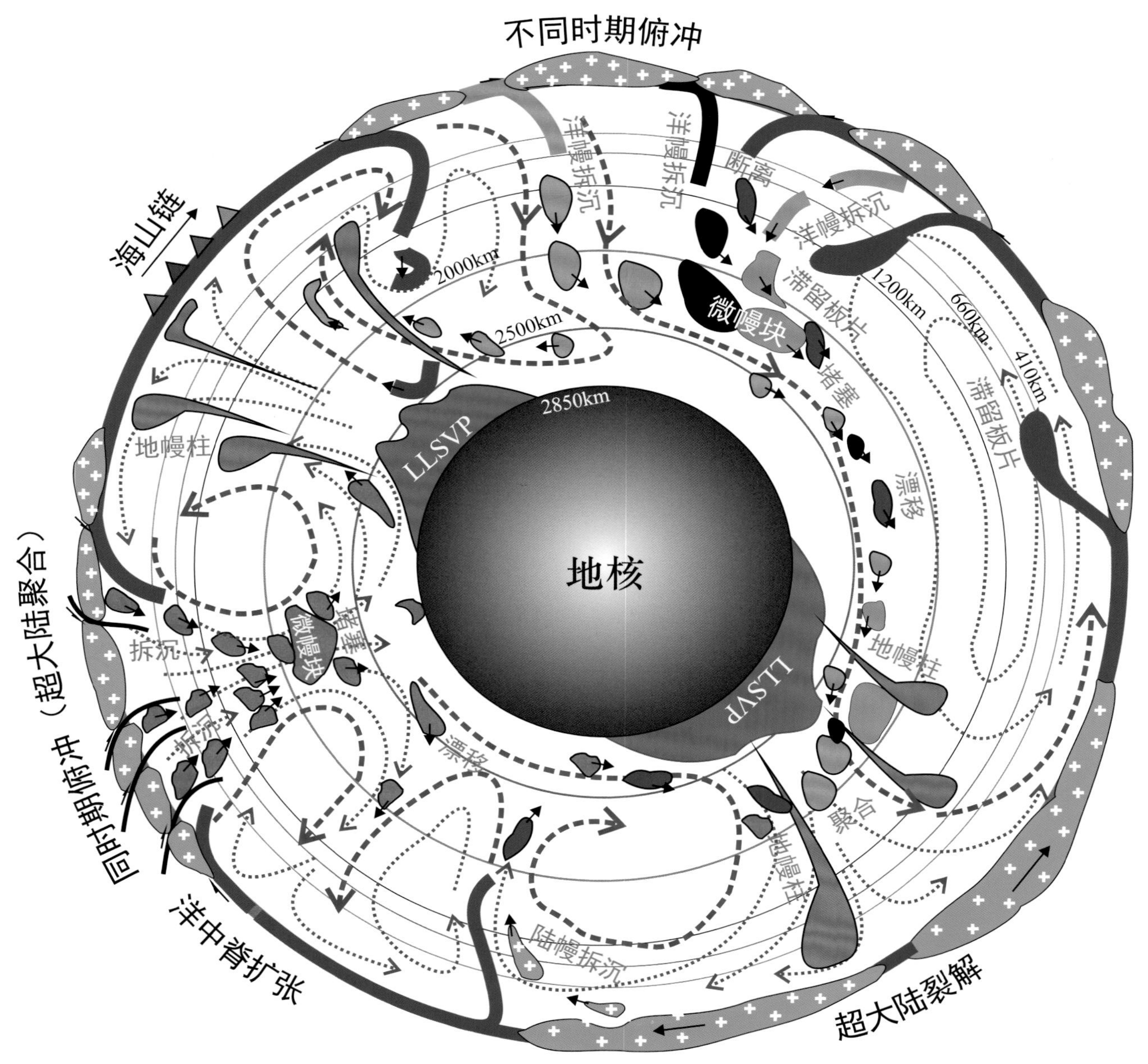

图中大陆岩石圈用草绿色带十字架的色块表示，大洋岩石圈用暗绿色色板表示；紫色为地幔柱，紫蓝色为两个LLSVP；不同颜色微幔块具有不同的工作（俯冲、断离或拆沉）年龄；蓝色粗或细的断线箭头指示对流运行方向，地幔内黑色实线短箭头代表微幔块移动方向；地表灰三角为死亡火山，品红色三角为活火山，黑色实线长箭头代表热点或海山链移动方向。所有微幔块到达核幔边界速率视为0。多数大洋板块俯冲后，板片可深达1200km，部分在410~660km深度的地幔过渡带滞留很长时间（如华北克拉通下可能可达120Myr）。在超大陆汇聚同期各造山带拆沉的陆幔型微幔块和同期俯冲断离的洋幔型微幔块（全部用红色显示），以及不同时期俯冲断离的洋幔型微幔块都可能在2000~2500km深处汇聚、融合、堵塞，个别微幔块一旦突破这个瓶颈，在2500km左右会向两侧分流，遇到LLSVP的坡面会随着上升流向上运移，也可能沿着某个深度发生长距离的水平漂移，直到其他部位与其他来源的微幔块聚合，但向上可能同样难以突破2500km界面，从而使得LLSVP长大，或在没有LLSVP的核幔边界形成新的LLSVP

第一章节图1-4、图1-5、图1-6中的微板块划分方案采用了OUC2022版本（李三忠等，2022），为了使某深度微幔块对应某个超大陆中心或某次重大全球地质事件，图1-7、图1-10、图1-11、图1-13、图1-14、图1-15、图1-27、图1-29、图1-34、图1-36、图1-37、图1-41、图1-43、图1-47、图1-49、图1-50、图1-51、图1-52、图1-53中分别叠合了18亿年至现今某个时期的微陆块相对位置。这些叠合的微板块呈多边形分布，依据Merdith等（2021）提供的微板块多边形文件作了修改。其中，板块重建模型通过GPlates（Müller et al.，2018）建立。俯冲带位置主要基于全球岩浆岩以及变质岩等地质数据约束，但还有待补充。板块重建通过GMT软件作图，并选择等距圆柱投影。全球尺度层析成像图的水平切片投影方式也采用等距圆柱投影，对经线和纬线的缩放比例是相同的，所有的经纬线都是直线，投影中心点在经纬度0°位置。

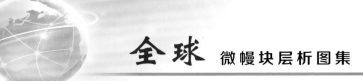

图 1-4 为深度 50km 全球微板块层析成像及解释。该图叠合了现今微陆块和微洋块分布（灰色）。层析图像与构造单元划分叠合对比可以看出，北美、波罗的、西伯利亚等各大克拉通内部的微陆核分布（微陆块的根部）可反映微陆块的集结过程和古元古代不同阶段的克拉通化过程。这里，各个克拉通厚度依据表 1-2 所列，以区分判断岩石圈根和微幔块。除青藏高原外，50km 至莫霍面之间的浅蓝色异常应是岩石圈地幔，蓝色之间的黄绿色地带记录了这些老的微陆块在不同时期的最终汇聚碰撞带。靠近现今俯冲带的一些高速异常体，可能与现今岛弧地带增厚的俯冲型造山带根部麻粒岩相关，如南美洲安第斯造山带，也可能是俯冲板

（图1-4）

深度50km全球微板块层析成像及解释

-1　0　1

相对P波速度扰动/%

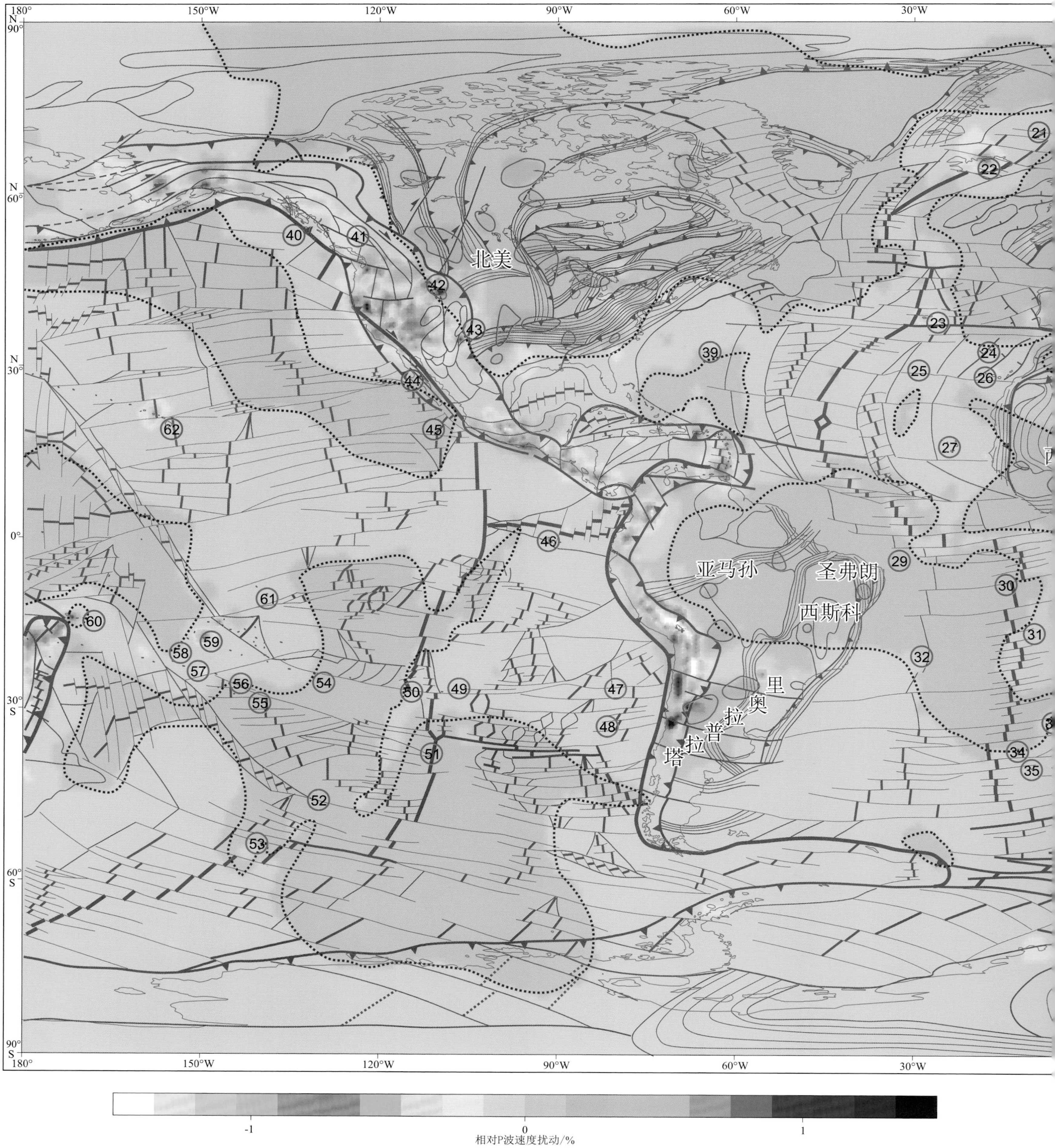

片的反映，如日本俯冲带、汤加俯冲带。本图中识别出华南多个克拉通岩石圈根，这与 Shen 等（2023）根据区域地震波形资料揭示出的 4 个极高 Q 值区域一致，这 4 个区域分别位于华夏内部的武夷山、南岭和云开地区以及四川盆地下的扬子克拉通根部，它们在新元古代发生了克拉通化。可见，不同方法揭示的全球模型与区域模型中，克拉通根部位置基本一致，部分层析揭示的克拉通根与地表出露略有偏差，但华南板块及其周边地区地壳 Lg 波宽频带高分辨率衰减成像效果更好，因为地震波衰减对深部介质强度特征非常敏感，能够用于约束古老陆核的分布。此外，此图也揭示出松辽盆地及其延伸区下存在 3~4 个岩石圈根，青藏高原下部大面积低速异常体反映的应当是增厚的陆壳。第一章图件都叠合了中新生代以来的地幔柱分布，以对比 LLSVP 所影响区域。

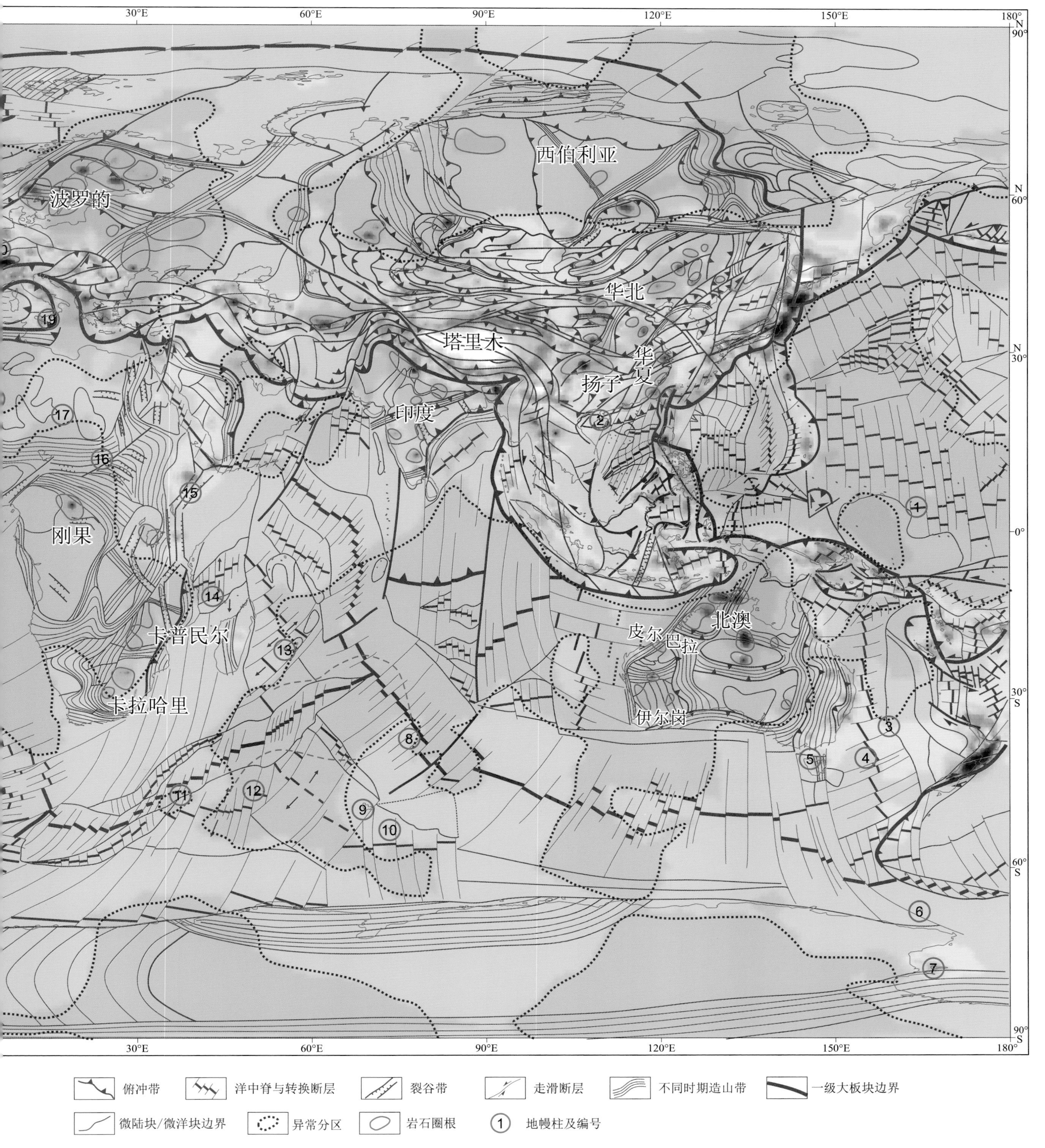

图 1-5 为深度 100km 全球微板块层析成像及解释。该图也叠合了现今微陆块和微洋块分布（灰色）。层析图像与构造单元划分叠合对比可以看出，北美、波罗的、西伯利亚等各大克拉通内部的微陆块根部高速异常体与 50km 深度的相比，总体上变化不大。但 50km 深度的高速异常体也反映了新岩石圈结构分块（黄色区），老的岩石圈分裂边界逐渐减少（草绿区），可以看出岩石圈根部的碎片化（如东北非洲）、克拉通破坏（如华北）、俯冲撕裂（如青藏高原）过程，一些地区表现为大板块分裂为微板块的过程。南北向裂解构造开始占主导（如北大西洋），东西向老构造分段复杂化（如新特提斯构造带），且被南北向构造带切

（图1-5）

深度100km全球微板块层析成像及解释

-1　0　1

相对P波速度扰动/%

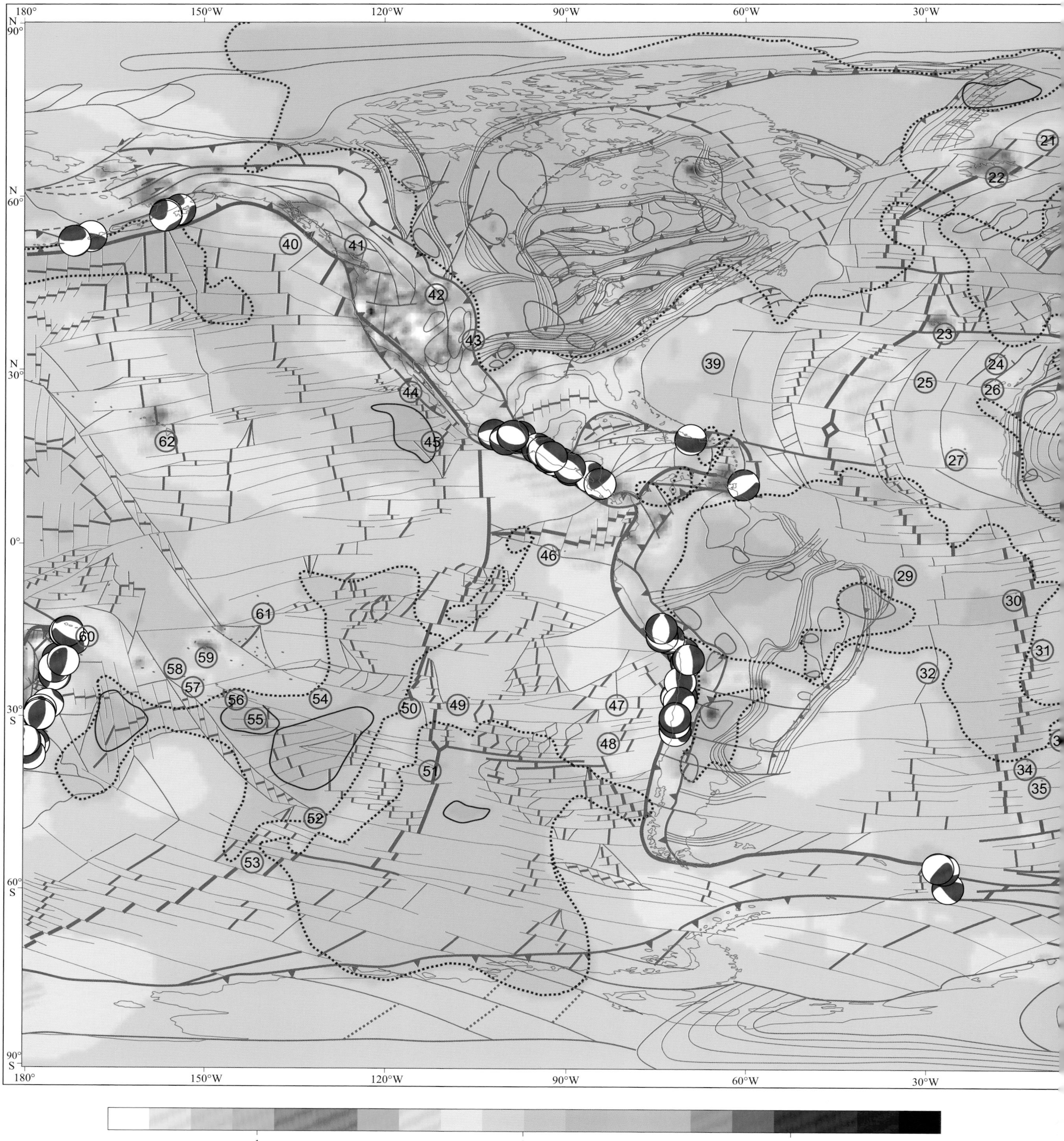

割。此层欧亚地区东西向微幔块异常（高速体）总体与印支早期俯冲带或碰撞造山带位置相吻合，但低速区应是印支晚期岩石圈增厚区，如中亚造山带下部。现今克拉通附近的高速异常依然是岩石圈根的残留。震源机制解是1976~2022年震级$M \geq 6.5$，深度50~100km的149个地震事件，主要分布在环太平洋俯冲带和阿尔卑斯—喜马拉雅造山带，该区高速异常体应当与现今的大洋俯冲板片相关。按照大洋岩石圈平均厚度为60~80km计算，本图中现今大洋内部的高速异常体可能是拆沉的俯冲板片（微幔块），如西南印度洋、西太平洋俯冲带以东（van der Meer et al.，2012）。

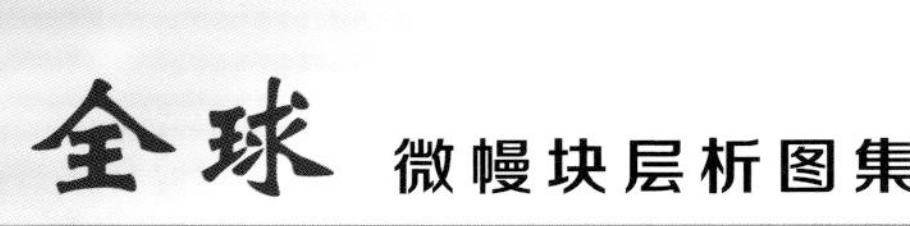

图 1-6 为深度 250km 全球微板块层析成像及解释。该图也叠合了现今微陆块和微洋块分布（灰色）。层析图像与构造单元划分叠合对比可以看出，此图与 100km 深度层析图像相差不大，中亚地区的高速异常体总体上以印支期—燕山期汇聚形成的微幔块为主，整体位置相对稳定，与现今中亚造山带范围相比略微偏北，微幔块延展相对连续。根据各克拉通岩石圈厚度，北美洲地区的高速异常体依然解释为克拉通根，但西欧波罗的、南美洲、澳大利亚、非洲、阿拉伯－印度地区的高速异常体不可能是岩石圈根，而更可能是微幔块，其中，阿拉伯－印度地区的微幔块可能是新特提斯洋俯冲板片回卷所致，但本图集认为印度大陆北侧指状分裂的高速异常体可能是印度板块相连的板片指状撕裂所致。按照四维板块重建，在斯科舍弧下部残存的微幔块可能是潘吉亚

（图1-6） 深度250km全球微板块层析成像及解释

-1 0 1

相对P波速度扰动/%

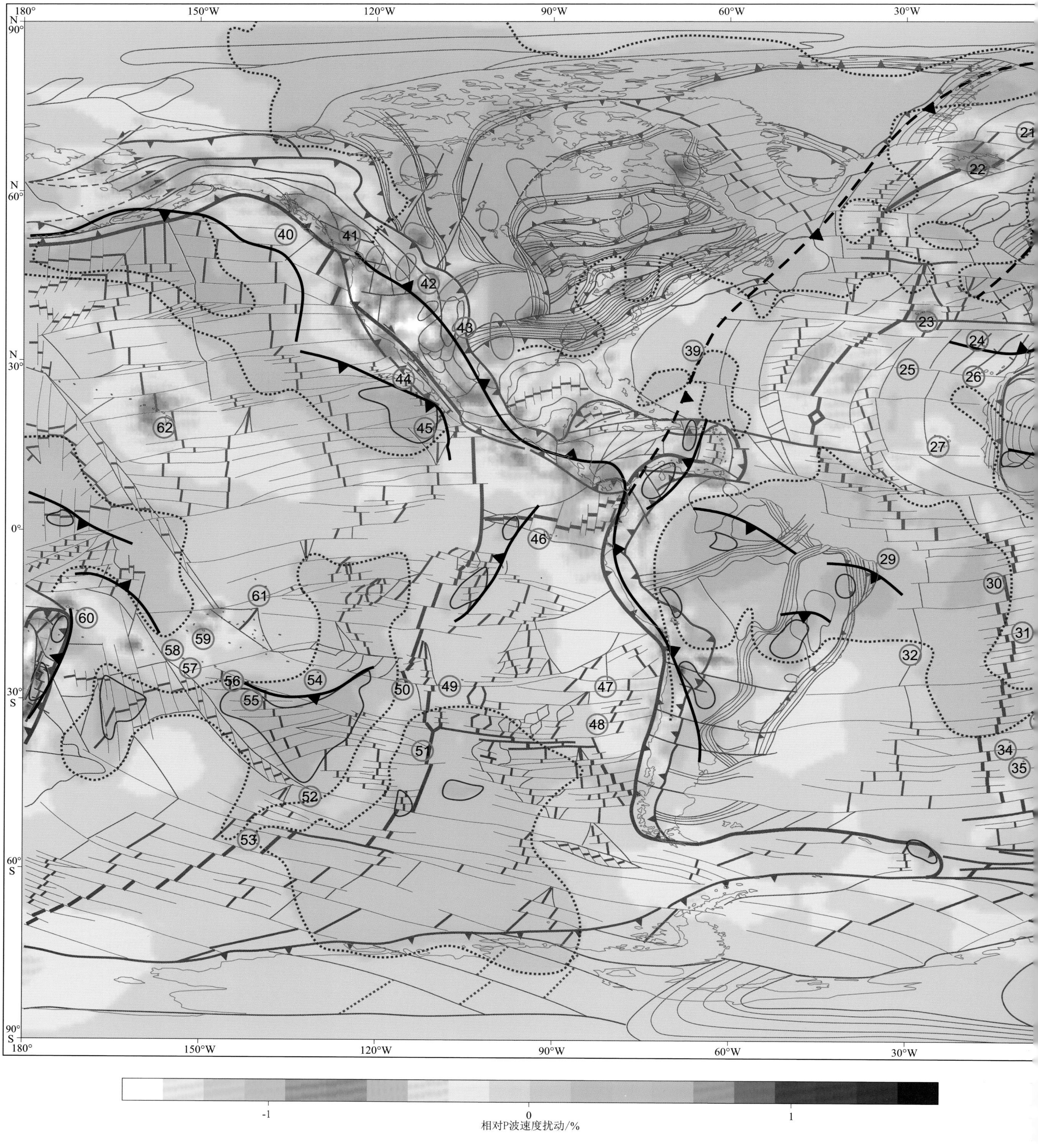

超大陆聚合期间，该超大陆西侧的平板俯冲板片在185~180Ma拆沉所致（Gianni et al.，2023），Gianni等（2023）认为该异常主体残存深度介于900~2150km，但也难排除该深度高速异常形成可能更早。van der Meer等（2012）将西太平洋的高速异常体（1900~2300km深处）想象为该海区一个200Ma时期的Pondtus洋沿着Telkinia俯冲带向东侧古太平洋俯冲断离所致，并认为东北亚陆缘Anadyr-Koryak、Kolyma-Omolon、Oku-Niikappu三个地体是Pondtus洋消亡的最终产物。此外，根据层析成像与板块重建结合可知，东太平洋下的高速异常体可能是Angayucham小洋盆沿Angayucham洋内弧，于170~110Ma向南朝Orcas洋发生洋内俯冲所致（Clennet et al.，2020）。然而，该异常东侧NW向沿现今北美大陆西缘的低速异常体可能是当时洋中脊的残余热异常，被西移的北美大陆所覆盖。该区也对应中生代盆岭地区变质核杂岩分布区，特别是白色高异常带走向与变质核杂岩轴向一致。

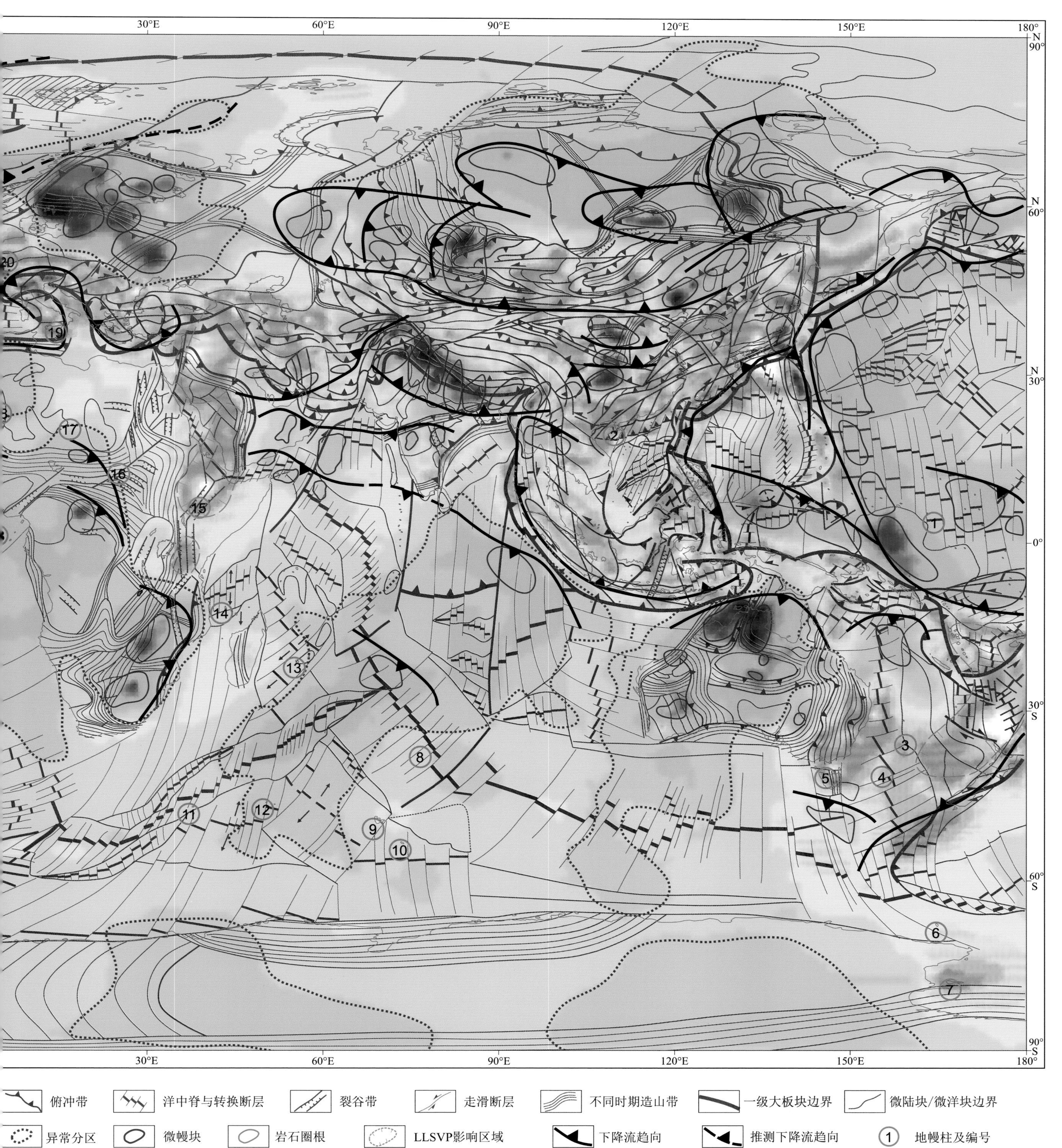

图 1-7 为深度 350km 全球微幔块层析成像及解释。根据各克拉通岩石圈厚度，北美地区的高速异常体依然解释为克拉通岩石圈根，其余各高速异常体皆为微幔块。该图叠合了 300Ma 时期的板块重建方案（尽管该重建方案中，华北、华南的位置还存在问题，实际应整体东移），总体上可见，西半球低速异常分布呈线性分布位于重建的俯冲带外侧，表明以裂解为主；东半球低速异常呈弧形分布于重建的俯冲带内侧，东半球低速异常体应与俯冲汇聚相关，特别是在中亚造山带、秦岭－大别造山带表现出总体东西走向的山弯或弯山构造特征，这些构造带附近的微幔块应与印支期—燕山期东亚大汇聚相关，可能与潘吉亚超大陆初始聚合相关。

（图1-7） **深度350km全球微幔块层析成像及解释**

相对P波速度扰动/%

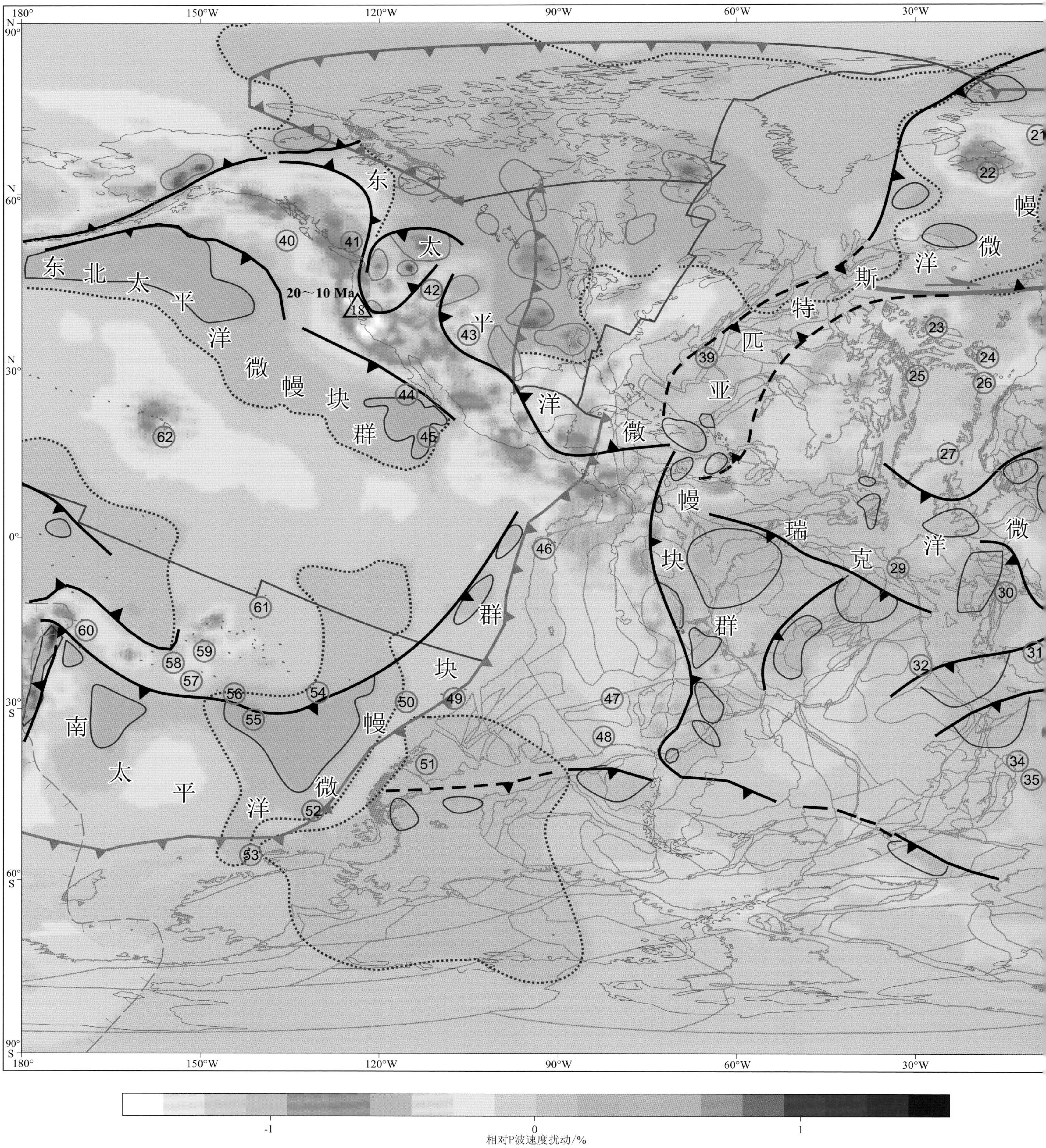

为了便于与显生宙以来的造山带或俯冲带匹配，本图将微幔块按照连续性、成群性归纳为11个微幔块群，从老到新分别称为：原特提斯洋微幔块群、亚匹特斯洋微幔块群、瑞克洋微幔块群、古亚洲洋微幔块群、古特提斯洋微幔块群、新特提斯洋微幔块群、古太平洋微幔块群、南太平洋洋微幔块群、东北太平洋微幔块群、东太平洋微幔块群和西太平洋微幔块群。总体上，显生宙以来，中亚、东亚地区的微幔块分布与中新生代造山带现今位置相比，相对稳定且对应较好，而西半球微幔块分布格局与现今大地构造格局差别较大。从该图推断，西南印度洋洋中脊之下的微幔块可能是原特提斯洋俯冲板片断离所致。

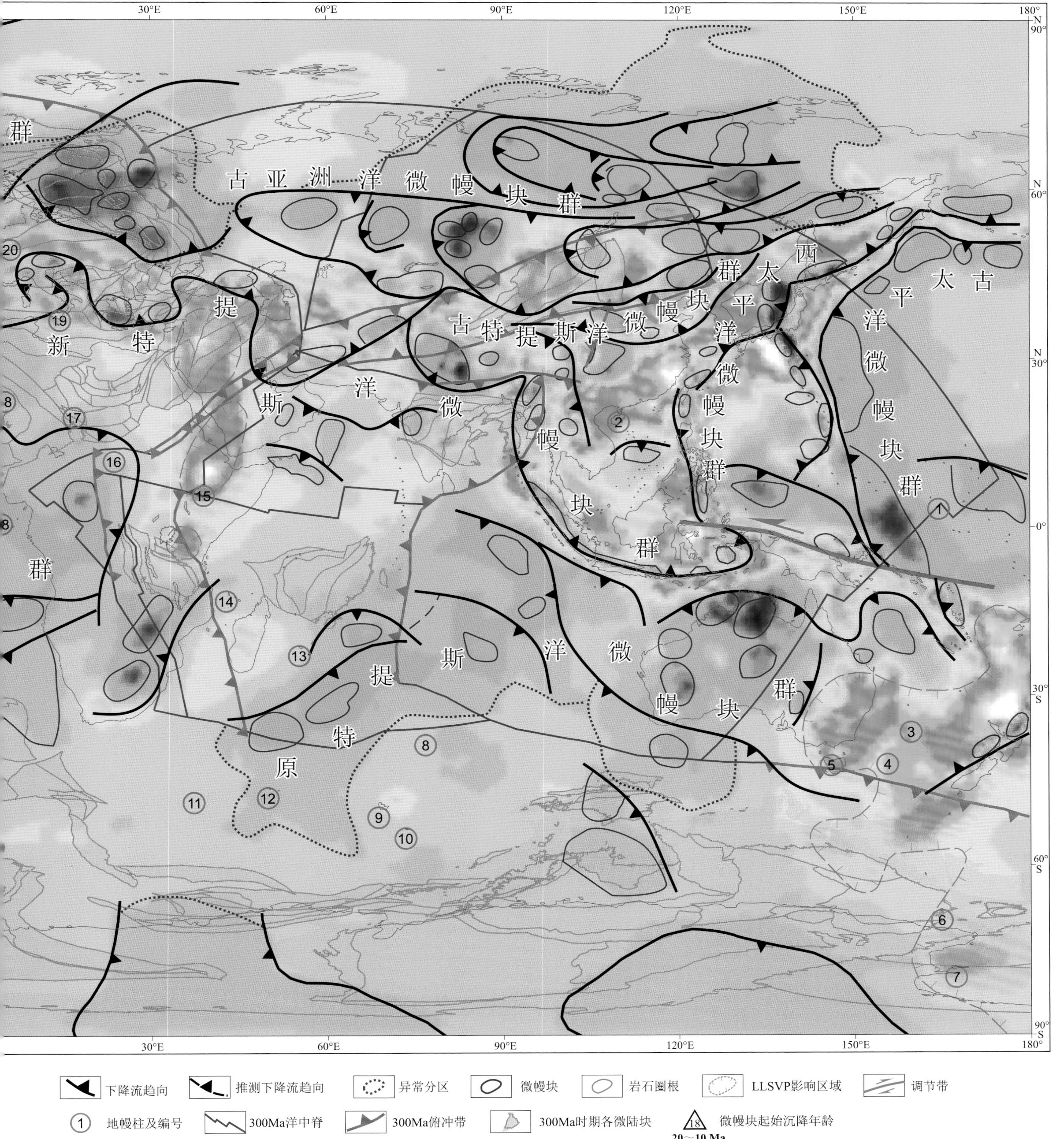

图 1-8 为深度 410km 全球微幔块层析成像及解释。此深度除北美部分地区存在岩石圈根之外，其他地区几乎不见岩石圈根产生的 P 波高速异常。此层叠合的深地震震源机制解是 1976~2022 年震级 $M \geq 6.5$，深度 200~400km 的 73 个地震事件。与 250m 深度层析图像对比，可区分出现今俯冲带位置及俯冲方向，串珠状高速异常体意味着俯冲板片的指状撕裂。除此之外，阿尔卑斯地带的微幔块也是新生代俯冲的产物。南半球东西向串珠状变速异常可能是加里东期原特提斯洋、瑞克洋的俯冲产物。东半球可能是潘吉亚超大陆汇聚中心，中亚、东亚的小型微幔块总体东西走向分布，可能与印支期俯冲和拆沉相关。西半球低速异常带在大

（图1-8）

深度410km全球微幔块层析成像及解释

180° 150°W 120°W 90°W 60°W 30°W

-1 0 1

相对P波速度扰动/%

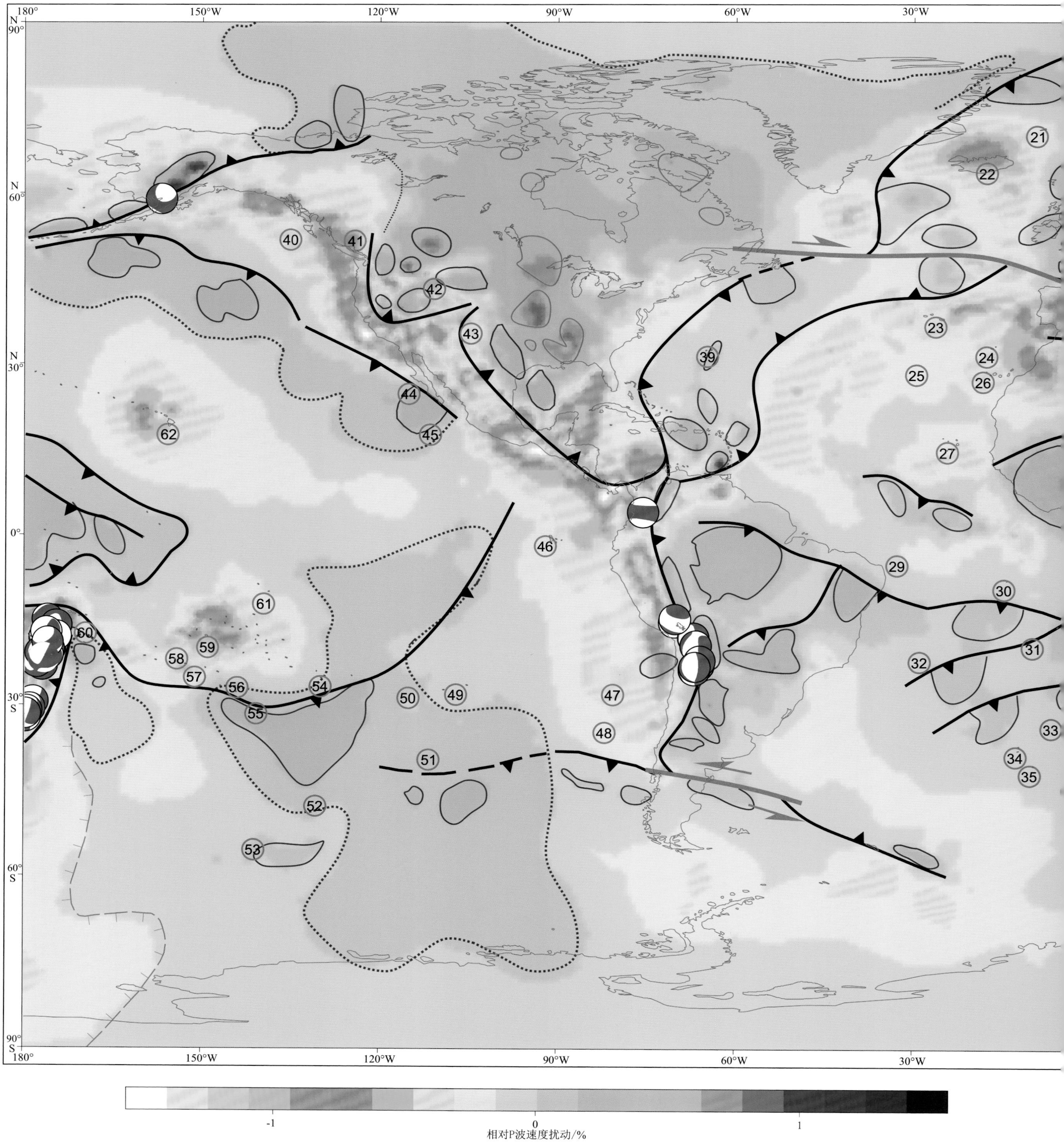

西洋南北、太平洋分别为南北向、北西向展布，表现为裂解轴的特征，这与东半球低速异常体与俯冲汇聚相关不同。除一些岩石年龄可能较老的克拉通岩石圈根外，此层波速异常体的形成年龄可能非常复杂，可分为：北大西洋残存的与亚匹特斯洋闭合、印度洋－澳大利亚南侧原特提斯洋闭合和瑞克洋向南俯冲相关的三个早古生代末加里东期微幔块群；中亚和东亚地区与古亚洲洋闭合、古特提斯洋闭合相关的印支期微幔块群，与新特提斯洋闭合、古太平洋俯冲相关的燕山期微幔块群，以及沿着现今俯冲带或碰撞带分布的新生代微幔块群。东亚地区微幔块主要为新生代沿俯冲带拆沉的板片，可能是大板块指状碎片化的结果。有人认为，非洲东北－阿拉伯地区的三个低速异常与地幔柱相关，LLSVP偏南半球。

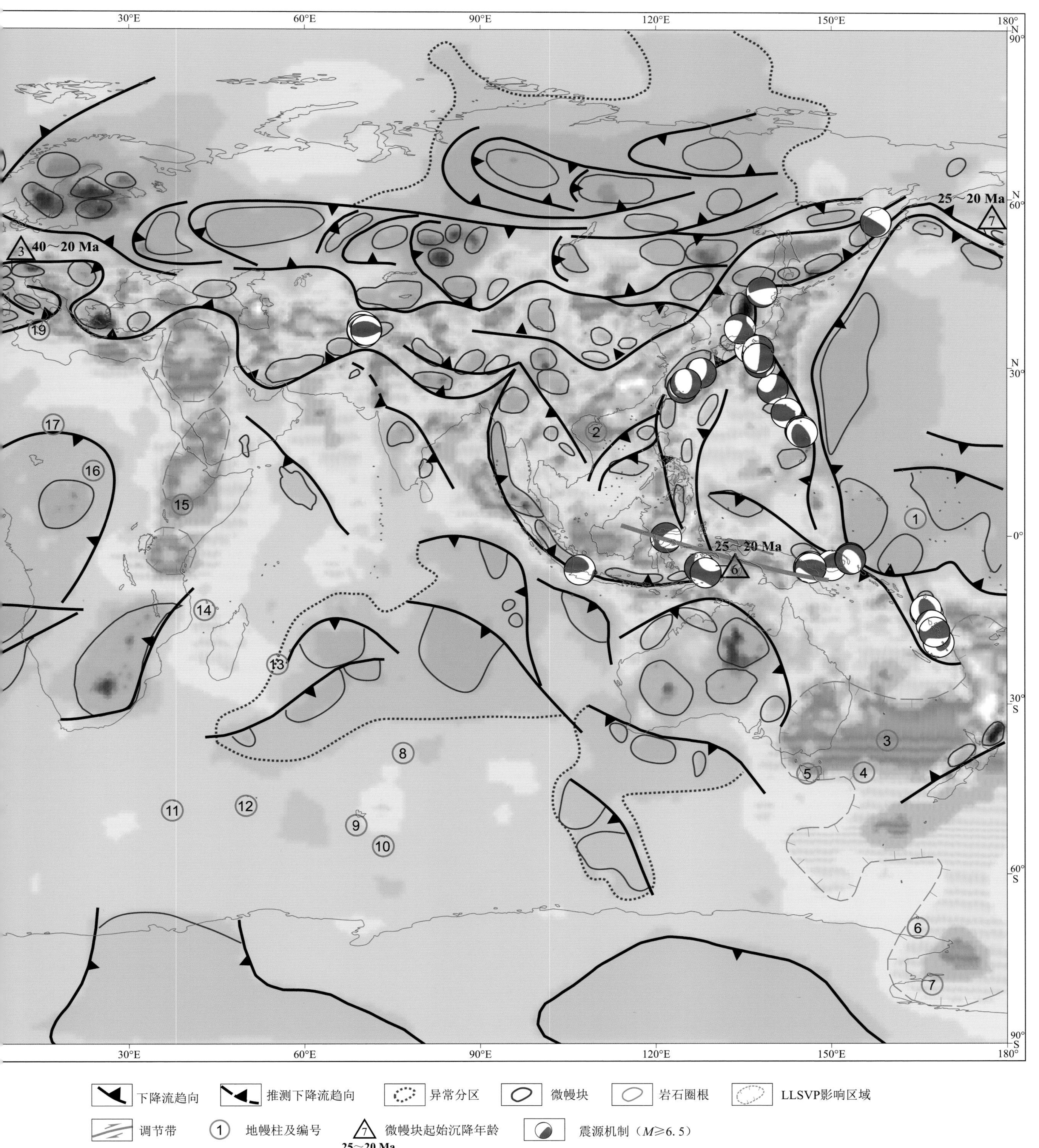

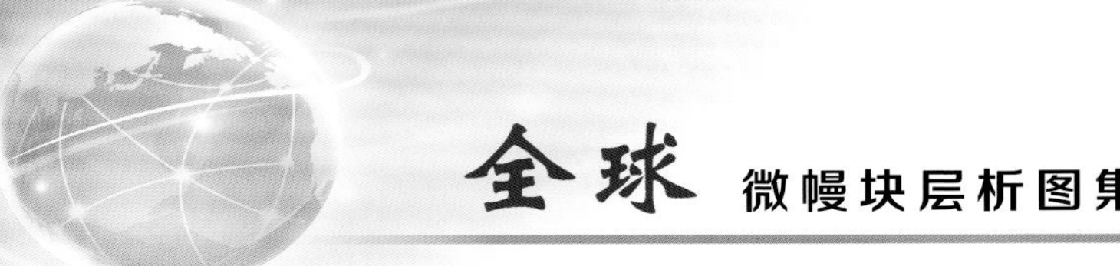

图 1-9 为深度 500km 全球微幔块层析成像及解释。此层与上层（410m）对比，俯冲带的俯冲方向更加明显，现今俯冲板片指状撕裂形成的串珠状高速异常体进一步发育，在马里亚纳海沟、爪哇海沟、菲律宾海沟、汤加海沟处明显。西半球低速异常体更线性且连续，特别是在大西洋表现清晰，可能与中新生代潘吉亚超大陆裂解相关。东半球的东亚地区低速异常体常与微幔块相伴，且呈线性、分段展布，应当是与俯冲汇聚相关。然而根据板块重建，北美克拉通下部的高速异常体可能是白垩纪法拉隆板块俯冲的产物。东半球的中亚地区依然表现出弯山构造特征，整体呈东西走向分布，微幔块数量减少，具有聚合特点。特别指出的是，

（图1-9）

深度500km全球微幔块层析成像及解释

-1 0 1

相对P波速度扰动/%

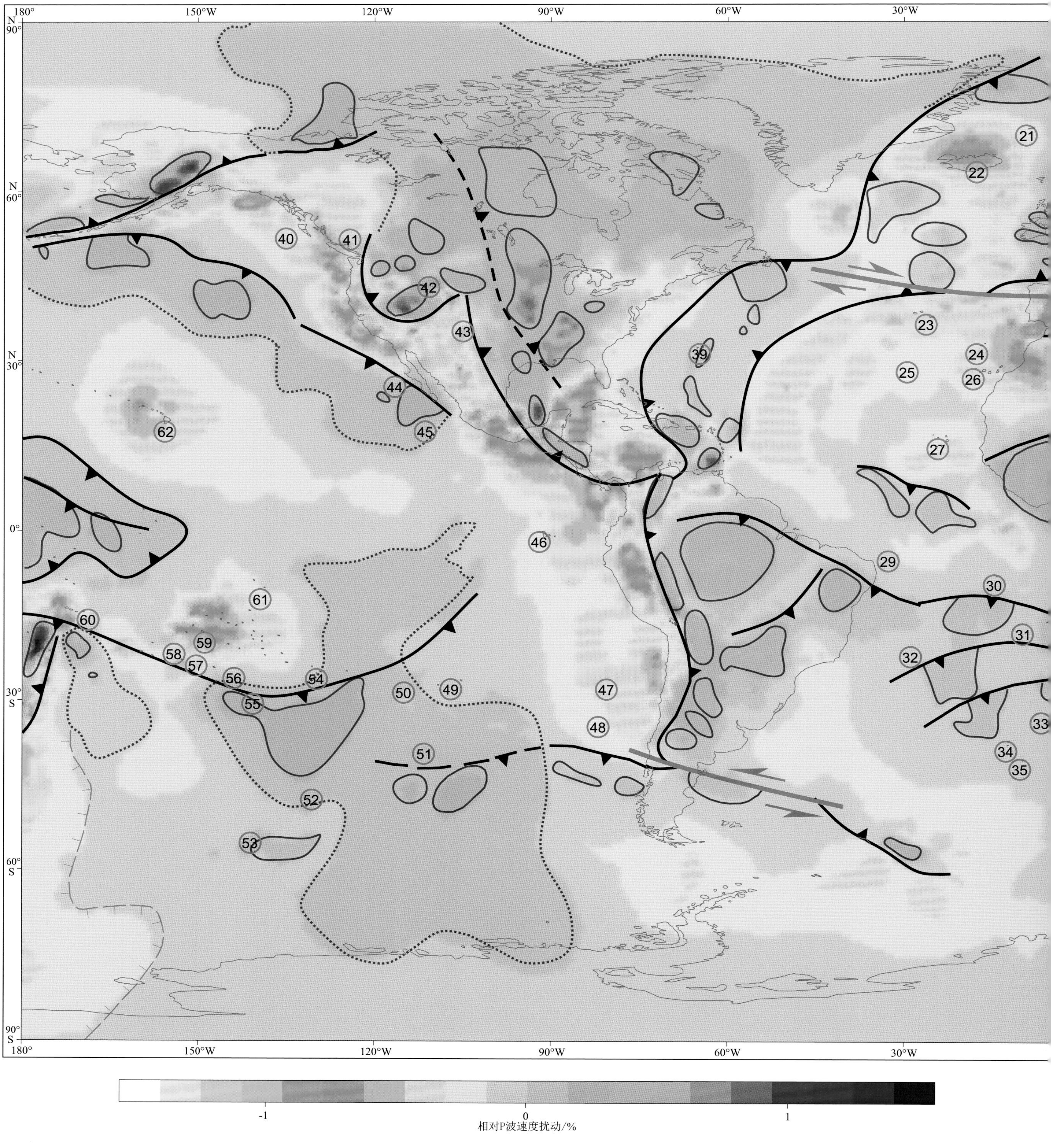

东半球的华北－日本地区连片的高速异常体内部异常是不均一的，看似是多个微幔块在地幔过渡带滞留聚合所致，特别是该连片高速异常体深达660km后才消失，这意味着地幔过渡带滞留板片（实质为微幔块群）比正常大洋岩石圈60~80km的厚度要厚3~4倍，因此这个微幔块群形成年龄有可能是120~90Ma，比Liu等（2017）根据大洋岩石圈等厚、太平洋板块运动速率和简单平衡剖面联合恢复的25~30Ma更早，甚至比van der Meer等（2018）的90~52Ma还要早。如此，这个新的估计值与华北克拉通破坏年龄就很一致。此外，在图幅中部的一些弱高速异常体可能是加里东期的长期滞留微幔块。

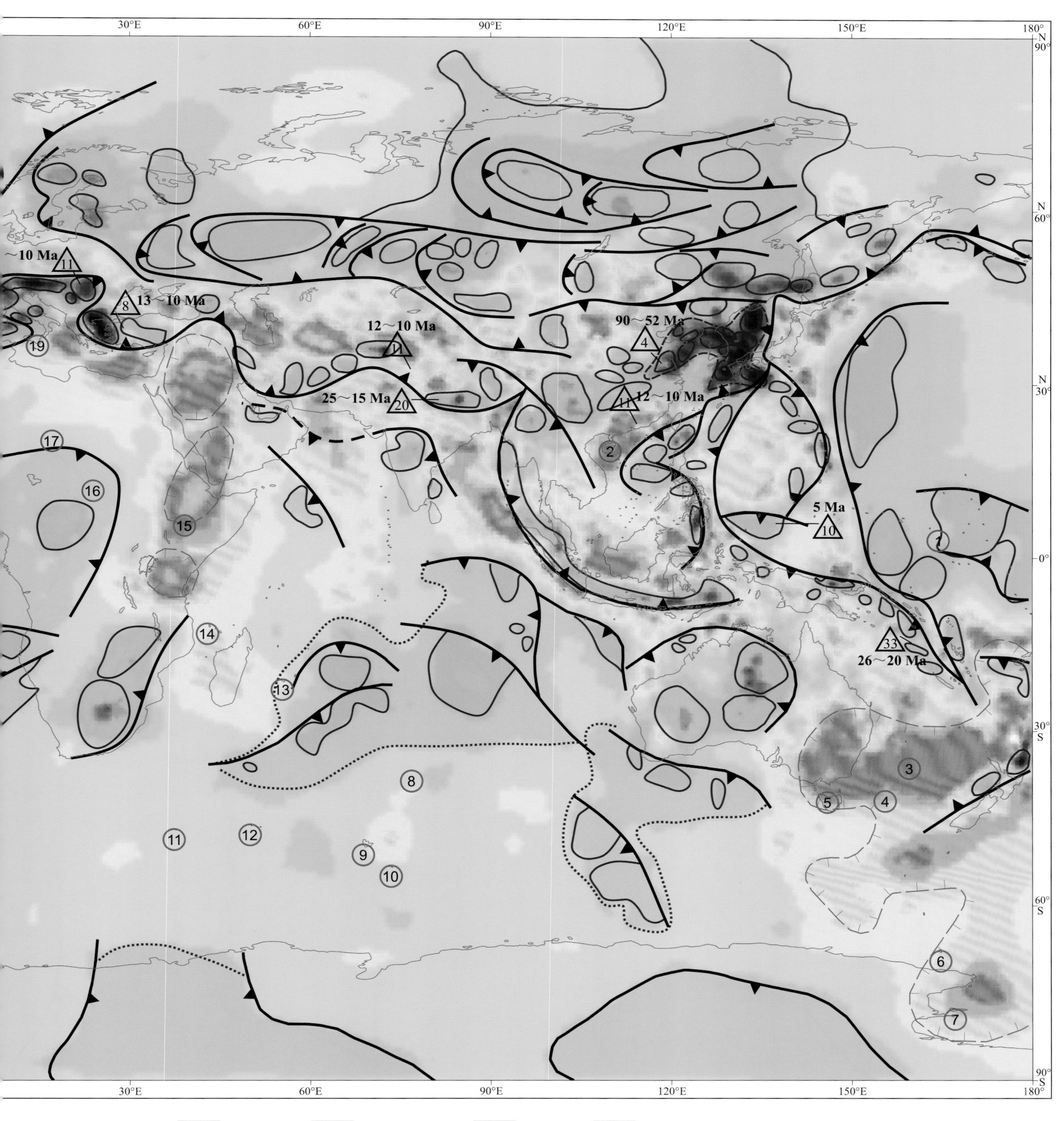

图 1-10 为深度 550km 全球微幔块层析成像及解释。该图叠合了 400Ma 的板块重建方案，该方案尚存缺陷：劳伦古陆与波罗的古陆尚未拼合，这与这两个古陆 420~400Ma 发生了加里东造山运动的事实不符。尽管如此，将该板块重建与 550km 深度的层析图像结果对比，还是可以发现亚匹特斯洋微幔块群、瑞克洋微幔块群位置与 400Ma 俯冲带位置还是相对吻合的。如果采用 Li 等（2018a）的原潘吉亚超大陆板块重建方案或 Golonka 和 Gaweda（2012）的 400Ma 全球板块重建方案，原特提斯洋微幔块群位置与这些重建中的原特提斯洋俯冲带位置也非常吻合。东半球串珠状高速体依旧意味着俯冲板片的指状撕裂，特别是，马里亚纳俯冲带与现今马里亚纳海沟位置相比，表现出马里亚纳俯冲带发生了顺时针俯冲后撤；爪哇 - 班达俯冲带与爪哇 - 班达海沟位置相

（图1-10）

深度550km全球微幔块层析成像及解释

-1 0 1

相对P波速度扰动/%

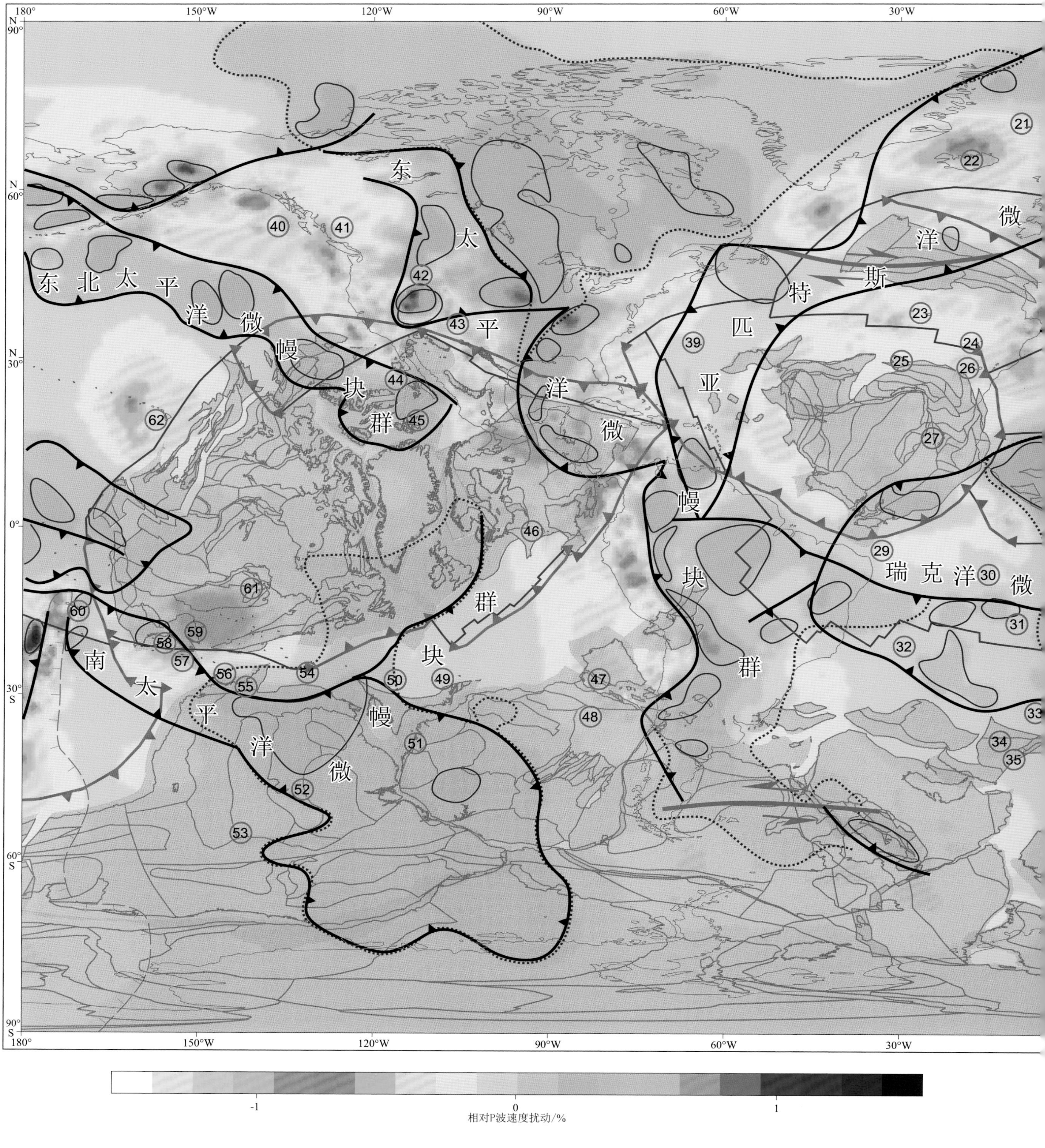

比，发生了向南的俯冲后撤；西半球的北美洲下部中生代以来的俯冲带也向西后撤。原潘吉亚超大陆汇聚中心依然显著稳定存在于中大西洋－非洲西南部之下，其位置也基本变化不大。浅层一些早期撕裂的微幔块开始塑性聚合，且以垂直下坠运动占主导。现今南美洲和非洲之间以及南印度洋中，因特提斯洋早已消失，俯冲板片断离而形成的微幔块发生聚合的趋势明显。横贯东、西半球的新特提斯洋微幔块有聚合变大的趋势。东半球东亚地区的低速异常体可能与燕山期以来的俯冲汇聚相关，这些微幔块与更早的微幔块一起主动下坠，导致东半球南大洋和西半球低速异常体（JASON）影响区越来越大，且与上覆板块裂解相关。有人认为，非洲东北－阿拉伯地区的三个低速异常合并为一体，与深部Afar地幔柱相关，更深部的JASON大型低速异常区偏南半球可能是北半球微幔块大汇聚的被动响应。西半球北美西部下部的微幔块有愈合的趋势，总体可能是中新生代法拉隆板片线性断离为微幔块的产物。

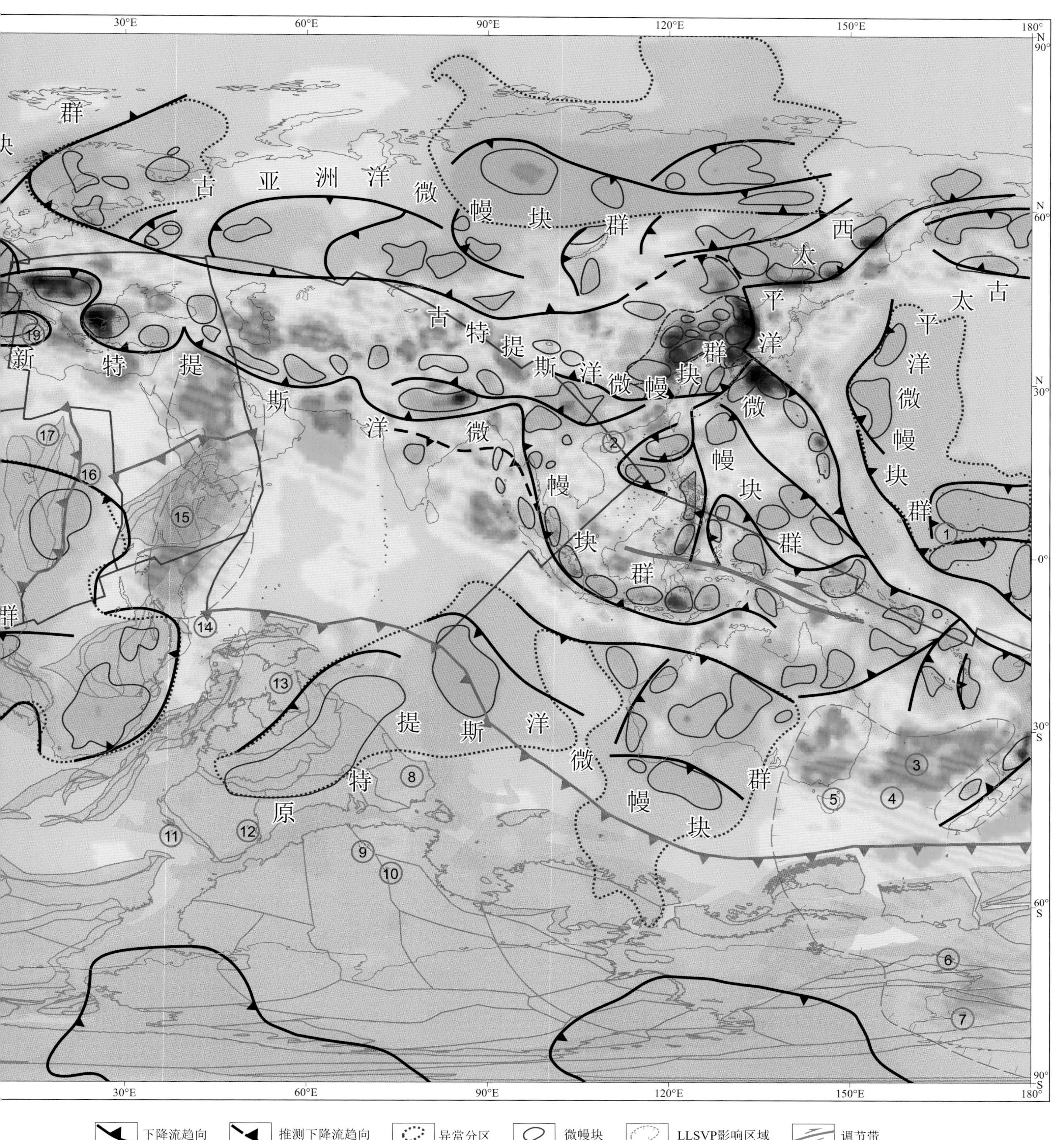

图 1-11 为深度 600km 全球微幔块层析成像及解释。该图叠合了 500Ma 的板块重建方案，对比显示，南半球板块汇聚中心位置也基本不变，与瑞克洋、原特提斯洋闭合位置大体吻合（Stampfli and Borel，2002；von Raumer and Stampfli，2008；Stampfli et al.，2013；Domeier and Torsvik，2014；Domeier，2016），亚匹特斯洋闭合后的微幔块群分带依然可见，推测可能滞留时间较长，南半球板块汇聚中心偏图幅中部，而该汇聚中心的东部低速异常体进一步汇聚，JASON 影响区可能是加里东期微幔块群聚合的被

（图1-11）

深度600km全球微幔块层析成像及解释

-1　0　1

相对P波速度扰动/%

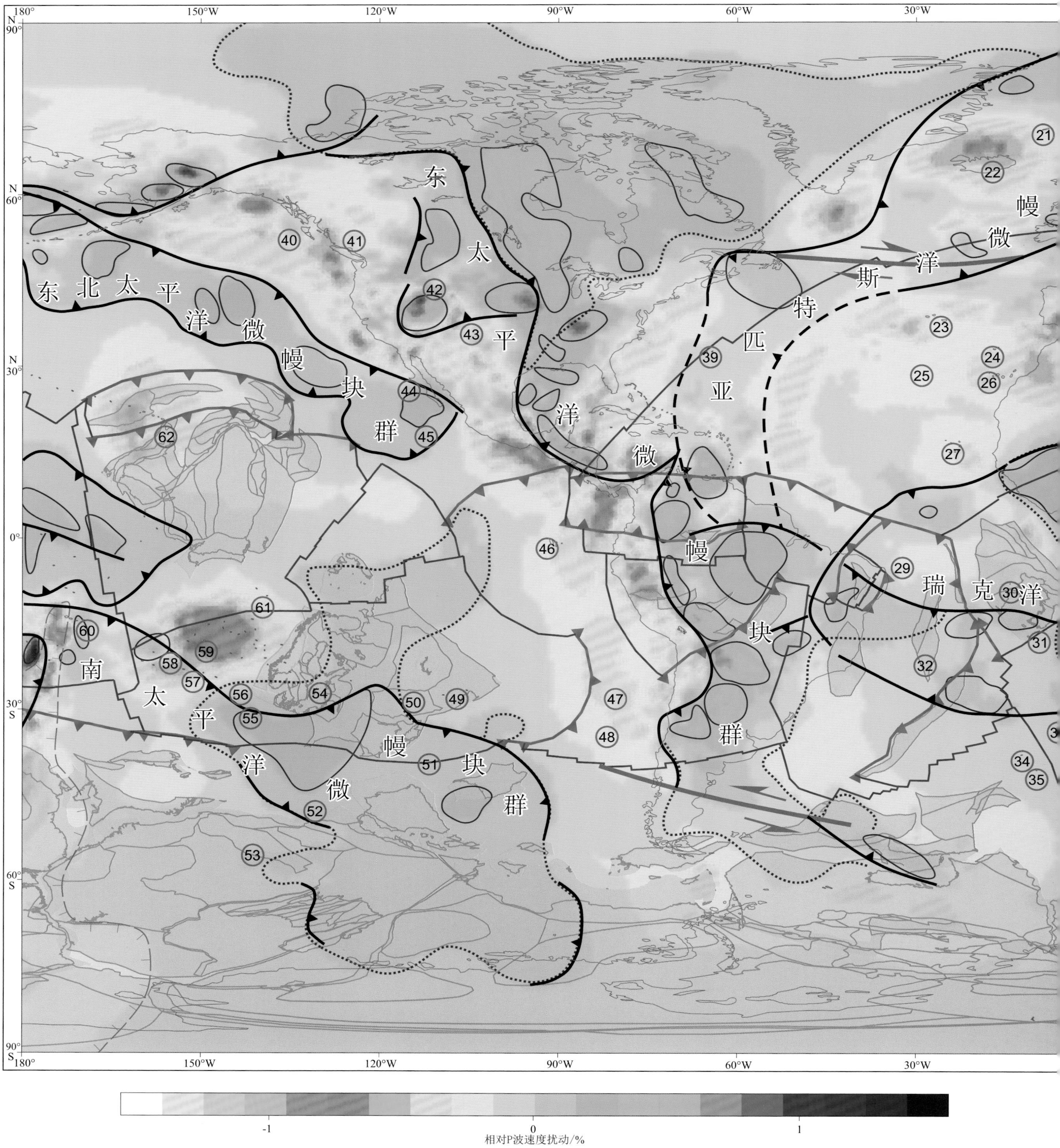

动响应。中亚、东亚地区600km层析图像中高速异常体依旧可反映浅表中新生代板块汇聚格局，以中亚为中心，东西走向异常清晰。其南侧外围主要为新特提斯洋俯冲系统，东侧外围主要为（古）太平洋俯冲系统。南半球的南大西洋之下可能滞留一些微幔块，但北大西洋和中大西洋总体上依然以裂解为主，现今南美洲和非洲之间以及印度洋中，特提斯洋断离板片形成的微幔块群开始呈现聚合趋势。西半球北美洲下部到东太平洋可能还是以中新生代俯冲板片断离形成的微幔块为主，线性分带清晰。

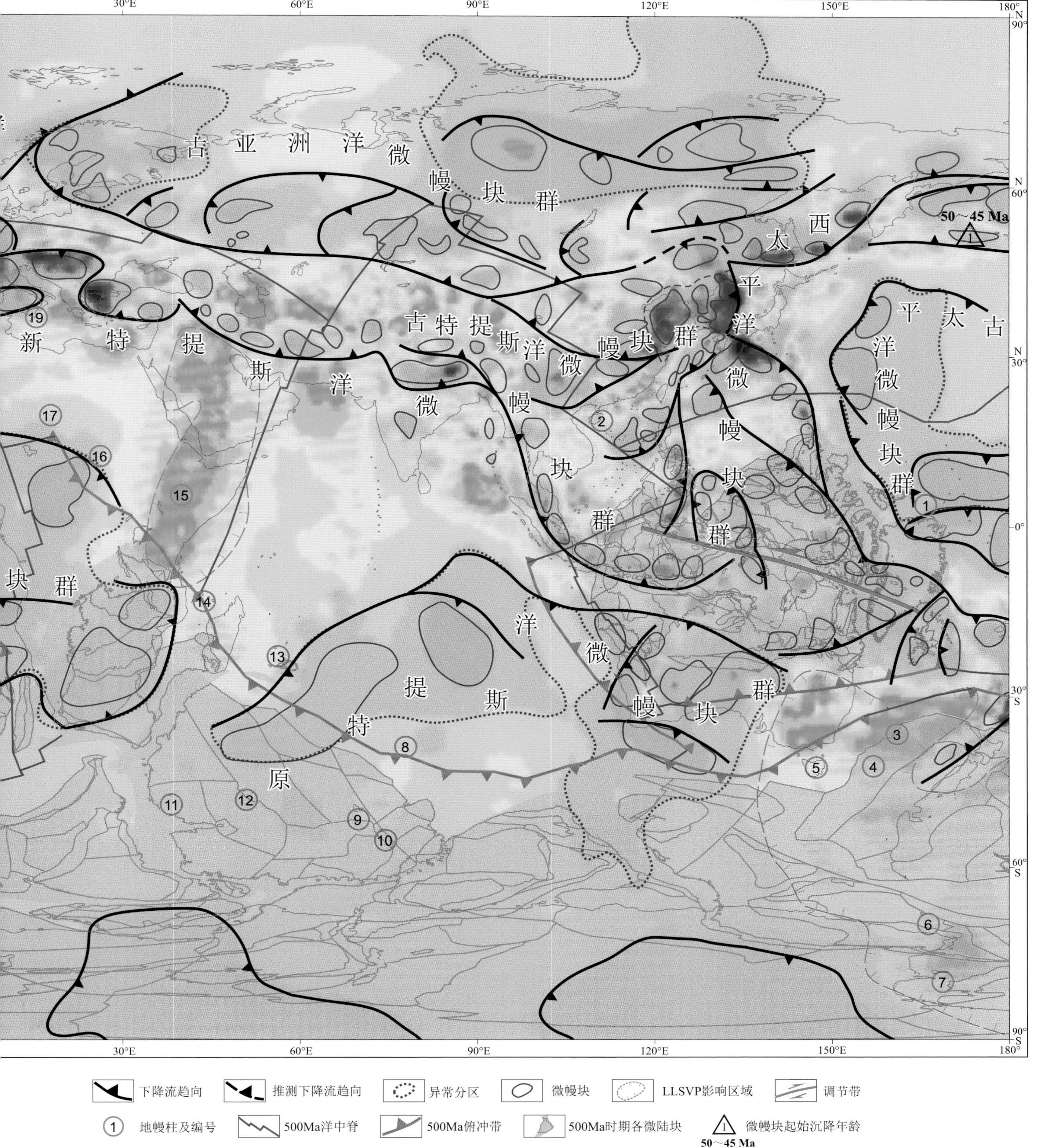

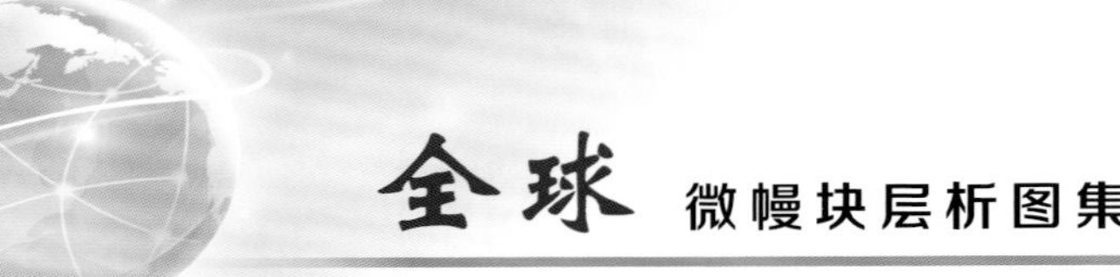

图 1-12 为深度 660km 全球微幔块层析成像及解释。该层位为地幔过渡带的底界。本图叠加了深地震的震源机制解，其参数是 1976~2022 年震级 $M\geq6.5$，深度 400~650km 的 162 个地震事件。对比显示，660km 以下浅表板块运动集中反映在环太平洋俯冲带，叠合的深地震震源机制解也证明沿该带的微幔块是中新生代的产物，特别是南海下部可能是古南海（可能为古太平洋一部分）微幔块。除此之外，新特提斯洋闭合的东西向阿尔卑斯－喜马拉雅造山带之下，微幔块数量逐渐减少，个体逐渐增大；西半球北美

（图1-12）

深度660km全球微幔块层析成像及解释

180° 150°W 120°W 90°W 60°W 30°W

N 90° N 60° N 30° 0° 30° S 60° S 90° S

40～30 Ma

-1 0 1

相对P波速度扰动/%

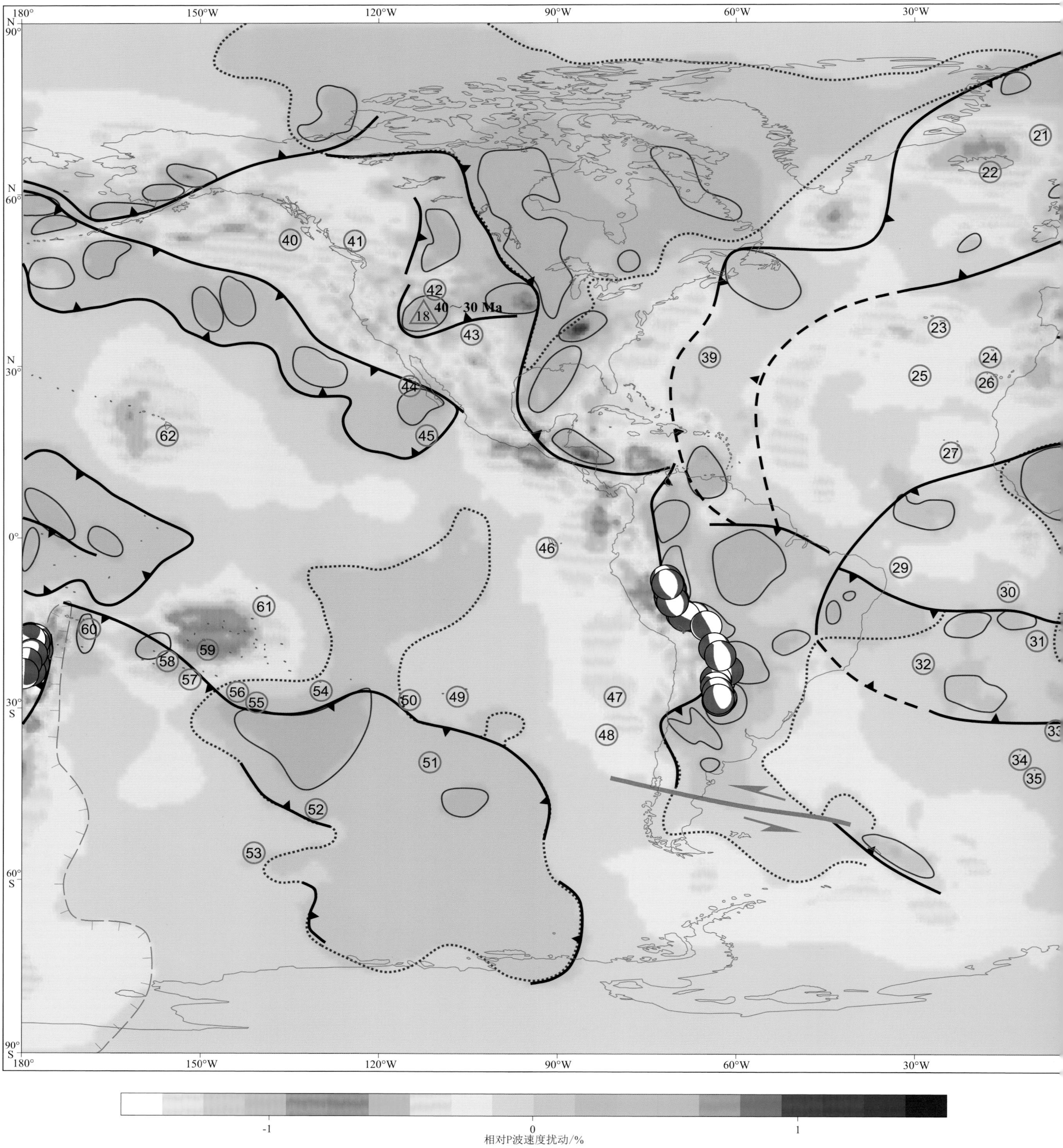

洲下部线性分布的微幔块群也是中新生代产物。中亚、东亚和南半球可能保存了印支期早期、加里东期构造格局，原潘吉亚和潘吉亚的超大陆汇聚中心依然稳定存在，位置基本变化不大，且上层高速异常体表现为撕裂的一些分散微幔块反而在这个深度开始塑性聚合，且以垂直运动占主导。北美洲和南美洲西缘东太平洋内的NW向热点分带似乎与这个深度的低速异常体分布吻合度较高，而与1350km深度以深的低速异常体关联性较差。

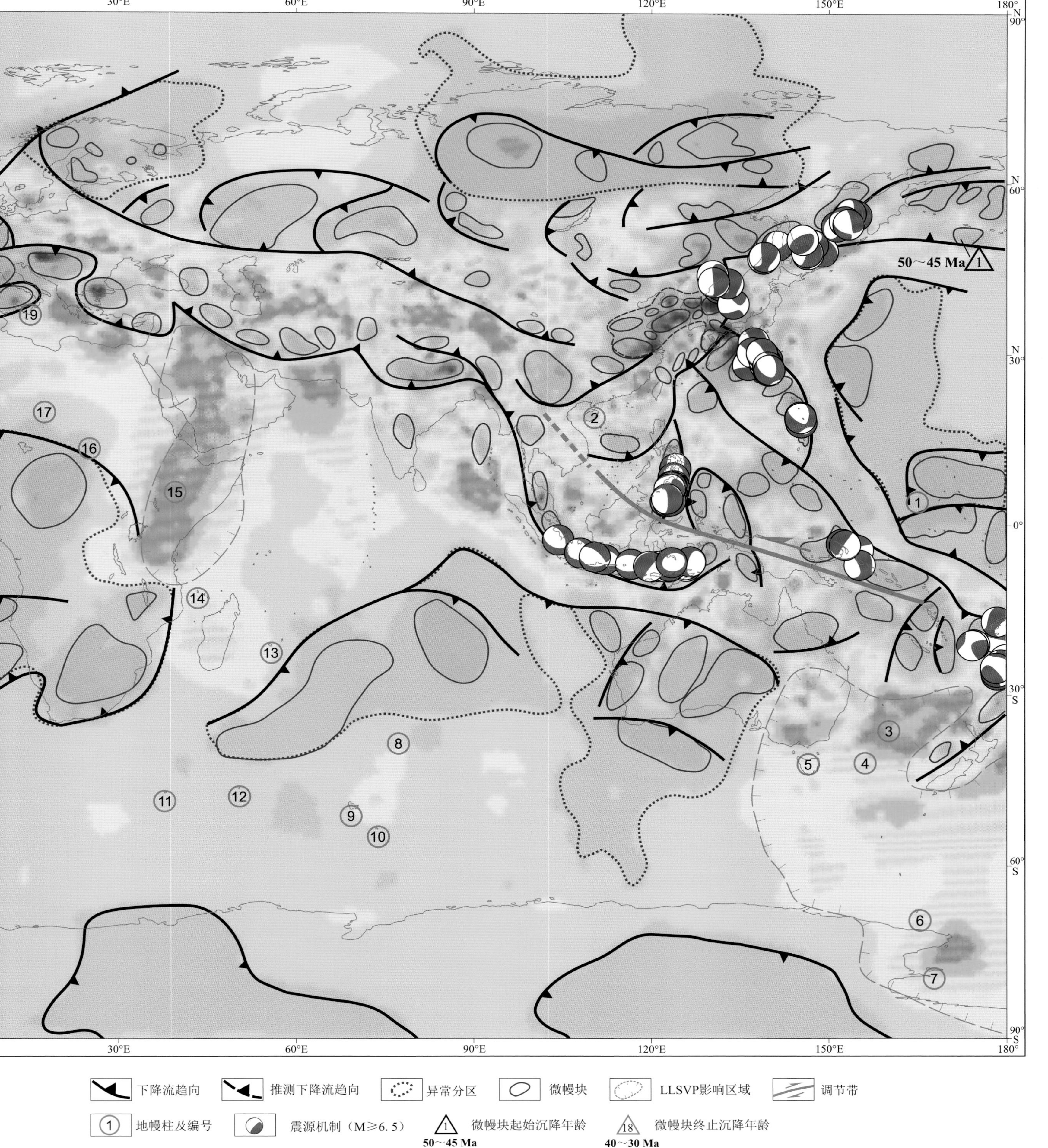

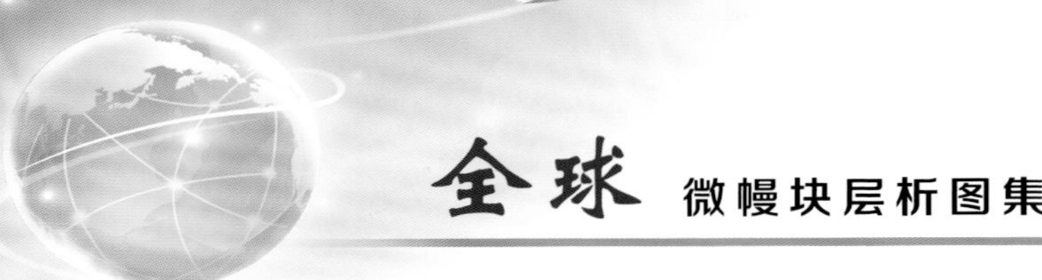

图 1-13 为深度 750km 全球微幔块层析成像及解释。该图叠合了 400Ma 的板块重建方案，对比可知，原潘吉亚超大陆汇聚中心与加里东期微幔块群聚合中心基本吻合。该层似乎新生代构造格局保存较少，除印度大陆下部回卷的微幔块、澳大利亚北侧和东侧俯冲断离的微幔块、中国东北一些微幔块、阿尔卑斯造山带个别微幔块外，主体是新生代之前的构造格局。高速体异常体总体分布于三个区带。首先，西半球呈南北向串珠状异常，可能与法拉隆、菲尼克斯板块在中生代晚期板块俯冲相关；其次，东半球主要与新特提斯洋、蒙古-鄂霍次克洋消亡相关，特别是阿尔卑斯-喜马拉雅地带东西走向的高速异常体呈显著

（图1-13）

深度750km全球微幔块层析成像及解释

180° 150°W 120°W 90°W 60°W 30°W

JASON

85～78 Ma

700～60 Ma

-1 0 1

相对P波速度扰动/%

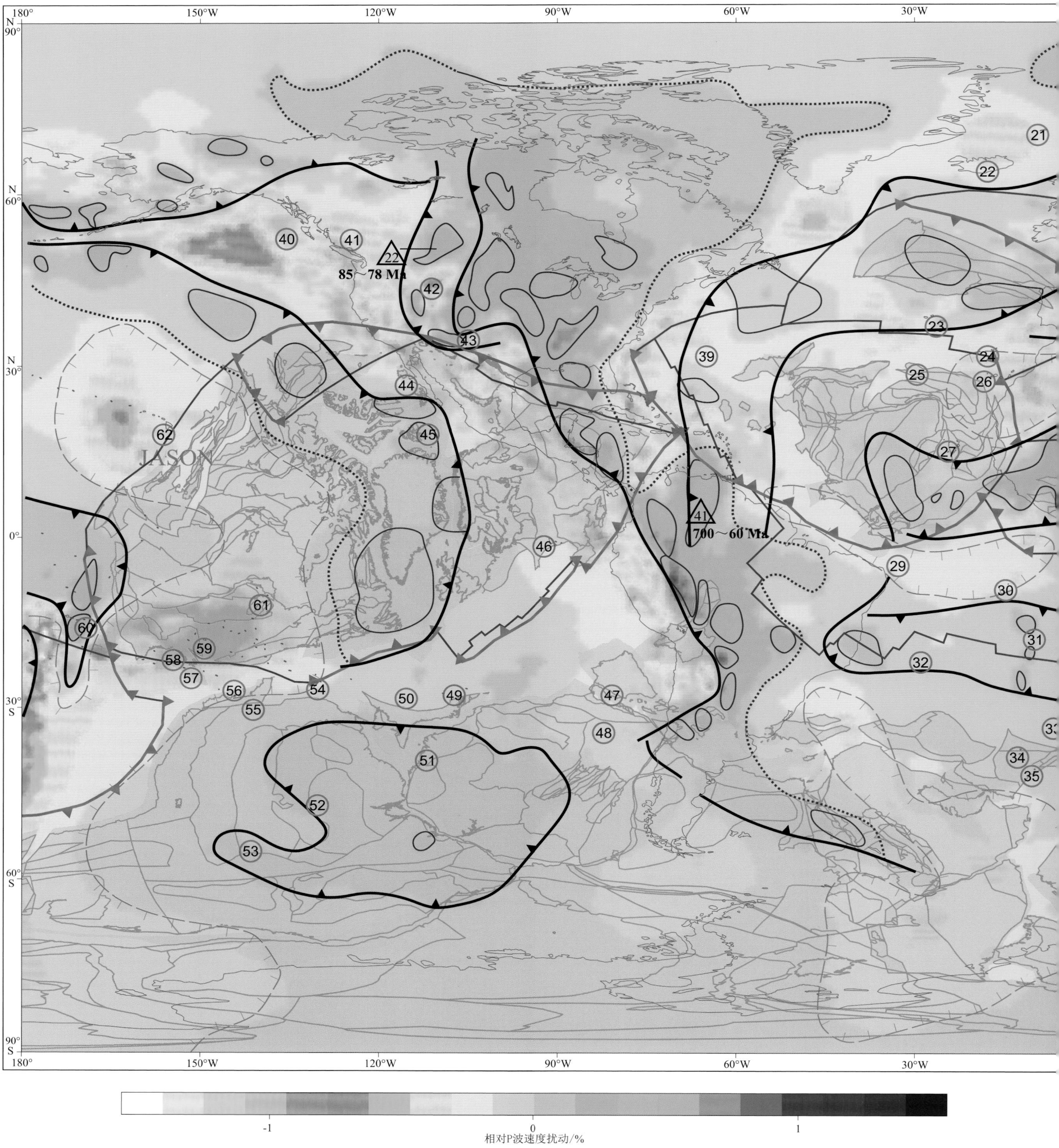

的串珠状展布，微幔块分布场所与新特提斯洋俯冲带的分布相对应；第三，现今南美洲和非洲之间及印度洋中，东西走向的原特提斯洋、瑞克洋闭合所形成的微幔块聚合趋势更加明显。东半球东亚低速异常体进一步汇聚，东半球南大洋与西半球低速异常体与裂解或洋中脊扩张相关，低速异常区逐步扩大，可见这个低速异常体与核幔边界（core mantle boundary，CMB）之上的 LLSVP 密切相关。特别是南海下部古南海北侧（可能为古太平洋一部分）微幔块消失，而婆罗洲之下古南海南侧（可能为古太平洋一部分）微幔块出现（Zhu et al.，2022）。

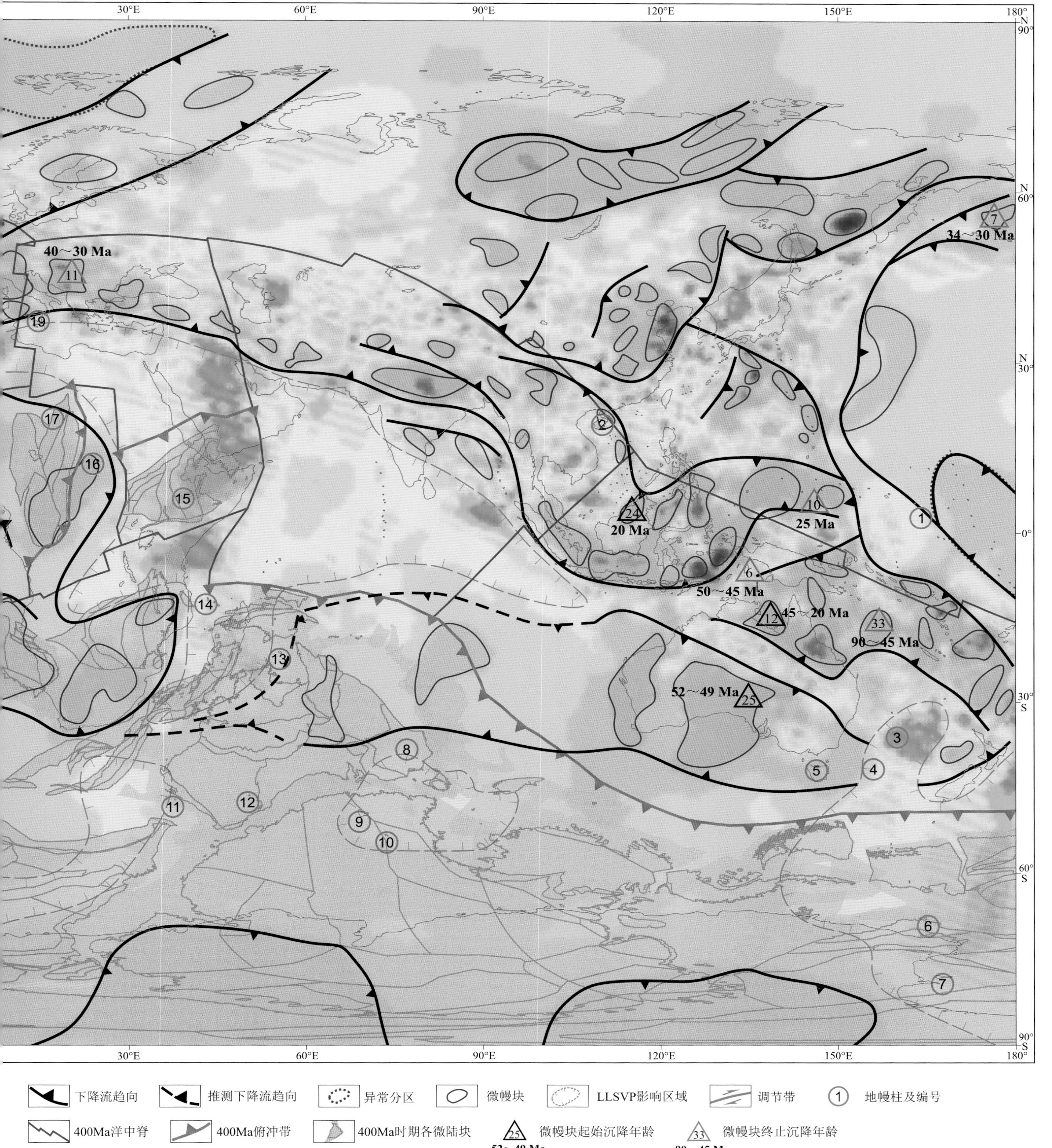

图 1-14 为深度 800km 全球微幔块层析成像及解释。同上图，该层新生代构造格局保存较少，除印度大陆下部回卷的微幔块、澳大利亚北侧和东侧俯冲断离的微幔块、中国东北一些微幔块、阿尔卑斯造山带个别微幔块外，主体是新生代之前的构造格局。此图东半球，微幔块分布场所与向东开口的喇叭状古特提斯洋俯冲带对应关系显著。特提斯洋消失形成的三条俯冲带依然可见，分别是：华南下部的可能为古特提斯洋北支的微幔块群，华南与印支地块之间的可能为古特提斯洋南支的微幔块群，从阿尔

（图1-14）

深度800km全球微幔块层析成像及解释

-1　0　1

相对P波速度扰动/%

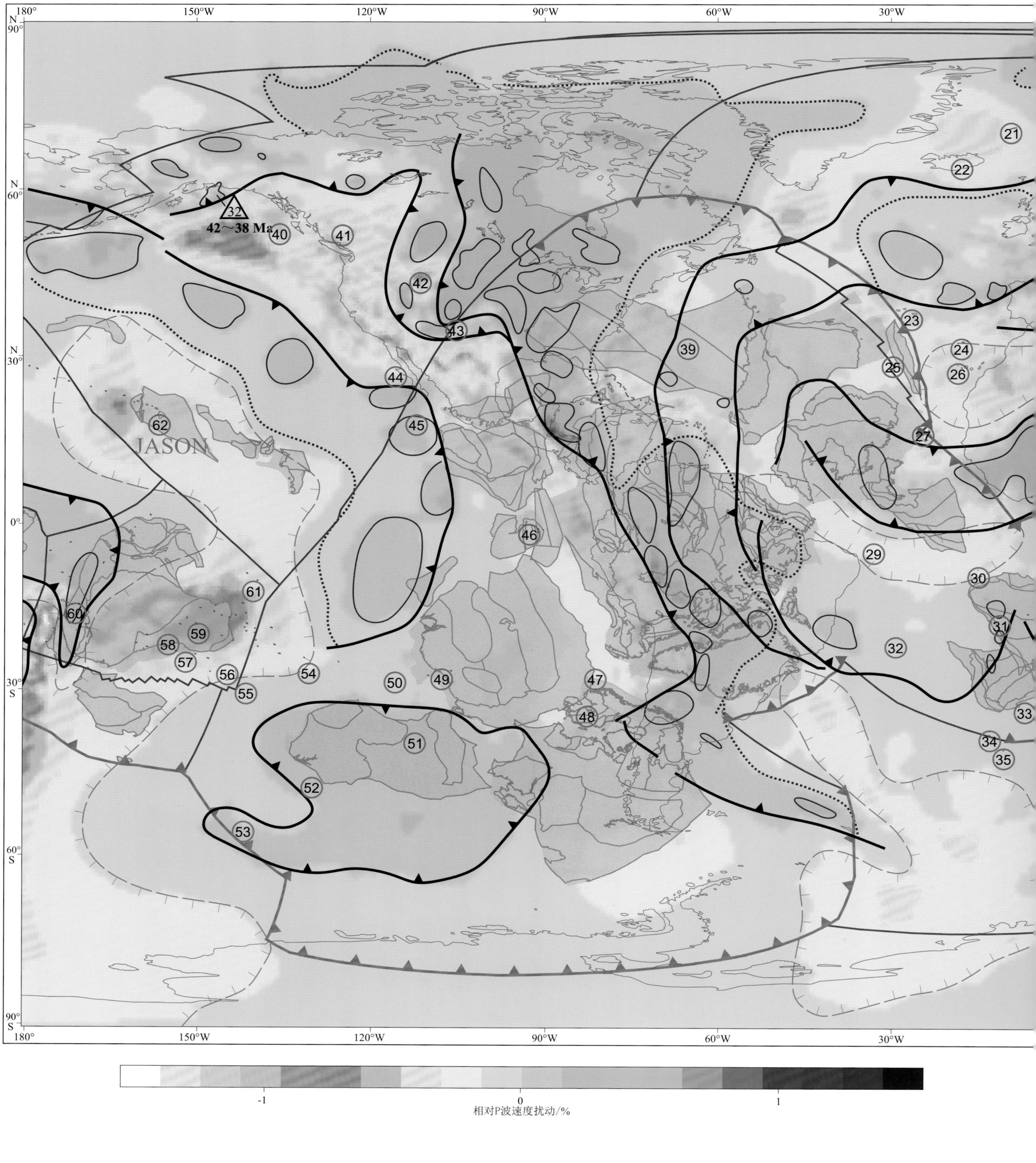

卑斯延伸到东南亚一带的则可能为新特提斯洋的微幔块群。这三条微幔块群之间被三条低速异常带分割。此层以上的层析成像皆揭示出微幔块群分带的后缘都有低速异常分带出现。该图叠合了900Ma的板块重建方案，该方案与其他很多重建方案都将罗迪尼亚超大陆汇聚中心置于30°N左右，如Li等（2023）重建的820~800Ma罗迪尼亚超大陆汇聚中心。从西半球看，除了北美洲到南美洲西侧的下部微幔块呈近南北向分布，且与中生代俯冲板片断离相关外，一些可能为加里东期的微幔块聚合中心与原潘吉亚超大陆汇聚中心一致，但更偏罗迪尼亚超大陆汇聚中心。此层及以下深部层析图像还显示，空间上一些热点分布与低速异常体对应性越来越高，说明这些热点起源较深。

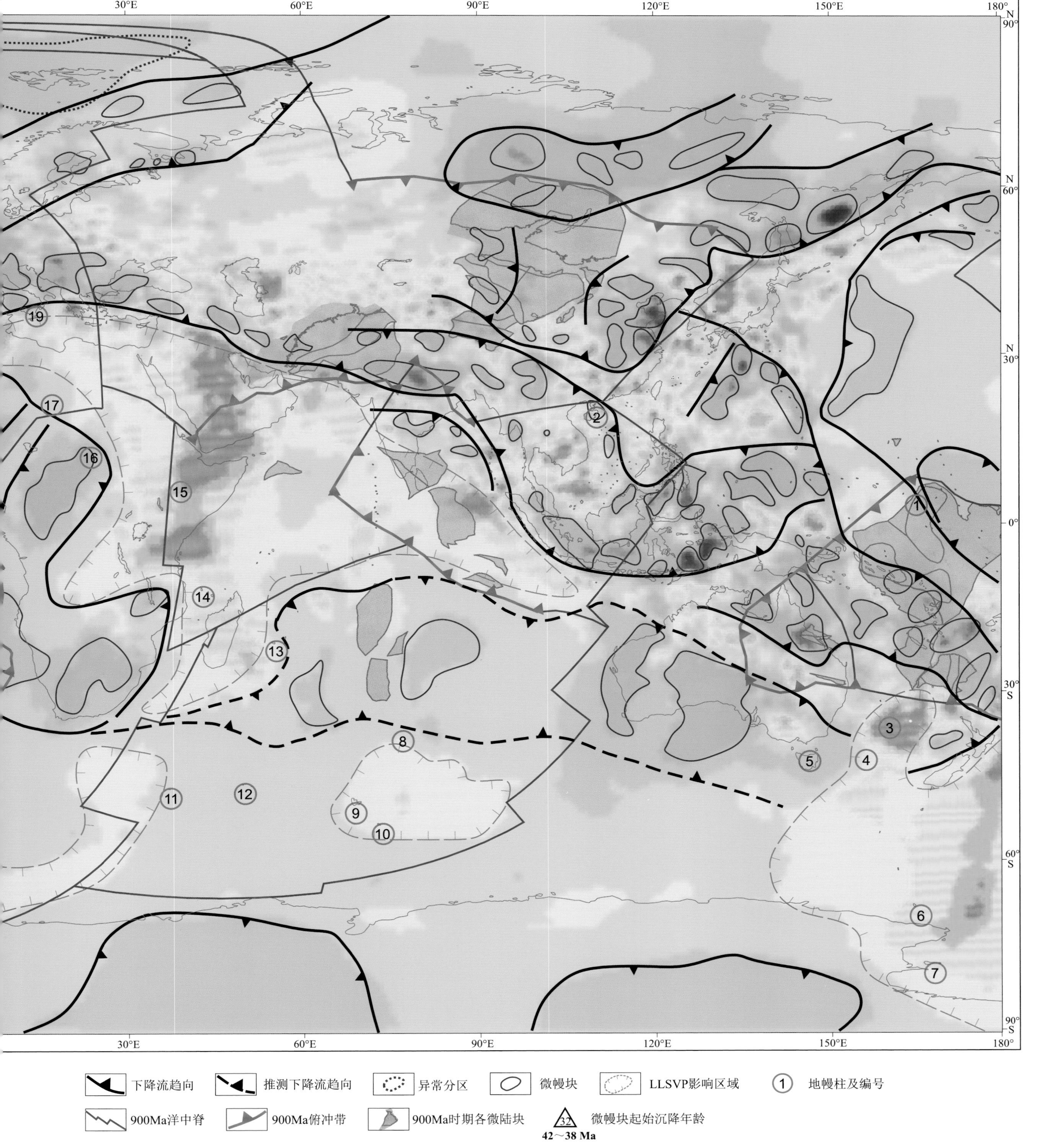

图 1-15 为深度 900km 全球微幔块层析成像及解释。1100~900Ma 或 900~750Ma 曾被认为是罗迪尼亚聚合的峰期时间（Li Z X et al., 2008, 2023），故该图叠合了罗迪尼亚超大陆 1100Ma 聚合过程的板块重建，其板块聚合中心位于西半球的北美古陆和波罗的古陆之间，这个板块汇聚中心与微幔块分布相关，但不排除此层原潘吉亚微幔块聚合中心也残留有罗迪尼亚超大陆聚合期间的微幔块。根据板块重建，原潘吉亚超大陆期间微幔块的聚合中心大体位于欧洲（图 1-10），但此层欧洲和非洲之下微

（图1-15）

深度900km全球微幔块层析成像及解释

180° 150°W 120°W 90°W 60°W 30°W

N 90° N 60° N 30° 0° 30° S 60° S 90° S

-1 0 1

相对P波速度扰动/%

幔块分布格局似乎与板块重建后的加里东期造山带格局不同，因此，推断罗迪尼亚超大陆聚合塑造了这个微幔块的分布格局。东半球东亚地区特提斯洋消失形成的三条微幔块群依然残存，微幔块分布场所与印支期俯冲带对应关系更加显著，但东北亚的高速异常体分布似乎与深俯冲断离的蒙古－鄂霍次克洋燕山早期消亡相关，而中国东部出现近南北走向微幔块分带，切割了这些东西走向的特提斯洋微幔块群，推测可能是燕山早期古太平洋俯冲带断离的微幔块。通过与图 1-12 的深度 660km 层析异常对比，可以发现该层面之上，美洲地幔中高速异常体向东移动。此外，此层依然保存有婆罗洲之下古南海南侧（可能为古太平洋一部分）的微幔块（Zhu et al.，2022），这些可能都是中新生代构造过程的残存。

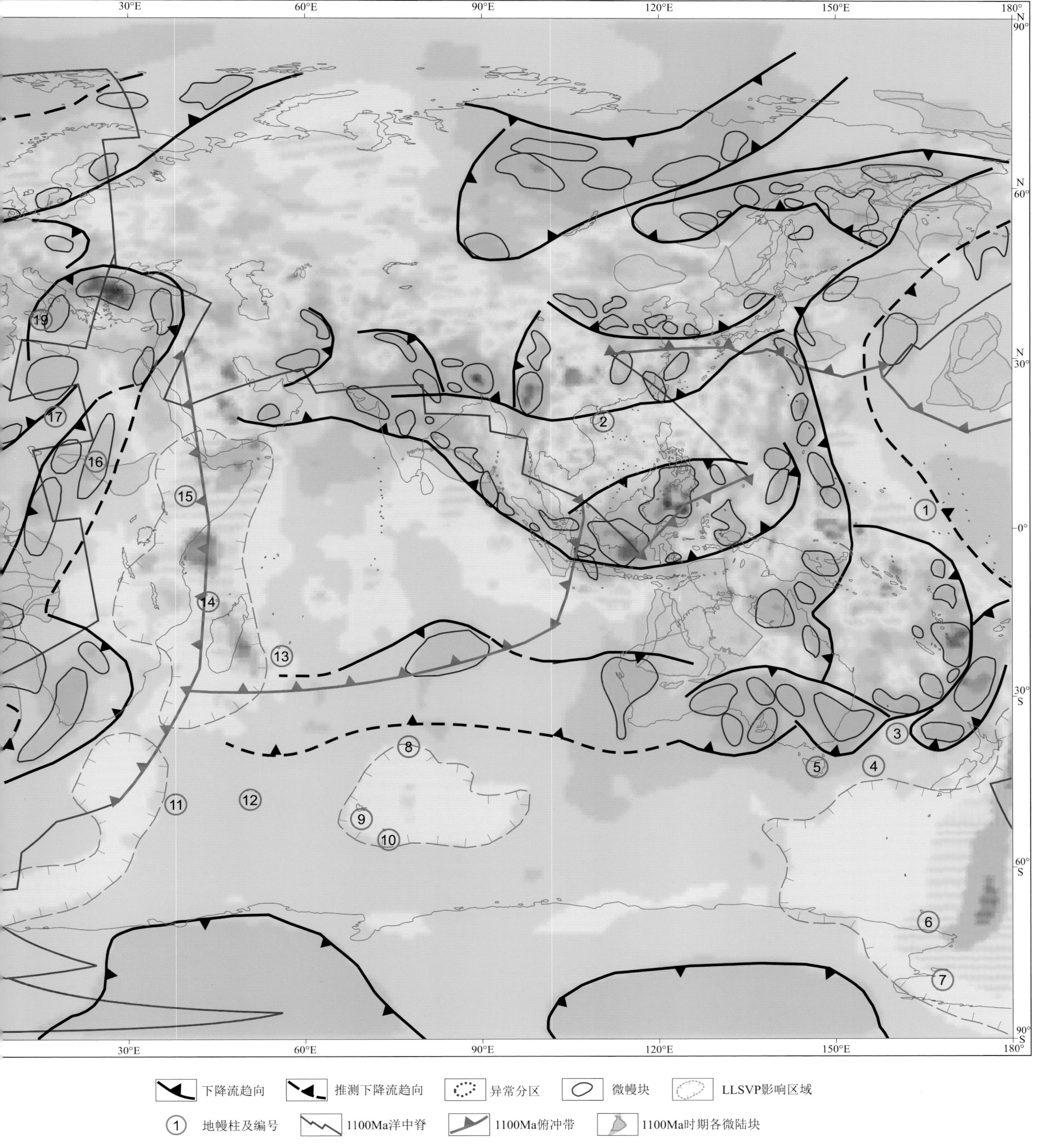

图 1-16 为深度 950km 全球微幔块层析成像及解释。中国东部出现的近南北走向微幔块分带依然清晰，推测可能是燕山期古太平洋俯冲带断离的微幔块；东北亚的高速异常体分布似乎仍与深俯冲断离的蒙古-鄂霍次克洋消亡相关。本层到 1450km 深度的层析图像中 TUZO 的形成过程一目了然，由被破坏而呈现分散特征的低速异常体转变为完整而未被下坠微幔块破坏的 LLSVP。考虑到深地幔热状态，该深度地幔不可能出现对称脆性破裂行为，地幔橄榄岩的塑性流变行为应占主导。以塑性流动为主的微幔块形态更为复杂，并具有聚合趋势。聚合位置依然保持了早期构造中的俯冲场所趋势。通过与图 1-12 的深度 660km 层析异常

（图1-16）

深度950km全球微幔块层析成像及解释

180° 150°W 120°W 90°W 60°W 30°W

N 90° N 60° N 30° 0° 30° S 60° S 90° S

21 22 23 24 25 26 27 29 30 31 32 33 34 35 39 40 41 42 43 44 45 46 47 48 49 50 51 52 53 54 55 56 57 58 59 60 61 62

-1 0 1

相对P波速度扰动/%

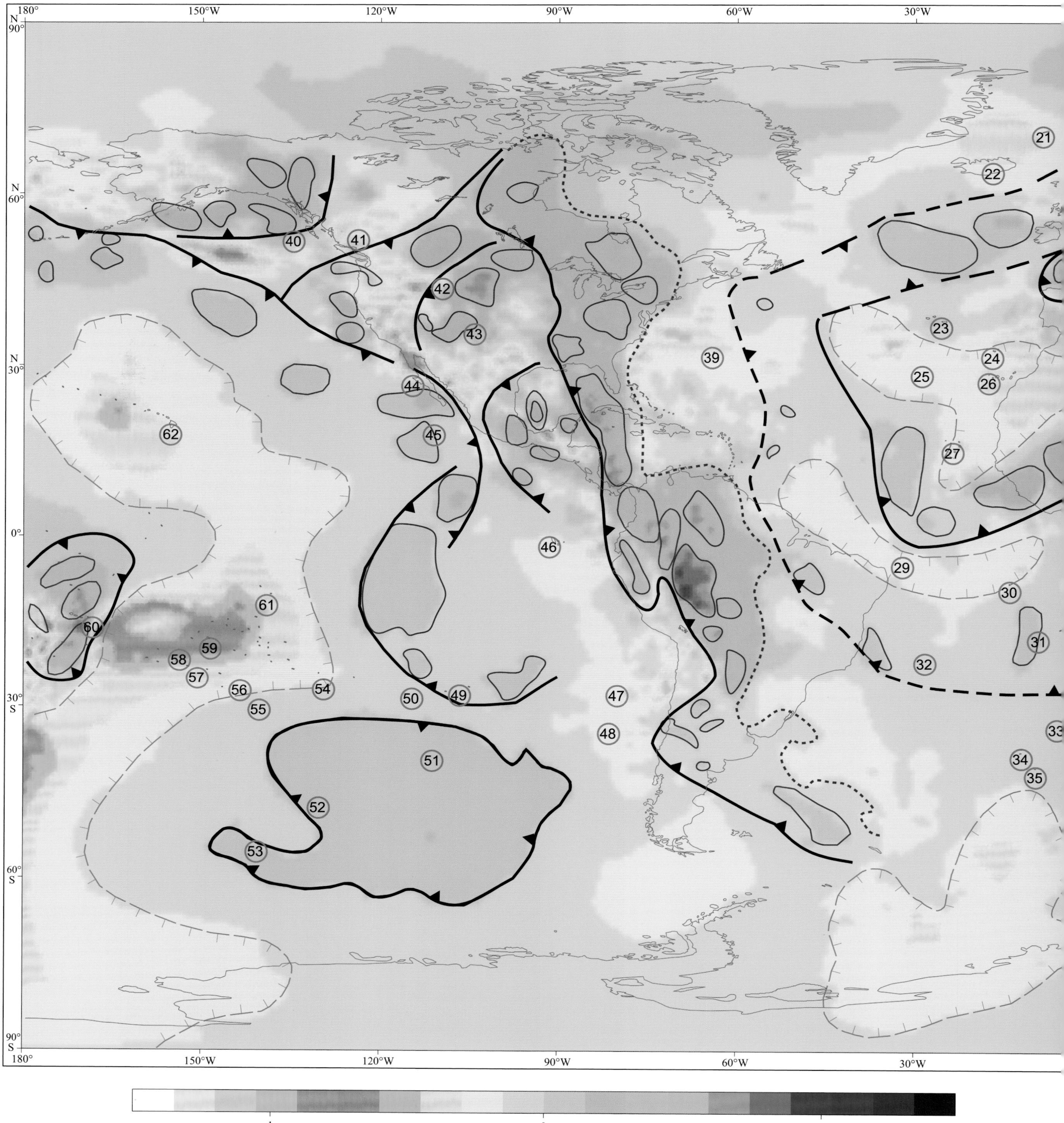

对比，可以发现该层面之上，美洲下部的微幔块群向东移动，而东亚地区新特提斯洋的俯冲带偏南（如青藏高原），这种呈带状分布的微幔块不可能是板片回卷所致，故可能为俯冲带原始位置，即欧亚和印度初始碰撞位置；对比现今燕山期偏北的新特提斯洋缝合线位置，这种俯冲带与缝合带的错位应当与50Ma之后印度大陆岩石圈朝欧亚板块南缘的北向楔入作用有关。婆罗洲下层析显著不同于660km，表明古南海向南俯冲滞留的微幔块依然残存，但该区域微幔块应可能还来源于爪哇-班达俯冲带的断离板片。图幅中部的微幔块分布似乎与加里东构造格局相似但又不同，故推测可能残存尚未下沉的与罗迪尼亚超大陆聚合相关的微幔块，是加里东期和晋宁期微幔块的混合层位。

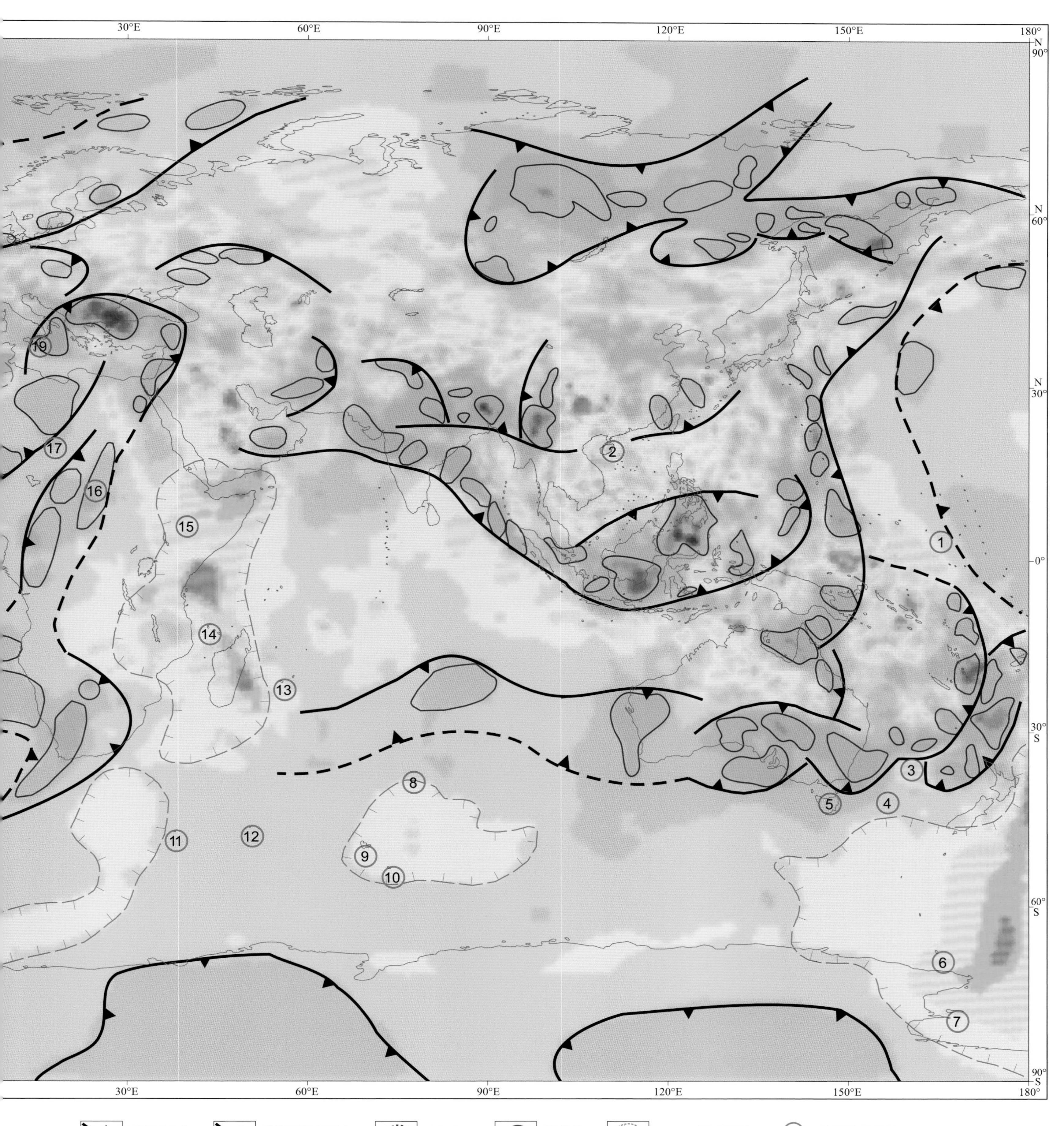

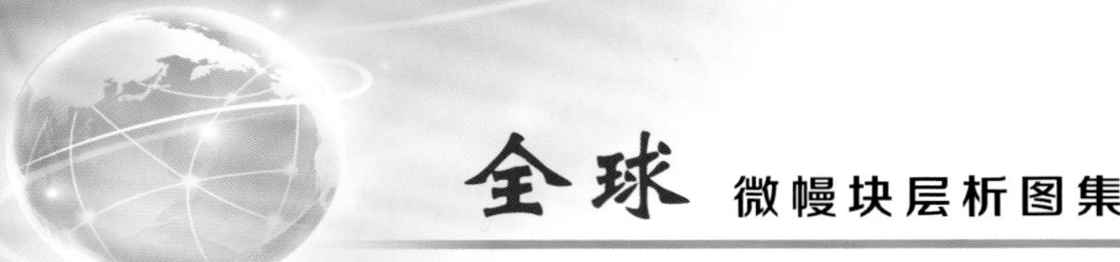

图 1-17 为深度 1000km 全球微幔块层析成像及解释。1000~1200km 也被一些人认为是地幔内部区别于 410~660km 地幔过渡带的另一条重要地幔过渡带。考虑到下地幔的热状态，以塑性流动为主的微幔块形态更为复杂，并具有聚合趋势，聚合位置

（图1-17）

深度1000km全球微幔块层析成像及解释

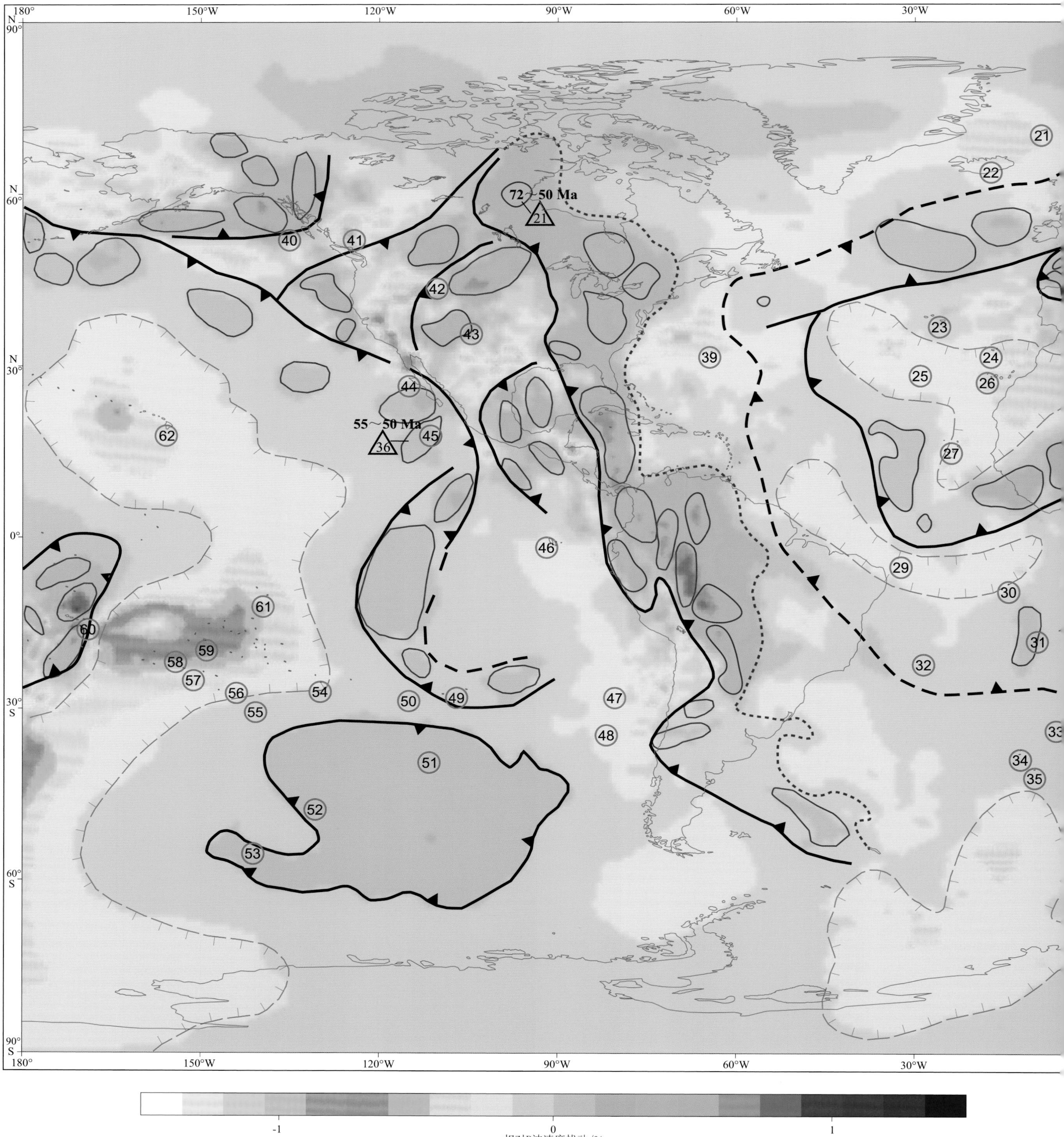

依然保持了早期构造中的俯冲场所趋势。该深度东半球微幔块群似乎与印支期、燕山早期对应很好，与图 1-16 的深度 950km 深层析异常解释总体类似。但是，van der Meer 等（2018）对其中一些微幔块的工作年龄进行了估计，出现一些燕山末期、新生代早期的微幔块，本图集认为这些估计可能偏低。

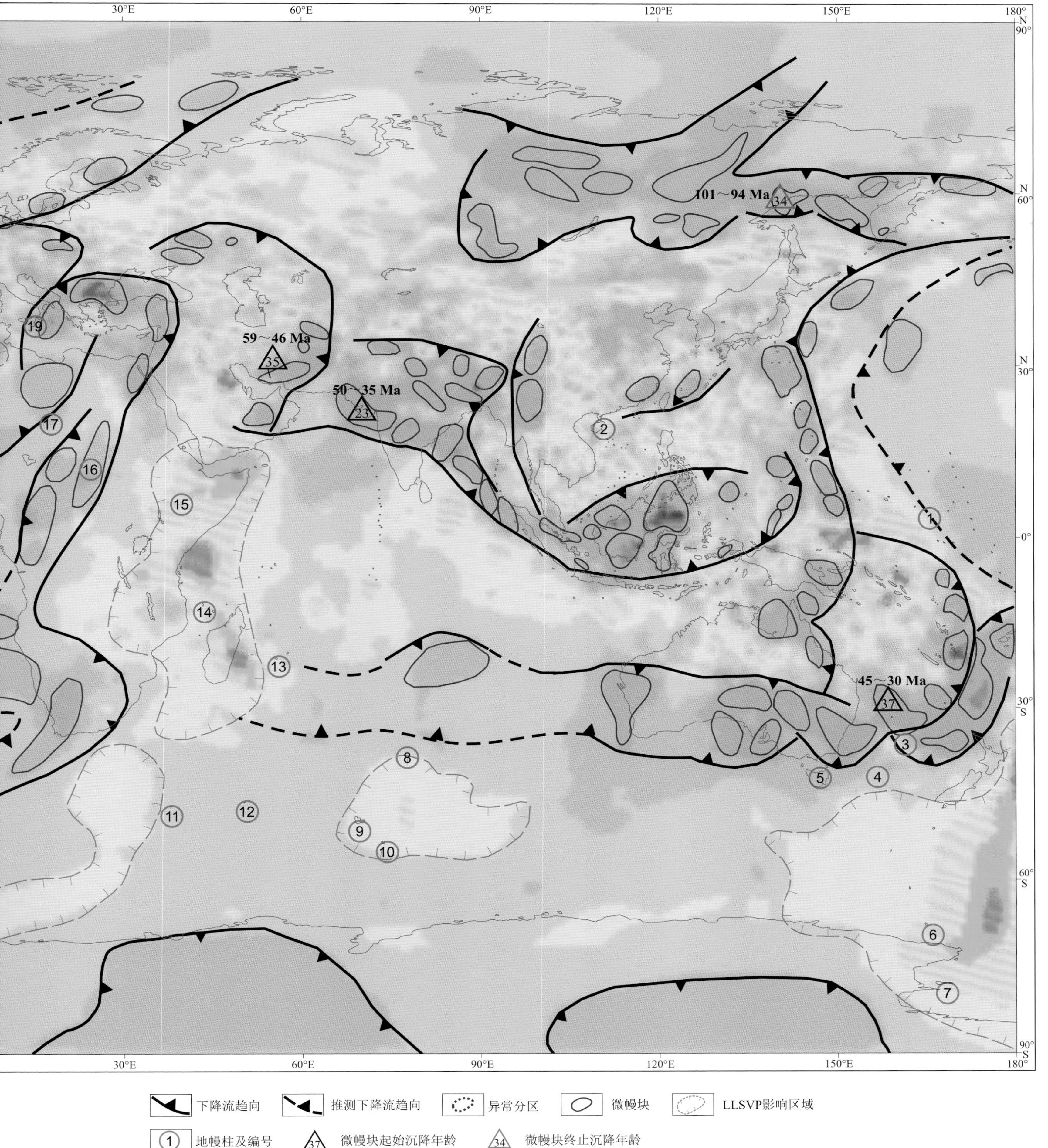

（图1-18）

深度1050km全球微幔块层析成像及解释

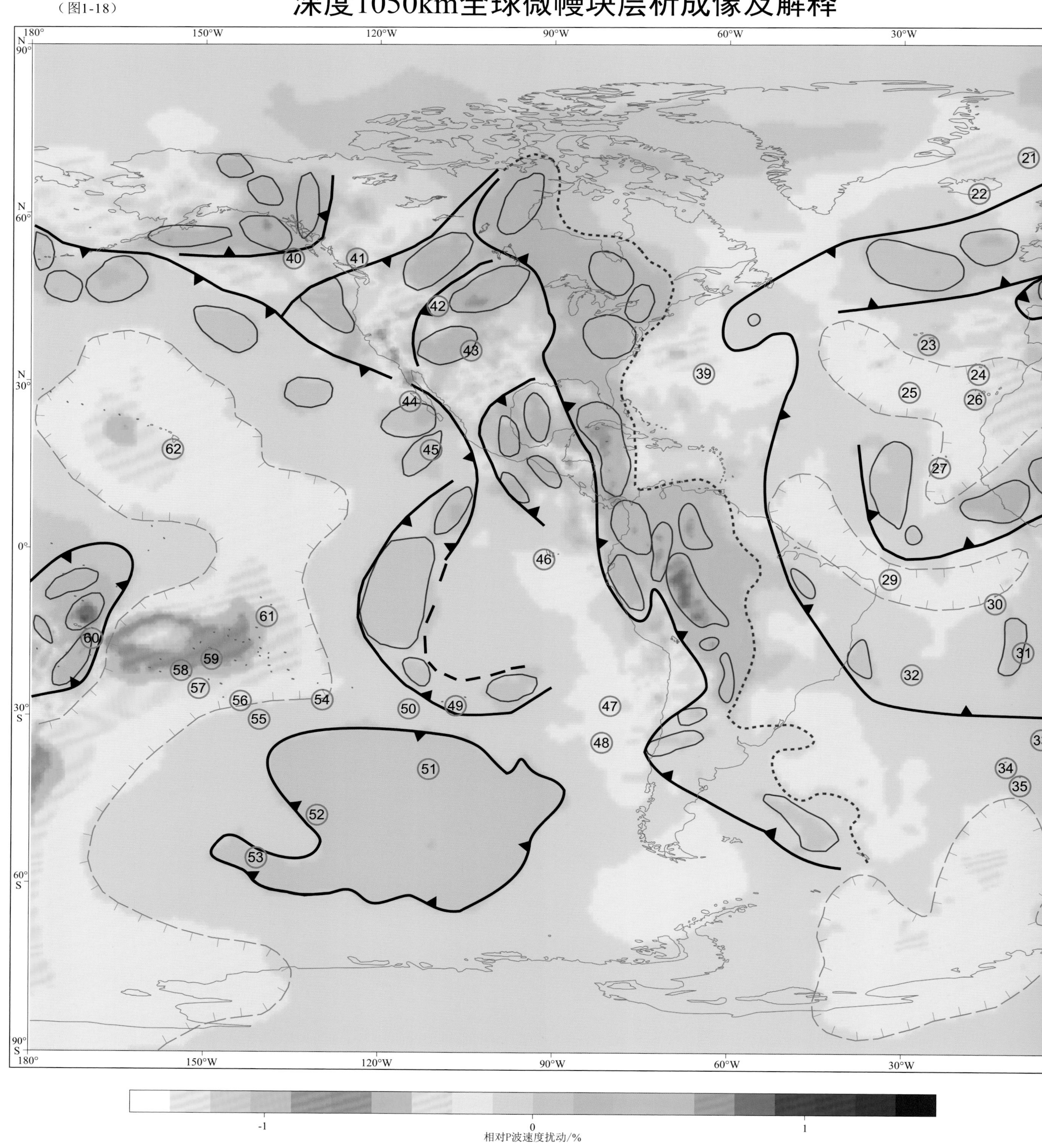

图 1-18 为深度 1050km 全球微幔块层析成像及解释。该层与深度 1000km 层析解释相似。太平洋下的 LLSVP 基本形成，但对跖的 TUZO 还比较分散，表现为 4 个离散的低速异常体，如果将深度转换为年龄，对比 Petersen 等（2018）拆沉诱发地幔上涌的数值模拟，可以推测，相对于太平洋下部的 JASON，TUZO 被下坠的微幔块破坏较早，可能早至加里东期之前。

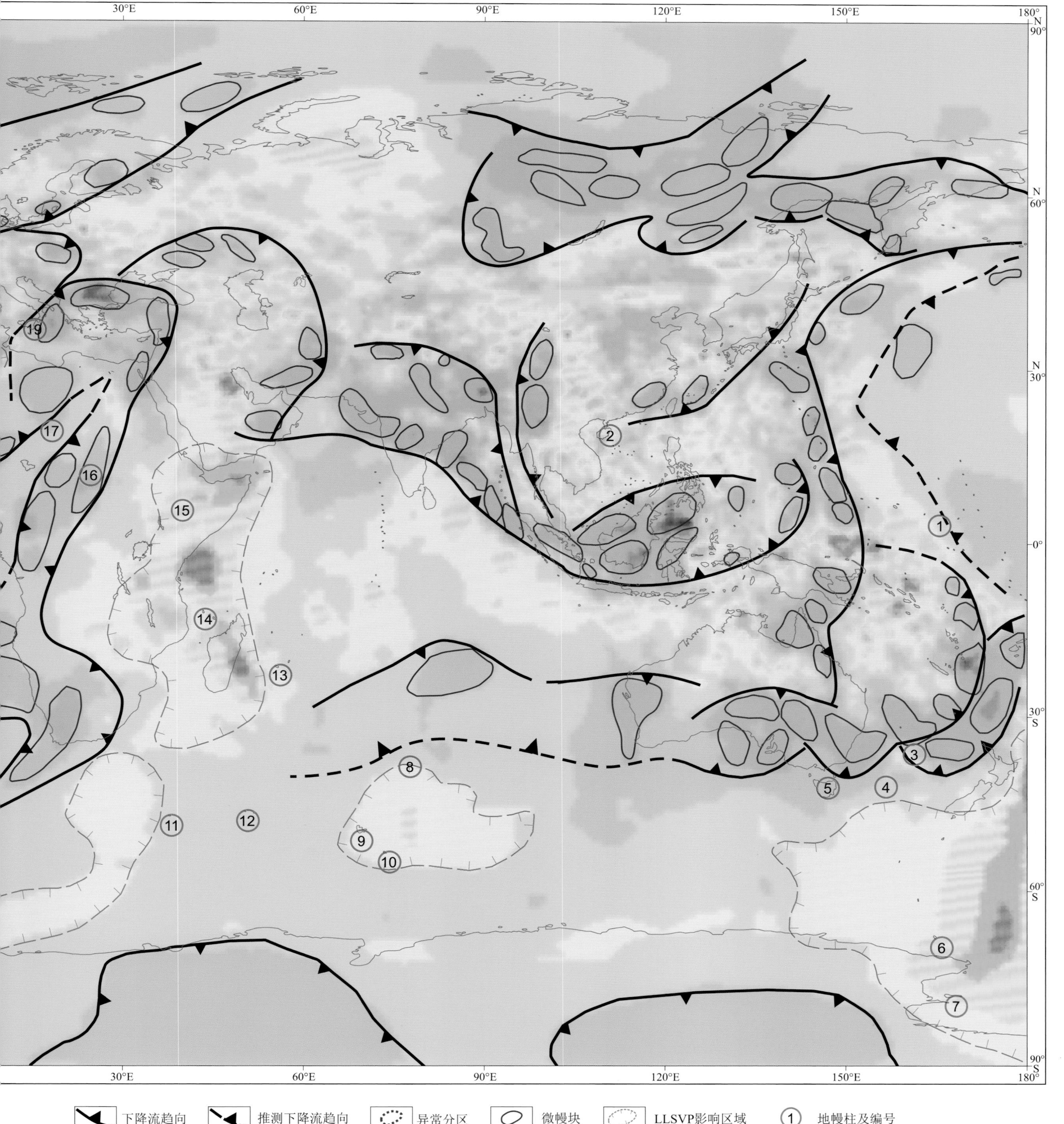

图 1-19 为深度 1100km 全球微幔块层析成像及解释。深度 1000km 以下微幔块形态更为复杂，聚合趋势进一步加强。加里东期原特提斯洋、亚匹特斯洋、瑞克洋的三条微幔块群逐渐不清晰。中亚造山带东段燕山期蒙古－鄂霍次克洋消亡地带的微幔块群还很清楚，van der Meer 等（2018）确定了其中西端的一个微幔块工作年龄最大为 94Ma，但可能偏小，若此，一些高速异

（图1-19）

深度1100km全球微幔块层析成像及解释

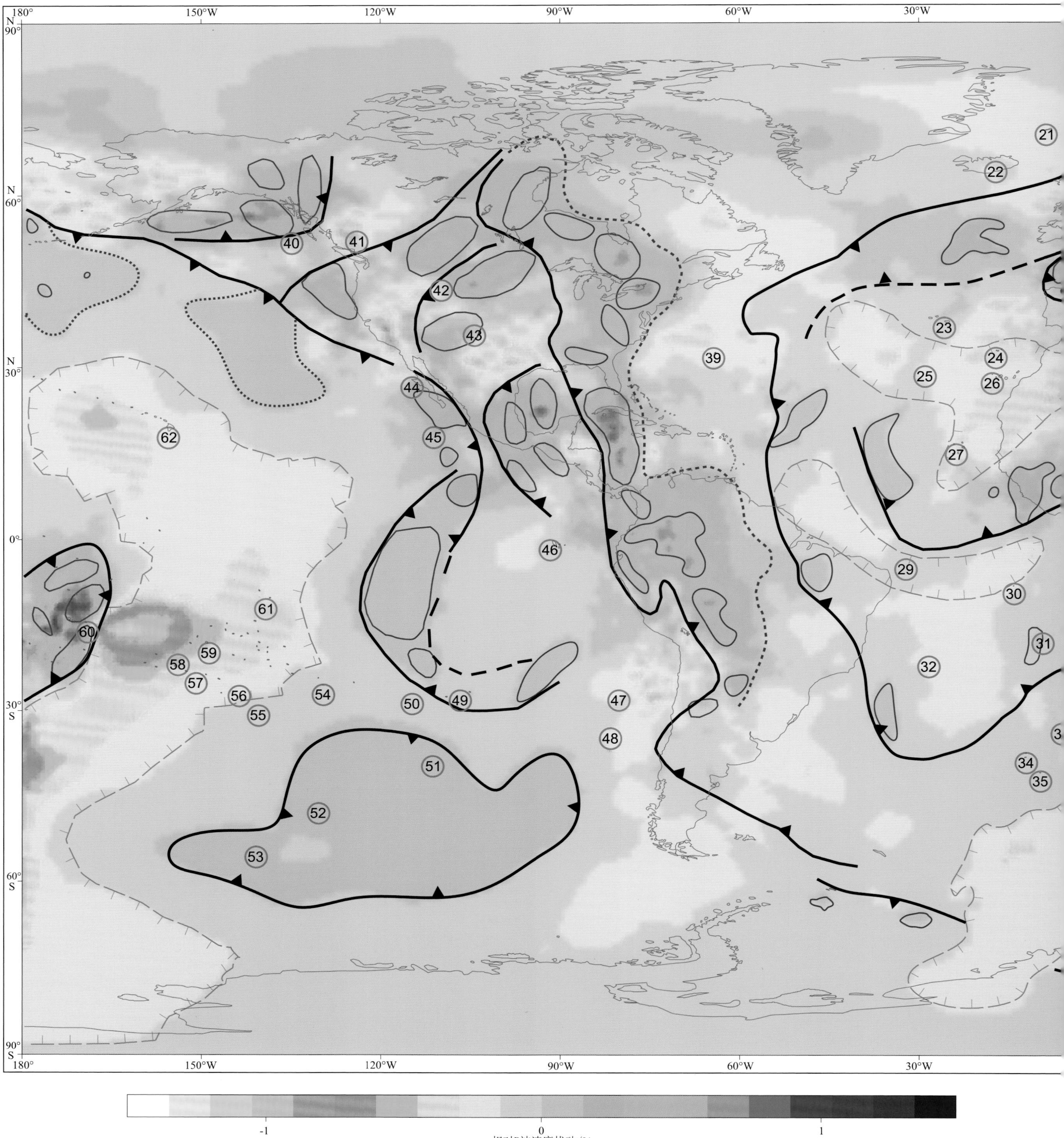

常体似乎是新生代高陡俯冲下来的板片断离所致。同样，van der Meer 等（2018）对安徽下部的微幔块工作年龄解释也可能偏小。此层低速异常体 JASON 首次整体显现，但 TUZO 还处于四分五裂状态，都不是深部 LLSVP 的原本样式。其余与图 1-18 的深度 1050km 层析异常解释总体类似。

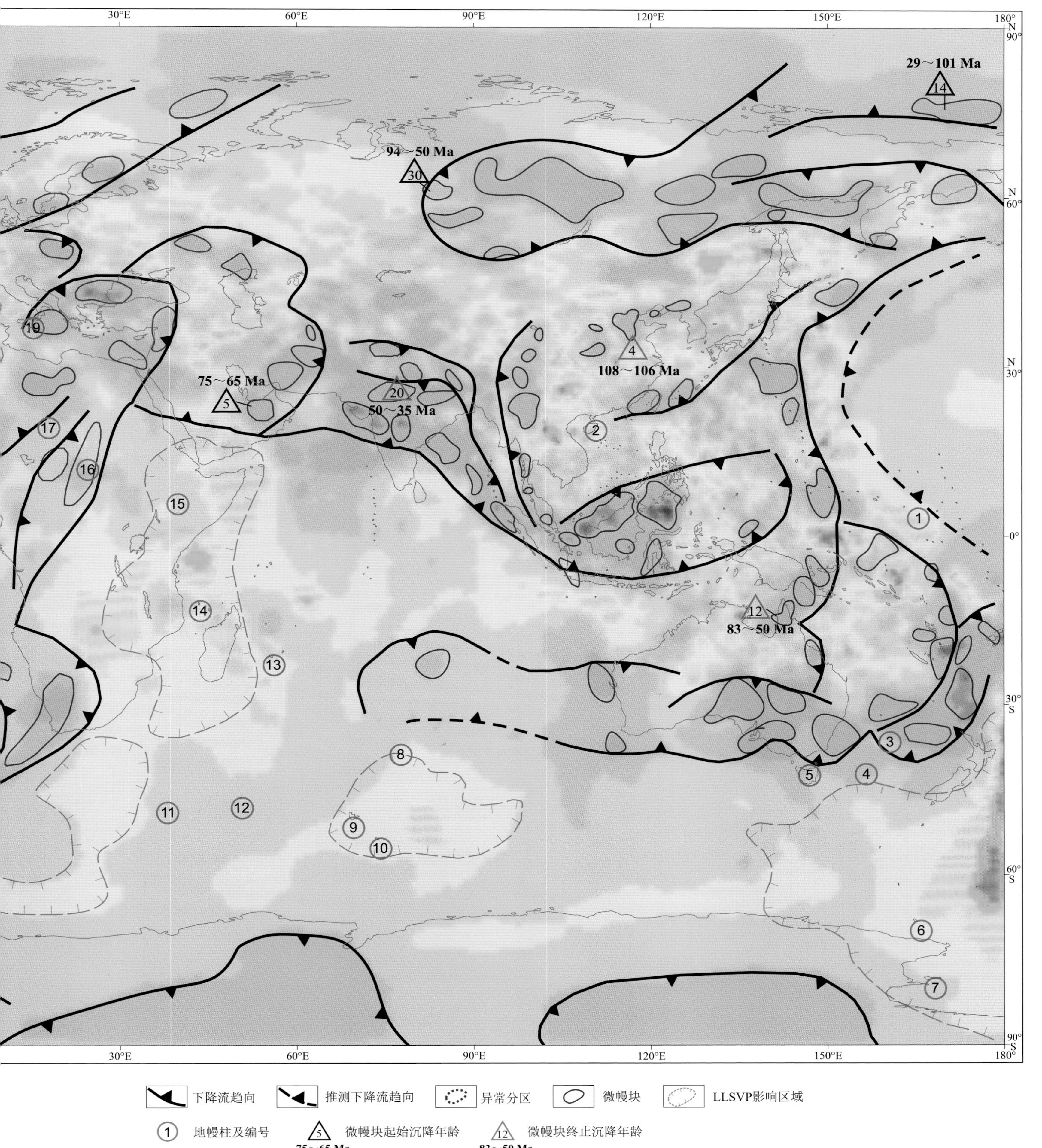

图 1-20 为深度 1150km 全球微幔块层析成像及解释。相比于 1100km，加里东期原特提斯洋、亚匹特斯洋、瑞克洋的三条微幔块群更加不清晰，可能与这些微幔块落入 TUZO 影响区密切相关。显著的高速异常体逐渐聚合为两个大群，东半球的依然保存有古

（图1-20）

深度1150km全球微幔块层析成像及解释

-1　　0　　1

相对P波速度扰动/%

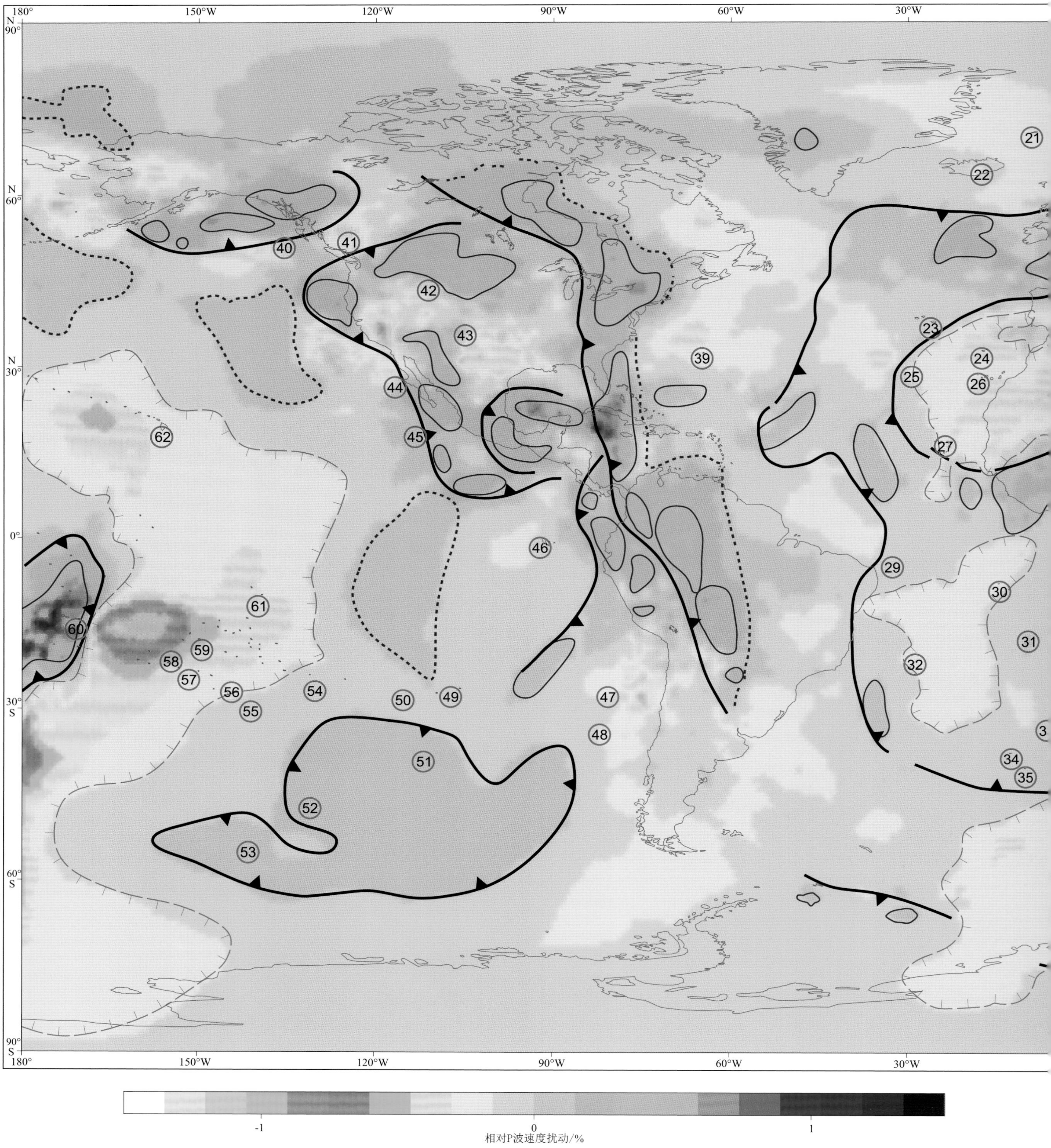

亚洲洋、古特提斯洋消亡的印支期构造格局，而其东侧南北向微幔块群似乎是燕山期古太平洋俯冲带所在位置。西半球的微幔块群西侧分布格局似乎与中新生代构造格局差异甚大，因此可能是更老构造格局的表达，但其东侧微幔块群分布格局依然近南北向分布，似乎与潘吉亚超大陆聚合的俯冲带位置相当。

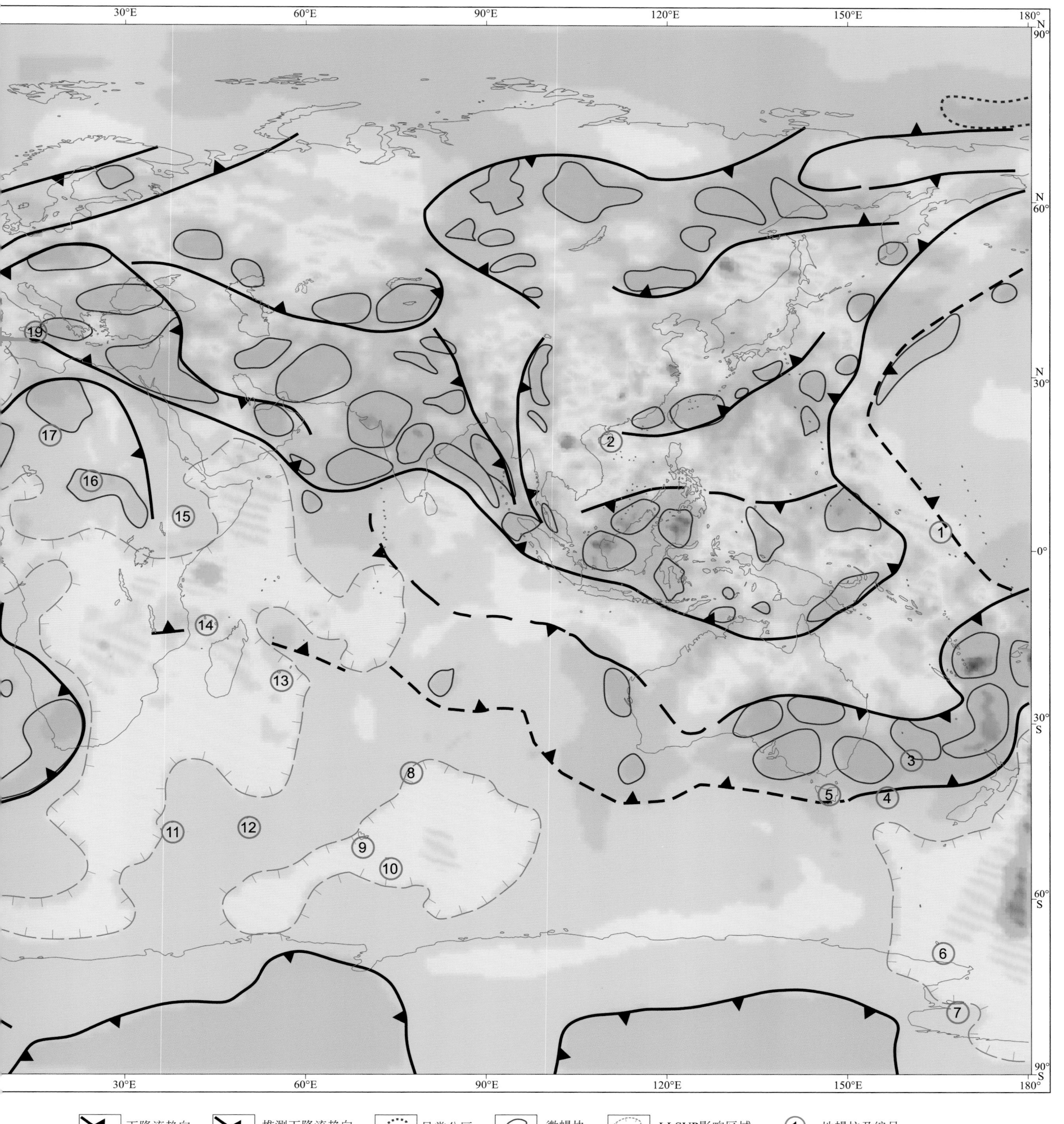

图 1-21 为深度 1200km 全球微幔块层析成像及解释。相比于 1050km 深度，加里东期原特提斯洋、亚匹特斯洋的两条微幔块群基本不见，这同样可能是与这些微幔块落入 TUZO 影响区密切相关。显著的高速异常体逐渐聚合为两个大群，东半球的依然保存有古亚洲洋、古特提斯洋消亡的印支期构造格局，而其东侧南北向微幔块群似乎是燕山期古太平洋俯冲带所在位置。这似乎表明，东亚地区板块构造格局和地幔高速异常体分布格局具有长期稳定的对应关系，而西半球的板块构造格局和地幔高速异常

（图1-21）

深度1200km全球微幔块层析成像及解释

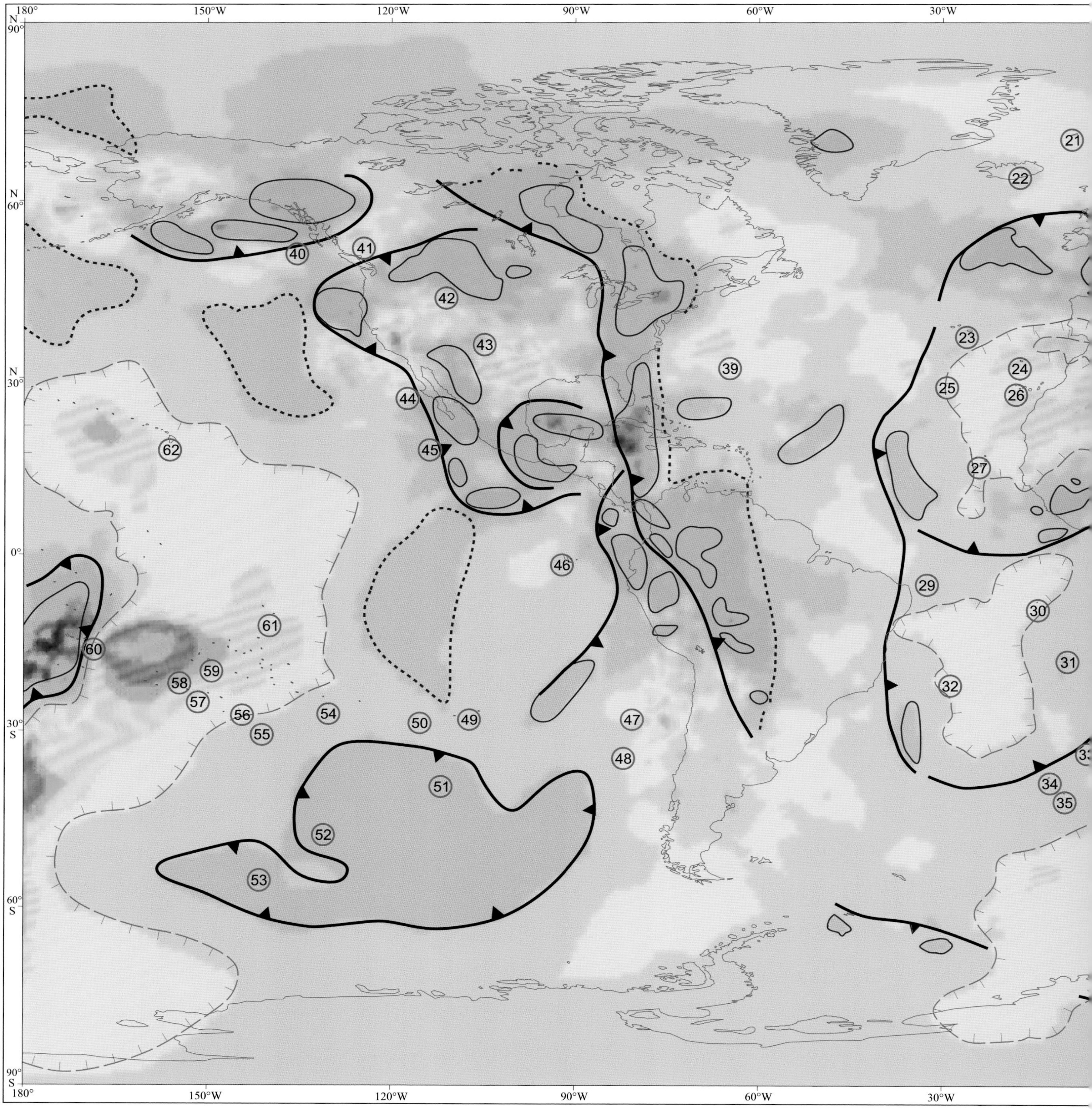

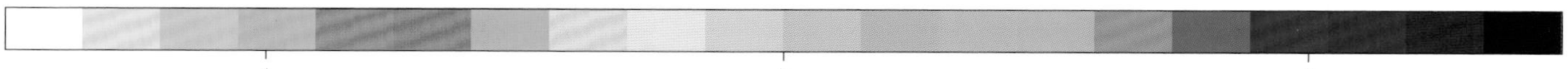

体分布格局对应较差。西半球的微幔块群西侧分布格局似乎与中新生代构造格局差异甚大，因此可能是更老构造格局的表达，但其东侧微幔块群分布格局依然近南北向分布，似乎与潘吉亚超大陆聚合的俯冲带位置相当。TUZO依旧处于四分五裂状态，可见1200km以浅不同层位的微幔块年龄结构是复杂穿插的，但1200km以下几乎难见新生代微幔块。

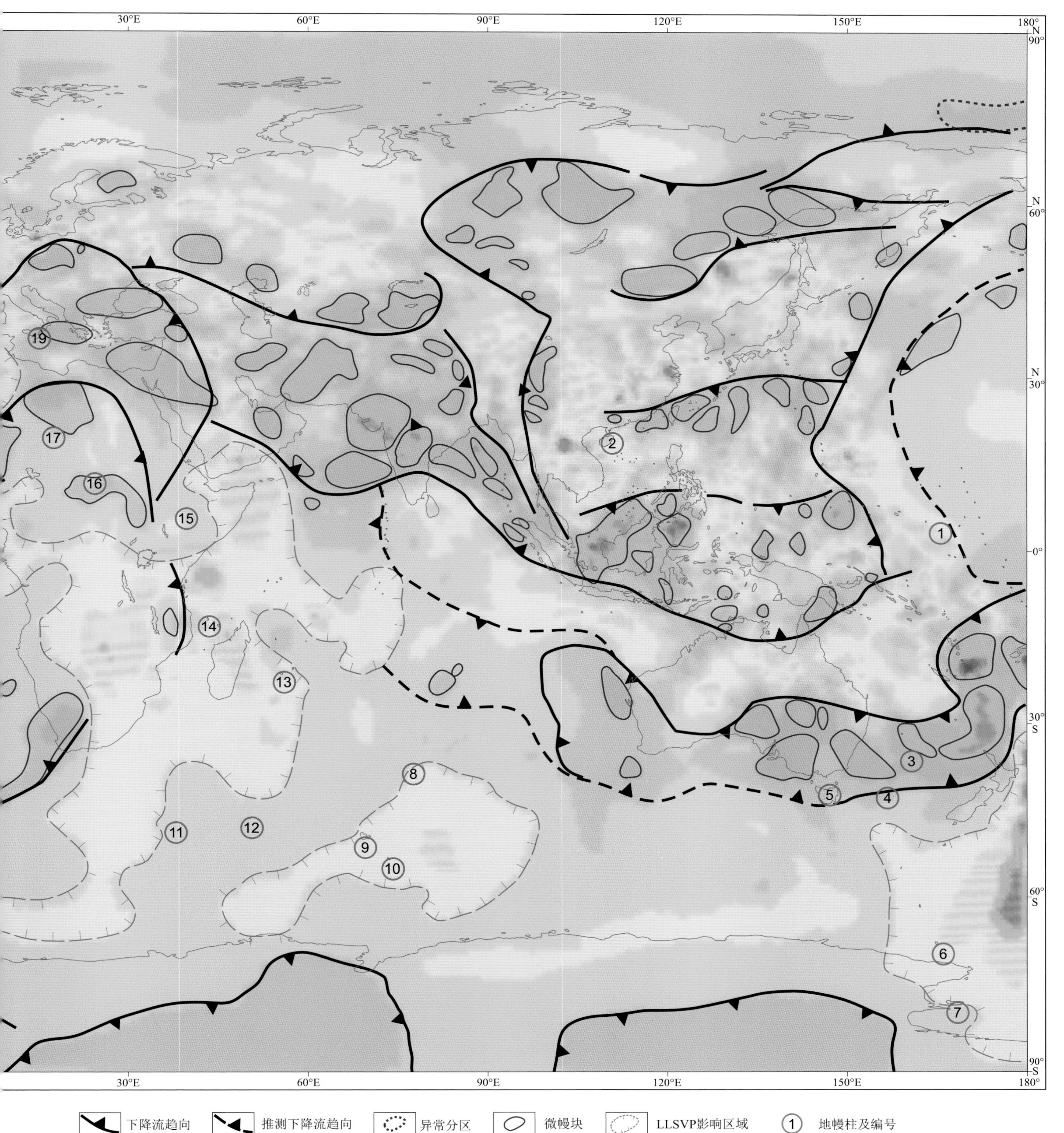

图1-22为深度1250km全球微幔块层析成像及解释。与图1-21深度1200km层析图像的解释类似。TUZO依旧处于四分五裂状态，大部分地表热点分布与此层以深的深部低速异常体空间上对应较好，尽管热点较年轻，但不意味着热地幔上涌就是一个年轻的过

（图1-22）

深度1250km全球微幔块层析成像及解释

85～65Ma

103～94Ma

相对P波速度扰动/%

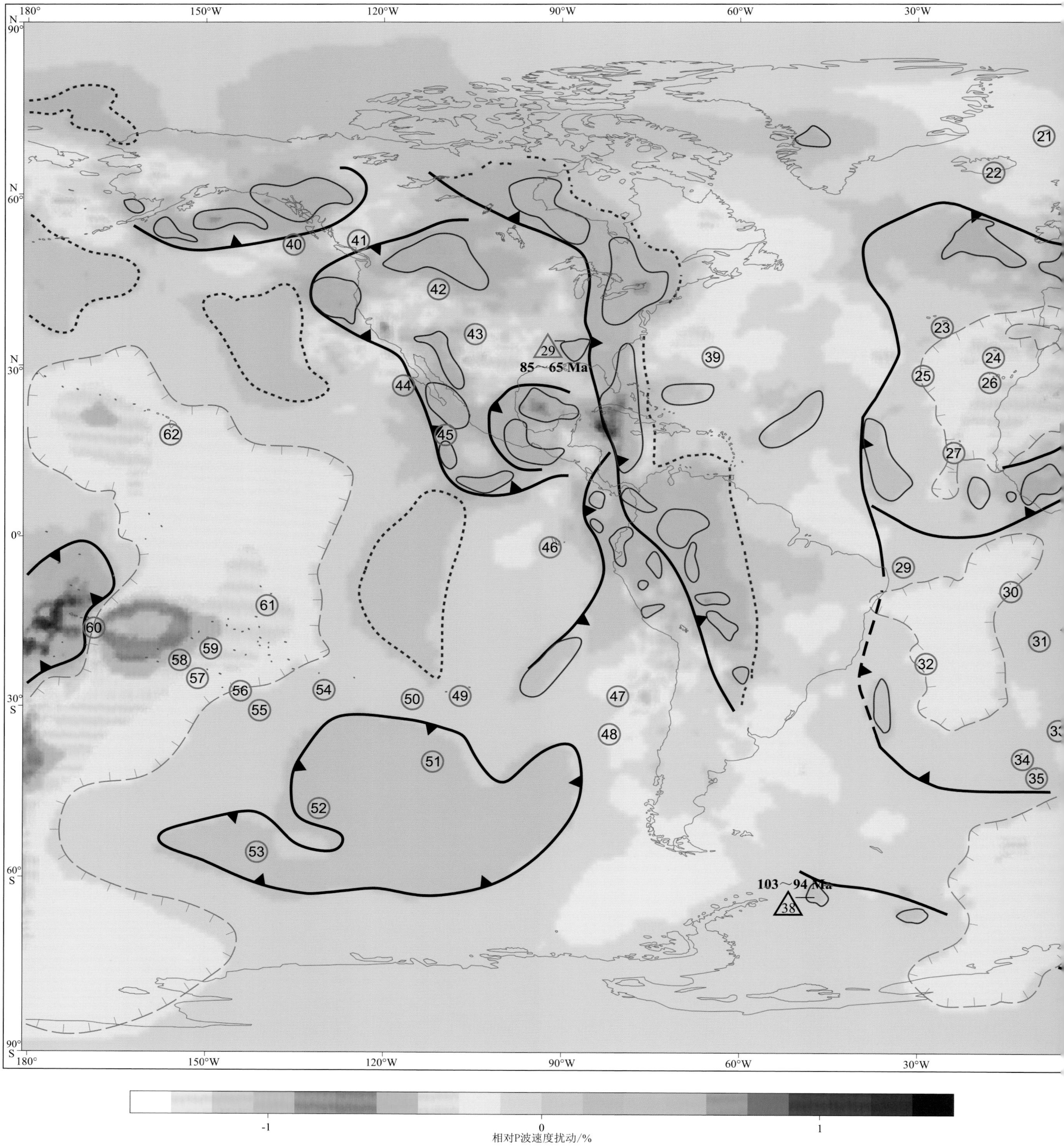

程，它可能是长期缓慢形成的，只不过现今还活跃着。其中，一些微幔块工作年龄被 van der Meer 等（2018）确定为晚白垩世，若此，说明一些年轻的微幔块可能掉到了这个深度。但从该层位整体微幔块分布格局与地表造山带分布、板块重建的俯冲带格局的对应性分析可知，大部分微幔块可能较老。

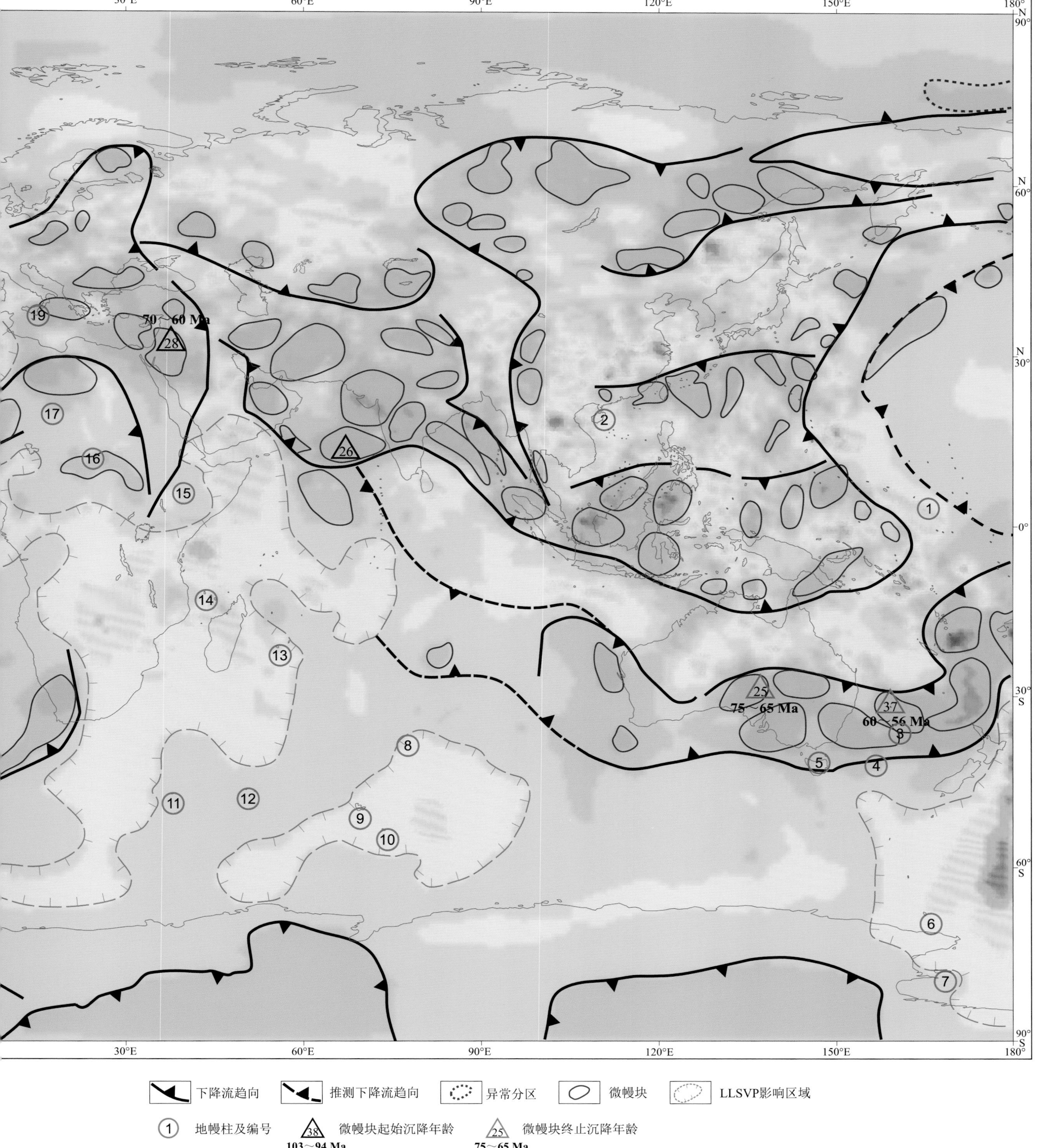

（图1-23）

深度1300km全球微幔块层析成像及解释

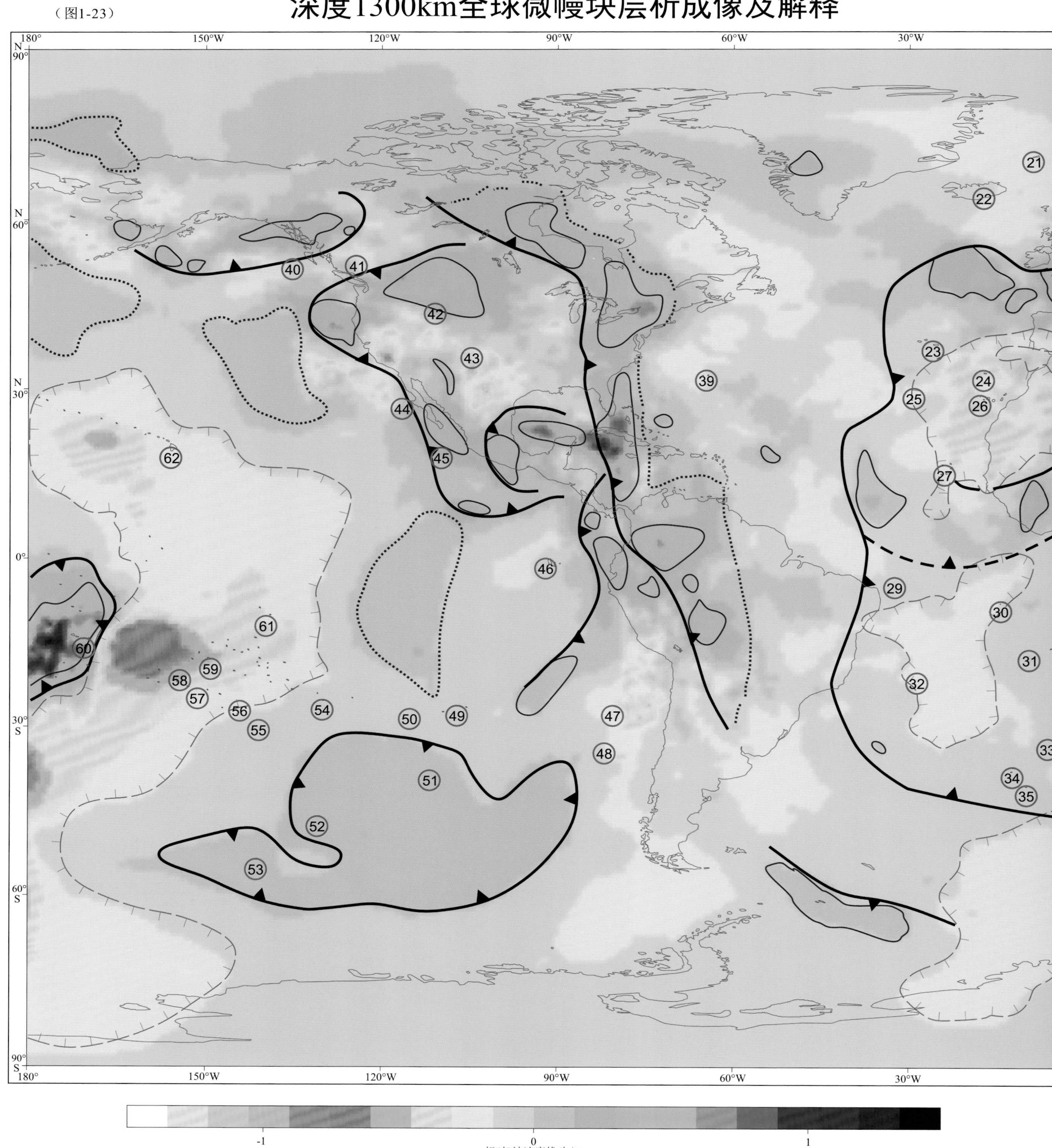

图 1-23 为深度 1300km 全球微幔块层析成像及解释。此层蒙古-鄂霍次克洋消亡形成的微幔块分布格局难以分辨，东亚陆缘东部的燕山期古太平洋俯冲断离形成的微幔块分布格局也不清晰。微幔块整体分为两群，东半球保留有 4 条东西走向的微幔块群；西半球保留有 1 条南北走向的微幔块群，一些微幔块有聚合的趋势，数量减少。图幅中部的微幔块群被 TUZO 影响区复杂形态的低速异常体分割，其南侧的微幔块逐渐消失。

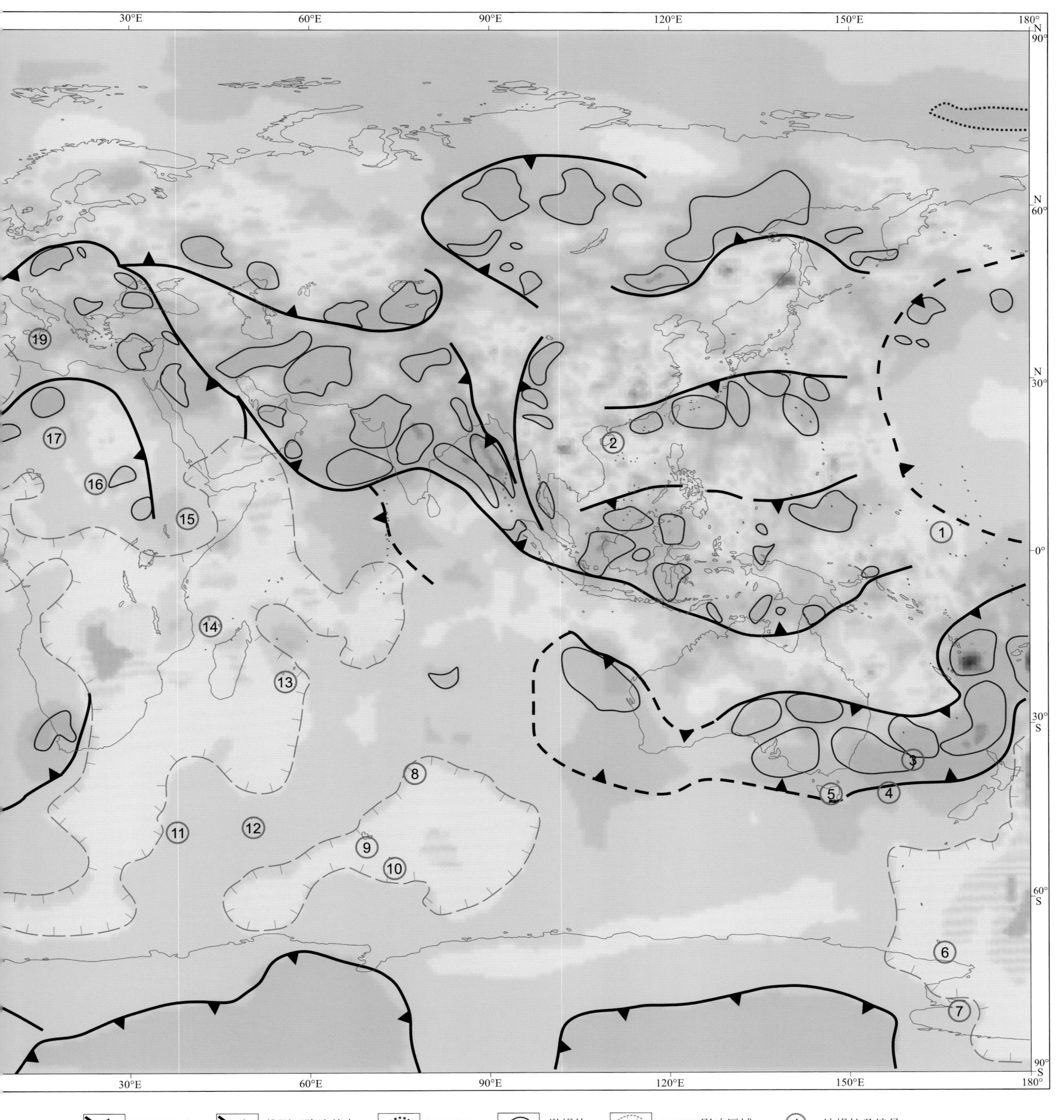

（图1-24）

深度1350km全球微幔块层析成像及解释

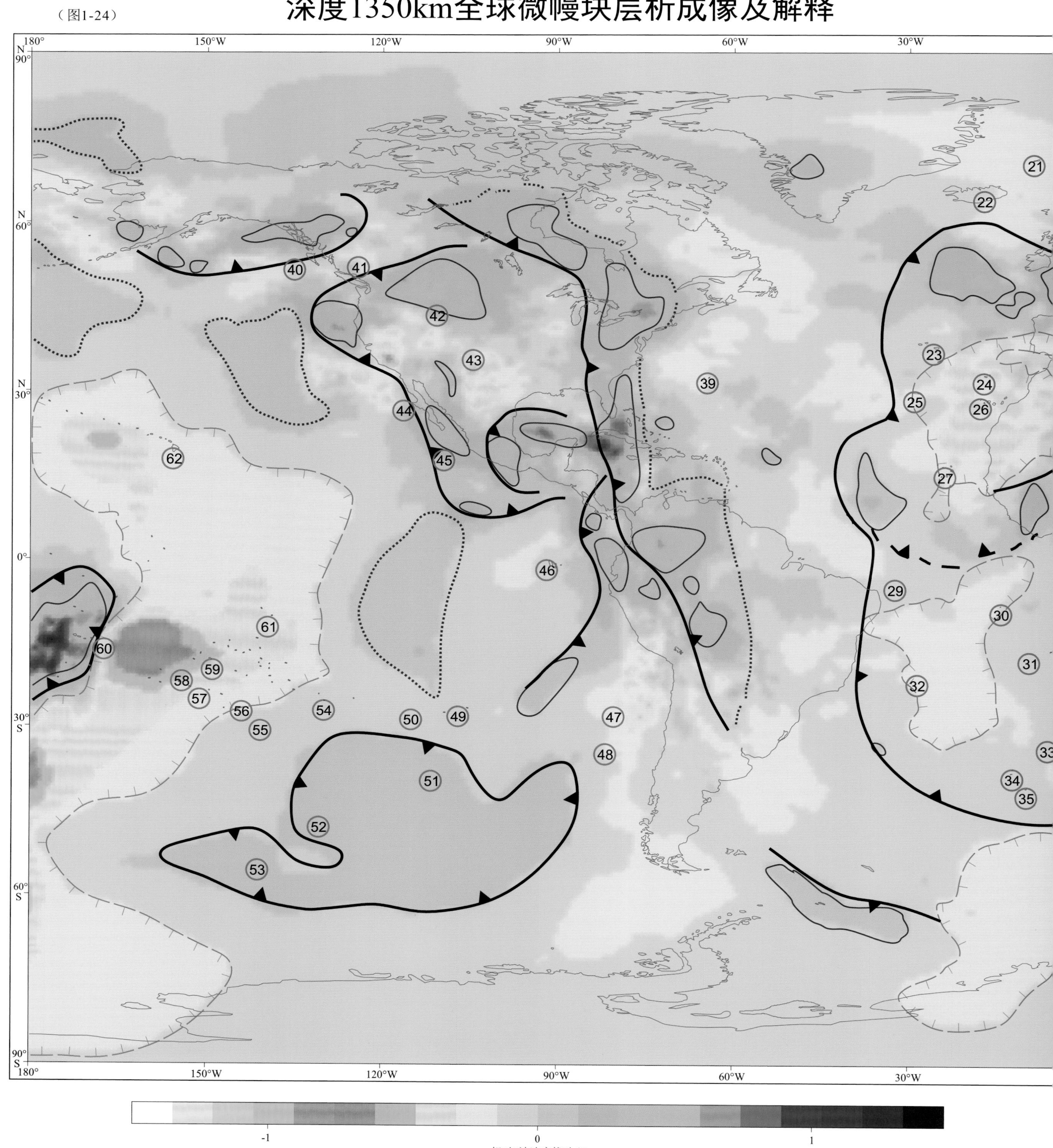

图 1-24 为深度 1350km 全球微幔块层析成像及解释。该层层析图像解释与图 1-23 类似。不排除一些中生代的微幔块也掉到了这个深度，但从该层位整体微幔块分布格局与地表造山带分布、板块重建的俯冲带格局的对应性分析可知，大部分微幔块可能较老。北美洲和南美洲西缘东太平洋内的 NW 向热点分带似乎与这个深度的低速异常体分布也吻合度较高，而与 1350km 深度以深的低速异常体关联性较差。

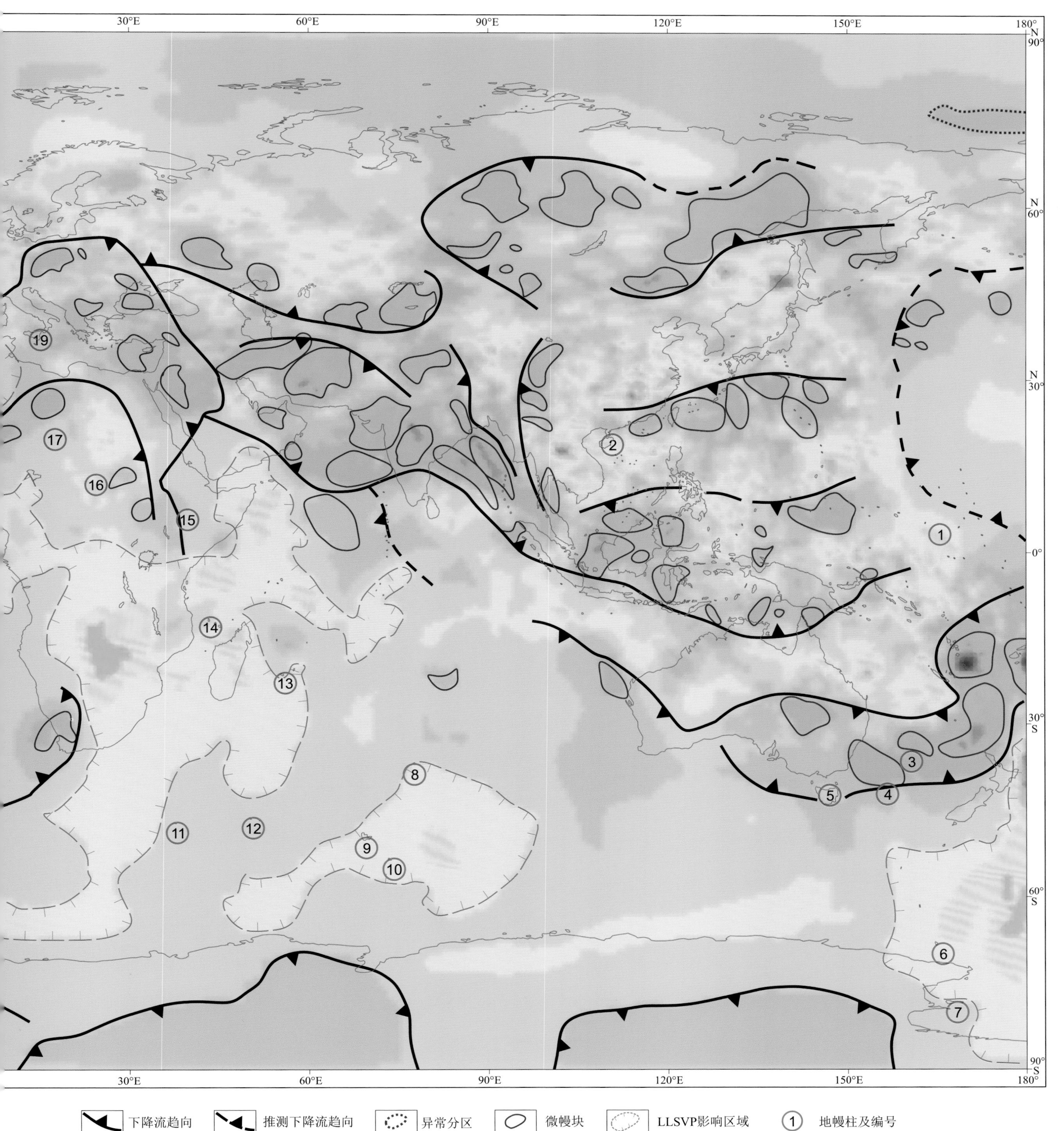

（图1-25）

深度1400km全球微幔块层析成像及解释

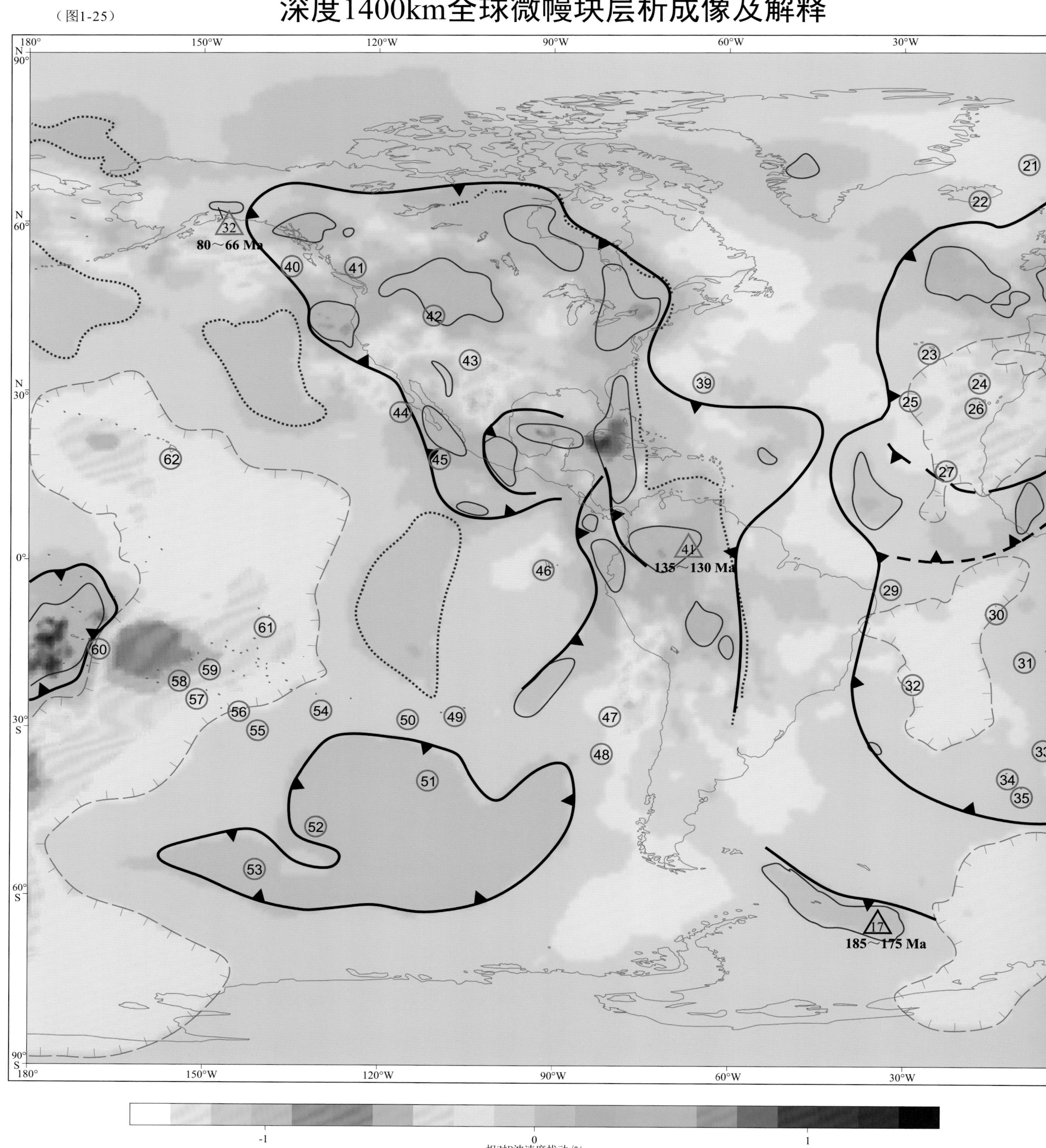

图1-25为深度1400km全球微幔块层析成像及解释。对比图1-15中的900Ma板块重建方案，可能表明罗迪尼亚超大陆俯冲期间在北美洲之下地幔中形成的微幔块开始有集中在一起的趋势。其中，一些微幔块被van der Meer等（2018）确定为晚白垩世，若此，说明一些中生代的微幔块也可能掉到了这个深度。但从该层位整体微幔块分布格局与地表造山带分布、板块重建的俯冲带格局的对应性分析可知，大部分微幔块可能较老。

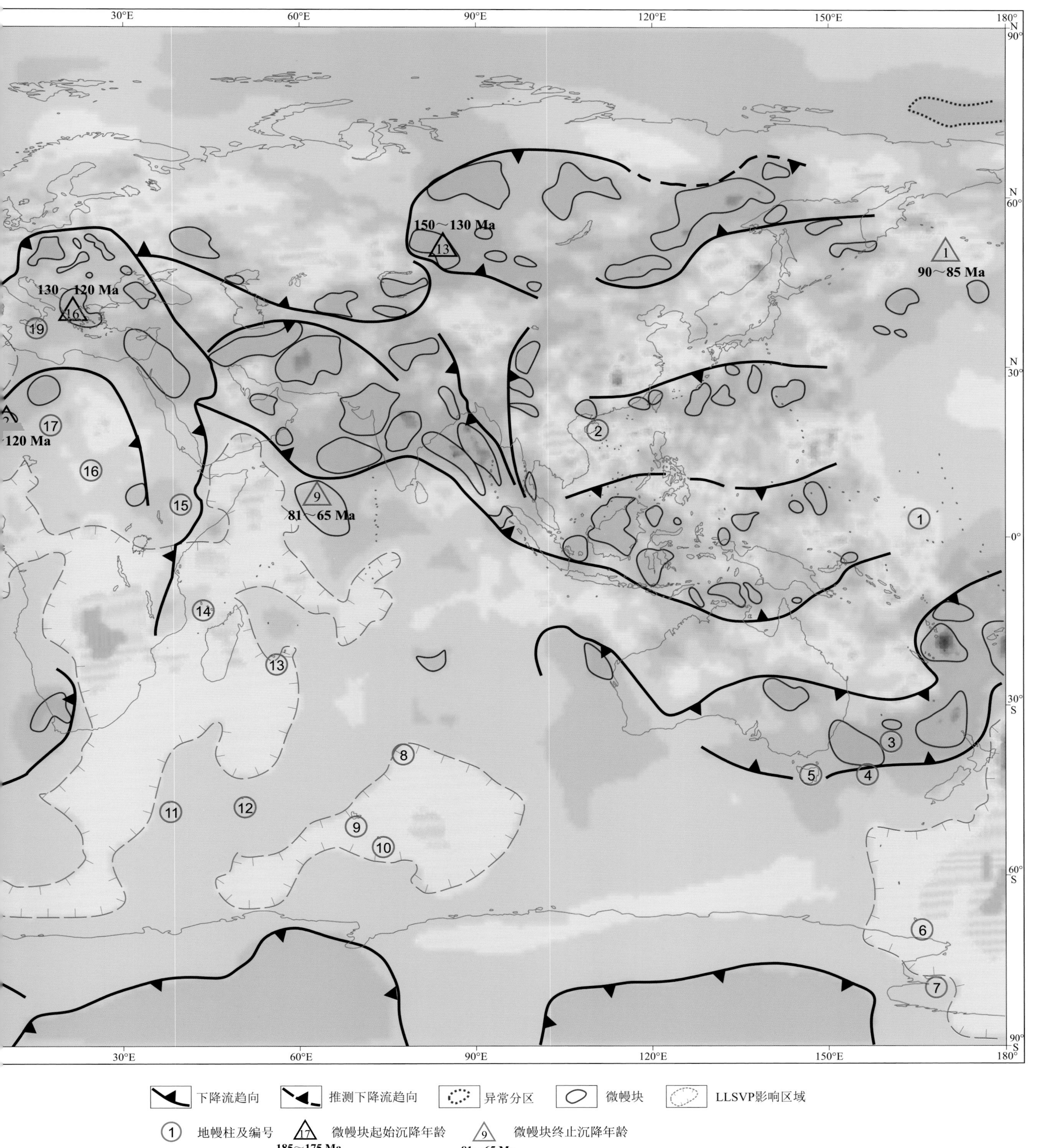

图 1-26 为深度 1450km 全球微幔块层析成像及解释。围绕南极洲之下地幔中的高速异常体似乎与哥伦比亚超大陆聚合有关，显示其俯冲期间形成的微幔块有集中在一起的趋势。此图与图 1-24 的深度 1350km 层析成像结果对比可知，图幅中部的LLSVP 融合的趋势非常明显，TUZO 由上部的 4 个分支融合成 2 个，并有向西发展的趋势。而此深度地幔中的微幔块显著有以北美克拉通为中心聚集成圆形格局的趋势，但与这个深度以浅的微幔块向北东方向移动正好相反，深浅部微幔块移动可能

（图1-26）

深度1450km全球微幔块层析成像及解释

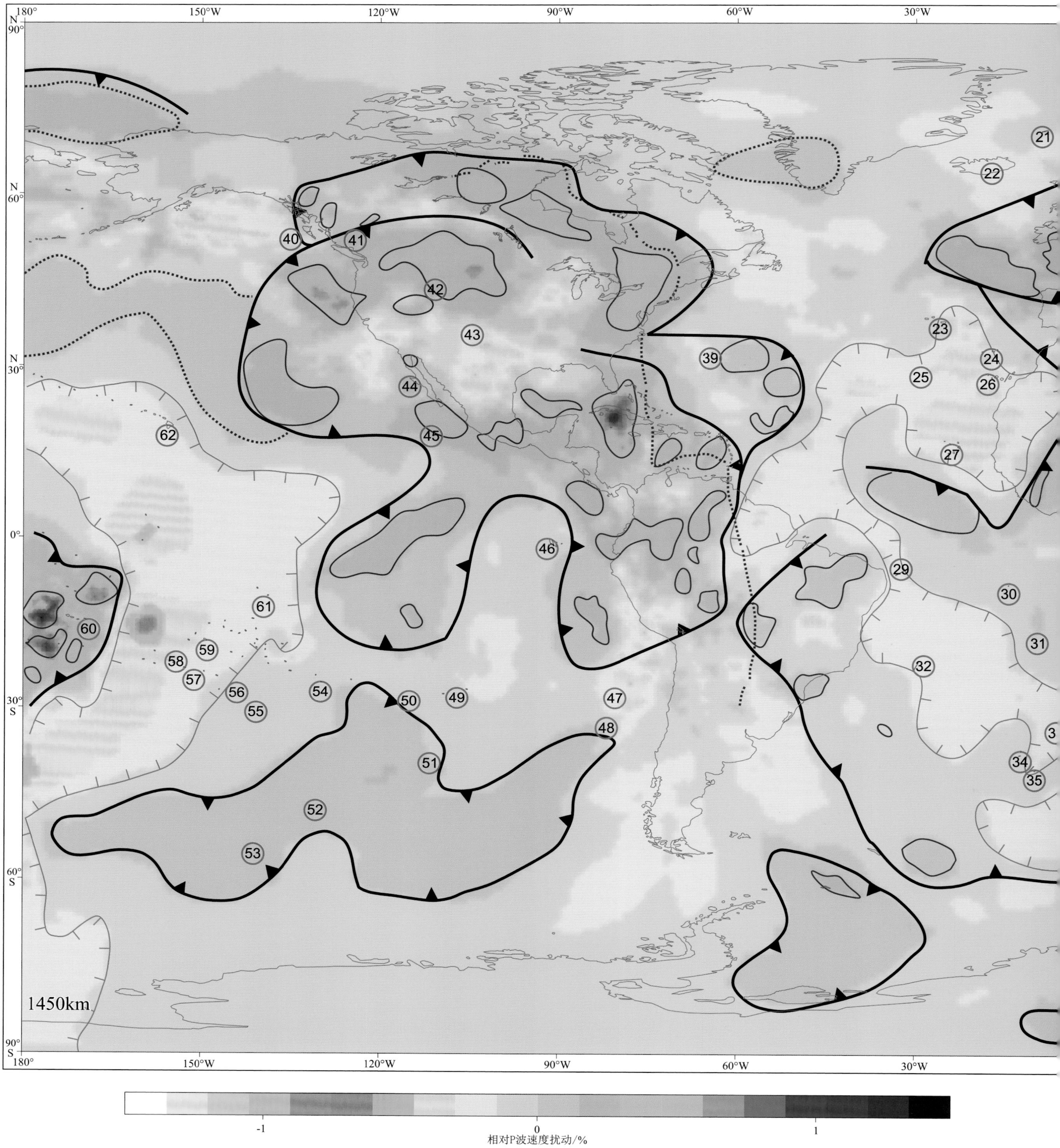

逐渐构成对流环。对比图1-14中的800Ma板块重建方案，可能表明与罗迪尼亚超大陆聚合相关。图幅中部的加里东期以欧洲为中心的微幔块聚合范围似乎扩大了，这似乎不可能是加里东期原特提斯洋俯冲断离的微幔块所致，因为1400km深度该异常区东侧的高速异常体一度消失，因此推断可能该深度有与其他更早地质事件相关的微幔块坠落至此。

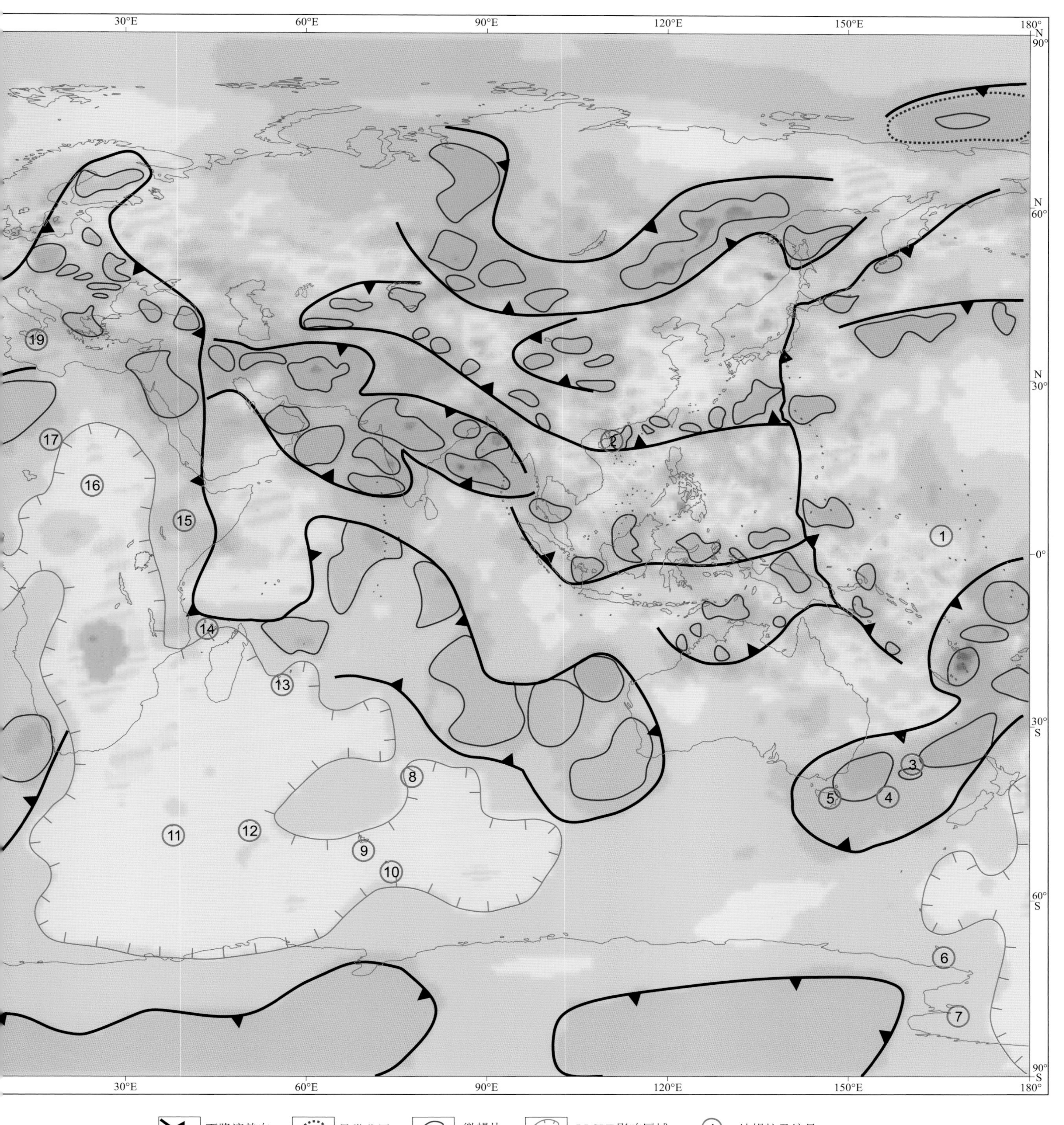

图 1-27 为深度 1500km 全球微幔块层析成像及解释。西半球北美洲下部罗迪尼亚超大陆聚合期间的俯冲板片可能滞留于该深度，形成的微幔块有集中在一起的趋势，整体呈圆形区域分布，与 1450km 层位的位置相比，其位置基本保持稳定。通

（图1-27）

深度1500km全球微幔块层析成像及解释

-1　0　1

相对P波速度扰动/%

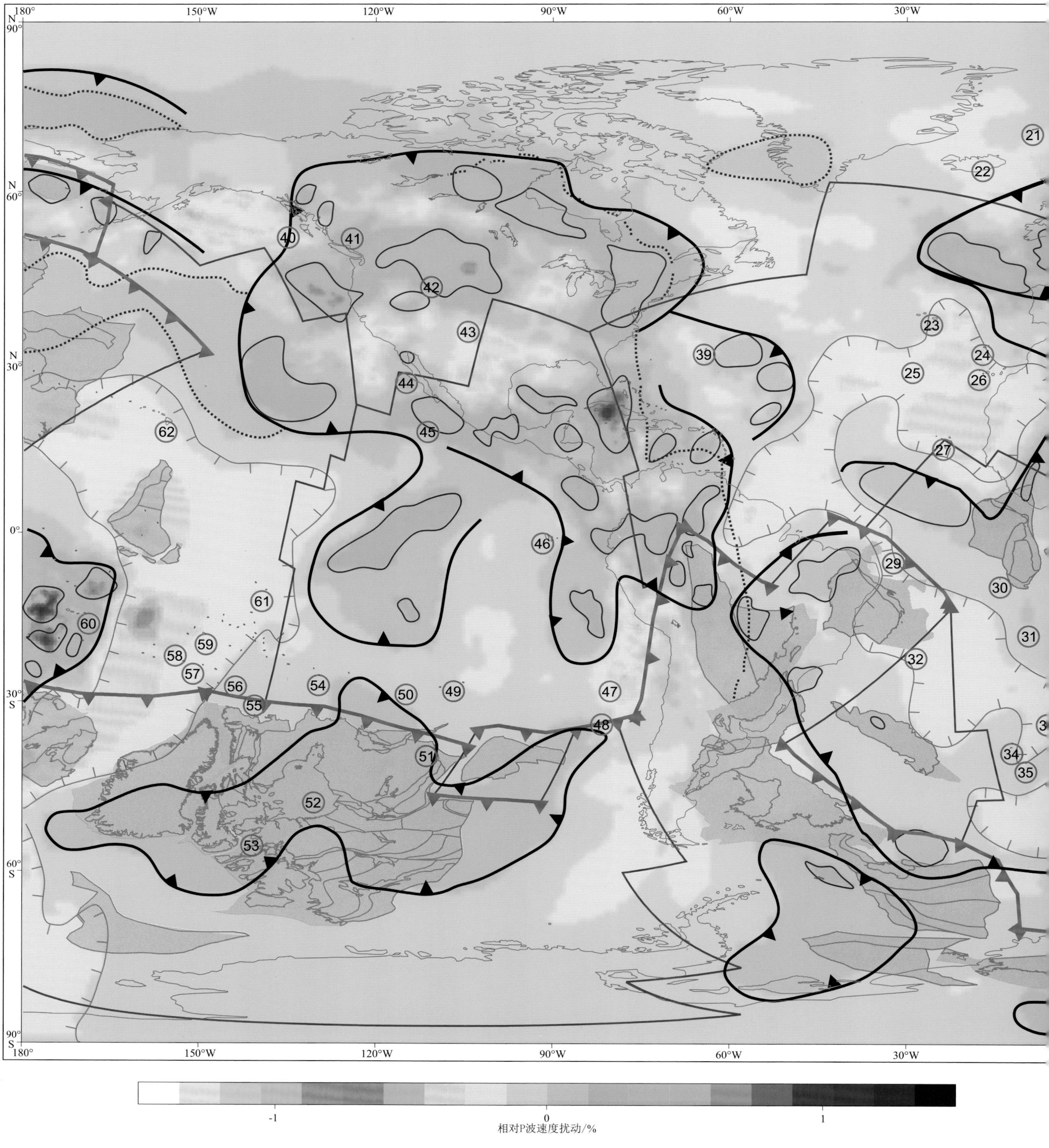

过叠合1800Ma的板块重建模式分析，围绕南极洲的高速异常体可能与更早的哥伦比亚超大陆聚合有关，而且因为其高速异常体与周边地幔相比，地震波速差异不大。图幅中部的低速异常TUZO与1450km深度特征相似，还是分为两支。

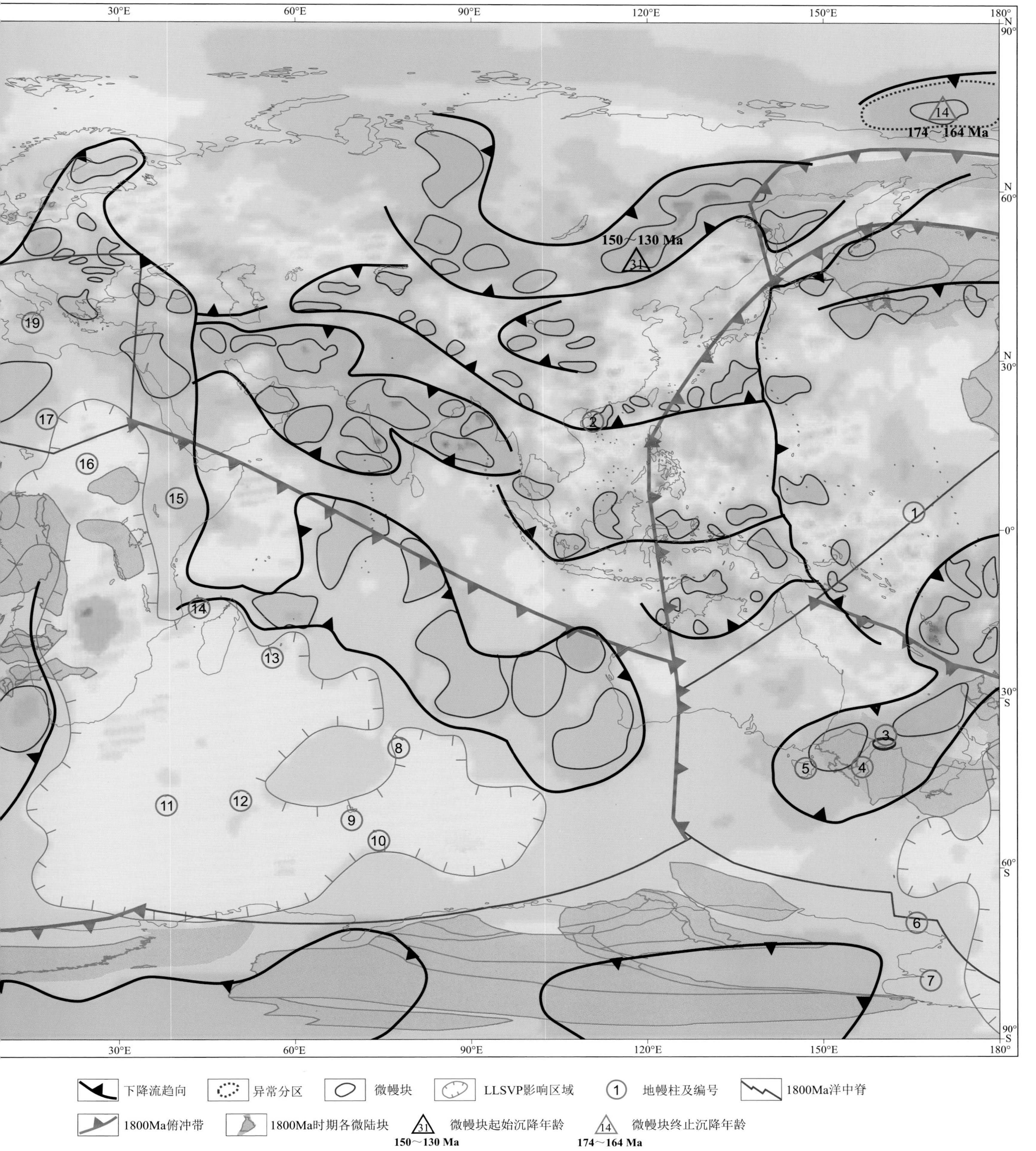

（图1-28）

深度1550km全球微幔块层析成像及解释

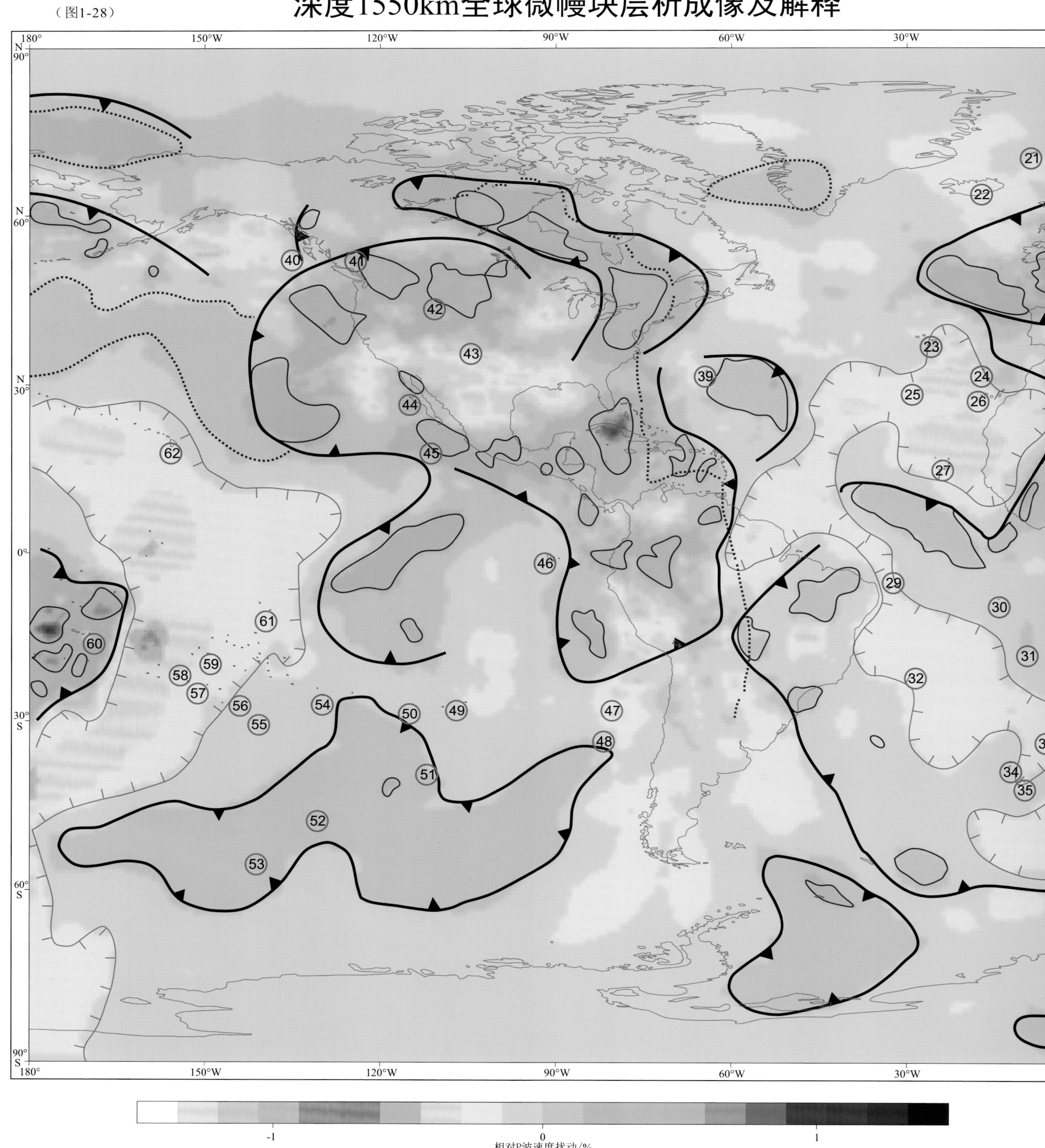

图 1-28 为深度 1550km 全球微幔块层析成像及解释。具体解释与图 1-26 和图 1-27 类似。绝大多数热点逐渐呈现于两个 LLSVP 的周缘。北美洲下部的微幔块群位置与 1450km 层位的位置相比，基本保持稳定。

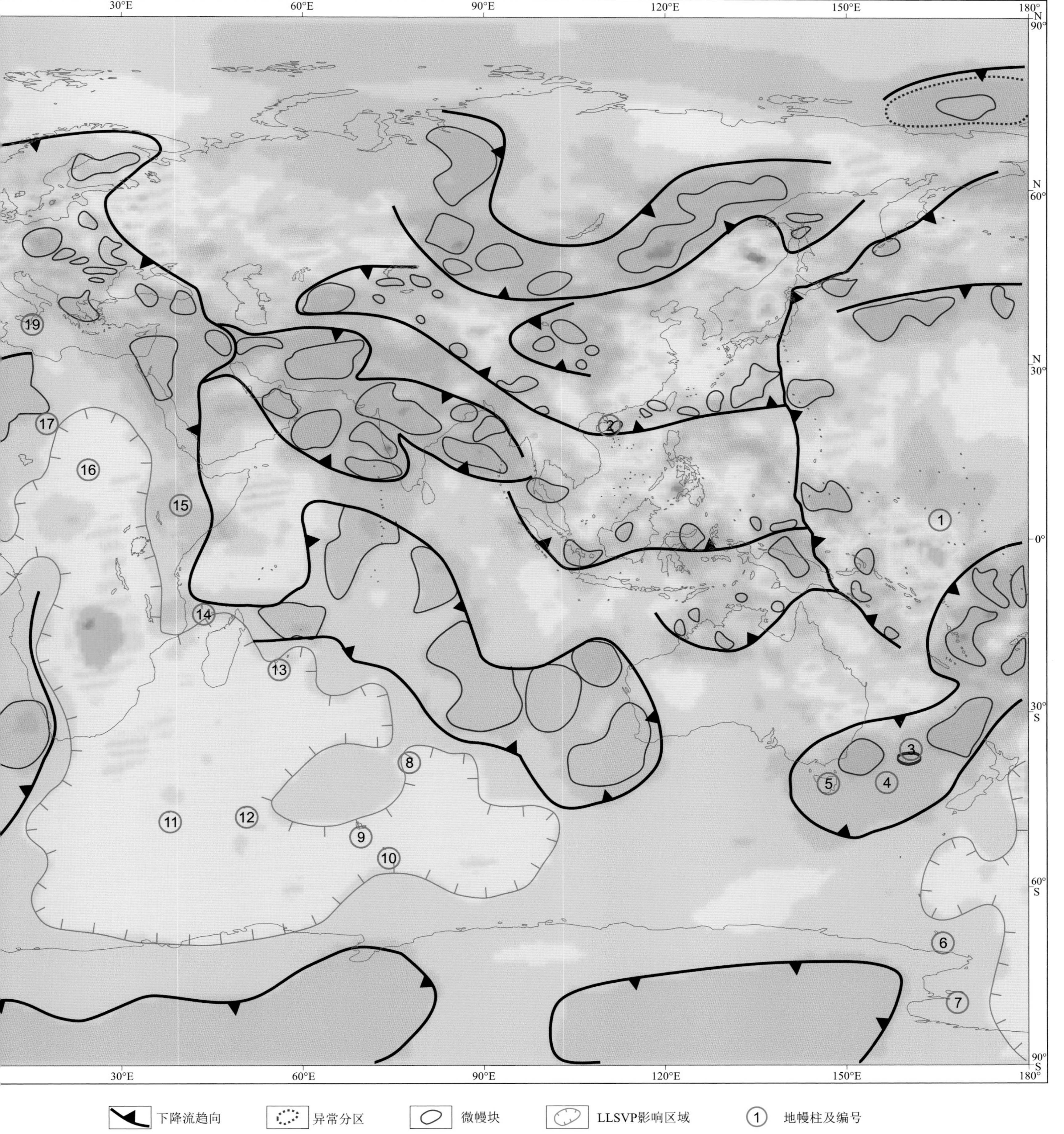

（图1-29）

深度1600km全球微幔块层析成像及解释

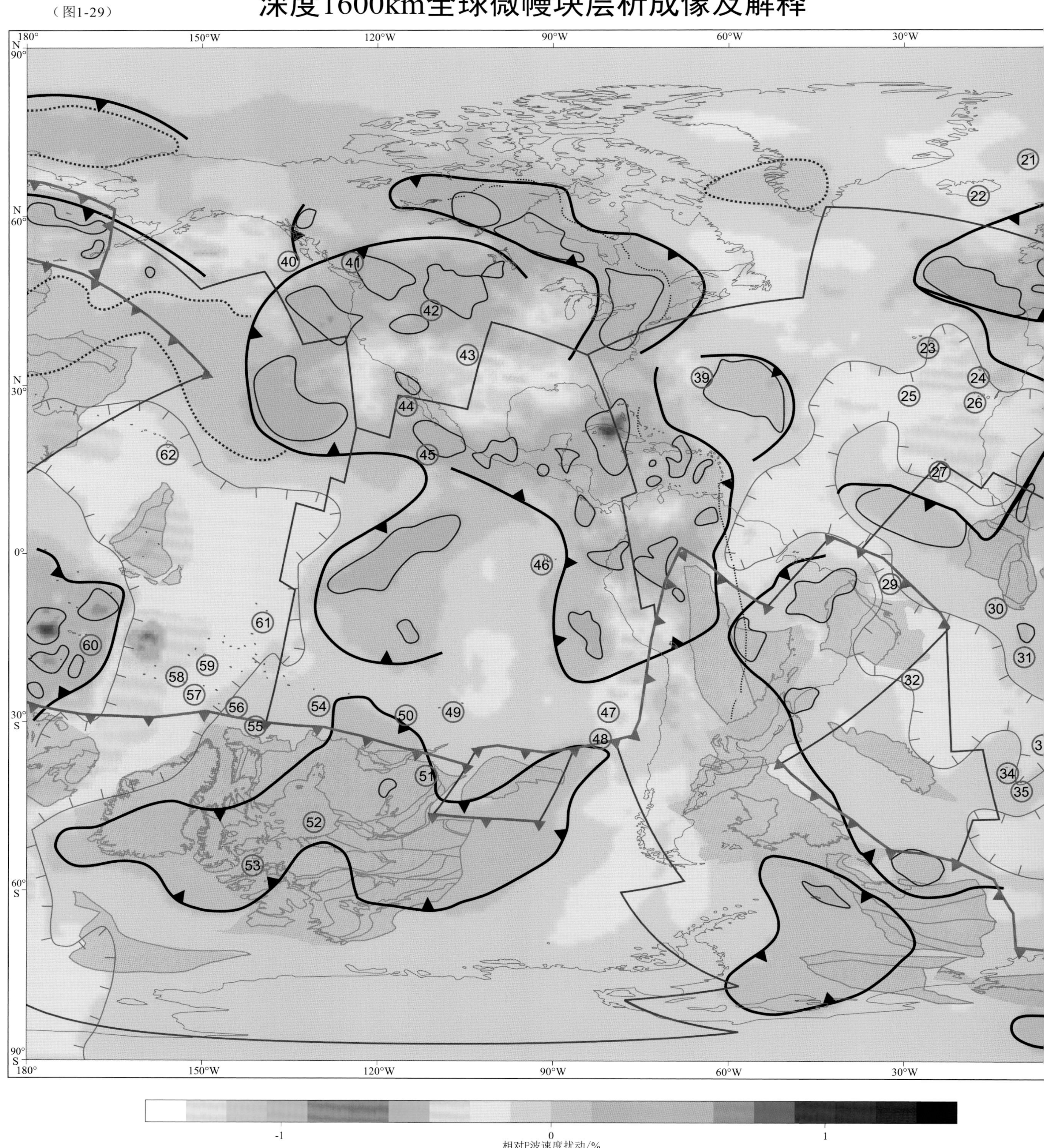

图 1-29 为深度 1600km 全球微幔块层析成像及解释。通过叠合 1800Ma 的板块重建模式分析，围绕南极洲的高速异常体可能与更早的哥伦比亚超大陆聚合有关，因为其高速异常体与周边地幔相比，速率差异不大。北美洲下部的微幔块群位置与 1450km 层位的位置相比，基本保持稳定。

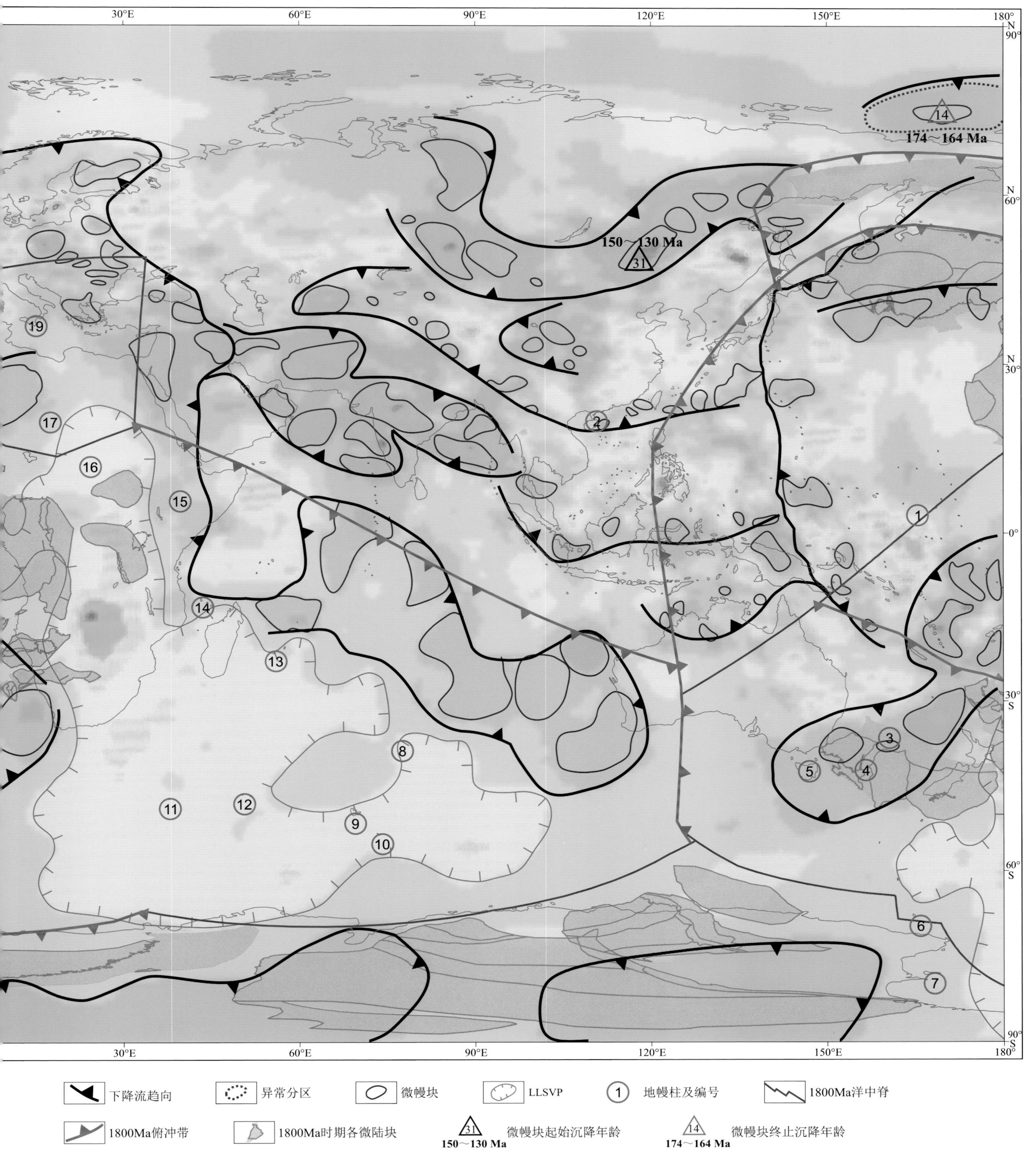

（图1-30）

深度1650km全球微幔块层析成像及解释

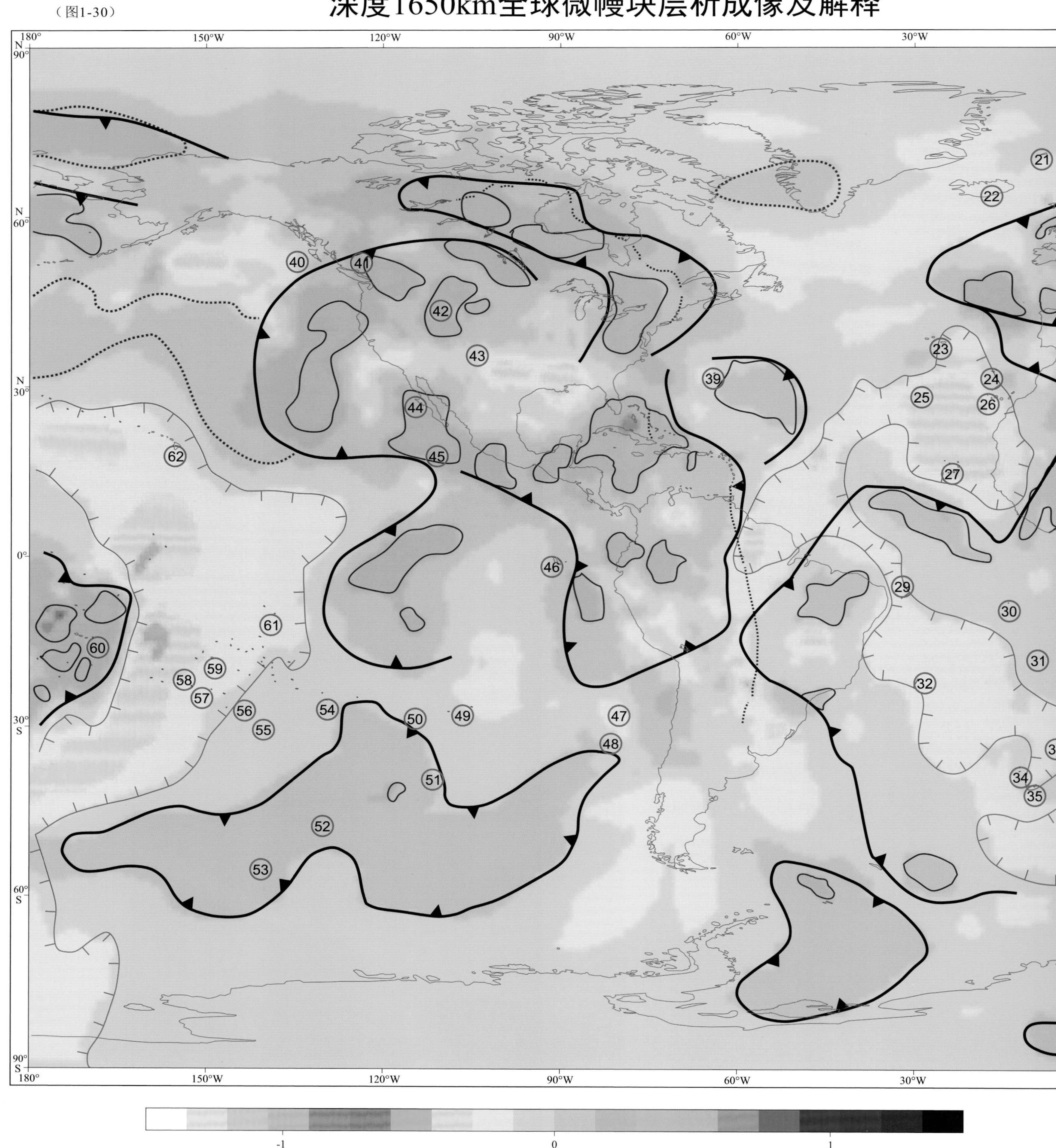

图 1-30 为深度 1650km 全球微幔块层析成像及解释。北美洲下部的微幔块群位置与 1450km 层位的位置相比，基本保持稳定。图幅中部的 LLSVP 的融合趋势显著，分为两支，冷的微幔块围绕其聚集，两支低速异常体边界受微幔块控制。哥伦比亚超大陆集结相关的微幔块开始在南半球围绕南极洲逐渐融合为四大块。JASON 北缘有北移趋势。

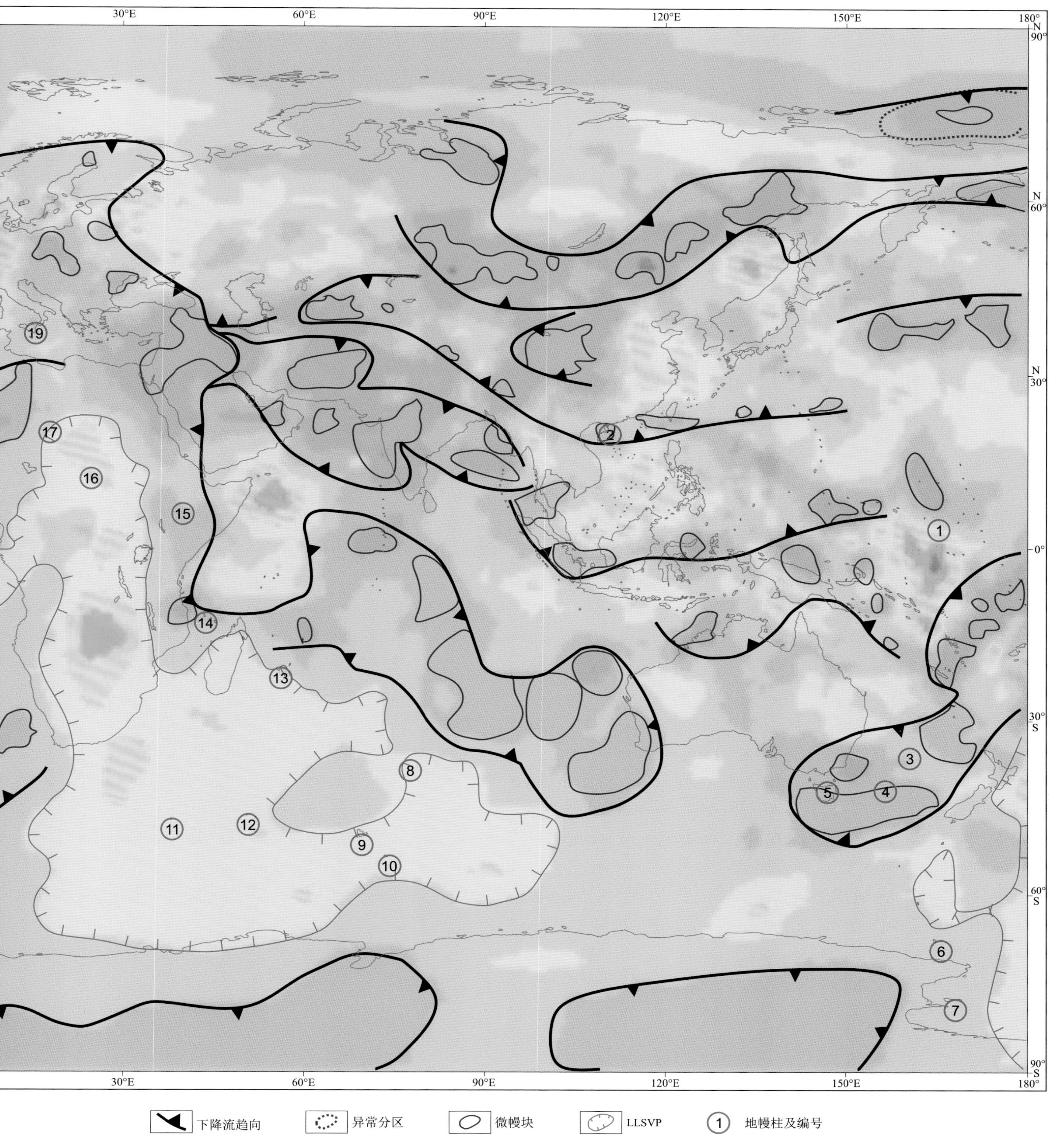

（图1-31） 深度1700km全球微幔块层析成像及解释

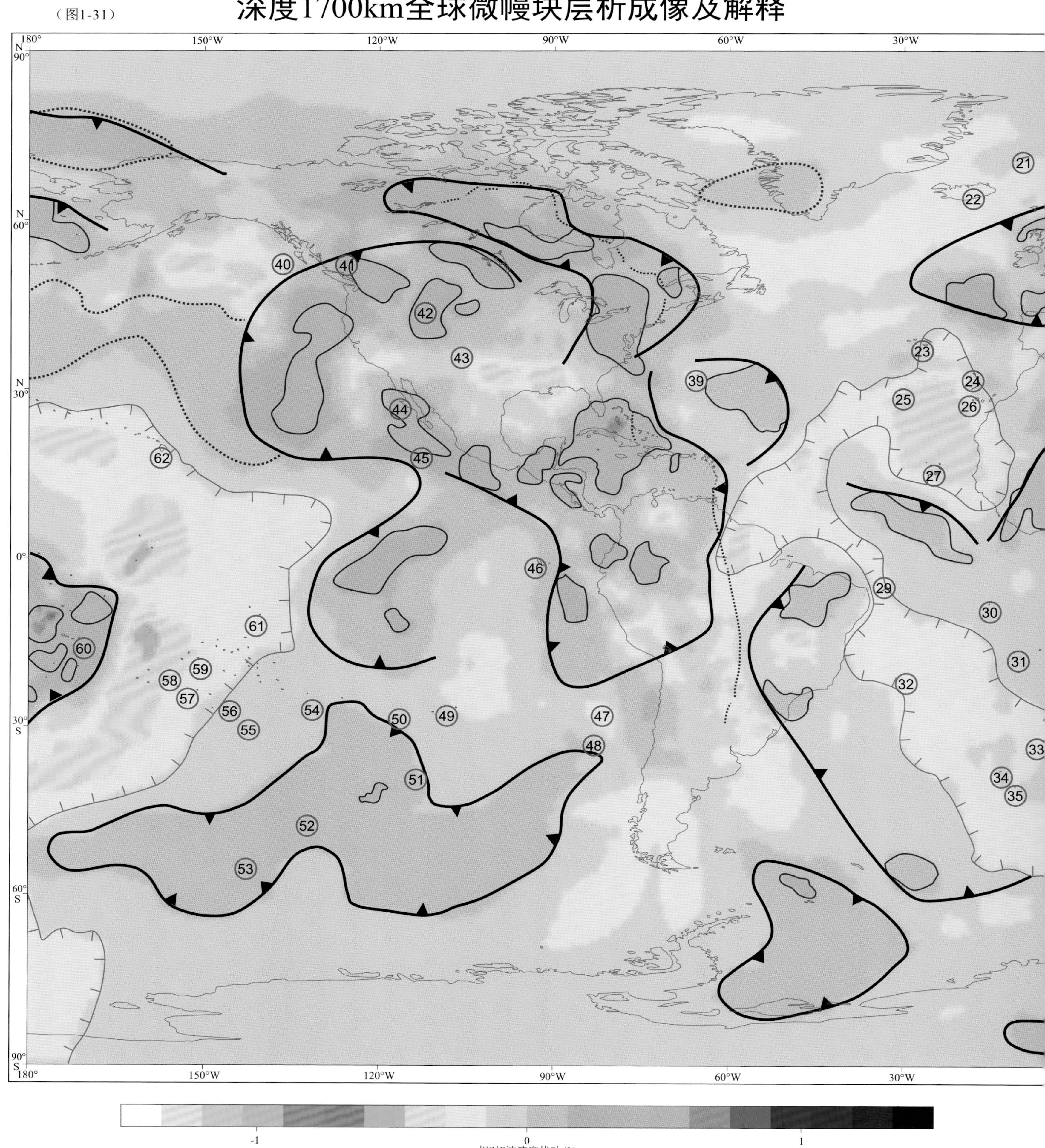

图 1-31 为深度 1700km 全球微幔块层析成像及解释。北美洲下部的微幔块群位置与 1450km 层位的位置相比，基本保持稳定。位于南极洲之下地幔中的高速异常，似乎与哥伦比亚超大陆聚合有关，显示其俯冲期间形成的微幔块有集中在一起的趋势。TUZO 进一步融合的趋势显著。

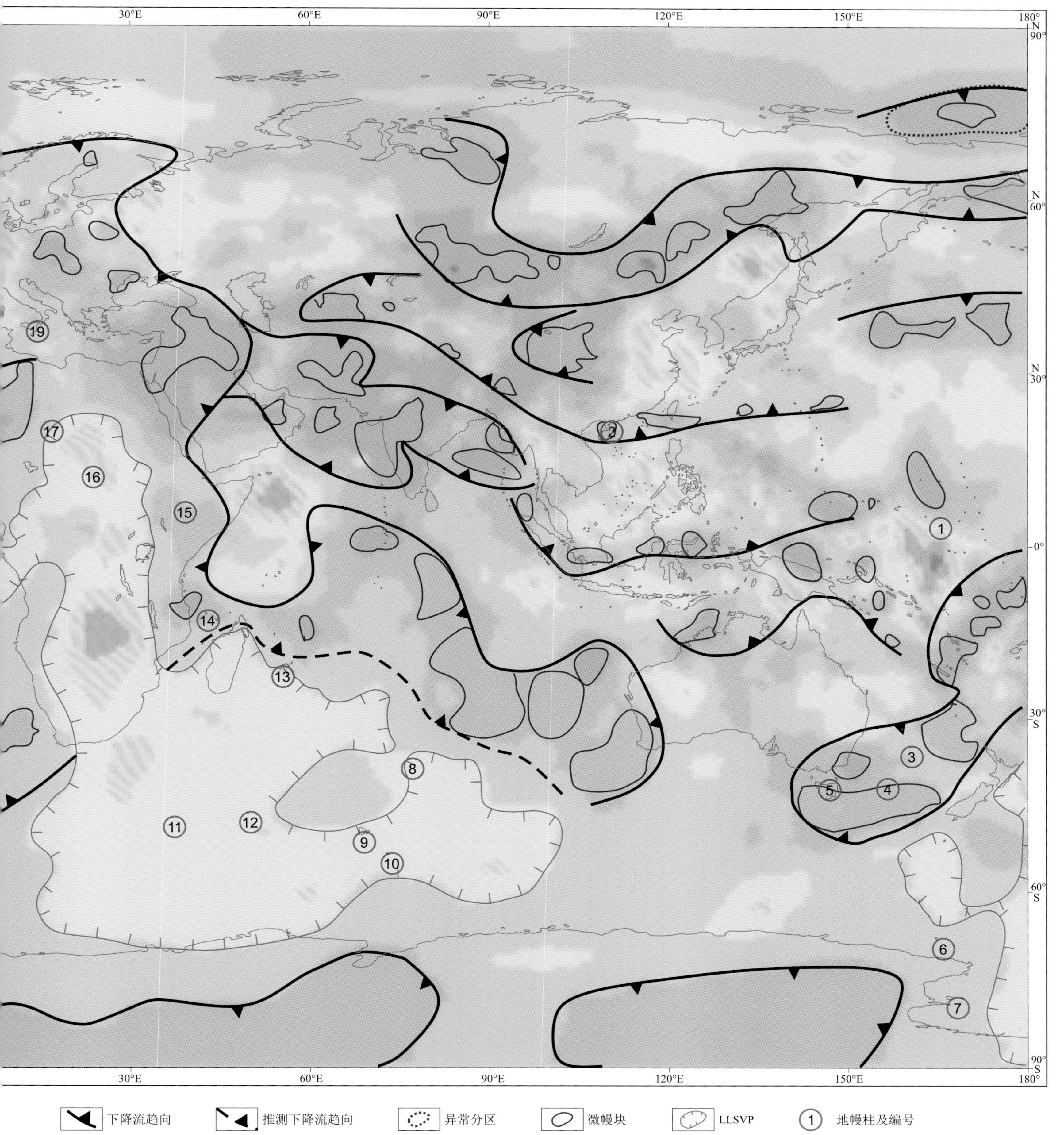

（图1-32）

深度1750km全球微幔块层析成像及解释

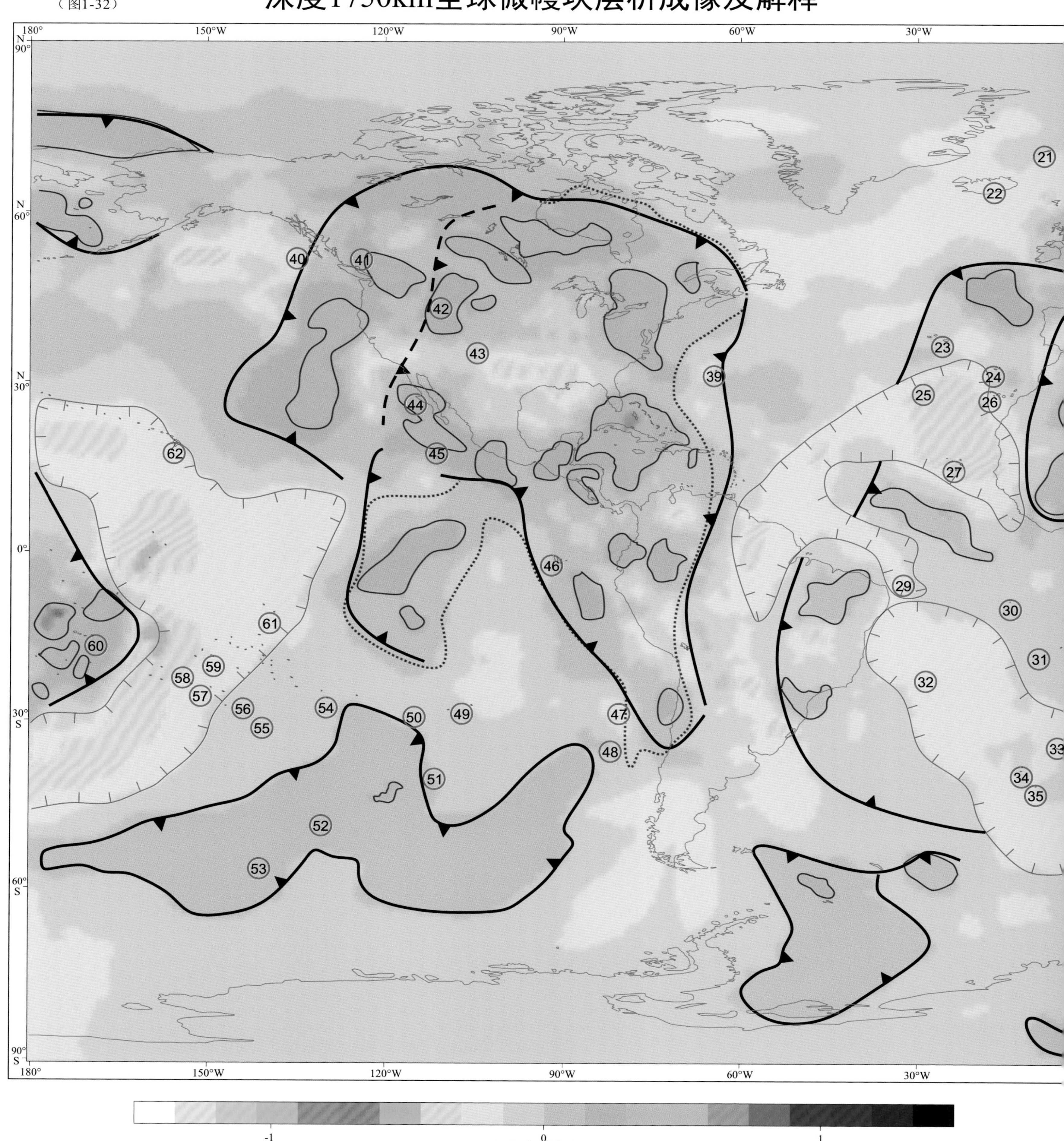

图 1-32 为深度 1750km 全球微幔块层析成像及解释。北美洲下部的微幔块群位置与 1450km 层位的位置相比，基本保持稳定。TUZO 的融合趋势显著，冷的微幔块围绕其聚集。哥伦比亚超大陆聚合相关的微幔块融合为四大块。北美地区高速异常表现为一聚合中心，JASON 南界北移，但相比之上层位的范围，有缩小趋势。

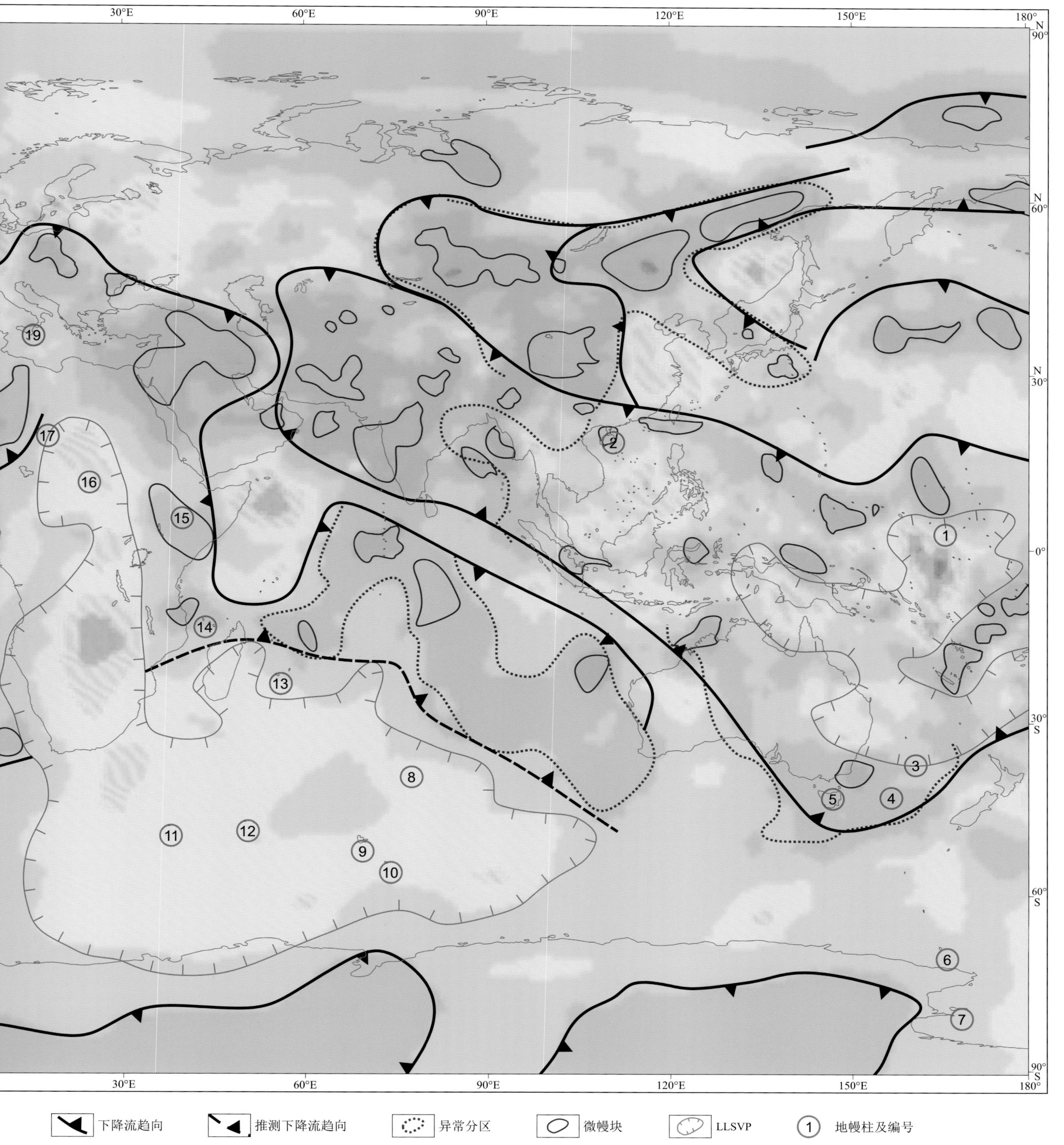

图 1-33 为深度 1800km 全球微幔块层析成像及解释。北美洲下部的微幔块群位置与 1450km 层位的位置相比，基本保持稳定。TUZO 再次分裂为三个分支，但融合的趋势依然显著，冷的微幔块围绕其聚集。哥伦比亚超大陆聚合相关的微幔块融

（图1-33）

深度1800km全球微幔块层析成像及解释

180° 150°W 120°W 90°W 60°W 30°W

N 90° N 60° N 30° 0° 30° S 60° S 90° S

JASON

21 22 23 24 25 26 27 29 30 31 32 34 35 39 40 41 42 43 44 45 46 47 48 49 50 51 52 53 54 55 56 57 58 59 60 61 62

-1 0 1

相对P波速度扰动/%

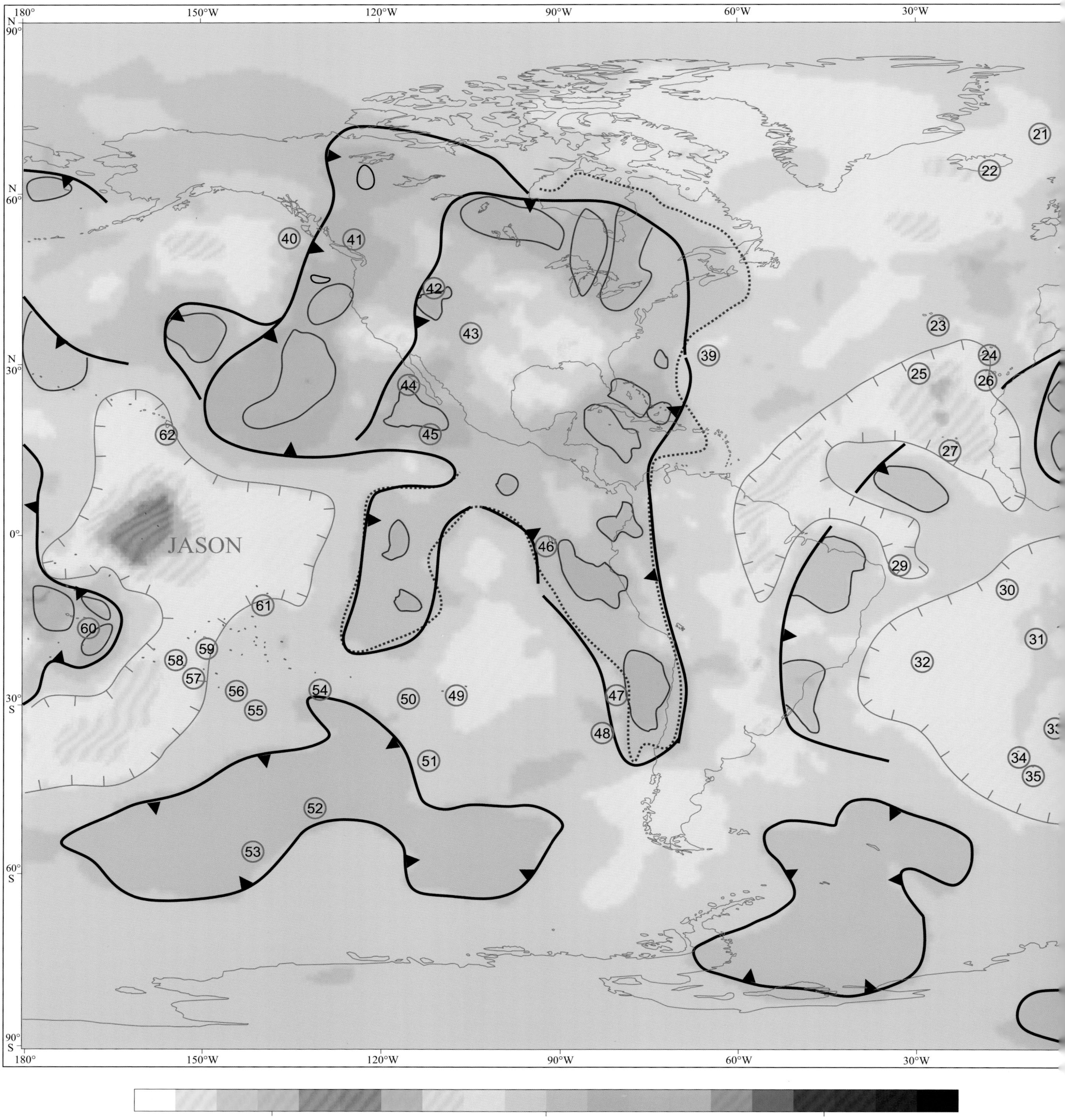

合为四大块。北美地区下部的高速异常体表现为一个聚合中心，东亚地区下部为另一个聚合中心，推测前者可能是晋宁期微幔块的残存，后者是印支期微幔块的残存。JASON 南缘显著北移。

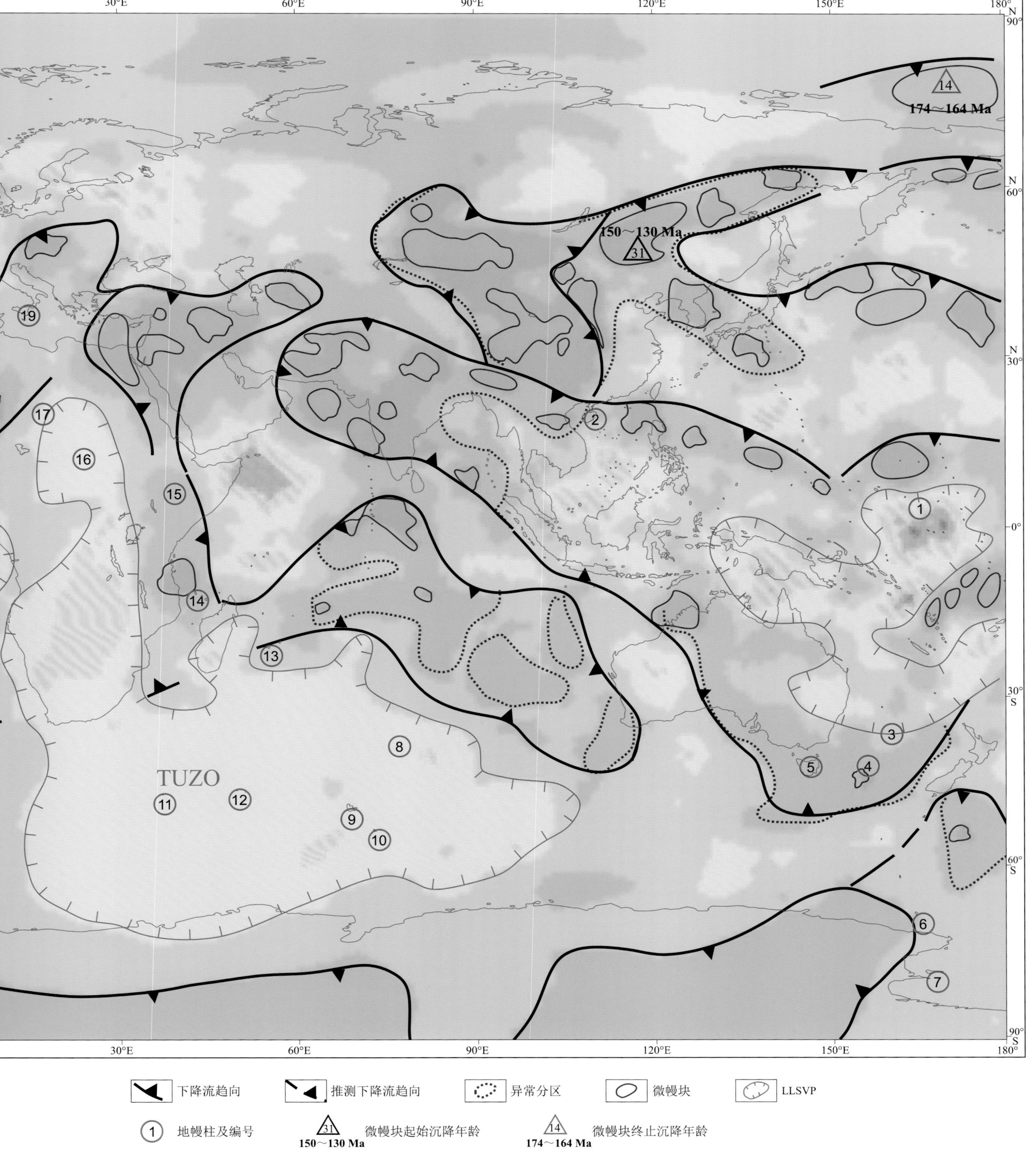

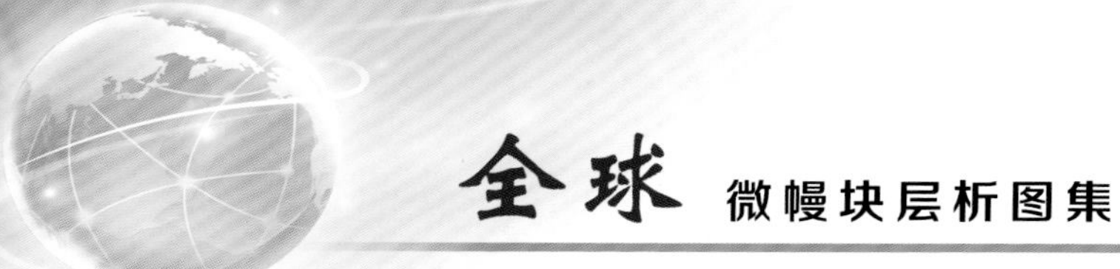

图 1-34 为深度 1850km 全球微幔块层析成像及解释。北美洲下部的微幔块群位置与 1450km 层位的位置相比，基本保持稳定。通过叠合 1300Ma 的板块重建模式分析，围绕非洲的高速异常体可能与更早的罗迪尼亚超大陆聚合过程有关，而且因

（图1-34）

深度1850km全球微幔块层析成像及解释

-1　0　1

相对P波速度扰动/%

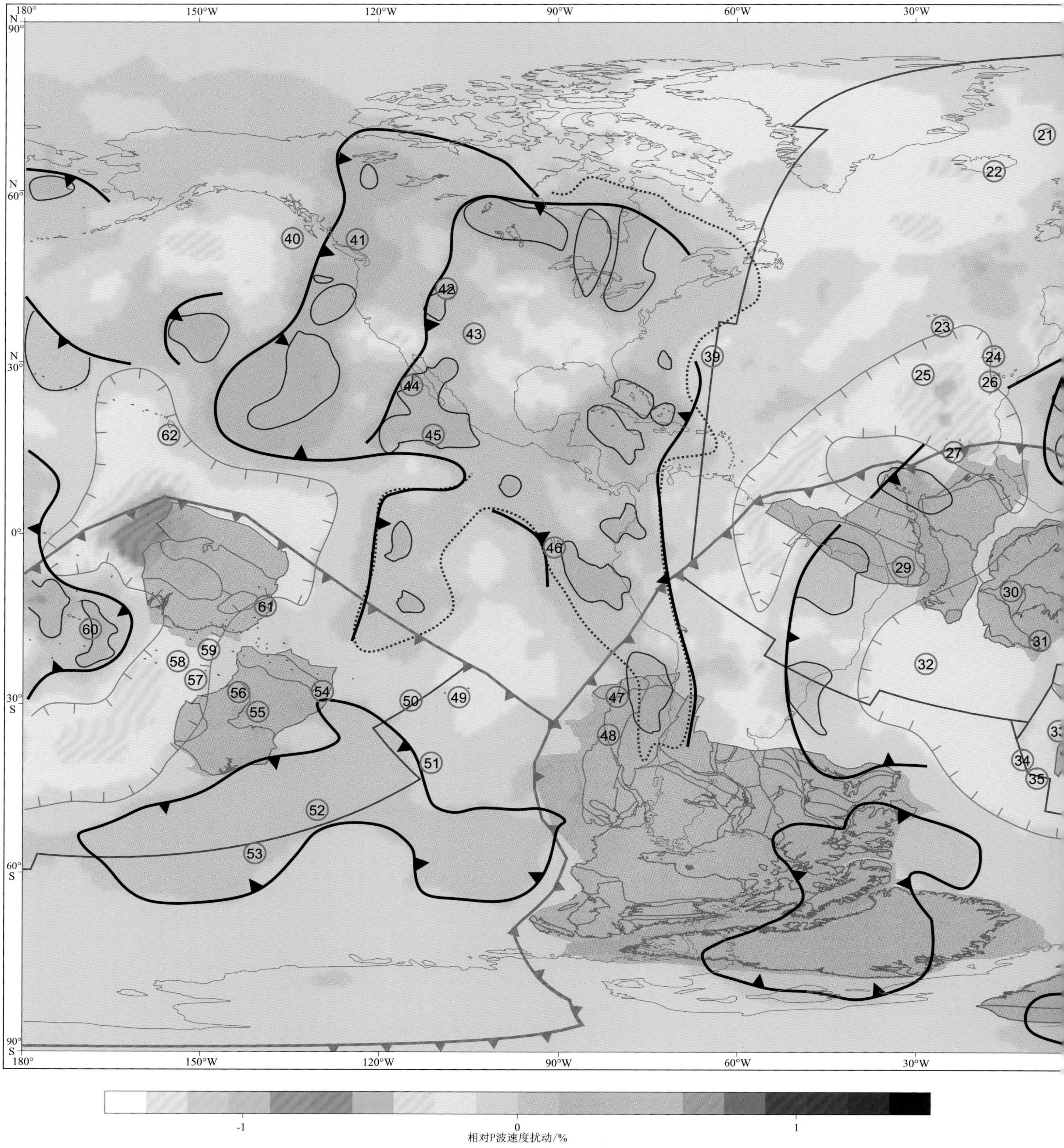

为其高速异常体与周边地幔相比，速率差异也不大，但下沉的相关微幔块正围绕 TUZO 分布，可能补充了该深度层 TUZO 的物质。TUZO 的融合趋势更显著，范围变得更大。哥伦比亚超大陆聚合相关的微幔块则围绕南极洲融合为四大块。

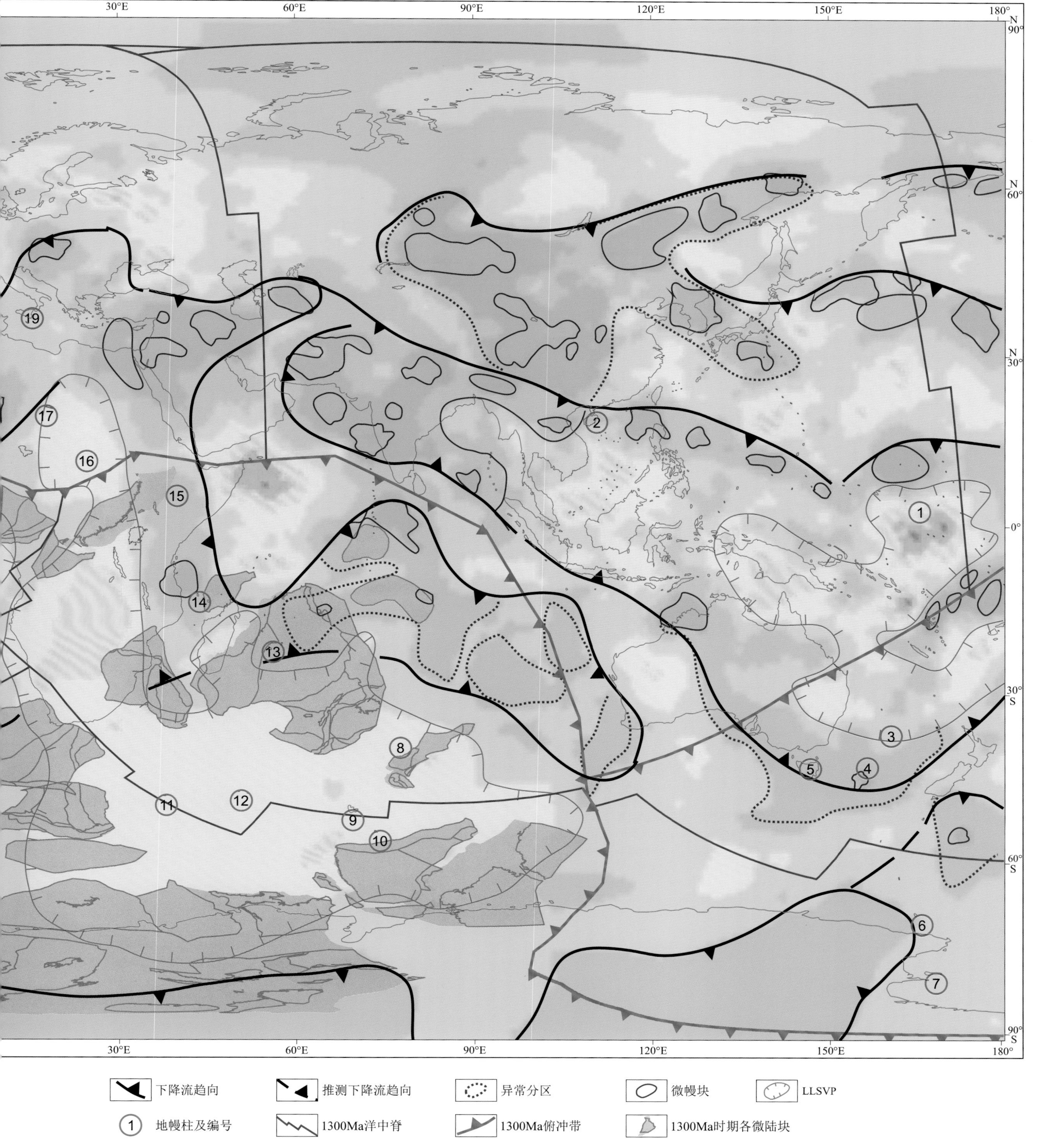

（图1-35）

深度1900km全球微幔块层析成像及解释

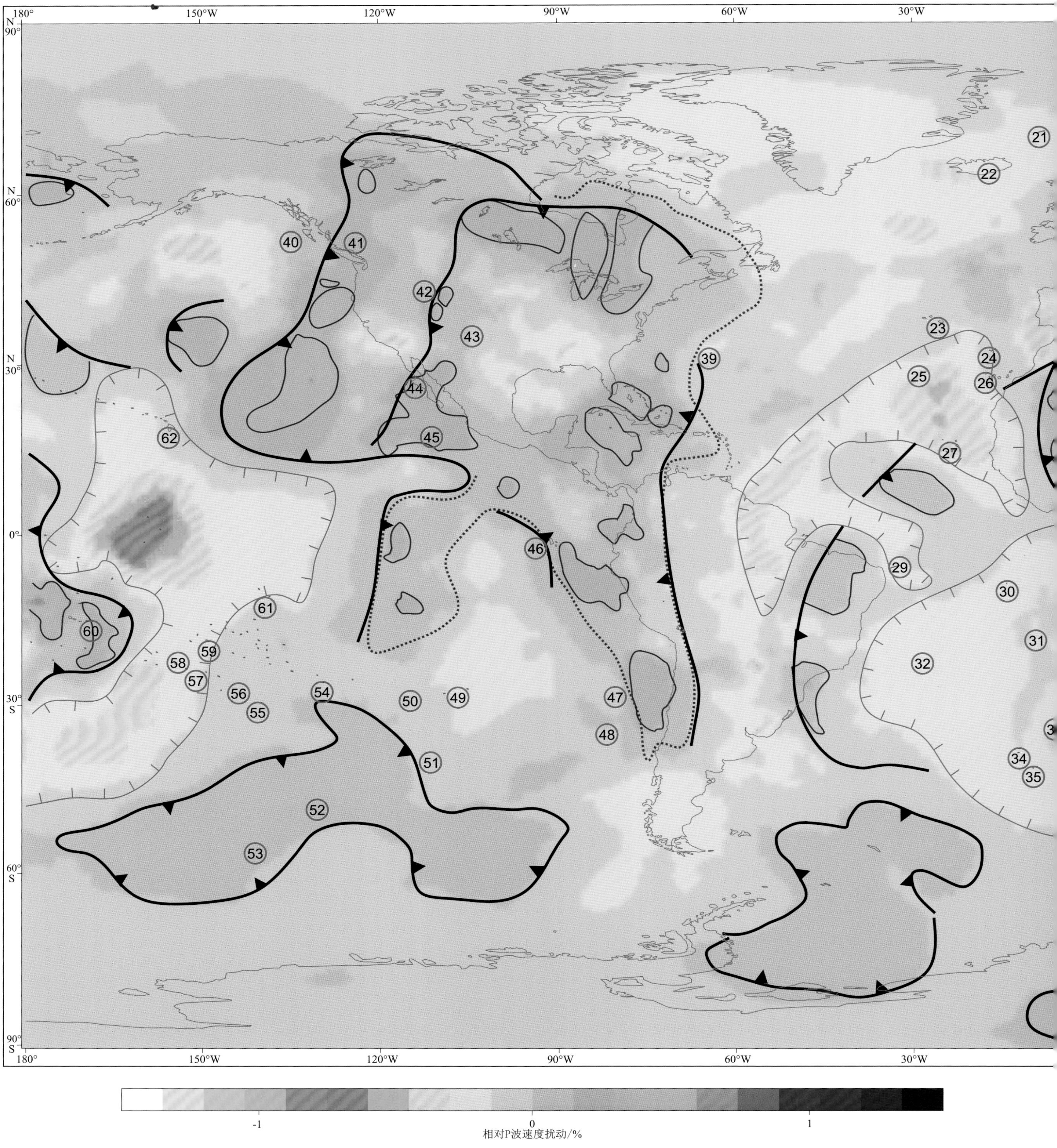
180°
150°W
120°W
90°W
60°W
30°W
N 90°
N 60°
N 30°
0°
30° S
60° S
90° S
21
22
23
24
25
26
27
29
30
31
32
34
35
39
40
41
42
43
44
45
46
47
48
49
50
51
52
53
54
55
56
57
58
59
60
61
62
-1
0
1
相对P波速度扰动/%

图 1-35 为深度 1900km 全球微幔块层析成像及解释。北美洲下部的微幔块群位置与 1450km 层位的位置相比，基本保持稳定。TUZO 的 3 个分支融合趋势更加显著，1300Ma 罗迪尼亚超大陆聚合过程有关的微幔块和部分加里东期原潘吉亚超大陆聚合相关的微幔块开始发生融合，补充 TUZO 周边物质。JASON 南缘进一步北移，范围缩小。

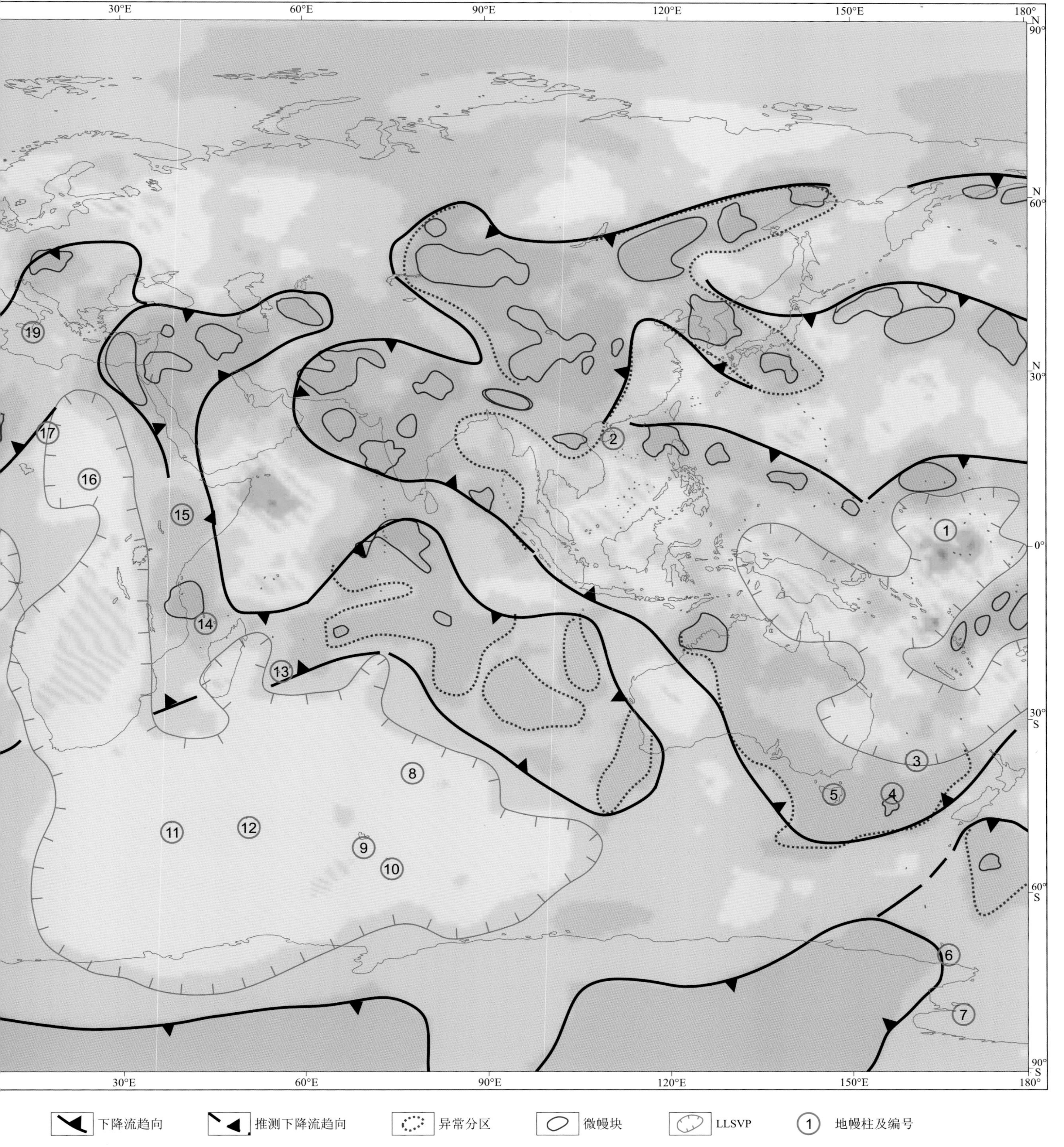

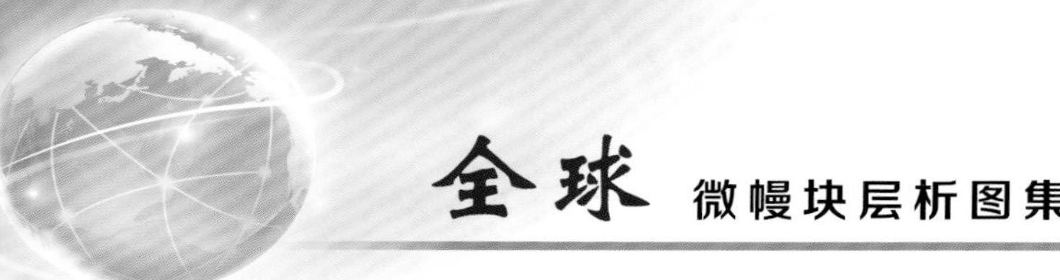

图 1-36 为深度 1950km 全球微幔块层析成像及解释。西半球北美洲下部的微幔块群位置与 1900km 以上层位的位置相比，基本保持稳定，但范围显著缩小。通过叠合 1000Ma 的板块重建模式分析，尽管东半球东亚和中亚地区的该深度微幔块也可能是特提斯洋消亡的结果，但微幔块汇聚趋势的指向与总体向北俯冲的特提斯洋俯冲带俯冲极性相反，因此该区该深度层次近东西

（图1-36）

深度1950km全球微幔块层析成像及解释

-1　0　1

相对P波速度扰动/%

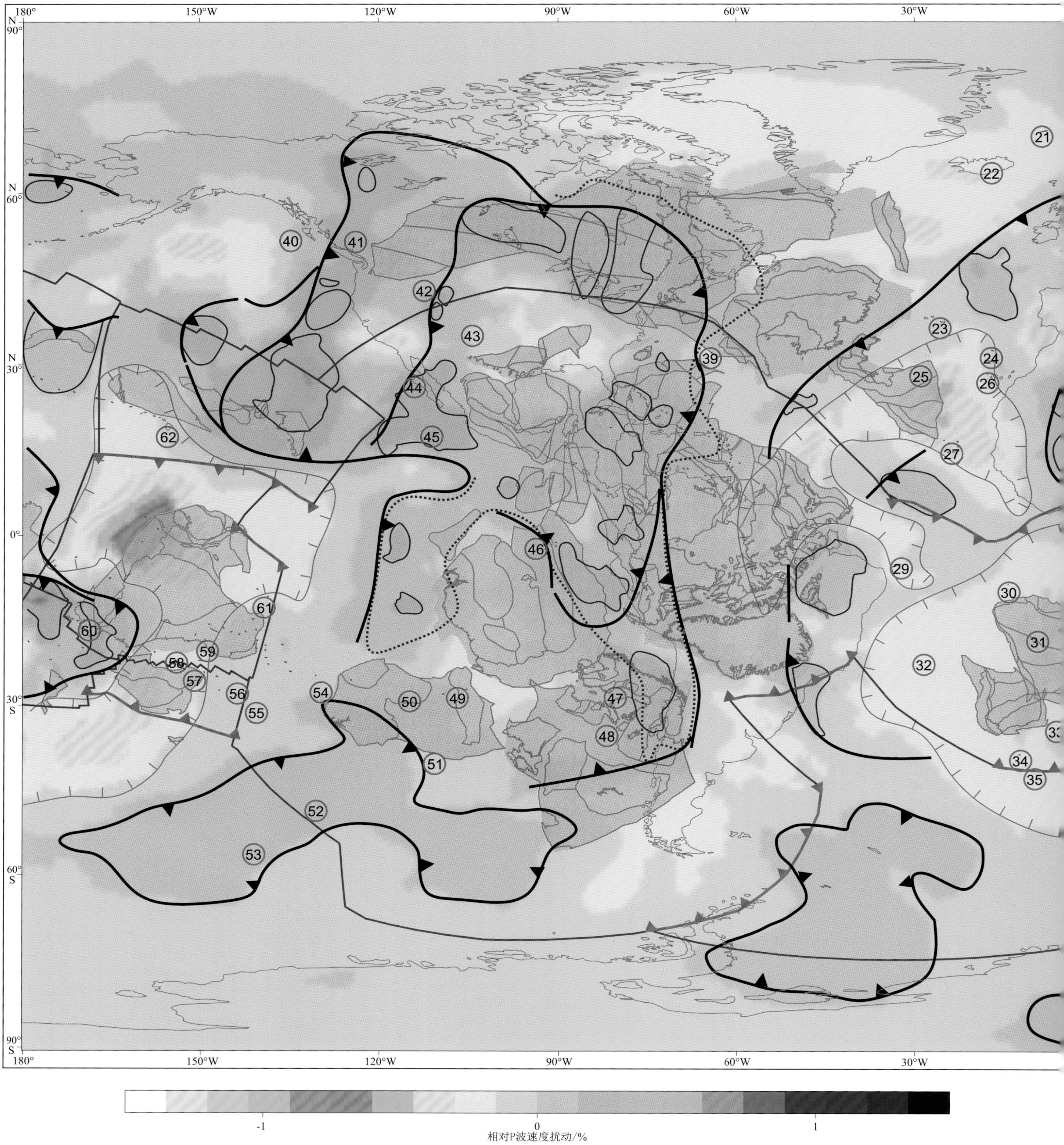

向微幔块群可能是罗迪尼亚超大陆聚合期间，一些分散的俯冲带俯冲板片断离所致。这些微幔块具有向JASON汇聚的趋势，JASON相较上部层位（1000km深度层析）偏北，似乎是与罗迪尼亚聚合期和哥伦比亚超大陆聚合期微幔块融合有关。由此推断，JASON是斜歪着分布于下地幔，其顶部偏南可能是导致冈瓦纳大陆裂解、太平洋板块主体向北运动的原因之一。

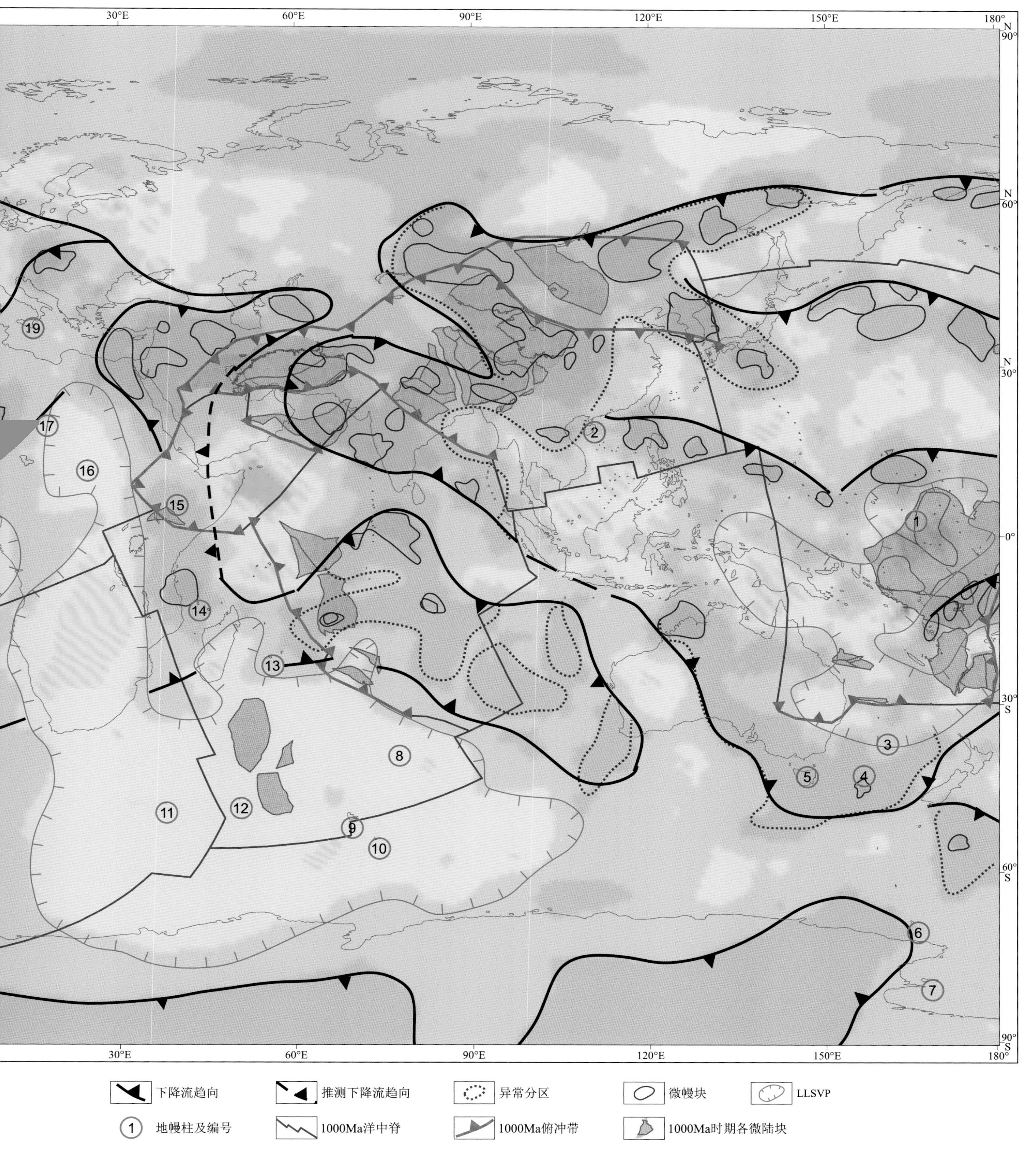

图 1-37 为深度 2000km 全球微幔块层析成像及解释。西半球北美洲下部的微幔块群位置与 1900km 以上层位的位置相比，基本保持稳定，但范围显著缩小。但相较 1950km 层位，微幔块也融合变大，数量减少，整体微幔块群的范围显著缩小。这意味着，2000km 可能开始进入微幔块汇聚下降流的瓶颈区域（图 1-2）。东半球的中亚到东亚地区近南北走向弯曲的两个微幔块群可能与罗迪尼亚聚合相关，但也不排除印支期沿古亚洲洋两条弯山构造带俯冲的一些微幔块下坠到此深度。南半球围

（图1-37）

深度2000km全球微幔块层析成像及解释

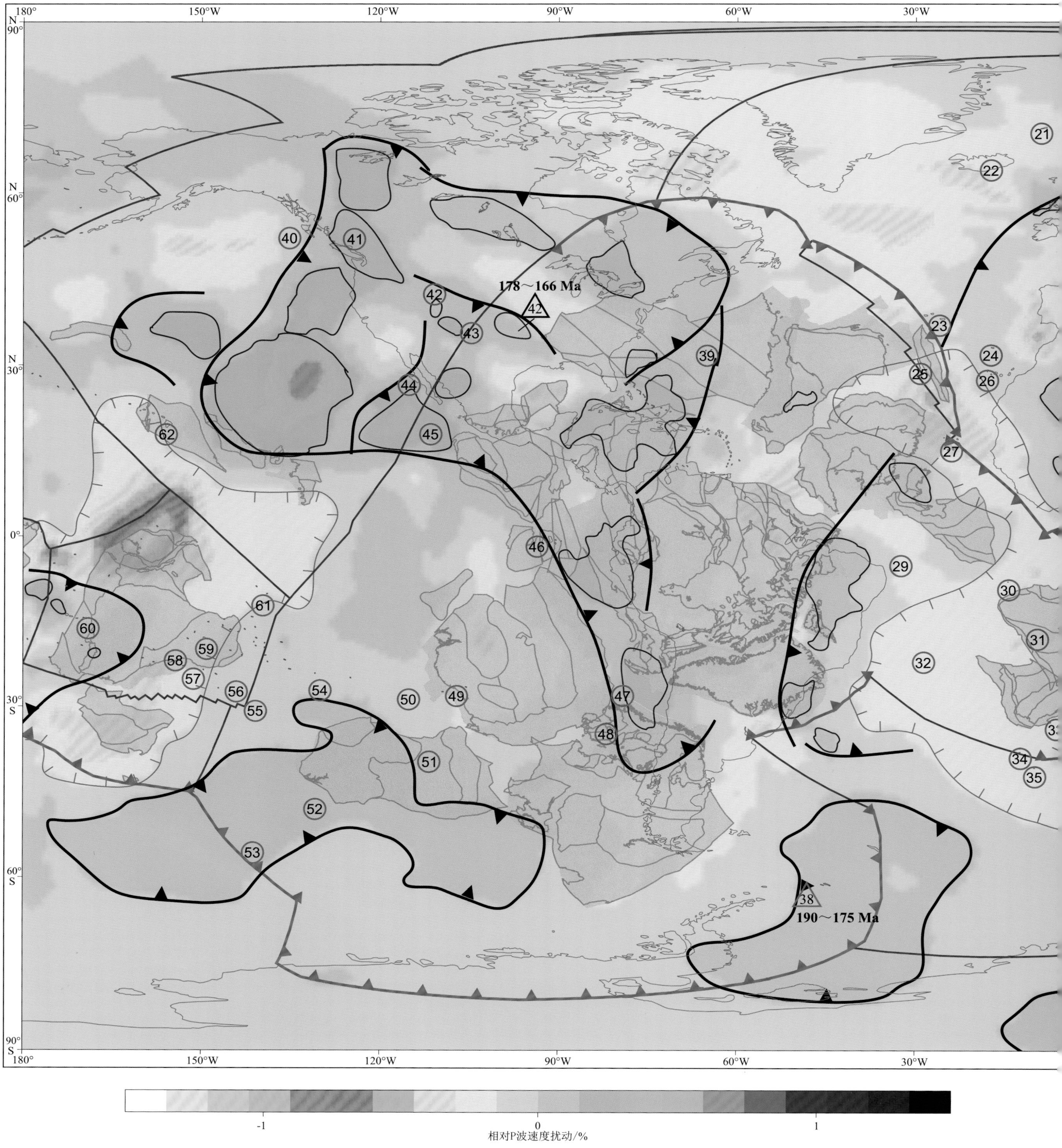
180°
150°W
120°W
90°W
60°W
30°W
N 90°
N 60°
N 30°
0°
30° S
60° S
90° S
178～166 Ma
190～175 Ma
21
22
23
24
25
26
27
29
30
31
32
34
35
38
39
40
41
42
43
44
45
46
47
48
49
50
51
52
53
54
55
56
57
58
59
60
61
62
-1
0
1
相对P波速度扰动/%

绕南极洲分布的微幔块群也逐渐长大，有融合趋势。该图叠合了900Ma的板块重建方案，对比此时的板块格局和这个深度的层析图像或微幔块分布格局，指示西半球的北美克拉通正处于板块汇聚中心，与深部微幔块汇聚中心一致。TUZO的两个分支融合为一个完整的LLSVP，似乎与罗迪尼亚聚合期和加里东期微幔块融合有关。JASON范围显著扩大，也发生显著北移（相对1000km深度层析图像）。

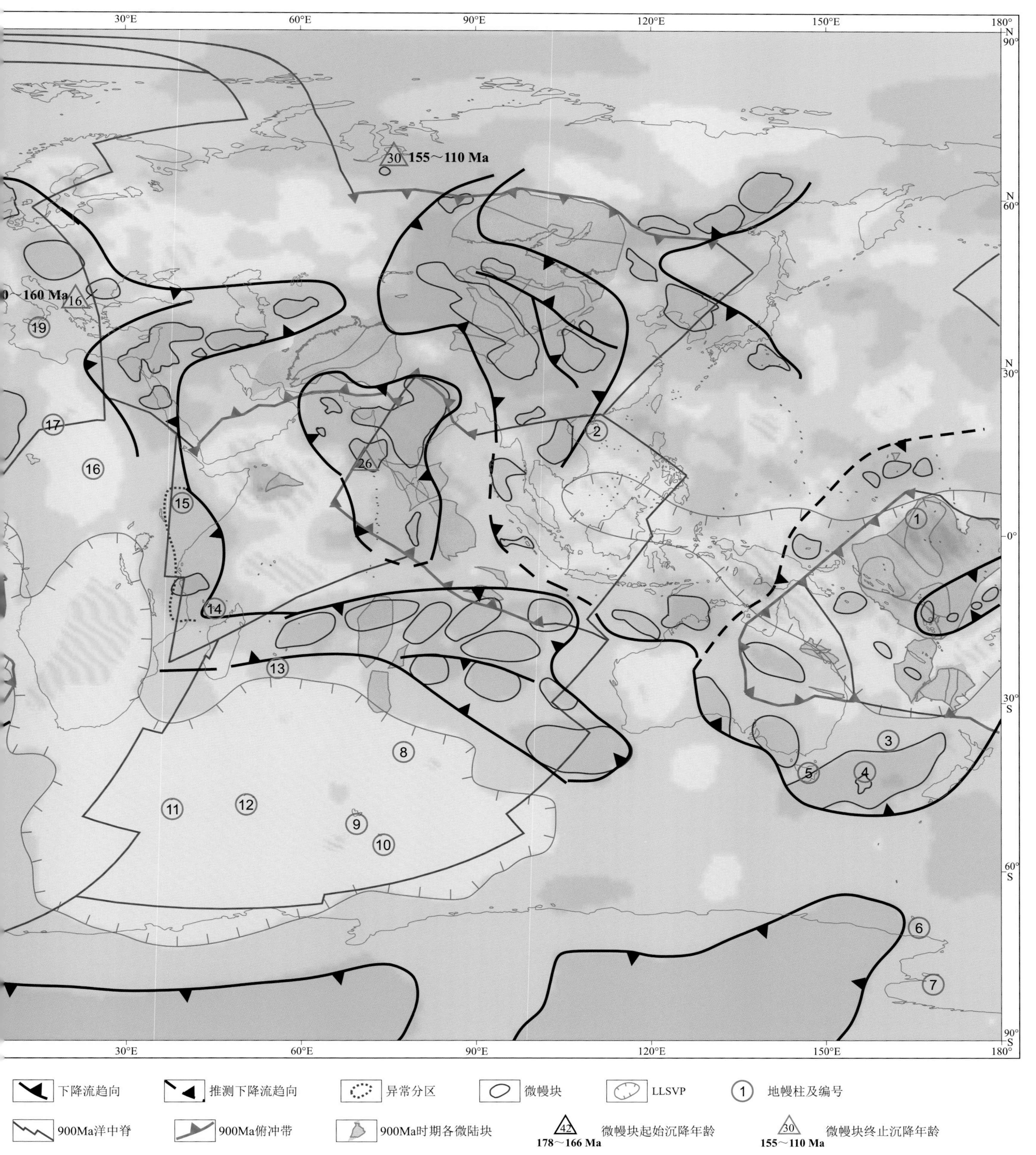

（图1-38）

深度2050km全球微幔块层析成像及解释

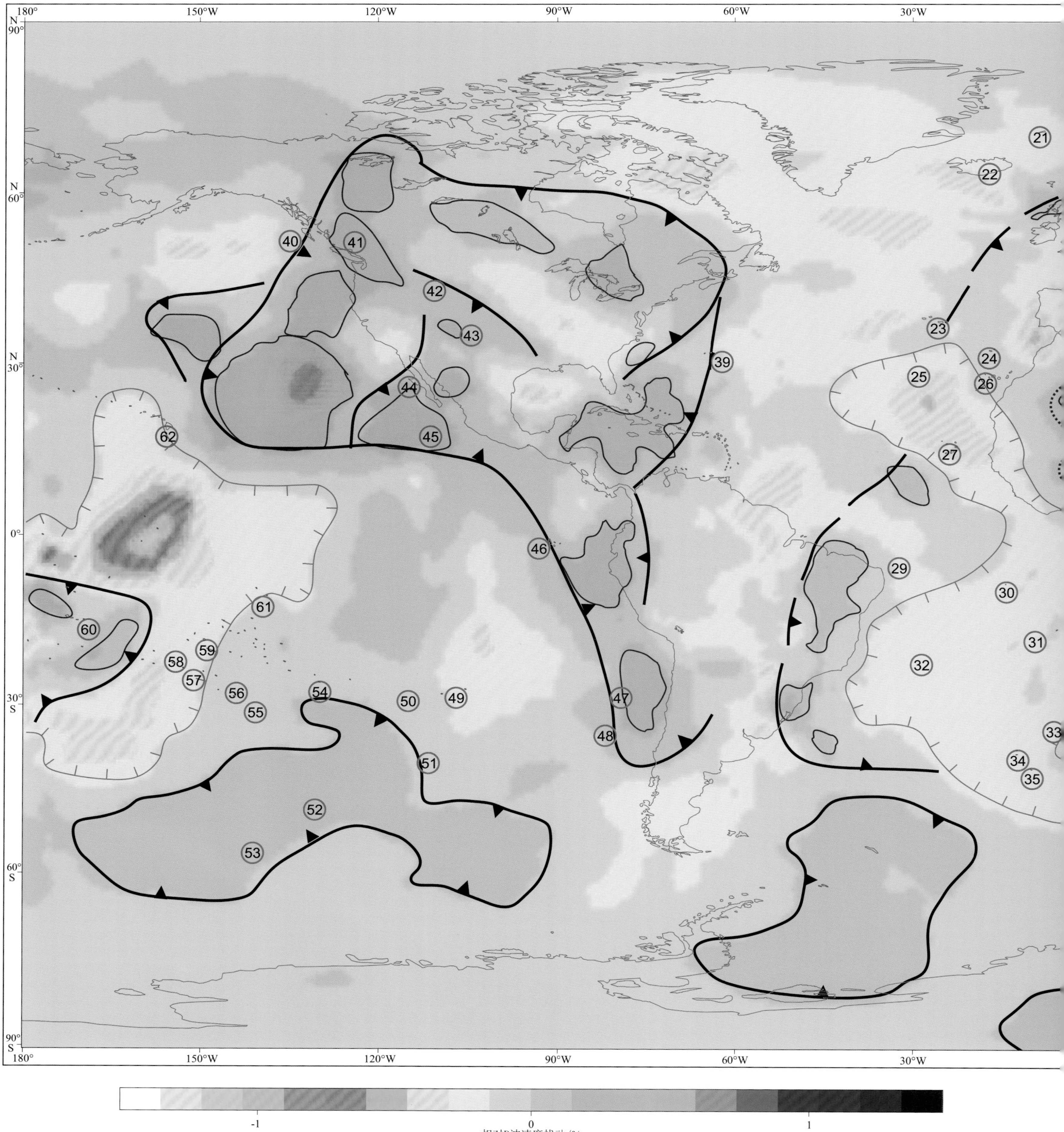

180° 150°W 120°W 90°W 60°W 30°W

N 90° N 60° N 30° 0° 30° S 60° S 90° S

21 22 23 24 25 26 27 29 30 31 32 33 34 35 39 40 41 42 43 44 45 46 47 48 49 50 51 52 53 54 55 56 57 58 59 60 61 62

-1 0 1

相对P波速度扰动/%

图 1-38 为深度 2050km 全球微幔块层析成像及解释。西半球北美洲下部的微幔块群位置与 1900km 以上层位的位置相比，基本保持稳定，但范围显著缩小。东半球的中亚到东亚近南北走向弯曲的两条微幔块群可能与罗迪尼亚聚合相关，但也不排除印支期沿古亚洲洋两条弯山构造带俯冲的一些微幔块下坠到此深度。其他微幔块解释与 2000km 相同。JASON 保存范围显著扩大，受微幔块的破坏程度较小。

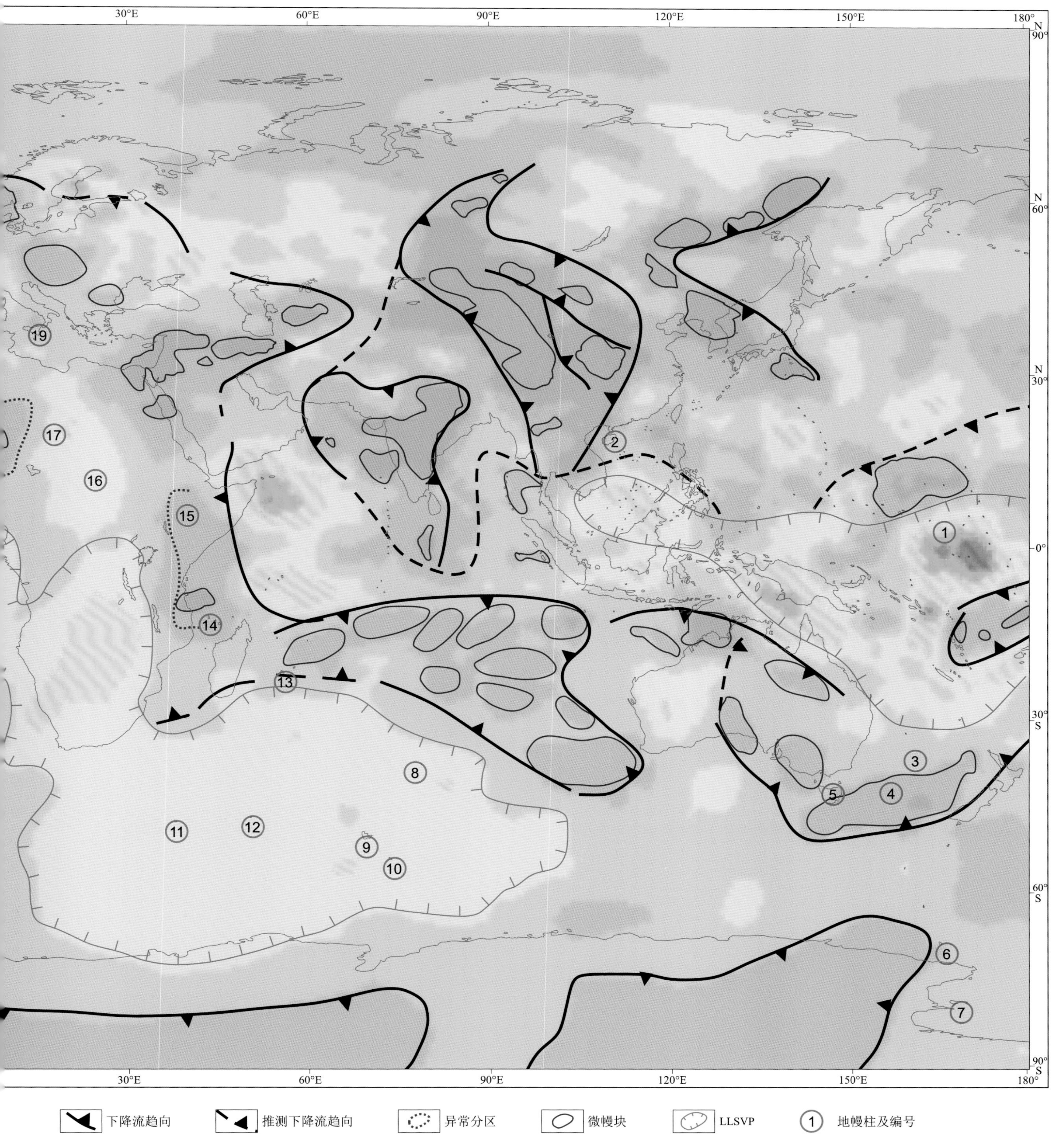

图 1-39 为深度 2100km 全球微幔块层析成像及解释。西半球北美洲下部的微幔块群位置与 1900km 以上层位的位置相比，基本保持稳定，但范围显著缩小；其分布格局与潘吉亚超大陆聚合期间西侧俯冲带关联性不大，更与加里东期原潘吉亚超大

（图1-39）

深度2100km全球微幔块层析成像及解释

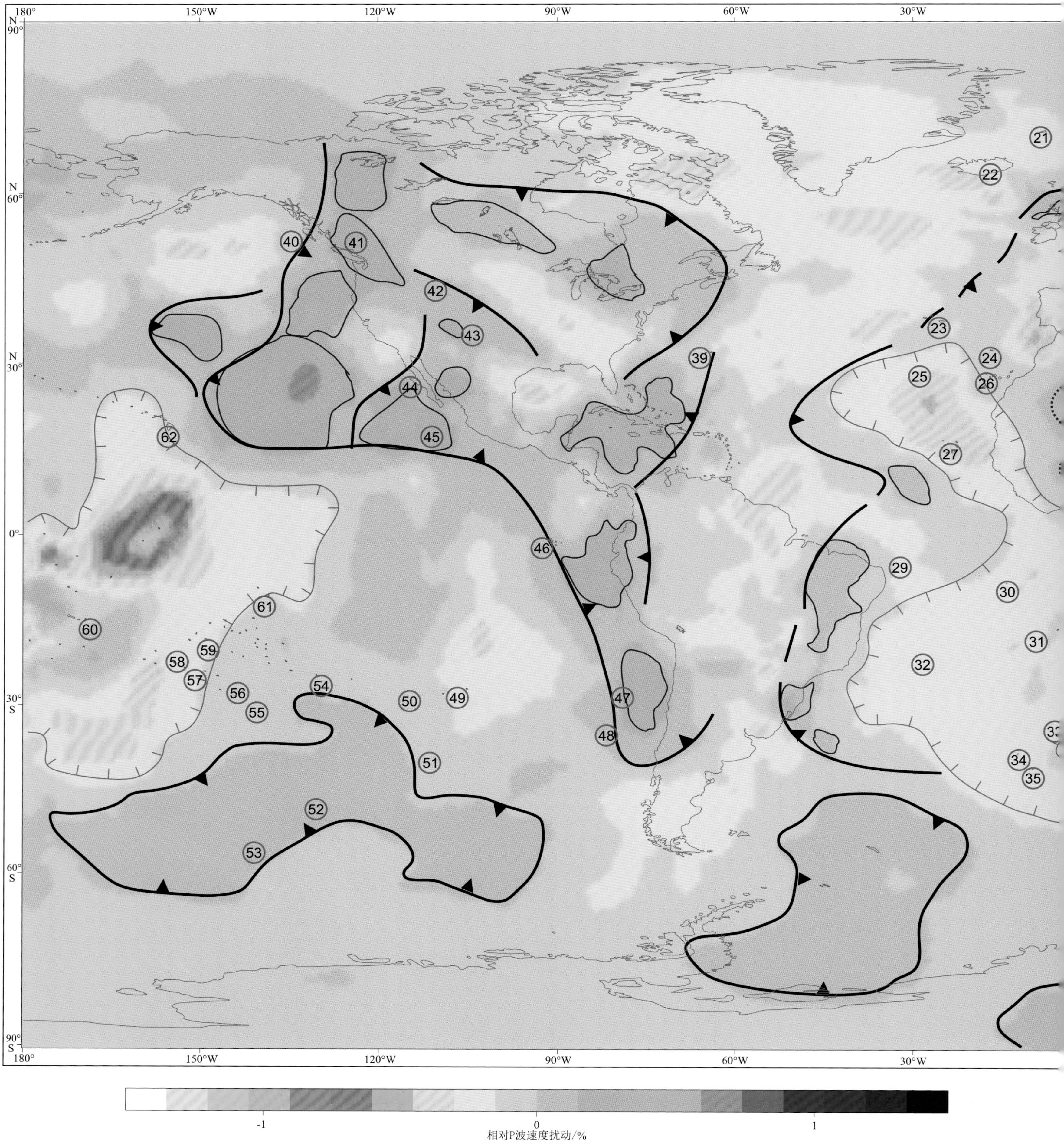

陆汇聚形成的微幔块分布格局差别较大，因此该深度这个微幔块群可能是与新元古代罗迪尼亚超大陆汇聚相关。东半球的中亚到东亚近南北走向弯曲的两个微幔块群可能与罗迪尼亚聚合相关，但也不排除印支期沿古亚洲洋两条弯山构造带俯冲的一些微幔块下坠到此深度。JASON 和 TUZO 更加明显，且范围进一步增大。

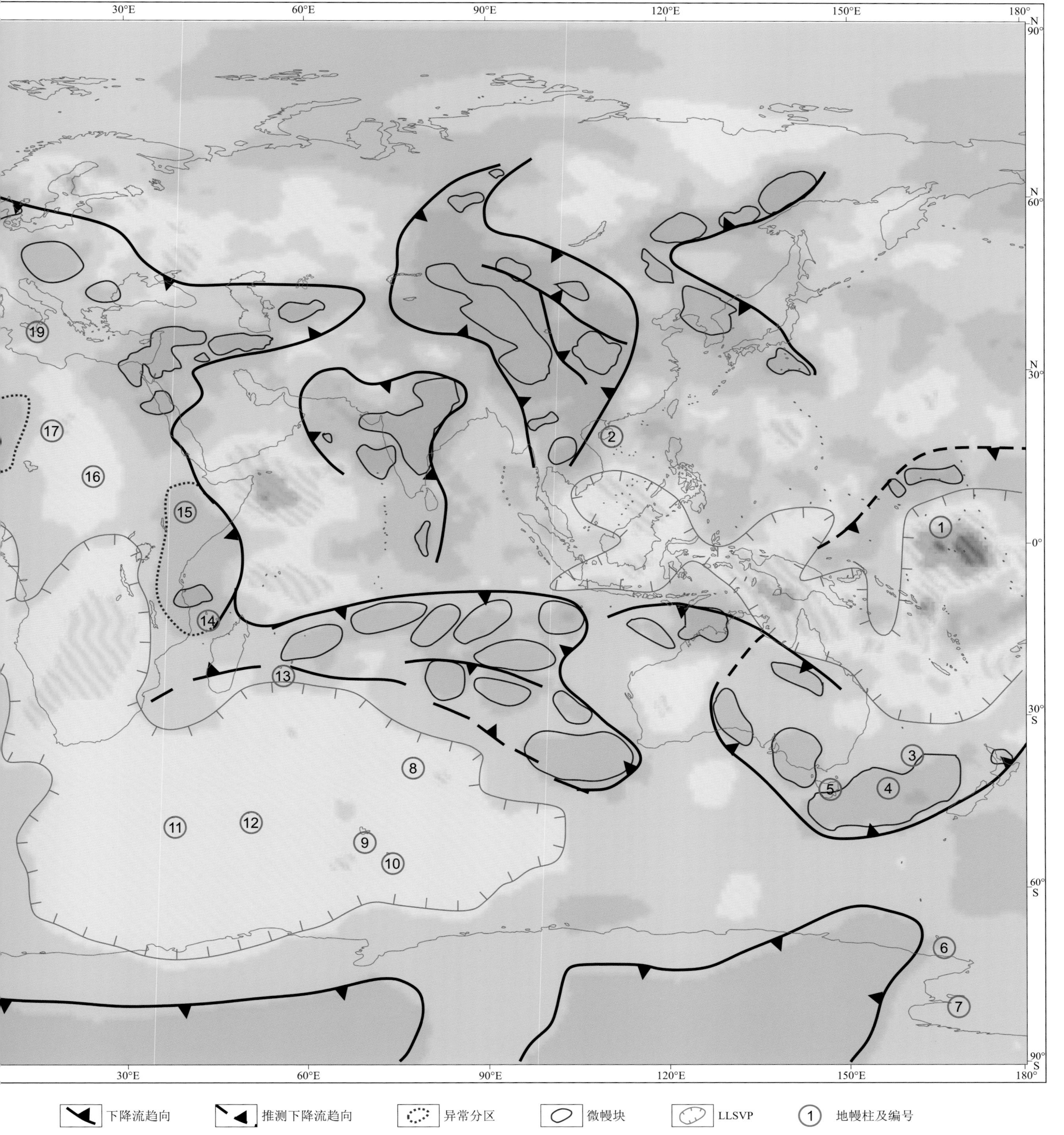

（图1-40）

深度2150km全球微幔块层析成像及解释

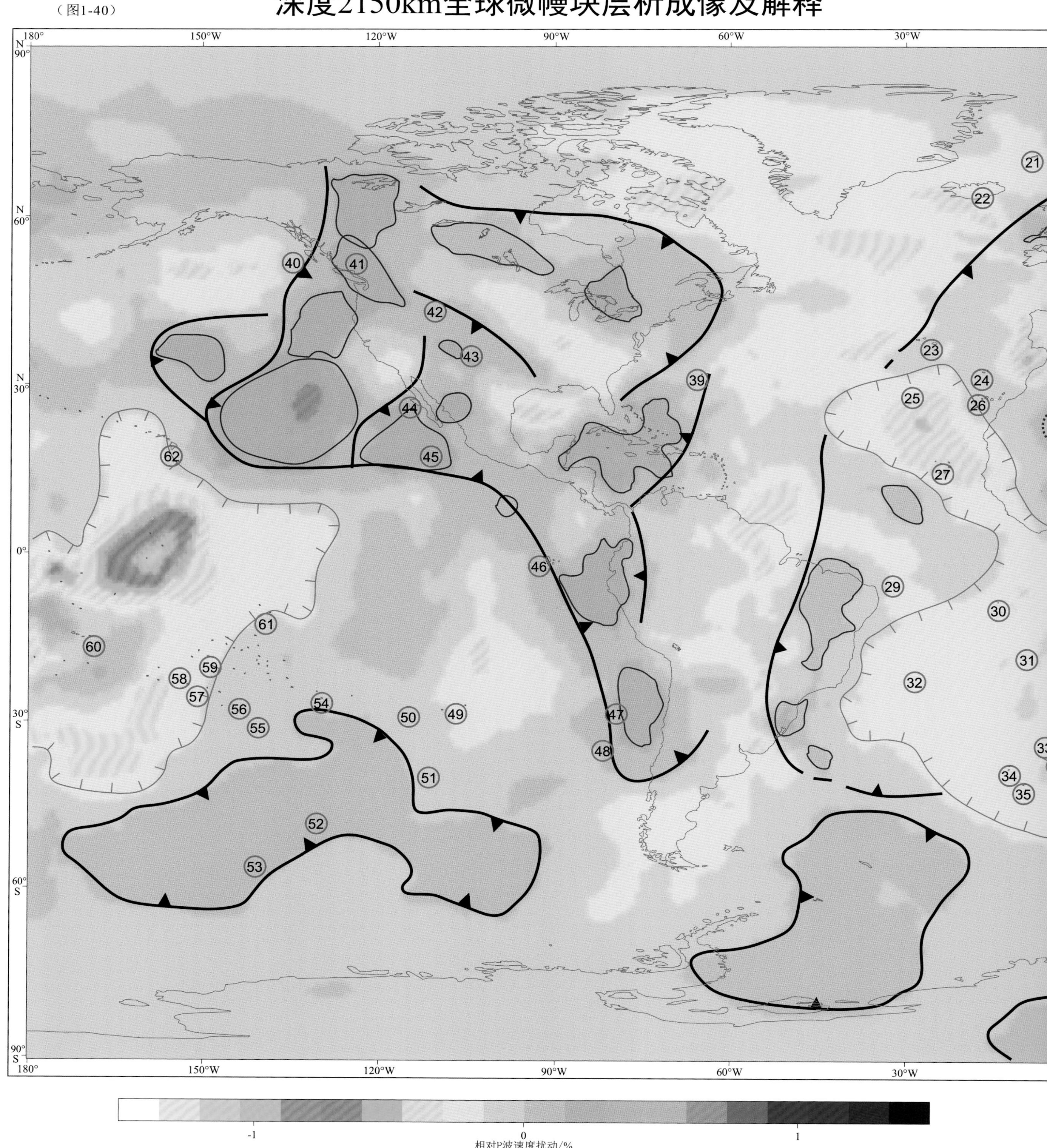

图 1-40 为深度 2150km 全球微幔块层析成像及解释。与 1900km 以上层位的位置相比，西半球北美洲下部的微幔块群位置基本保持稳定，但范围显著缩小。JASON 和 TUZO 两个 LLSVP 形态轮廓明显，TUZO 范围显著变大，JASON 显著北移。南半球围绕南极洲分布的微幔块也逐渐长大，但依然为 4 个。

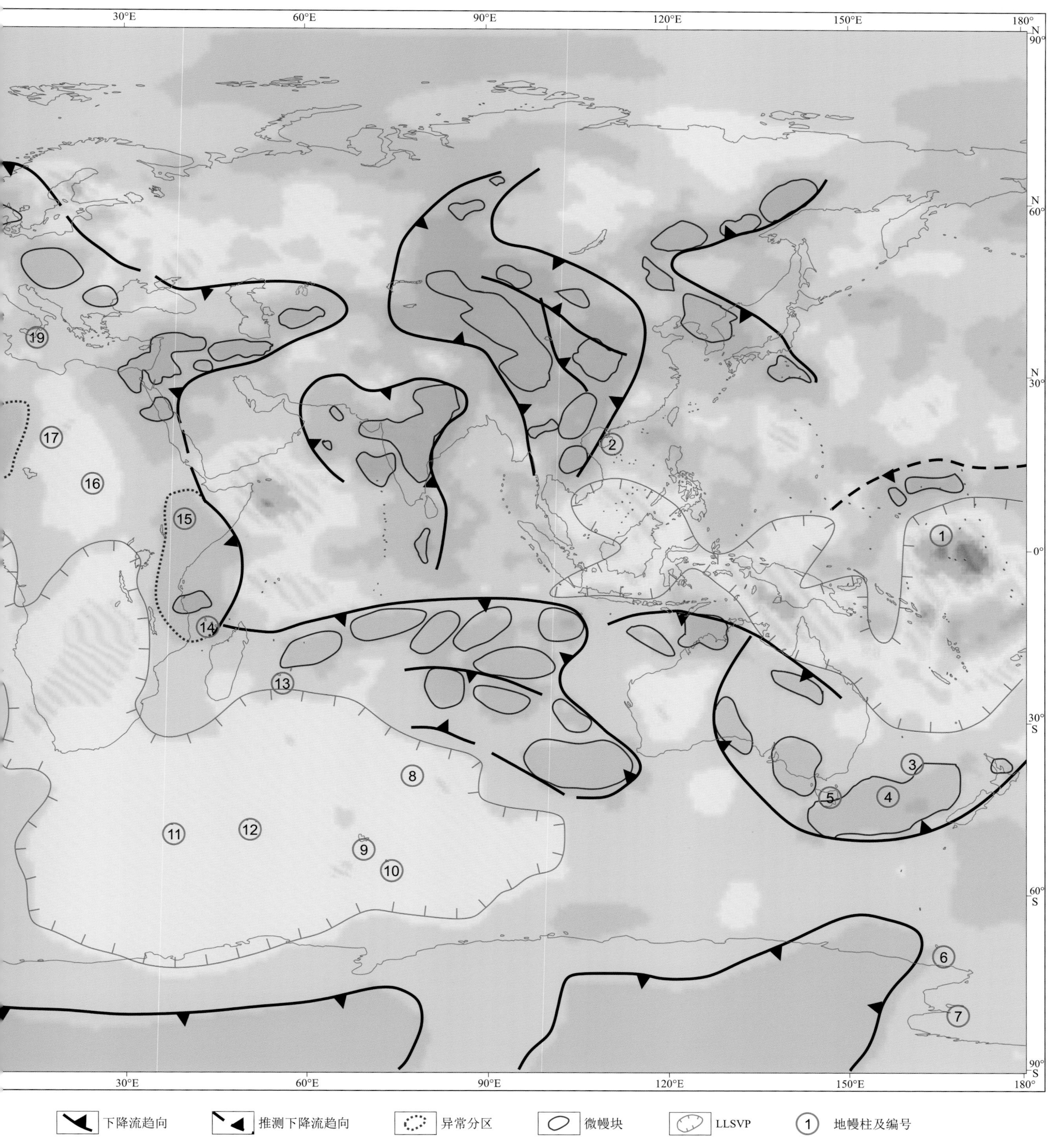

图 1-41 为深度 2200km 全球微幔块层析成像及解释。与 2150km 层位的格局相比，西半球北美洲下部的微幔块群格局有巨大变化，有向 TUZO 聚合的趋势。东半球中亚到东亚近南北走向弯曲的两个微幔块群趋势不再明显，叠合 1200Ma 的板块重建方案，这些微幔块的显著融合可能与罗迪尼亚超大陆此时聚合的俯冲带格局相关。微幔块在 2200~2300km 深度总体还处

（图1-41）

深度2200km全球微幔块层析成像及解释

-1 0 1

相对P波速度扰动/%

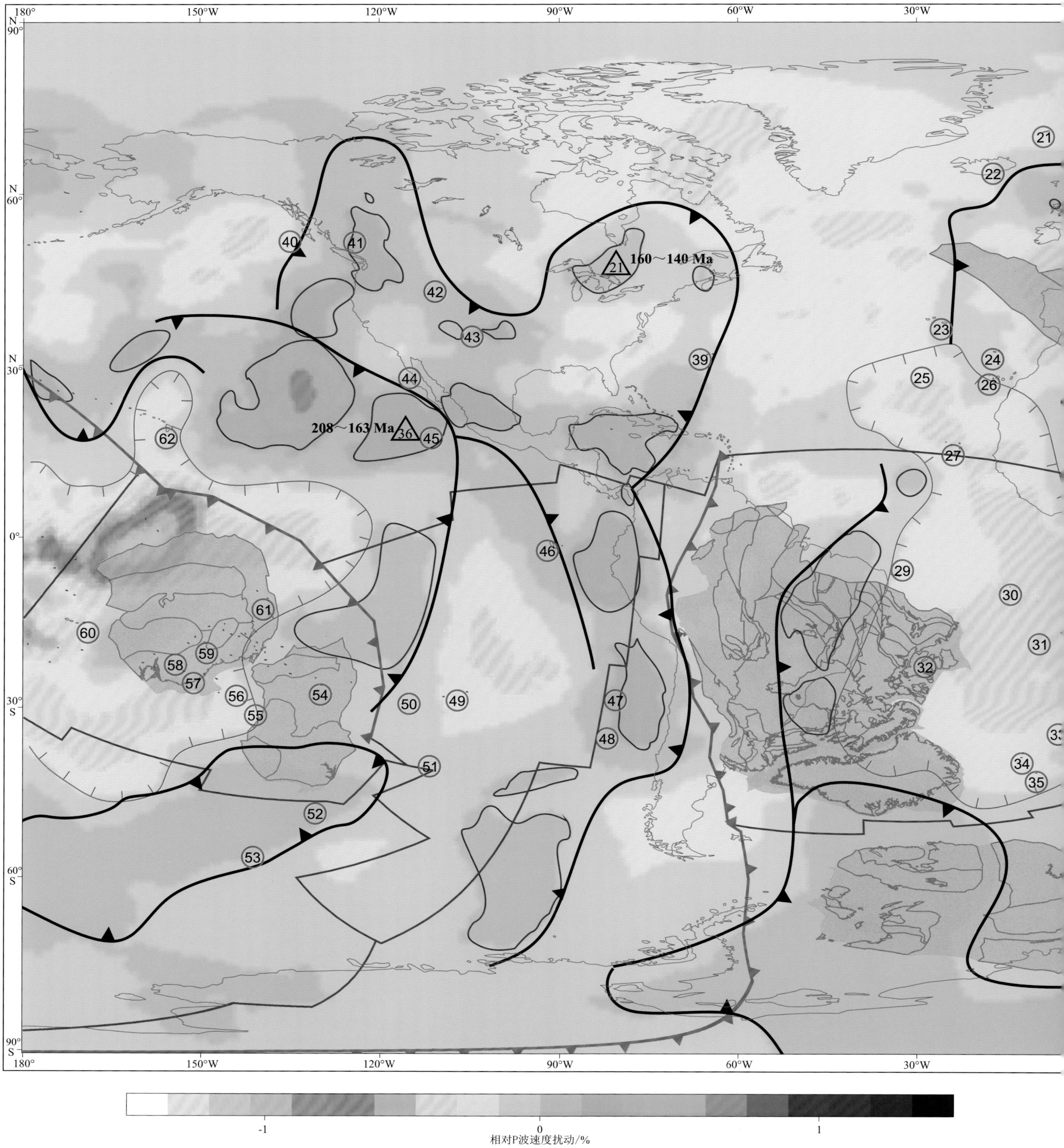

于汇聚下降流的下坠阶段，但2300~2500km深度汇聚下降流会向两侧分裂为两股分散流（图1-2），所以同期微幔块群可能被劈裂朝两个方向迁移，且分别向两个LLSVP运动。2200km深度处LLSVP因微幔块物质补充，更进一步加大，JASON南缘进一步北移，且TUZO北缘范围也显著扩大，可能与罗迪尼亚超大陆聚合相关的微幔块的补充相关。南半球围绕南极洲分布的微幔块也逐渐长大，由4个融合为3个。

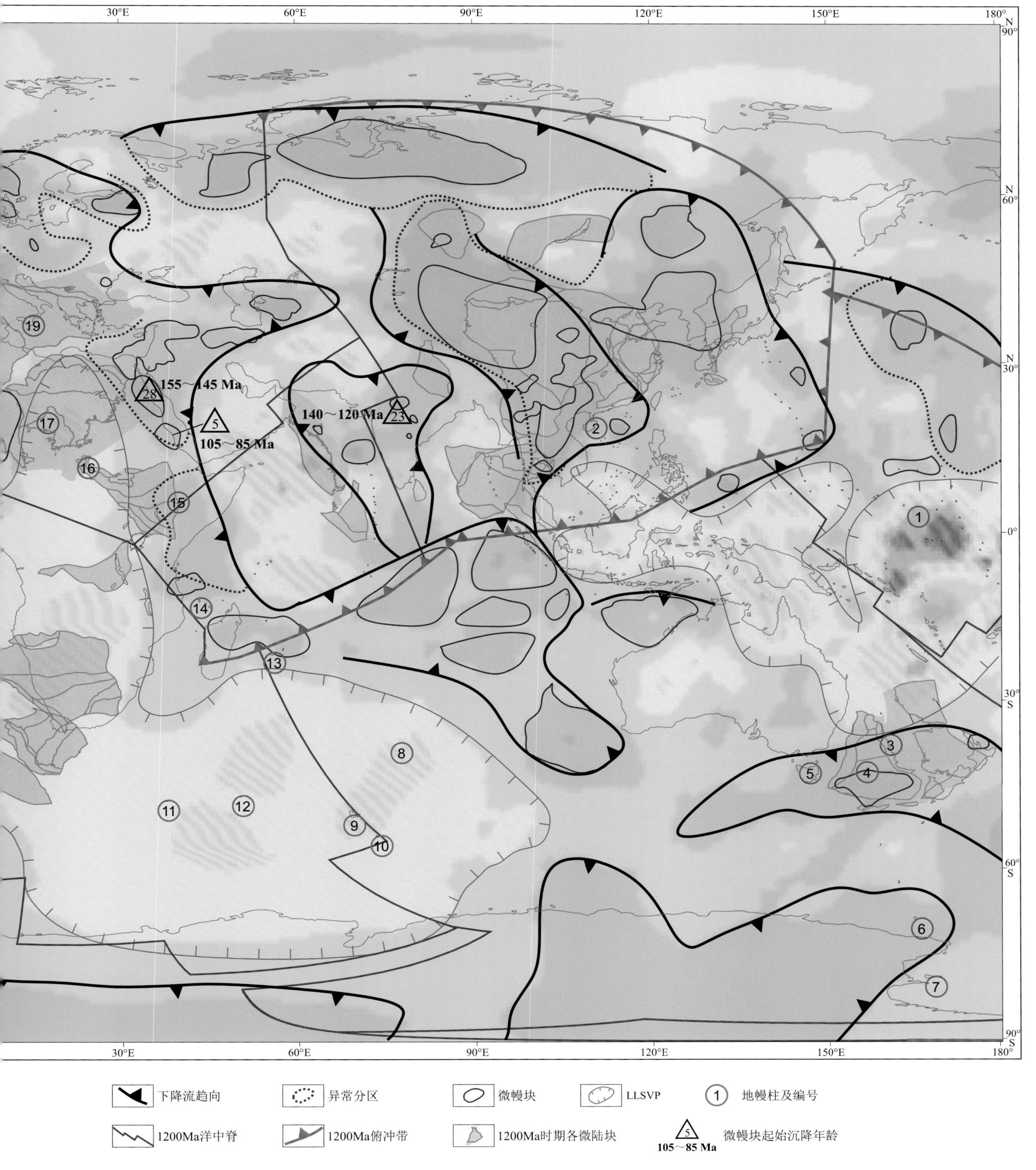

（图1-42） 深度2250km全球微幔块层析成像及解释

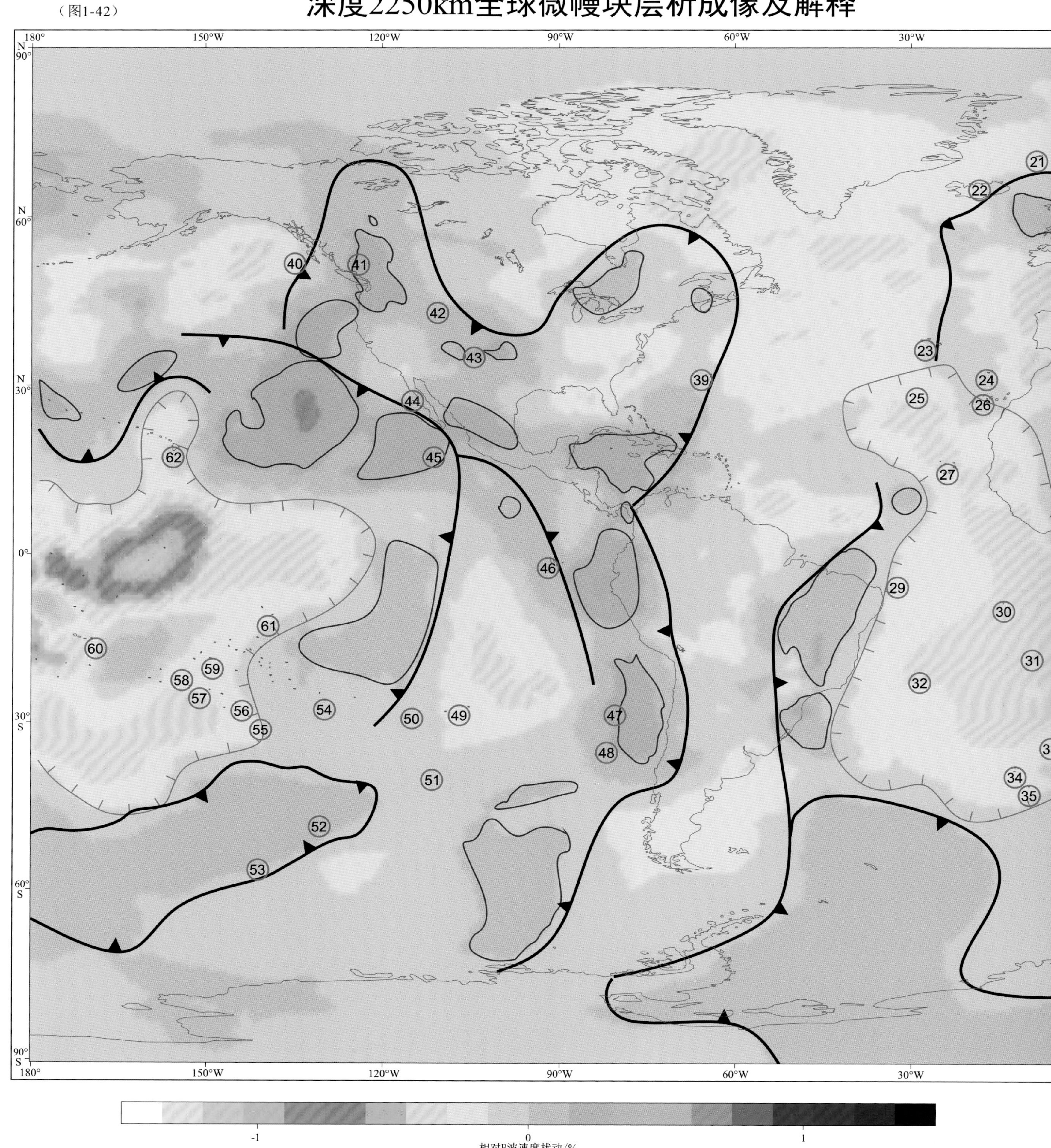

图 1-42 为深度 2250km 全球微幔块层析成像及解释。JASON 和 TUZO 继续增大。南半球围绕南极洲分布的微幔块也逐渐长大，依然为 3 个，图幅中下部的 2 个逐渐向 TUZO 运移的趋势，而另外 1 个表现为向 JASON 南缘运移趋势，使得 JASON 持续北移。其余解释同图 1-41。

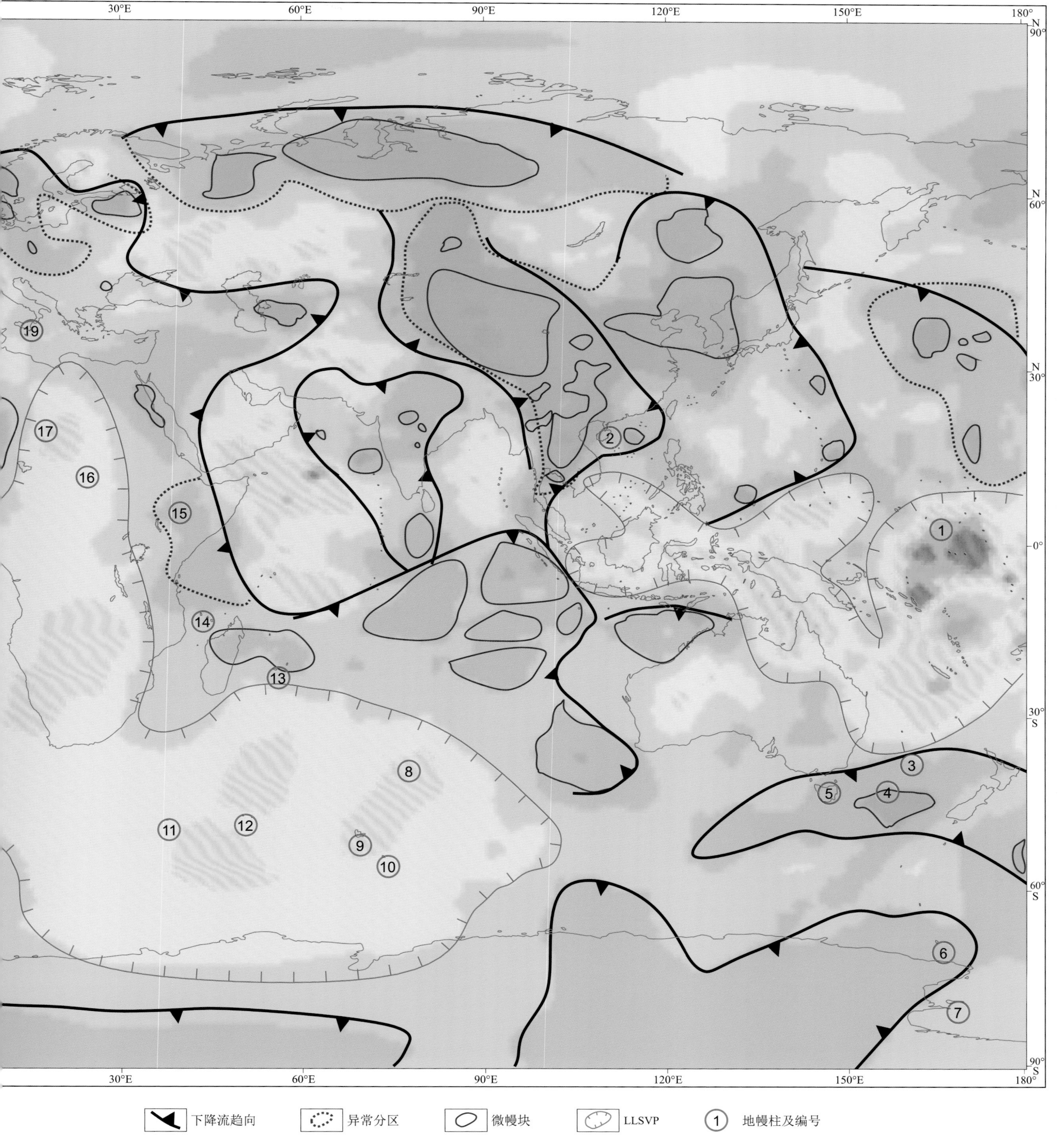

图1-43为深度2300km全球微幔块层析成像及解释。同图1-42解释，微幔块在2200~2300km深度总体还处于汇聚下降流的下坠阶段，但2300~2500km深度的汇聚流会向分散流转变（图1-2），所以同期微幔块群可能被劈裂为两股，分别向两个LLSVP运动。叠合1200Ma的板块重建方案，北半球亚洲地区的微幔块显著融合，可能与罗迪尼亚超大陆此时聚合时的俯冲带格局相关，但和

（图1-43）

深度2300km全球微幔块层析成像及解释

180° 150°W 120°W 90°W 60°W 30°W

N 90° N 60° N 30° 0° 30° S 60° S 90° S

21 22 23 24 25 26 27 29 30 31 32 34 35 39 40 41 42 43 44 45 46 47 48 49 50 51 52 53 54 55 56 57 58 59 60 61 62

-1 0 1

相对P波速度扰动/%

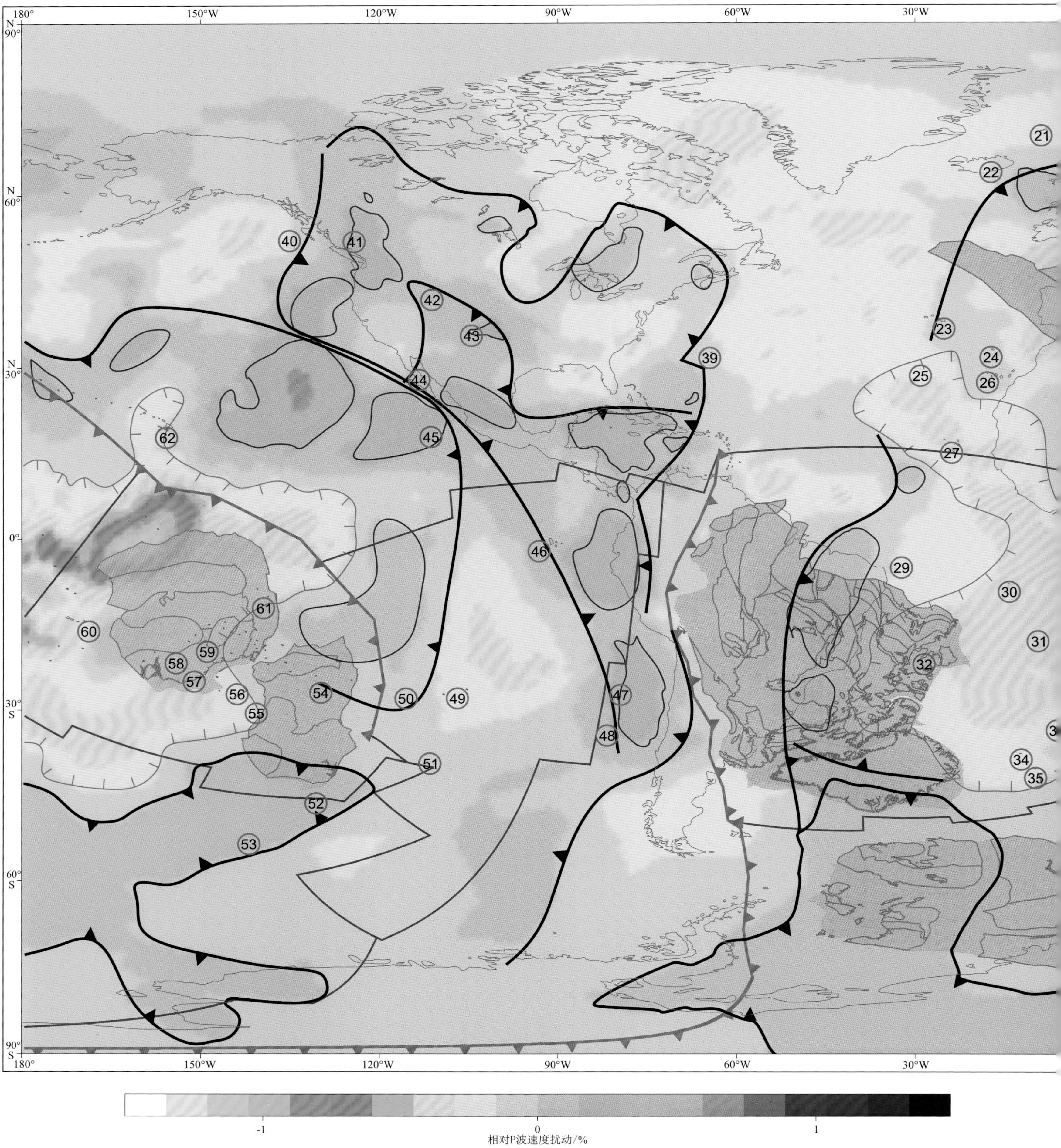

北半球北美洲地区的微幔块群开始分裂到两个LLSVP周缘一样，也发生二分裂；南半球的哥伦比亚超大陆聚合相关的微幔块群也开始分裂为两群，直到在2600km深度完成这个过程。但总体上，两个LLSVP南缘和北缘的微幔块群都分别是哥伦比亚聚合期和罗迪尼亚聚合期的微幔块所围限，这与哥伦比亚超大陆汇聚中心和罗迪尼亚超大陆汇聚中心分别在南半球和北半球有关。JASON明显加大，北缘进一步显著北移。高速异常体有向两个LLSVP分别汇聚的趋势（图1-2和图1-3）。

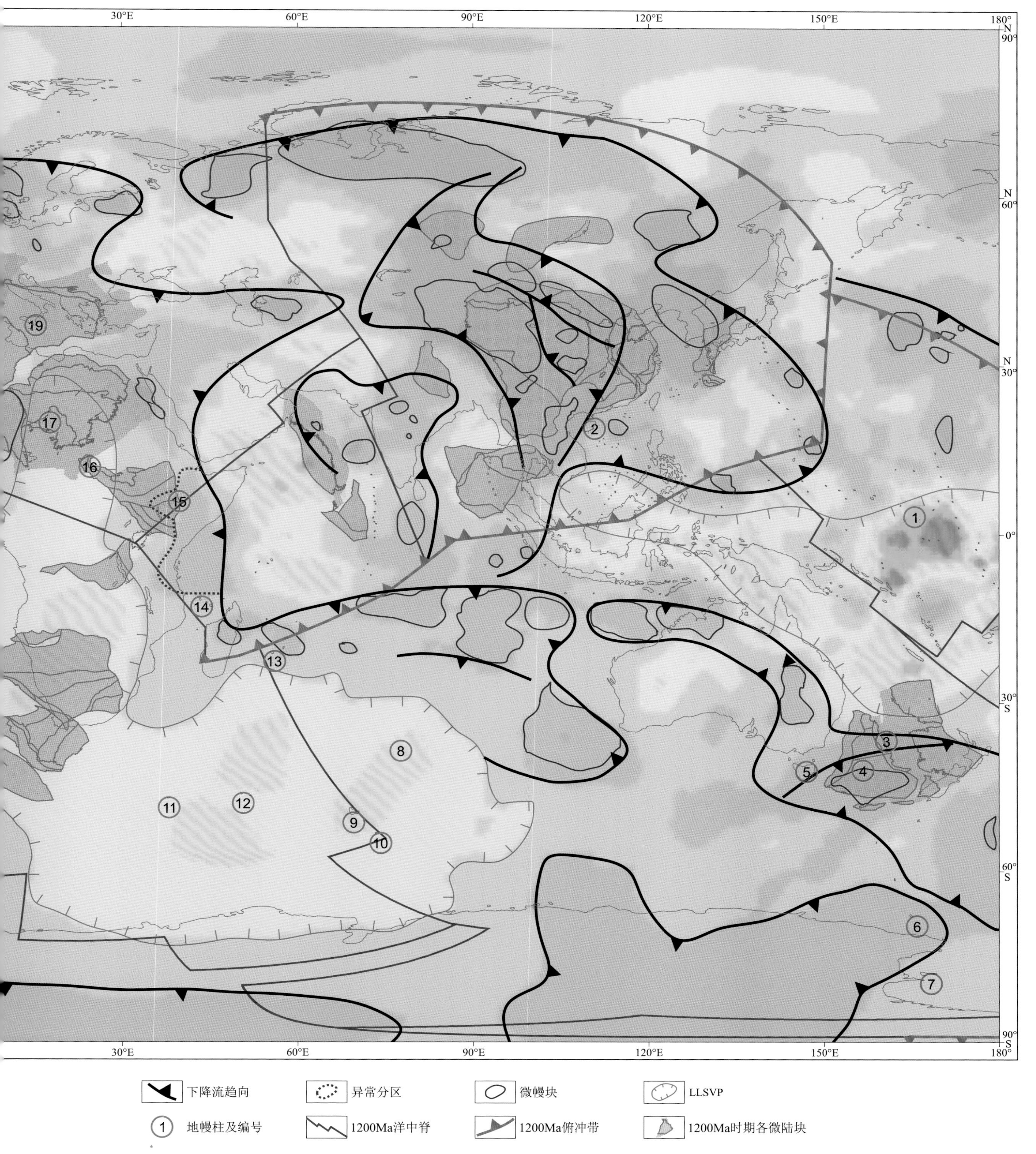

（图1-44）

深度2350km全球微幔块层析成像及解释

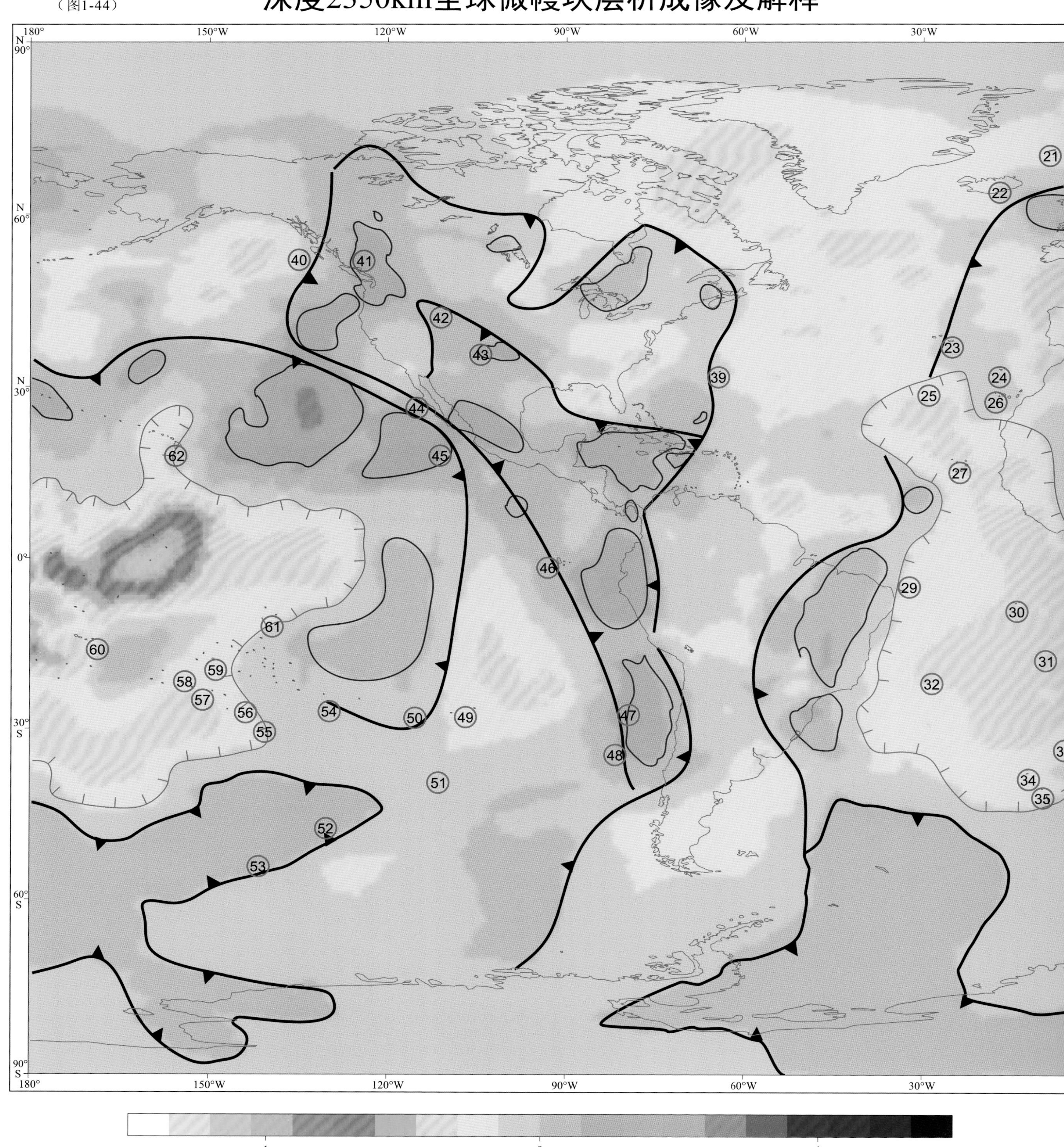

图 1-44 为深度 2350km 全球微幔块层析成像及解释。解释同图 1-43。JASON 和 TUZO 都明显加大，JASON 北缘进一步显著北移。

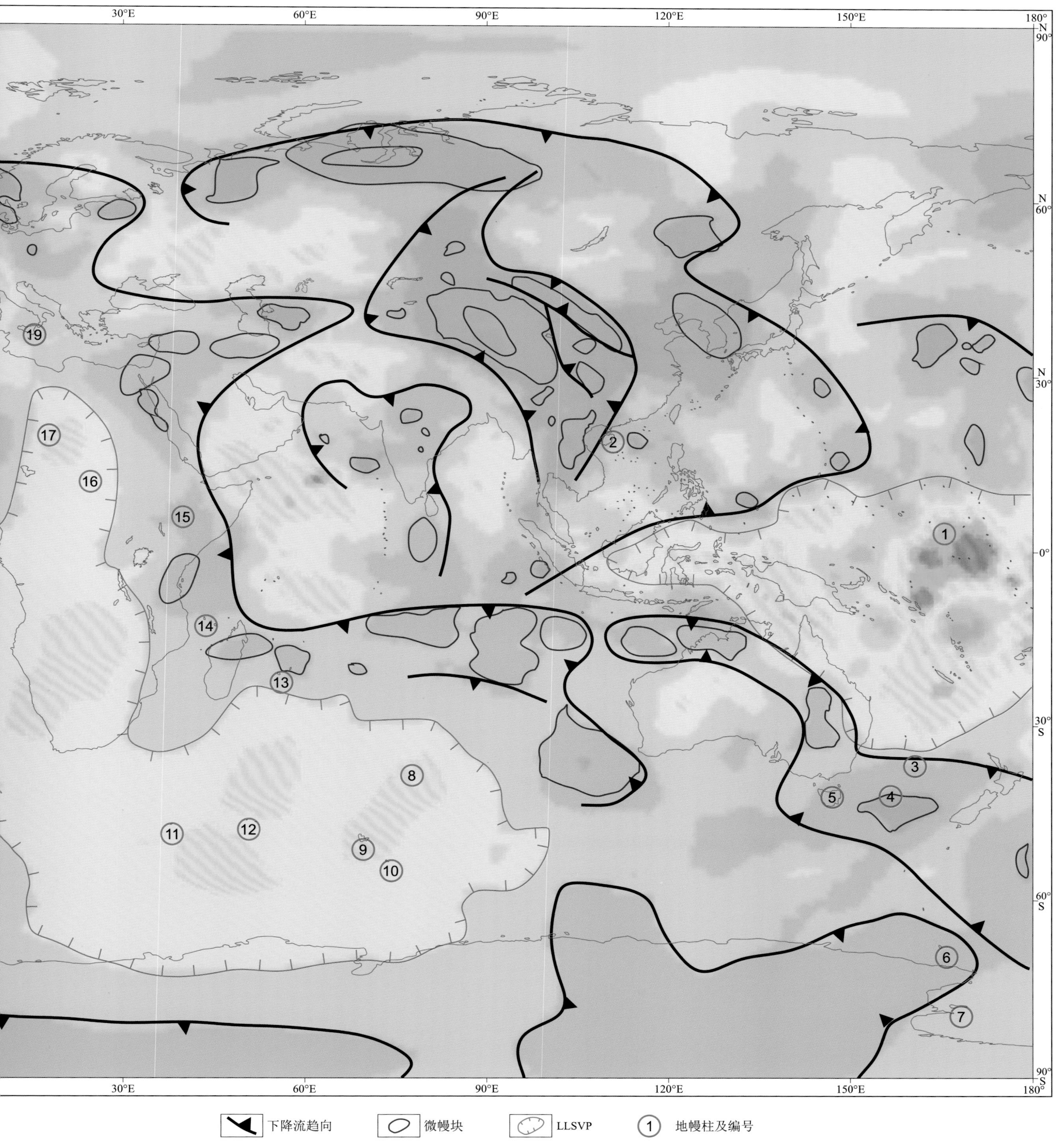

（图1-45）

深度2400km全球微幔块层析成像及解释

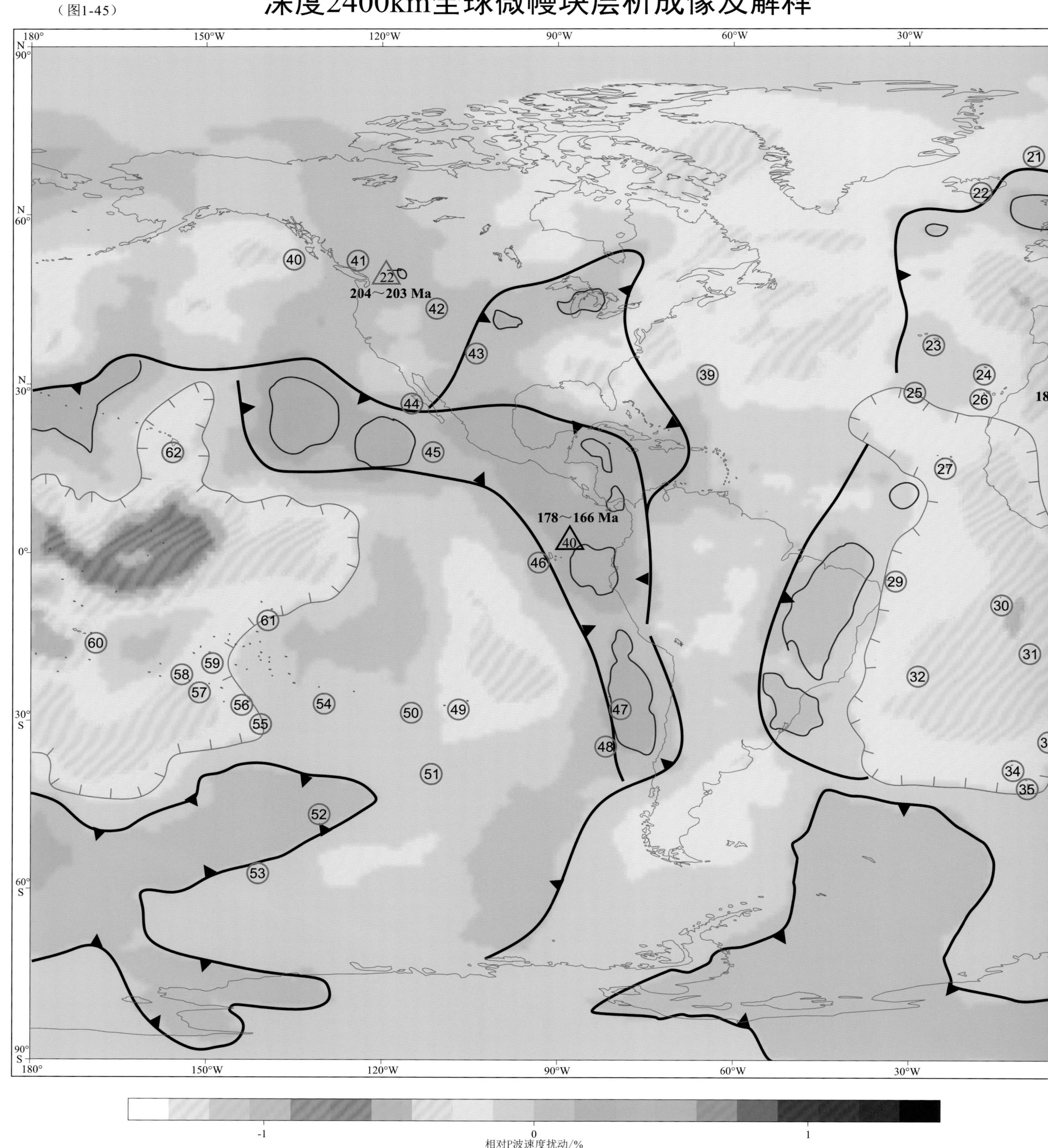

图 1-45 为深度 2400km 全球微幔块层析成像及解释。与 2350km 深度的层析图像对比，LLSVP 更进一步加大，哥伦比亚聚合期和罗迪尼亚聚合期的微幔块进一步融合，数量减少。图幅中部的两个哥伦比亚聚合期微幔块形态初步显示出长条状。

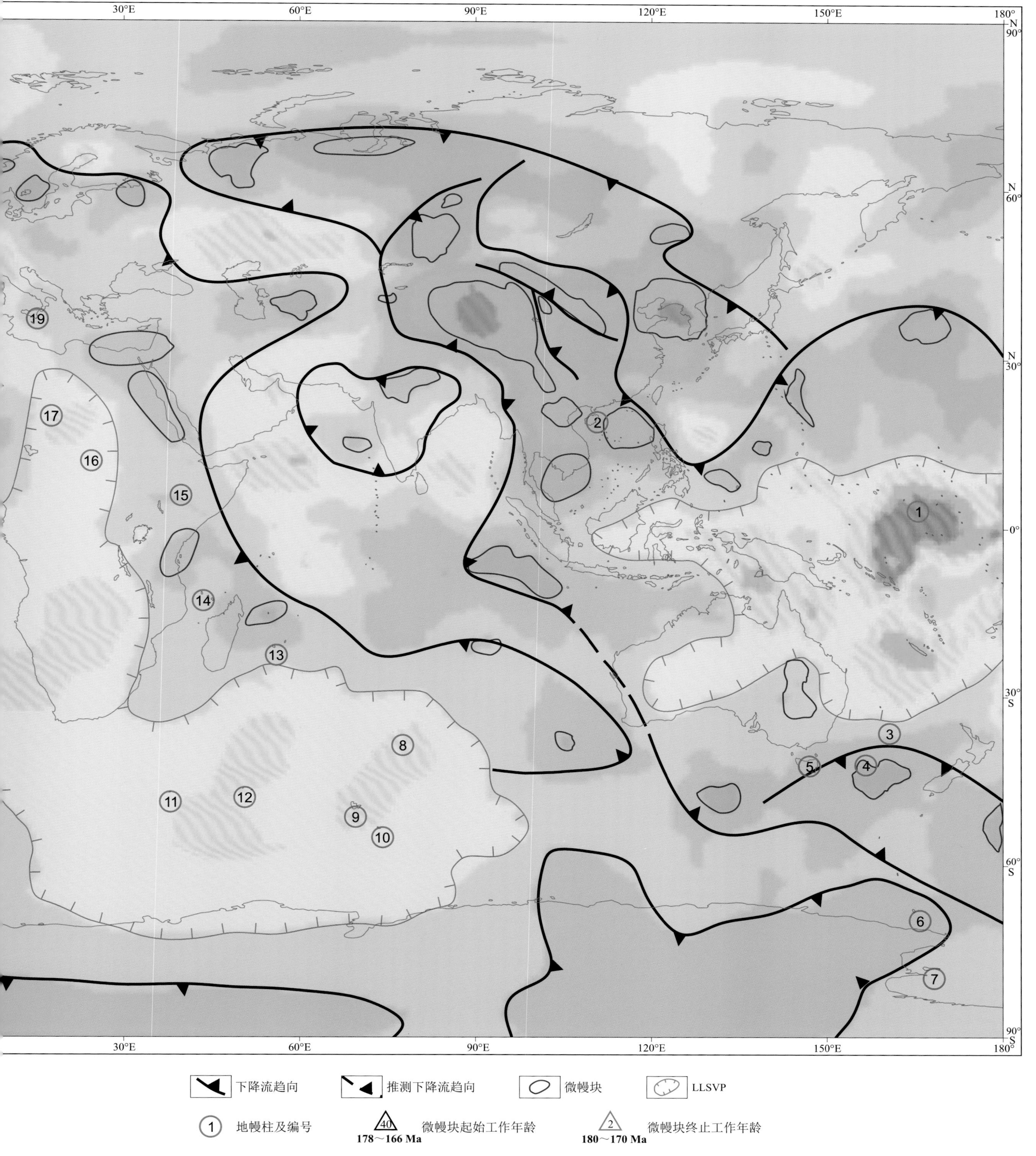

（图1-46）

深度2450km全球微幔块层析成像及解释

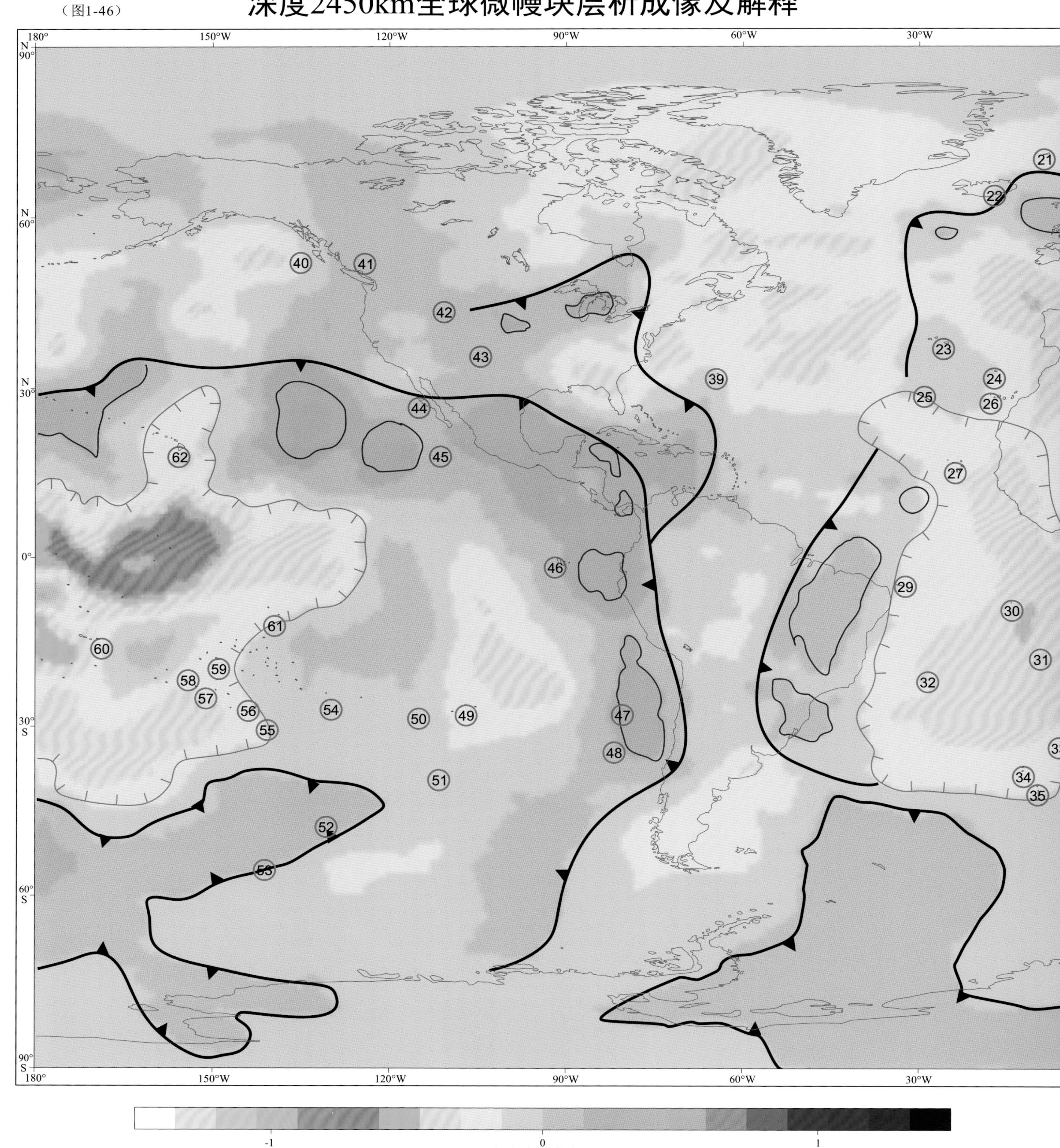

图 1-46 为深度 2450km 全球微幔块层析成像及解释。解释同图 1-43。微幔块基本表现出向两个 LLSVP 聚合的趋势。

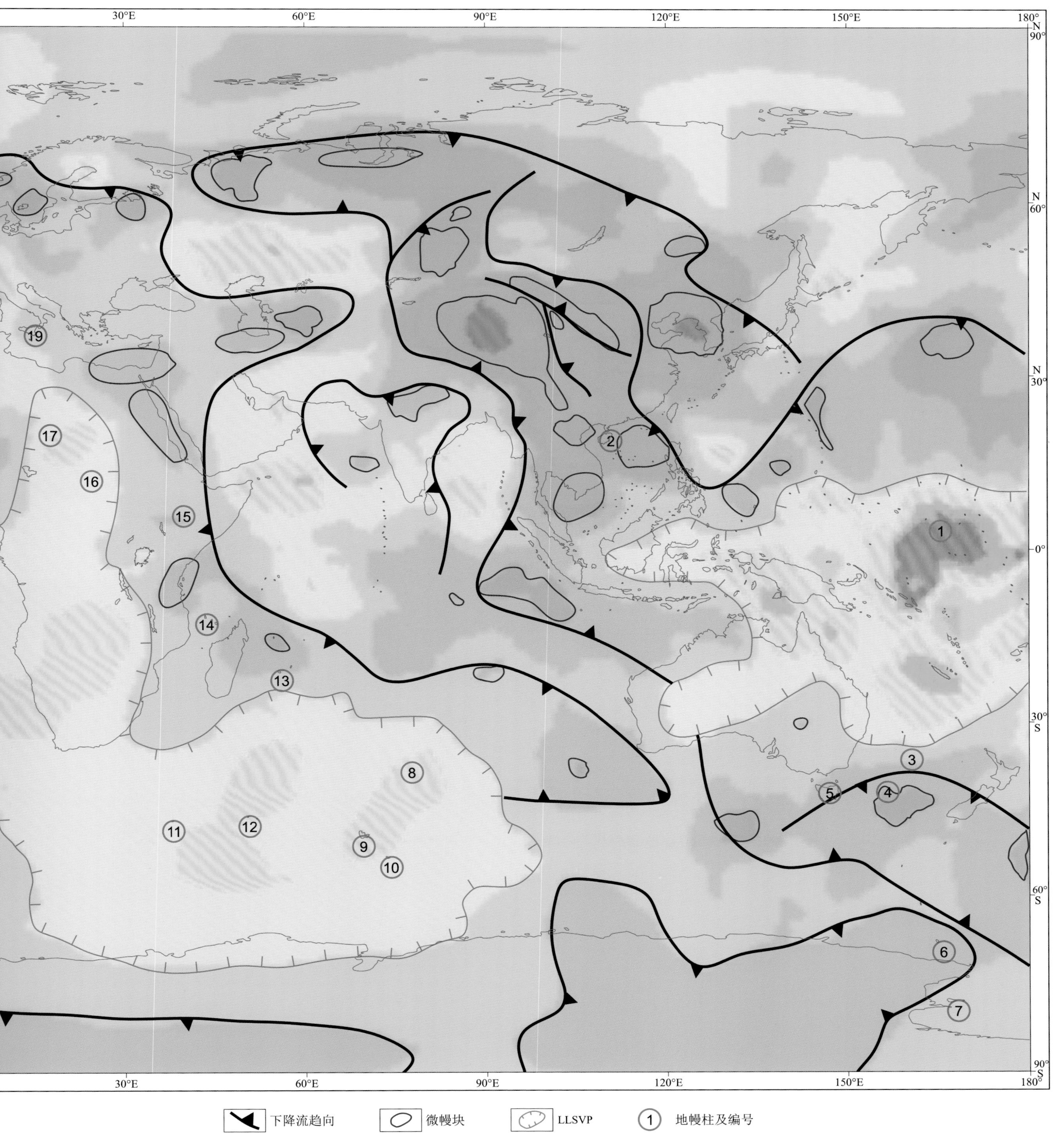

图 1-47 为深度 2500km 全球微幔块层析成像及解释。该图叠合了 1300Ma 的板块重建方案，1250Ma 基本上是哥伦比亚超大陆裂解到峰期进而向罗迪尼亚超大陆聚合起始转变的关键时刻。1400Ma 时哥伦比亚超大陆主体坐落在 TUZO 正上方，1300Ma 开始向北俯冲后撤，必然诱发超大陆于 1250Ma 彻底解体。微幔块分布格局显著变化，基本分为围绕 JASON 和 TUZO 各自独立的

（图1-47）

深度2500km全球微幔块层析成像及解释

-1　0　1

相对P波速度扰动/%

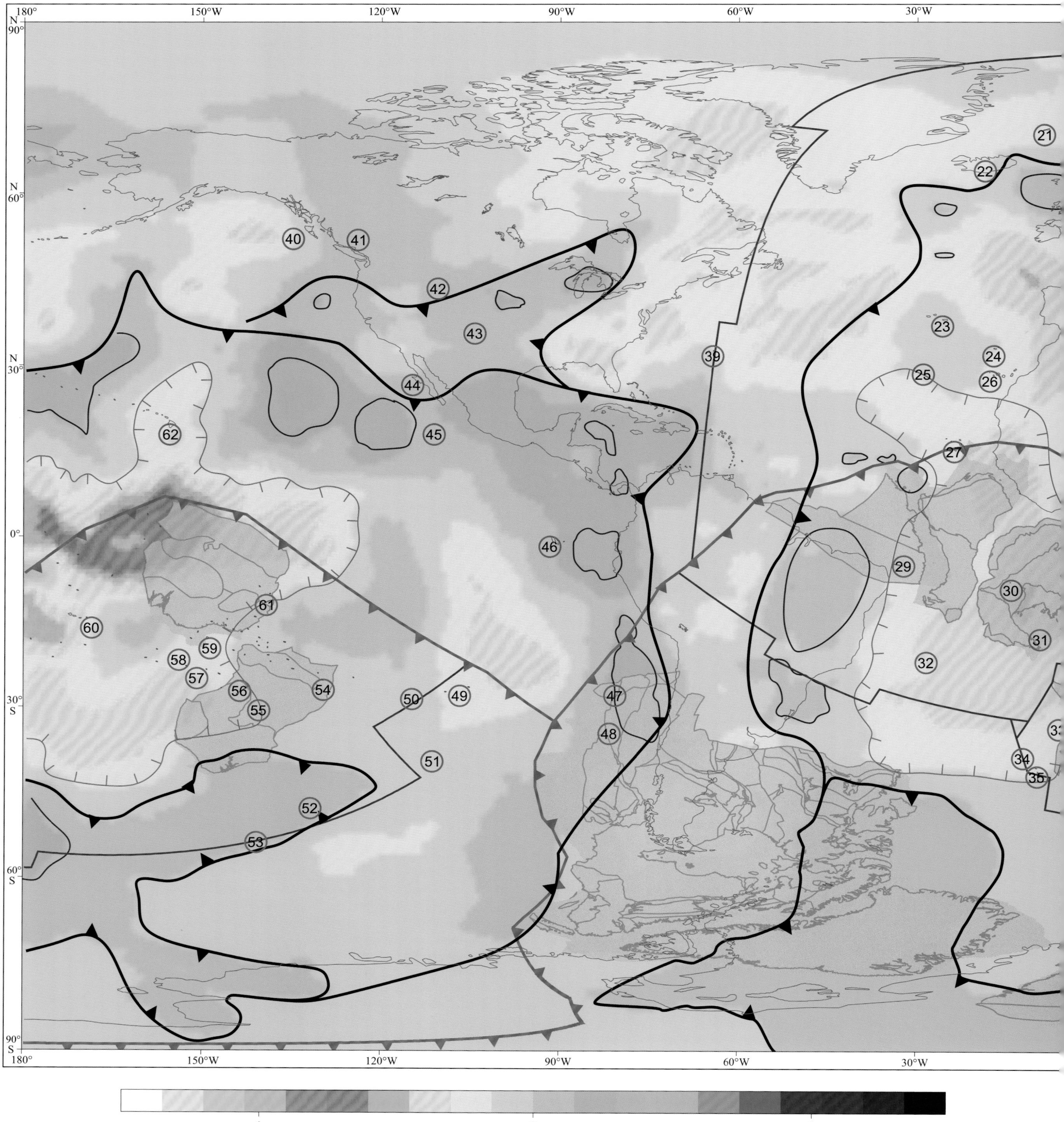

两个微幔块群，但总体JASON和TUZO的北部主体都为罗迪尼亚聚合期的微幔块，而JASON和TUZO的南部主体都是哥伦比亚聚合期的微幔块。如果围绕LLSVP的微幔块物质组成果真如此，对该深度起源的地表岩石进行同位素示踪，或可以检验这个微幔块构造演化假说或推断。

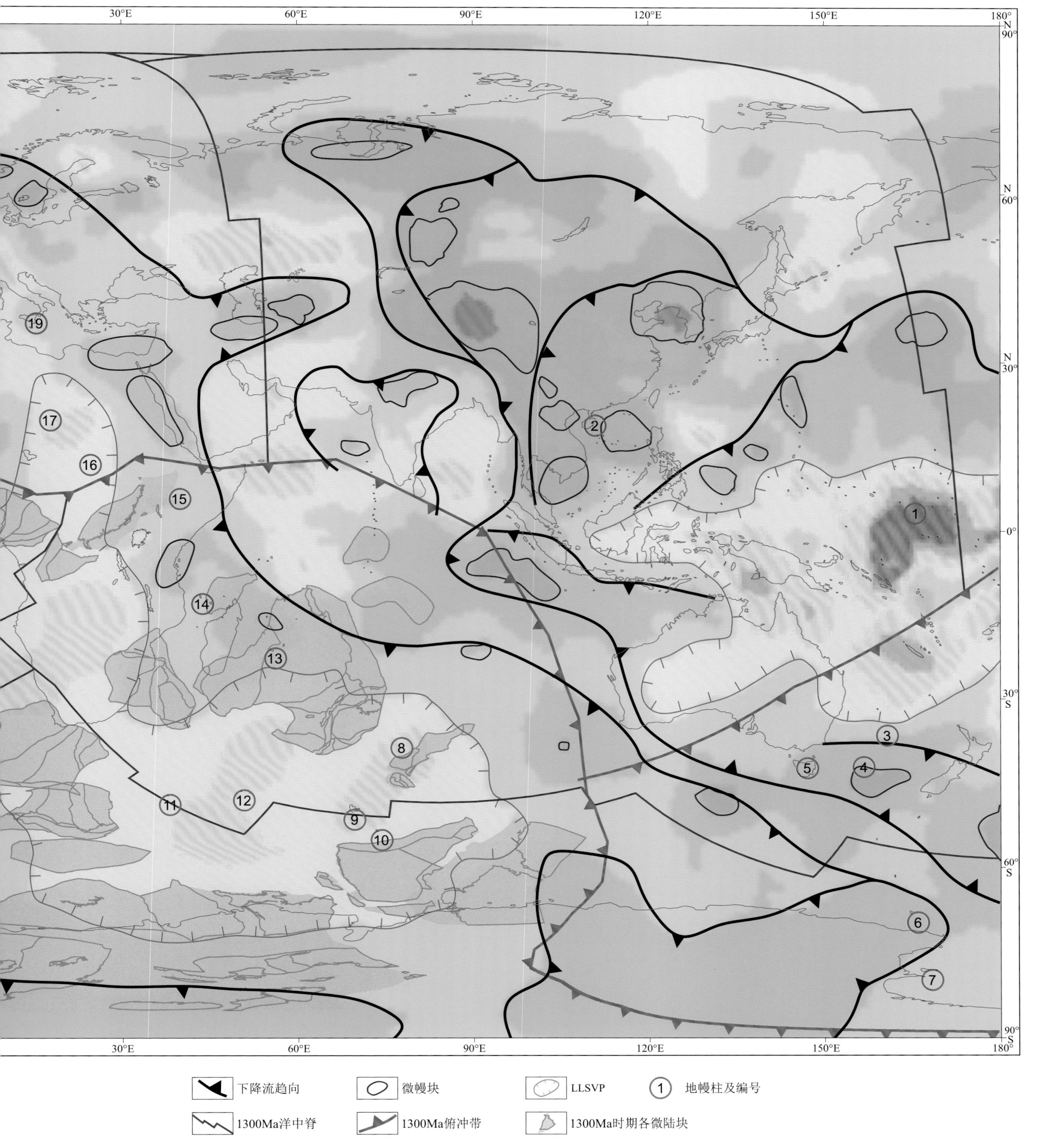

图 1-48 为深度 2550km 全球微幔块层析成像及解释。该层位基本进入了 D" 层，是一个地震波速急剧变化的界面。两个 LLSVP 形态变化较大，至此层其形态基本定型，向下变化较小，此时微幔块分布形态相对 2500km 深度进一步显著变化，其形态与 LLSVP 形态轮廓相似。JASON 整体为一个向右手倒伏的“Y”字形，而 TUZO 整体看似一个“Z”形。除北美洲和

（图1-48） 深度2550km全球微幔块层析成像及解释

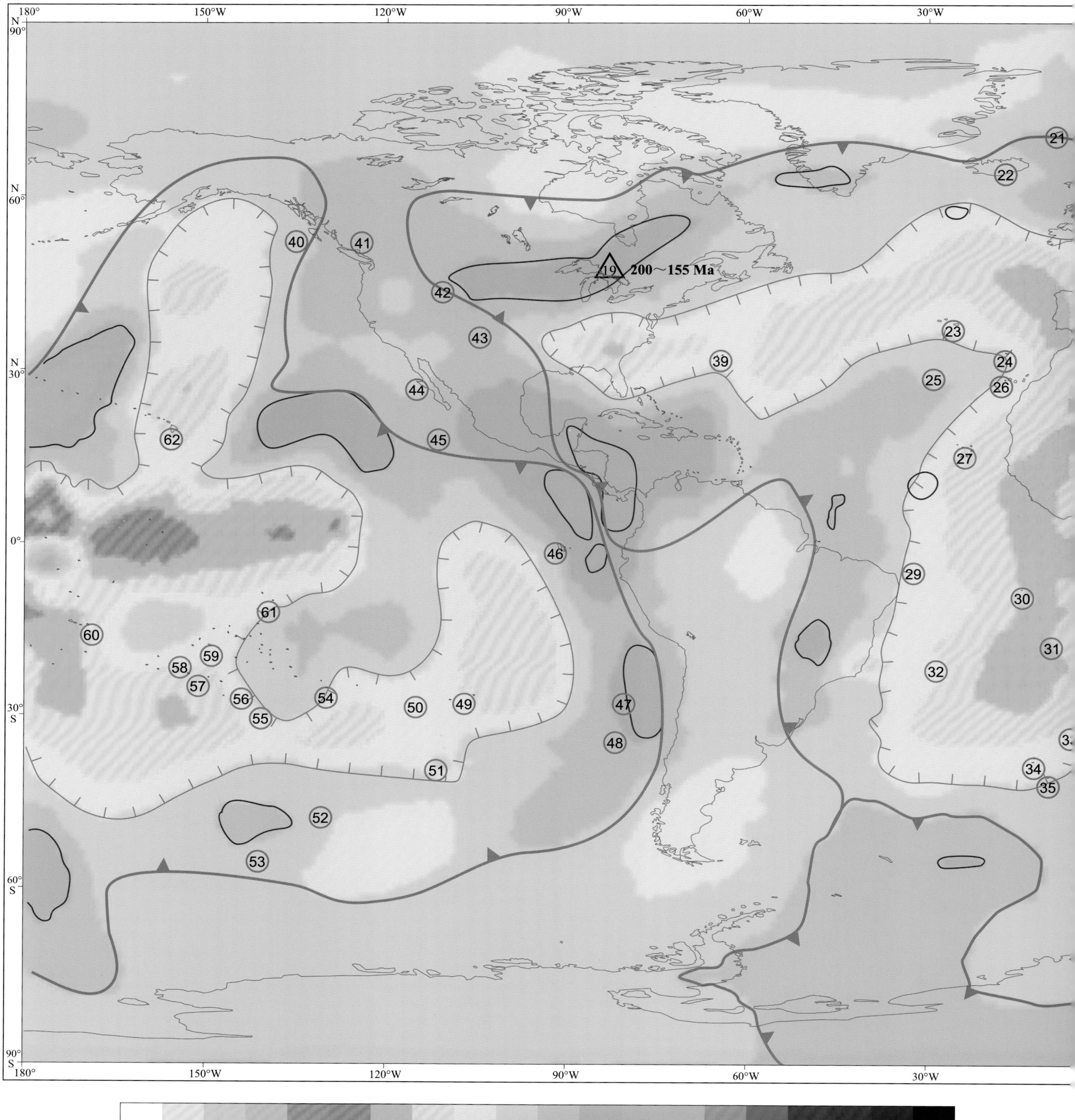

东太平洋近岸的一些热点之外，所有其他热点皆分布于这两个LLSVP内缘。哥伦比亚聚合期和罗迪尼亚聚合期的微幔块聚合中心分布在空间上存在90°纬度差。实际上，对比图1-21，目前东亚之下的潘吉亚聚合期与原潘吉亚聚合期的微幔块聚合中心分布在空间上同样相距90°；对比图1-25，罗迪尼亚聚合期与原潘吉亚聚合期的微幔块聚合中心分布在空间上也相距90°。

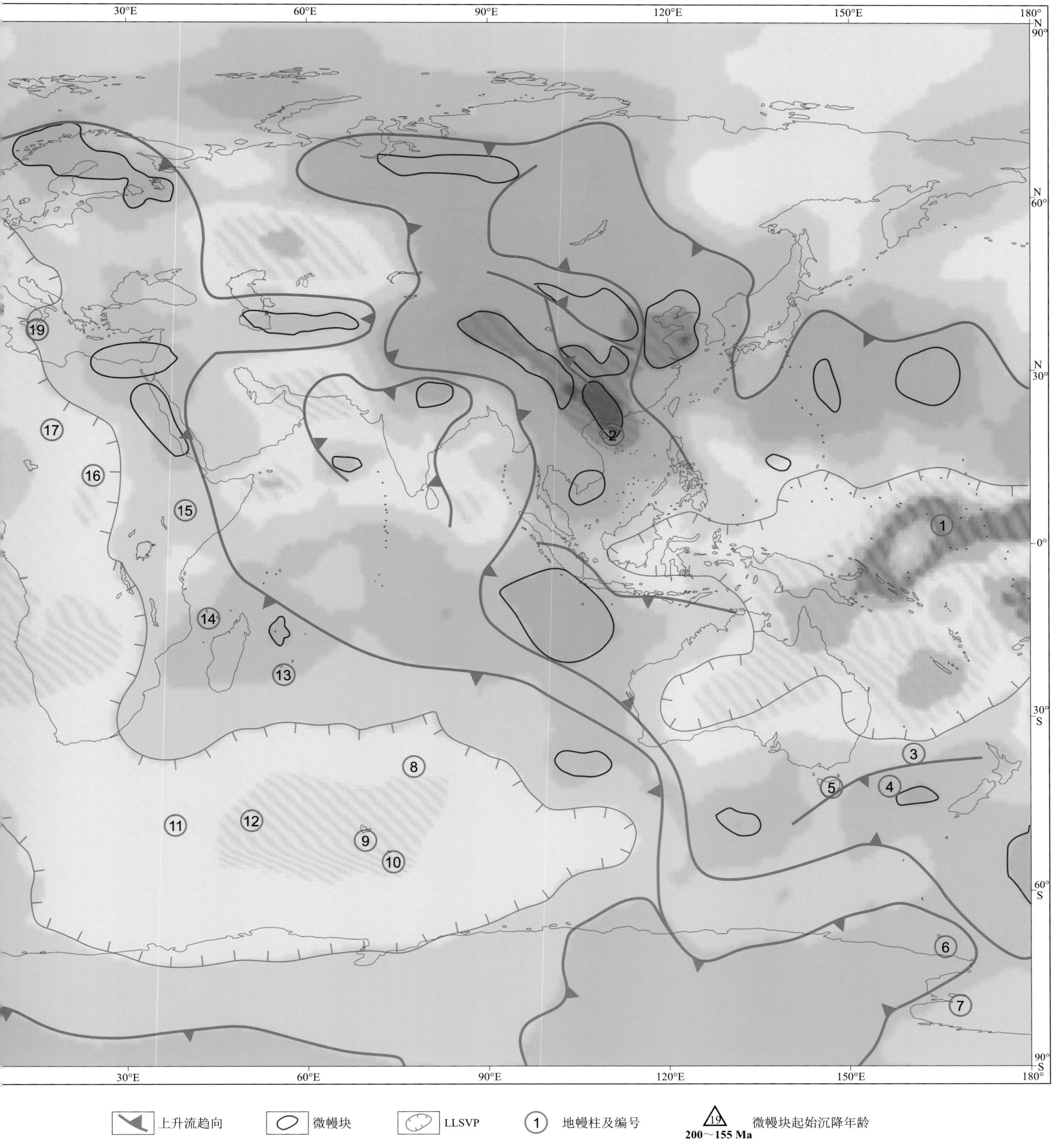

（图1-49）

深度2600km全球微幔块层析成像及解释

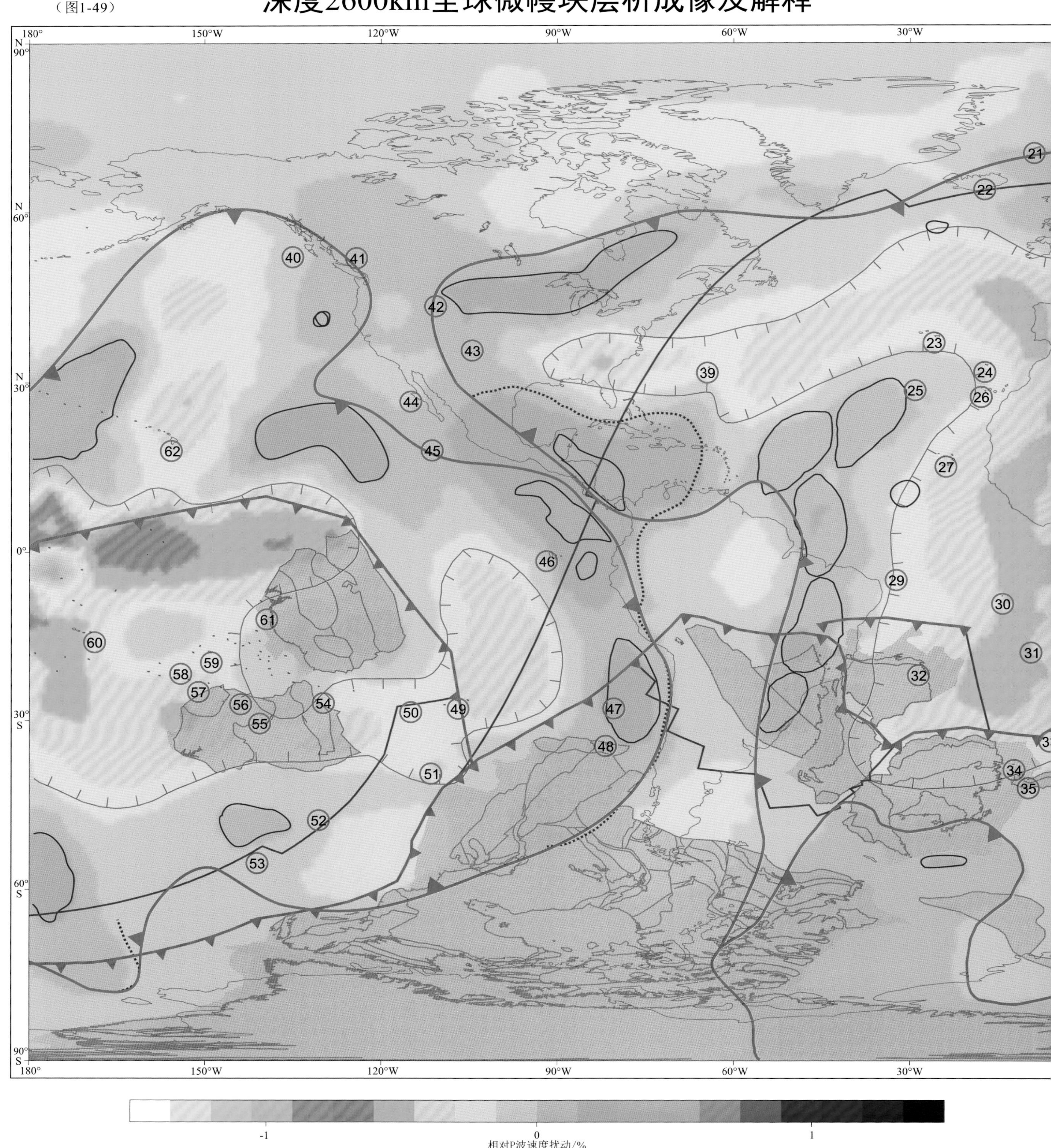

图 1-49 为深度 2600km 全球微幔块层析成像及解释。层析成像的解释与 2550km 深度的相同。该图叠合了 1400Ma 的板块重建方案，与 1300Ma 时的俯冲带位置相比，更靠近南极洲，因此南极洲可能是哥伦比亚超大陆的汇聚中心。此时哥伦比亚超大陆位于 TUZO 的南侧，但超大陆解体不显著。TUZO 南侧两个微幔块融合为一体，彻底成为环 TUZO 微幔块群的一部分。

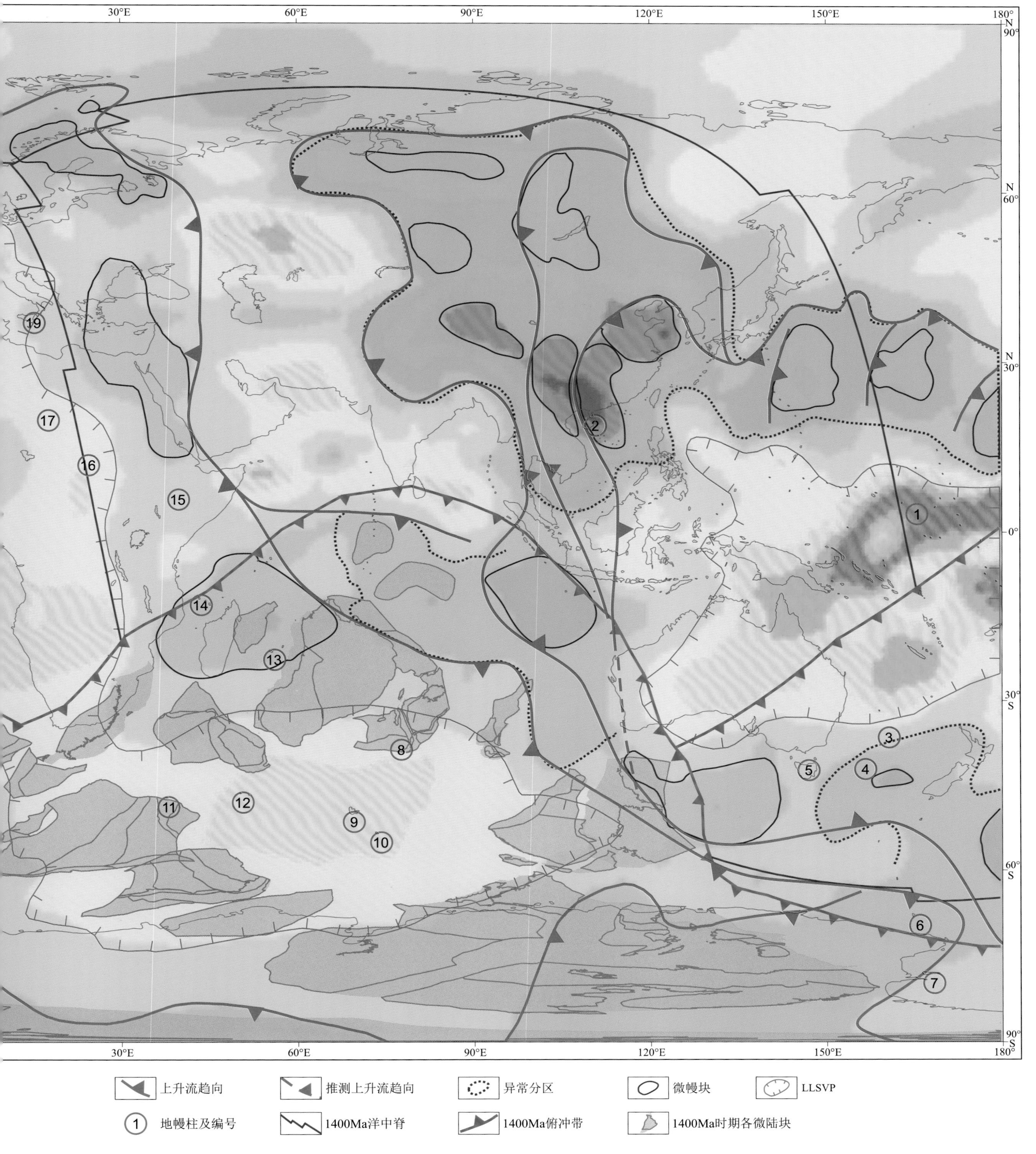

（图1-50） 深度2650km全球微幔块层析成像及解释

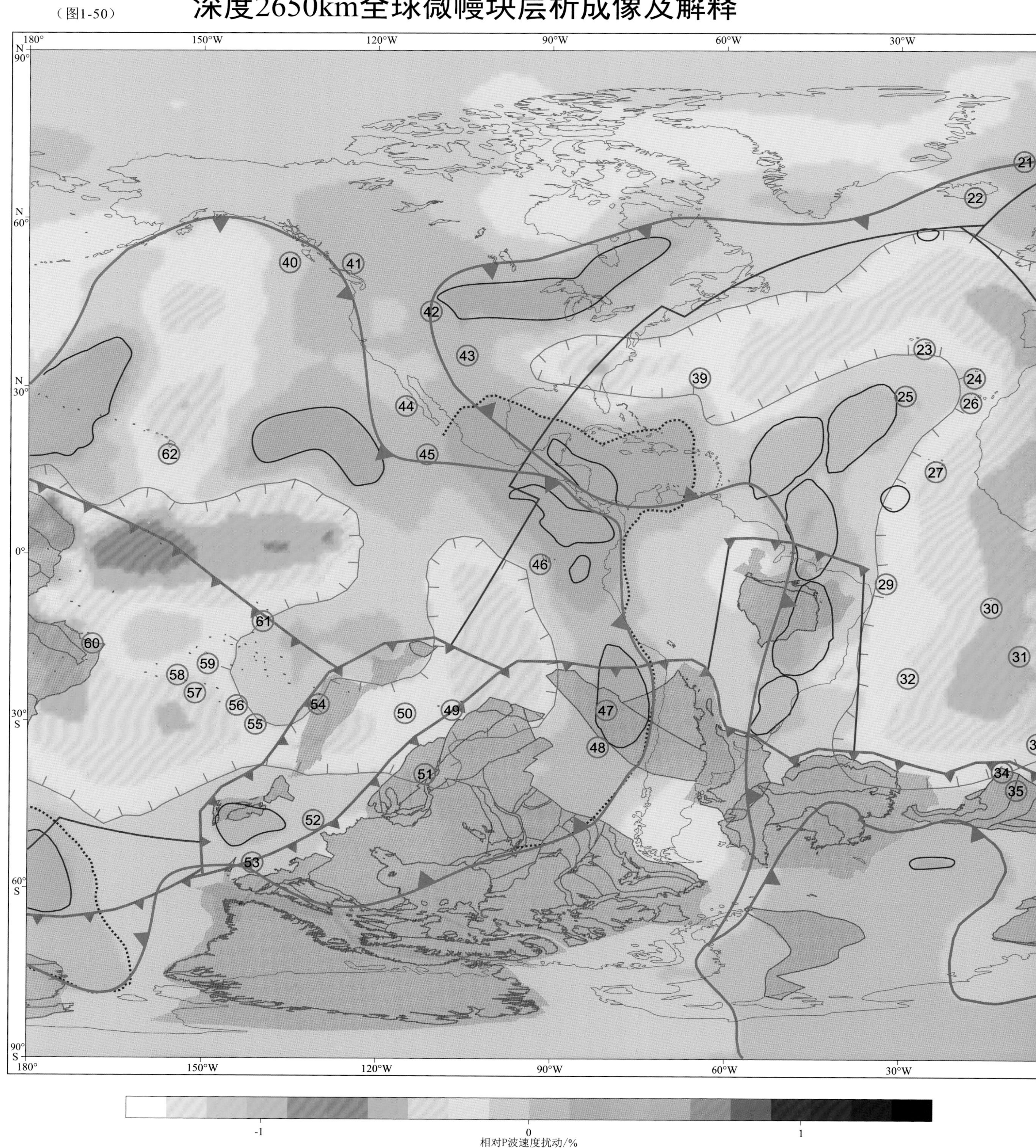

图 1-50 为深度 2650km 全球微幔块层析成像及解释。层析成像的解释与 2550km 深度的相同。该图叠合了 1500Ma 的板块重建方案，与 1400Ma 时的俯冲带位置相比，相对远离南极洲，但依然说明南极洲可能是哥伦比亚超大陆的汇聚中心。此时哥伦比亚超大陆位于 TUZO 和 JASON 的南侧。

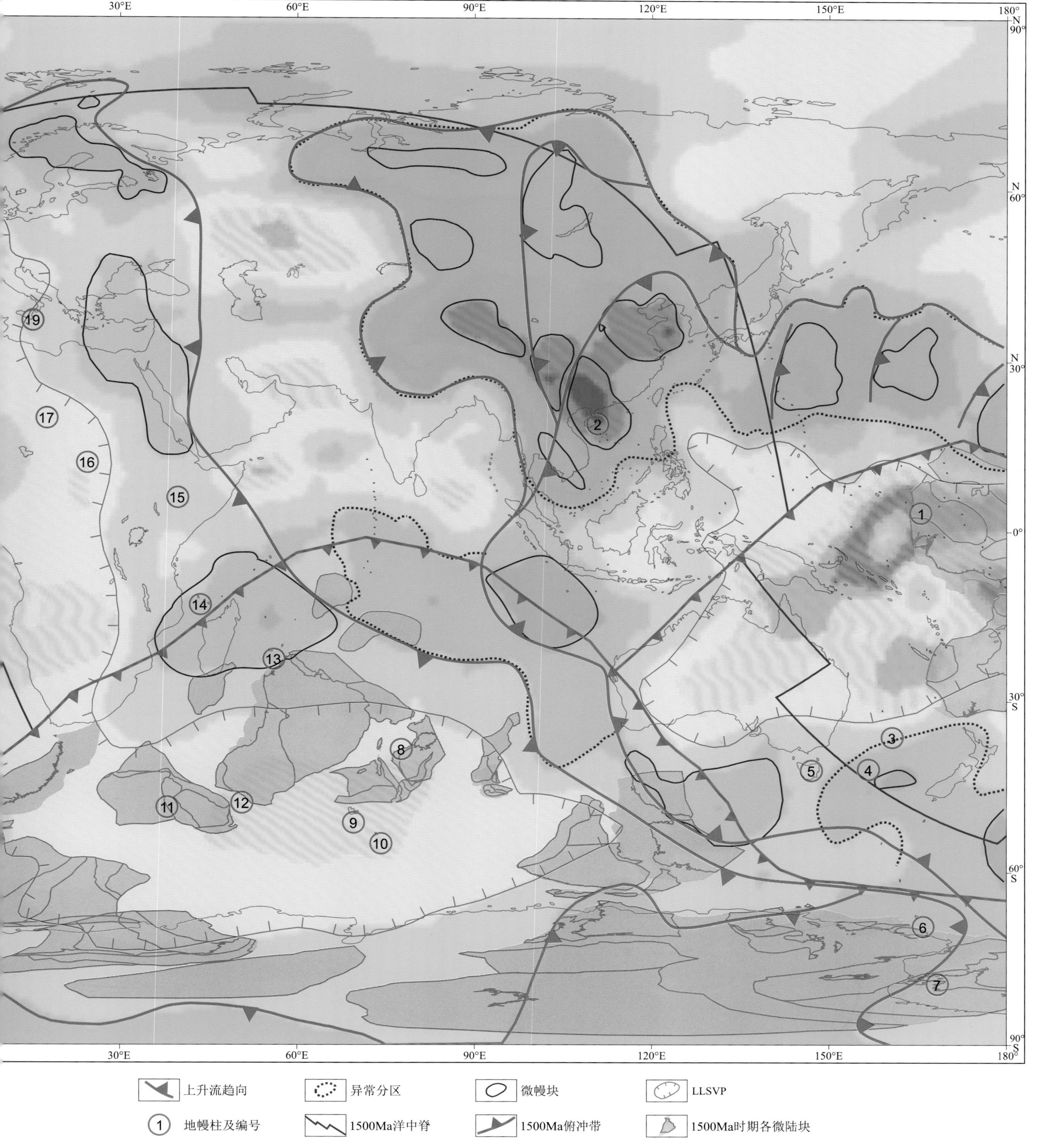

图 1-51 为深度 2700km 全球微幔块层析成像及解释。各个时期超大陆聚合的微幔块在空间上错位堆积逐渐形成 CMB 边界附近的两个 LLSVP，CMB 上两个 LLSVP 堆积体空间间隔 180°，彼此呈对跖状态，但总体偏南半球，这也是现今北半球以陆地为

（图1-51）

深度2700km全球微幔块层析成像及解释

-1　0　1

相对P波速度扰动/%

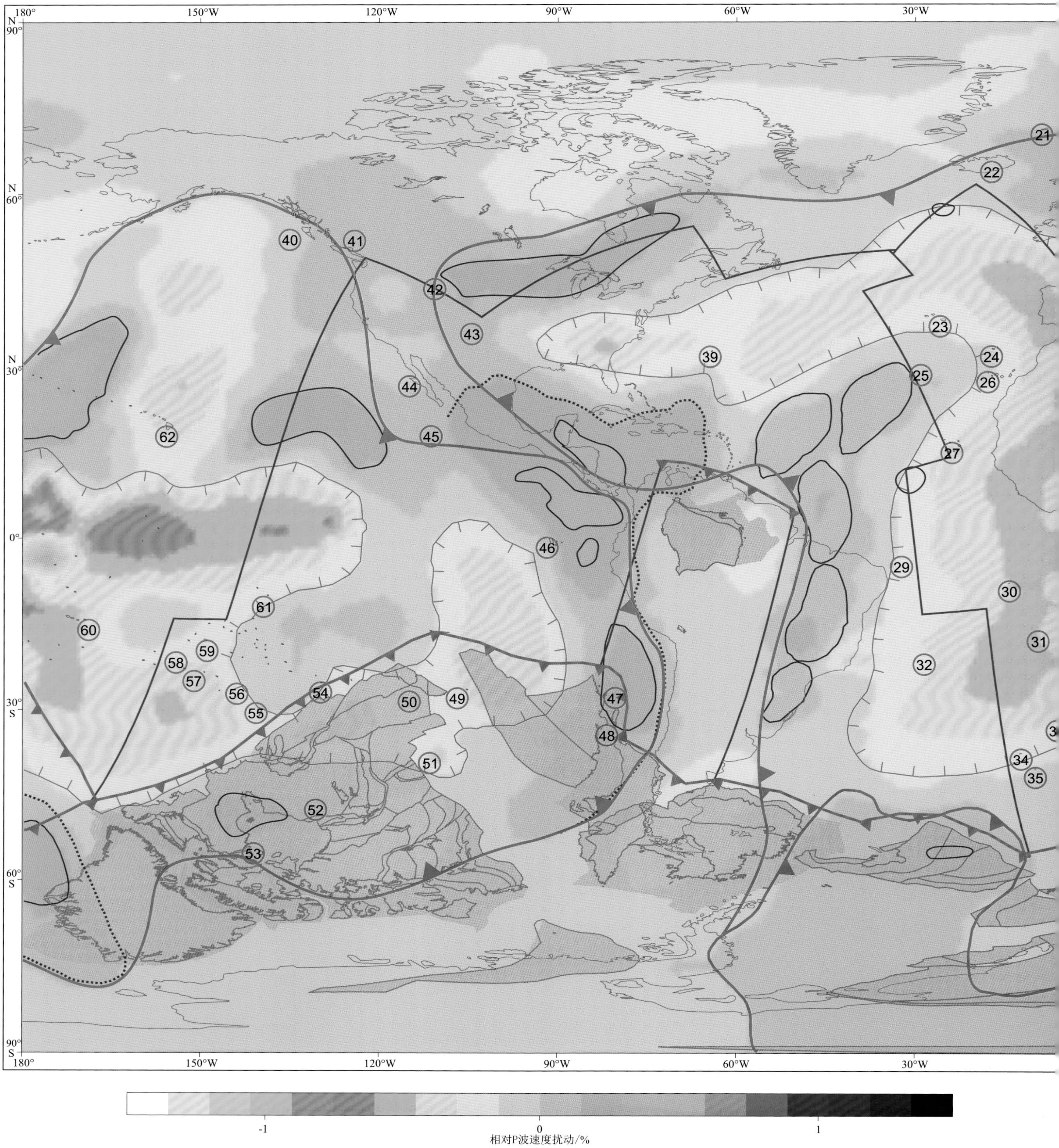

主、南半球以海洋为主的原因。该图叠合了1600Ma的板块重建方案，与1500Ma的俯冲带位置相比，相对远离南极洲，但依然说明南极洲可能是哥伦比亚超大陆的汇聚中心，此时哥伦比亚超大陆位于TUZO和JASON的南侧。俯冲带迁移规律似乎与西方学者普遍接受的哥伦比亚超大陆聚合峰期在1600Ma很吻合。

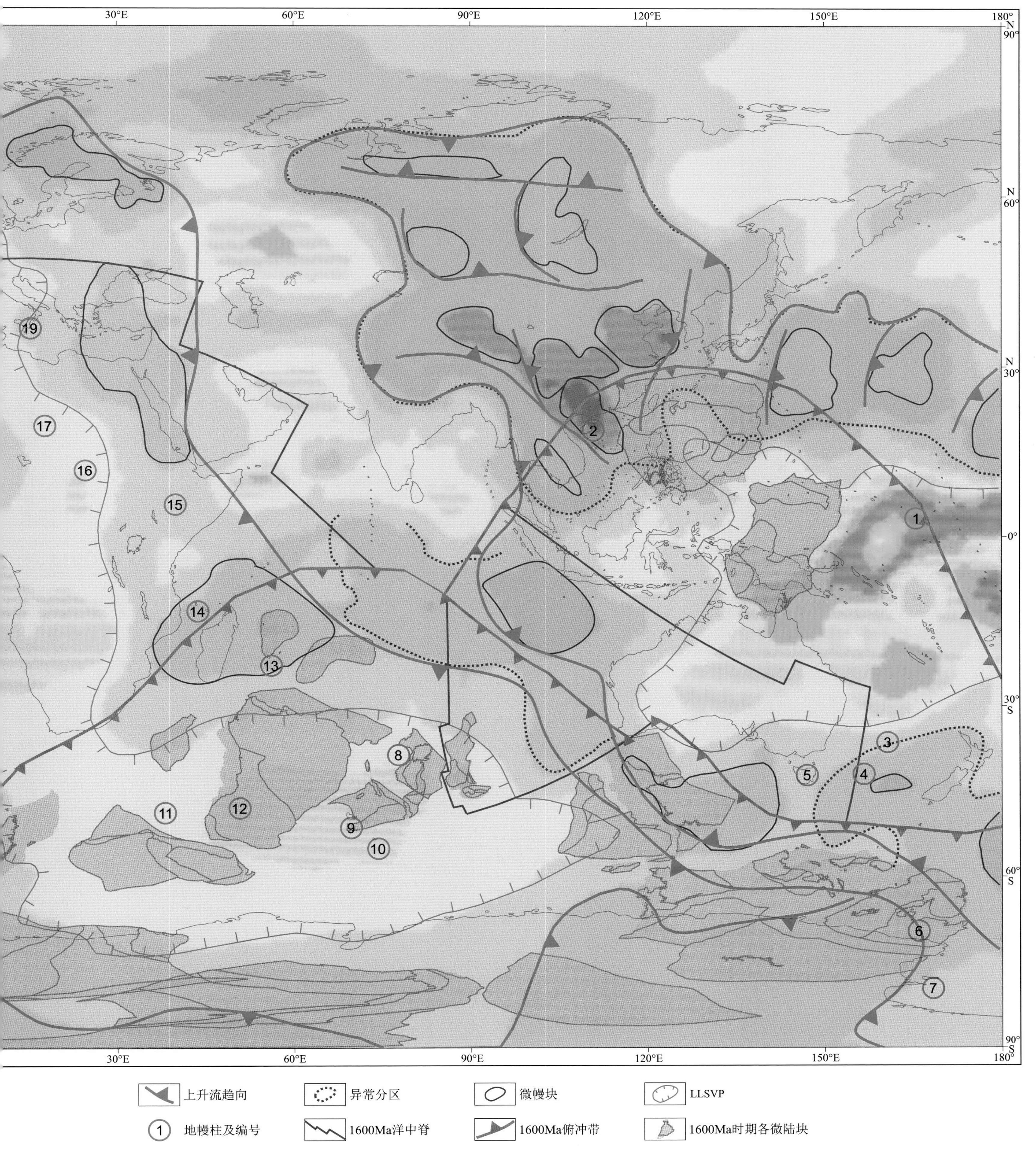

图 1-52 为深度 2750km 全球微幔块层析成像及解释。CMB 又是一个边界层，此处可能存在各个时期超大陆聚合的微幔块，且它们空间上可能错位堆积。但若浅表地幔中发生了微幔块水平漂移，那么这些不同时期的微幔块可能重叠或混合（图 1-3）。

（图1-52）

深度2750km全球微幔块层析成像及解释

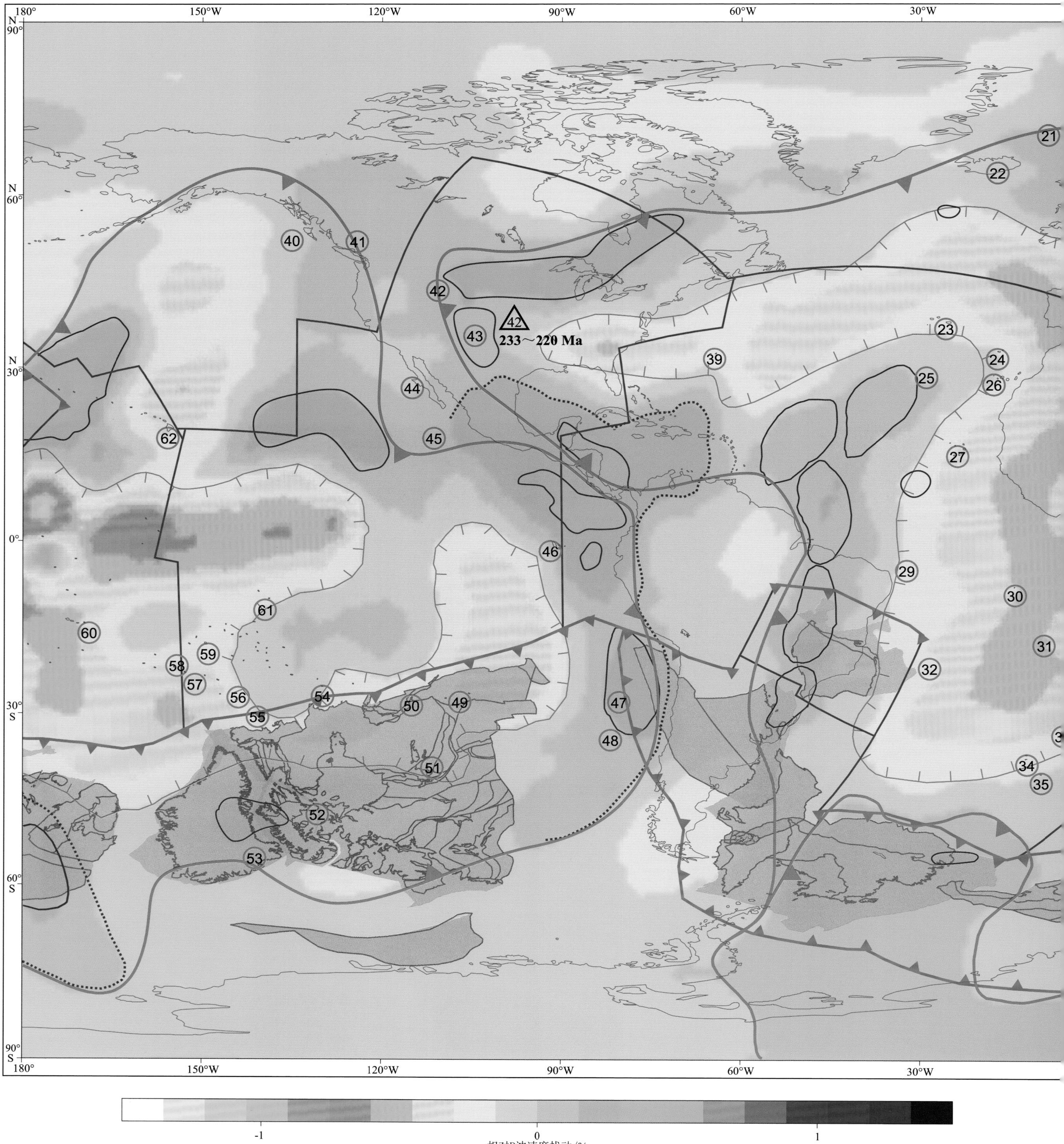

随着老的CMB被微幔块全部覆盖，新的CMB可能上移，下地幔下部进一步冷却，地核也可能因此而逐步冷却。该图叠合了1700Ma的板块重建方案，与1600Ma俯冲带位置相比，东半球的俯冲带或陆块相对远离南极洲，此时南极洲依然是哥伦比亚超大陆的汇聚中心。

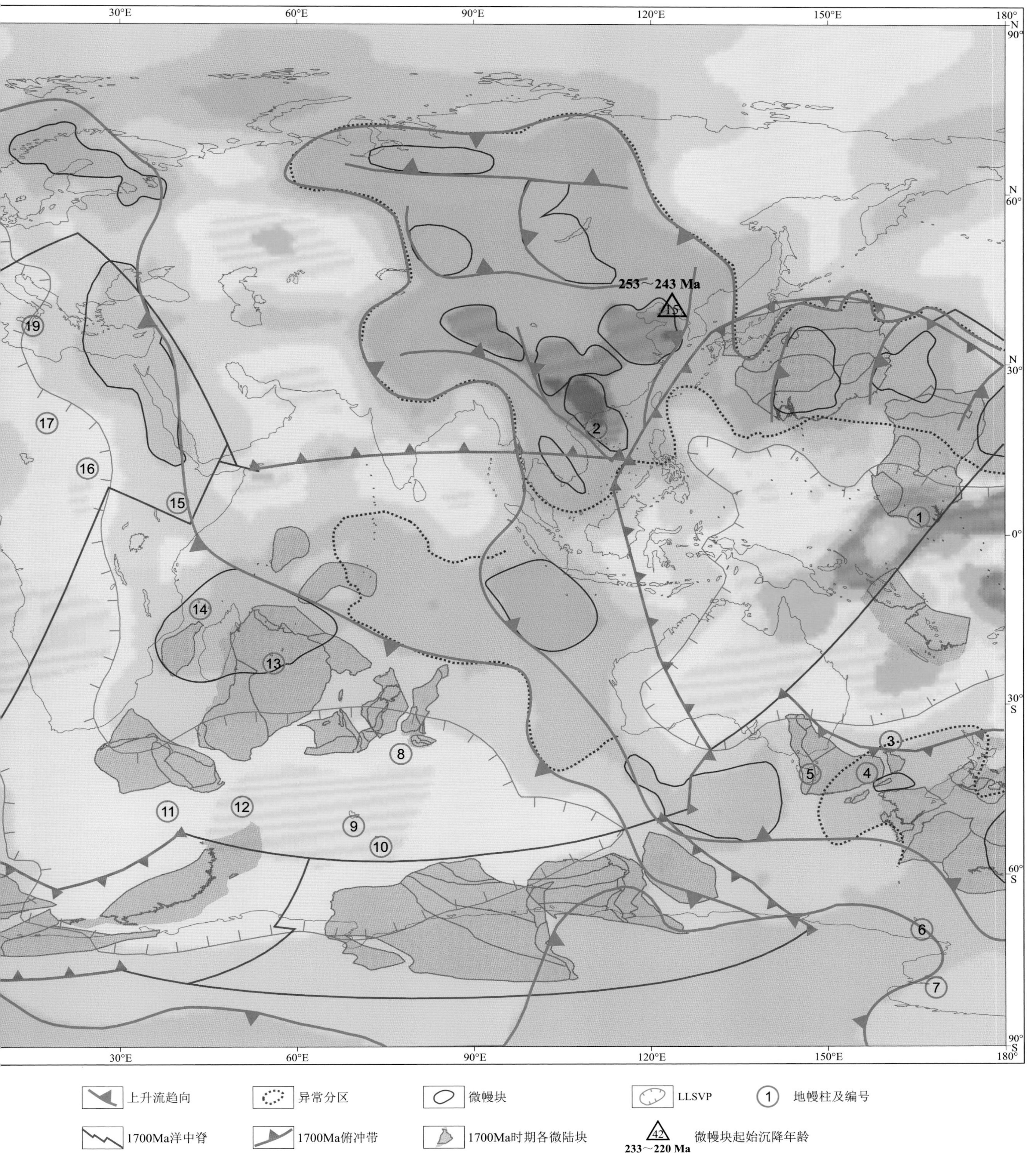

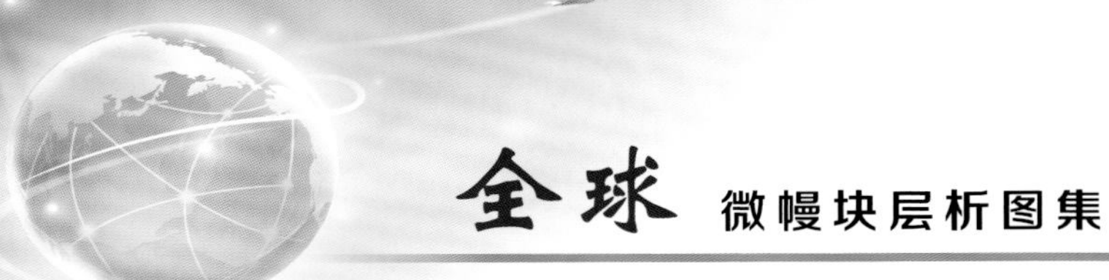

图 1-53 为深度 2800km 全球微幔块层析成像及解释。层析图像的解释与 2750km 深度的相同。该图叠合了 1800Ma 的板块重建方案，与 1700Ma 时的俯冲带位置相比，东半球的俯冲带或陆块依然相对远离南极洲，此时南极洲依然是哥伦比亚超大陆的汇聚

（图1-53）

深度2800km全球微幔块层析成像及解释

180° 150°W 120°W 90°W 60°W 30°W

N 90° N 60° N 30° 0° 30° S 60° S 90° S

21 22 23 24 25 26 27 29 30 31 32 34 35 39 40 41 42 43 44 45 46 47 48 49 50 51 52 53 54 55 56 57 58 59 60 61 62

-1 0 1

相对P波速度扰动/%

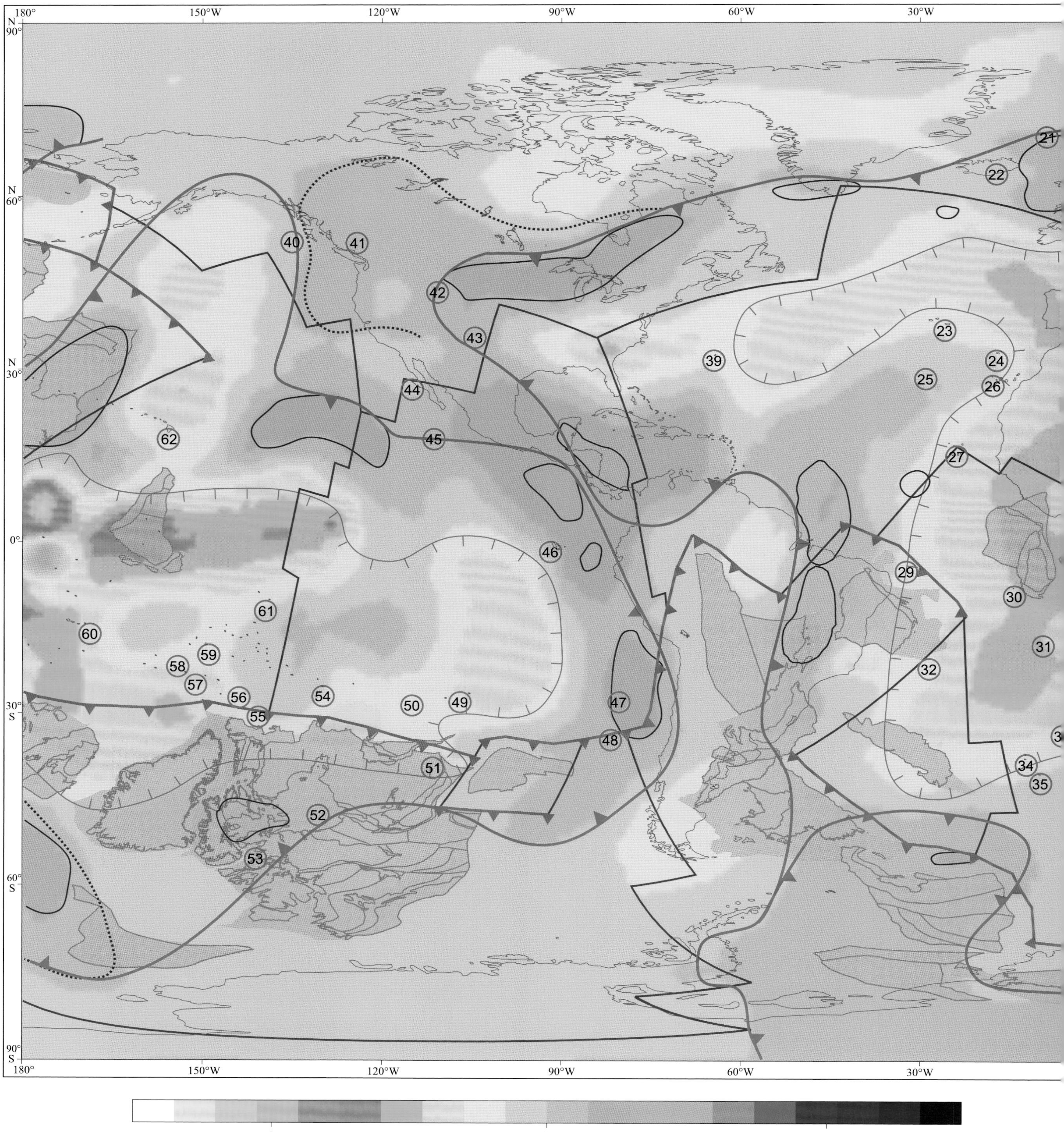

中心。俯冲带迁移规律似乎与中国学者普遍接受的哥伦比亚超大陆聚合峰期在1800Ma很吻合（曾有人根据古地磁资料，将哥伦比亚超大陆的汇聚中心置于北极；但若翻转180°，古地磁学上也是合理的），俯冲带整体向南迁移的规律可能持续到1600Ma。

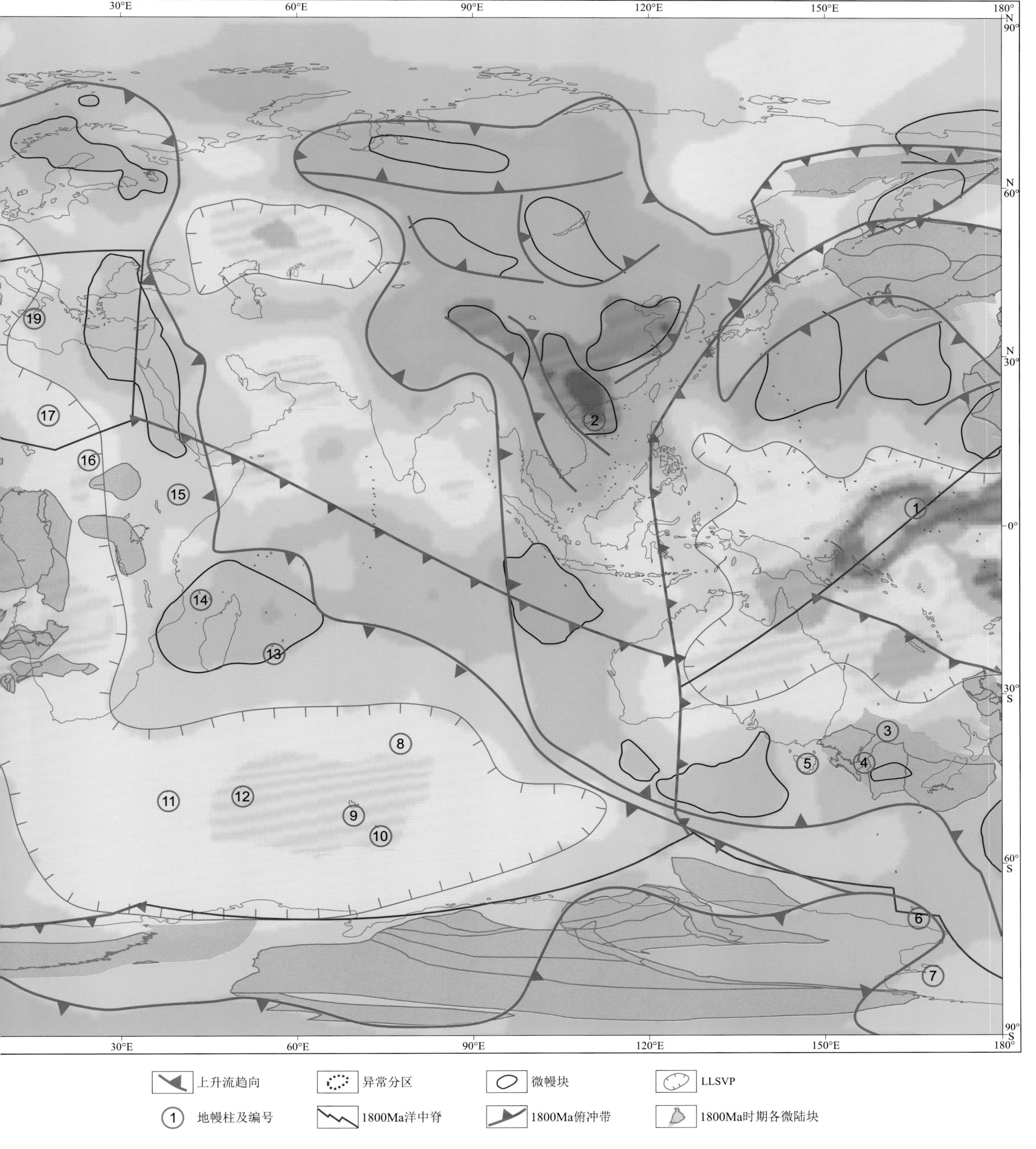

图1-54为深度2820km TUZO异常局部层析成像及解释。(a)为深度2820km全球位于非洲和太平洋底部的两大LLSVP的位置(TUZO和JASON),图件投影方式为罗宾逊投影,中心点位置为20° E,纬度0°。(b)为TUZO异常的局部放大,图件使用墨卡托投影。TUZO低速异常主要分布在非洲西侧和部分南极洲底部。

(图1-54) **深度2820km全球两大LLSVP异常及TUZO异常局部层析成像**

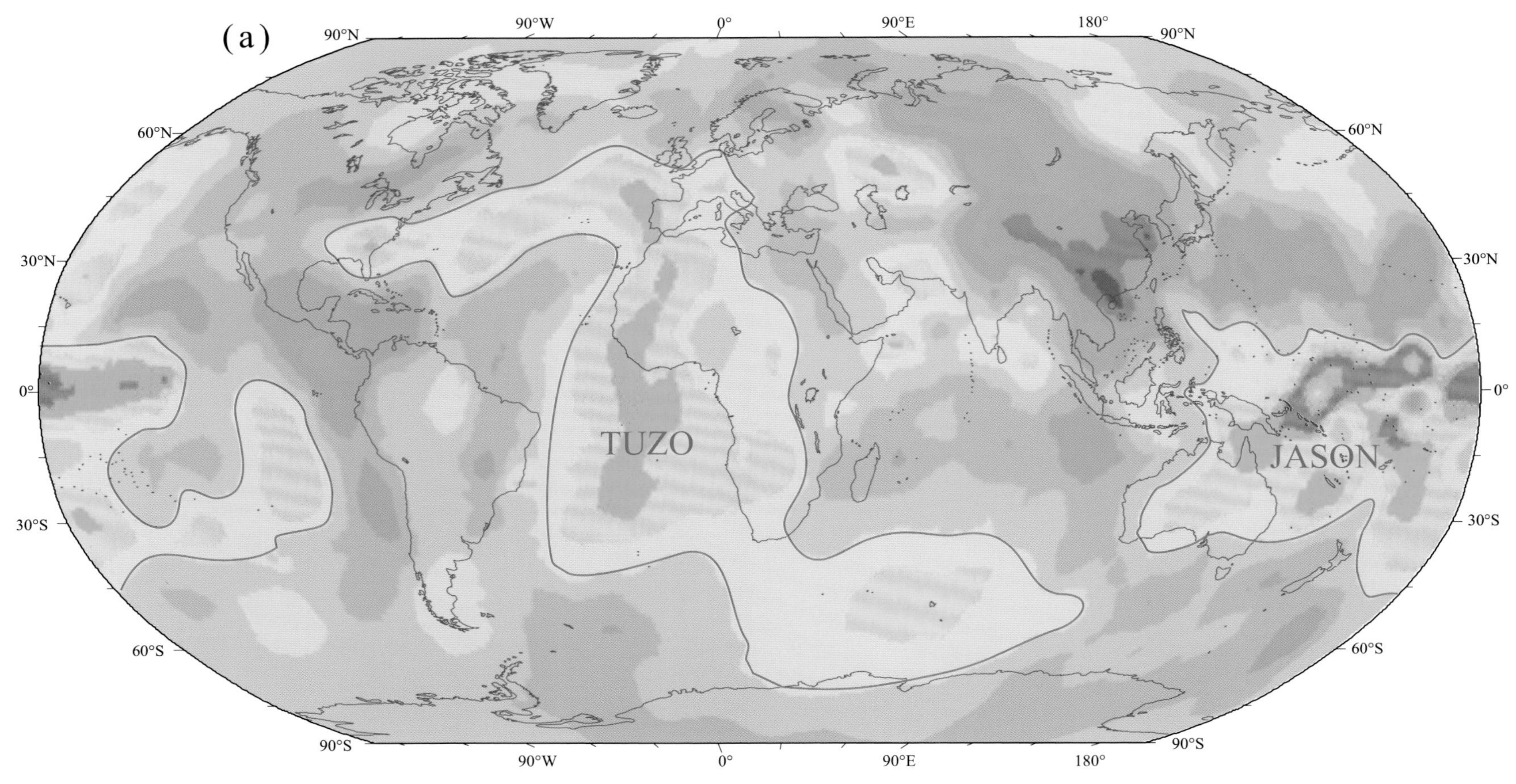

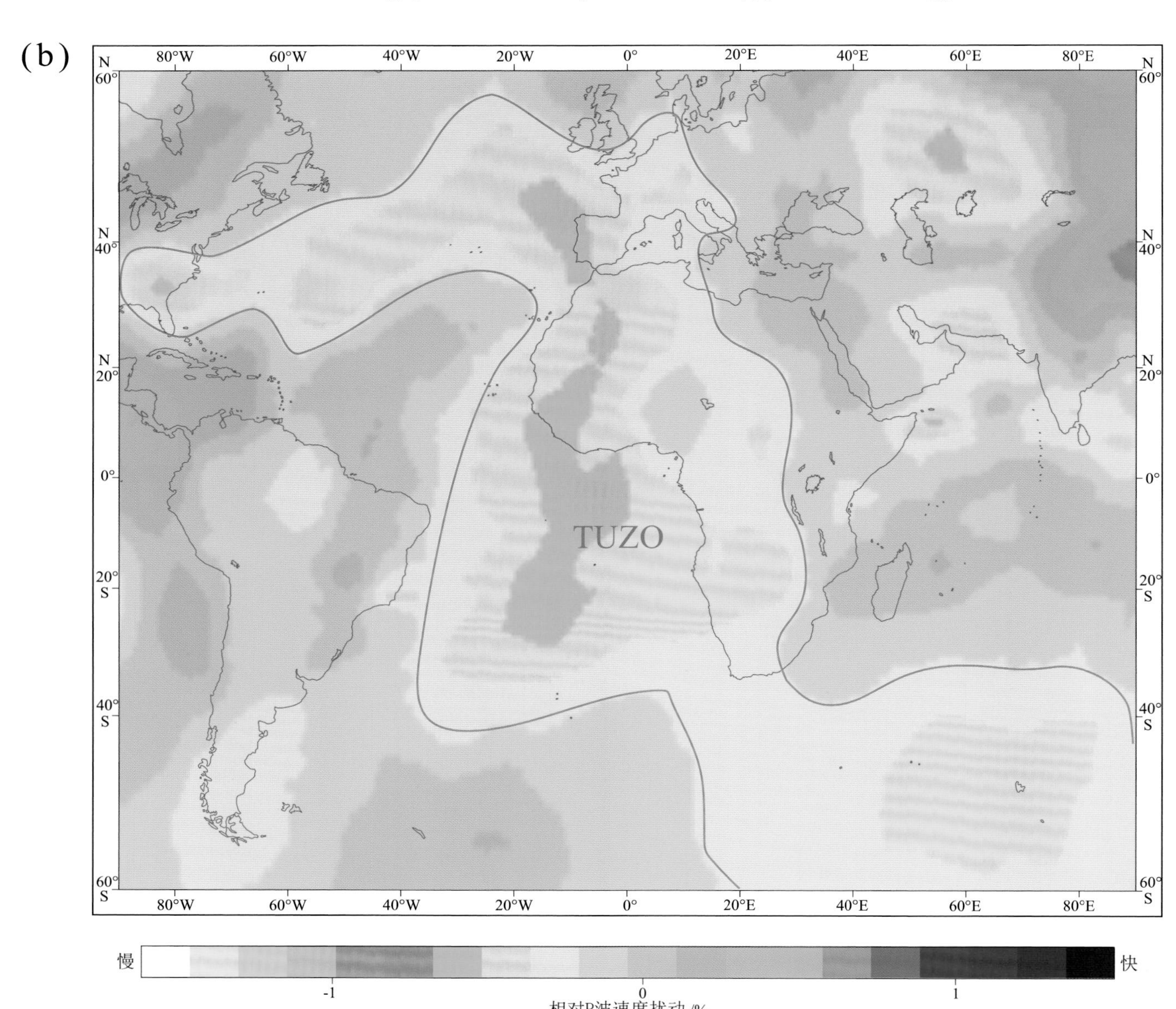

图 1-55 为深度 2820km JASON 异常局部层析成像及解释。(a) 为深度 2820km 全球位于非洲和太平洋底部的两大 LLSVP 的位置（TUZO 和 JASON），图件投影方式为罗宾逊投影，中心点位置为 120° E，纬度 0°。(b) 为 JASON 异常的局部放大，图件使用 Mercator 投影。JASON 低速异常主要分布在太平洋底部。

（图1-55） 深度2820km全球两大LLSVP异常及JASON异常局部层析成像

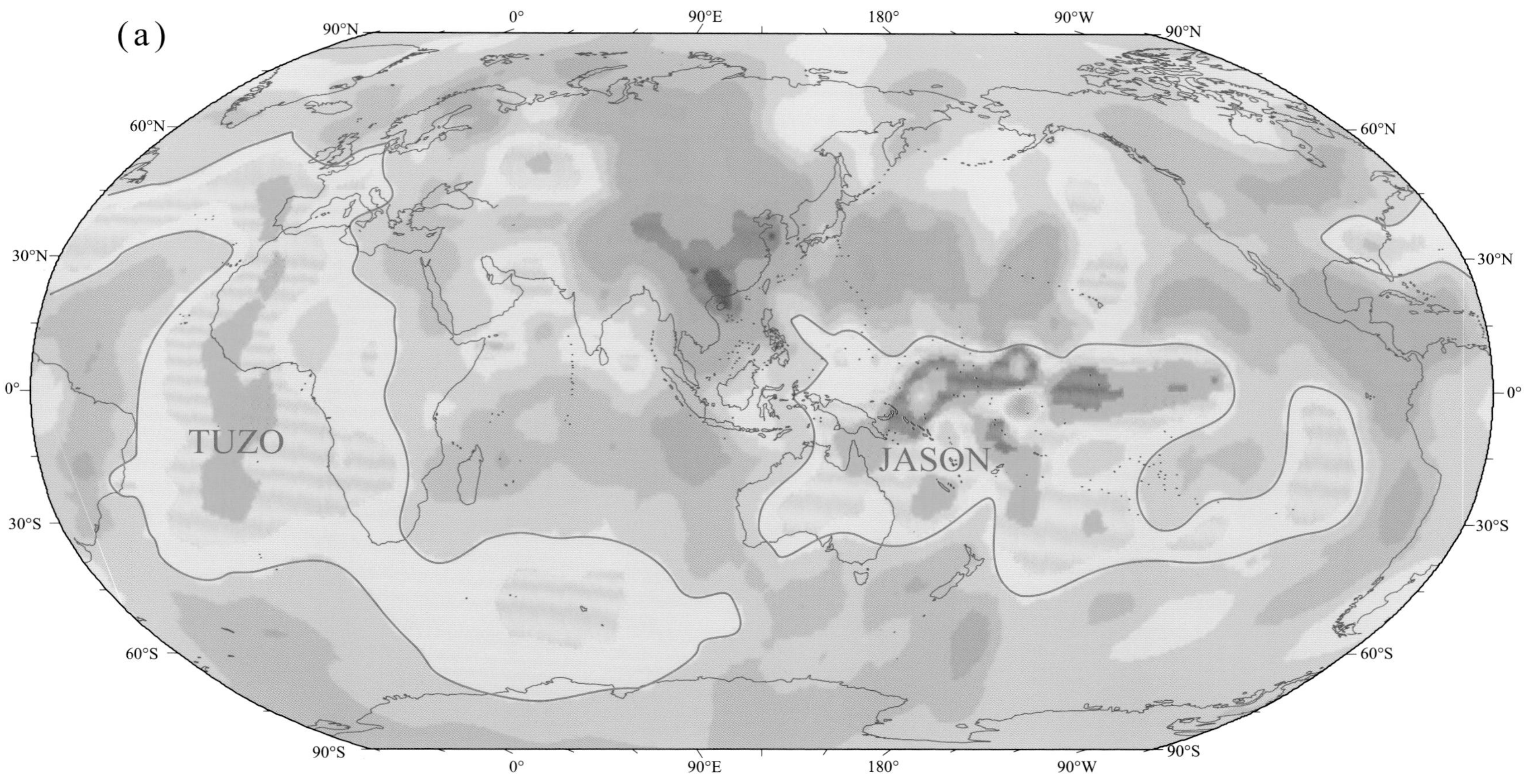

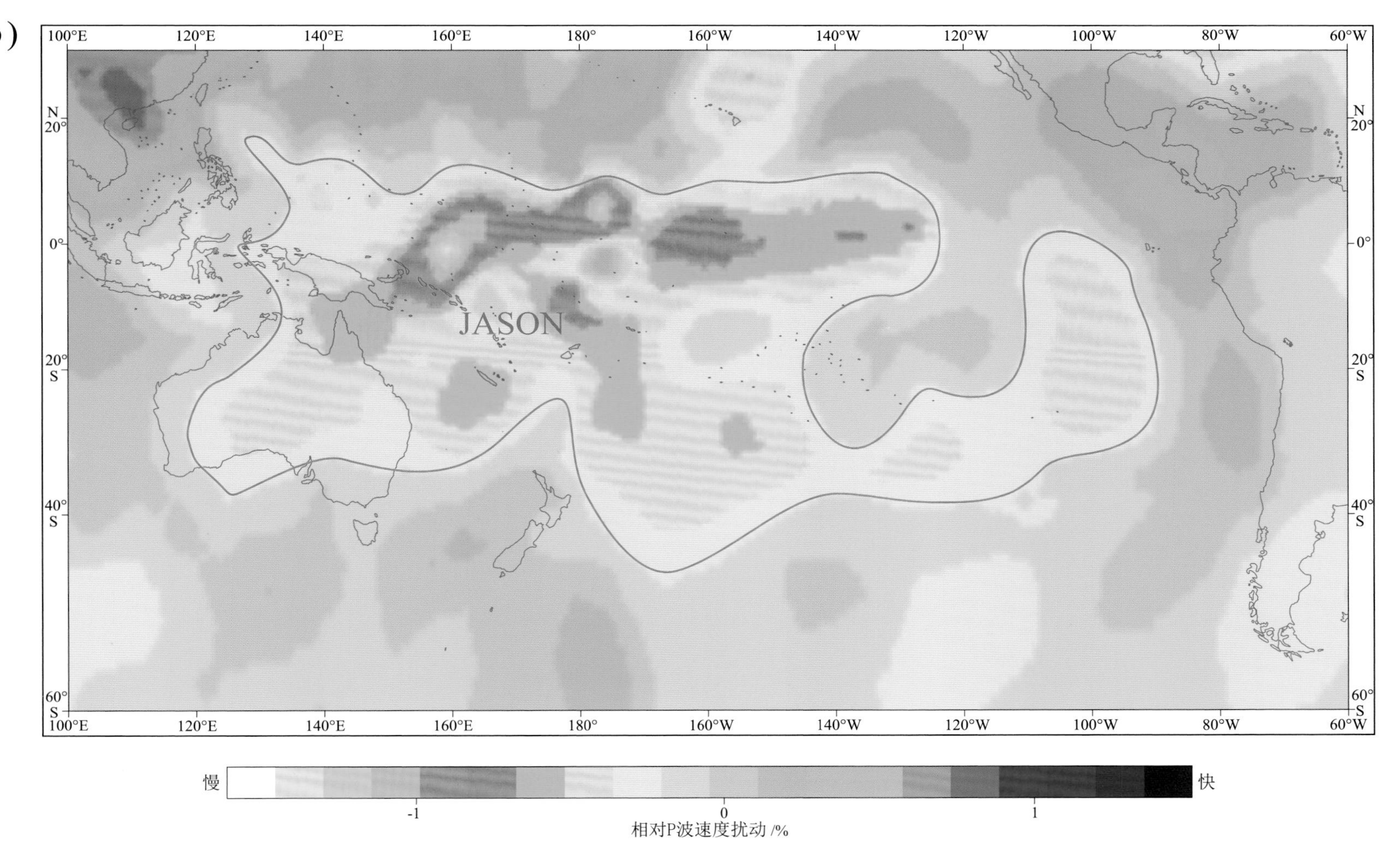

区域尺度微幔块图主要基于全球尺度的 P 波层析成像模型——MIT-P08 模型（Li et al.，2008a，2008b）。42 个区域尺度微幔块的分布主要参考地幔高速异常体分布图汇编而成（van der Meer et al.，2018），本部分主要分析了孤立分布在地幔中的高速异常体，排除了现代俯冲板片展现的高速异常体。选取的 42 个微幔块位置信息及绘图范围见表 2-1，列表中的微幔块按照英文首字母顺序排列。本部分并未展示深地幔内部的全部微幔块，只是展示了公认且可靠的 42 个微幔块。通过对这些微幔块的认识，结合板块重建技术，可以有效揭示深地幔的年龄结构与地幔动力学演变，从而推动地球物理学与地质学发展的深度融合。本部分图中的水深数据来自全球 GEBCO_2020 Grid 水深网格数据（https://www.gebco.net），GEBCO_2020 Grid 提供了覆盖全球的 15s 精度网格数据，数据包含 43 200 行 86 400 列，总计 3 732 480 000 个数据点，目前有 netCDF、Data Geo Tiff 和 Esri ASCII raster 三种数据格式类型供使用。本图集使用 netCDF 格式数据。板块边界也标注在平面图上，板块边界的数据来自全球板块划分边界数据（Bird，2003）。

区域尺度微幔块层析成像图的水平切面投影方式采用等距圆柱投影，对经线和纬线的缩放比例是相同的，所有的经纬线都是直线，投影中心点在微幔块的经纬度位置。垂直剖面平面测线位置图采用墨卡托投影。垂直剖面层析成像图采用极坐标投影，地球半径为 6371km。微幔块位置也标注在球体投影图中。

42 个微幔块主要在全球层析成像图中显示高速的异常特征，在全球层析成像模型 UU-P07（Amaru，2007）基础上，每一个异常体的俯冲演化已经被详细地总结和描述，并称之为俯冲板片（van der Meer et al.，2018），本剖面主要利用全球 MIT-P08 模型（Li et al.，2008a，2008b）进行层析图像的绘制，通过时间换空间（即微幔块下坠速率）及板块重建与地幔动力学耦合模拟，分析地幔中分布的高速异常的形成年龄和过程。通常，前人将地幔中分布的高速异常解释为地幔中孤立的俯冲板片，本图集统一称这些孤立的俯冲板片为微幔块，分布都很局限。

第二部分 区域尺度微幔块层析成像

表 2-1 区域尺度微幔块名称及绘图范围

序号	*微幔块名称	经度	纬度	经度范围		纬度范围	
1	阿加图（Agattu）	170°E	50°N	140°E	160°W	35°N	65°N
2	阿尔及利亚（Algeria）	7°E	24°N	23°W	37°E	9°N	39°N
3	阿尔卑斯山（Alps）	9°E	47°N	21°W	39°E	32°N	62°N
4	安徽（Anhui）	117°E	33°N	87°E	147°E	18°N	48°N
5	阿拉伯（Arabia）	48°E	23.5°N	18°E	78°E	8.5°N	38.5°N
6	阿拉弗拉（Arafura）	135°E	7°S	105°E	155°E	22°S	8°N
7	白令海（Bering Sea）	178°E	56°N	148°E	152°W	41°N	71°N
8	比特利斯（Bitlis）	37°E	37°N	7°E	67°E	22°N	52°N
9	卡尔斯伯格（Carlsberg）	61°E	8°N	31°E	91°E	7°S	23°N
10	加罗林脊（Caroline Ridge）	146°E	5°N	116°E	176°E	10°S	20°N
11	喀尔巴阡山脉（Carpathians）	21°E	47°N	9°W	51°E	32°N	62°N
12	卡奔塔利亚（Carpentaria）	140°E	15°S	110°E	170°E	30°S	0°
13	中国中部和西部（Central and Western China）	88°E	45°N	58°E	118°E	30°N	60°N
14	楚科奇（Chukchi）	170°E	77°N	140°E	160°W	52°N	79°N
15	中国东部（East China）	130°E	40°N	100°E	160°E	25°N	55°N
16	恩波里奥（Emporios）	26°E	38.5°N	4°W	56°E	23.5°N	53.5N°
17	乔治亚岛（Georgia Islands）	30°W	56°S	60°W	0°	71°S	41°S
18	美国大盆区（Great Basin）	116°W	40°N	146°W	86°W	25°N	55°N
19	哈特勒斯（Hatteras）	79°W	37°N	100°W	40°W	22°N	52°N
20	喜马拉雅山（Himalayas）	78°E	26°N	48°E	108°E	11°N	41°N
21	哈得孙（Hudson）	88°W	55°N	118°W	58°W	40°N	70°N
22	爱达荷（Idaho）	118°W	49°N	148°W	88°W	34°N	64°N
23	印度（India）	77°E	21°N	47°E	107°E	6°N	36°N
24	加里曼丹（Kalimantan）	115°E	3°N	85°E	145°E	12°S	18°N
25	艾尔湖（Lake Eyre）	140°E	30°S	110°E	170°E	45°S	15°S
26	马尔代夫（Maldives）	71°E	13°N	41°E	101°E	2°S	28°N
27	马尔佩洛（Malpelo）	79°W	3°N	109°W	49°W	12°S	18°N
28	美索不达米亚（Mesopotamia）	46°E	33°N	16°E	76°E	18°N	48°N
29	密西西比（Mississippi）	87°W	30°N	117°W	57°W	15°N	45°N
30	蒙古（Mongolia）	118°E	48°N	88°E	148°E	33°N	63°N
31	蒙古－哈萨克（Mongol Kazakh）	76°E	67°N	46°E	106°E	52°N	75°N
32	北太平洋（North Pacific ）	143°W	56°N	173°W	113°W	41°N	71°N
33	巴布亚（Papua ）	158°E	16°S	128°E	172°W	31°S	1°S
34	萨哈林（Sakhalin）	140°E	57°N	110°E	170°E	42°N	72°N
35	锡斯坦（Sistan）	60°E	30°N	30°E	90°E	15°N	45°N
36	索科罗（Socorro）	108°W	17°N	138°W	78°W	2°N	32°N
37	洛亚蒂南部盆地（South Loyalty Basin ）	163°E	31°S	133°E	167°W	46°S	16°S
38	南奥克尼岛（South Orkney Island）	48°W	63°S	78°W	18°W	75°S	48°S
39	泰克尼亚（Telkhinia）	164°E	34°N	134°E	166°W	19°N	49°N
40	跨美洲（Trans-Americas）	88°W	2°N	118°W	58°W	13°S	17°N
41	委内瑞拉（Venezuela）	67°W	2°N	97°W	37°W	13°S	17°N
42	威奇托（Wichita）	98°W	37°N	128°W	68°W	22°N	52°N

*表中的板片异常名称及微幔块位置据 van der Meer 等（2018）

（图2-1）

阿加图微幔块层析成像剖面及位置

(a) 深度800km水平切面层析成像结果

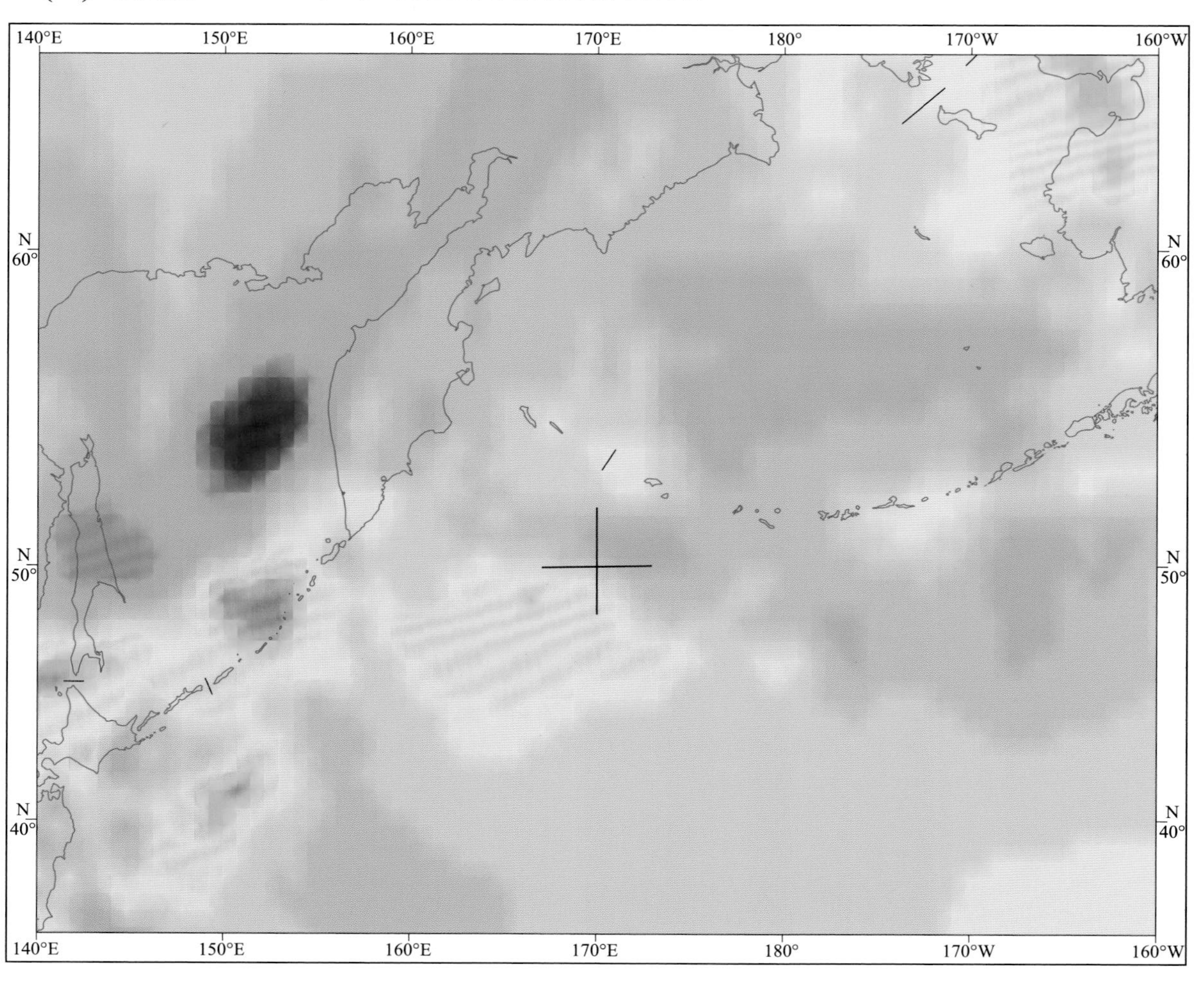

(c) 垂直剖面位置

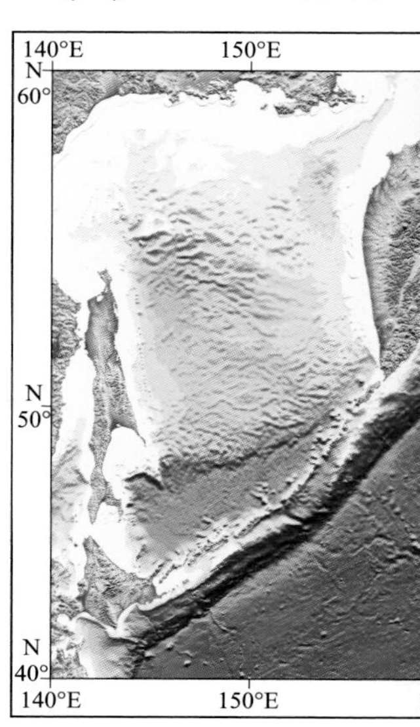

(b) 深度1000km水平切面层析成像结果

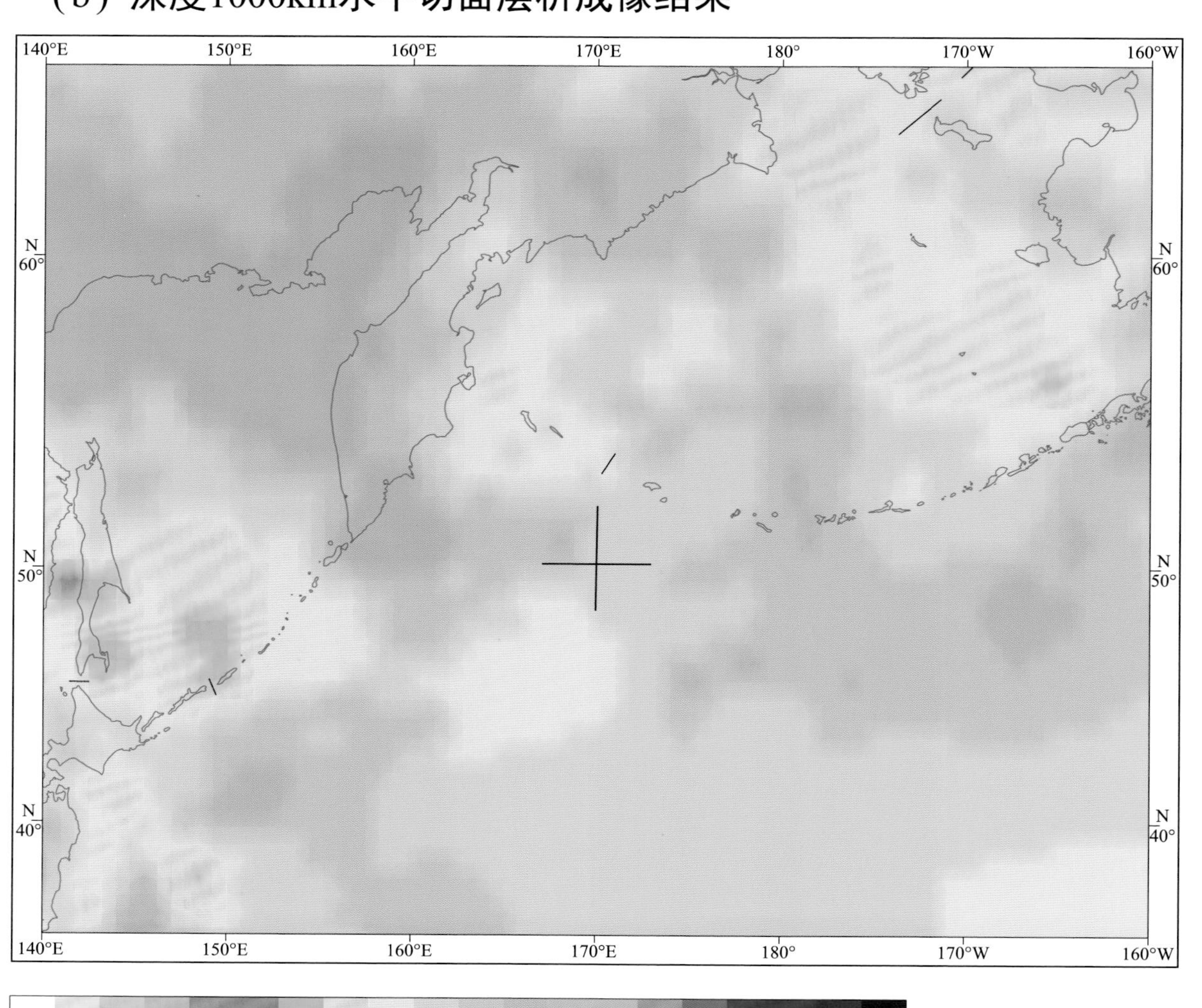

(d) 剖面位置

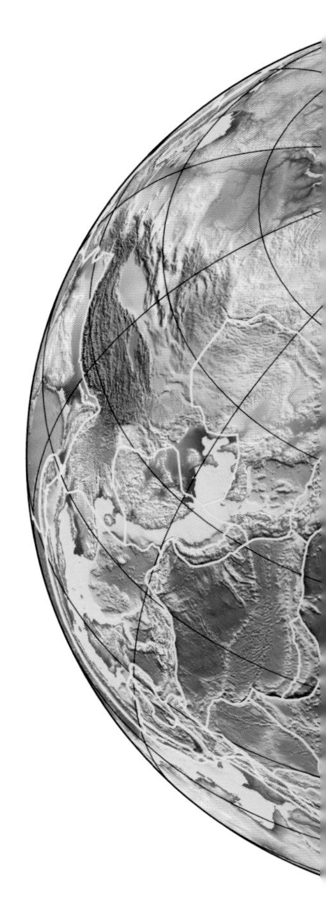

阿加图（Agattu）异常

阿加图异常被解释为一个位于太平洋最北端下面的独立微幔块，处在上地幔的上部和下地幔的最上部之间，对应于阿留申海沟的南部和西部（图 2-1）。它最浅的地方位于阿留申海沟的南部。van der Meer 等（2010）将其解释为北太平洋的太平洋板块最西端的一个板片。阿加图板片拆沉的深度与主动俯冲阿留申板块底部相同，56~46Ma 开始俯冲（van der Meer et al.，2018）。大多数太平洋板块模型都没有描绘出这个东南向的俯冲带（Seton et al.，2015；Müller et al.，2016；Torsvik et al.，2017）。依据以往的板块重建和岩石年龄，推测阿加图异常微幔块的底部年龄（微幔块起始沉降年龄）为 90~85Ma，顶部年龄（微幔块终止沉降年龄）在 50~45Ma（van der Meer et al.，2018）。曾被称为 tomotectonic reconstruction（层析构造重构，Liu，2014）的一个假设是板片永远垂直下沉，而动力学模拟发现多数情况这是不成立的。直接导致的一个问题是板片与地表对应的地质在水平向上脱节，甚至可以超过 5000km，因此很多情况下，van der Meer 等（2018）所得出的地质时间约束都是不准确的，而得到的同样深度的板片或微幔块对应年龄可以差好几倍，动力学上很难理解。因此，后文类似讨论仅供参考。

(e) A线垂直剖面层析成像结果

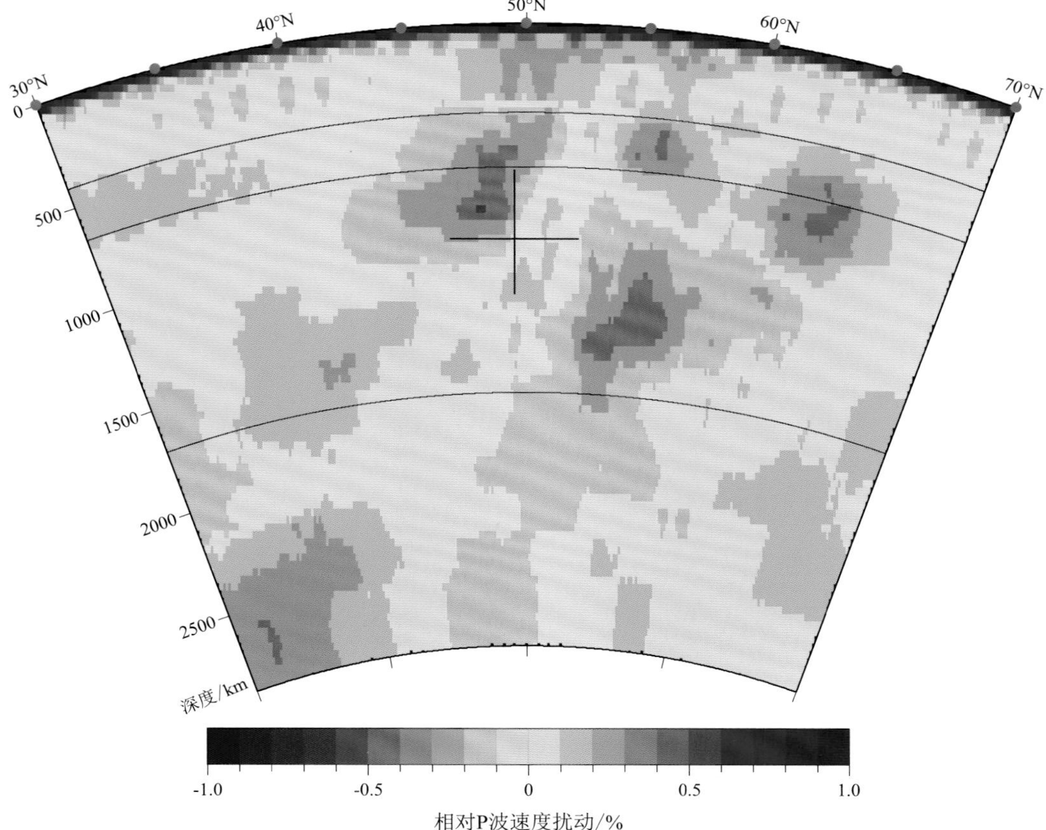

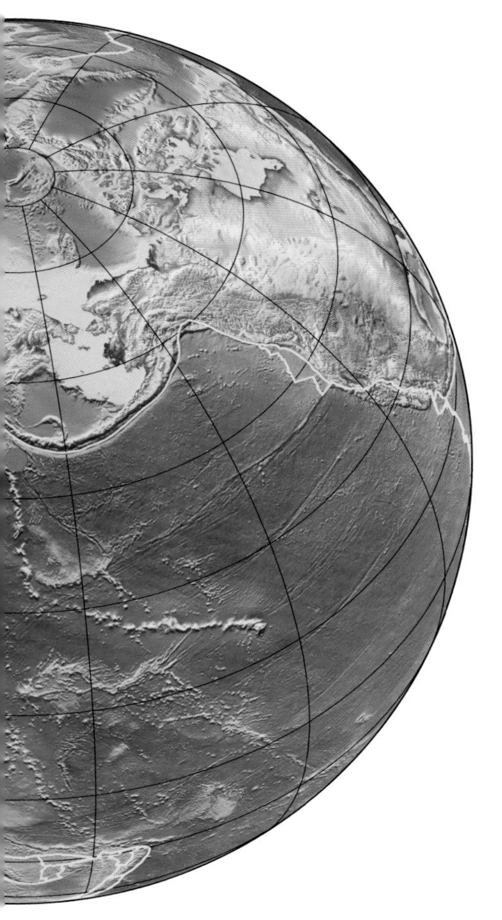

(f) B线垂直剖面层析成像结果

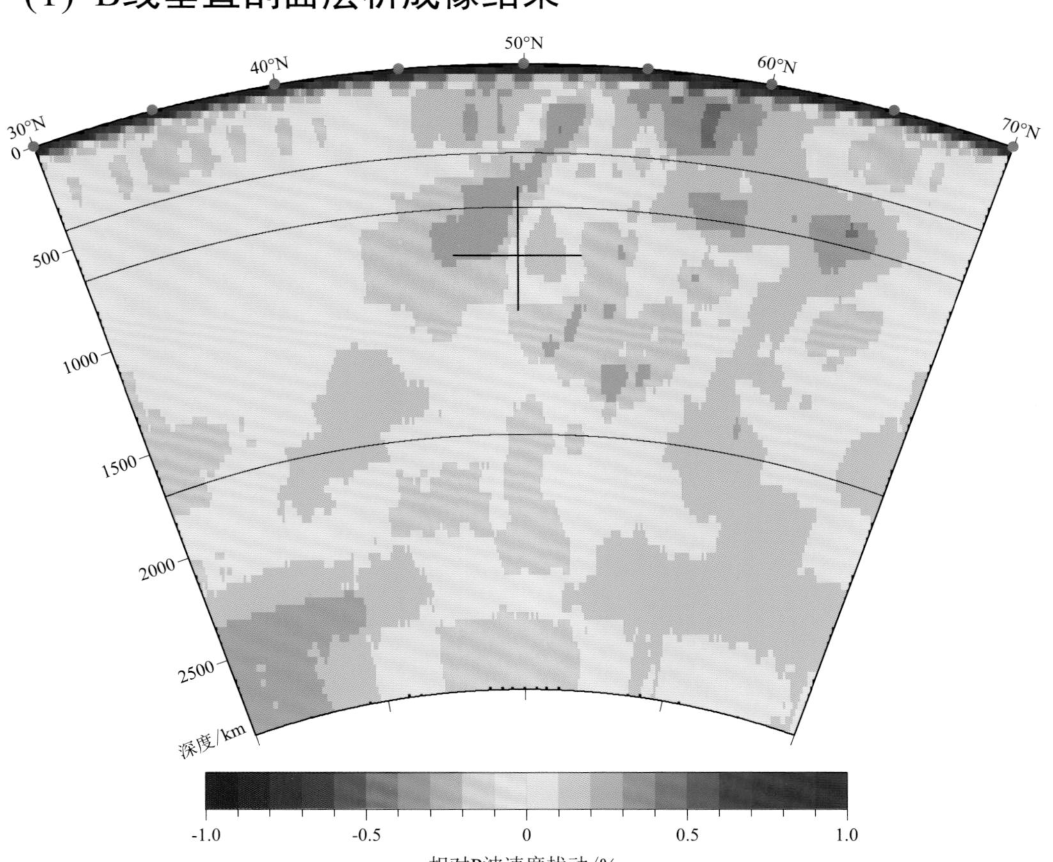

阿尔及利亚（Algeria）异常

阿尔及利亚异常是一个位于非洲西北部和地中海下方的上地幔到中地幔的拆沉板片（图2-2），在早期的层析成像模型中也得到了识别和描述（van der Meer et al.，2010）。恩波里奥板片和阿尔及利亚异常的南北走向微幔块推测是沿西瓦尔达尔（West Vardar）蛇绿岩带向东俯冲的岩石圈（Schmid et al.，2008），该蛇绿岩是在从潘诺尼亚盆地到希腊南部的重建中发现的（Maffione

（图2-2） 阿尔及利亚微幔块层析成像剖面及位置

(a) 深度1600km水平切面层析成像结果

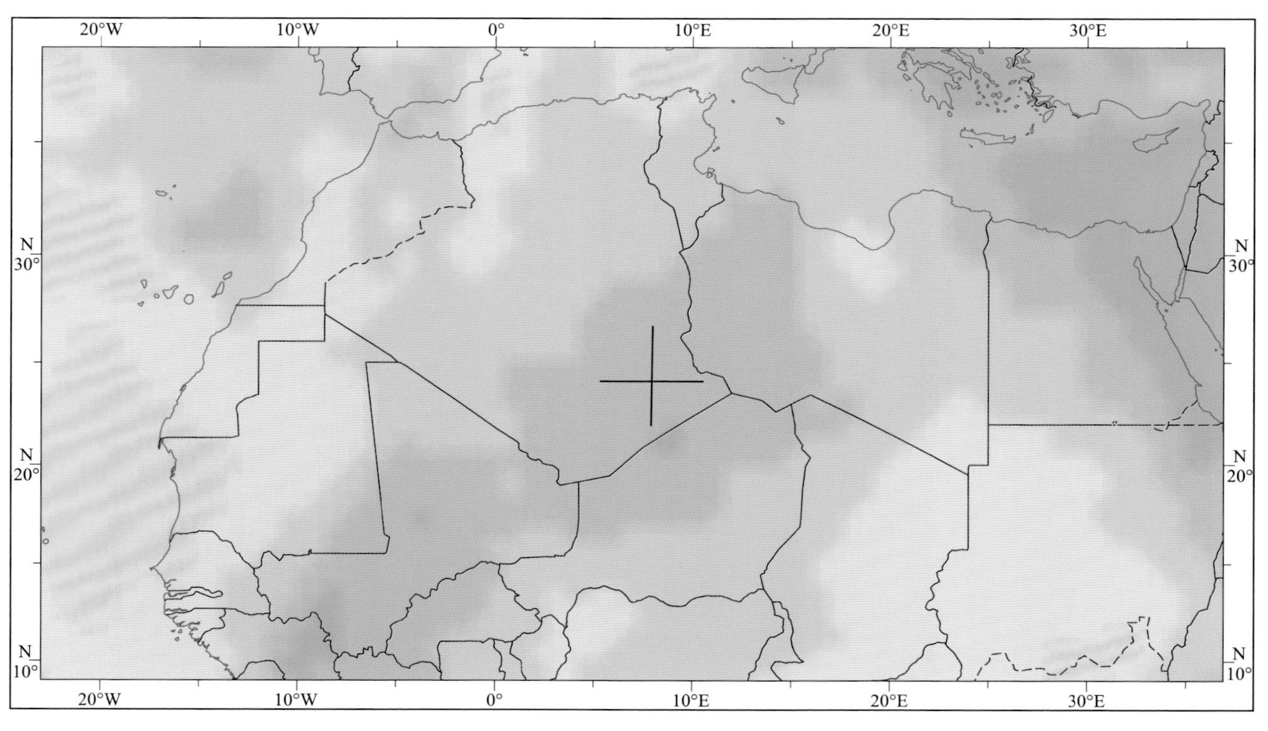

(c) 垂直剖面位置

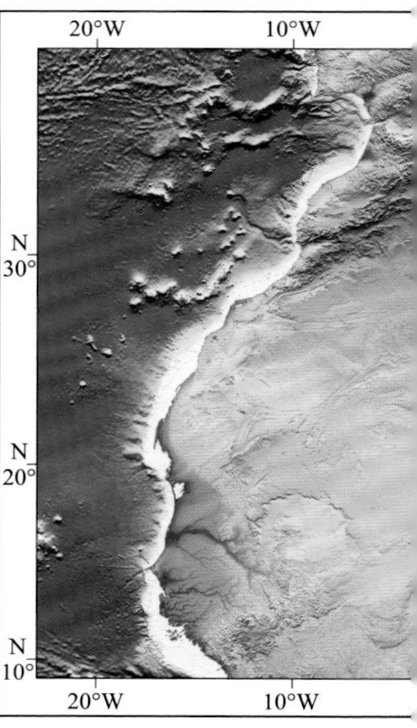

(d) 剖面位置

(b) 深度1800km水平切面层析成像结果

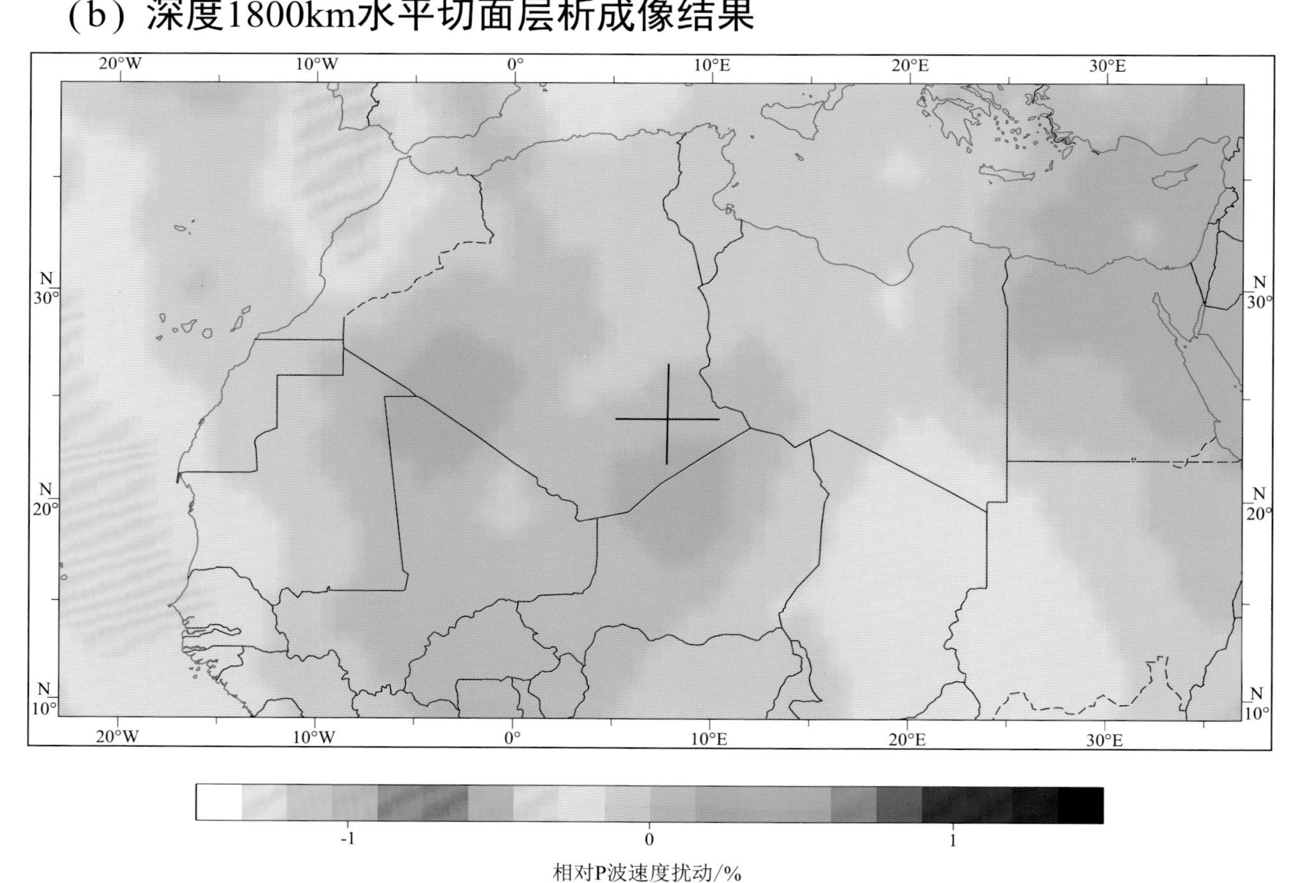

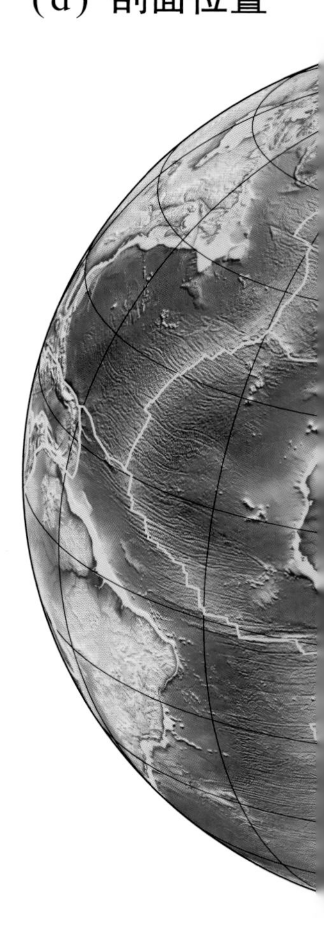

et al.，2015a），长度与阿尔及利亚微幔块的南北长度相当，该板片被解释为亚得里亚海西向俯冲到这些蛇绿岩之下的大洋岩石圈（van der Meer et al.，2018）。Stampfli 和 Borel（2004）将这个岩石圈称为梅利亚－马立克（Meliata-Maliac）大洋岩石圈，并解释阿尔及利亚微幔块的底部年龄为 175±5Ma，顶部年龄为 130±10Ma（van der Meer et al.，2018）。

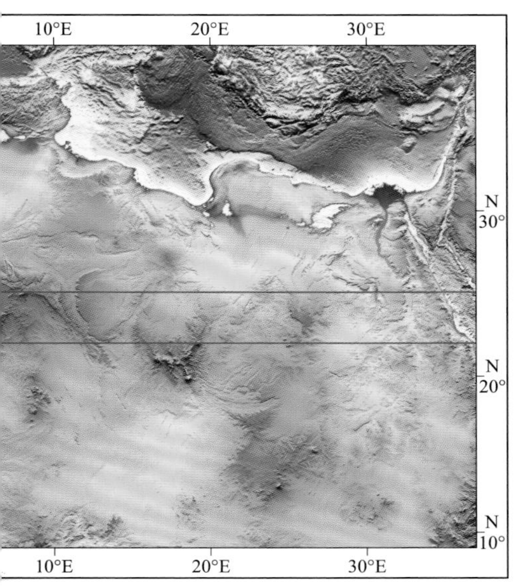

(e) A线垂直剖面层析成像结果

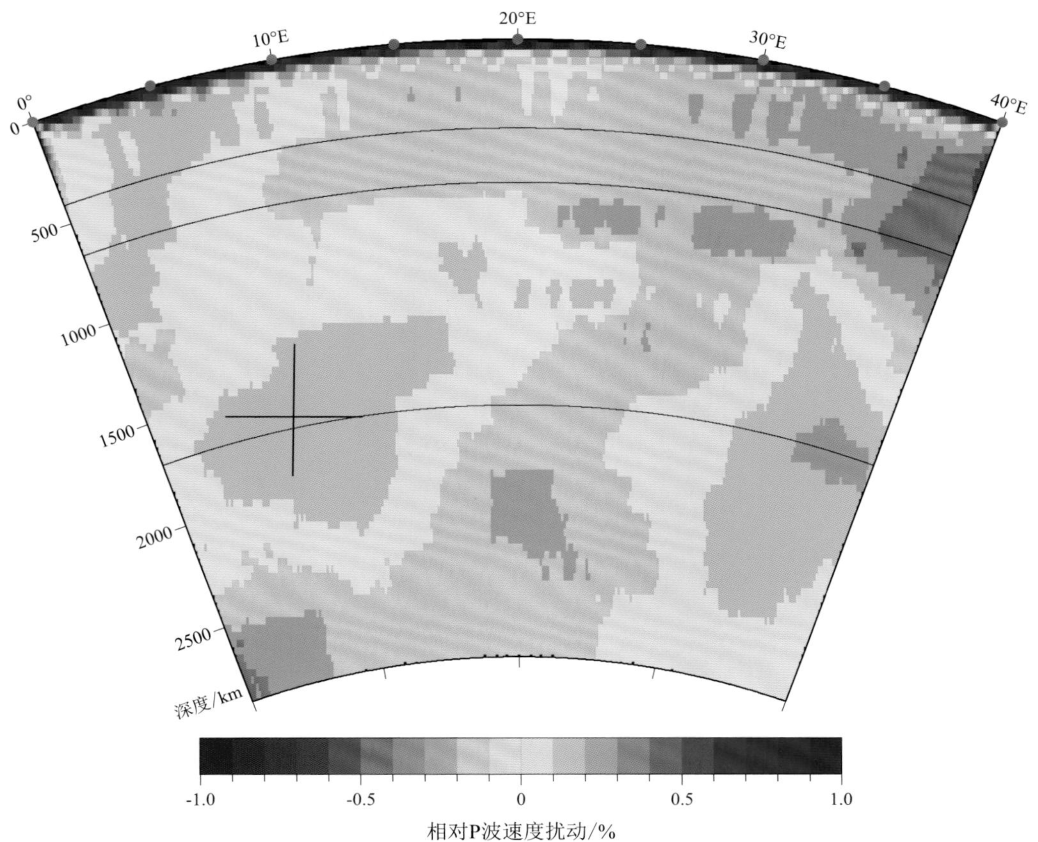

(f) B线垂直剖面层析成像结果

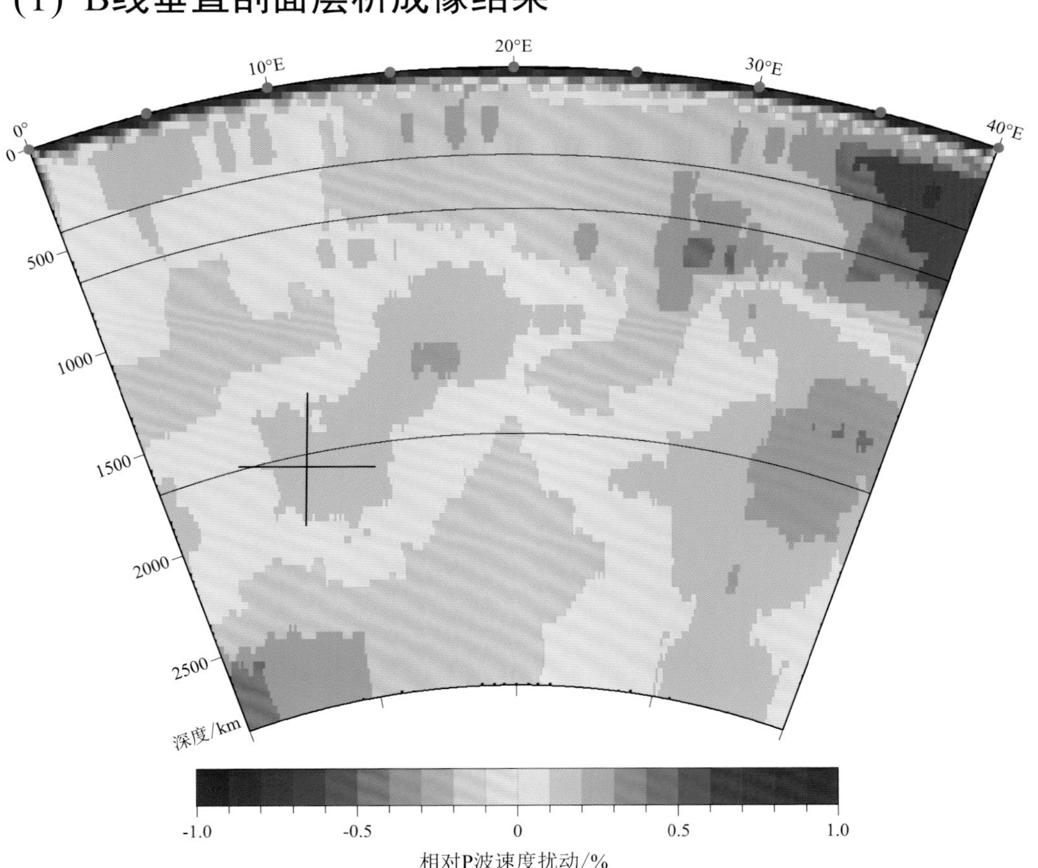

阿尔卑斯山（Alps）异常

阿尔卑斯山异常首先由 Spakman（1991）、Kissling（1993）、Kissling 和 Spakman（1996）识别发现，Spakman 和 Wortel（2004）将其解释为阿尔卑斯山的皮埃蒙特－利古里亚（Piemonte-Ligurian）洋的俯冲残留板片（图 2-3）。阿尔卑斯山异常也被解释为沿着西阿尔卑斯造山带斜向俯冲的岩石圈拆沉体，位于 660km 的不连续面上，底部穿过下地幔上部，到达约 800km（van der Meer et al.，2010）。阿尔卑斯板片（微幔块）与阿尔卑斯山西部和东部 200km 深度的浅层异常板片分离（Lippitsch et al.，2003；Kissling，

（图2-3） 阿尔卑斯山微幔块层析成像剖面及位置

(a) 深度550km水平切面层析成像结果

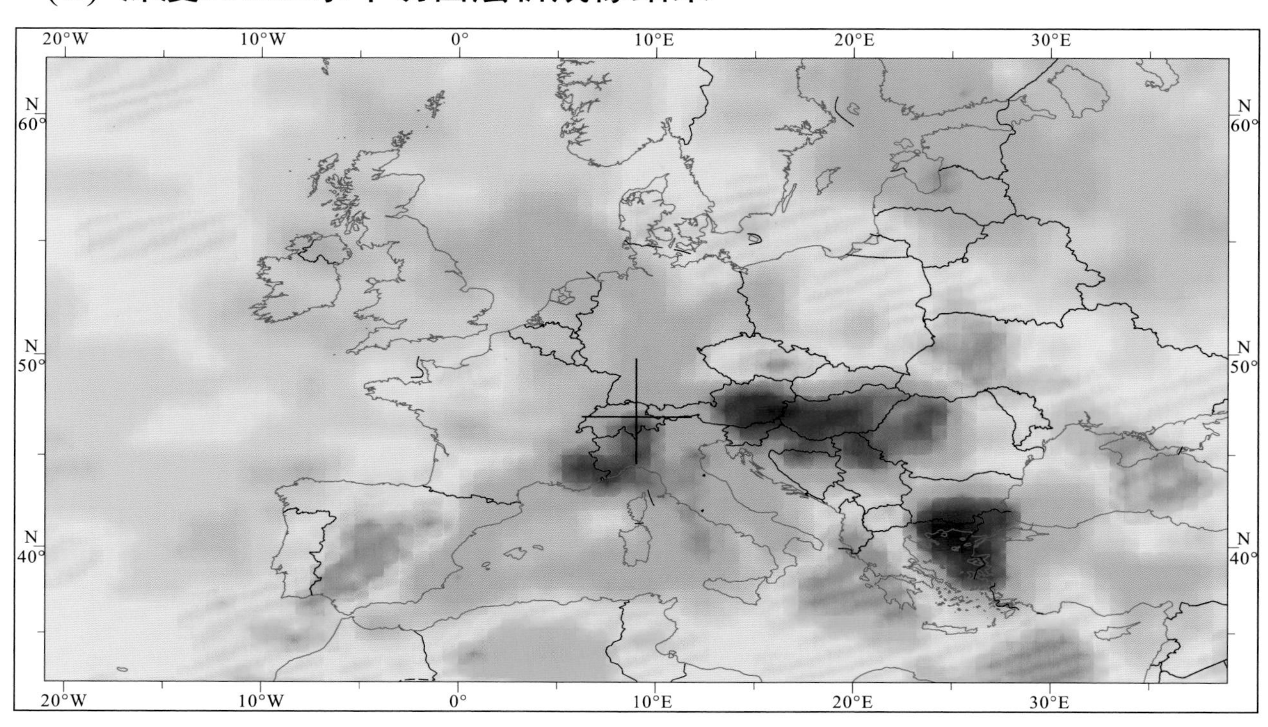

(c) 垂直剖面位

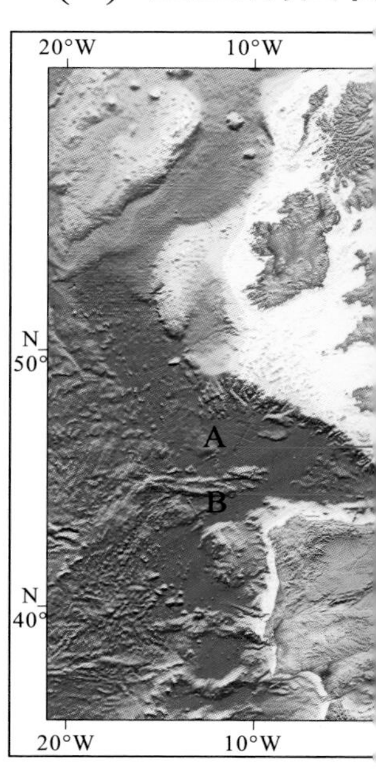

(d) 剖面位置

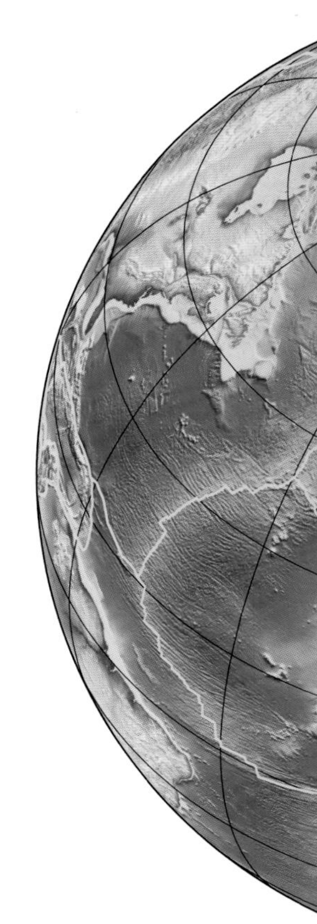

(b) 深度750km水平切面层析成像结果

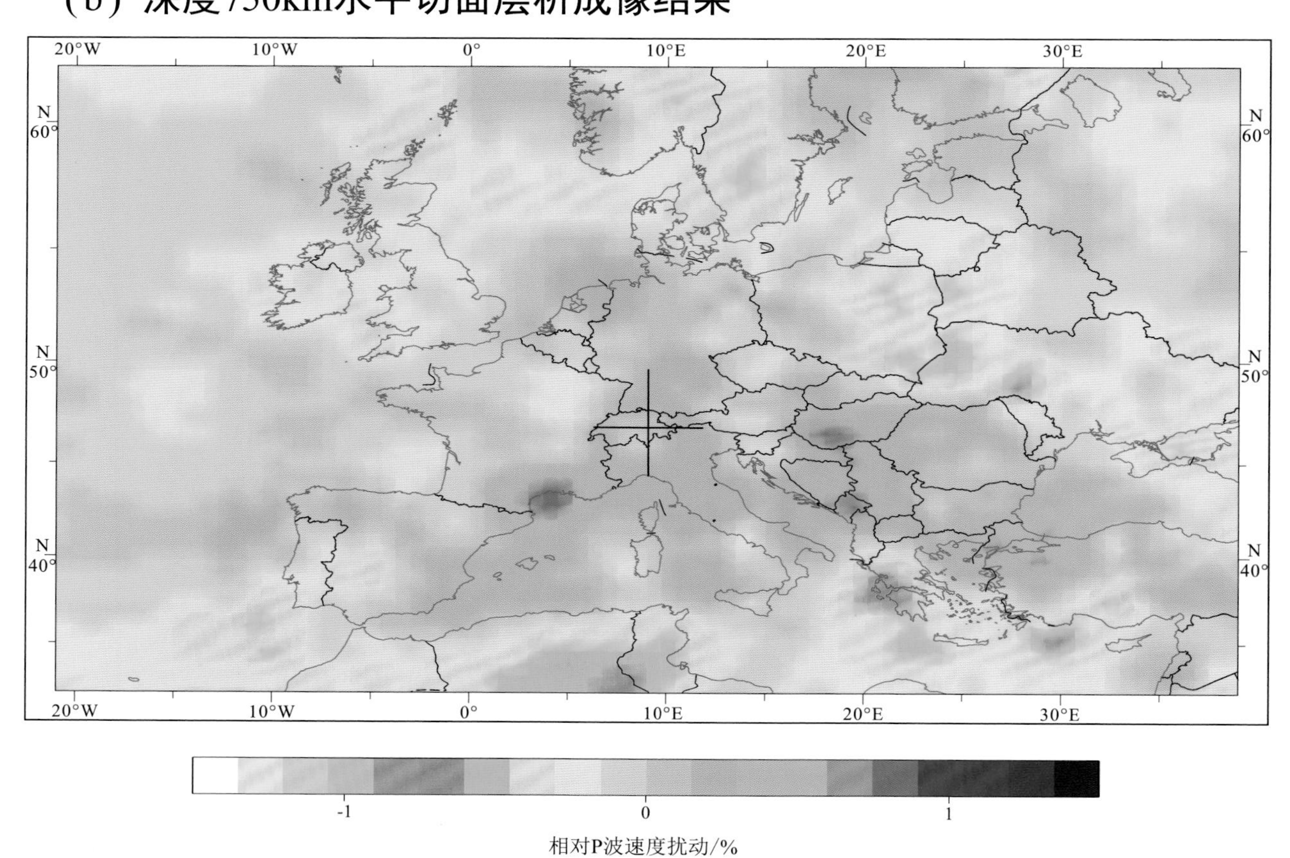

2008），西部被解释为欧洲大陆岩石圈，东部被解释为近 20Ma 以来俯冲的亚得里亚海大陆岩石圈（Schmid et al.，2004；Handy et al.，2010，2014）。阿尔卑斯山板片（微幔块）可能代表埃蒙特－利古里亚洋和瓦莱（Valais）大洋的大洋岩石圈地幔，以及位于阿尔卑斯山俯冲的布里扬松（Briançonnais）微陆块的大陆岩石圈地幔（Handy et al.，2014），厚度是正常大洋岩石圈 80km 的 3 倍。阿尔卑斯山板片底部的年龄在 85±10Ma，顶部的年龄为 30±10Ma（van der Meer et al.，2018）。

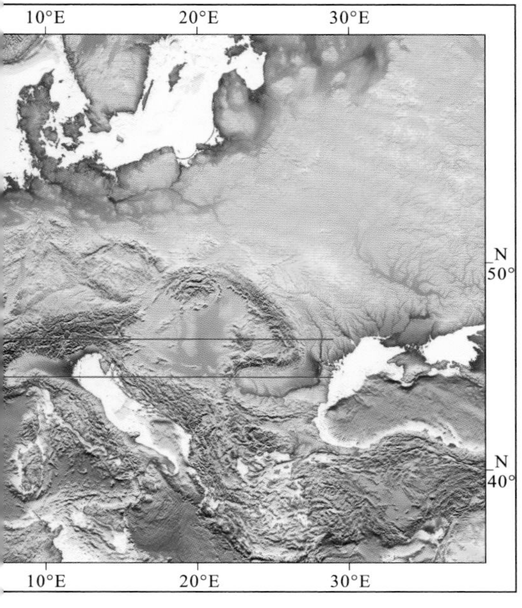

(e) A线垂直剖面层析成像结果

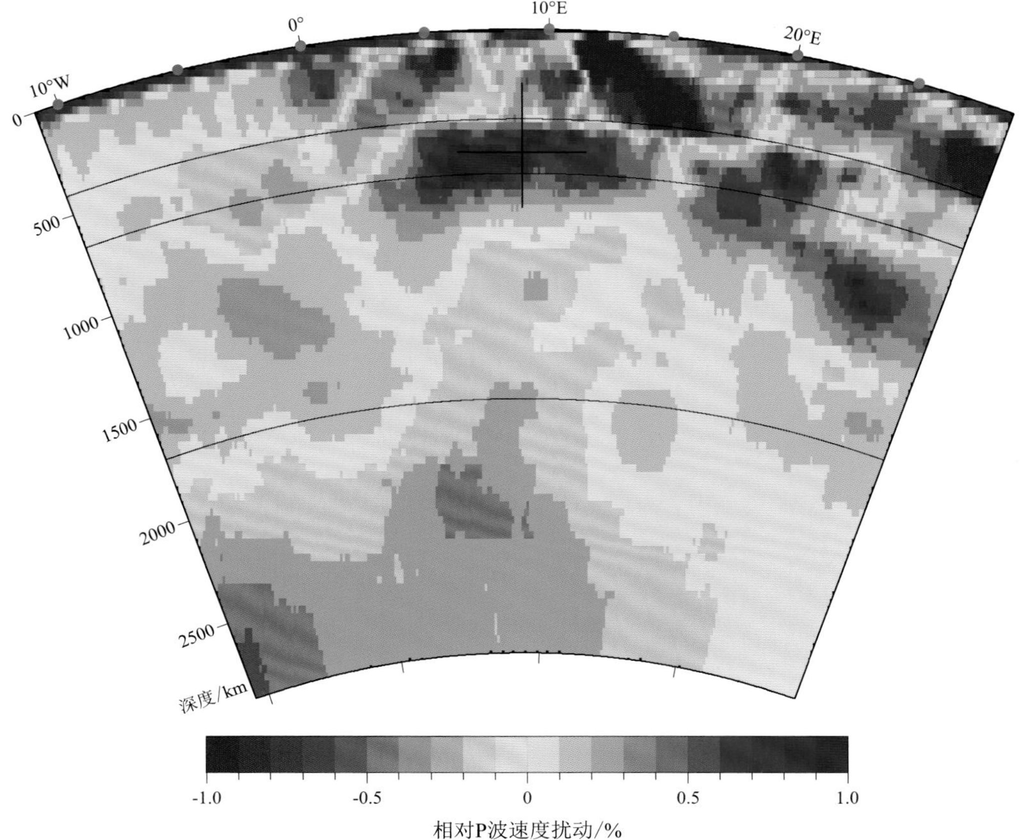

(f) B线垂直剖面层析成像结果

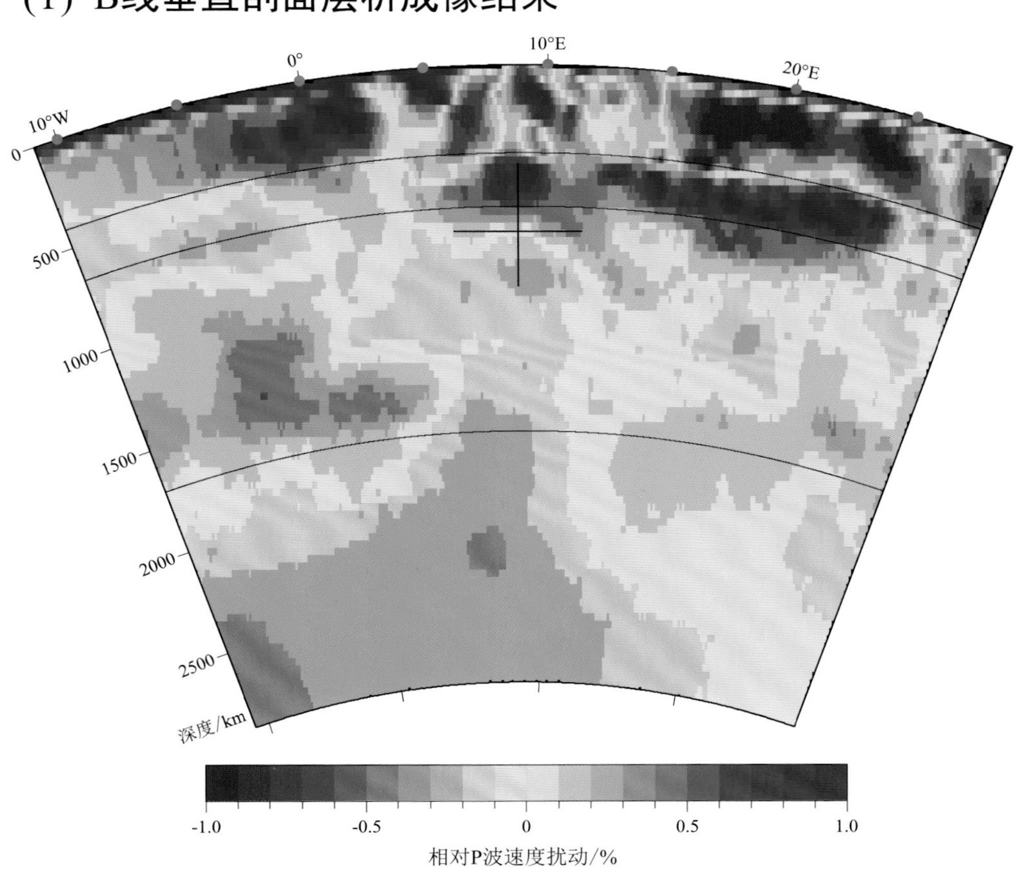

安徽（Anhui）异常

安徽异常位于中国东南部的下地幔上部和上地幔下部，它代表与现在的太平洋板块脱离了的太平洋板片或依泽奈崎板片的俯冲岩石圈（Wei et al.，2012）。其底部形状不规则，在800km深度处形成较大范围的异常（图2-4），随深度变浅逐渐变薄并且在440km之上变得难以识别（van der Meer et al.，2018）。安徽异常在北部具有扁平板片特征，尽管位于地幔深处，其俯冲历史

（图2-4）

安徽微幔块层析成像剖面及位置

(a) 深度600km水平切面层析成像结果

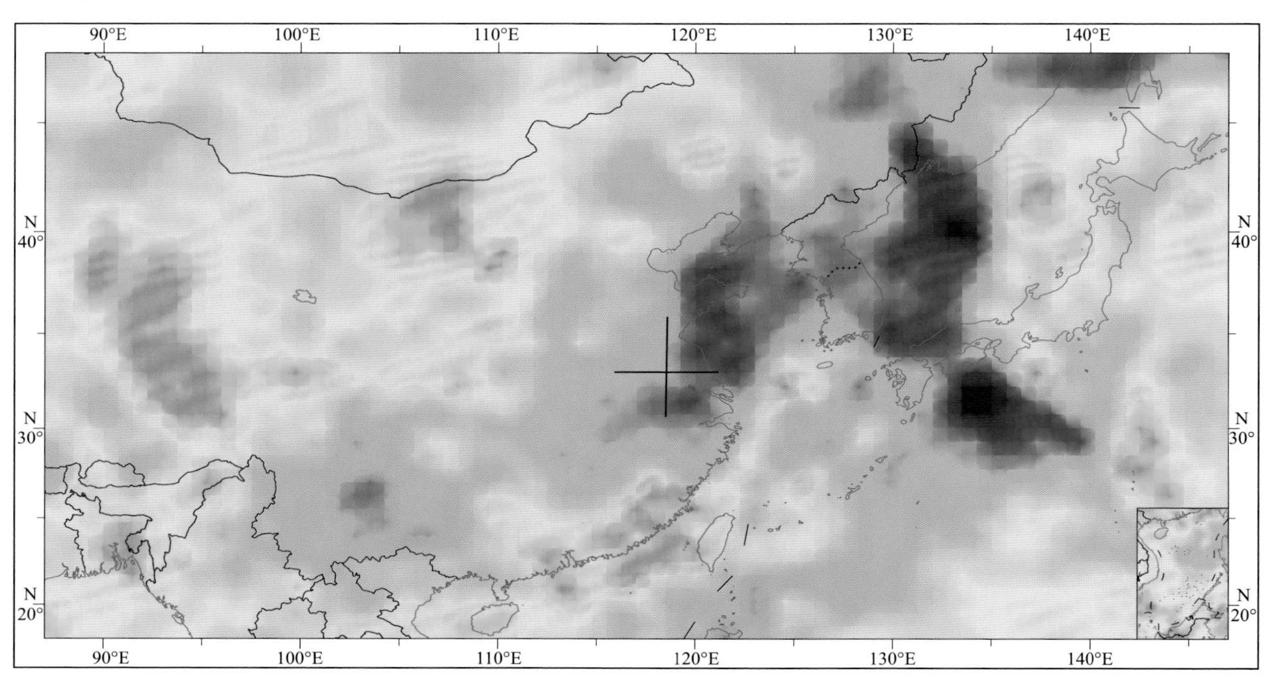

(c) 垂直剖面位置

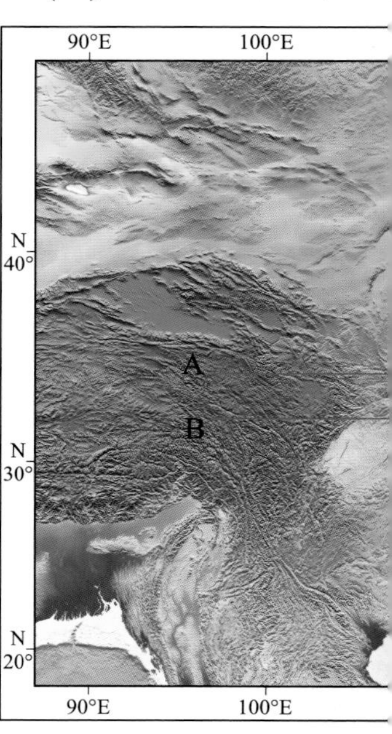

(d) 剖面位置

(b) 深度800km水平切面层析成像结果

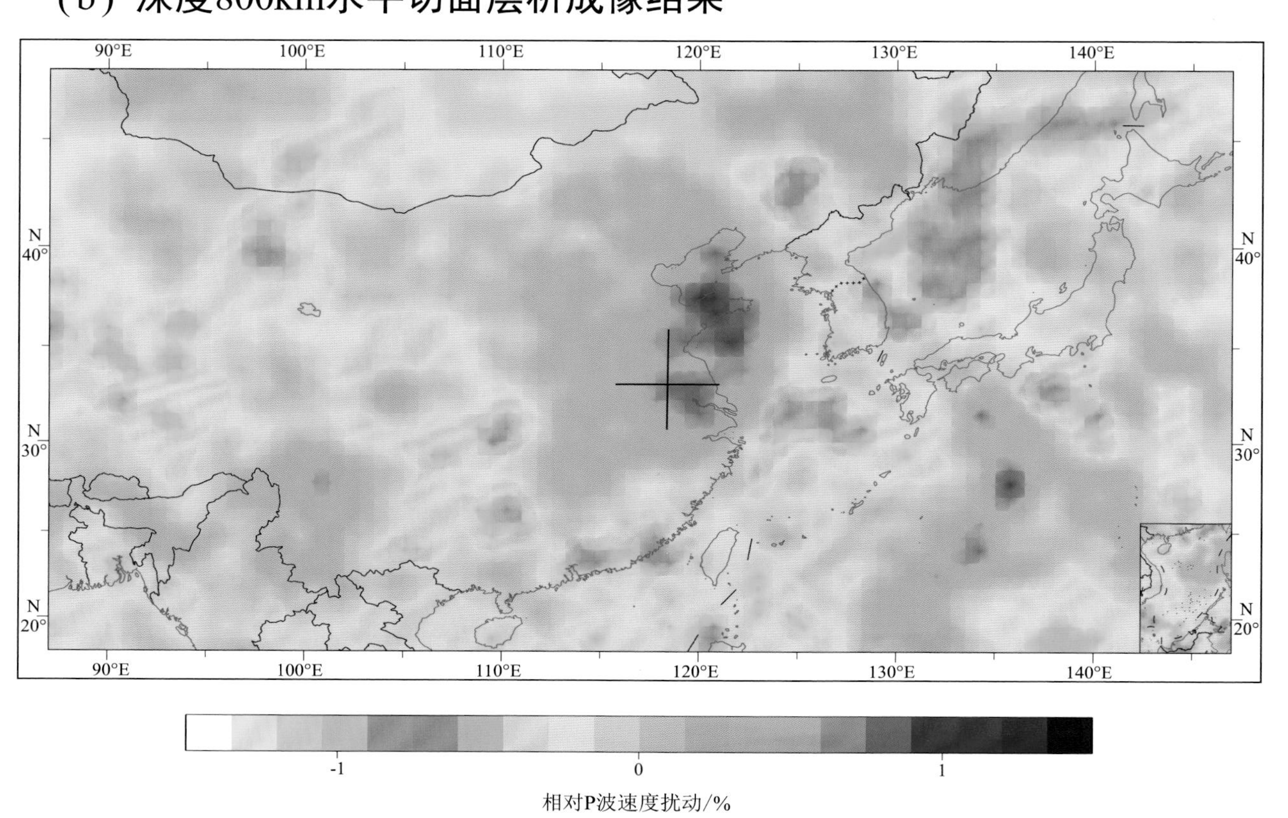

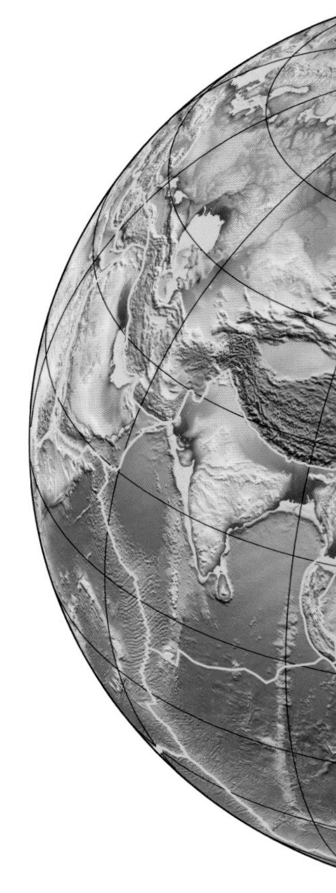

晚于华南板块的俯冲。白垩纪岩浆活动总体上向东逐渐迁移，于90~86Ma曾停止（Li J H et al., 2014；Li Z et al., 2014）。随后的转换挤压与太平洋板块俯冲带向东南方向的后撤有关（Li J H et al., 2014），解释安徽微幔块的底部年龄为108~106Ma，顶部的年龄为90~52Ma（van der Meer et al., 2018），其厚度是正常大洋岩石圈的3倍，实质是地幔过渡带内一系列滞留微幔块中的一个。

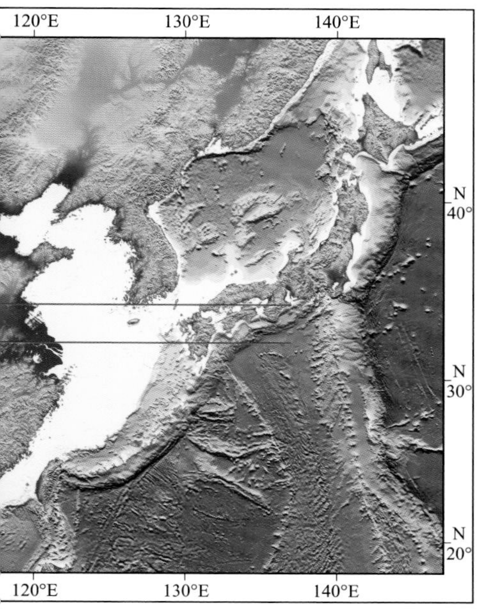

(e) A线垂直剖面层析成像结果

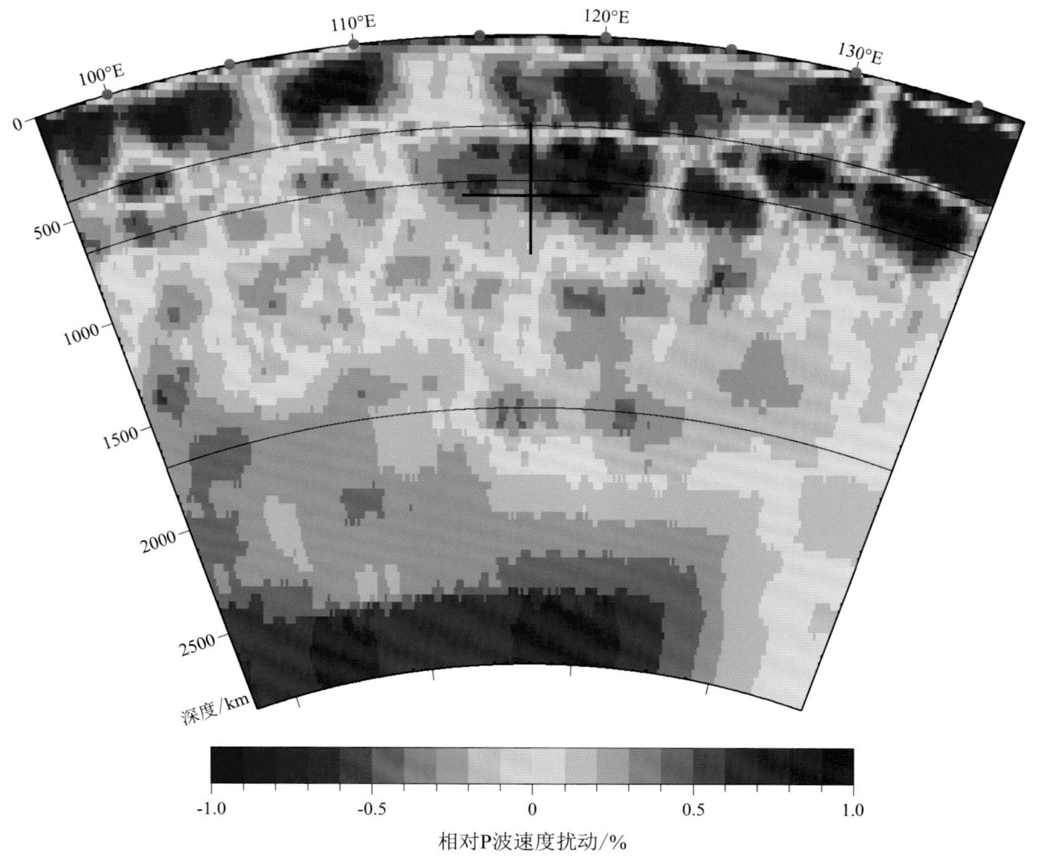

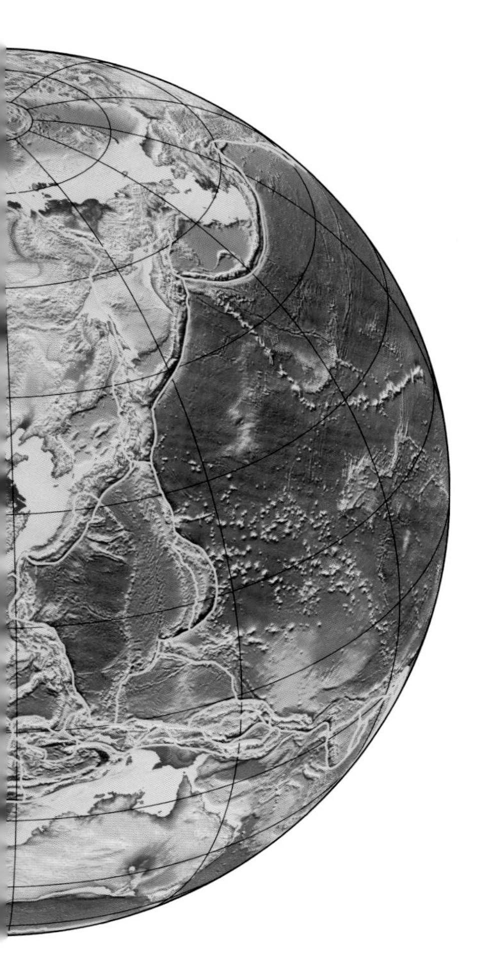

(f) B线垂直剖面层析成像结果

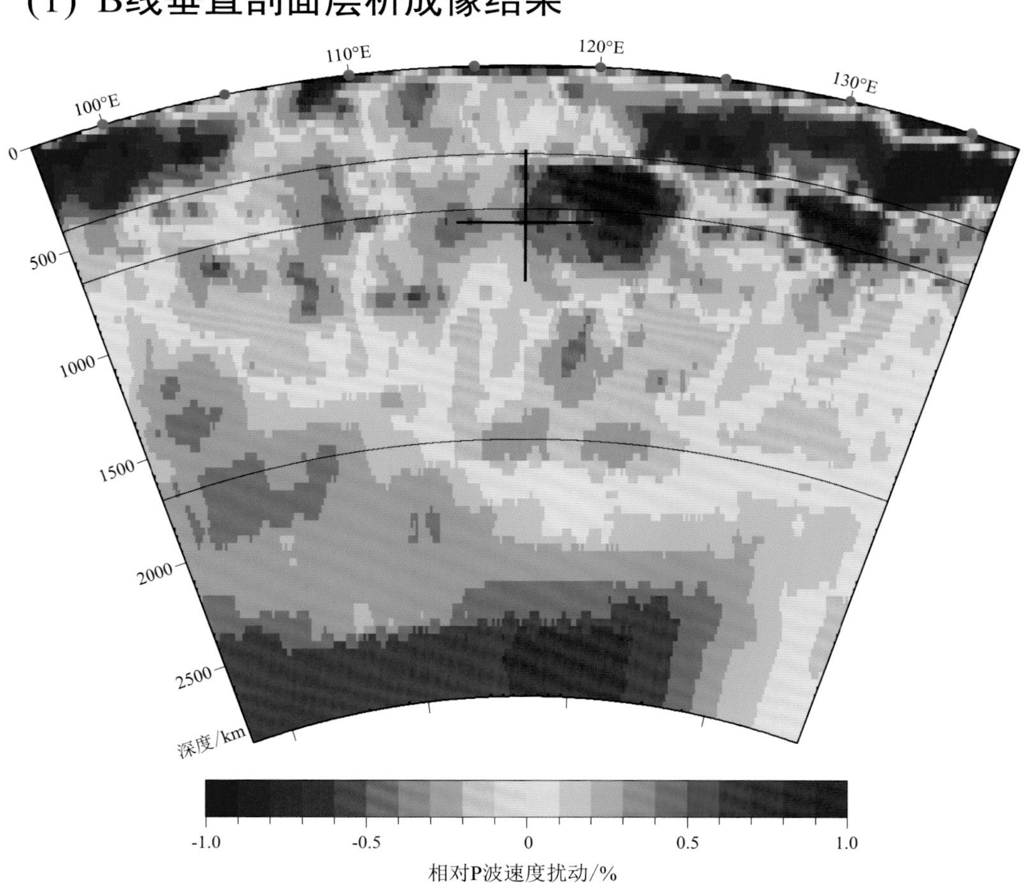

阿拉伯（Arabia）异常

阿拉伯异常带由 Hafkenscheid 等（2006）发现，该异常带位于沙特阿拉伯东南海岸处红海北部至东南部的中地幔（图 2-5），在美索不达米亚板片的南部，并与之重叠。该异常带可能与美索不达米亚板片南部同时在 150~65Ma 沿欧亚大陆边缘俯冲至东北部。阿拉伯异常可能代表了洋内俯冲的新特提斯洋大洋岩石圈（van der Meer et al.，2018）。在晚白垩世，阿拉伯和欧亚大陆

（图2-5）

阿拉伯微幔块层析成像剖面及位置

(a) 深度1500km水平切面层析成像结果

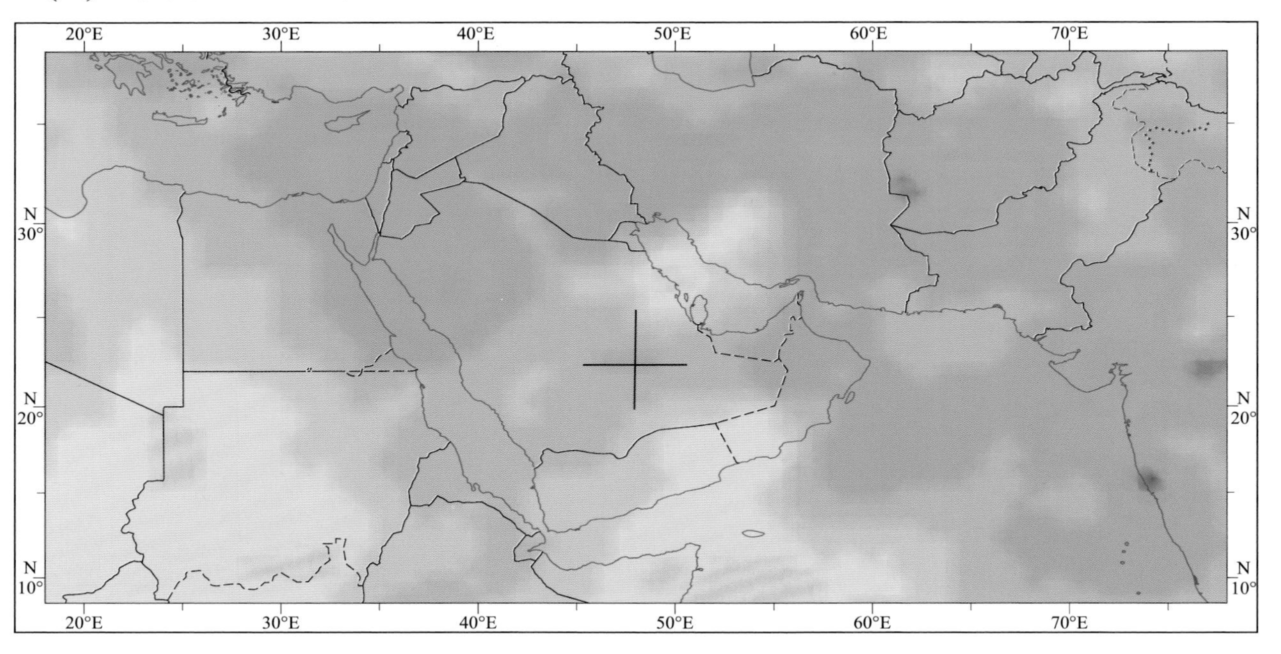

(c) 垂直剖面位

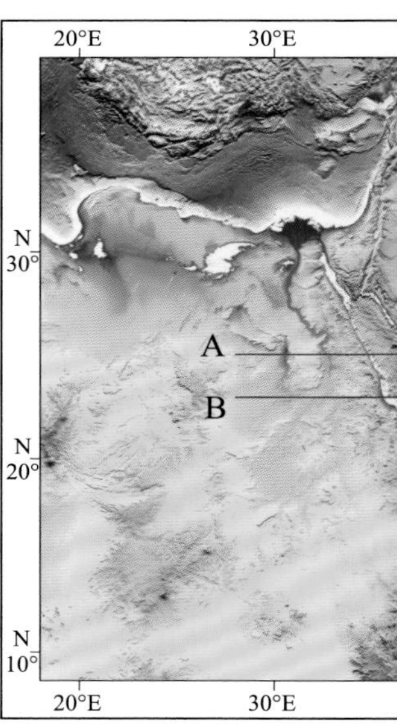

(d) 剖面位置

(b) 深度1700km水平切面层析成像结果

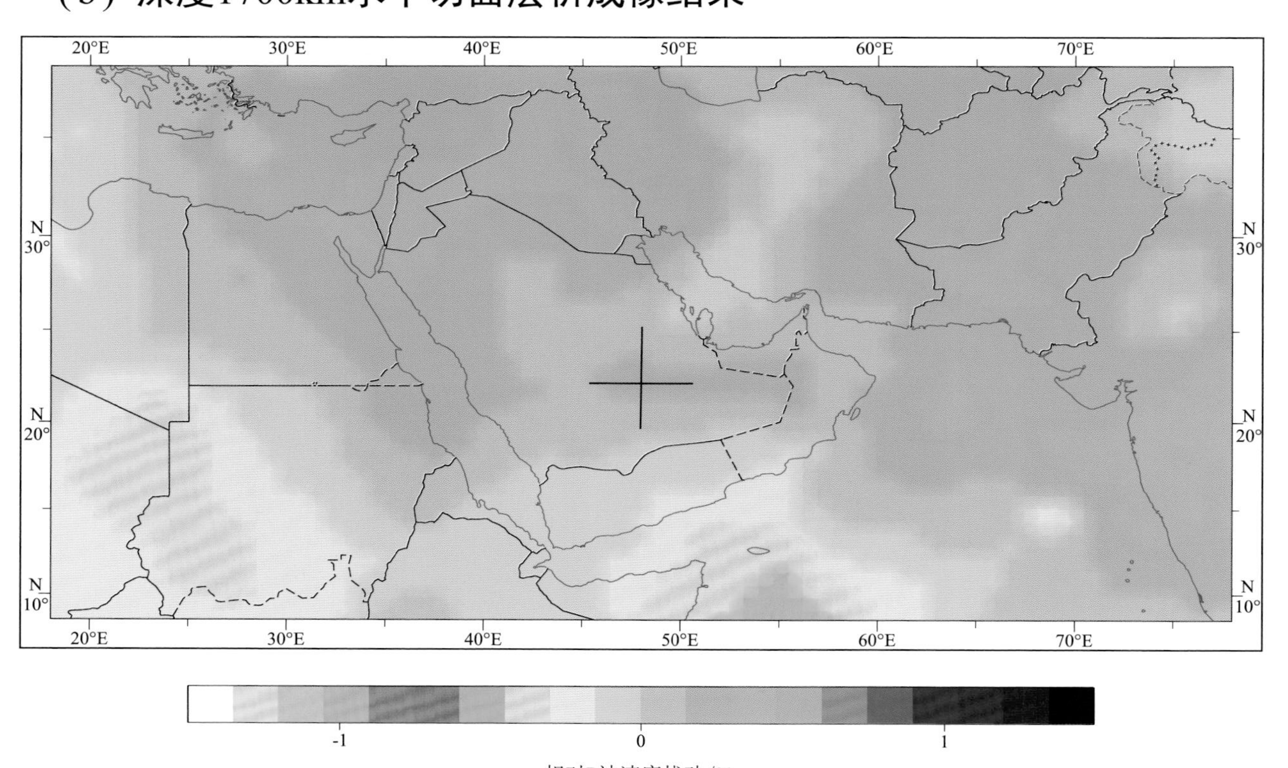

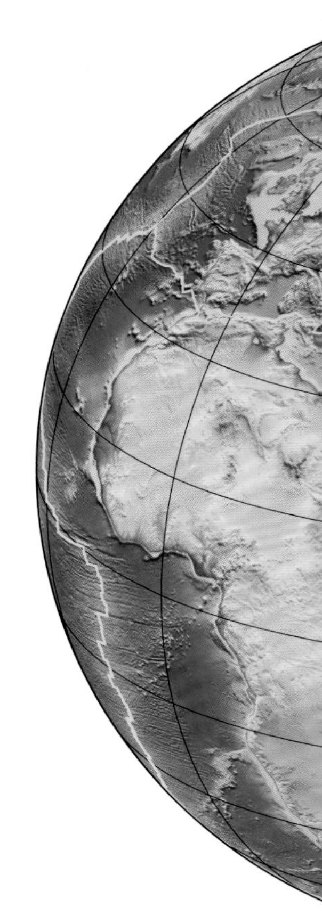

之间的新特提斯洋内俯冲是影响极其广泛的事件，该俯冲作用在阿拉伯大陆边缘的蛇绿岩逆冲中最为剧烈，晚白垩世塞浦路斯的特罗多斯蛇绿岩年龄为 70±5Ma（Koop and Stoneley，1982；Al-Riyami et al.，2002；Dilek and Furnes，2009；Homke et al.，2009；Searle and Cox，2009；Agard et al.，2011；Maffione et al.，2017）。依据蛇绿岩年龄和洋内俯冲，解释阿拉伯板片（微幔块）的底部年龄为 105~85Ma，板片（微幔块）顶部的年龄为 75~65Ma（van der Meer et al.，2018）。

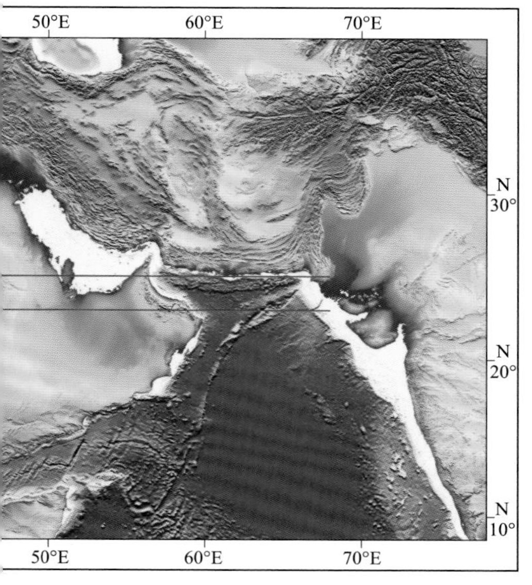

(e) A线垂直剖面层析成像结果

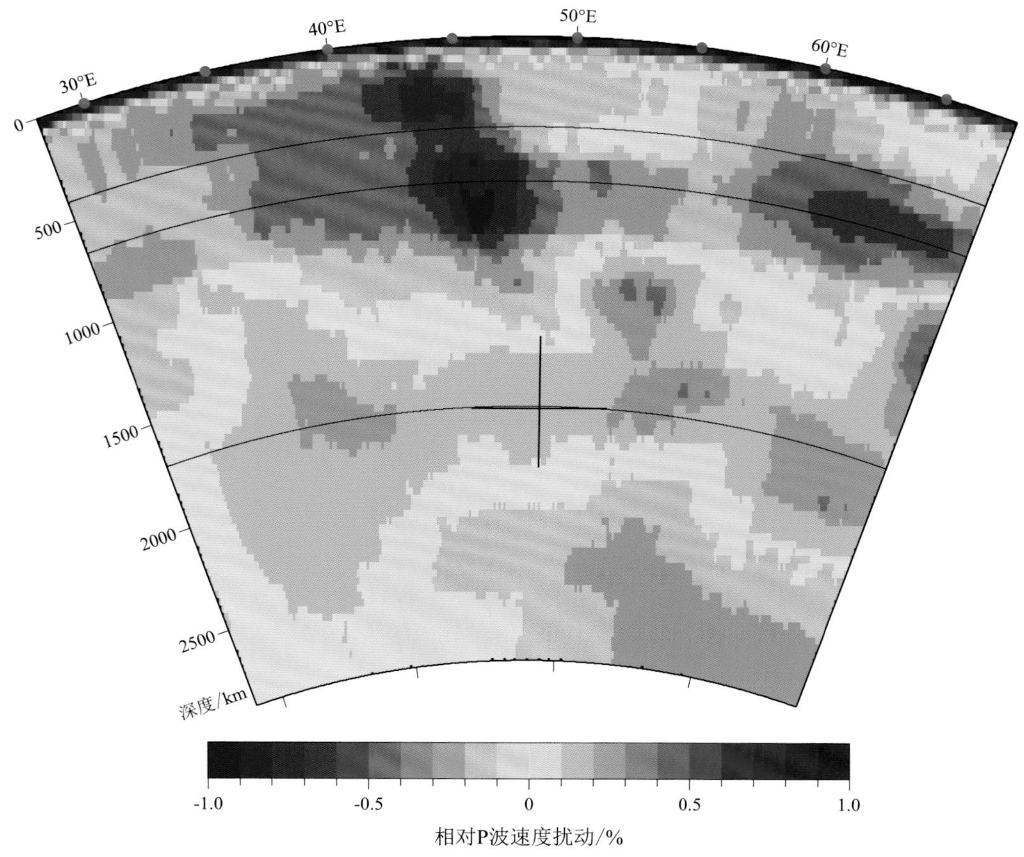

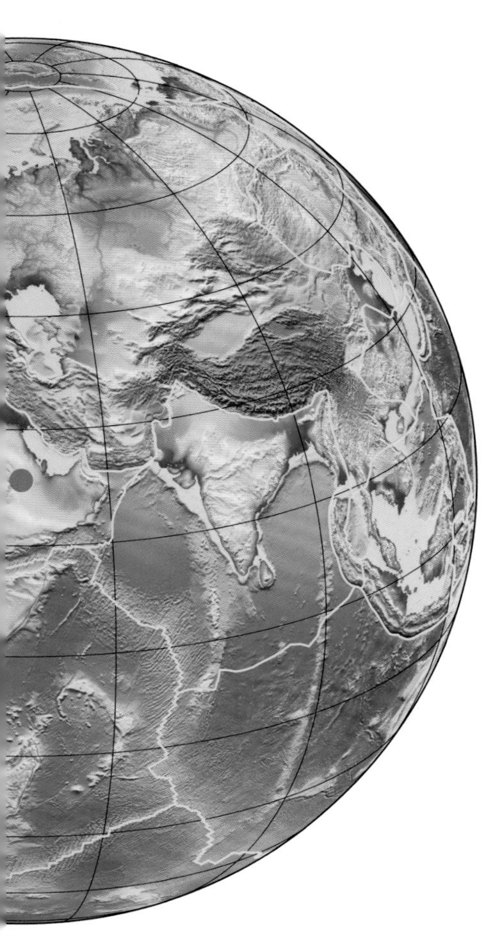

(f) B线垂直剖面层析成像结果

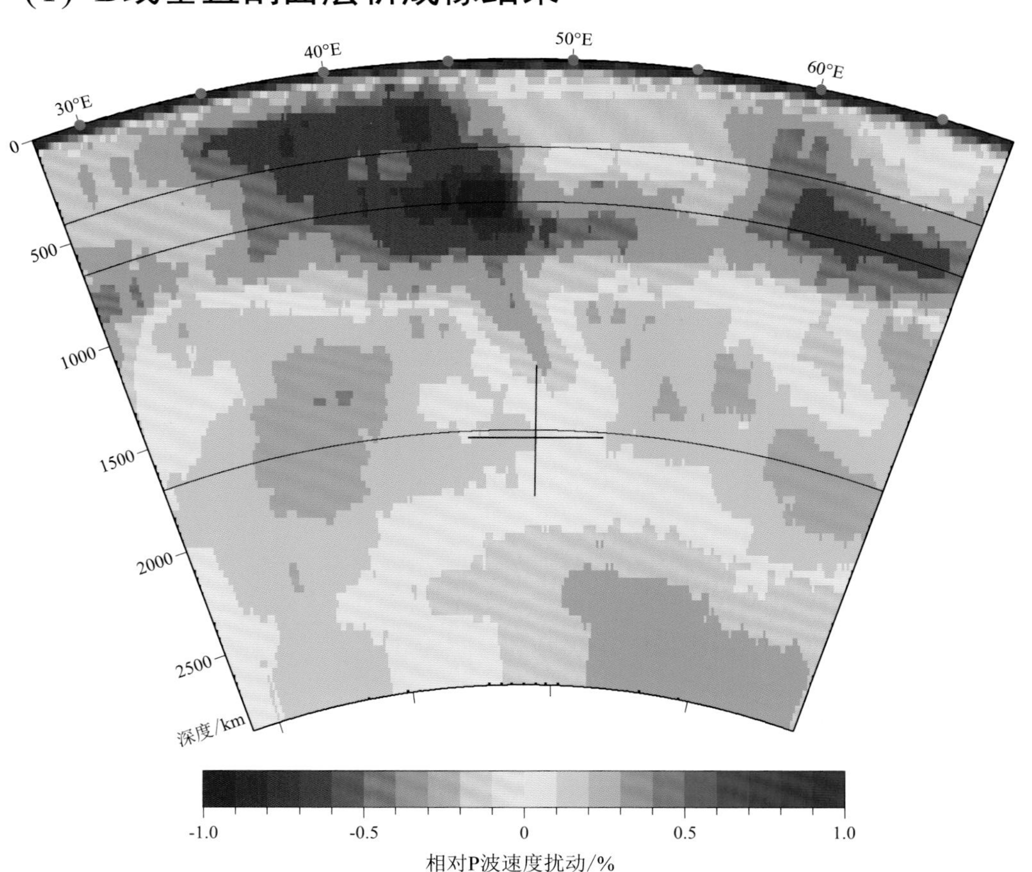

阿拉弗拉（Arafura）异常

阿拉弗拉异常对应于前人解释的A6异常（Hall and Spakman，2002，2004）。它被解释为一个NNW-SSE走向的板片（图2-6），平伏在下地幔的顶部和上地幔的底部，从“鸟头”（Bird Head）的北面，阿拉弗拉海（Arafura）的下面，一直到卡奔塔利亚湾（van der Meer et al.，2018）。朝北方向，阿拉弗拉微幔块位于哈马黑拉（Halmahera）微板块的底部附近，哈马黑拉微幔块或板

（图2-6） 阿拉弗拉微幔块层析成像剖面及位置

(a) 深度550km水平切面层析成像结果

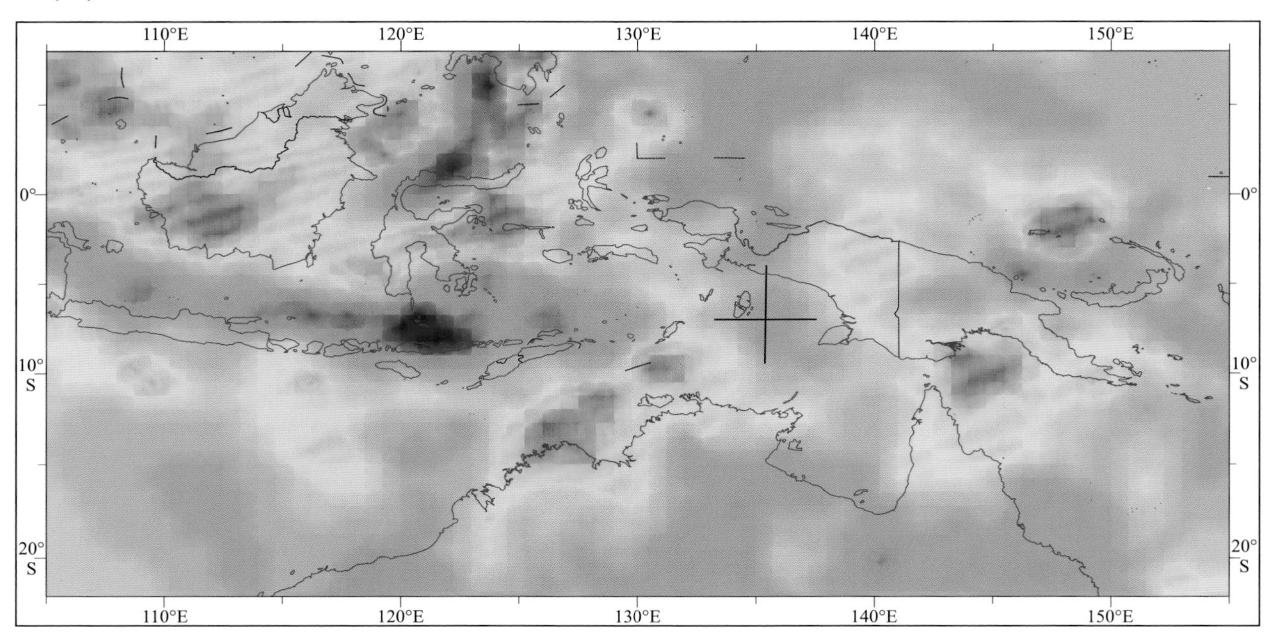

(c) 垂直剖面位

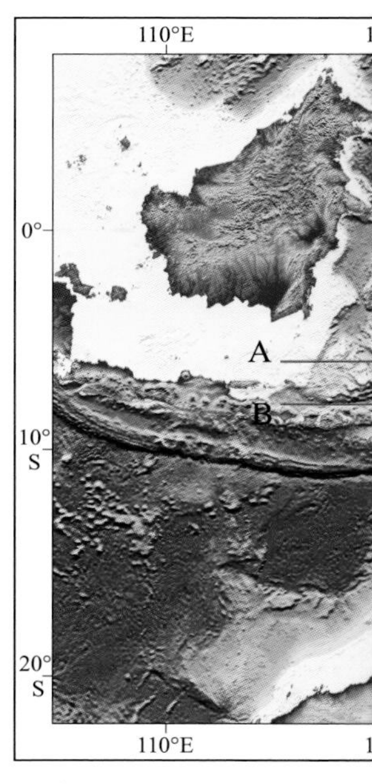

(d) 剖面位置

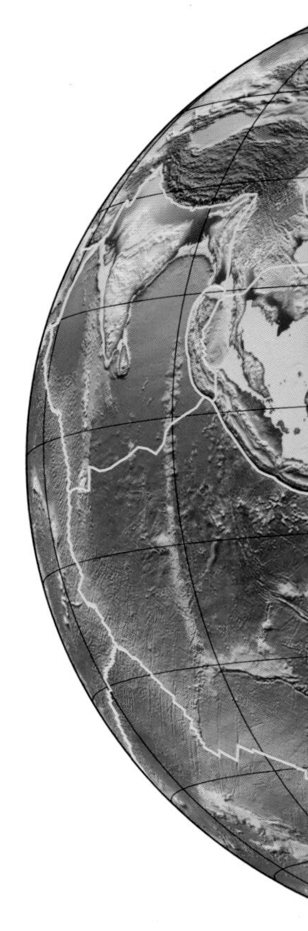

(b) 深度700km水平切面层析成像结果

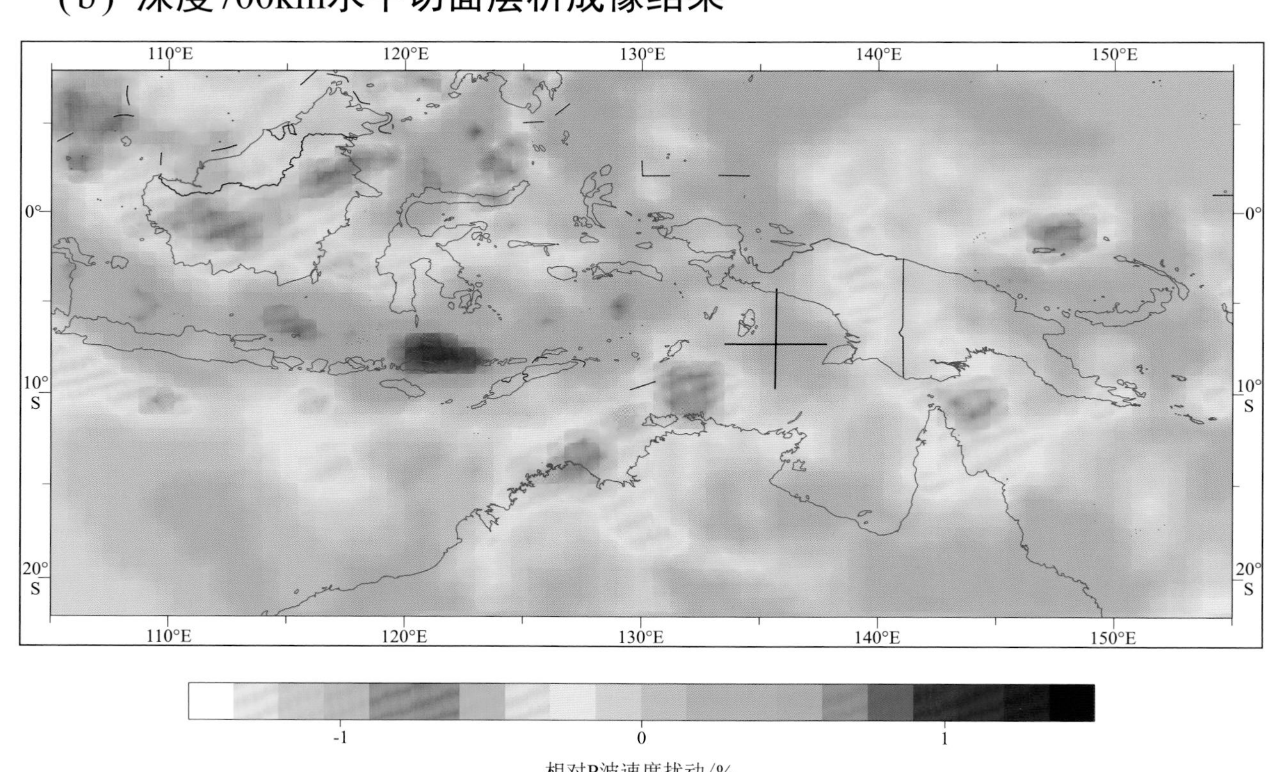

片在15Ma左右开始俯冲，这表明阿拉弗拉板片应该与新生代中后期终止于哈马黑拉以东的俯冲带相关。Hall和Spakman（2002，2004）将该板片解释为45~25Ma菲律宾哈马黑拉弧下面向北俯冲的结果，Wu等（2016）将该异常解释为一个东亚洋（East Asia Sea）南部的板片，是50~20Ma向所罗门海下方俯冲的结果。这两种解释都与微幔块的现代位置一致。依据以上分析，阿拉弗拉微幔块底部年龄为50~45Ma，顶部年龄为25~20Ma（van der Meer et al.，2018），这里的顶、底年龄指其工作年龄（下同）。

(e) A线垂直剖面层析成像结果

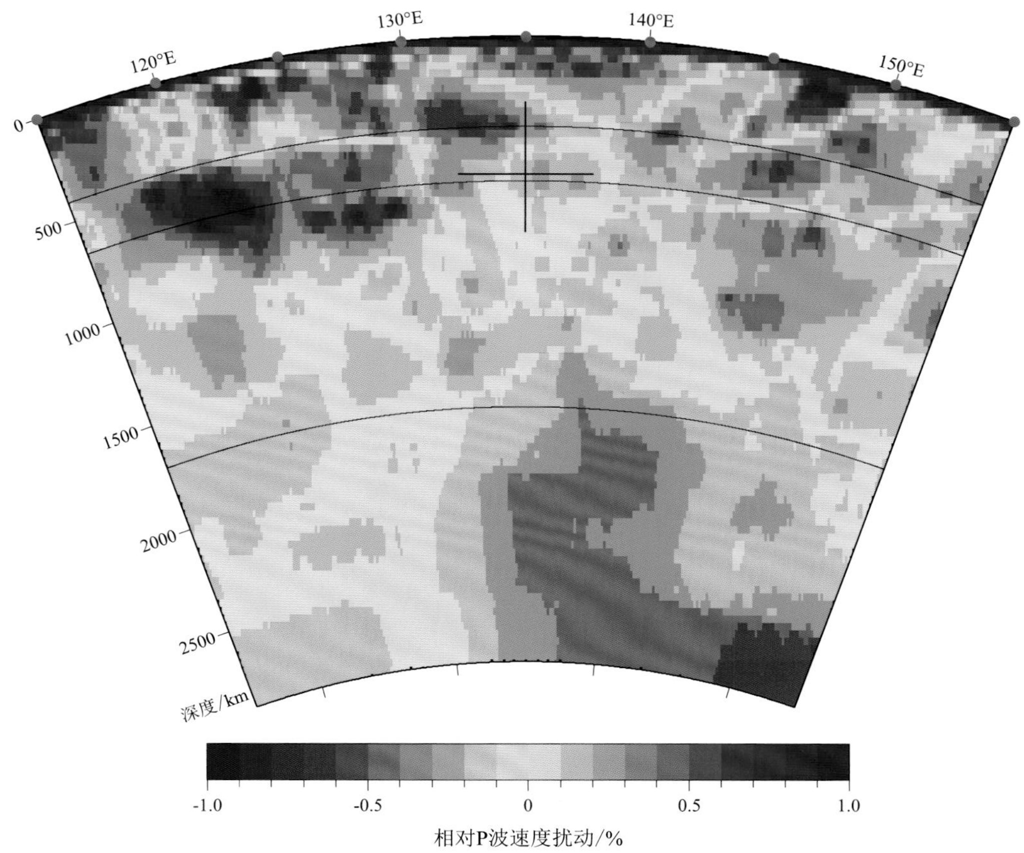

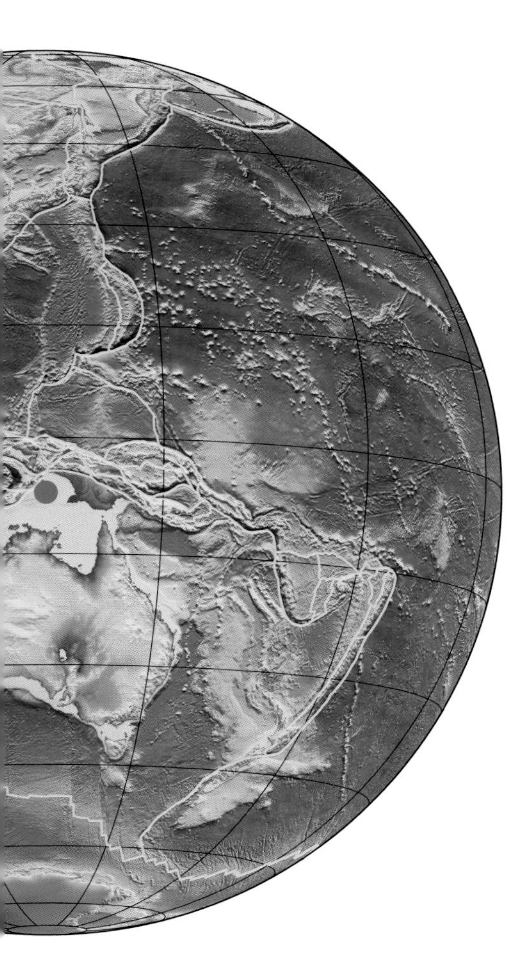

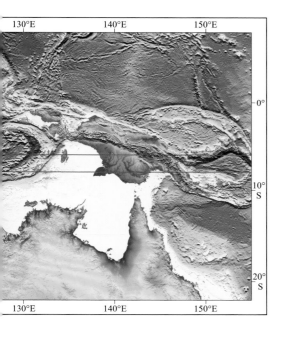

(f) B线垂直剖面层析成像结果

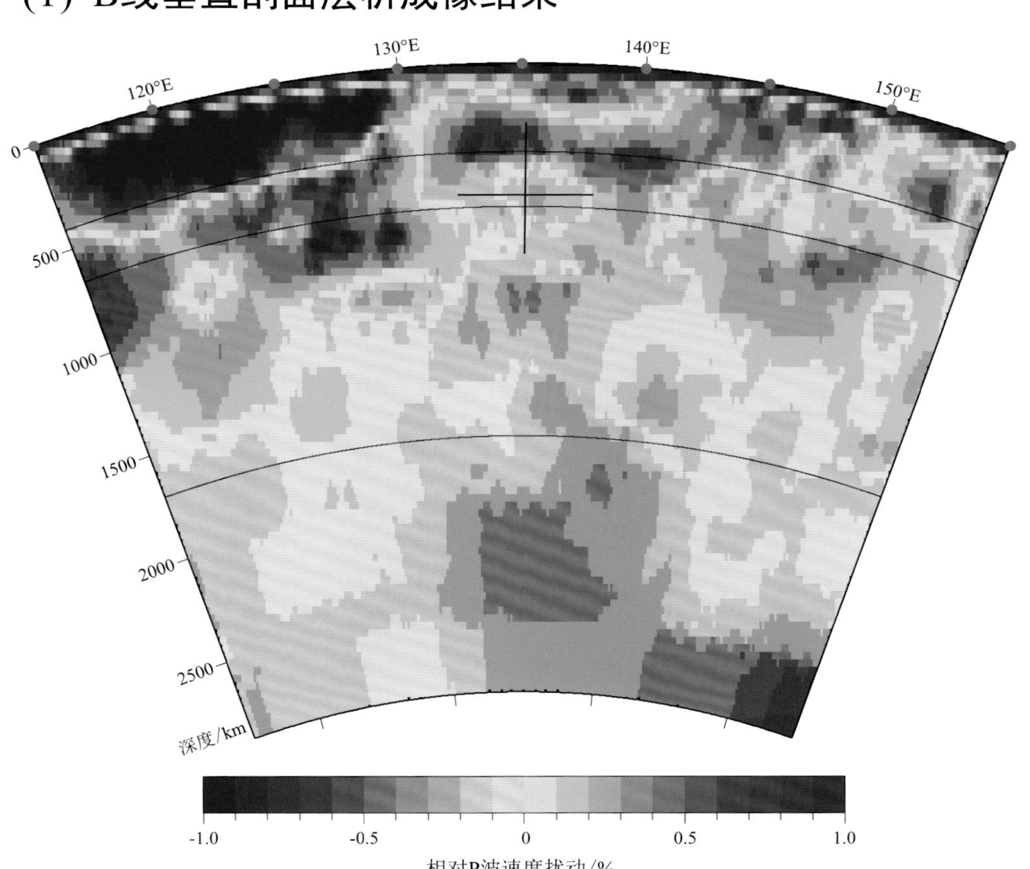

(图2-7)

白令海微幔块层析成像剖面及位置

(a) 深度550km水平切面层析成像结果

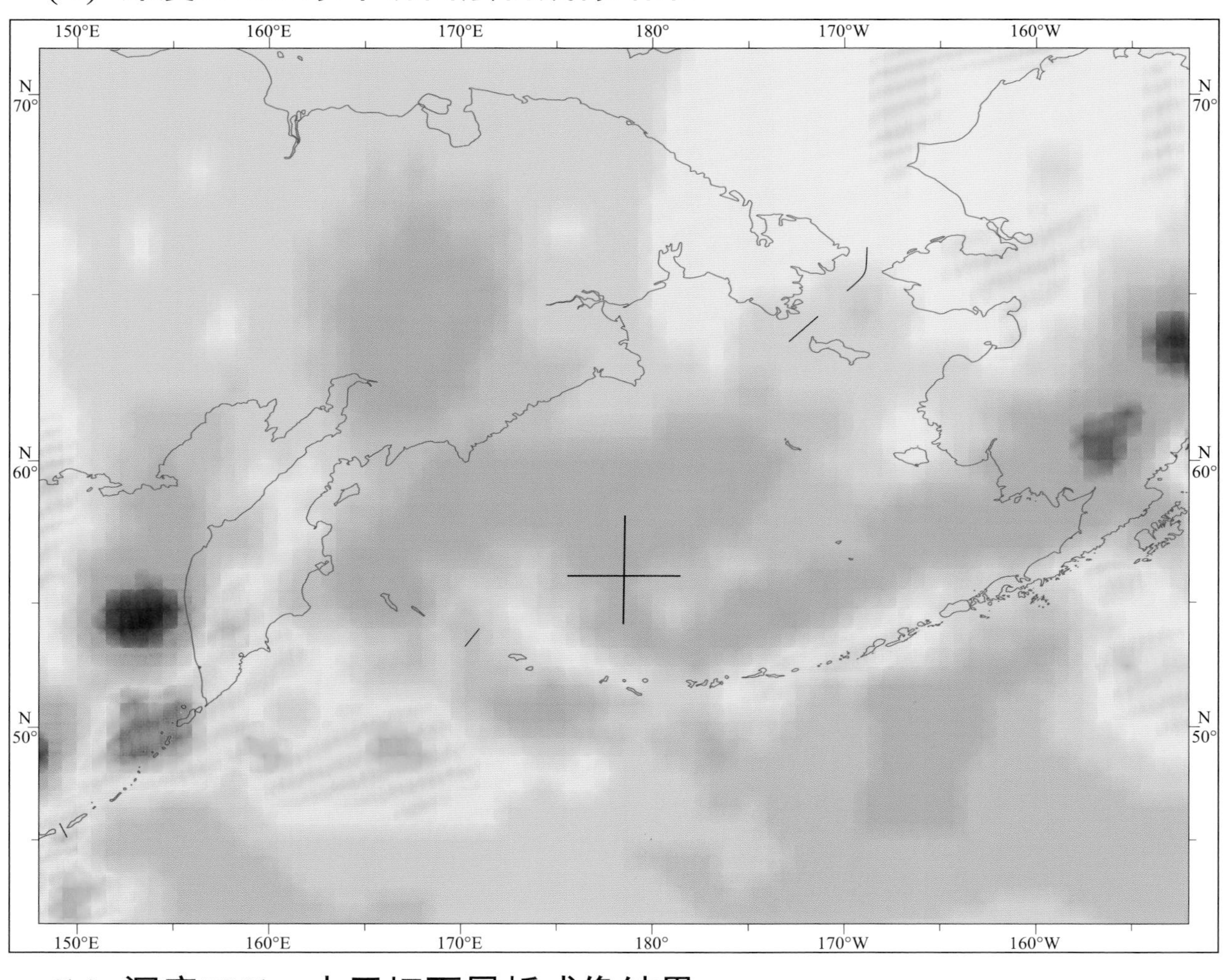

(c) 垂直剖面位置

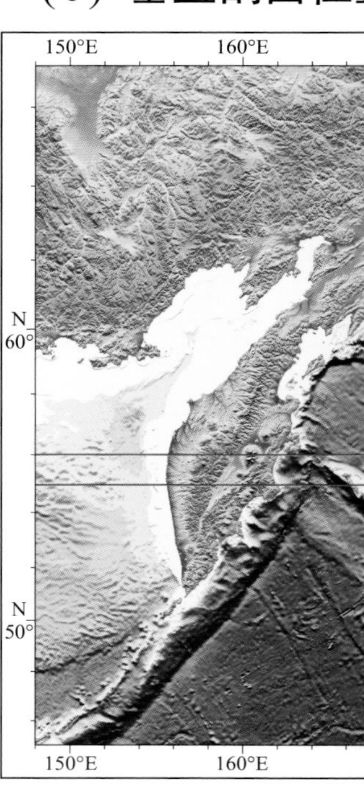

(b) 深度700km水平切面层析成像结果

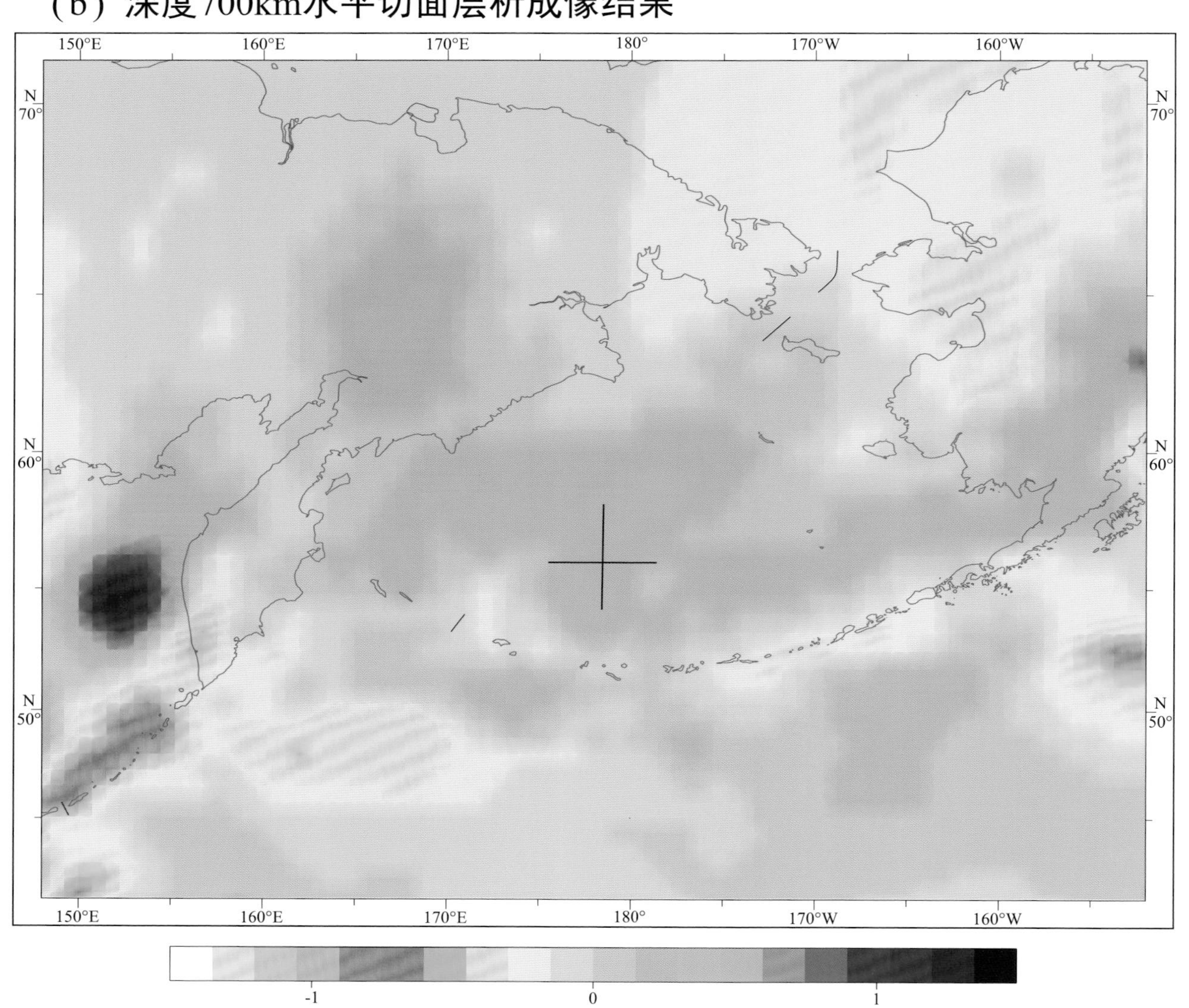

(d) 剖面位置

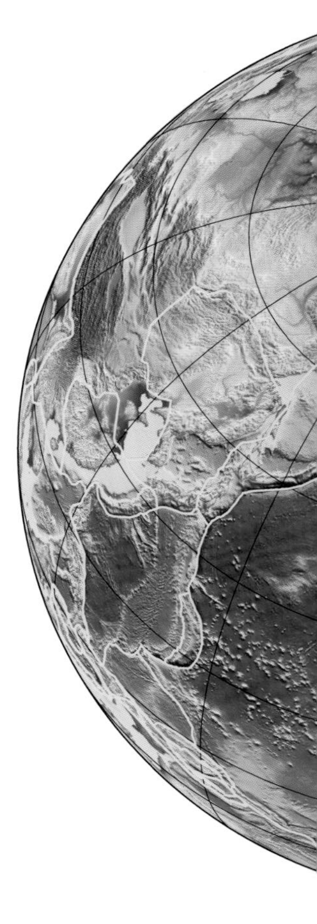

白令海（Bering Sea）异常

白令海异常位于白令海之下，是孤立的微幔块，在660km的间断处是平坦的（图2-7），向南靠近阿留申微幔块，但与阿留申微幔块分离（van der Meer et al.，2018）。在西面，它靠近阿加图微幔块，但又与之分离。在北面，它连接着南北走向的梅因（Mayn）微幔块。Gorbatov等（2000）认为，阿留申微幔块和白令海微幔块之间的分离可能是库拉－太平洋海隆俯冲造成的，并估计其分离的年龄约为48Ma。白令海还留有阿留申海沟以北的新生代洋内俯冲带短暂存在的证据，这次俯冲形成了鲍尔斯山脉的火山弧，渐新世—中新世鲍尔斯山脊火山岩年龄是32.3±2~22.7±2.7Ma，因此白令海微幔块的底部年龄为34~30Ma，顶部的年龄为25~20Ma（van der Meer et al.，2018）。

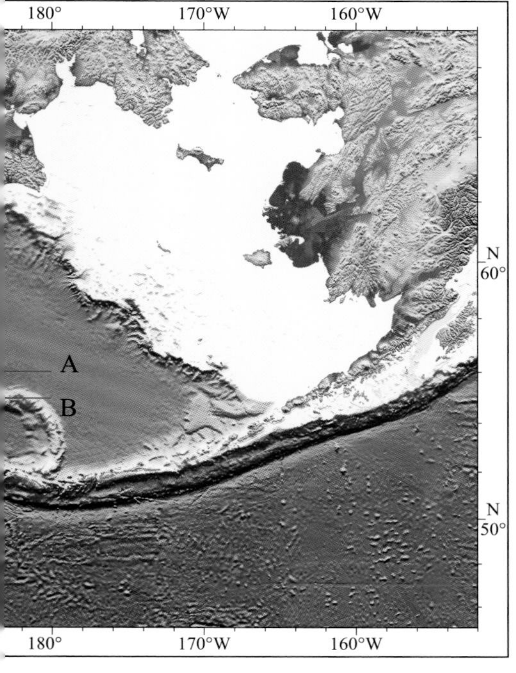

(e) A线垂直剖面层析成像结果

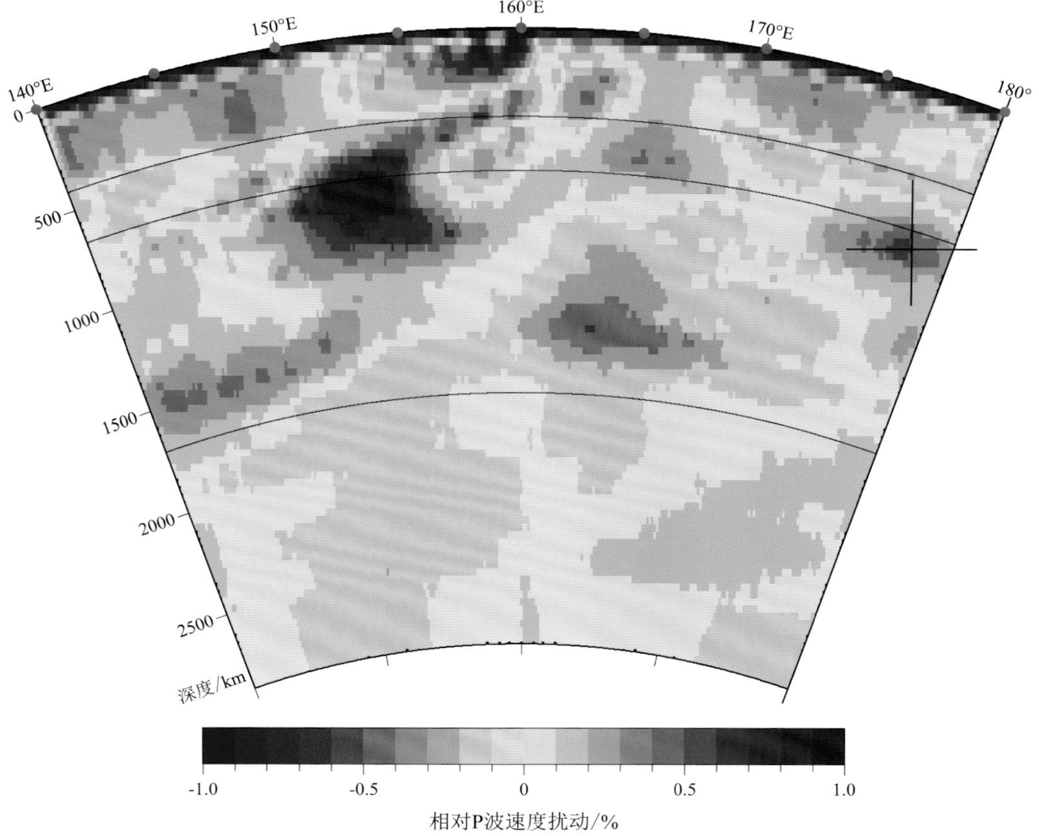

(f) B线垂直剖面层析成像结果

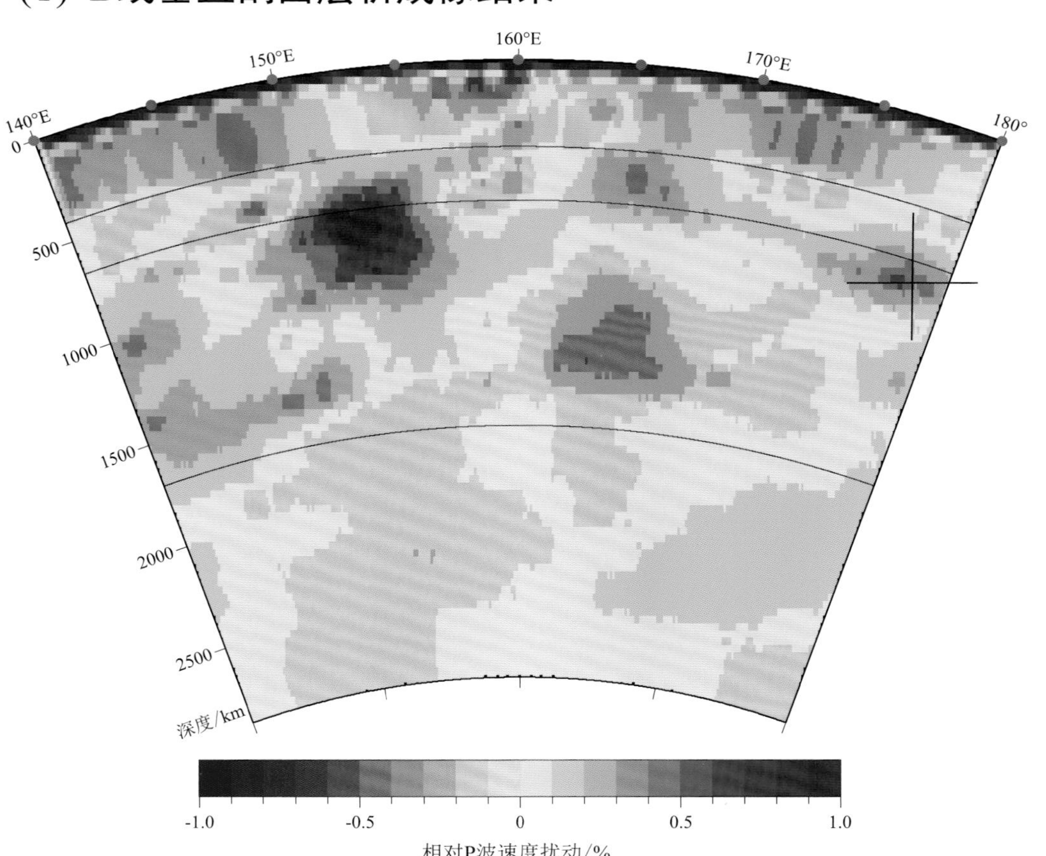

比特利斯（Bitlis）异常

比特利斯异常是一个拆离的板片，即微幔块，位于安纳托利亚东南上地幔下方和下地幔顶部（图2-8）。早期的层析成像结果将其解释为LH1西部异常（Zor，2008）。LH1异常在现代比特利斯缝合线以南形成一个窄带。Faccenna等（2006）、Hafkenscheid等（2006）、Lei和Zhao（2007）、Biryol等（2011）和Skolbeltsyn等（2014）发表的其他层析成像模型或UUP07全

（图2-8） 比特利斯微幔块层析成像剖面及位置

(a) 深度550km水平切面层析成像结果

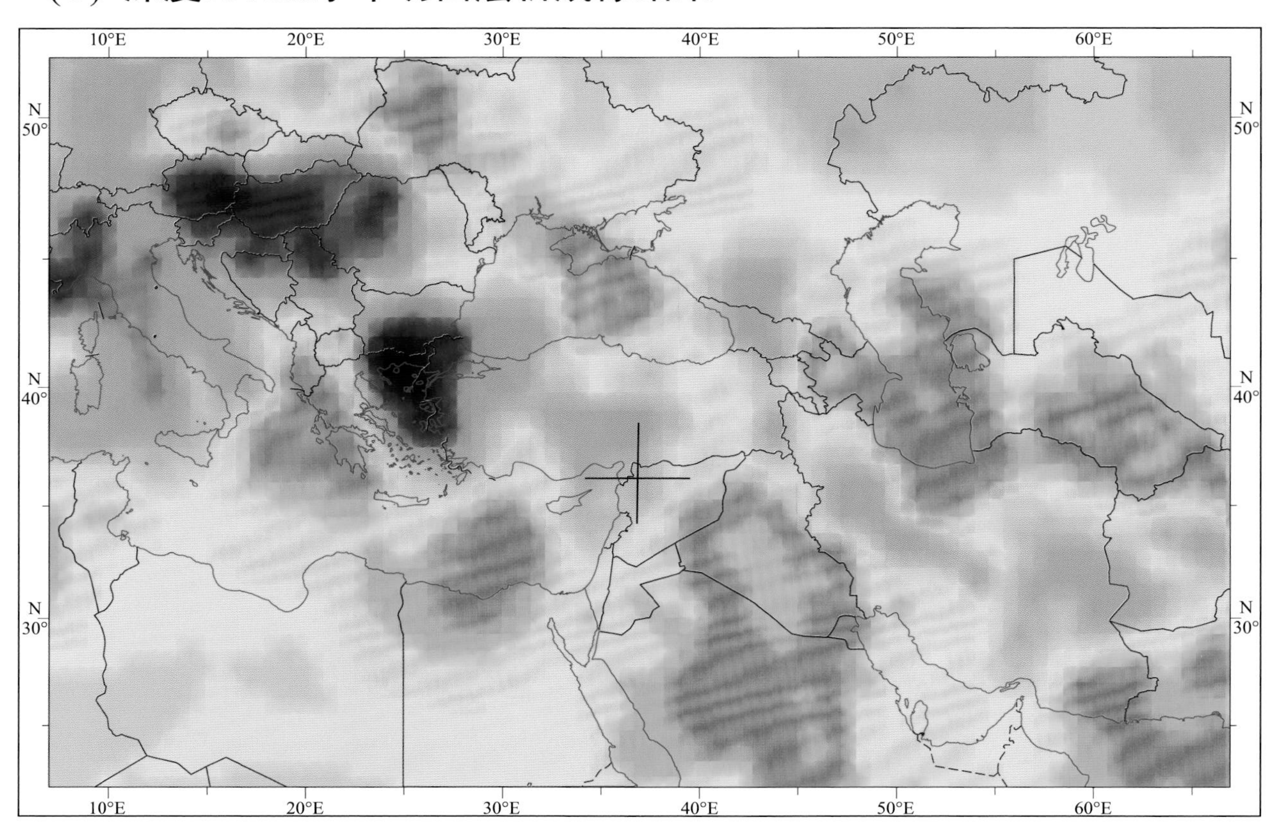

(c) 垂直剖面位

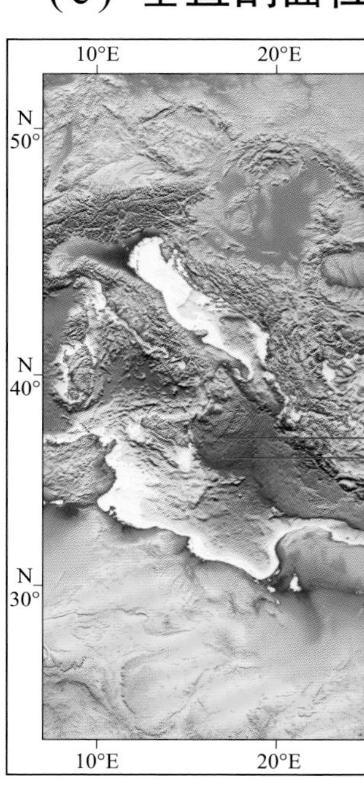

(d) 剖面位置

(b) 深度750km水平切面层析成像结果

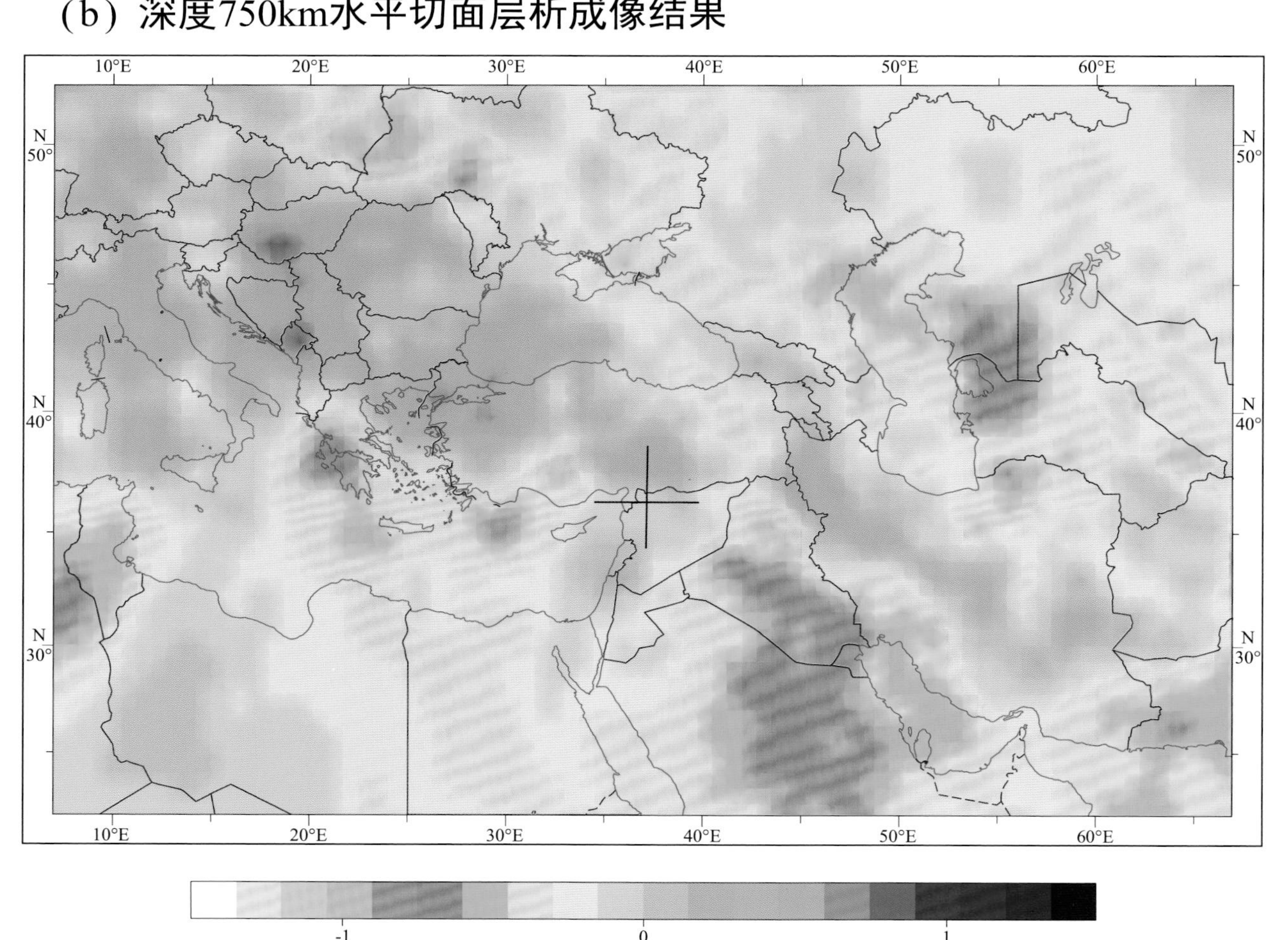

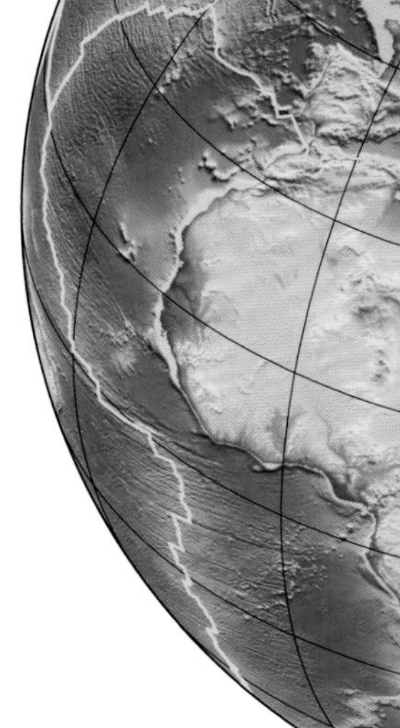

球层析成像模型中没有显示，但一致地显示了位于660km不连续面上的异常，这些研究将其解释为拆离的岩石圈（比特利斯板片）。van der Meer等（2018）以及Hafkenscheid等（2006）认为，比特利斯板片（微幔块）穿过了660km的不连续面，到达920km深度。比特利斯微幔块可能代表了该弧后岩石圈，俯冲开始于70~65Ma或之后。因此，白令海微幔块的底部年龄为70~65Ma，微幔块顶部的年龄为13~10Ma（van der Meer et al.，2018）。

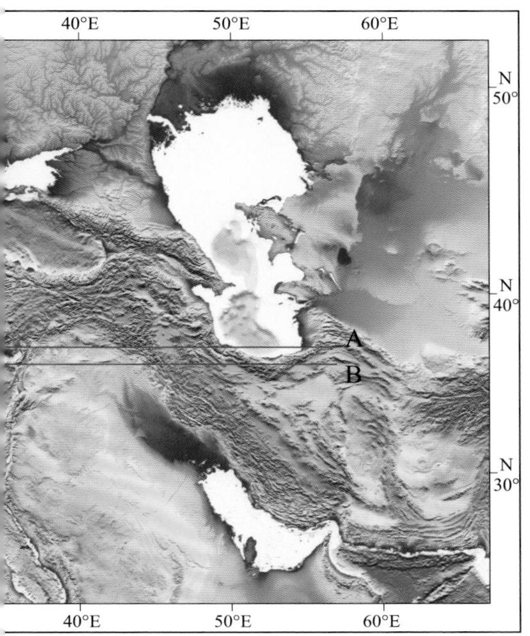

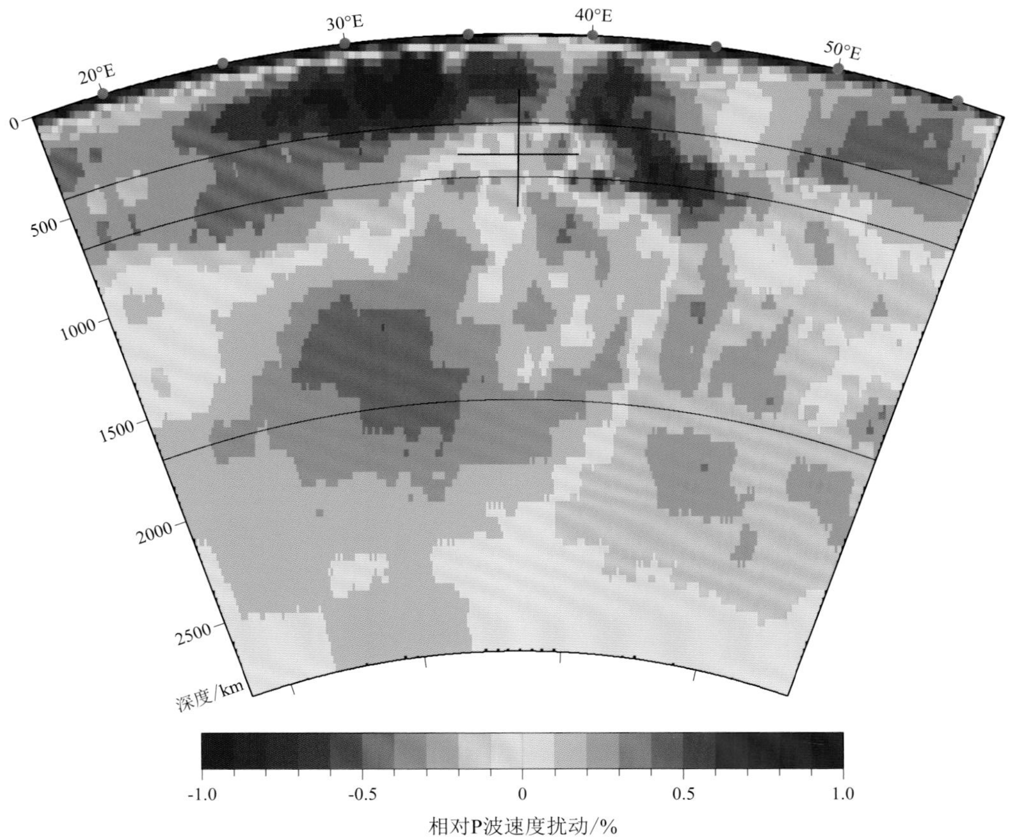

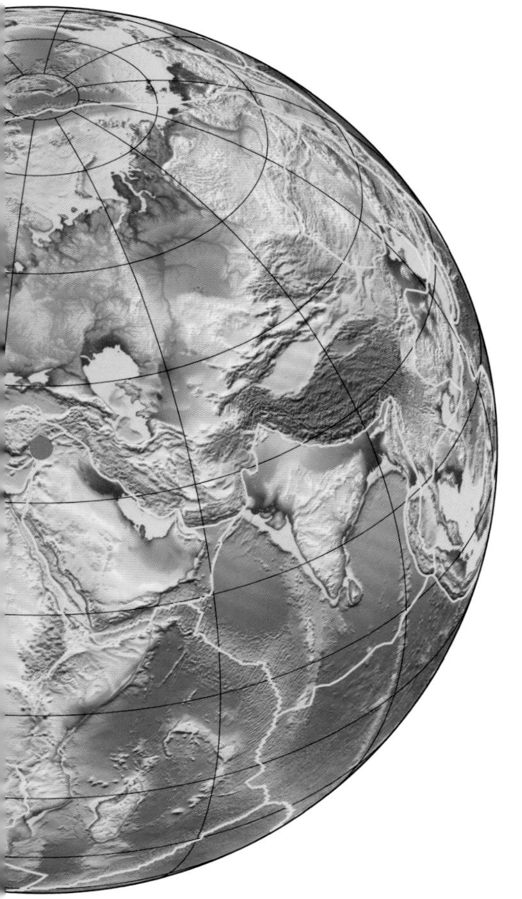

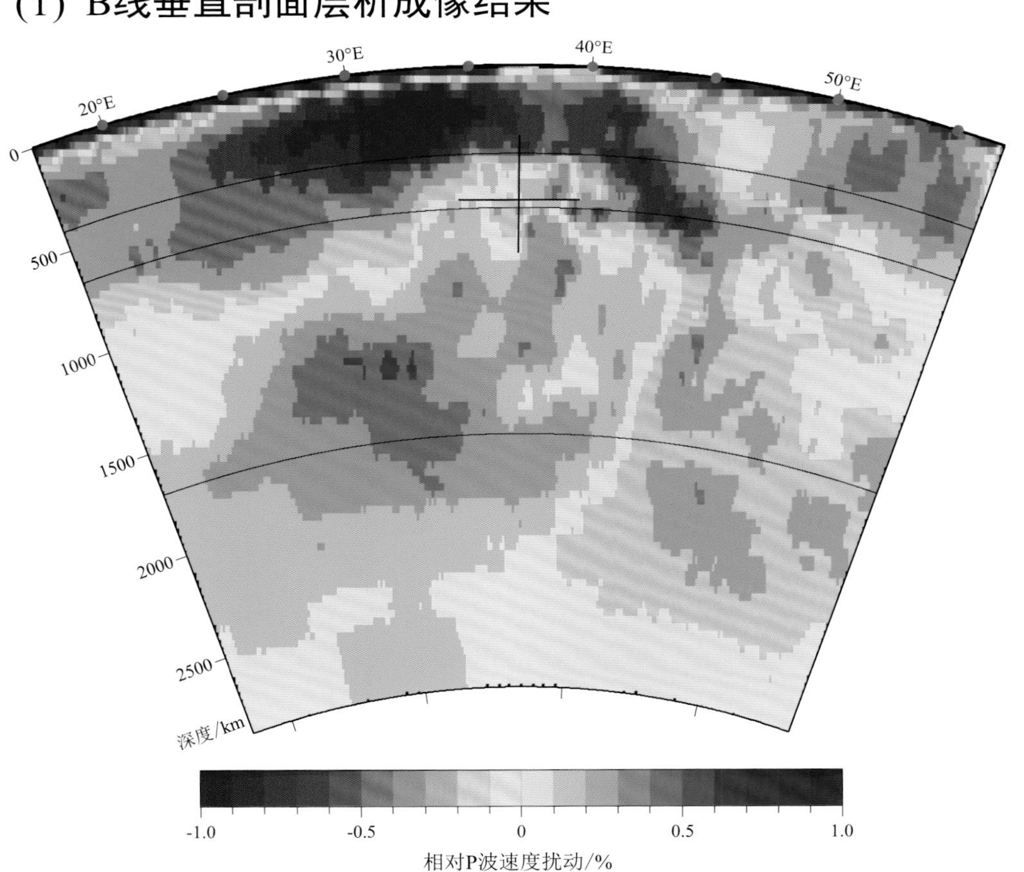

卡尔斯伯格（Carlsberg）异常

卡尔斯伯格异常是一个微幔块（图2-9），呈NNE-SSW向，位于西北印度洋的下地幔顶部800~1400km深度（Gaina et al.，2015）。该板片或微幔块的顶部位置和深度表明，其与中生代晚期或新生代早期俯冲相关。该微幔块解释为印度大陆岩石圈在晚白垩世至古新世，高角度斜向俯冲在非洲（或阿拉伯）板块大洋岩石圈之下的产物（Gaina et al.，2015）。其俯冲开始和停止的

（图2-9） 卡尔斯伯格微幔块层析成像剖面及位置

（a）深度800km水平切面层析成像结果

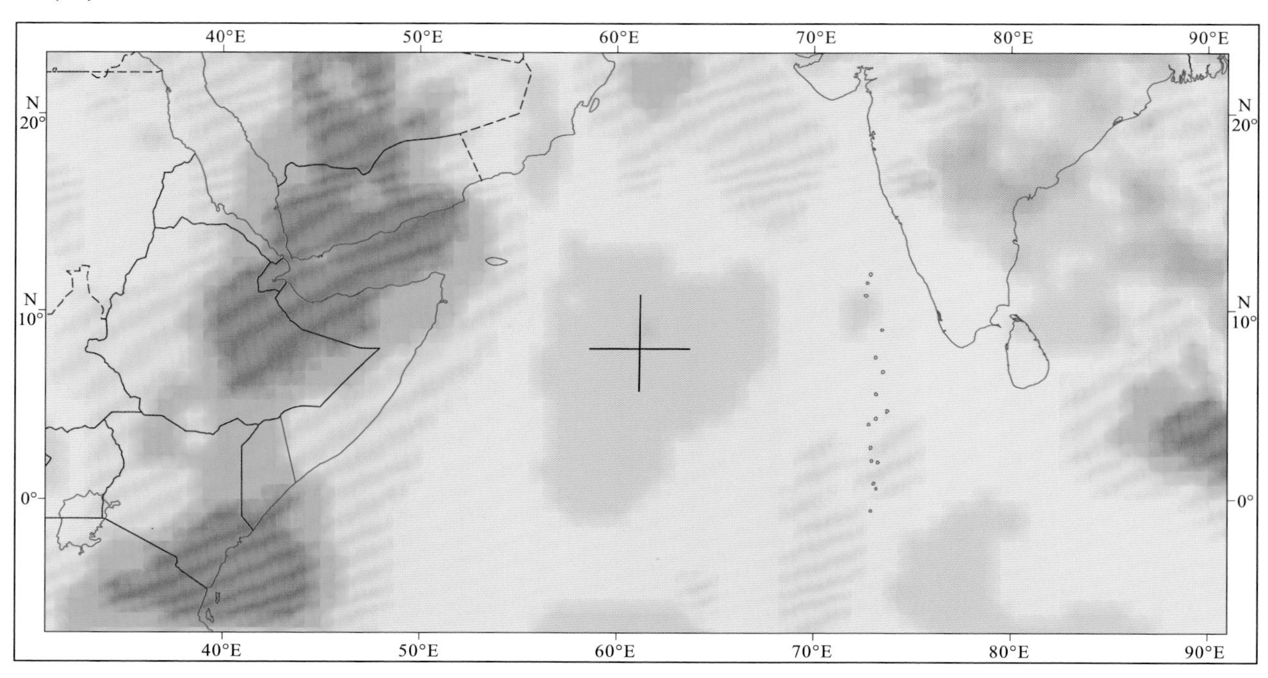

（c）垂直剖面位

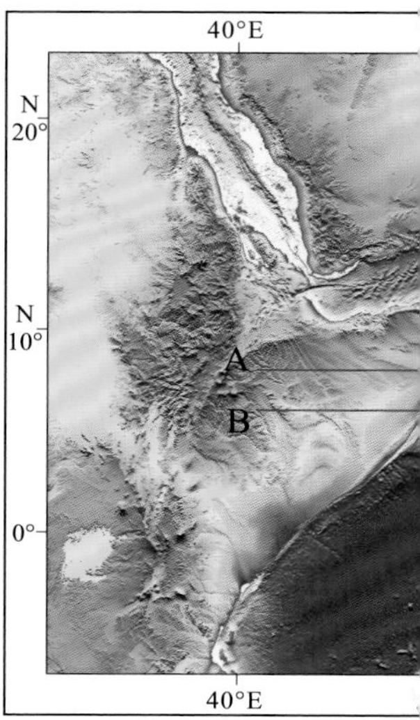

（d）剖面位置

（b）深度1200km水平切面层析成像结果

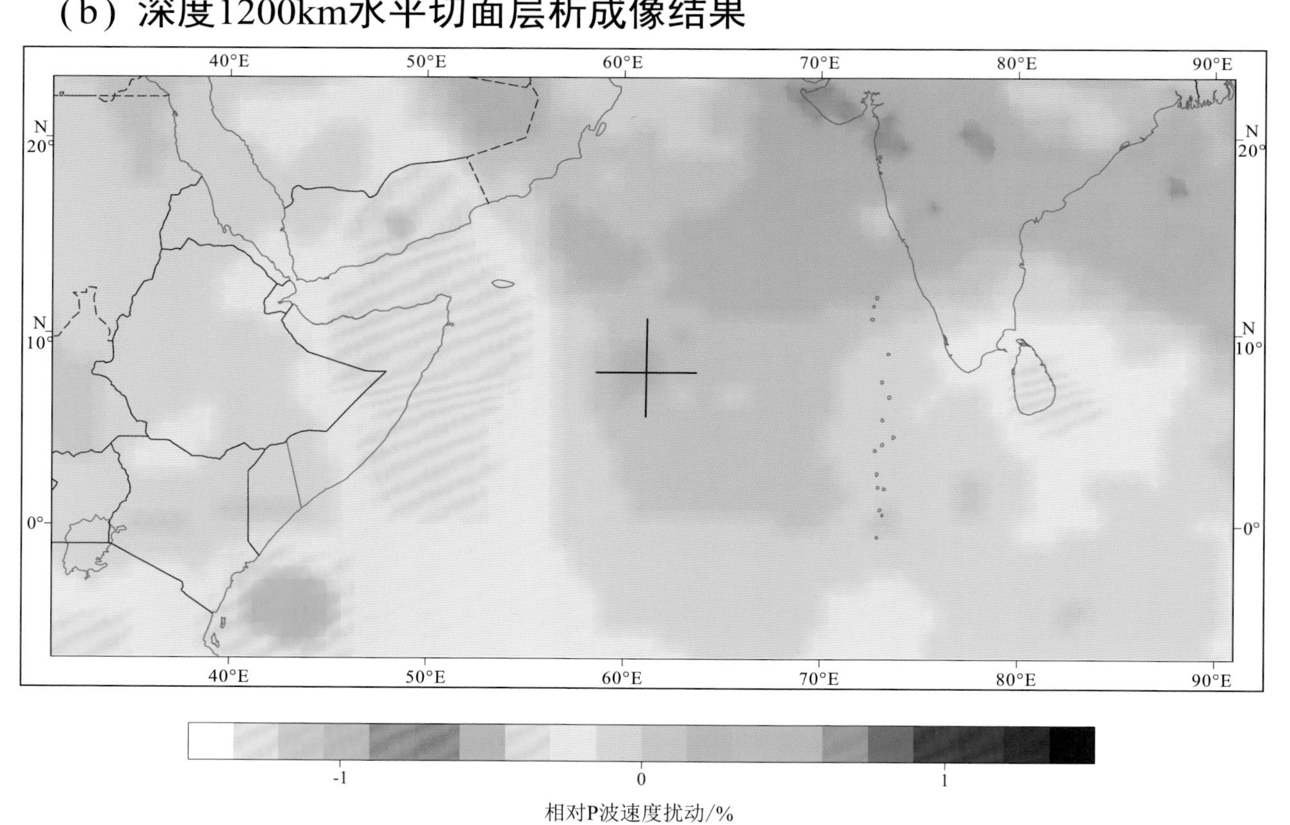

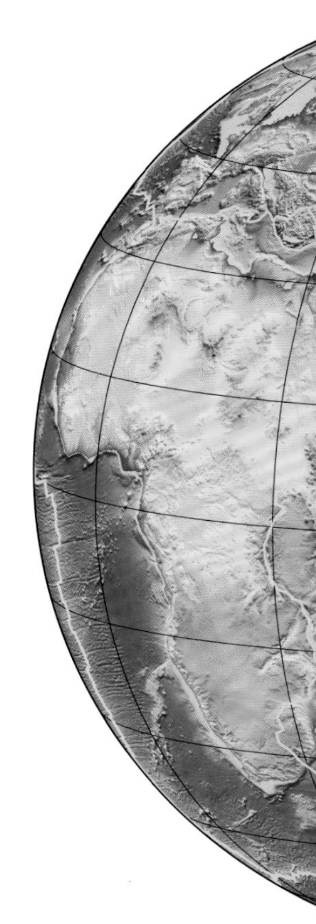

地质记录保存在巴基斯坦蛇绿岩和阿富汗喀布尔蛇绿岩及仰冲岩片中（Gnos et al.，1997；Gaina et al.，2015）。依据地质解释，卡尔斯伯格微幔块的底部年龄为 81~65Ma，微幔块顶部年龄在 55~45Ma（van der Meer et al.，2018）。

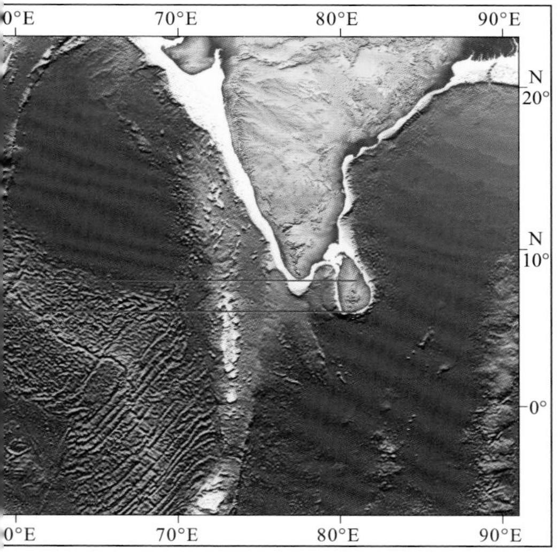

(e) A线垂直剖面层析成像结果

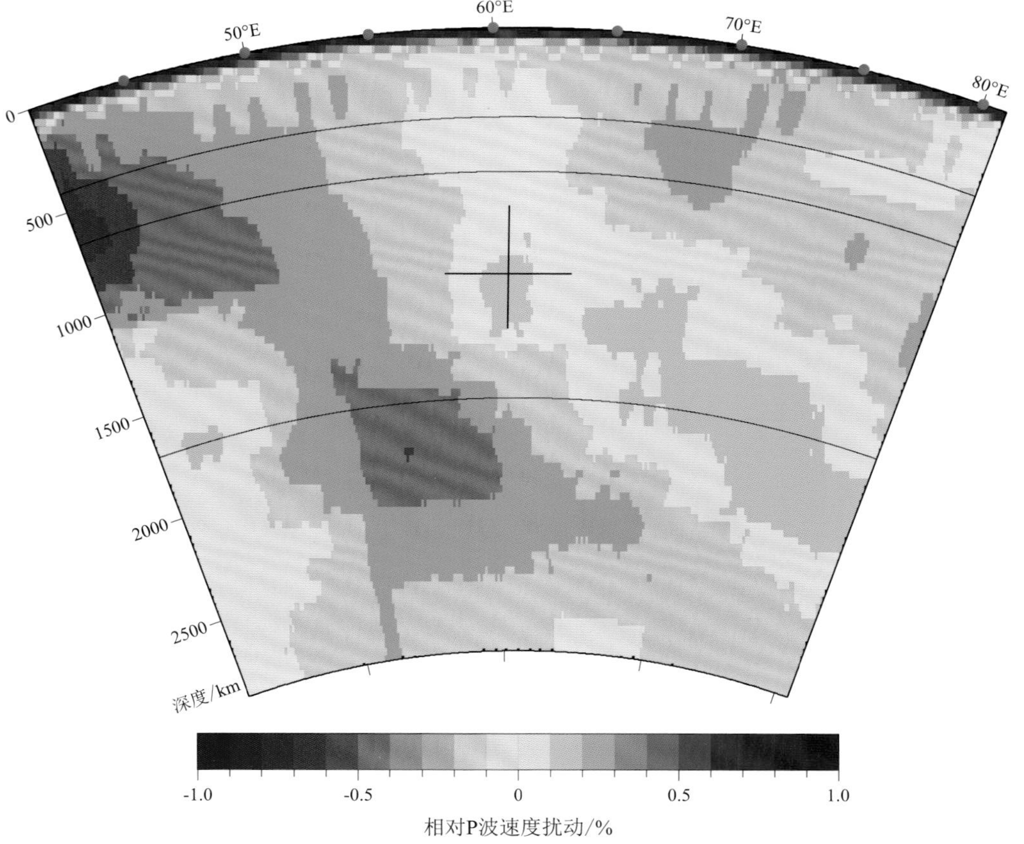

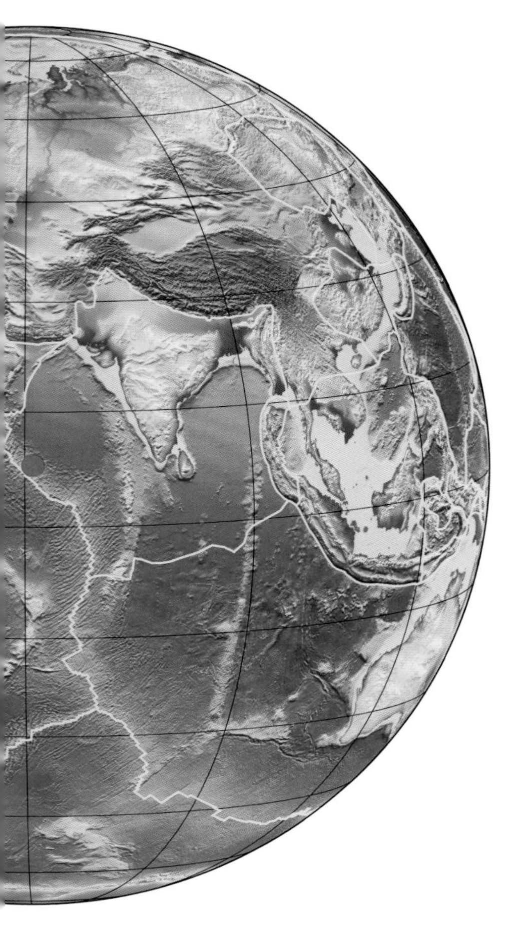

(f) B线垂直剖面层析成像结果

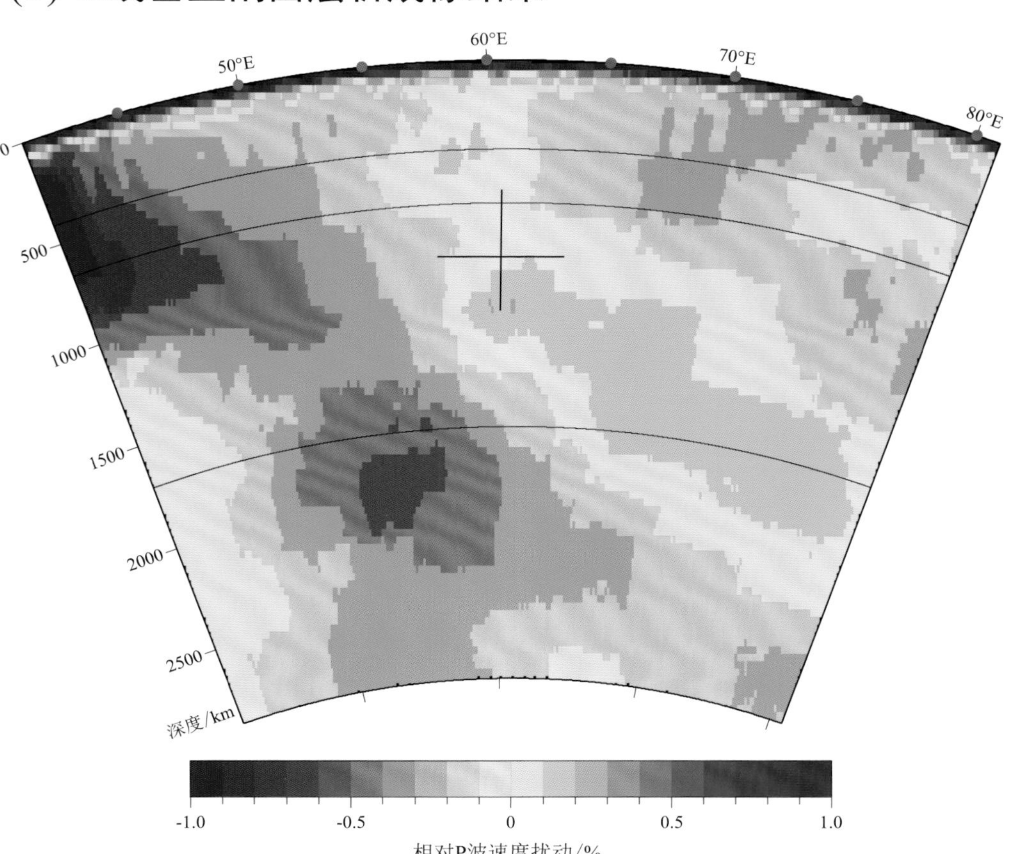

加罗林脊（Caroline Ridge）异常

加罗林脊异常（图2-10）位于巴布亚新几内亚北部加罗林脊以下660km的不连续面上，最早由Hall和Spakman（2002，2004）识别解释，尽管该异常在马里亚纳板片的南部，但根据板块重建研究结果，该异常与马里亚纳板片没有直接关系（Hall，2002）。在~25Ma的加罗林脊异常位置，板块重建揭示出存在一个包括太平洋板块俯冲的洋内俯冲过程，沿着一条转换断层顺时针

（图2-10） **加罗林脊微幔块层析成像剖面及位置**

(a) 深度550km水平切面层析成像结果

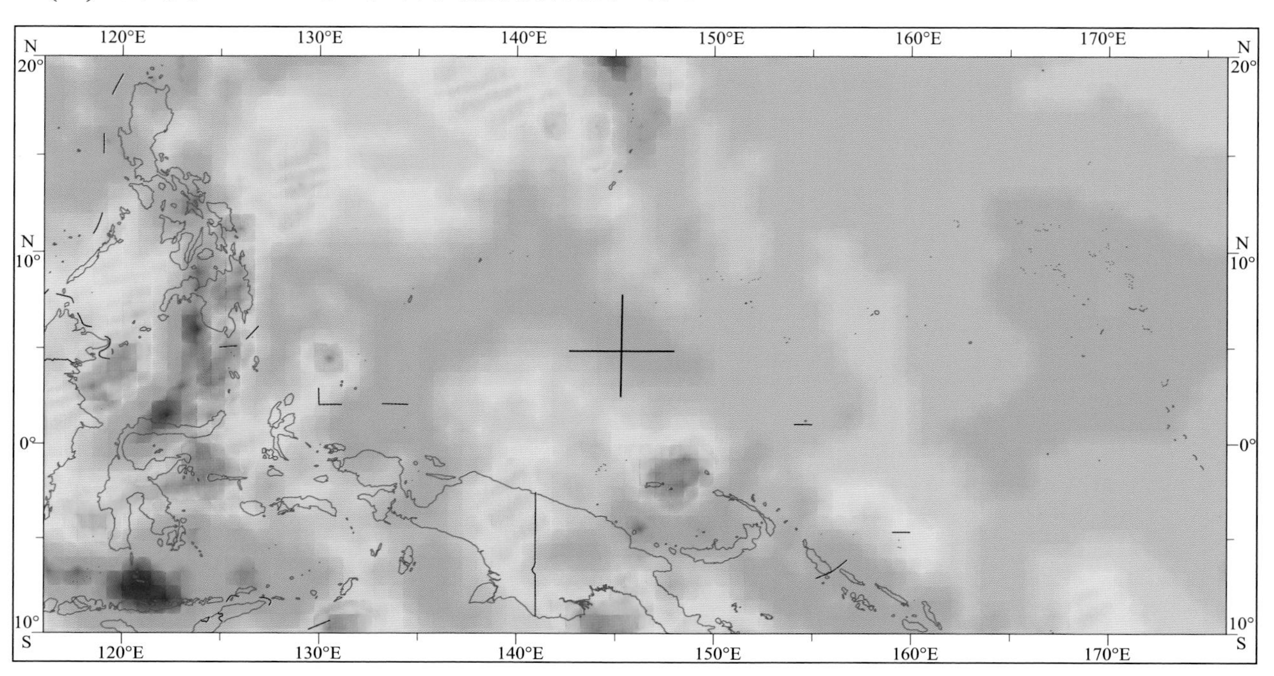

(c) 垂直剖面

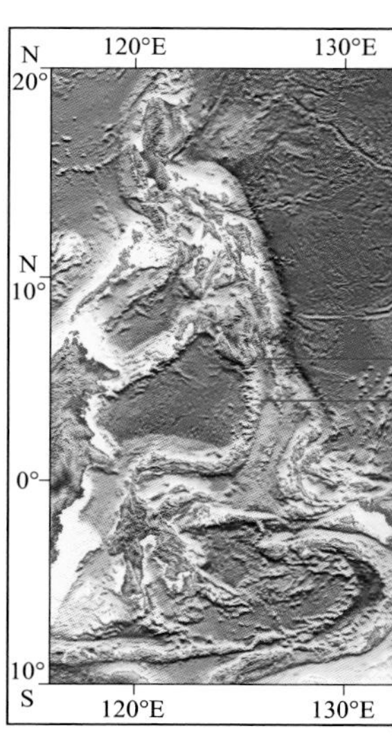

(d) 剖面位置

(b) 深度700km水平切面层析成像结果

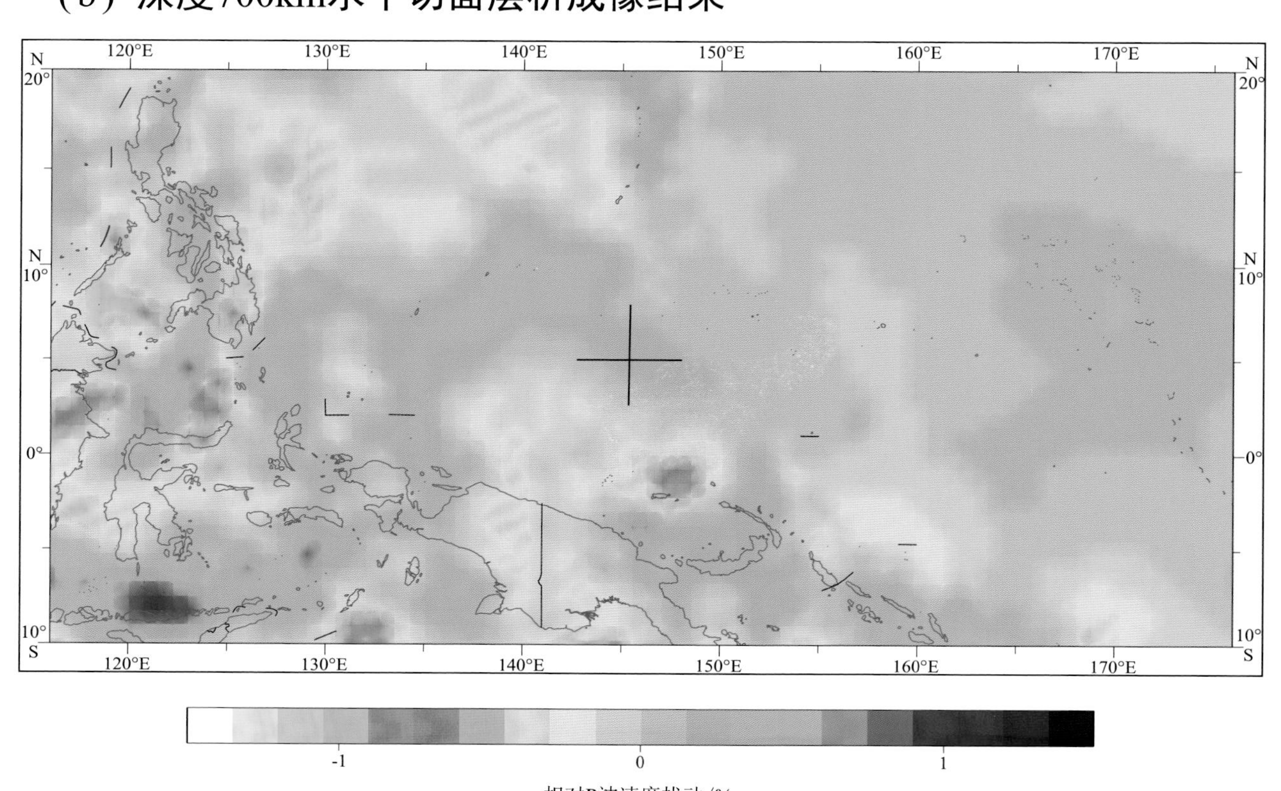

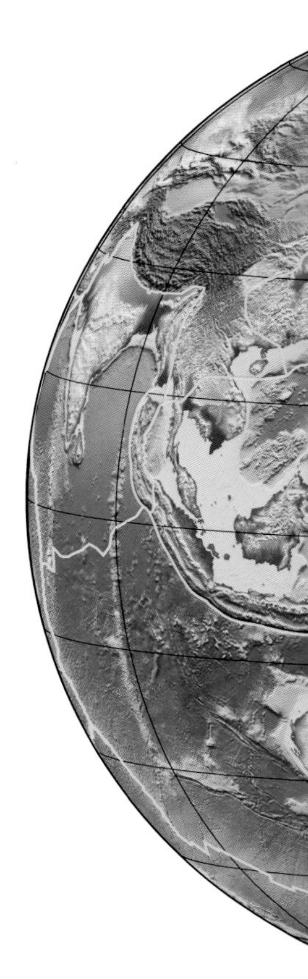

旋转并俯冲，向南俯冲的板片折返出露到巴布亚新几内亚，并在其弧后位置俯冲至加罗林海板块的岩石圈下（Hall，2002）。根据Hall（2002）的板块重建研究，该俯冲在~5Ma停止俯冲。Wu等（2016）将该异常命名为新几内亚近海板片，并认为其俯冲年龄为25~10Ma。依据以上俯冲过程的解释，推测加罗林脊板片（微幔块）于25Ma开始俯冲，并于5Ma结束（van der Meer et al.，2018）。

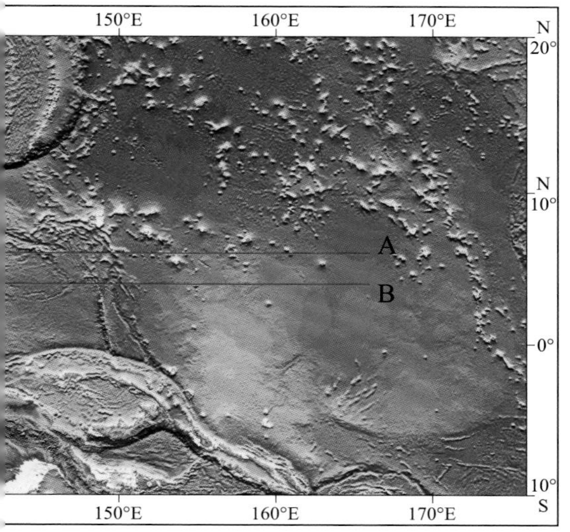

(e) A线垂直剖面层析成像结果

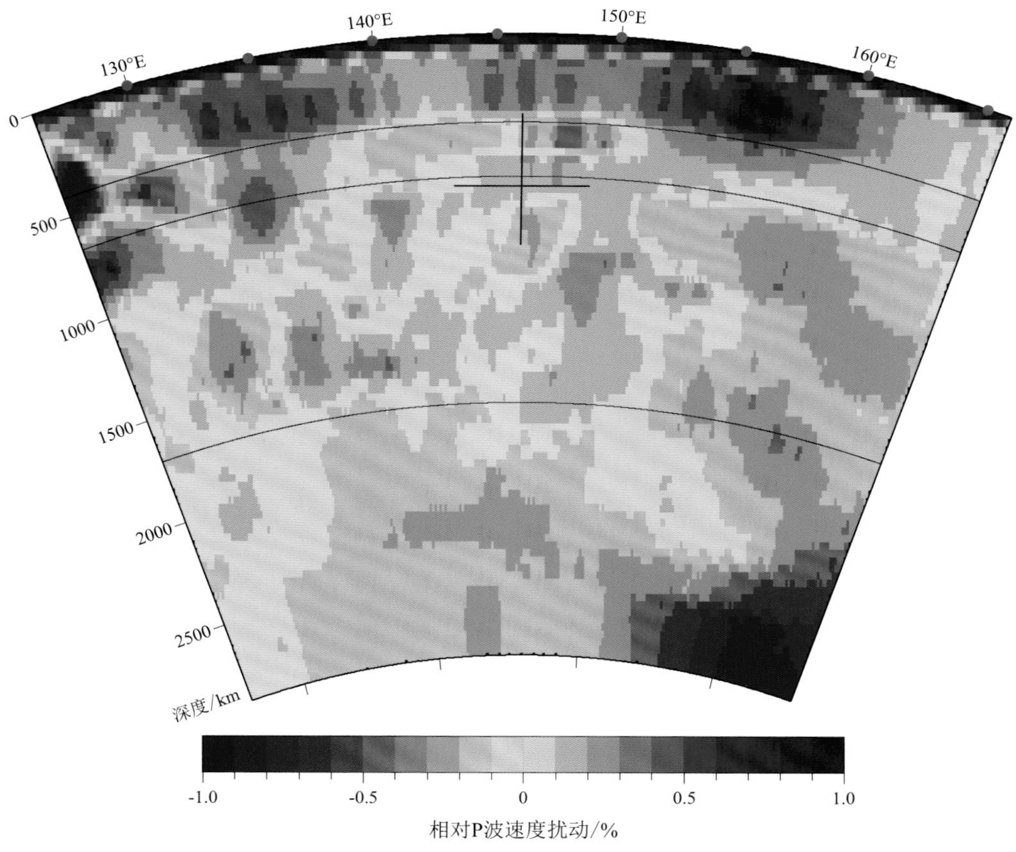

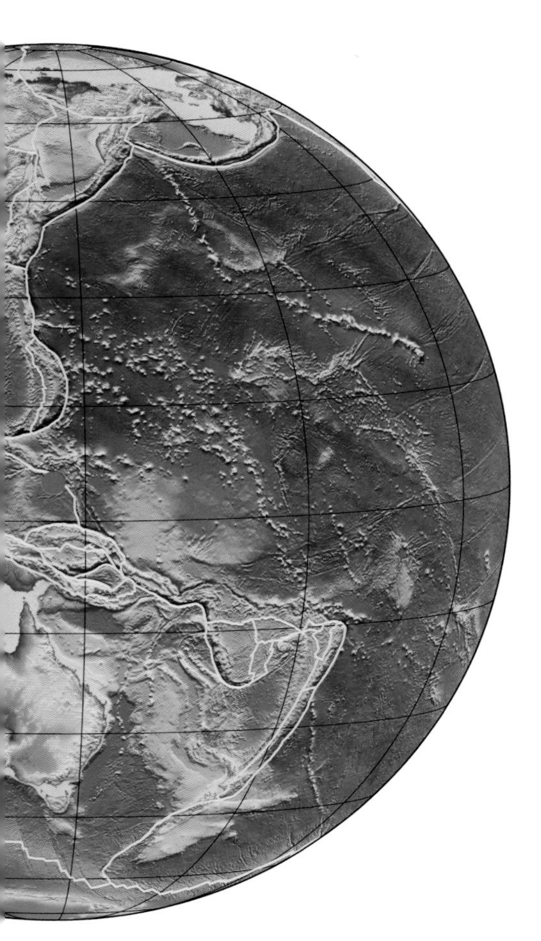

(f) B线垂直剖面层析成像结果

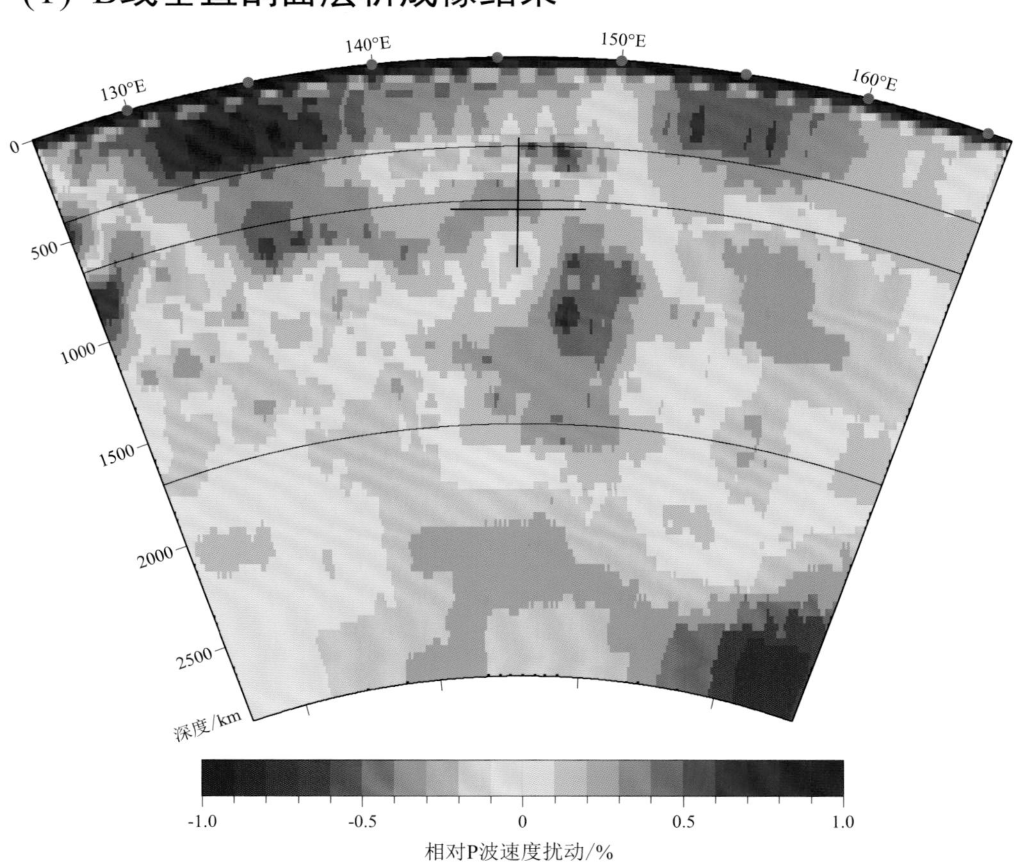

喀尔巴阡山脉（Carpathians）异常

喀尔巴阡山脉异常被发现堆积在喀尔巴阡山脉褶皱逆冲断带及其弧后区域（潘诺尼亚盆地）下方660km的地幔不连续性面上（图2-11）。它在早期的许多层析成像模型中都有显示（Spakman，1991；Spakman et al.，1993；Bijwaard et al.，1998；Wortel and Spakman，2000；Piromallo and Morelli，2003；Ren et al.，2012；Zhu et al.，2012）。除了喀尔巴阡山脉的东南角弗朗恰（Vrancea）地区，板片和对应的贝尼奥夫带成像仍与欧洲岩石圈相连，喀尔巴阡山脉异常也与浅表板片发生了脱离。该

（图2-11） **喀尔巴阡山脉微幔块层析成像剖面及位置**

(a) 深度500km水平切面层析成像结果

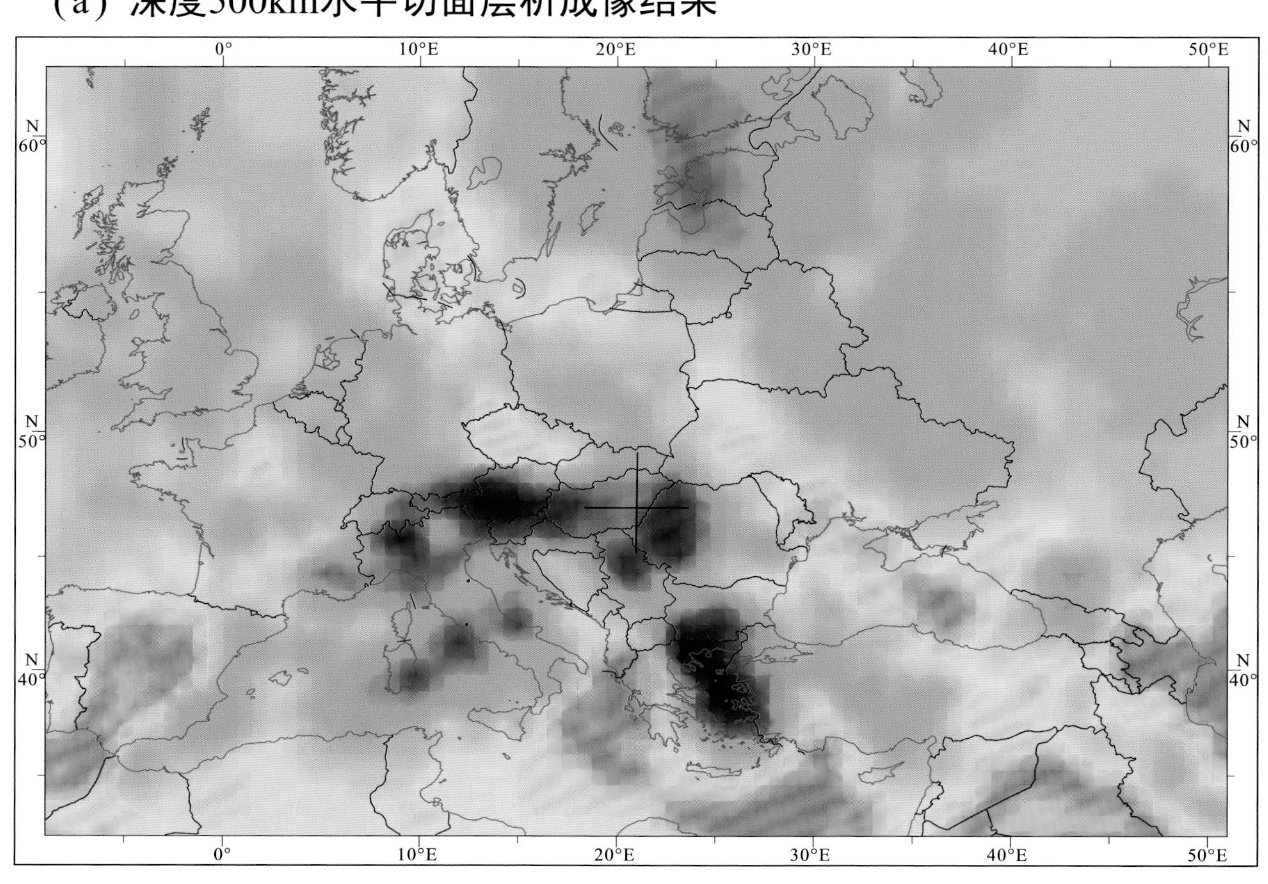

(c) 垂直剖面位

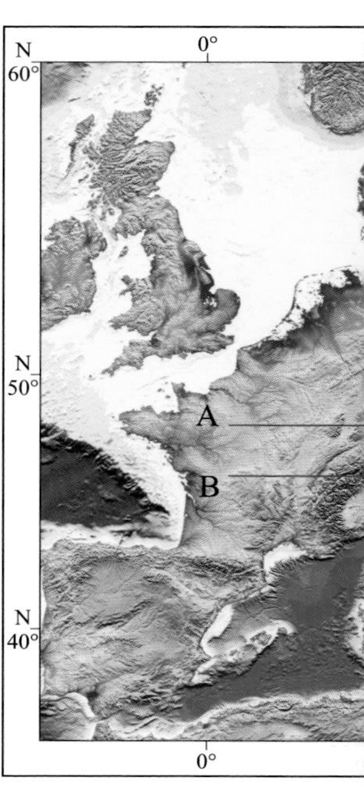

(b) 深度700km水平切面层析成像结果

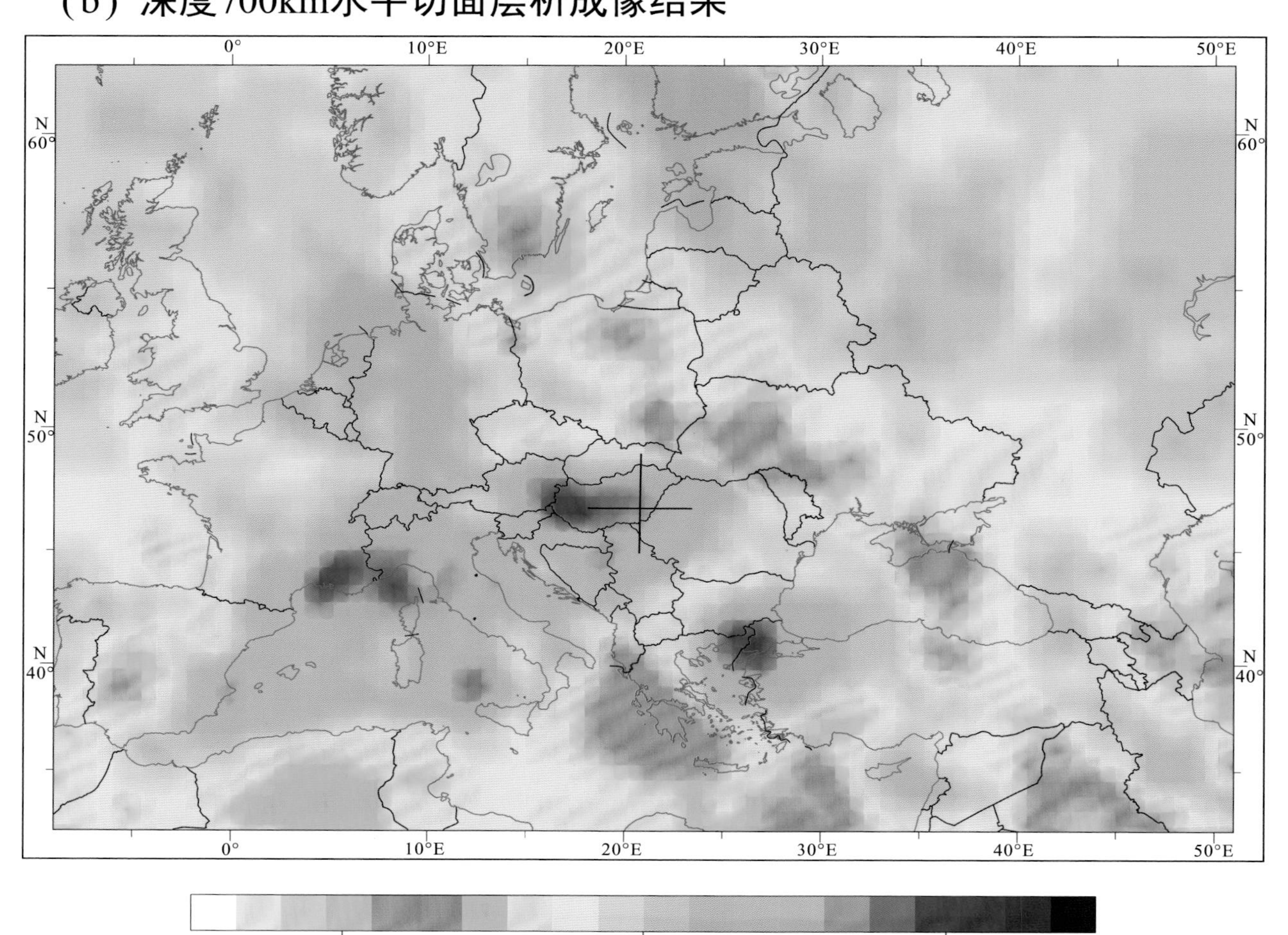

(d) 剖面位置

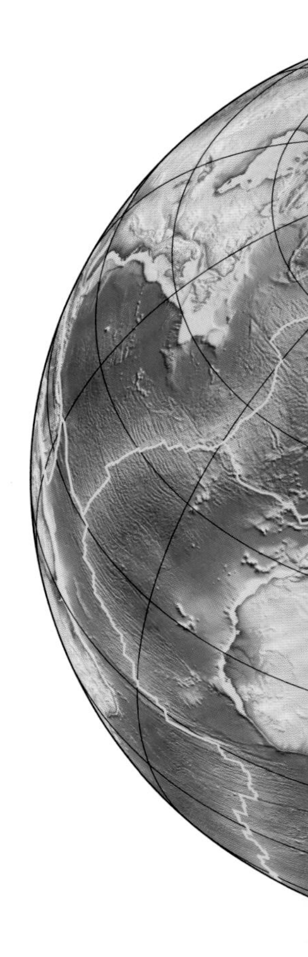

异常被解释为喀尔巴阡微幔块，它是欧亚大陆岩石圈向西俯冲至几个微板块［蒂萨－达特恰（Tisza-Datça）和AlCaPa（Alpine-Carpathian-Pannonian）微板块］之下的结果，这些微板块在皮埃蒙特－利古里亚洋于侏罗纪从欧亚大陆断离出来（Schmid et al.，2008；Vissers et al.，2013），并且在白垩纪造山运动中以及喀尔巴阡西部俯冲之前，发生了变形（Csontos and Voros，2004；Schmid et al.，2008）。这种向西俯冲导致一个薄皮的褶皱推覆带——外喀尔巴阡山脉形成。喀尔巴阡山脉异常实际上是由两个微幔块组成的，被一条转换断层隔开，南部的微幔块可能仍然与弗朗恰地区的地表相连。依据地质解释，喀尔巴阡微幔块的底部年龄为40~30Ma，顶部年龄在12~10Ma（van der Meer et al.，2018）。

(e) A线垂直剖面层析成像结果

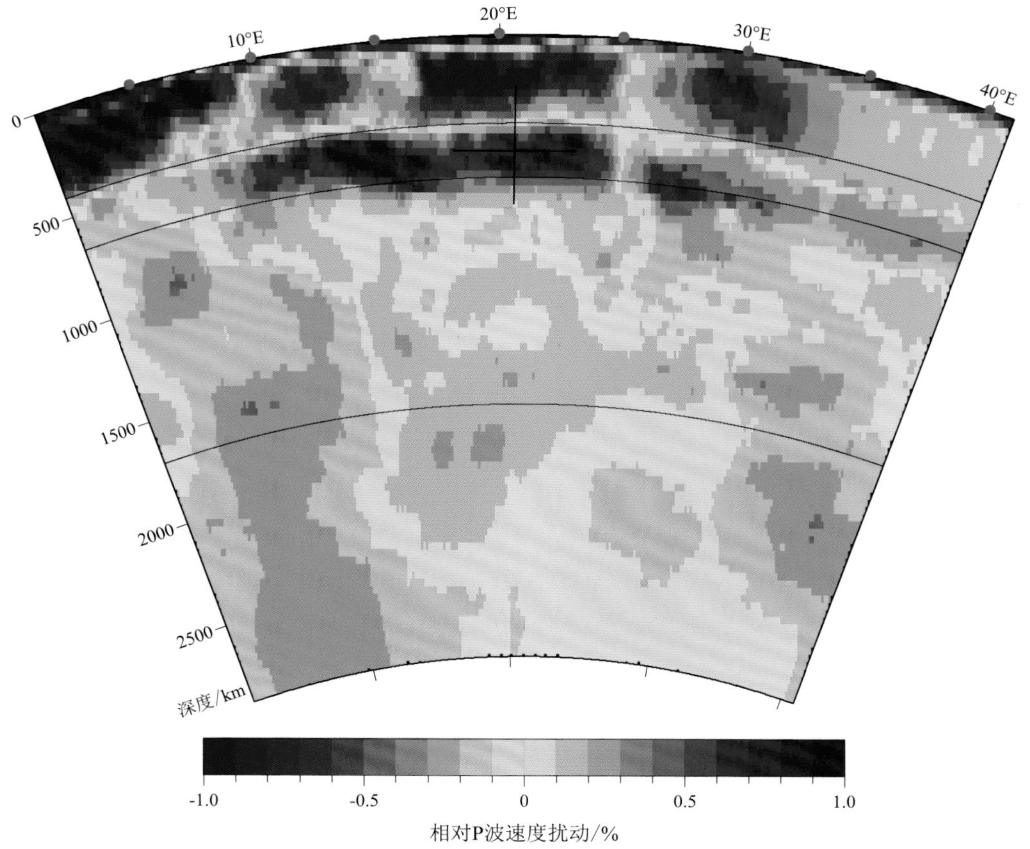

(f) B线垂直剖面层析成像结果

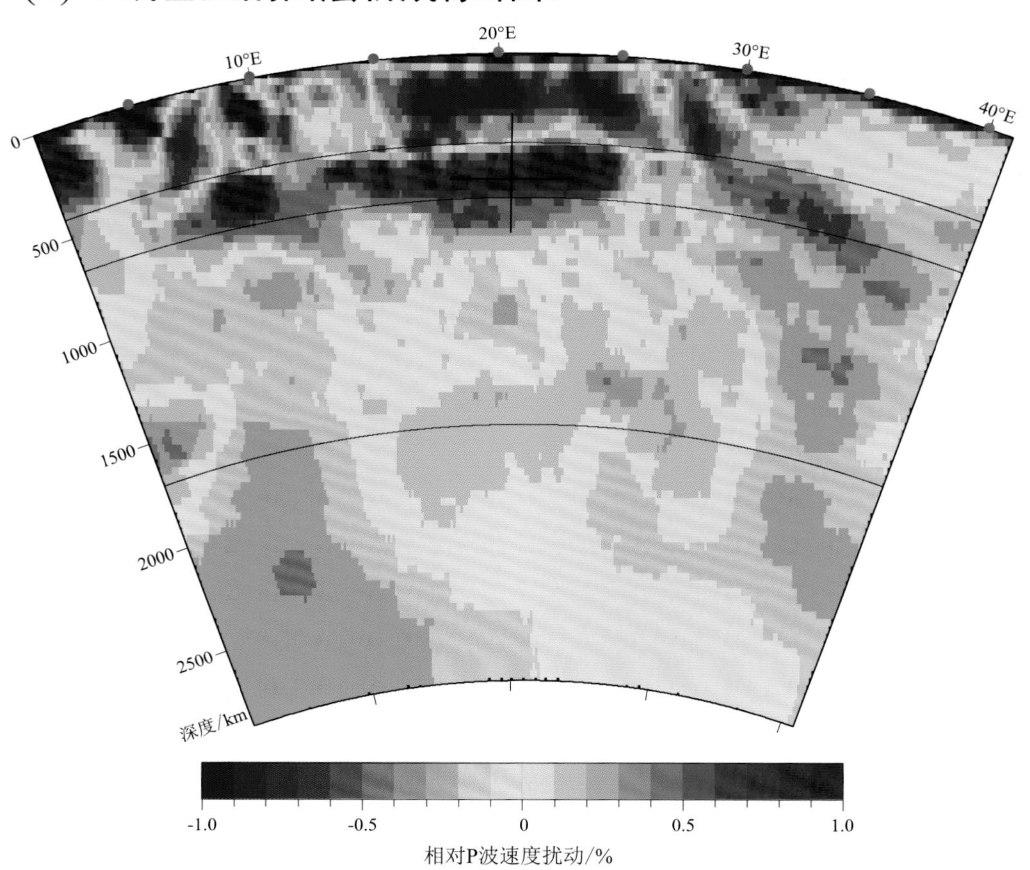

卡奔塔利亚（Carpentaria）异常

卡奔塔利亚异常或微幔块对应于Hall和Spakman（2002，2004）的A8异常，它位于澳大利亚北部和巴布亚新几内亚的卡奔塔利亚湾处的下地幔上部（图2-12）。它在地幔中的位置比位于西侧和东侧的阿拉弗拉微幔块和巴布亚微幔块更深，而这两个微幔块很可能在45Ma开始俯冲（van der Meer et al.，2018）。有学者认为，卡奔塔利亚微幔块可能代表澳大利亚板块岩石圈，

（图2-12） 卡奔塔利亚微幔块层析成像剖面及位置

(a) 深度800km水平切面层析成像结果

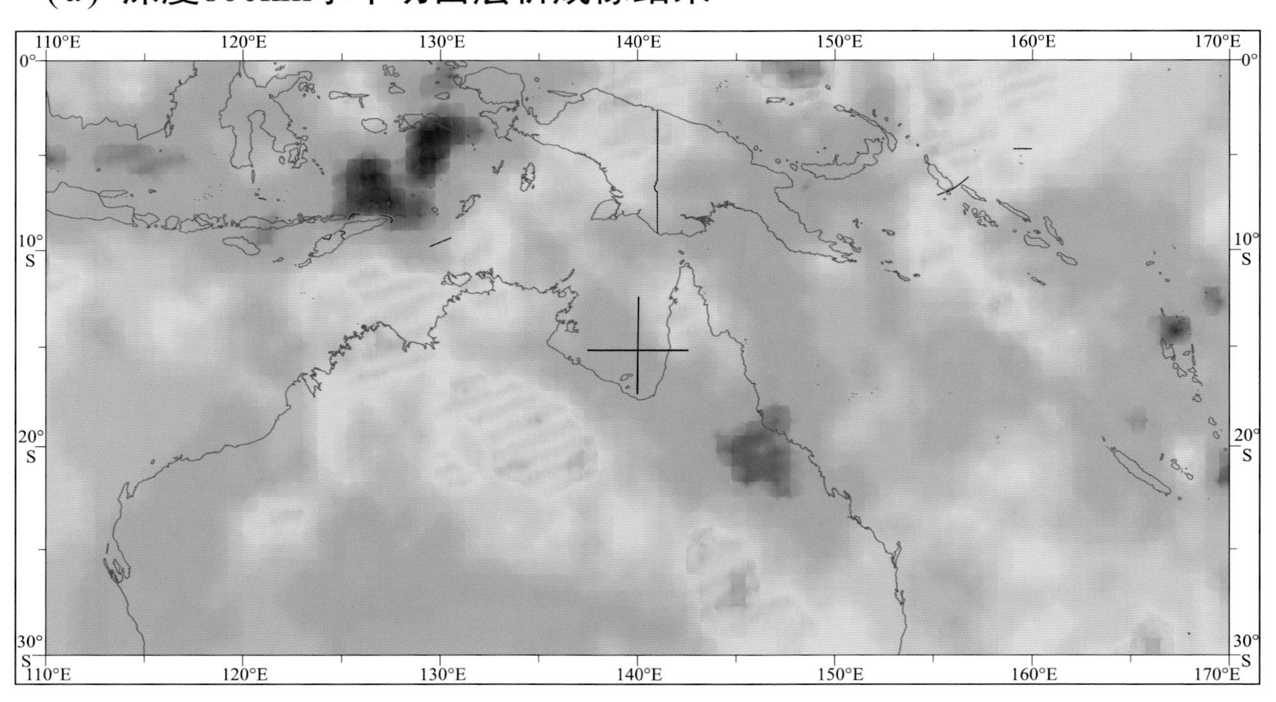

(c) 垂直剖面位

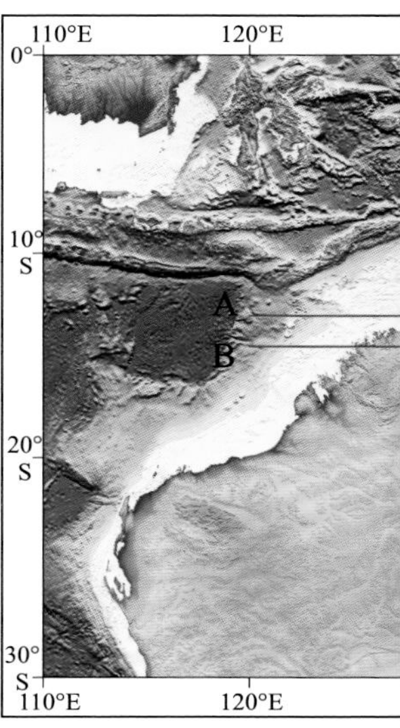

(d) 剖面位置

(b) 深度1000km水平切面层析成像结果

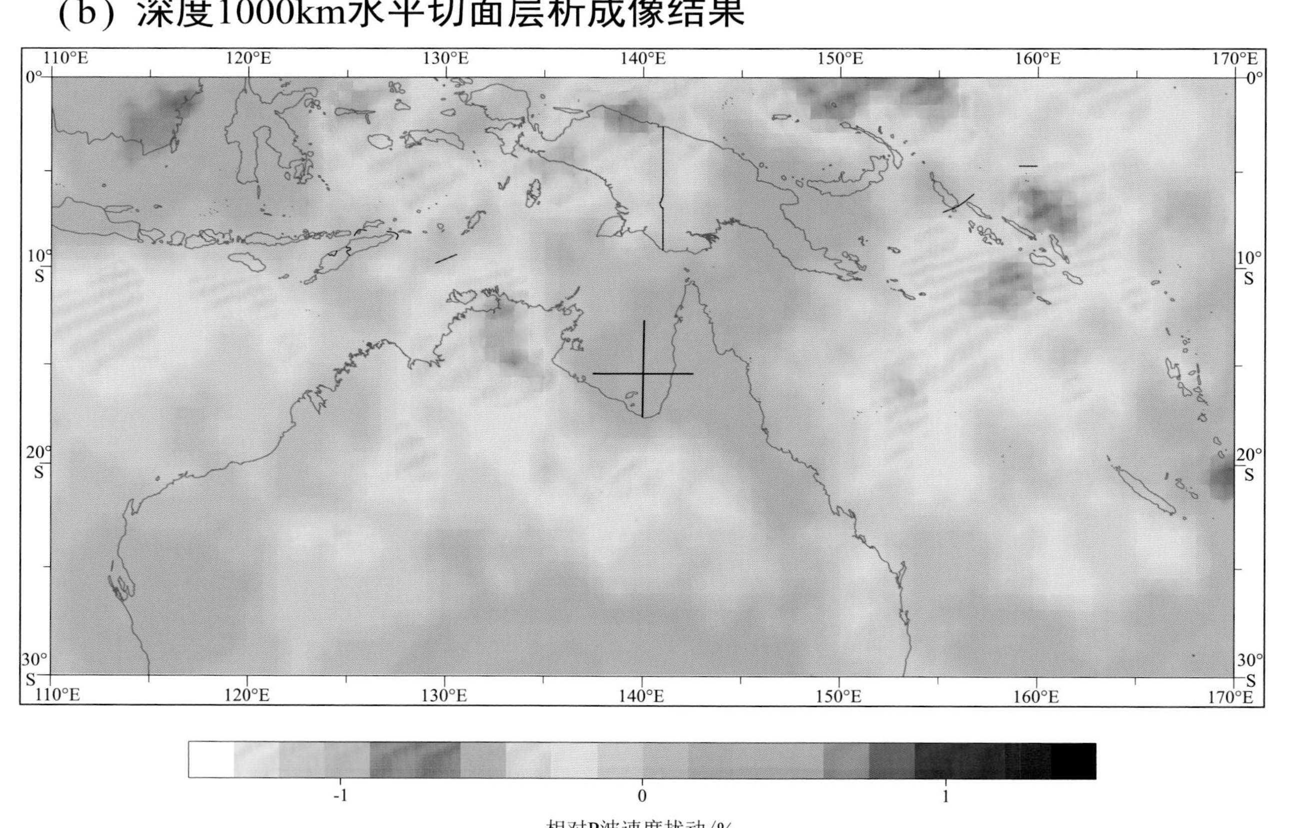

它在与美拉尼西亚弧下方，45Ma左右开始向西俯冲（Hall and Spakman，2002，2004；Gurnis et al.，2000）。基于西南太平洋和南太平洋的板块重建，认为太平洋和西南太平洋盆地之间的汇聚是在白垩纪，至少在83Ma之后发生（Seton et al.，2012），因此卡奔塔利亚微幔块底部年龄为83~50Ma，顶部的年龄为45~20Ma（van der Meer et al.，2018）。

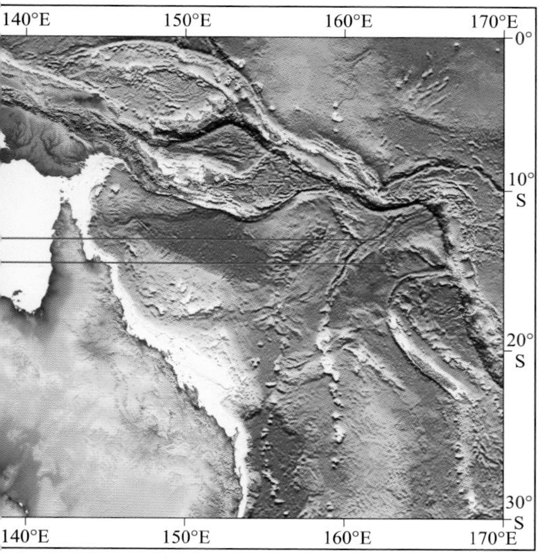

(e) A线垂直剖面层析成像结果

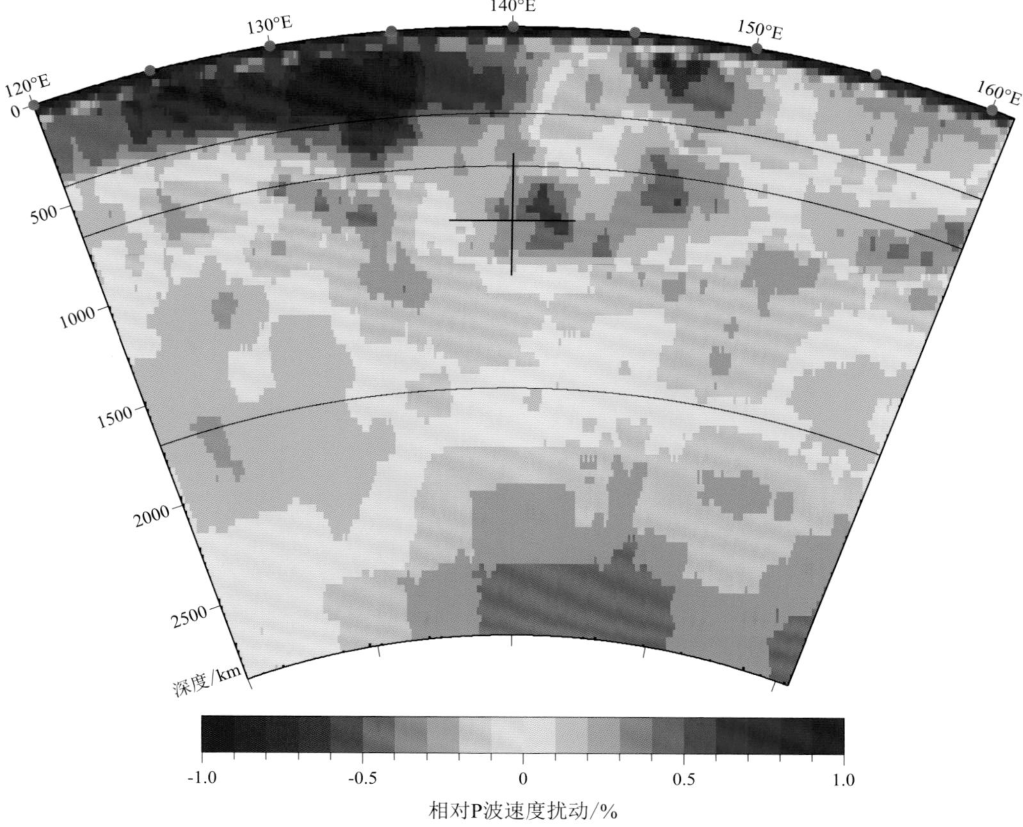

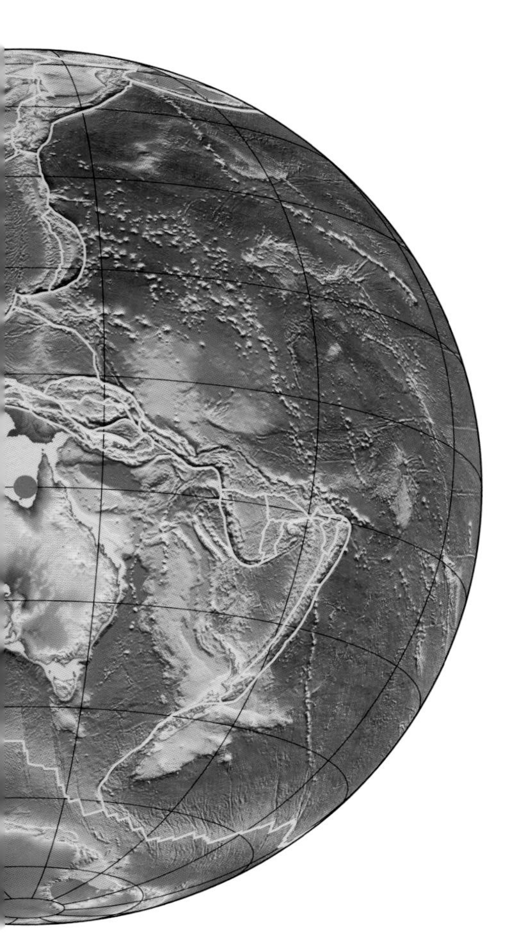

(f) B线垂直剖面层析成像结果

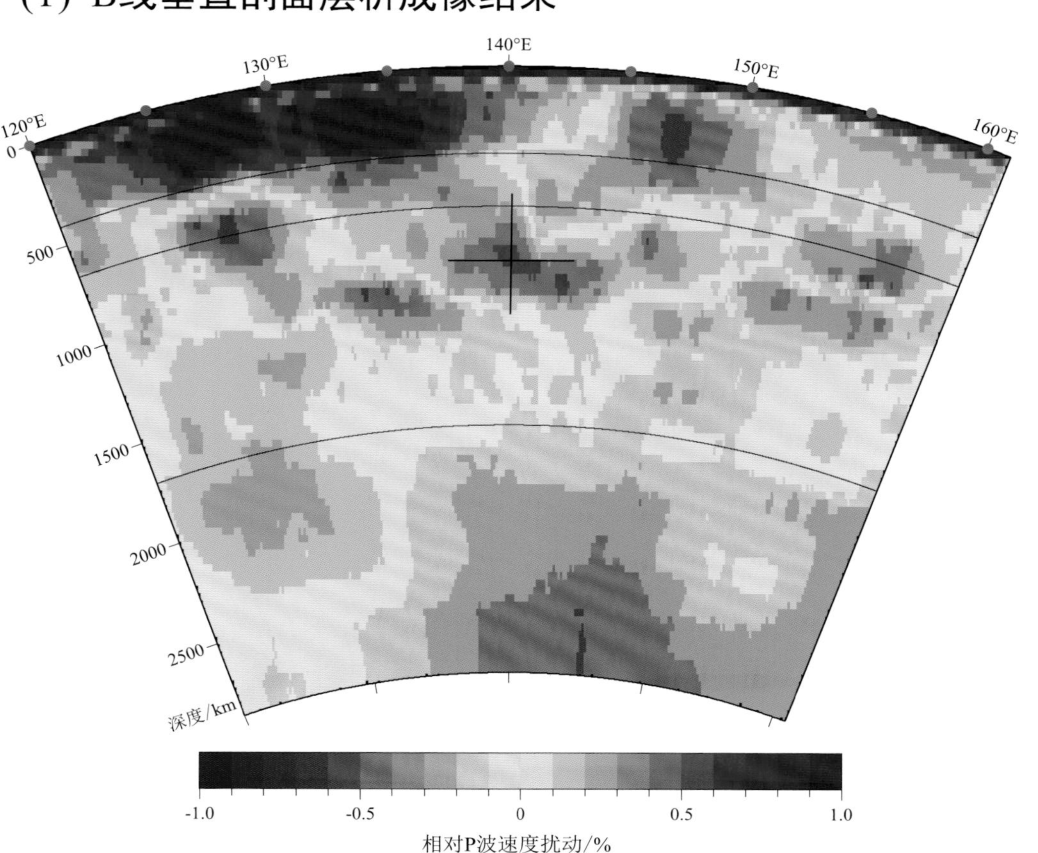

中国中部和西部（Central and Western China）异常

中国中部和西部异常位于下地幔，从核幔边界一直向上至深度约1500km（图2-13）。它最早由van der Meer等（2010）识别定义。早期van der Voo等（1999a）认为该板片与他们识别的蒙古－哈萨克板片是分开的。van der Meer等（2010）根据Stampfli和Borel（2004）的解释，将中国中部和西部板片解释为代表华北、青藏东北部和欧亚大陆之间俯冲的古特提斯洋岩石圈，

（图2-13） 中国中部和西部微幔块层析成像剖面及位置

(a) 深度1850km水平切面层析成像结果

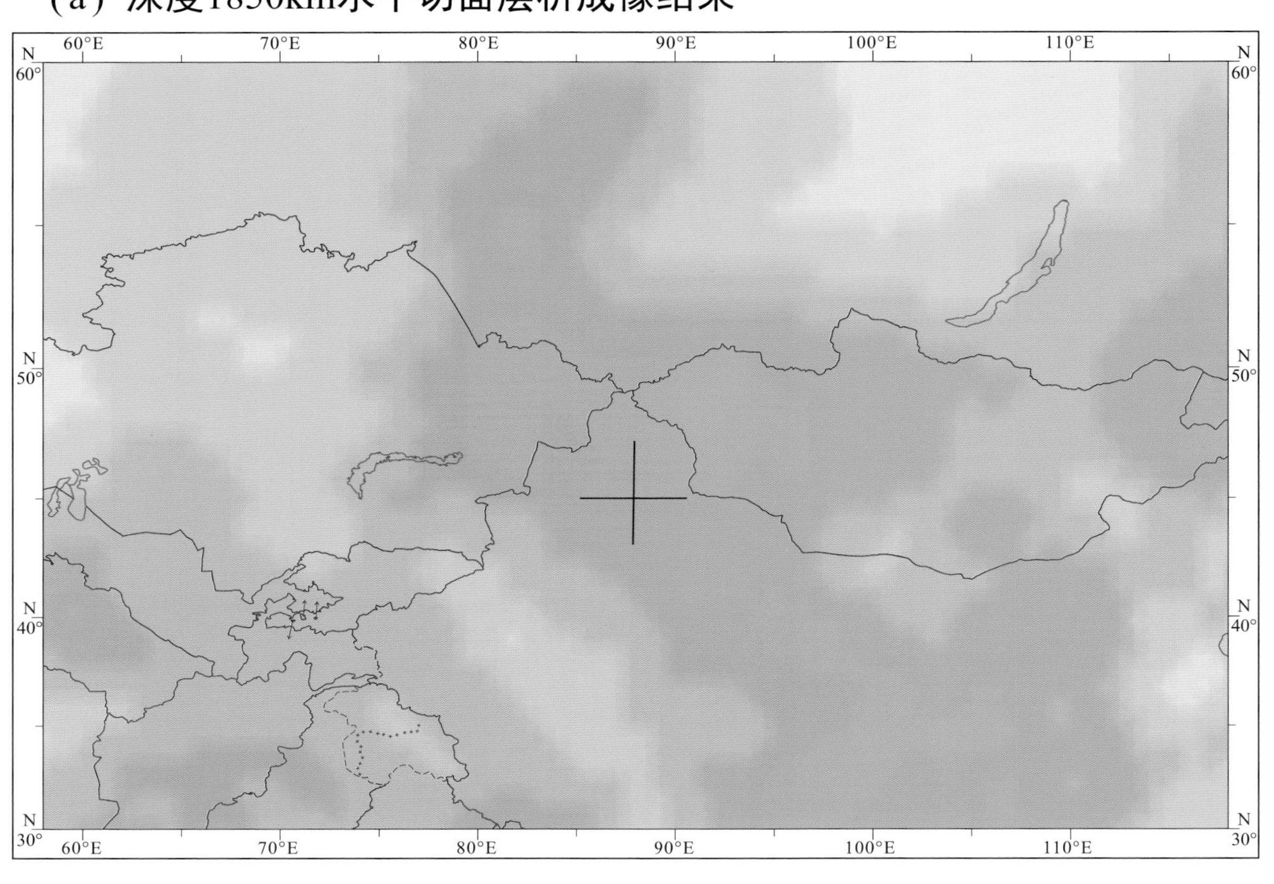

(c) 垂直剖面位

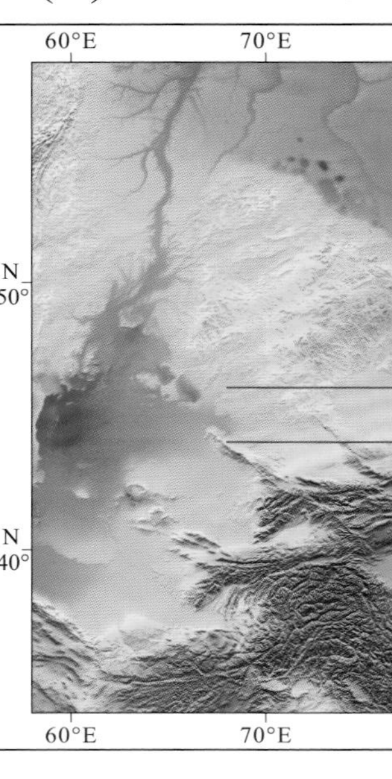

(b) 深度2150km水平切面层析成像结果

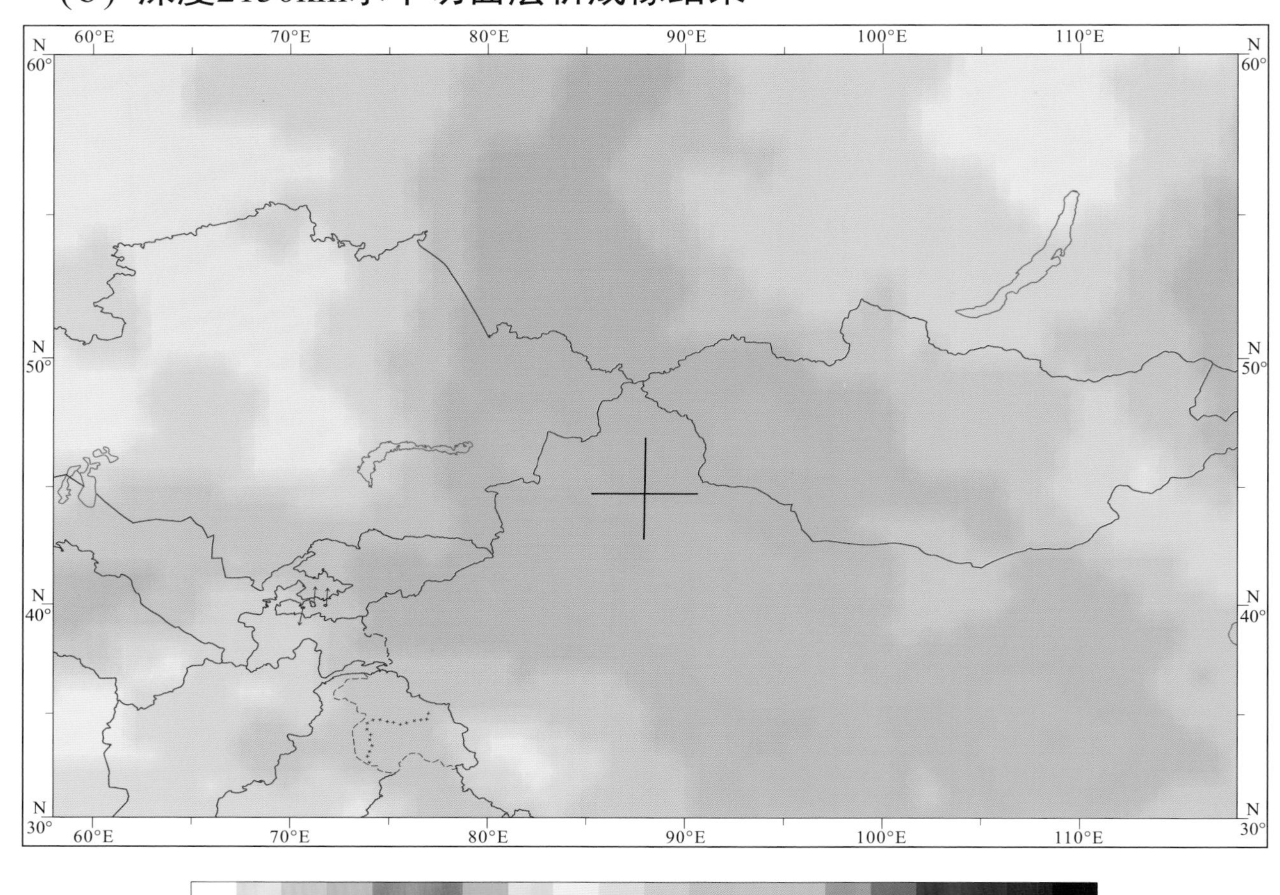

(d) 剖面位置

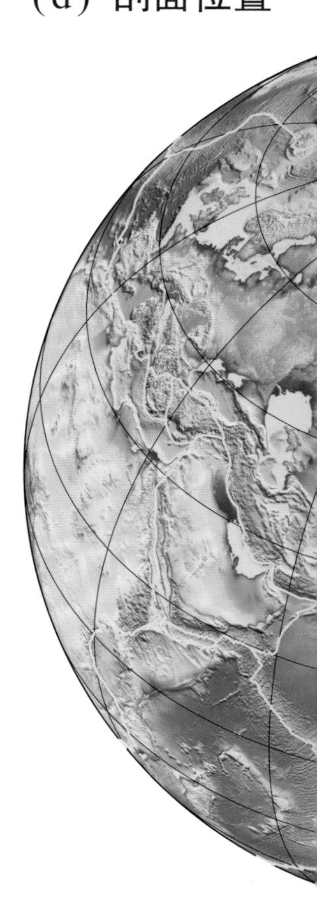

相对P波速度扰动/%

并将该微幔块的时代定为二叠纪至早白垩世之间。如果与青藏东北向欧亚大陆的挤入有关，则中国中部和西部微幔块至少从三叠纪开始俯冲或可能更早，并结束于侏罗—白垩纪界线附近（140±10Ma），据此解释中国中部和西部微幔块的底部年龄为250Ma，顶部年龄在150~130Ma（van der Meer et al.，2018）。值得注意的是，van der Meer等（2018）得出的这些年龄也太老，大概是通过动力学模拟（Steinberger et al.，2012；Peng and Liu，2022）得到的年龄的两倍。

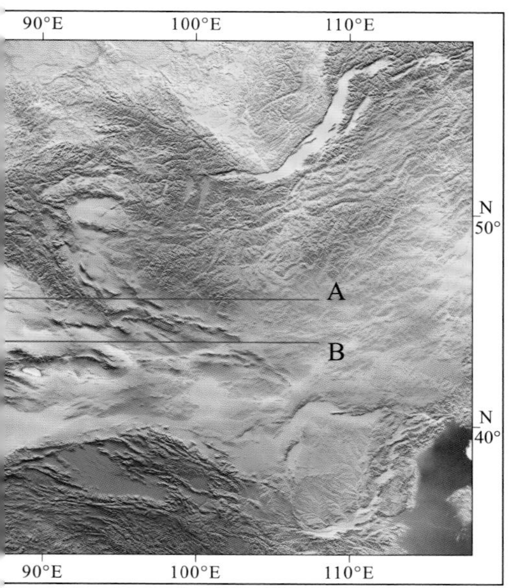

(e) A线垂直剖面层析成像结果

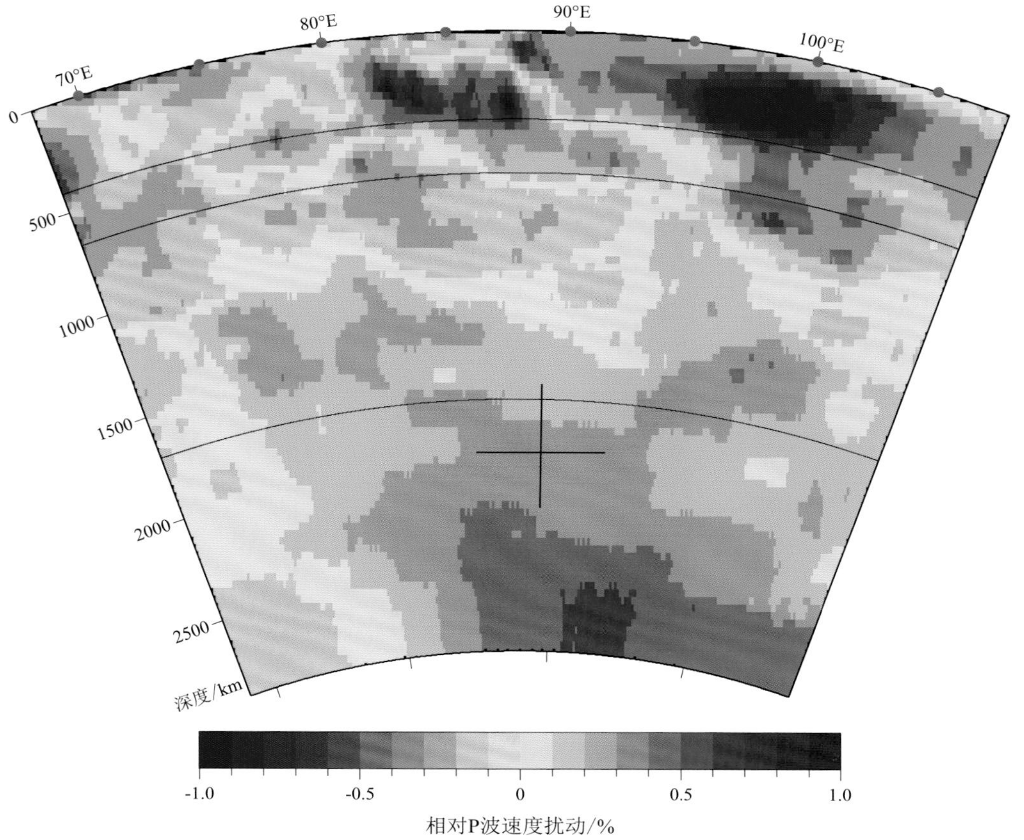

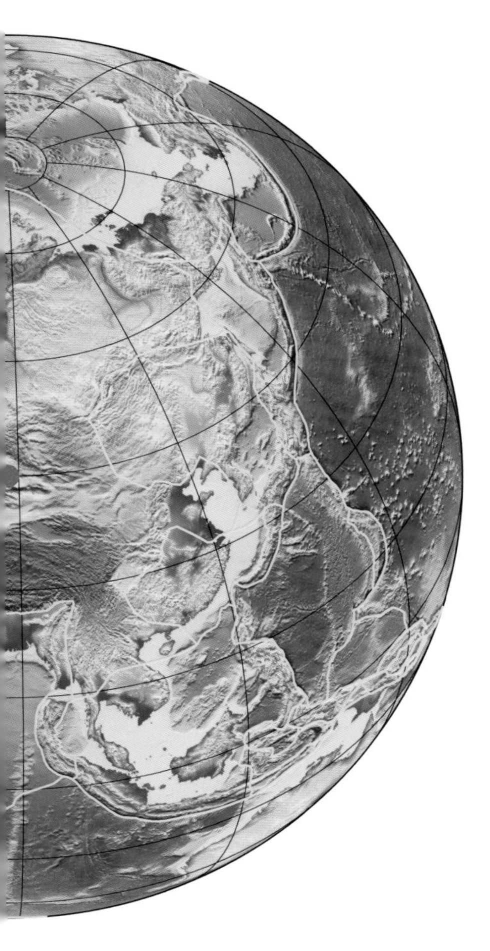

(f) B线垂直剖面层析成像结果

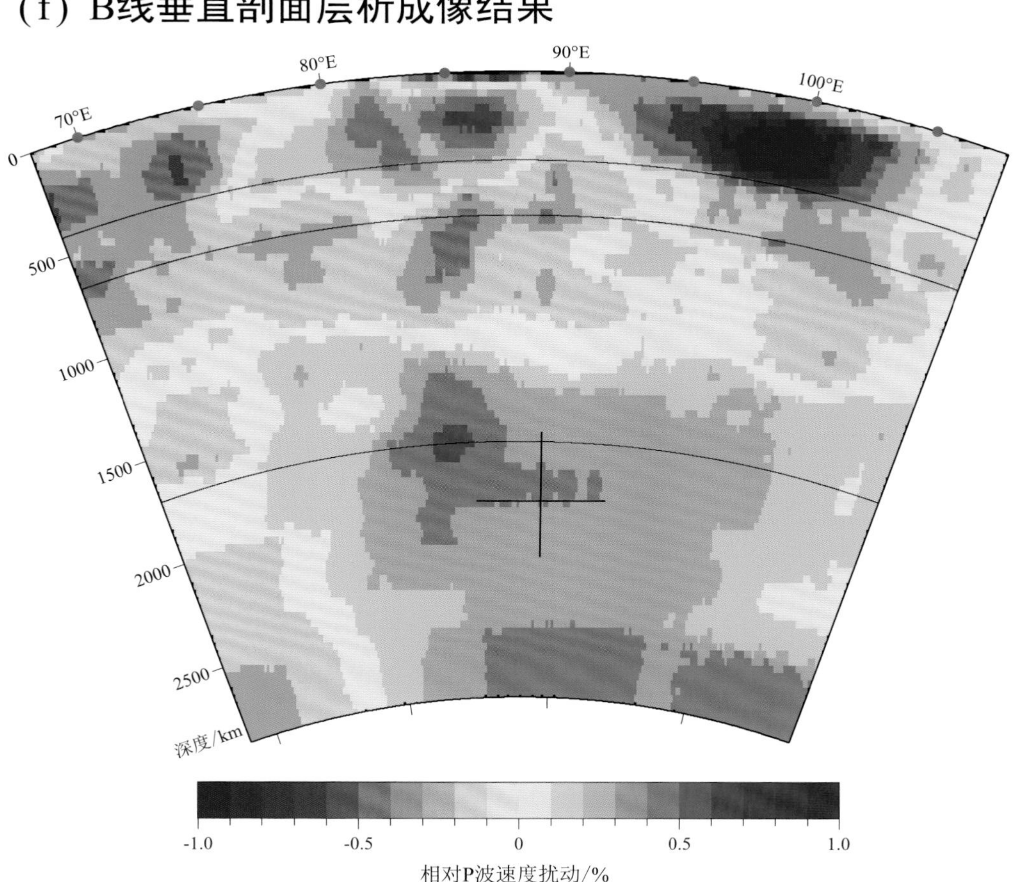

（图2-14）

楚科奇微幔块层析成像剖面及位置

（a）深度1600km水平切面层析成像结果

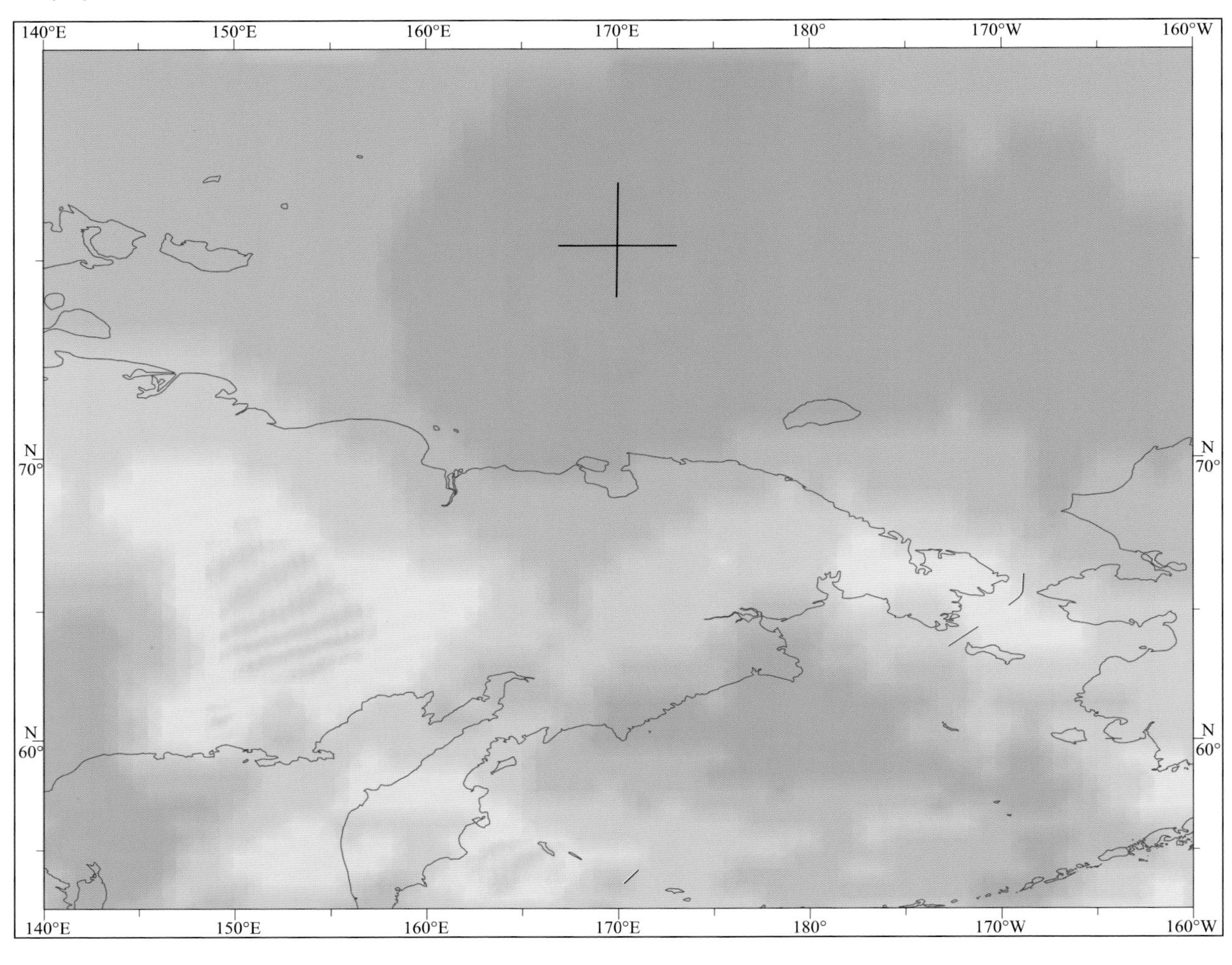

（c）垂直剖面位

（b）深度1800km水平切面层析成像结果

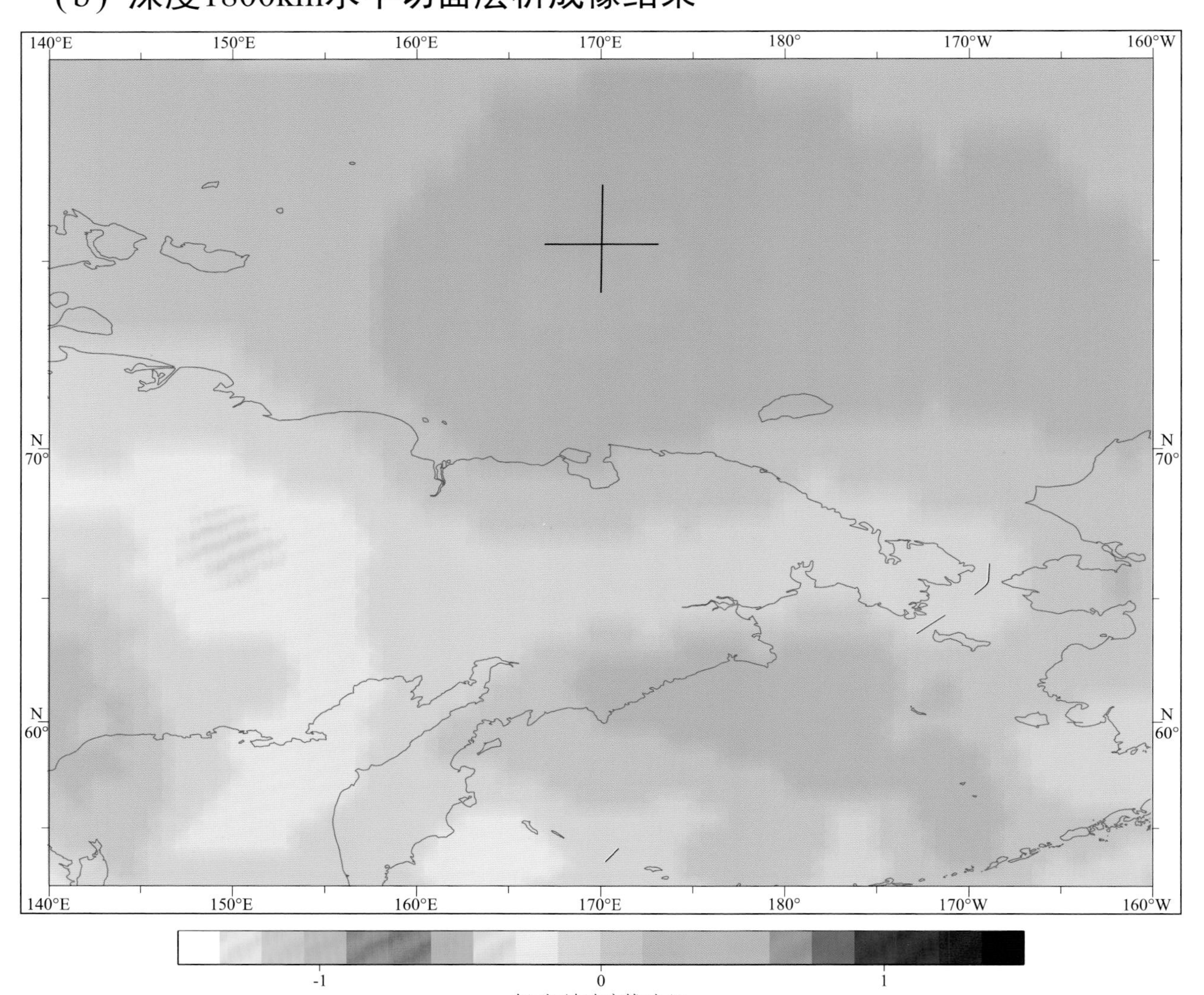

（d）剖面位置

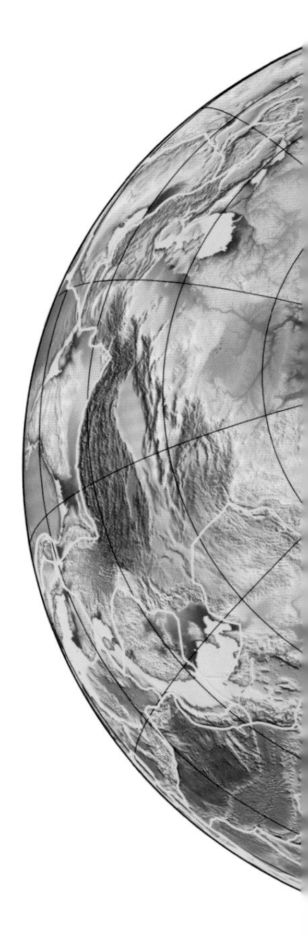

楚科奇（Chukchi）异常

东西向展布的楚科奇异常位于北西伯利亚和楚科奇海（北冰洋）下方的中地幔（图 2-14）。在楚科奇异常底部，在同等纬度上，位于蒙古－哈萨克微幔块顶部以西和哈得孙（Hudson）微幔块以东之间。van der Meer 等（2010）首次发现了该异常，将其解释为代表古北极岩石圈的楚科奇板片，俯冲在晚侏罗世至早白垩世科尤库克弧下方的大陆边缘位置。之后他们又发现（van der Meer et al.，2012），楚科奇板片更有可能是泛大洋向北俯冲形成的，该俯冲可能与科尼－穆加尔弧有关（Nokleberg et al.，2000）。

值得注意的是，在全球 P 波层析成像模型 UUP07 和 S 波成像模型 S40RTS 中，其东部范围的板片具有南北走向，表明俯冲方向发生了变化，这种变化与晚侏罗世—早白垩世期间乌达－穆尔加尔弧向东延伸至佩库尔尼弧和奥洛伊弧相对应（Nokleberg et al.，2000）。依据板块重建分析，楚科奇板片俯冲开始时间为 174.1~163.5Ma，结束时间为 129.4~100.5Ma（van der Meer et al.，2018）。

(e) A线垂直剖面层析成像结果

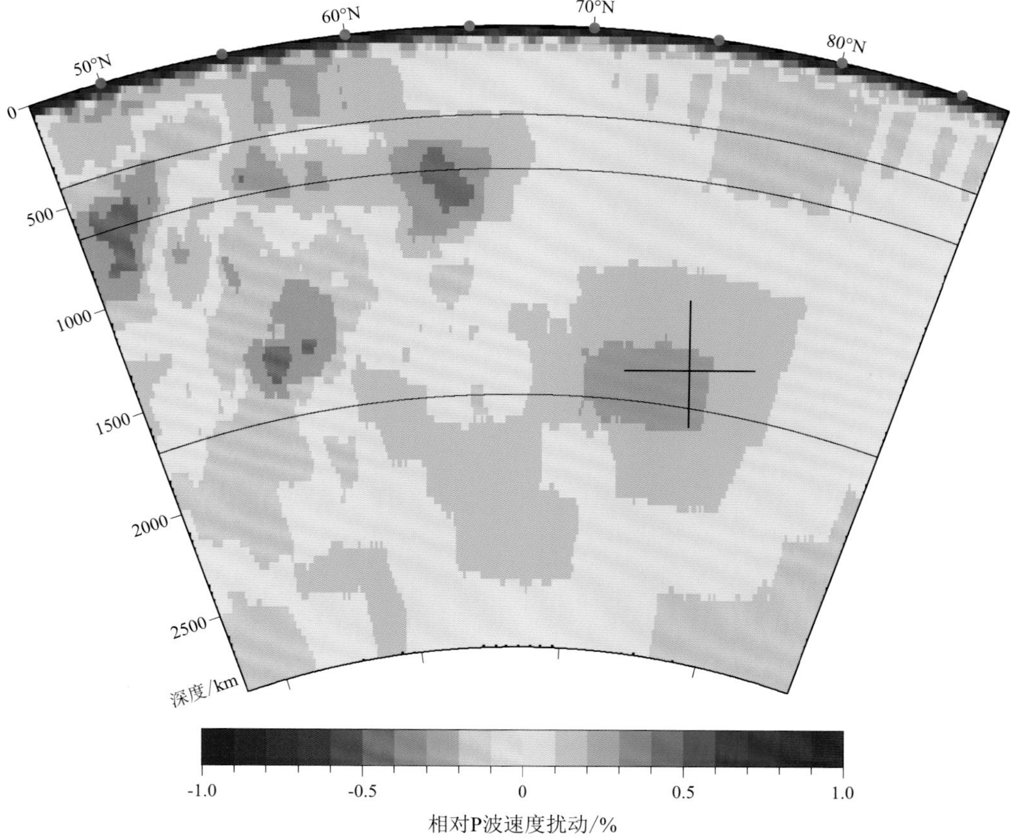

(f) B线垂直剖面层析成像结果

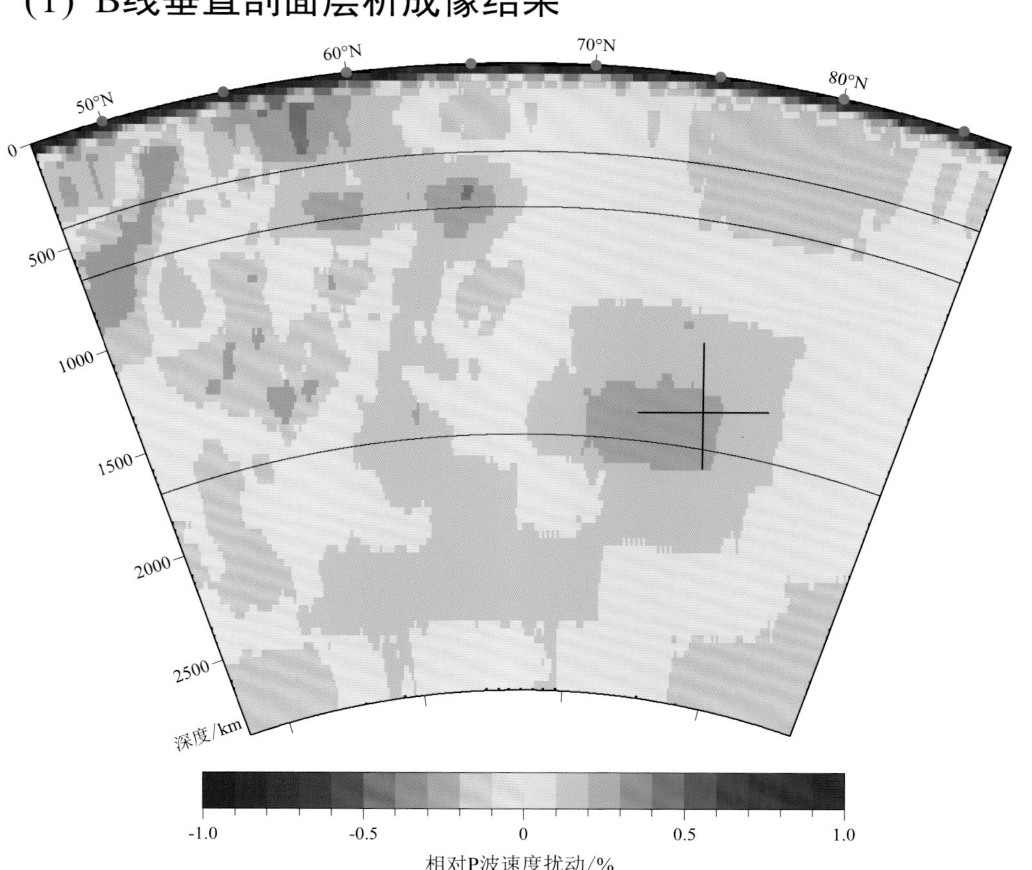

中国东部（East China）异常

中国东部异常位于东亚下方，从核幔边界向上至地幔大约2000km深度（图2-15）。在其最浅处（约1700km），它与西北方向的蒙古板片相连。根据异常板片的厚度（>1000km），它可能由多个NE-SW走向的板片组成（van der Meer et al.，2018）。van der Voo等（1999a）认为该异常为蒙古-鄂霍次克洋俯冲过程中，东亚边缘古太平洋板块的岩石圈向西俯冲形成的。Li Z X

（图2-15） **中国东部微幔块层析成像剖面及位置**

(a) 深度1850km水平切面层析成像结果

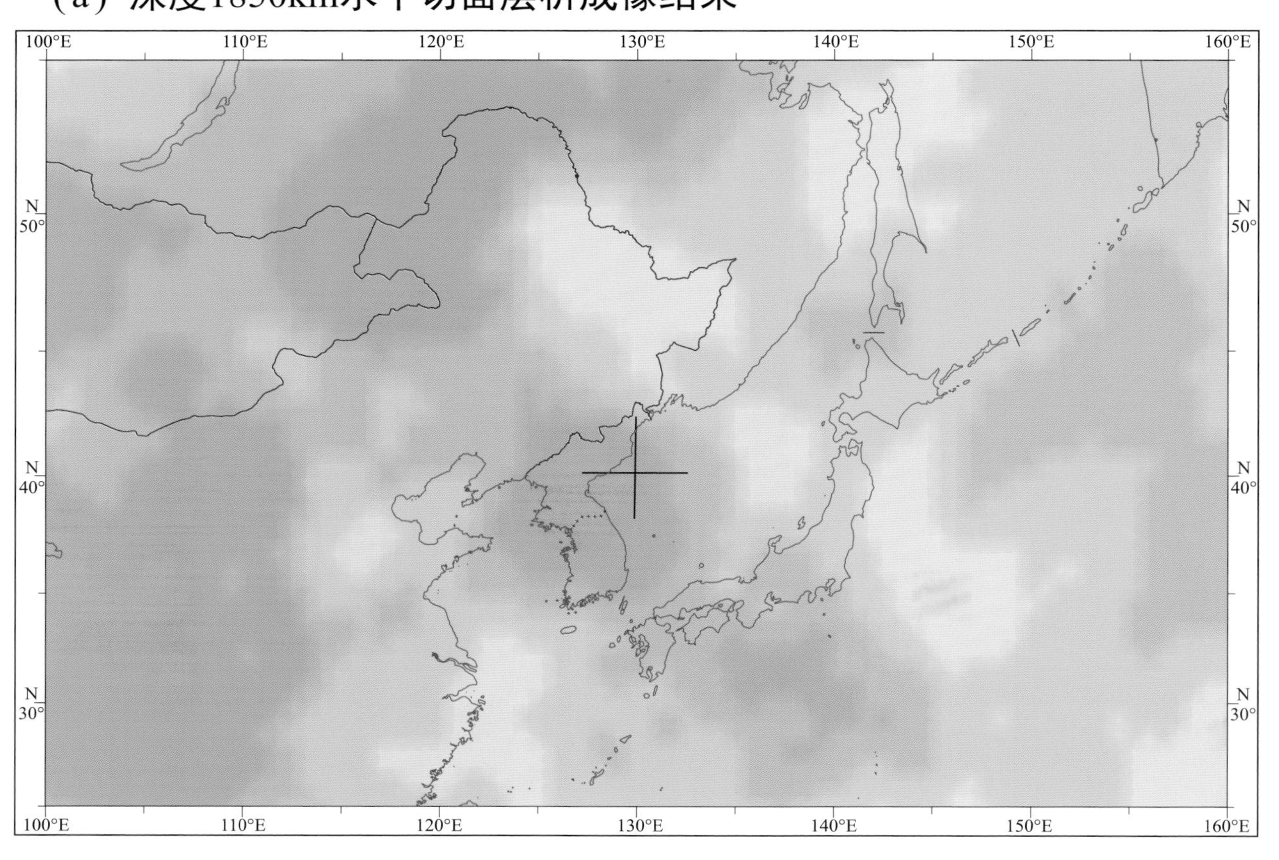

(c) 垂直剖面位

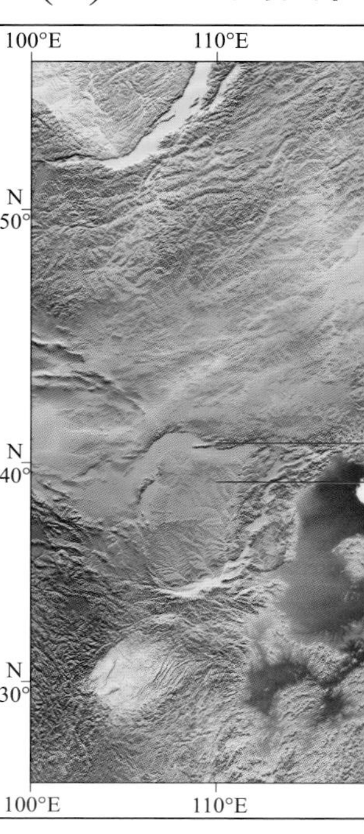

(b) 深度2150km水平切面层析成像结果

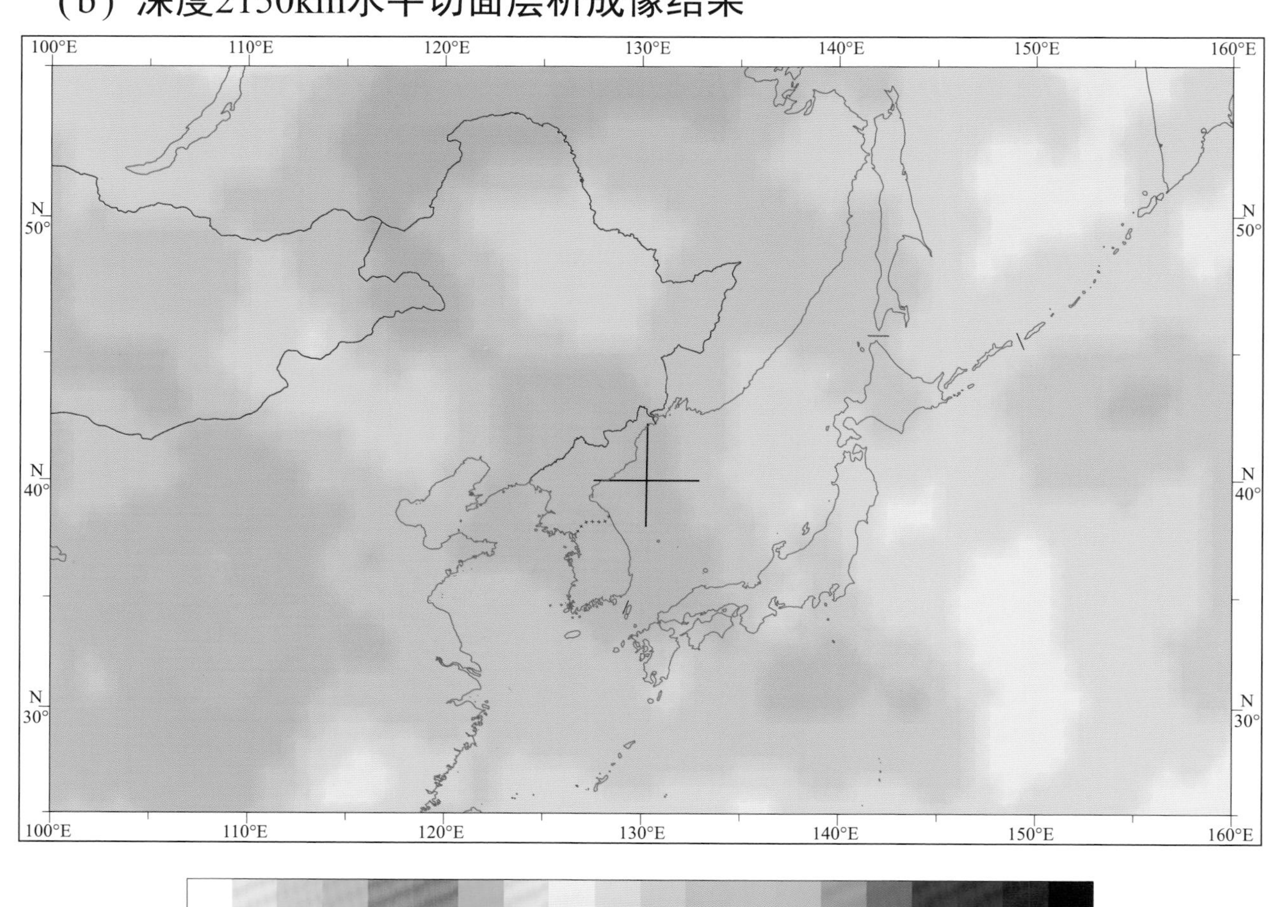

(d) 剖面位置

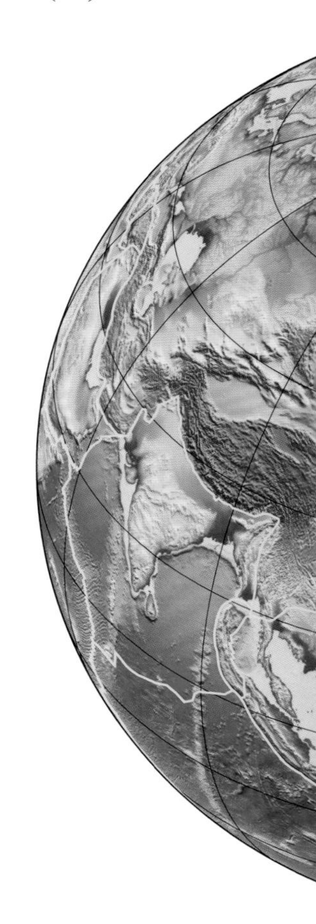

-1 0 1

相对P波速度扰动/%

和 Li X H（2007）描述了始于三叠纪的俯冲如何在早侏罗世达到顶峰，形成华南克拉通下方的一个板片，该板片的下沉发生在 180~155Ma。然而，Li J H（2014）的研究结果表明，华南地区的岩浆活动发生在 145~118Ma 约 600km 宽的区域，这是俯冲洋中脊的迁移造成的，可以用来推测中国东部俯冲板片的断离时间。据此，中国东部微幔块底部年龄为 253~243Ma，顶部年龄在 155~118Ma（van der Meer et al.，2018），但如前所述，其他学者得出的年龄同样比这年轻。

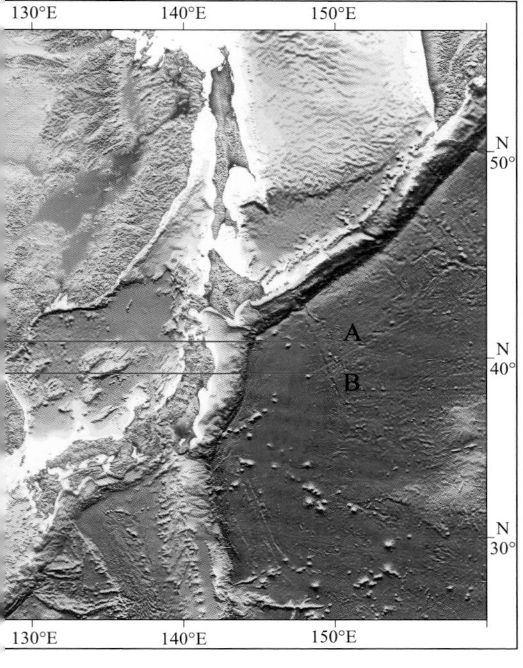

(e) A线垂直剖面层析成像结果

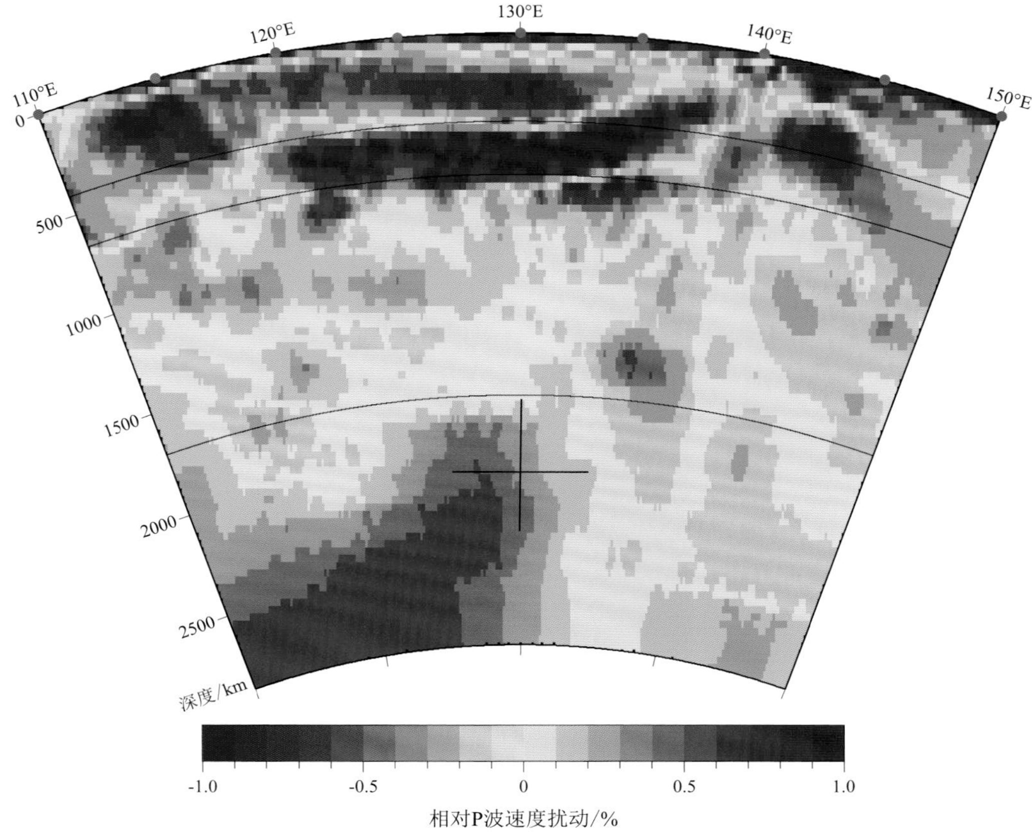

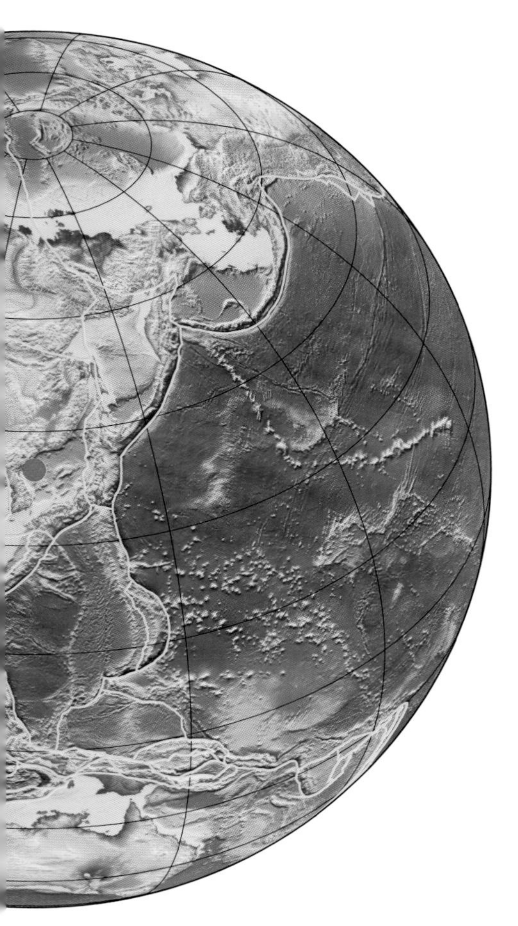

(f) B线垂直剖面层析成像结果

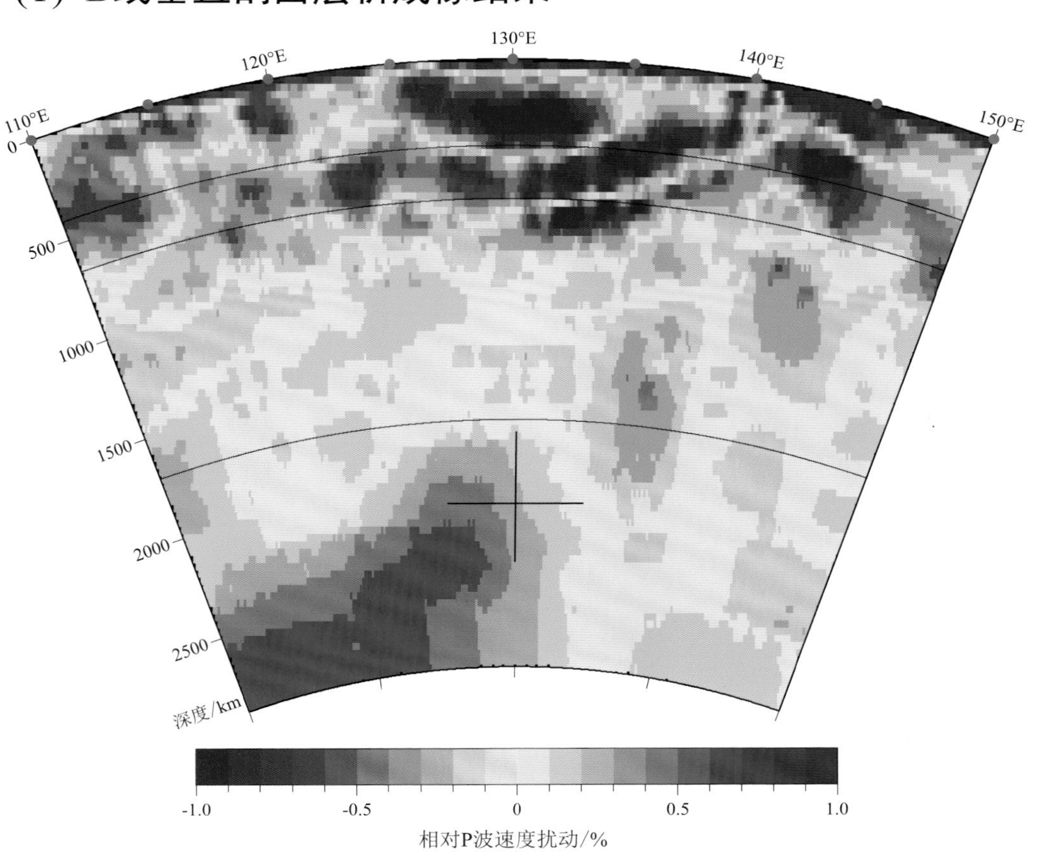

恩波里奥（Emporios）异常

恩波里奥异常位于爱琴海微板块南部的下地幔中，紧邻爱琴海微板块下方，恩波里奥异常位于1500~2000km深处（图2-16）。van der Meer等（2010）认为，恩波里奥板片或微幔块代表侏罗纪至早白垩世新特提斯洋西部洋内向东俯冲的岩石圈。在早白垩世（约130Ma），希腊蛇绿岩和阿尔巴尼德斯（Albanides）蛇绿岩仰冲在新特提斯洋西部，现被称为“西瓦尔达尔蛇绿岩”

（图2-16） 恩波里奥微幔块层析成像剖面及位置

(a) 深度1600km水平切面层析成像结果

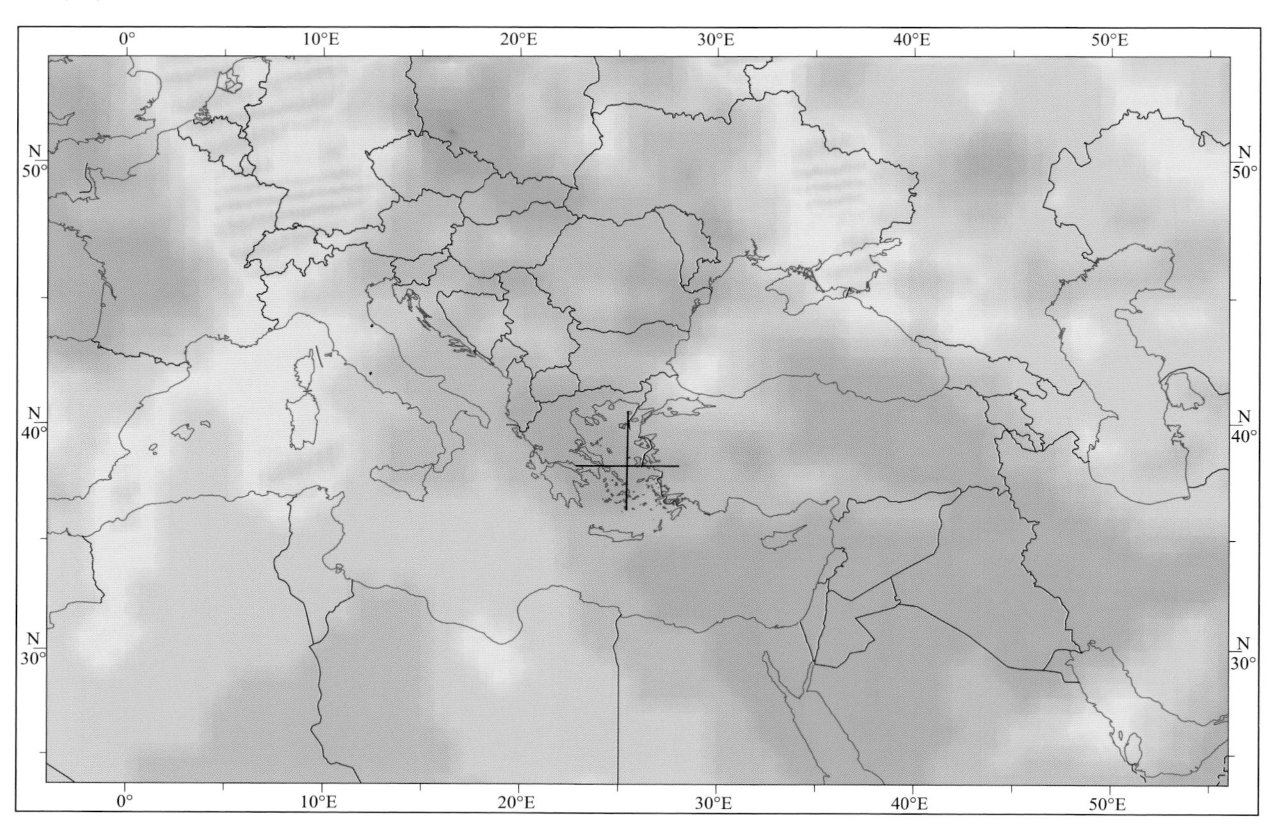

(c) 垂直剖面

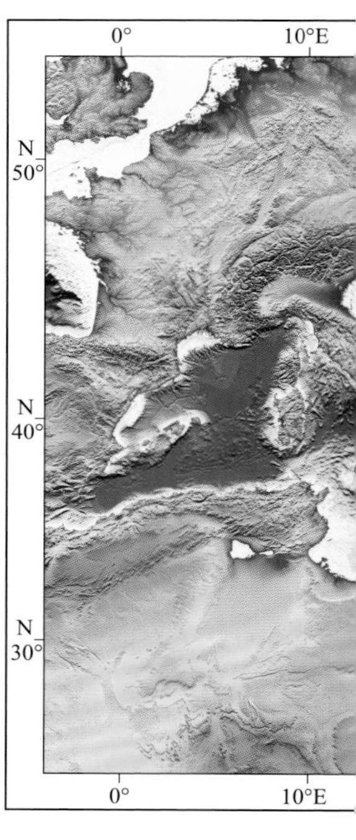

(d) 剖面位置

(b) 深度1800km水平切面层析成像结果

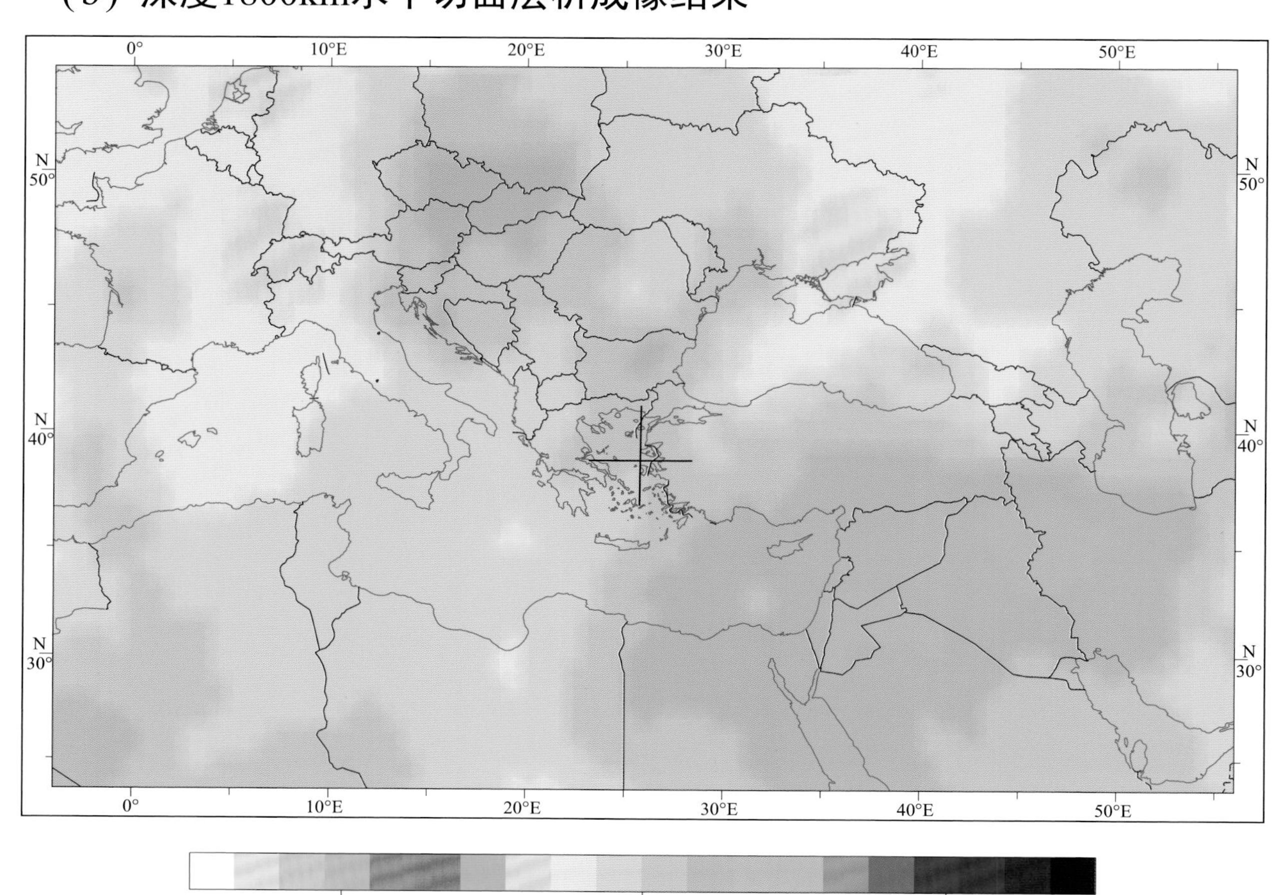

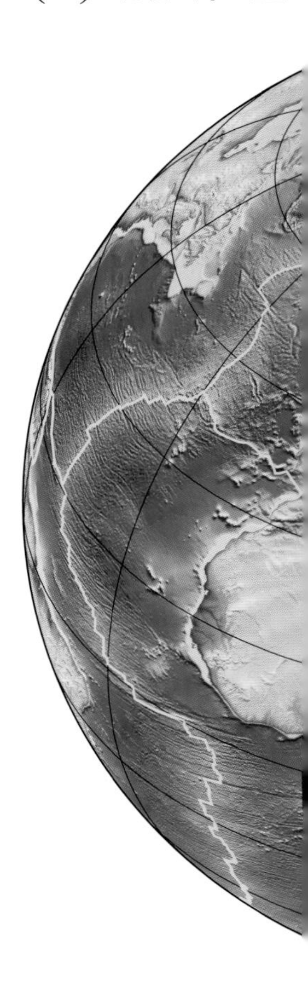

（Schmid et al.，2008）。瓦尔达尔（Vardar）洋中存在两条侏罗纪—早白垩世洋内俯冲带，分别以瓦尔达尔西部和东部蛇绿岩为代表（Stampfli and Borel，2004；Schmid et al.，2008；Jahn-Awe et al.，2010；Natal'in et al.，2012）。俯冲开始的时间推测在 170Ma 前，微幔块顶部的年龄可能比爱琴海微幔块底部的年龄更老。恩波里奥微幔块底部年龄为 170~160Ma，顶部年龄在 130~120Ma（van der Meer et al.，2018）。

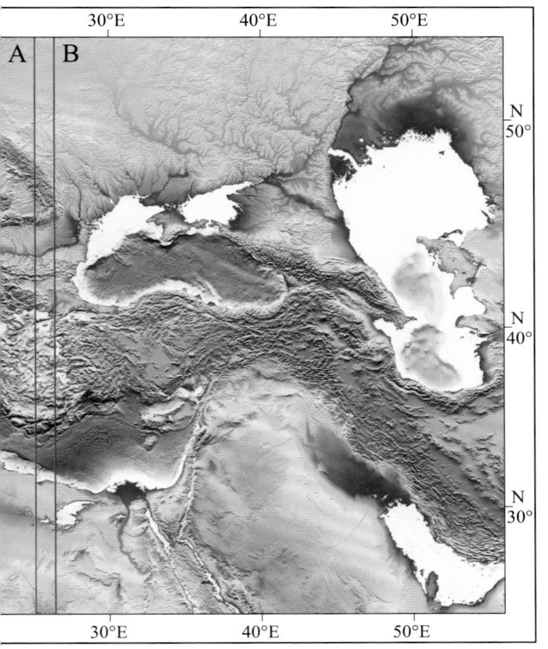

(e) A线垂直剖面层析成像结果

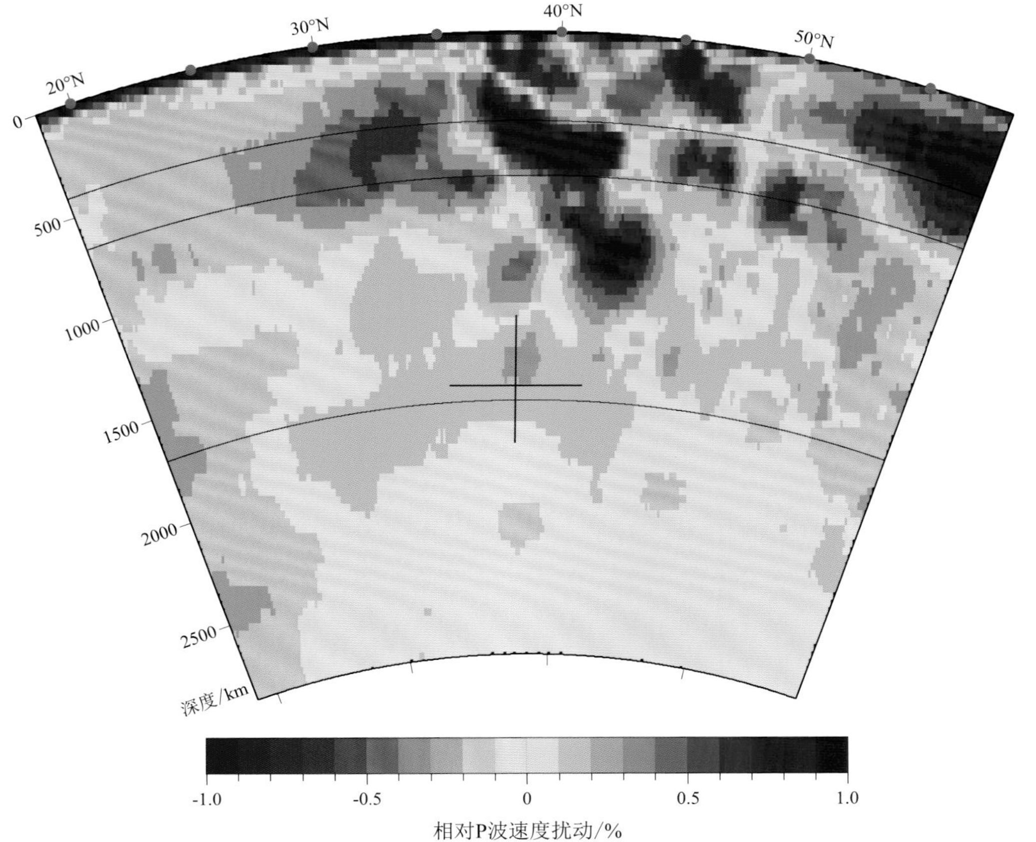

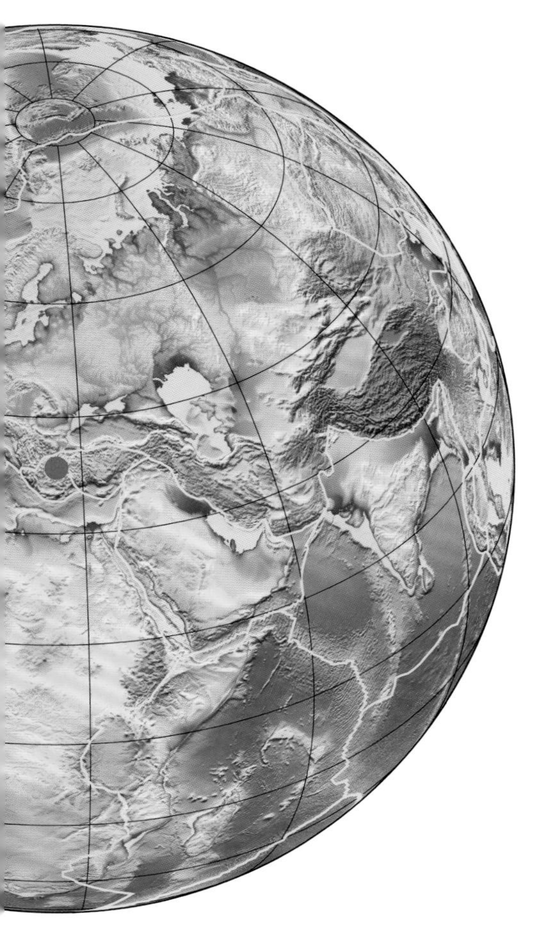

(f) B线垂直剖面层析成像结果

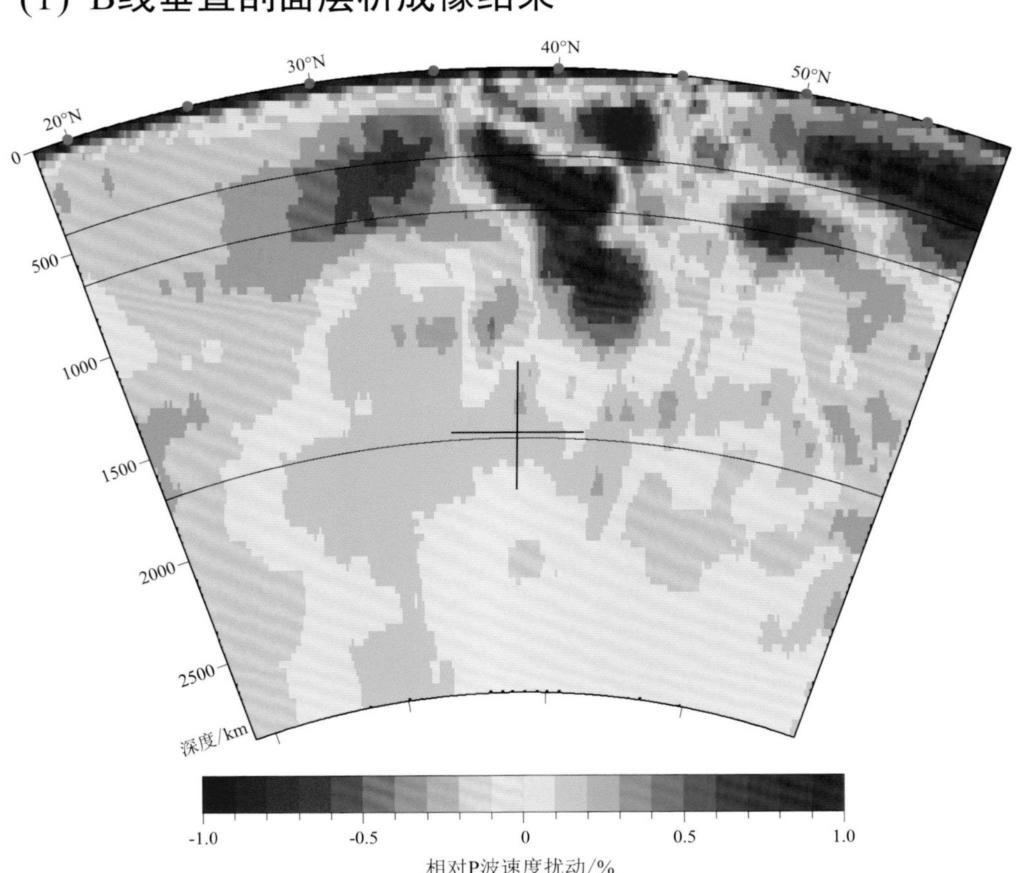

乔治亚岛（Georgia Islands）异常

乔治亚岛异常位于南大西洋和南大洋之下，从核幔边界向上进入中地幔（图 2-17）。它被解释为在核幔边界上看似扁平的板片或微幔块，在较浅的深度为东西走向（van der Meer et al., 2018）。乔治亚岛微幔块可能沿着冈瓦纳古陆西南边缘进一步向南俯冲。南美洲南部的岩浆弧演化表明，早三叠世和侏罗纪之间存在岩浆作用间断，之后俯冲重新开始（Martin，2007）。侏罗纪及更年轻的俯冲过程与地幔中部位于更西边的南奥克尼岛微板块有关（van der Meer et al., 2018）。南美洲南部的前侏罗纪俯

（图2-17） 乔治亚岛微幔块层析成像剖面及位置

（a）深度2150km水平切面层析成像结果

（c）垂直剖面位

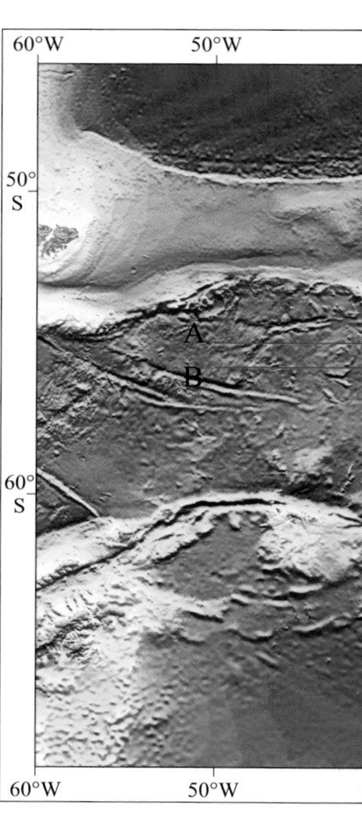

（b）深度2400km水平切面层析成像结果

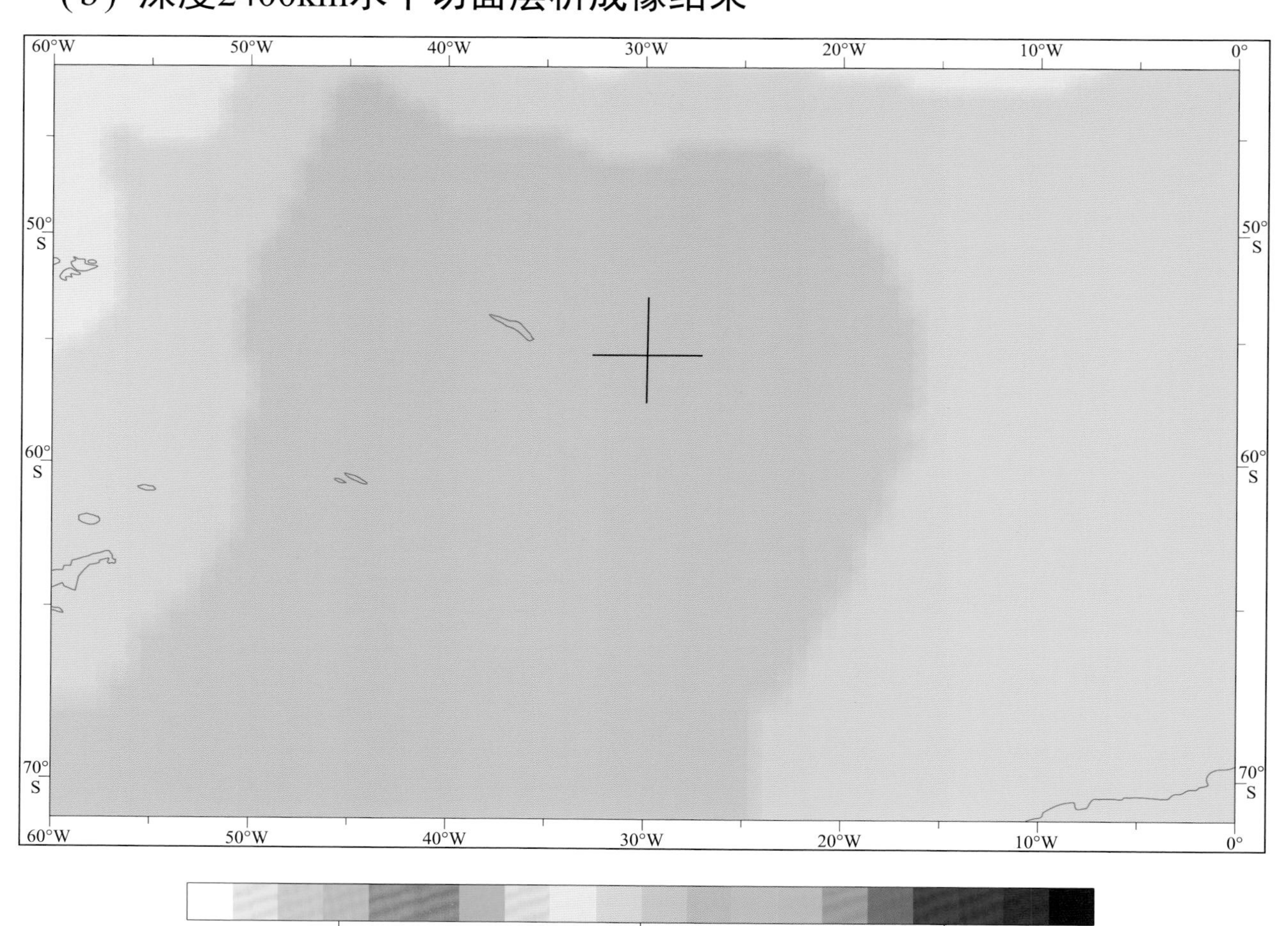

（d）剖面位置

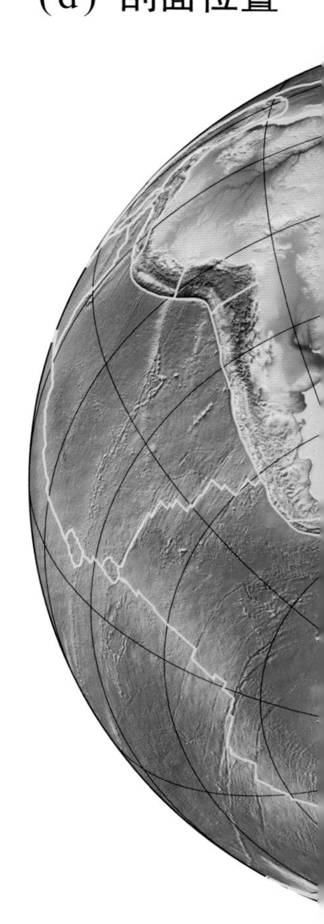

-1 0 1

相对P波速度扰动/%

冲至少开始于石炭纪（Pankhurst et al.，2006），在核幔边界仍可见的异常可能代表此后俯冲的岩石圈，这种俯冲与火山弧活动有关，其活动在晚二叠纪（280~270Ma）达到顶峰，并一直保持到三叠纪早期（约245Ma）（Pankhurst et al.，2006；Ramos，2008）。据此推测，乔治亚岛板片拆沉的年龄是200~180Ma，所以乔治亚岛微幔块底部年龄为295~285Ma，该微幔块的顶部年龄在185~175Ma（van der Meer et al.，2018）。

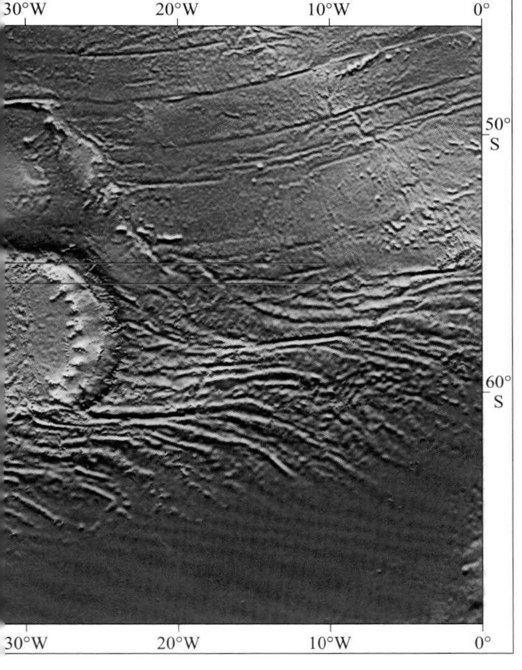

(e) A线垂直剖面层析成像结果

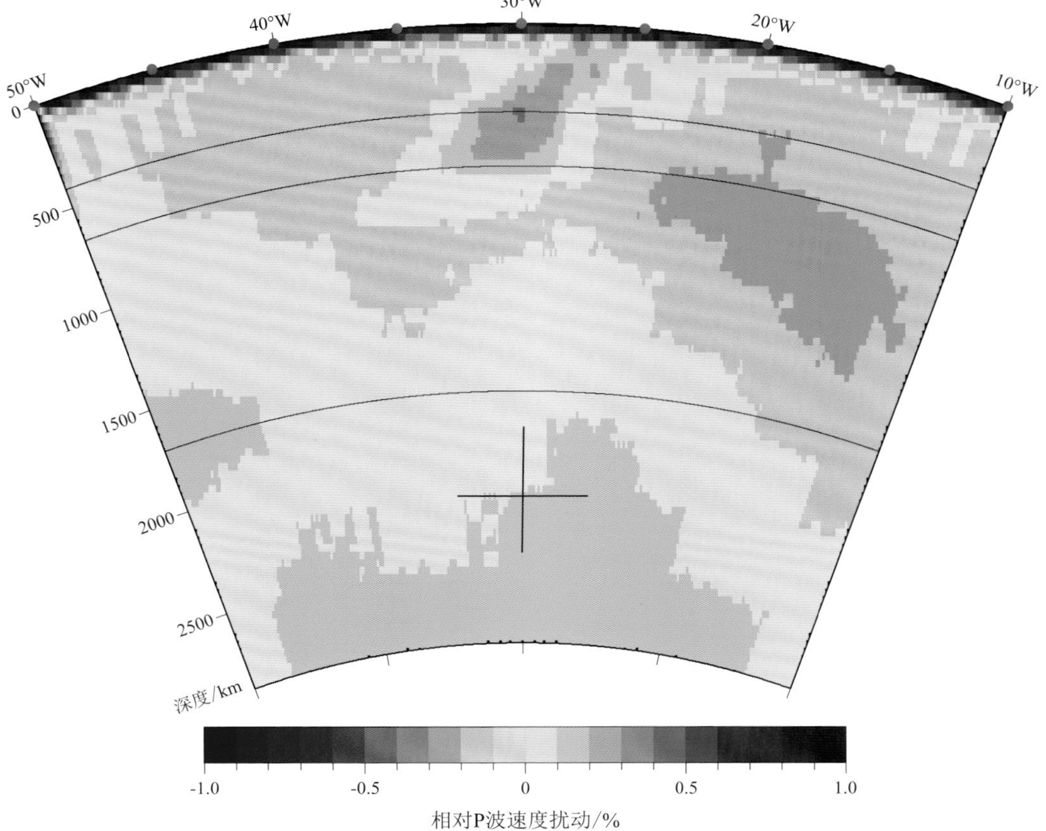

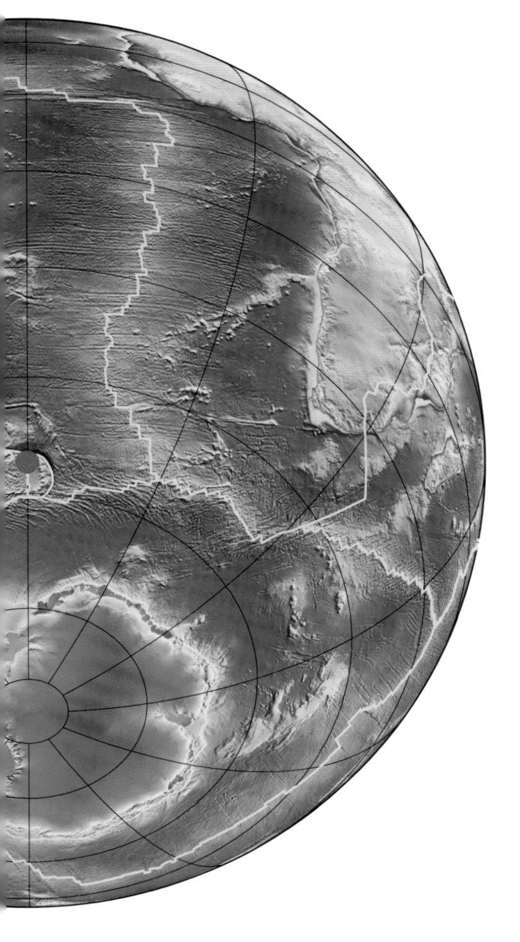

(f) B线垂直剖面层析成像结果

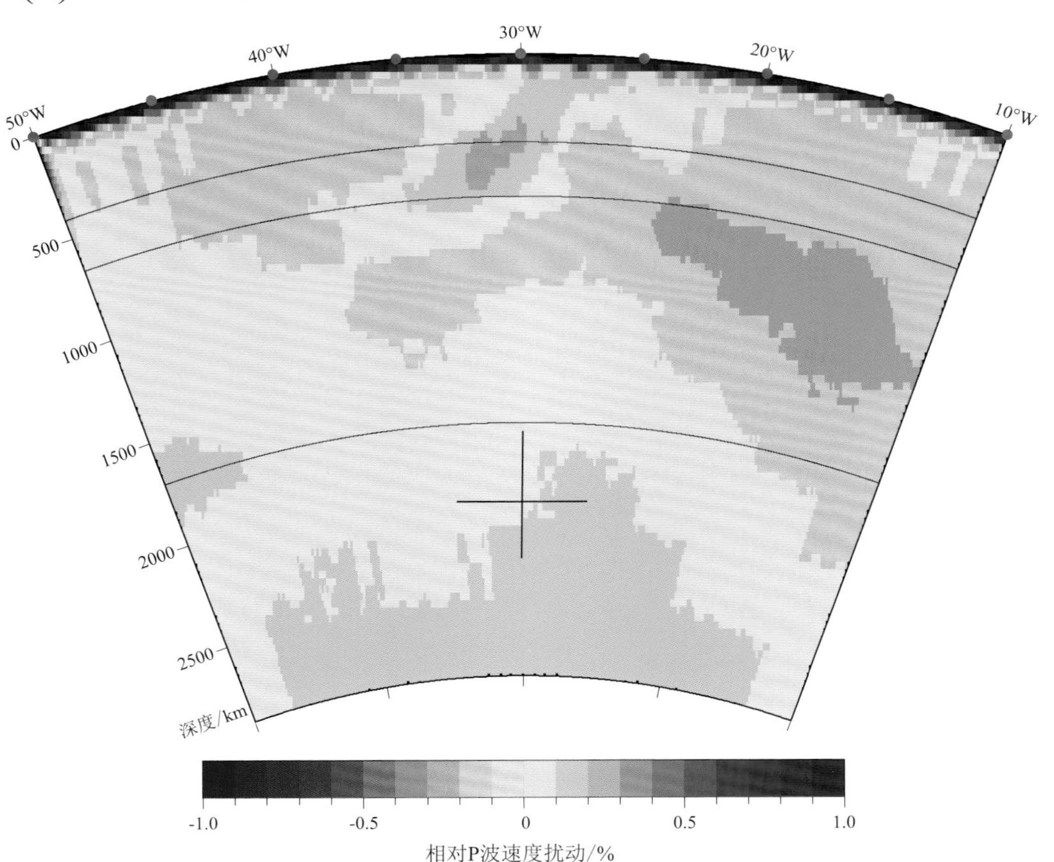

美国大盆区（Great Basin）异常

美国大盆区下方存在一个高波速体，被称为内华达异常。该结构主要存在100~600km深度范围，浅部呈南北走向，在地幔转换带变为马蹄状（Roth et al., 2008; Schmandt and Humphreys, 2010）。它的成因存在争议，包括拆沉的岩石圈（West et al., 2009)、平俯冲板片残留（Schmandt and Humphreys，2010）、离的俯冲板片（Liu and Stegman, 2011; Sigloch, 2011) 或者被推为地幔柱（Obrebski et al.，2010）。根据其延伸和倾角解释，异常是新生代法拉隆大洋岩石圈俯冲的结果（Liu and Stegman

（图2-18） 美国大盆区微幔块层析成像剖面及位置

(a) 深度400km水平切面层析成像结果

(c) 垂直剖面

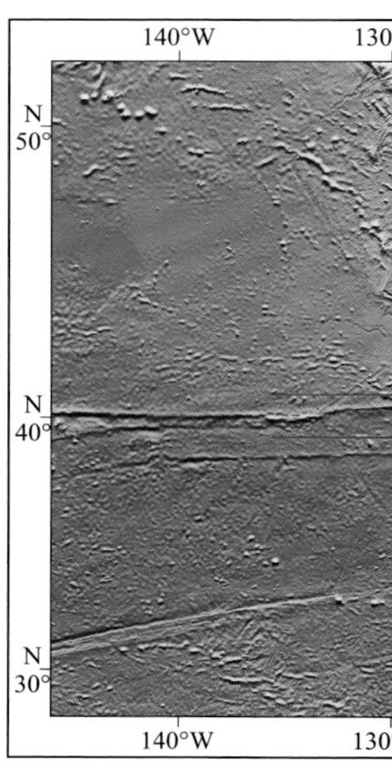

(b) 深度600km水平切面层析成像结果

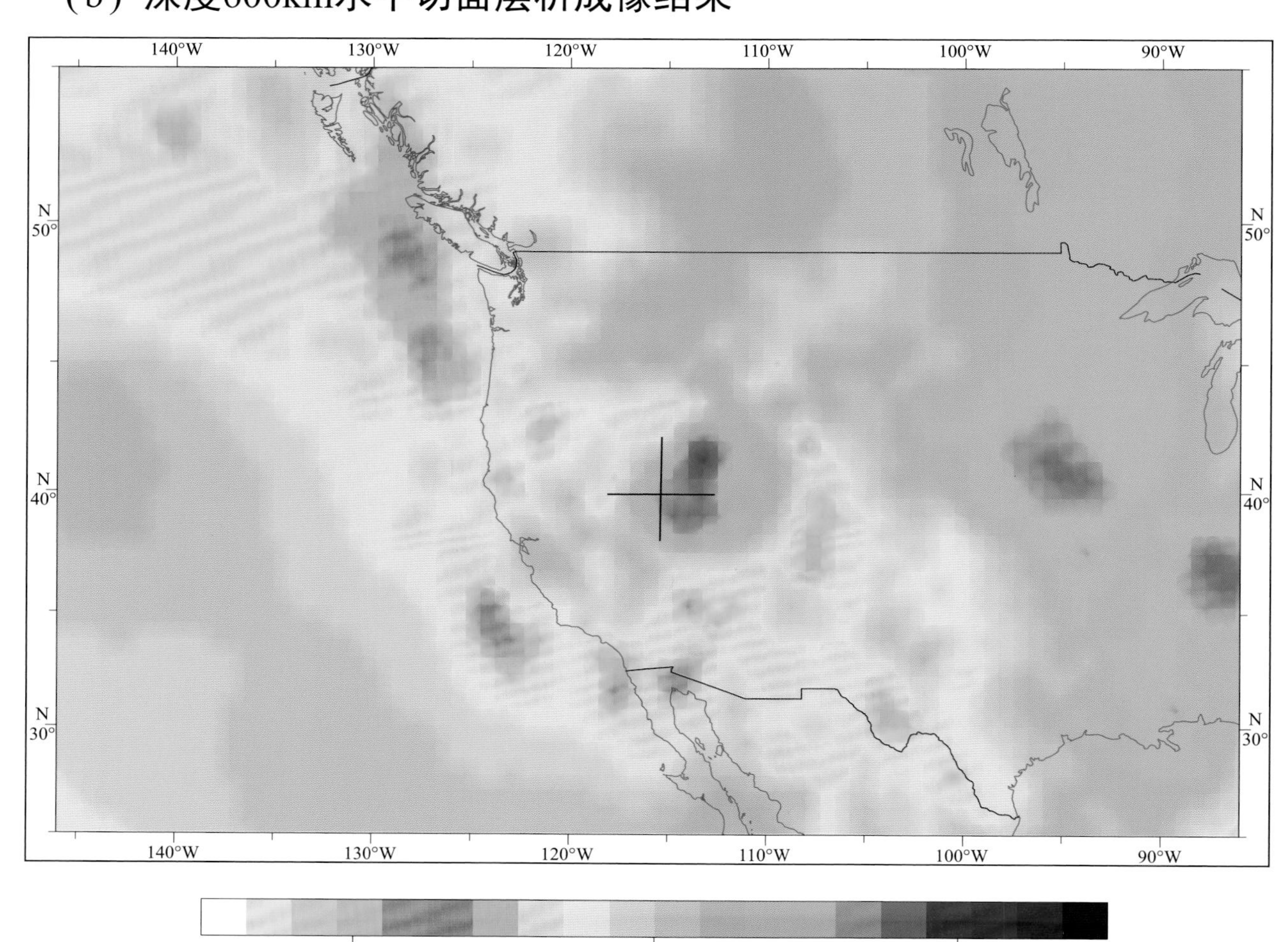

(d) 剖面位置

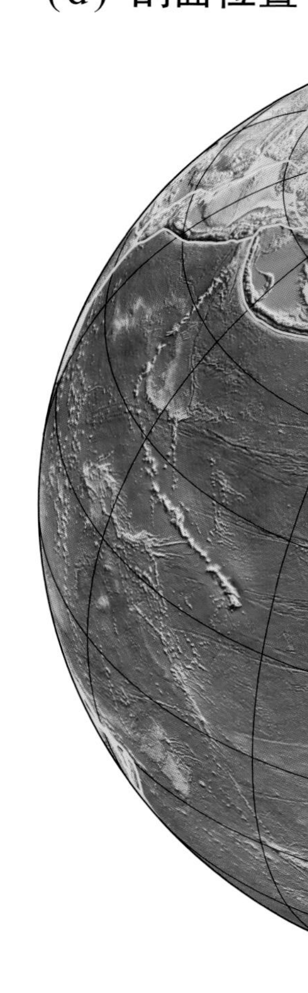

1；van der Meer et al.，2018）。依据地幔对流模拟结果，其俯开始于 ~35Ma，结束于 ~15Ma 的板片拆沉，它的俯冲可能对应美国大盆区 31~20Ma 的火山活动阶段（Best and Christansen，91；Dickinson，2006）。据此，美国大盆区微幔块底部年龄为 40~30Ma，顶部年龄在 20~10Ma（van der Meer et al.，2018）。虽然这个年龄跟动力学模拟基本一致，但是在其他地方同样的上地幔高速体，van der Meer 等（2018）的解释为 >100Ma 的俯冲，这在动力学上目前看来是不可能的，因而尚存在不确定性。

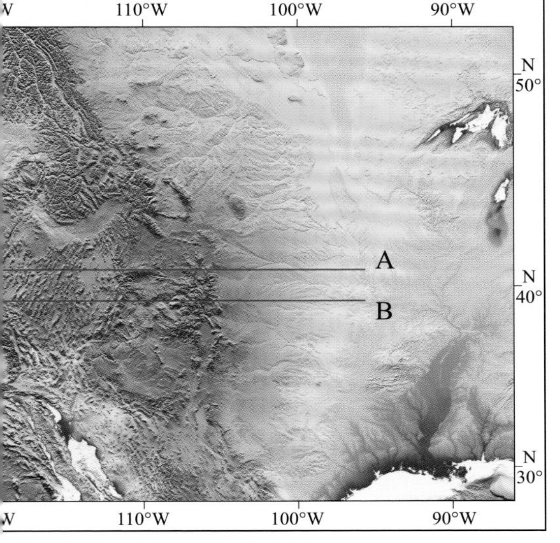

(e) A线垂直剖面层析成像结果

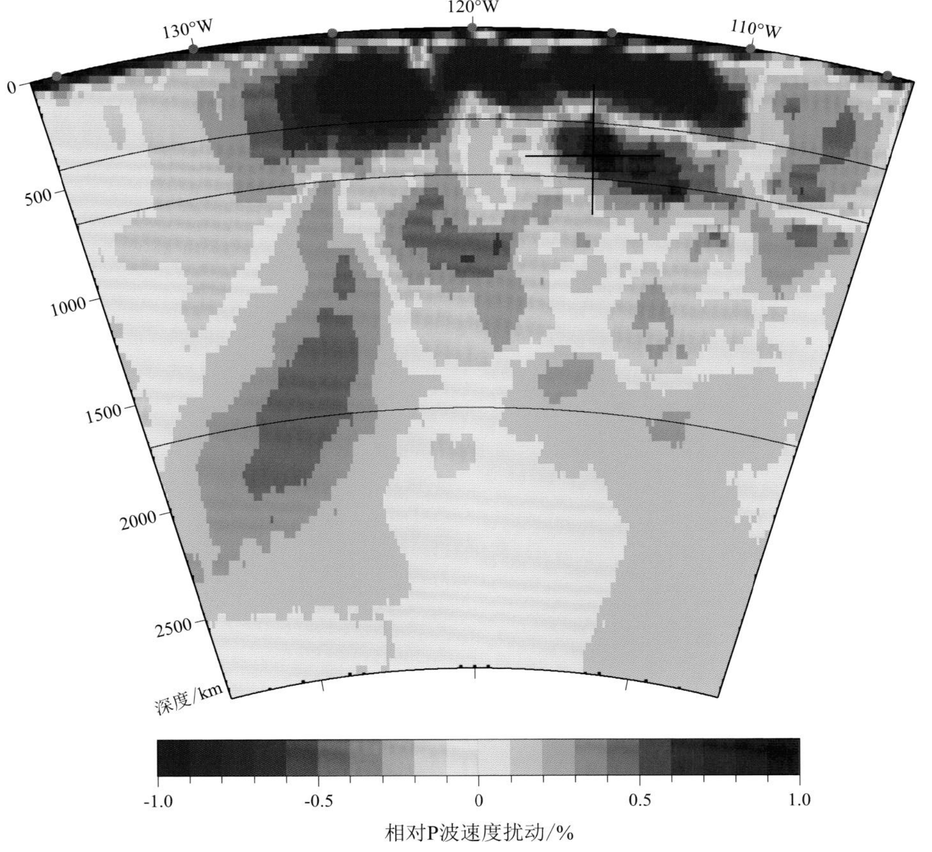

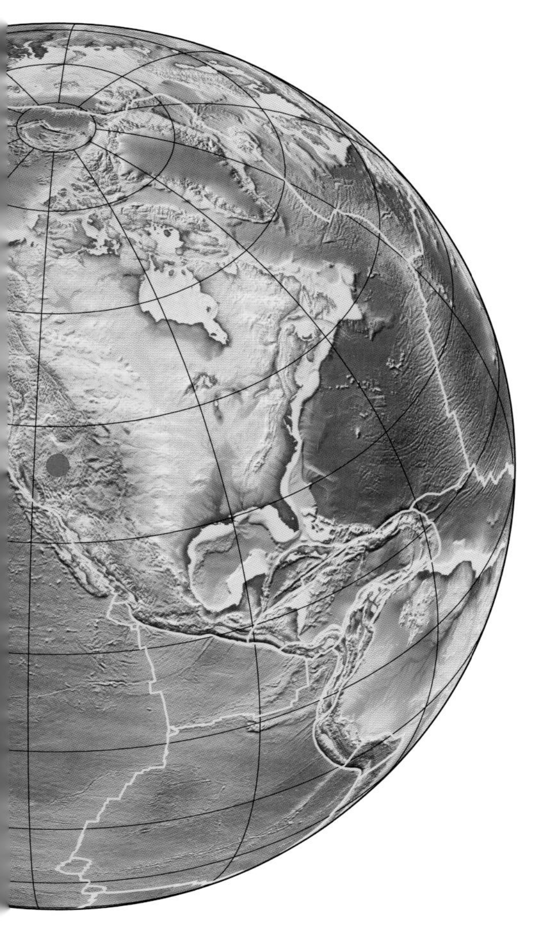

(f) B线垂直剖面层析成像结果

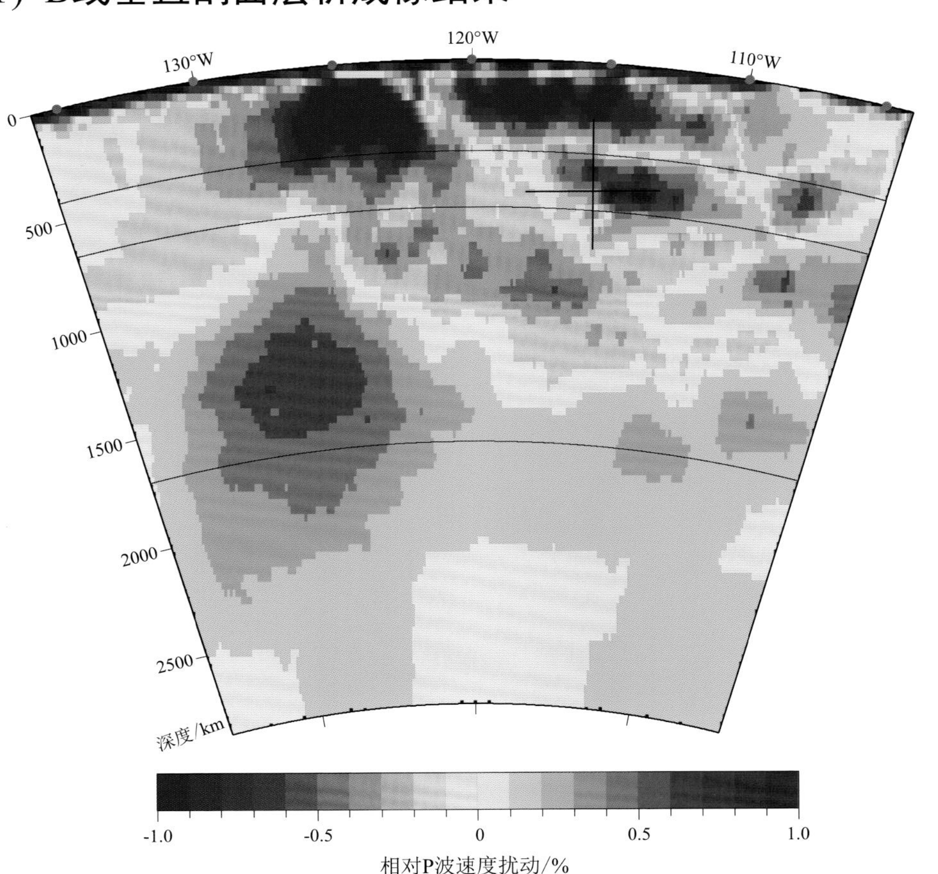

哈特勒斯（Hatteras）异常

哈特勒斯异常通常是一组异常体的一部分，位于北美洲东部下方的下地幔中（图2-19），最早由Grand等（1997）发现和定义。该微幔块通常被解释为在北美大陆边缘下向东俯冲的法拉隆大洋岩石圈（Grand et al.，1997；Bunge and Grand，2000；van der Meer et al.，2010）。基于数据同化动力学计算（Liu et al.，2008，2010）得出该微幔块底部和顶部年龄分别为100Ma

（图2-19）

哈特勒斯微幔块层析成像剖面及位置

(a) 深度1600km水平切面层析成像结果

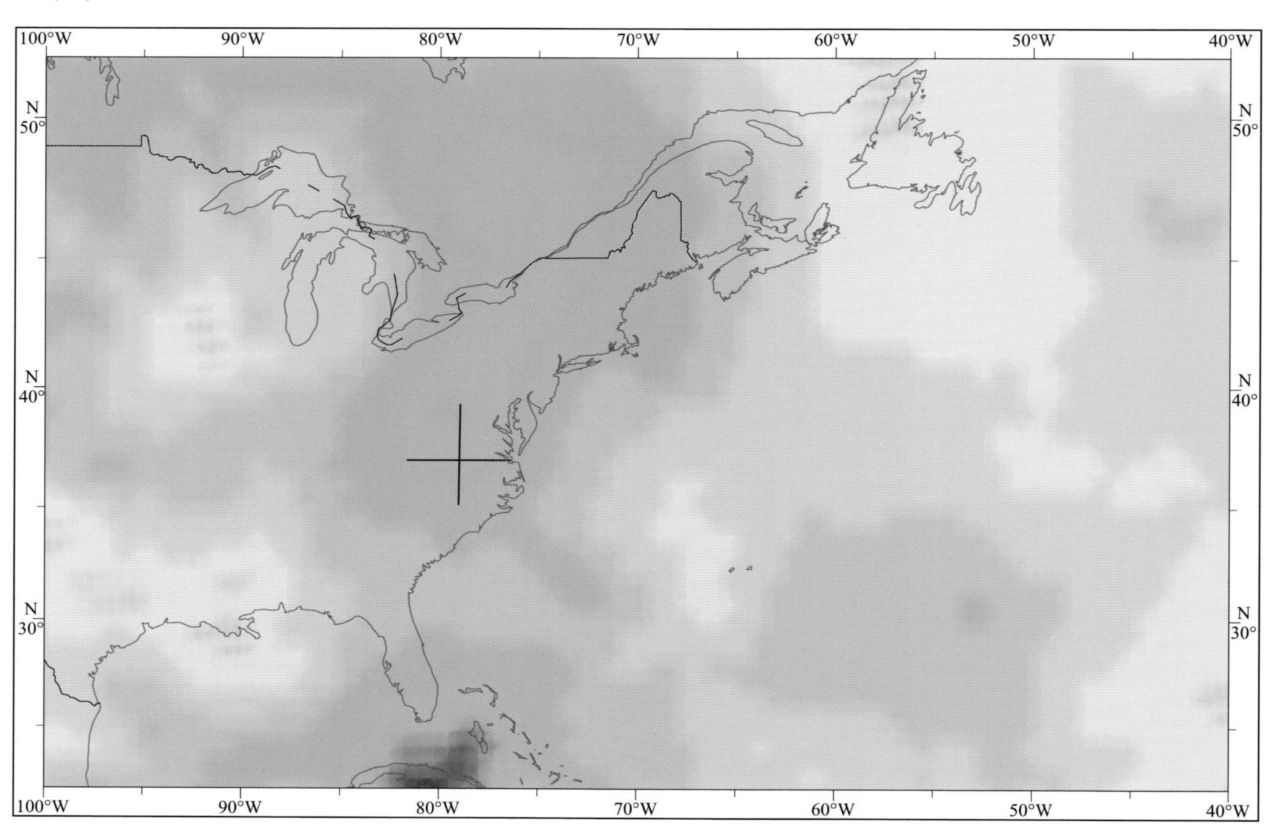

(c) 垂直剖面位

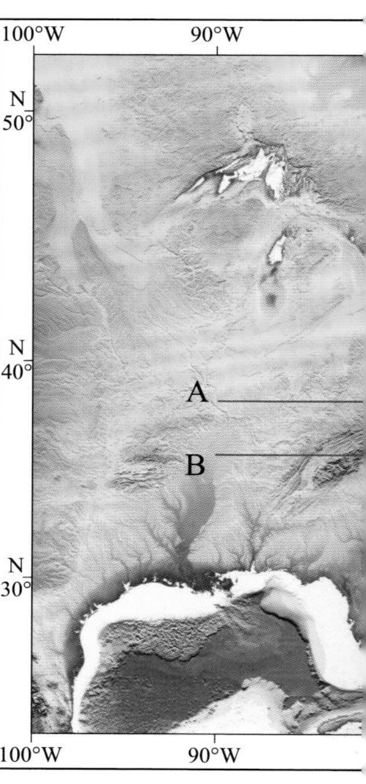

(b) 深度1800km水平切面层析成像结果

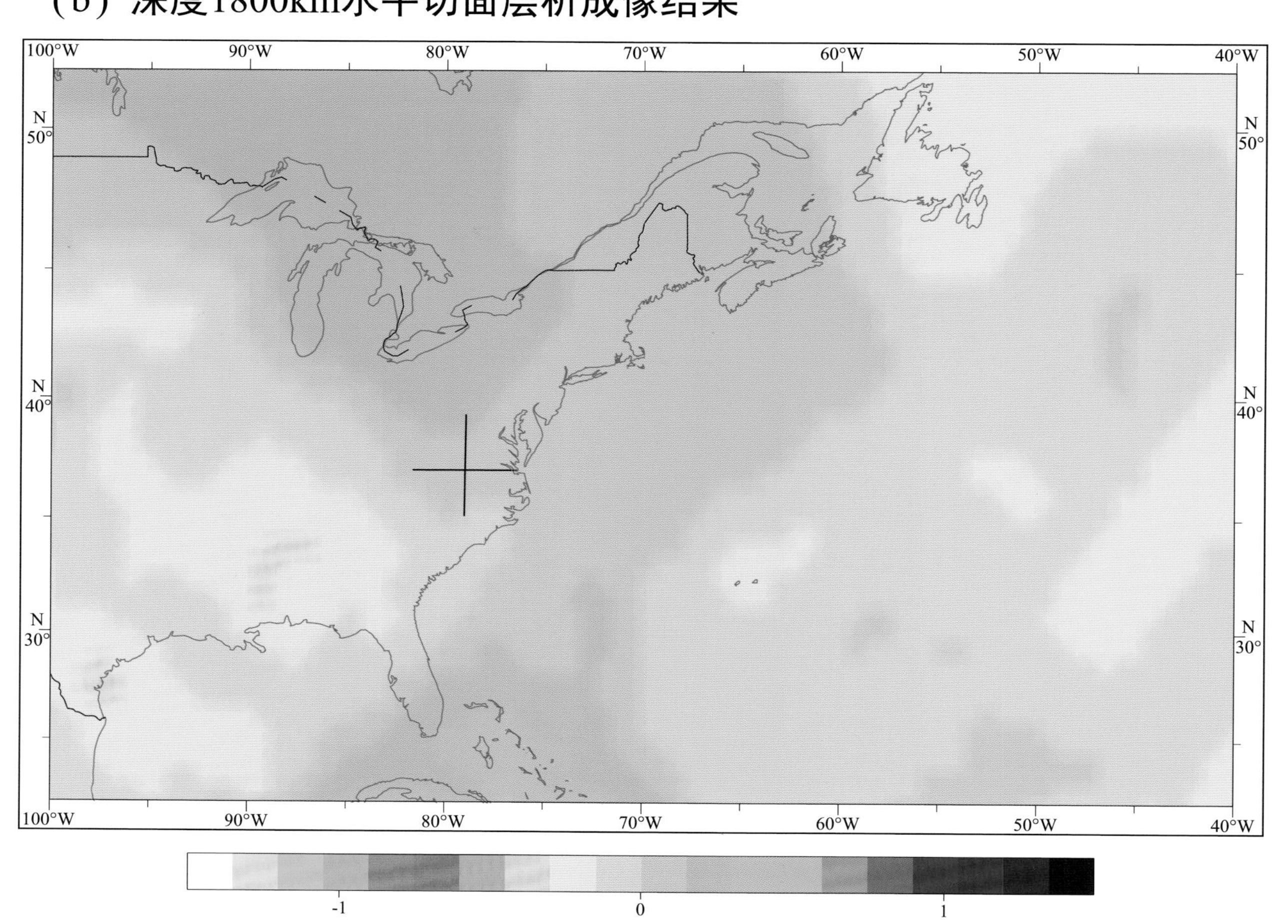

(d) 剖面位置

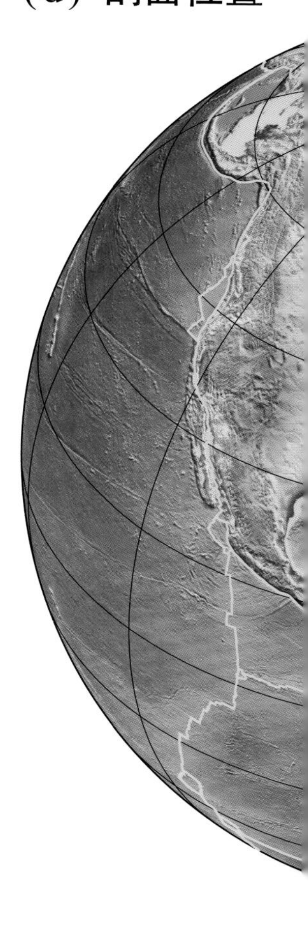

和 50Ma 左右。也有学者认为哈特勒斯微幔块对应于梅斯卡尔（Mezcalera）微幔块，部分对应于早期提出的 SF1 板片（Sigloch and Mihalynuk，2013）。van der Meer 等（2010）将该微幔块的基底解释为早侏罗世，内华达山脉岩基的岩浆作用始于约 200Ma（DeCelles et al.，2009），据此将 200~155Ma 作为哈特勒斯微幔块底部年龄，59~50Ma 作为哈特勒斯微幔块顶部的年龄（van der Meer et al.，2018）。但是，这个年龄同样可能偏老。

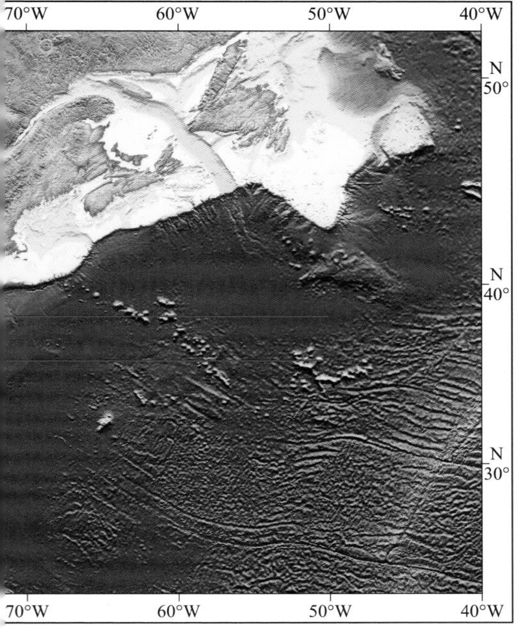

(e) A线垂直剖面层析成像结果

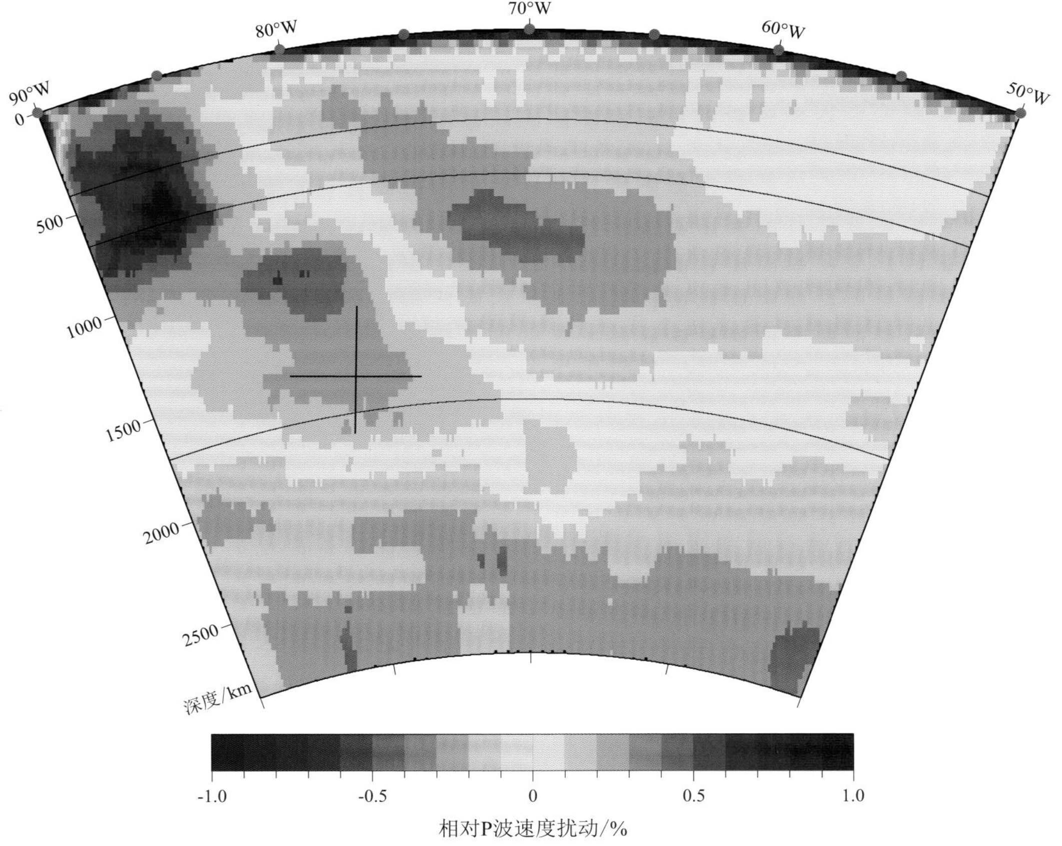

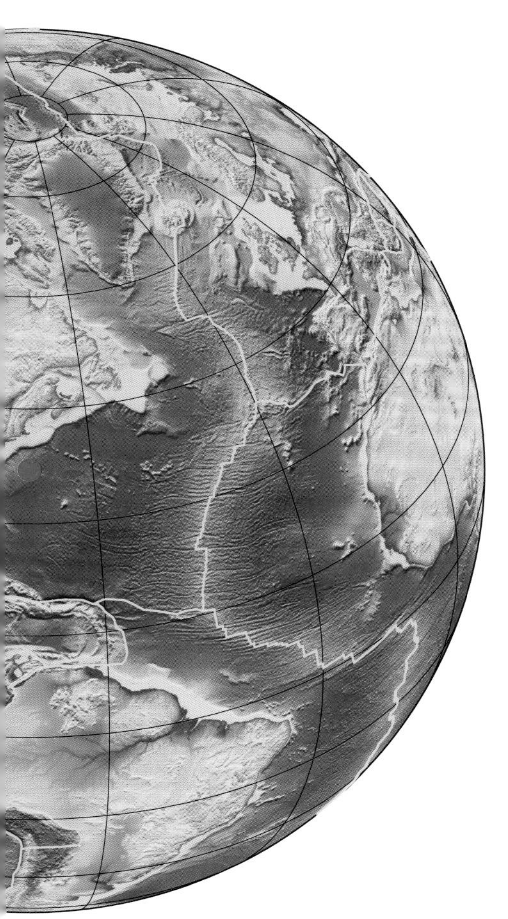

(f) B线垂直剖面层析成像结果

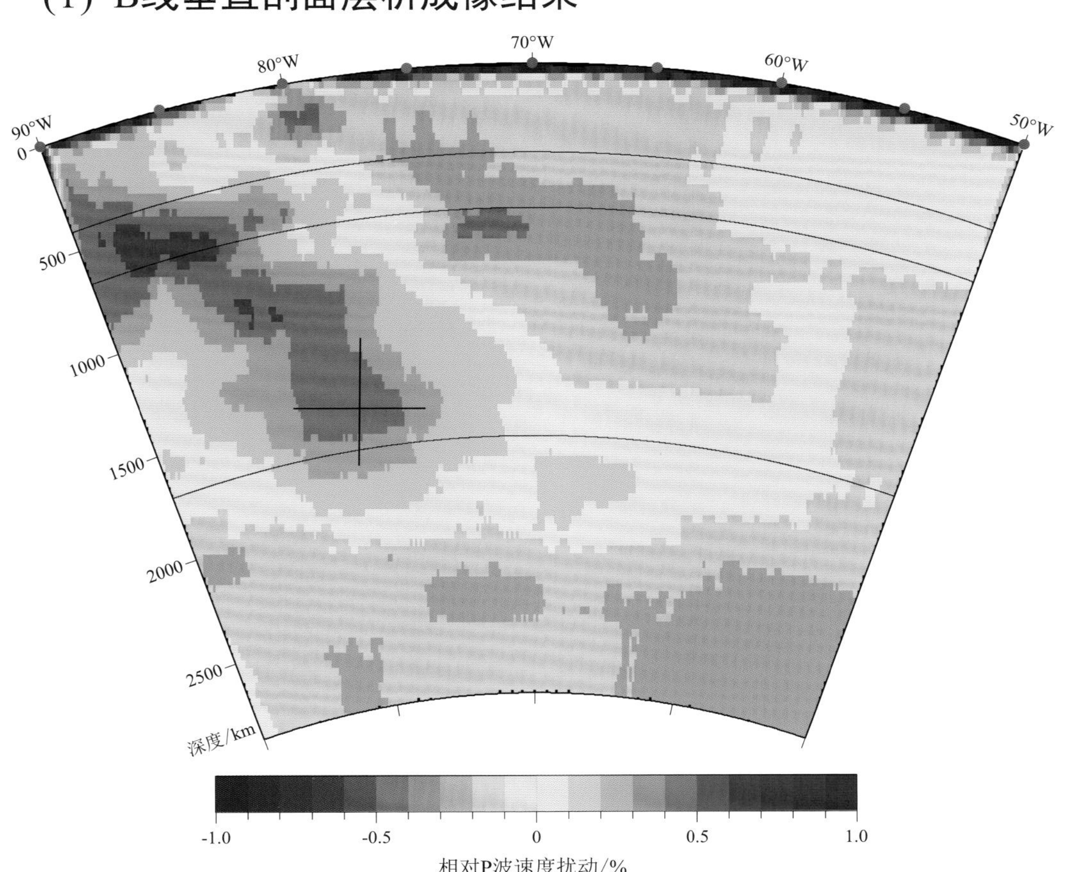

喜马拉雅山（Himalayas）异常

喜马拉雅山异常位于印度大陆北部下方，范围从下地幔上部到上地幔（图 2-20）。在以前的层析成像研究中，它被称为 IV 异常（van der Voo et al.，1999b）或 Hi 异常（Hafkenscheid et al.，2006）。研究人员认为，该俯冲岩石圈代表了与晚白垩世 Spongtang 弧相关的弧后岩石圈扩张形成的新特提斯洋的俯冲岩石圈（Hafkenscheid et al.，2006；van der Meer et al.，2010）。喜马拉雅山异常是与印度板块和亚洲大陆汇聚有关的最浅的异常，可能代表了最年轻的俯冲板片，可以解释为印度大陆地壳

（图2-20）喜马拉雅山微幔块层析成像剖面及位置

(a) 深度800km水平切面层析成像结果

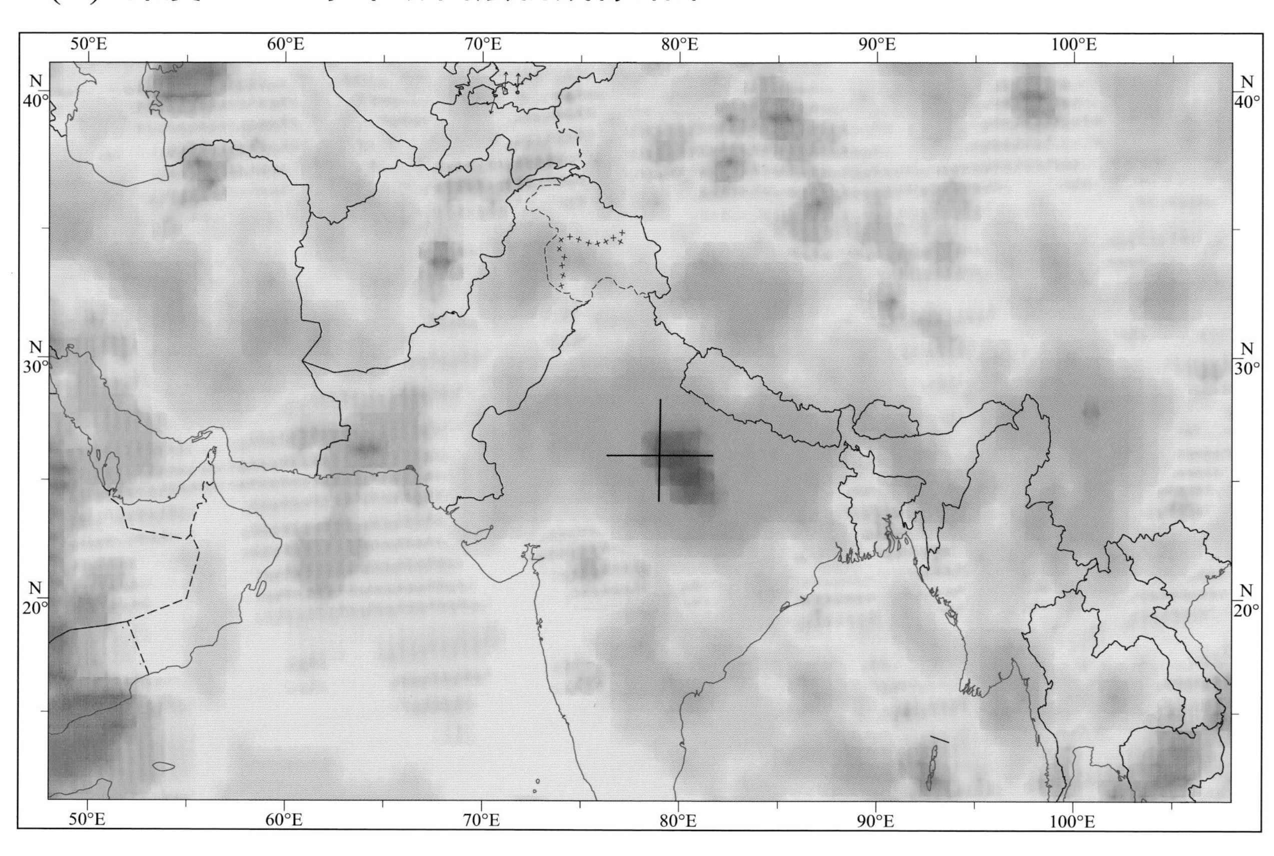

(c) 垂直剖面位

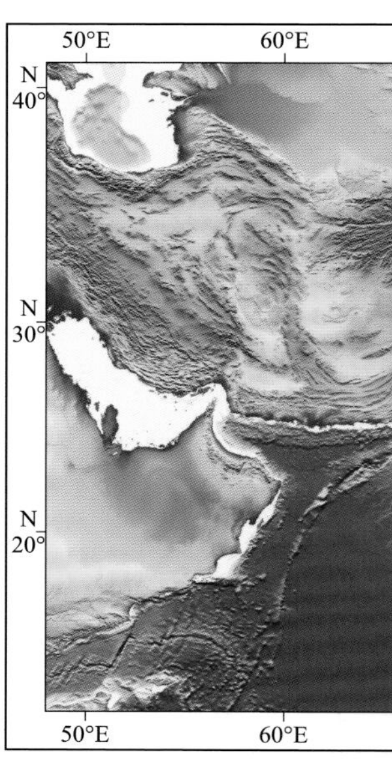

(d) 剖面位置

(b) 深度1000km水平切面层析成像结果

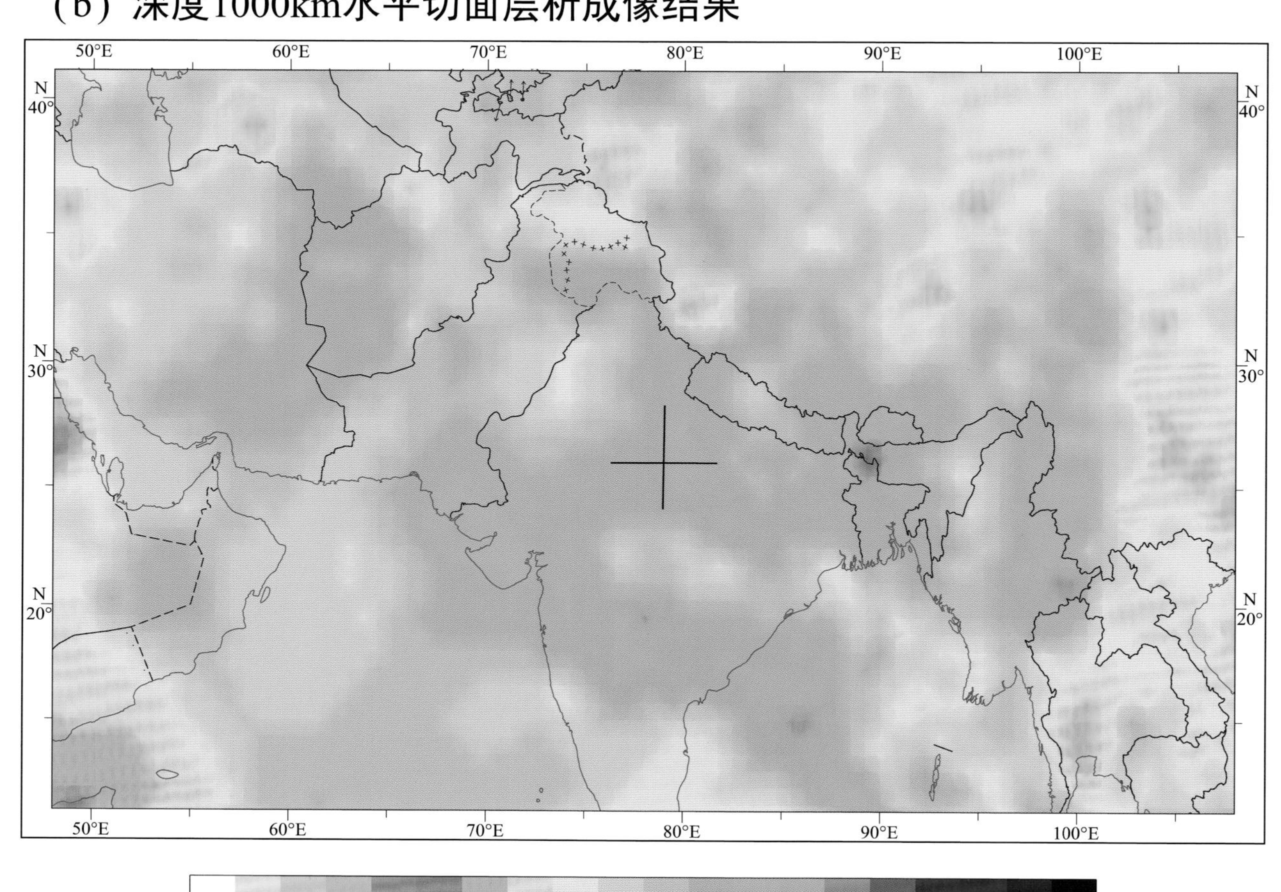

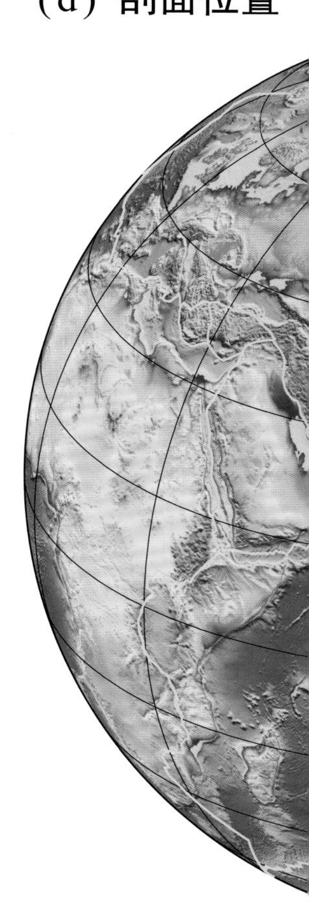

（Replumaz et al.，2010），或根据古地磁资料形成于白垩纪的印度洋洋壳（van Hinsbergen et al.，2012）。考虑到亚洲下方印度向北俯冲的极性，喜马拉雅板片向南倾斜可能表明板片是倒转的（Replumaz et al.，2010），更可能是断离的新特提斯洋板片。尽管推测的喜马拉雅山微幔块岩石圈性质不同，但推断的微幔块顶部年龄相似，为20±5Ma（van Hinsbergen et al.，2012；Replumaz et al.，2010）。据此，喜马拉雅山微幔块底部年龄为50~35Ma，微幔块的顶部年龄在25~15Ma（van der Meer et al.，2018）。

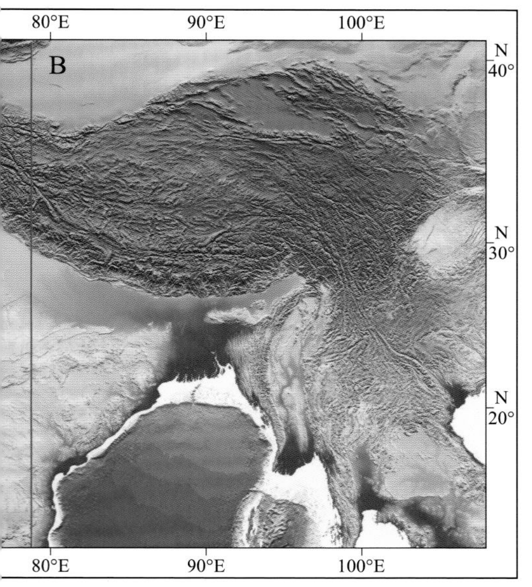

(e) A线垂直剖面层析成像结果

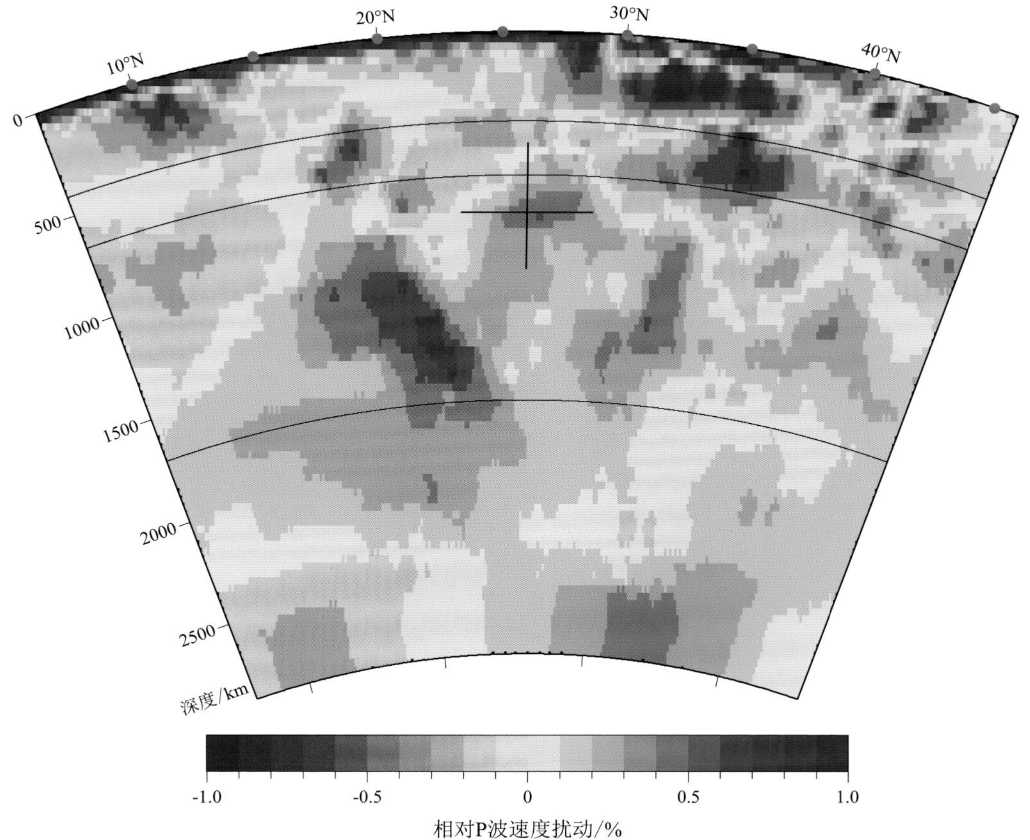

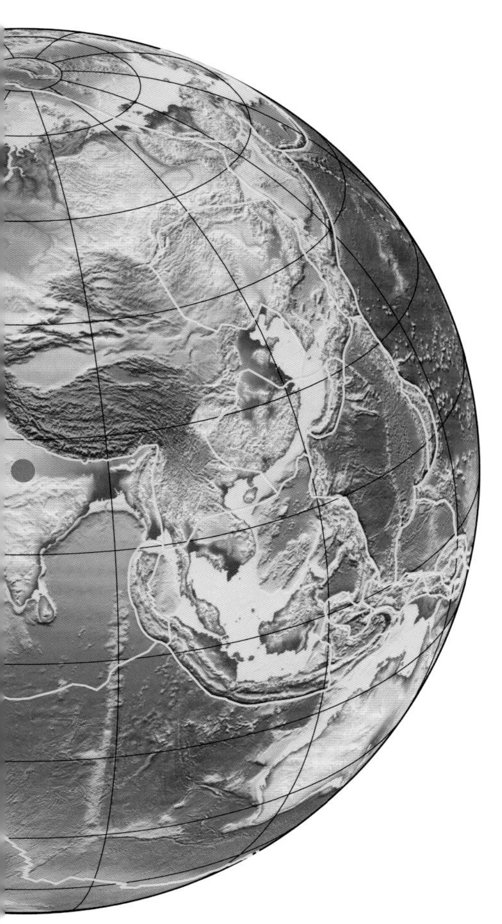

(f) B线垂直剖面层析成像结果

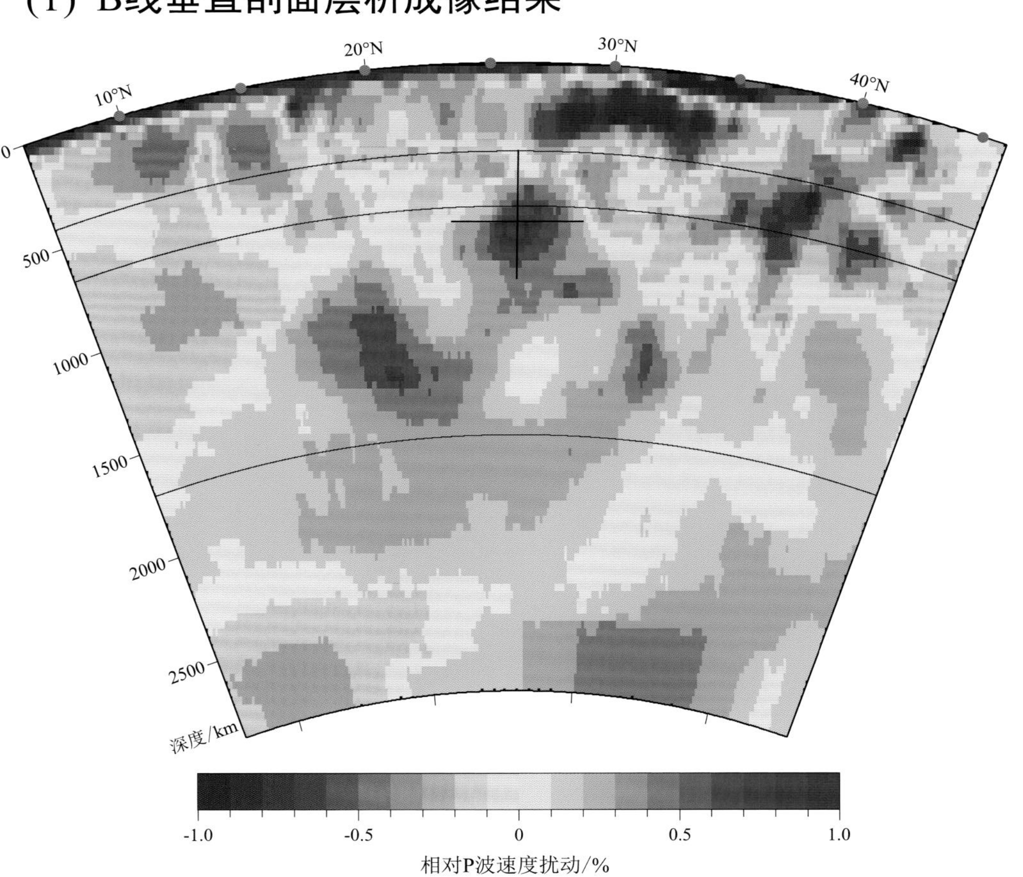

哈得孙（Hudson）异常

NW-SE向的哈得孙异常通常是一组异常体的一部分（图2-21），位于北美洲北部下方的下地幔内，在早期的层析成像中已经被识别和发现（Grand et al.，1997），之后被解释为法拉隆板片的最北部（van der Meer et al.，2010）。其东端与南北向的哈特勒斯板

（图2-21）

哈得孙微幔块层析成像剖面图及位置

（a）深度1400km水平切面层析成像结果

110°W 100°W 90°W 80°W 70°W 60°W

N 70° N 60° N 50°

（c）垂直剖面

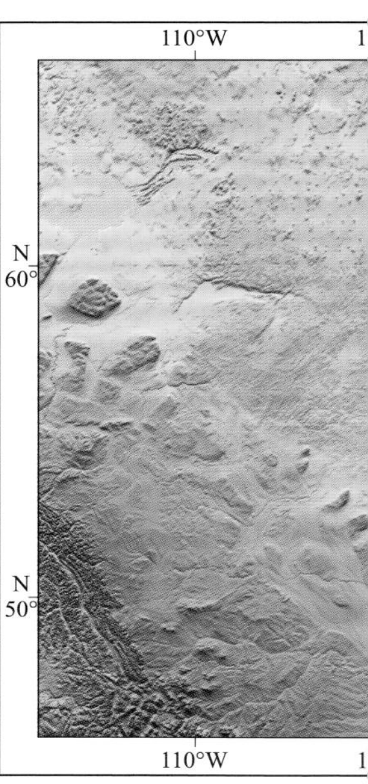

（b）深度1600km水平切面层析成像结果

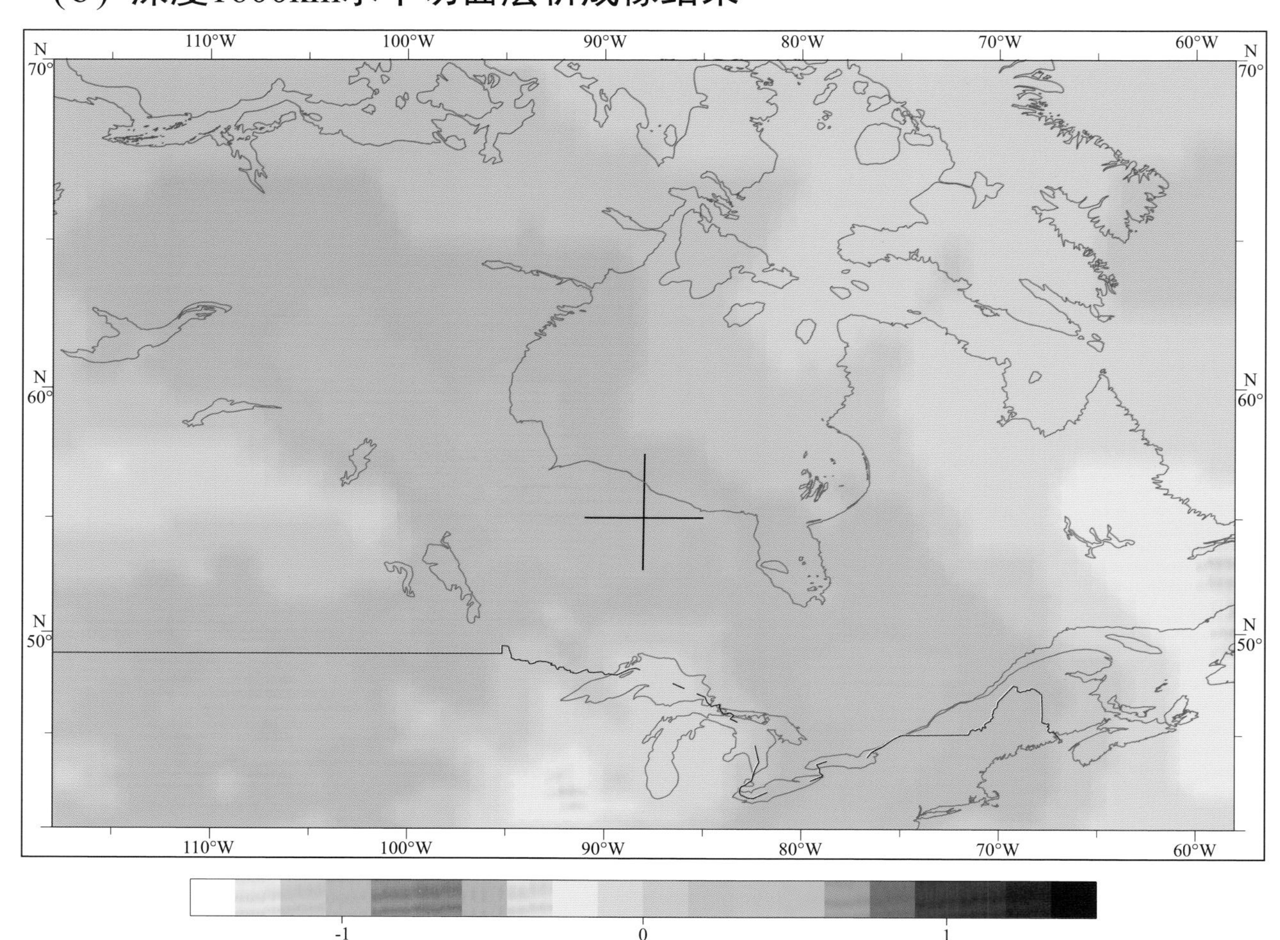

（d）剖面位置

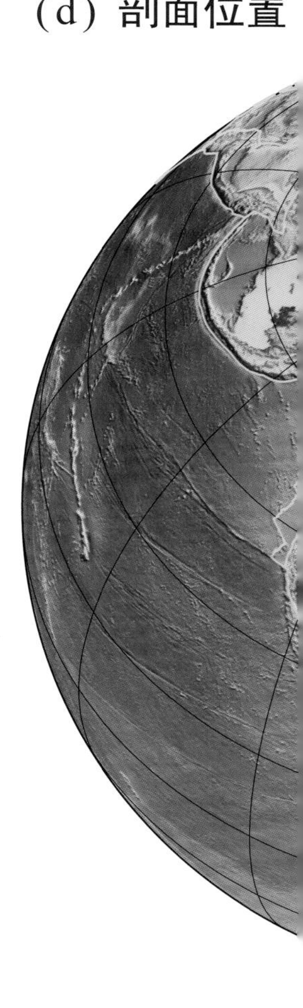

片北部相连（van der Meer et al.，2018）。Sigloch和Mihalynuk（2013）将哈得孙板片称为ANG（Angayucham）板片，推断其形成于自140Ma以来Angayucham大洋岩石圈的向西南俯冲。碰撞开始于72~69Ma，在55~50Ma之前结束（Sigloch and Mihalynuk，2013），据此，哈得孙微幔块底部年龄是160~140Ma，微幔块顶部的年龄是72~50Ma（van der Meer et al.，2018）。

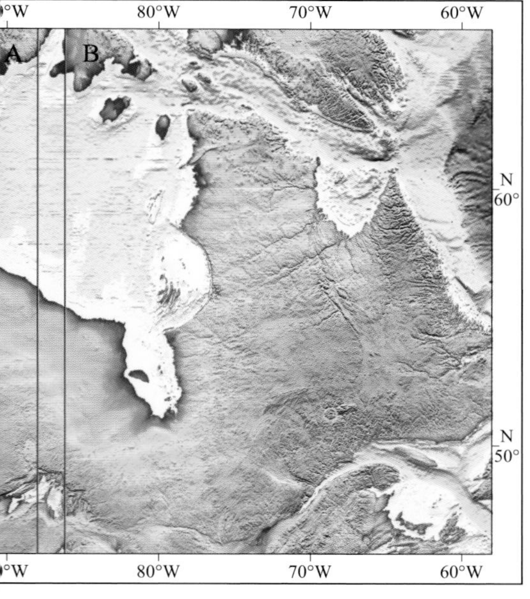

(e) A线垂直剖面层析成像结果

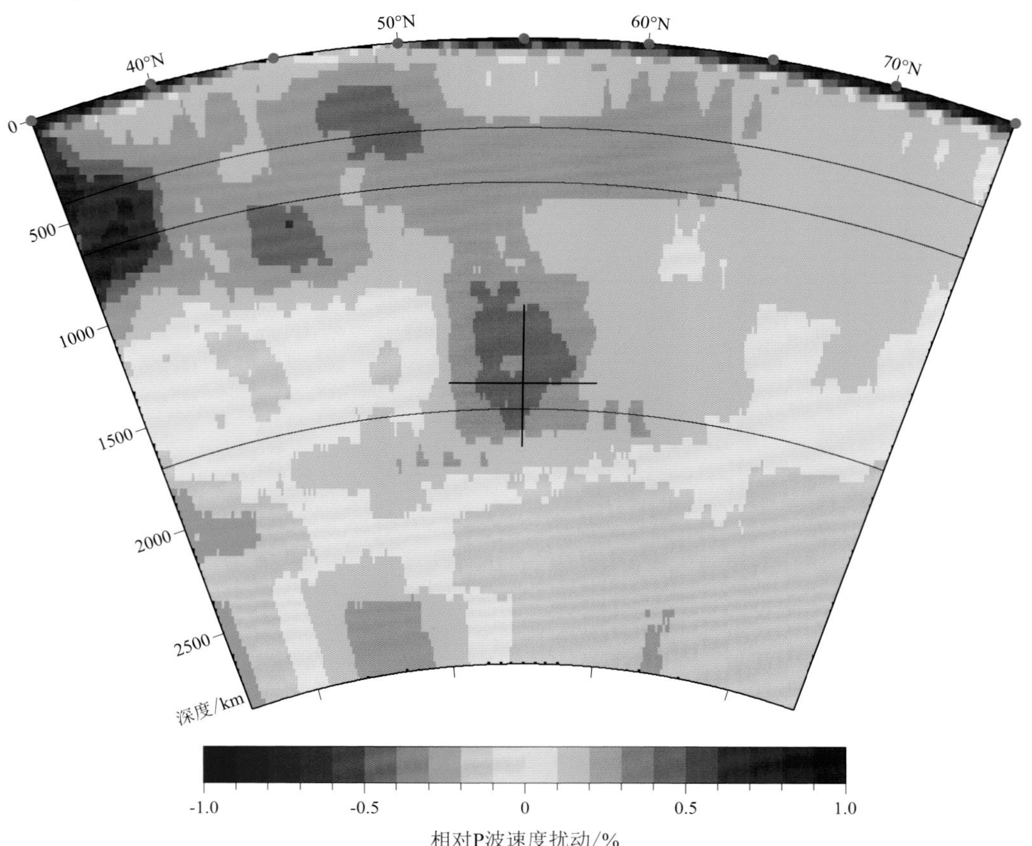

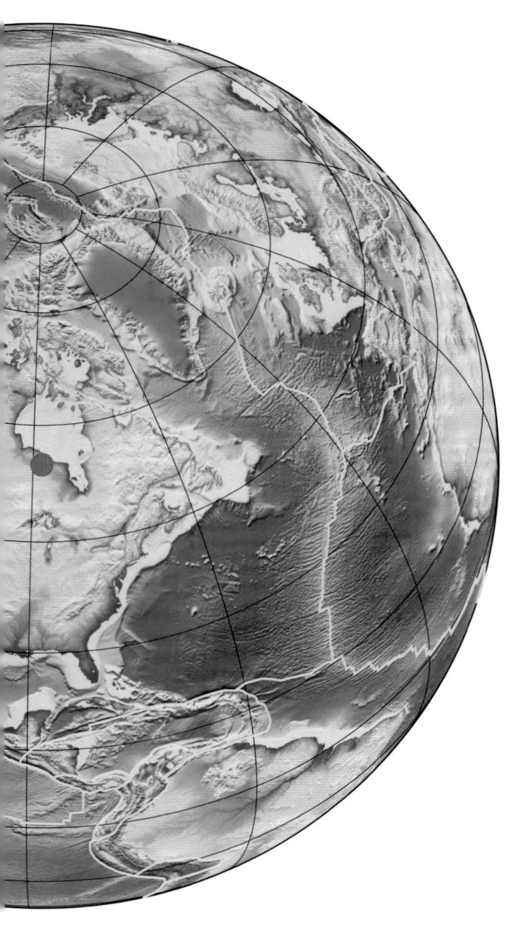

(f) B线垂直剖面层析成像结果

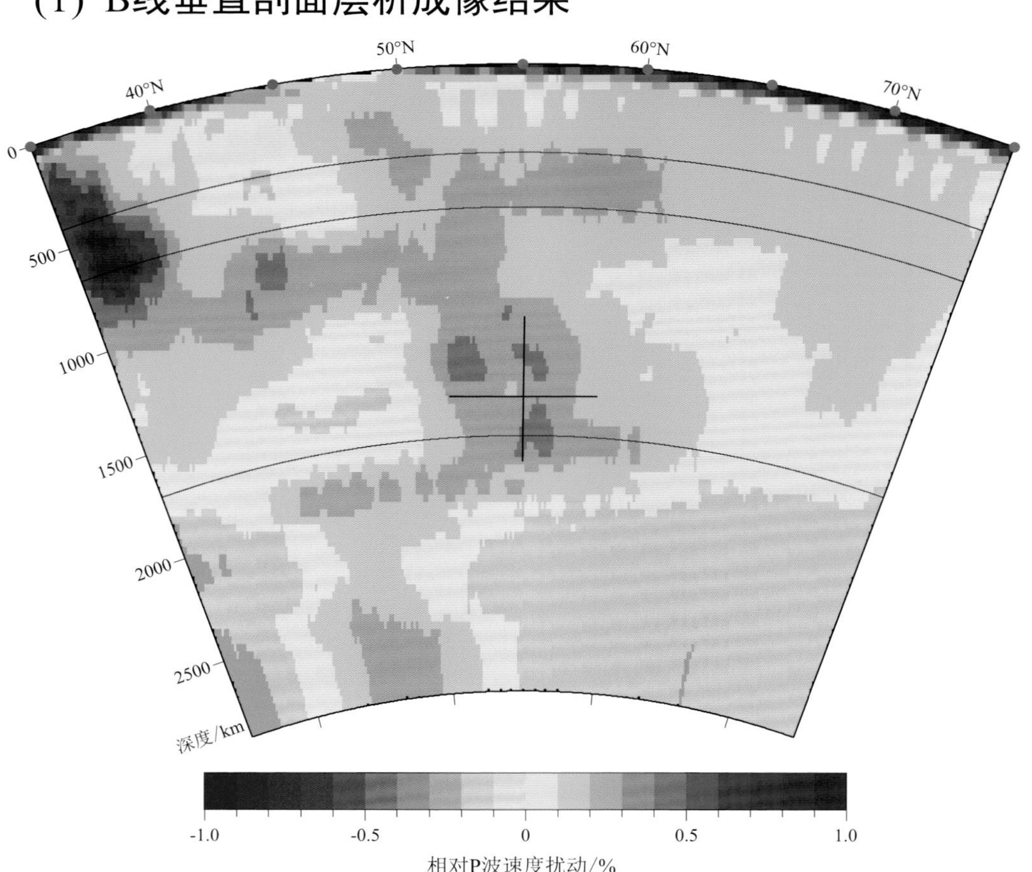

爱达荷（Idaho）异常

爱达荷异常位于北美西部以下，从深部地幔到下地幔上部（图2-22），被解释为爱达荷板片（van der Meer et al., 2010），与早期层析成像识别的S2异常（Sigloch et al., 2008）和Cascadia Root（CR）异常（Shephard et al., 2013; Sigloch and Mihalynuk, 2013）的相一致。这可解释为新生代俯冲的法拉隆岩石圈（Sigloch et al., 2008; Shephard et al., 2013），或在白垩纪俯冲的库拉（Kula）板块的岩石圈（Ren et al., 2007; Shephard et al., 2013）。van der Meer等（2010, 2012）将爱达

（图2-22） 爱达荷微幔块层析成像剖面及位置

（a）深度1400km水平切面层析成像结果

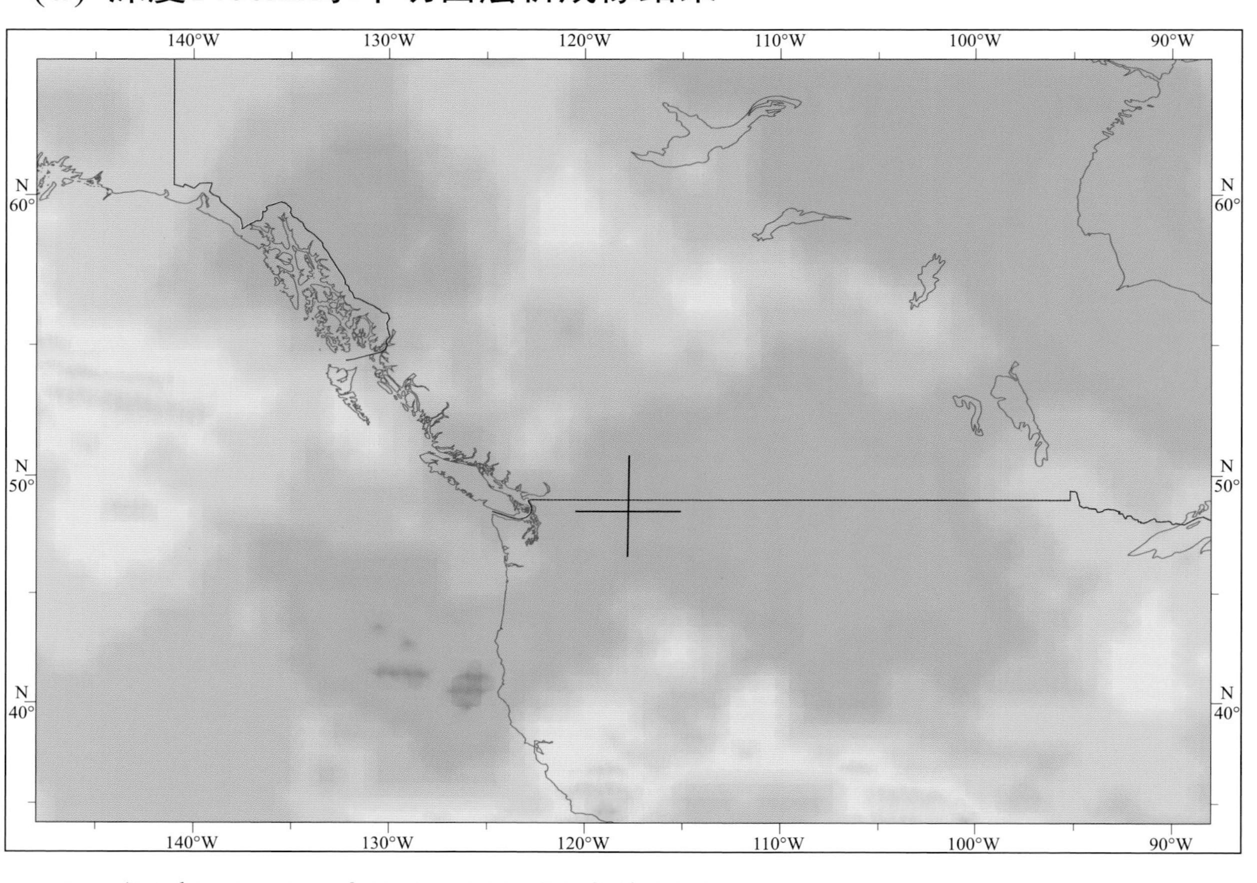

（c）垂直剖面位置

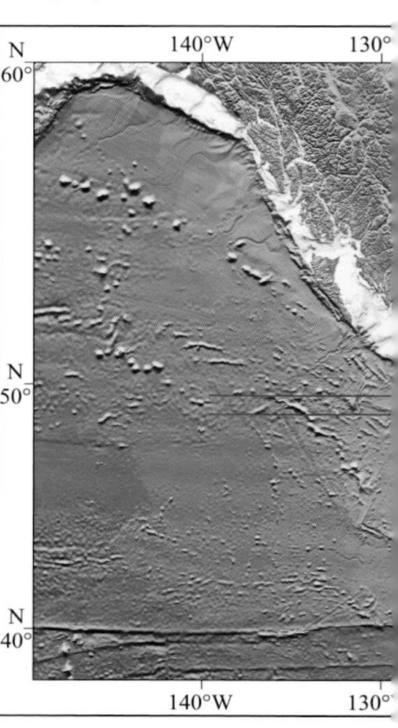

（b）深度1600km水平切面层析成像结果

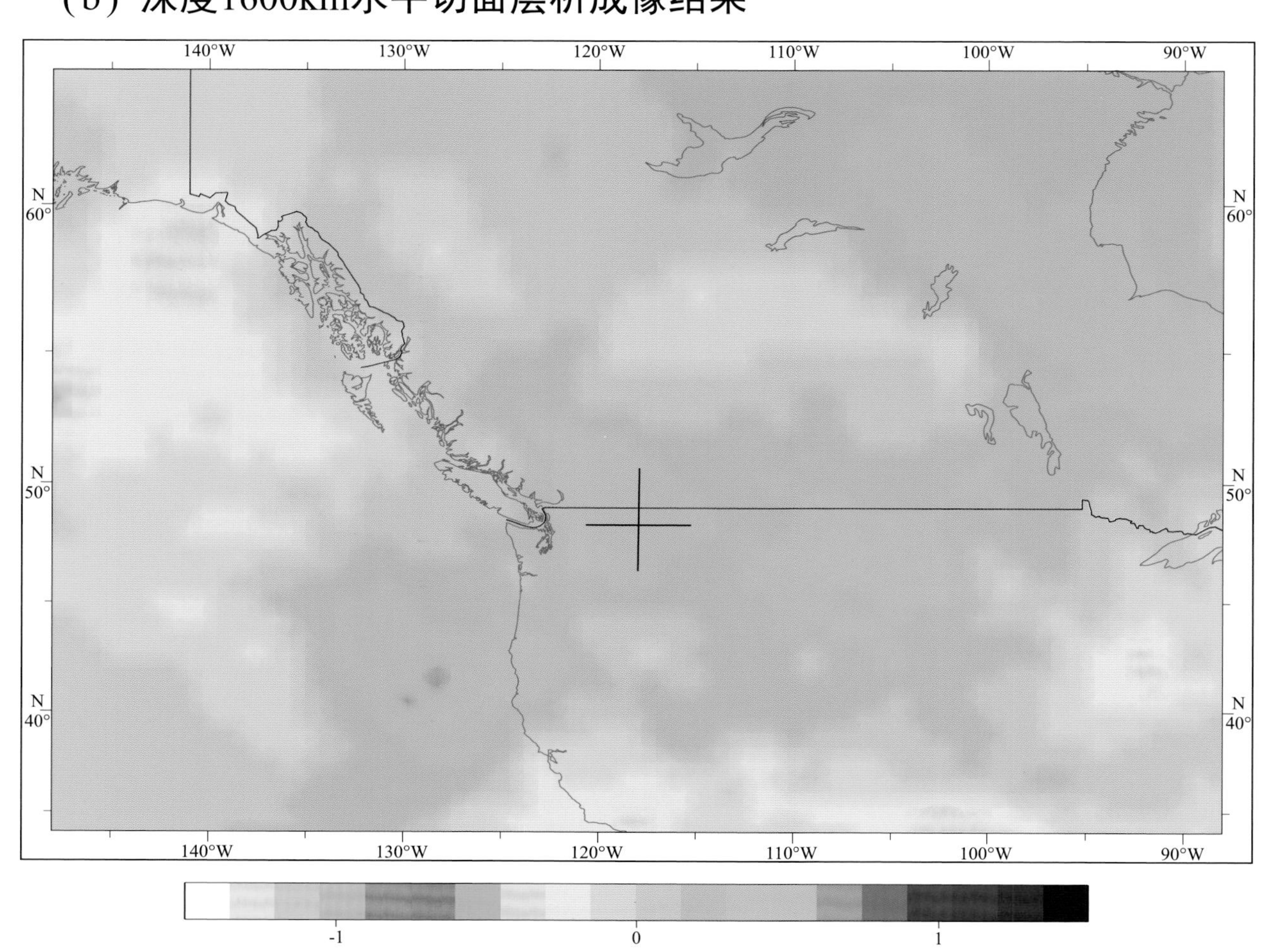

（d）剖面位置

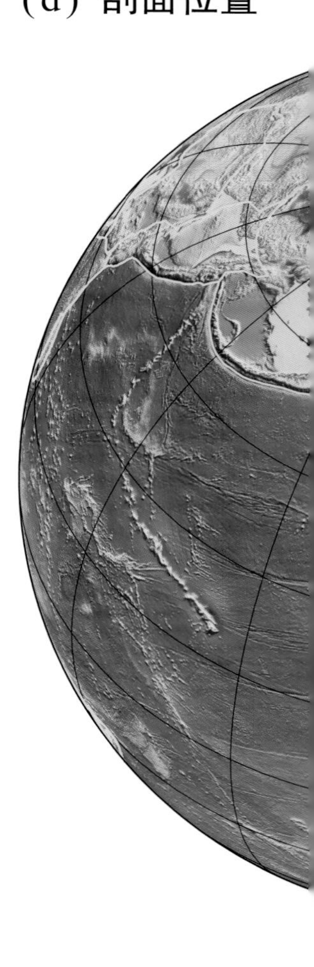

荷微幔块解释为法拉隆/泛大洋（Farallon/Panthalassa）俯冲岩石圈，同时也形成了塔尔基特纳-博南萨（Talkeetna-Bonanza）弧和格拉维纳（Gravina）弧。依据地质年代和板块重建模型，爱达荷微幔块底部年龄是204~203Ma，顶部年龄是85~78Ma（van der Meer et al.，2018）。值得讨论的是，这里这个年龄也偏老，因为同样深度的结构一般具有类似的年龄，背景地幔黏滞度水平向差别不大，所以如果不同地区同一深度的结构年龄出现成倍的差别，应该是出现了错误。

(e) A线垂直剖面层析成像结果

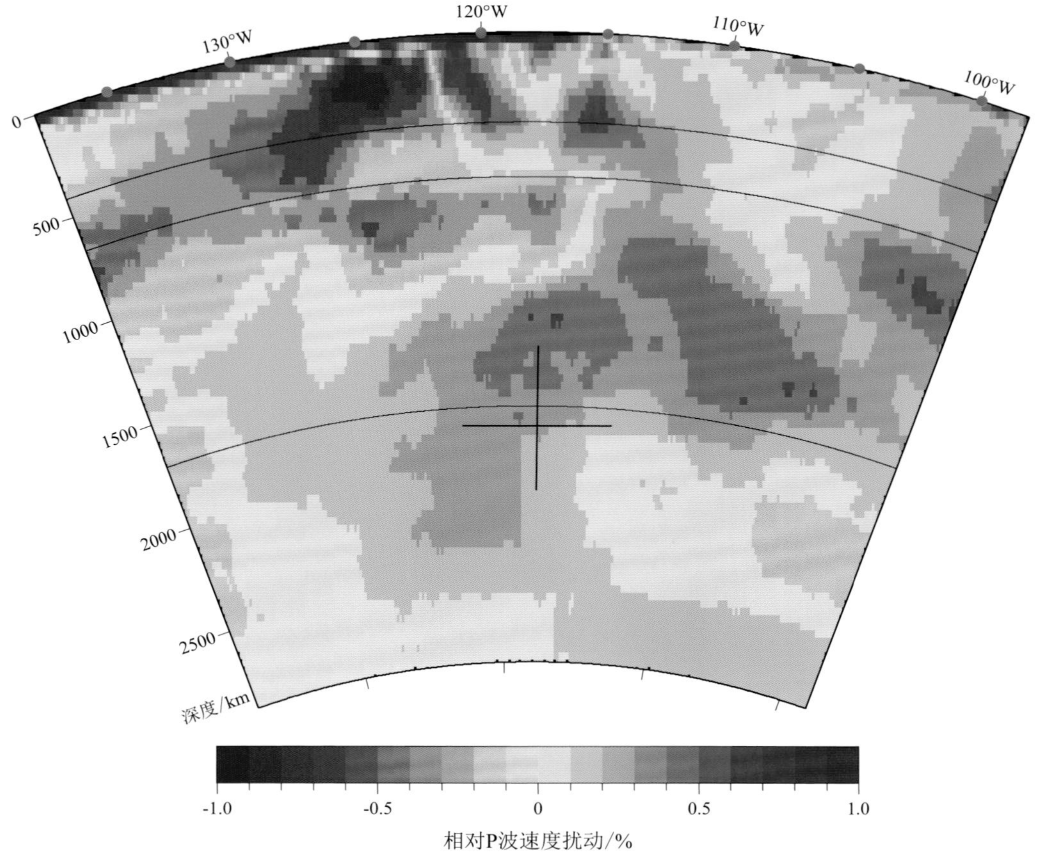

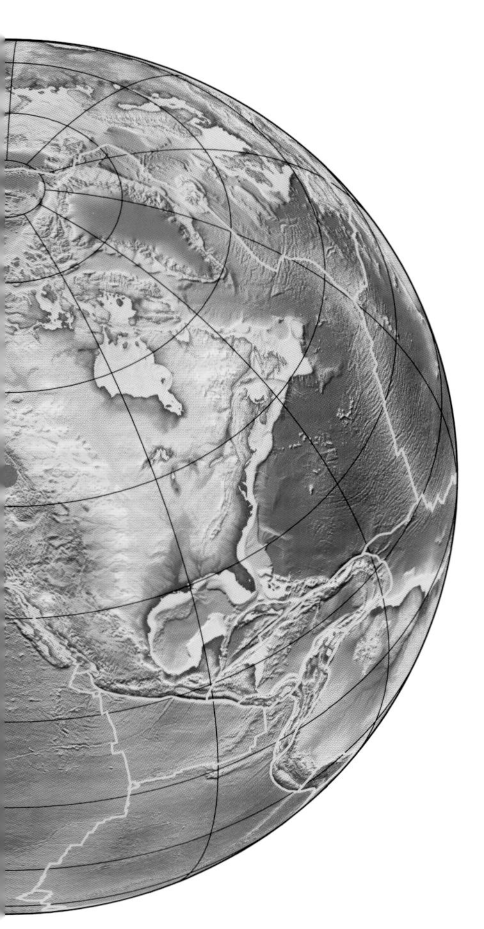

(f) B线垂直剖面层析成像结果

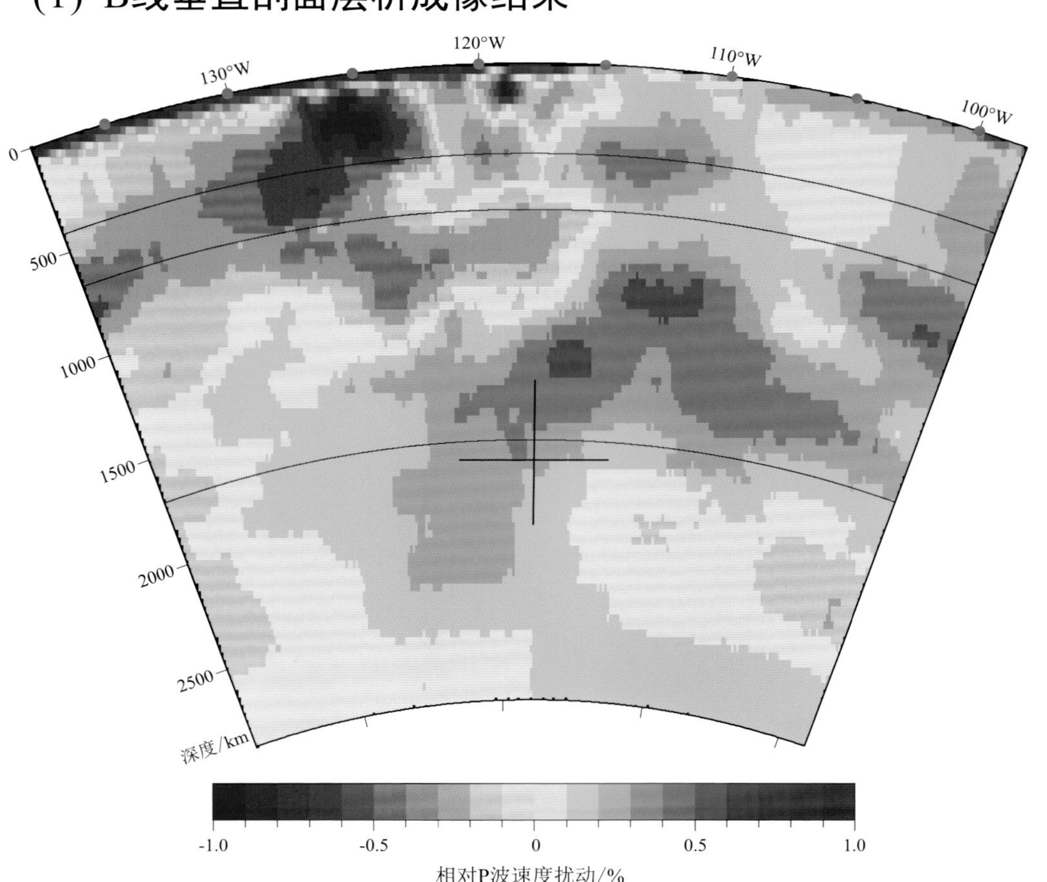

印度（India）异常

印度异常位于印度大陆下方（图 2-23），早期的层析成像模型中已解释印度异常为 II 异常（van der Voo et al.，1999b）或者 TH 异常（Hafkenscheid et al.，2006；Li et al.，2008b；Replumaz et al.，2010）。印度异常被广泛解释为代表印度－欧亚板块碰撞开始之前俯冲到青藏高原南部之下的新特提斯洋岩石圈。其俯冲起始可能发生在拉萨微陆块与西藏中部羌塘微陆块碰撞后，发生

（图2-23）

印度微幔块层析成像剖面及位置

(a) 深度1600km水平切面层析成像结果

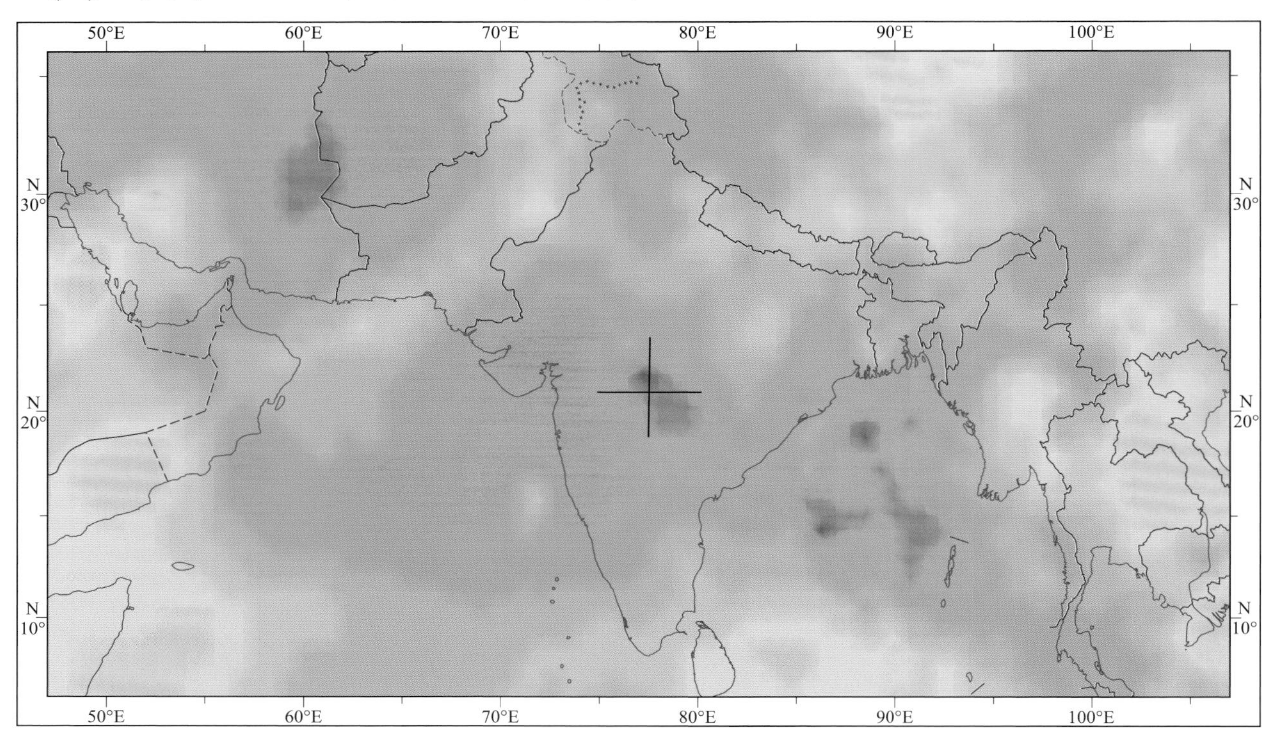

(c) 垂直剖面

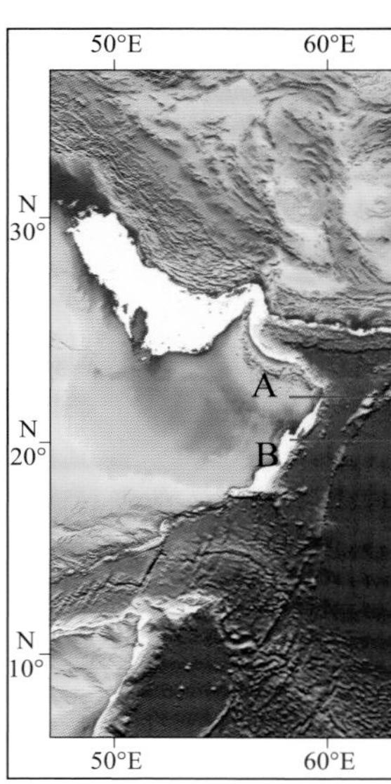

(d) 剖面位置

(b) 深度1800km水平切面层析成像结果

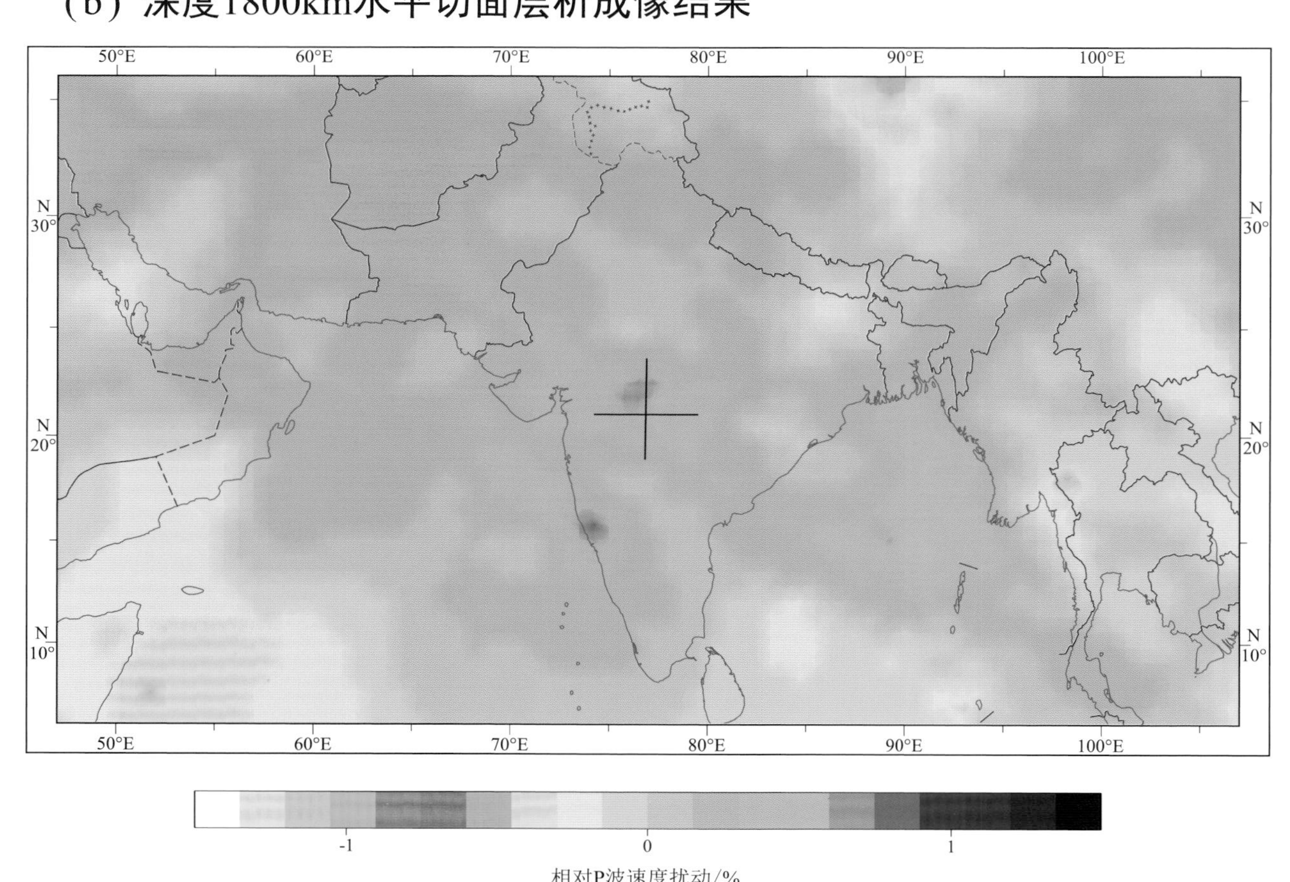

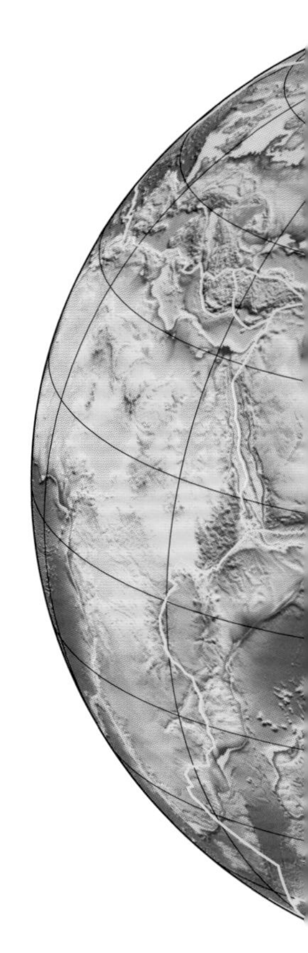

在距今130~120Ma（Yin and Harrison，2000；Kapp et al.，2007；Li et al.，2017）。早白垩世以来，印度板块的俯冲在拉萨微陆块上形成了长期存在的冈底斯火山弧（Ji et al.，2009），并与拉萨弧前俯冲带蛇绿岩的形成有关（Huang et al.，2015；Maffione et al.，2015b）。依据地质年龄和板块重建模型，印度微幔块底部年龄是140~120Ma，顶部的年龄是50~35Ma（van der Meer et al.，2018）。

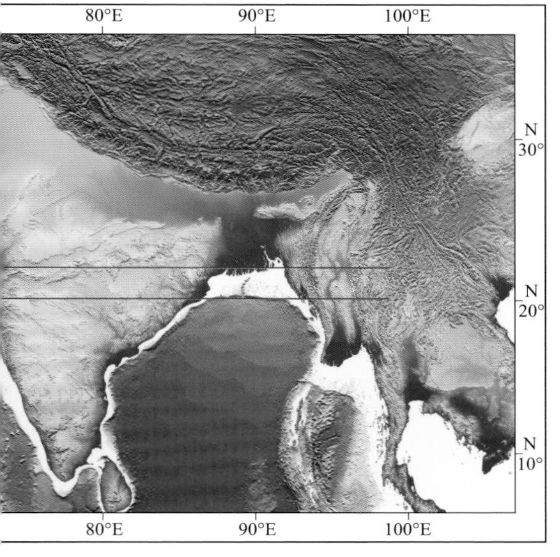

(e) A线垂直剖面层析成像结果

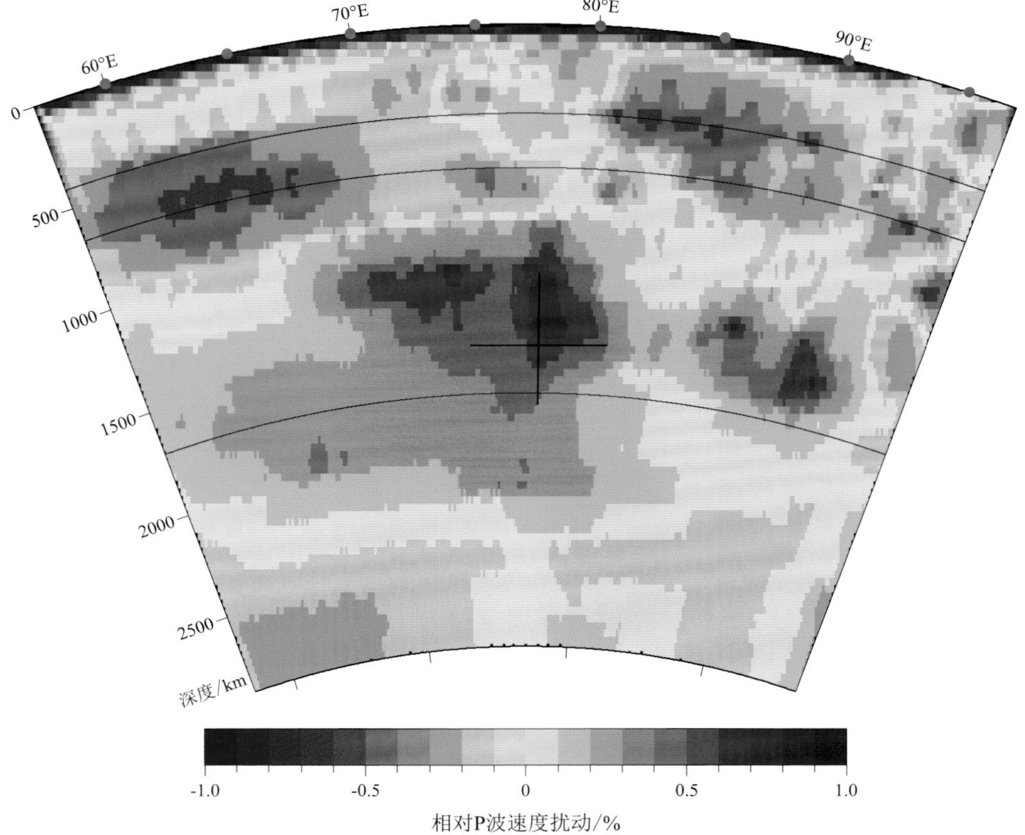

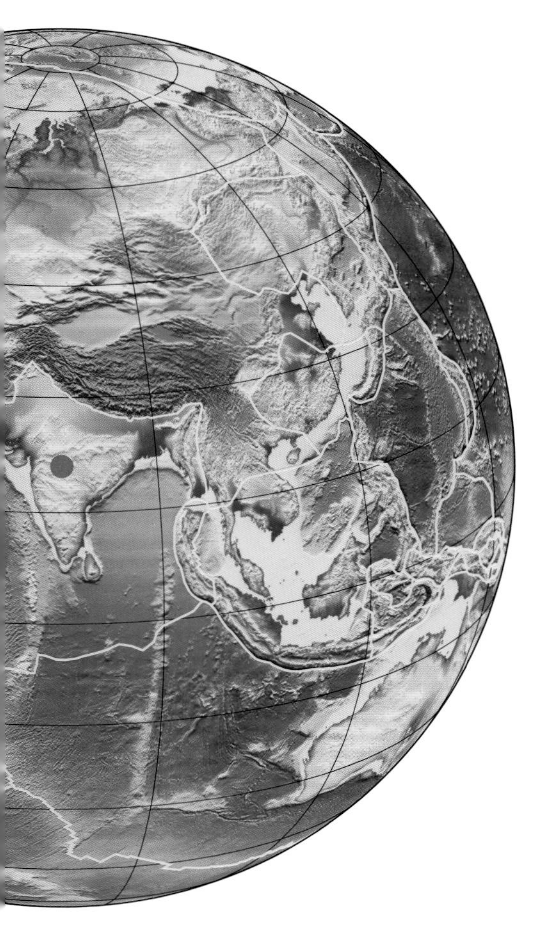

(f) B线垂直剖面层析成像结果

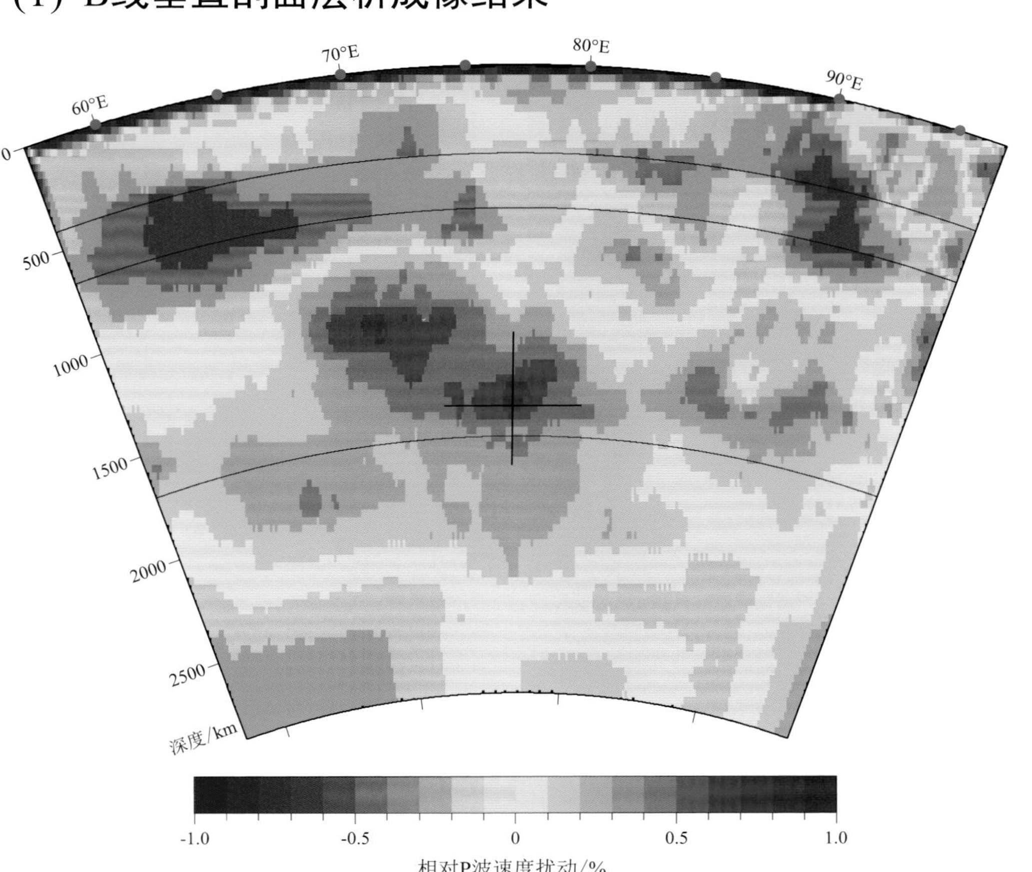

加里曼丹（Kalimantan）异常

加里曼丹异常位于东南亚婆罗洲的下方（图 2-24），从下地幔的中部到上部（Widiyantoro and van der Hilst，1996，1997；Rangin et al.，1999；Replumaz et al.，2004；Hall et al.，2008；Zahirovic et al.，2012；Fukao and Obayashi，2013；Zhu et al.，2022）。该异常被解释为与巽他板片一起的单个微幔块或者古南海南部微幔块（Wu et al.，2016；van der Meer et al.，2018；Zhu et al.，2022）。巽他板片的西部不存在加里曼丹微幔块，巽他板片不穿透上下地幔边界（Hall and Spakman，2015），其顶部正好位于加里曼丹微幔块的南部。加里曼丹微幔块以东的板片在 55~45Ma 开始俯冲，如马里亚纳板片或加罗林脊板片仍然

（图2-24） **加里曼丹微幔块层析成像剖面及位置**

(a) 深度1200km水平切面层析成像结果

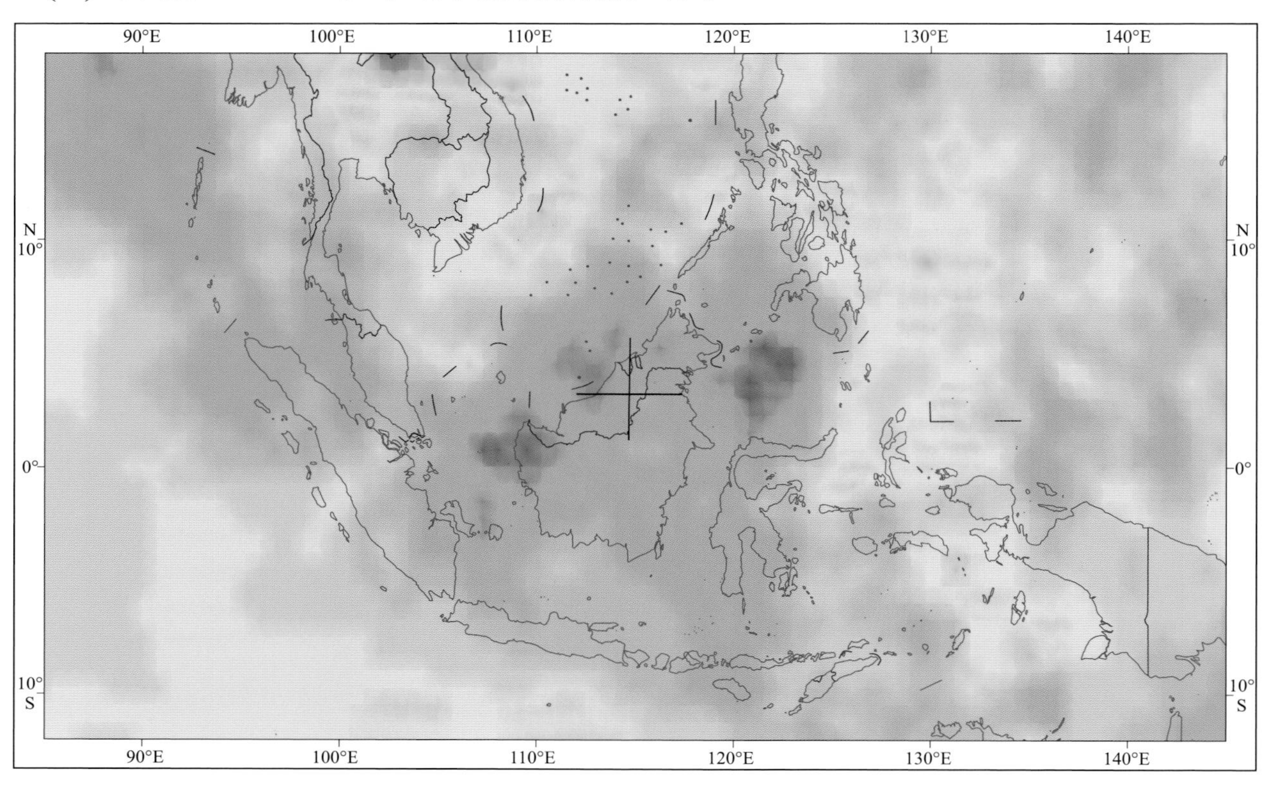

(c) 垂直剖面位

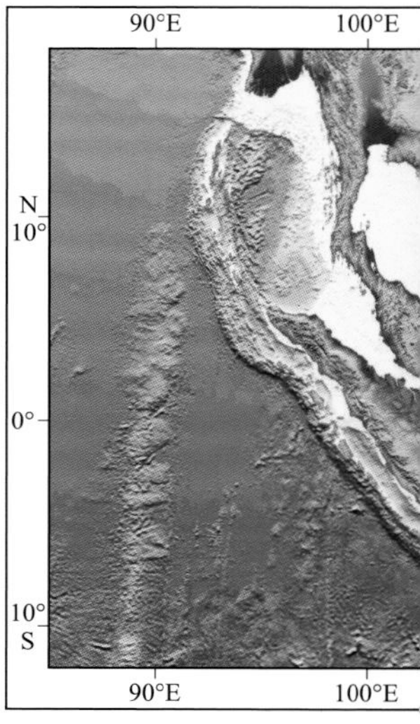

(d) 剖面位置

(b) 深度1400km水平切面层析成像结果

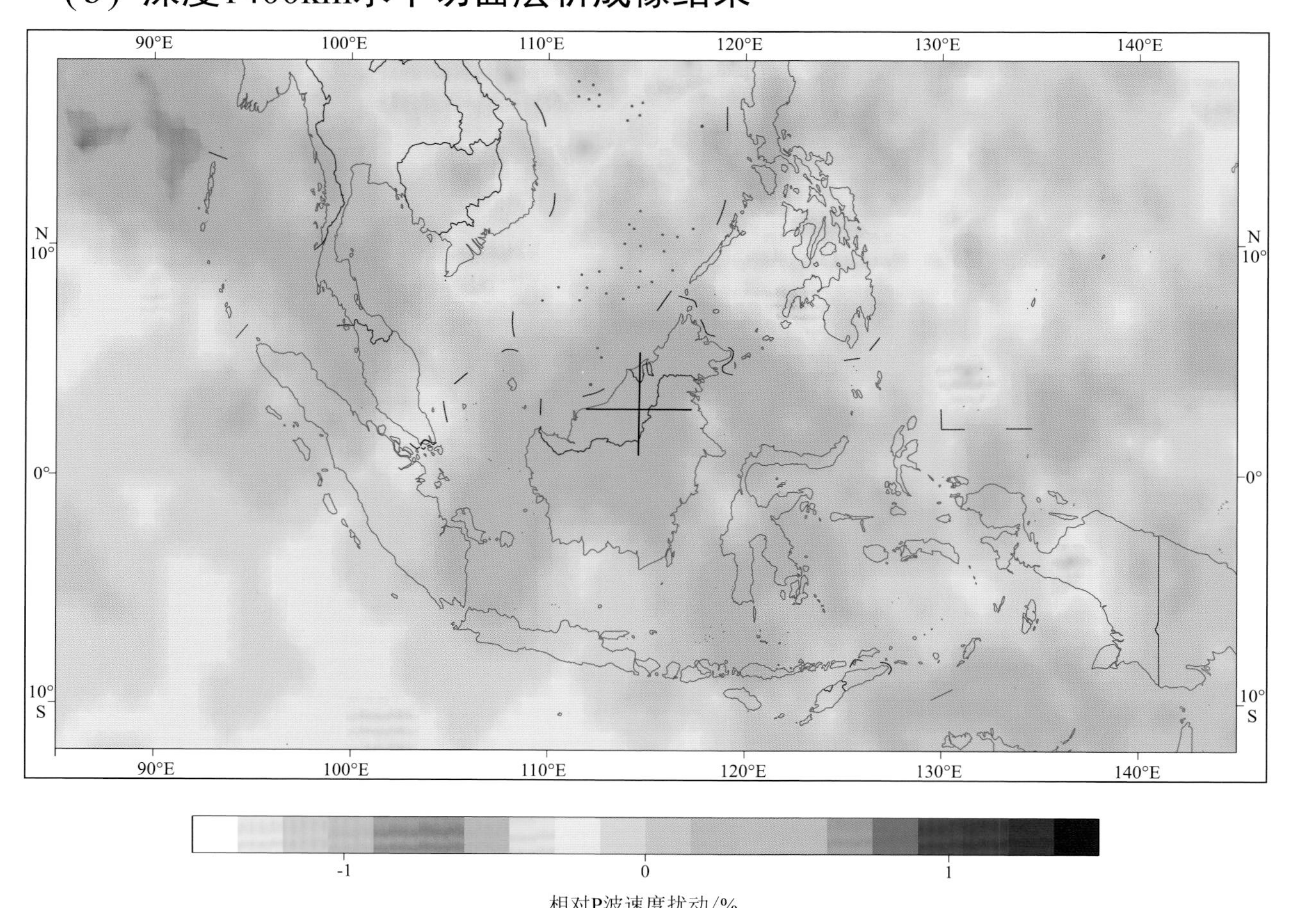

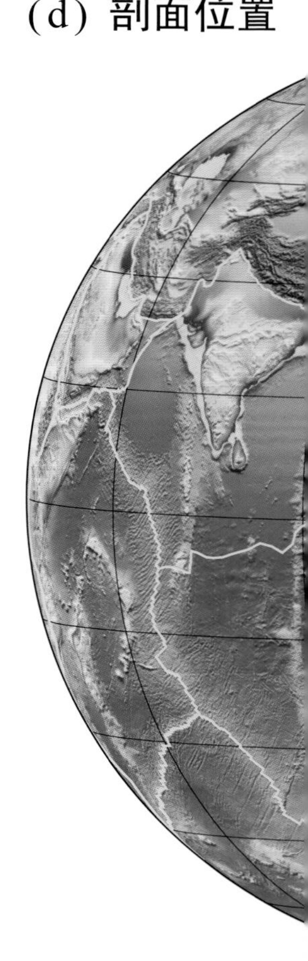

位于上地幔中或穿透下地幔顶部（van der Meer et al.，2018），推测加里曼丹微幔块的底部可能是晚白垩世或古近纪俯冲时形成。Hall（2012）认为西苏拉威西岛、桑巴岛和婆罗洲（即加里曼丹岛）下方的向西俯冲始于70~65Ma，结束于50~45Ma，此时巽他板块开始向南和向西俯冲。Hall和Spakman（2015）认为加里曼丹微幔块可能包含两个独立的微幔块：巽他微幔块和古南海微幔块，其中高速异常的上部代表俯冲的古南海岩石圈，该岩石圈在45~20Ma向东南俯冲到北婆罗洲和现在巴拉望东南的卡加延（Cagayan）之下。据此，加里曼丹微幔块的底部年龄是70~65Ma，顶部的年龄是20Ma（van der Meer et al.，2018）。

(e) A线垂直剖面层析成像结果

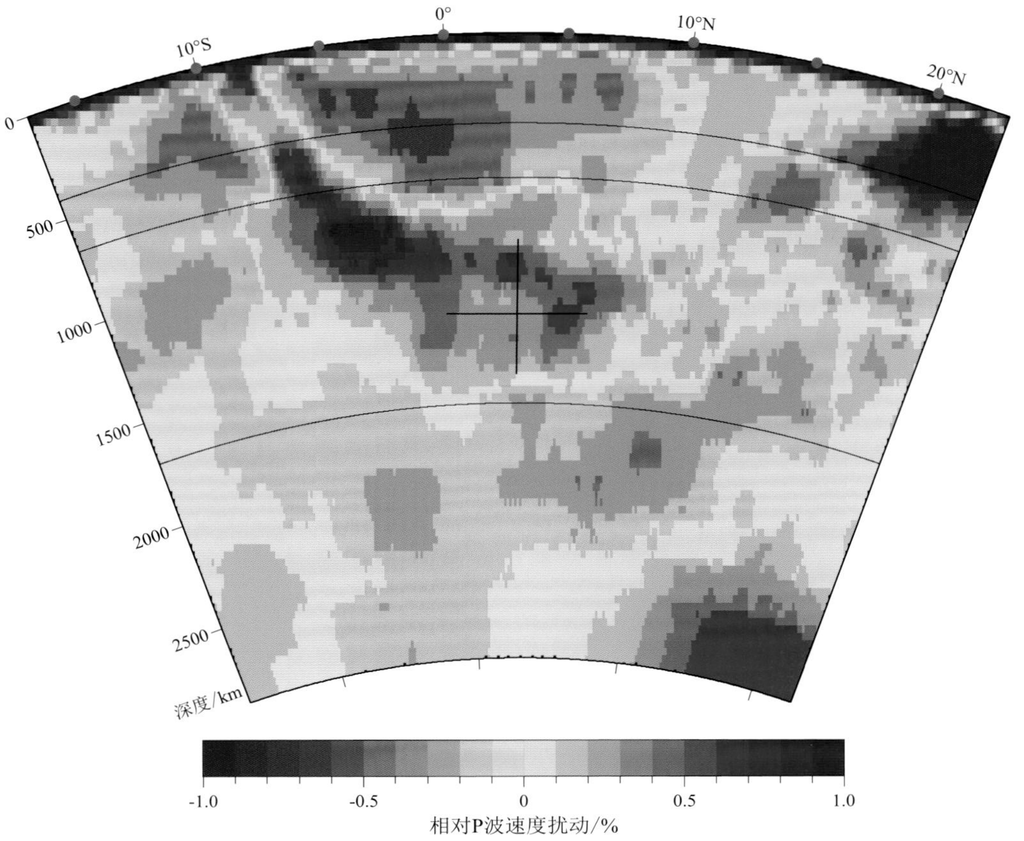

(f) B线垂直剖面层析成像结果

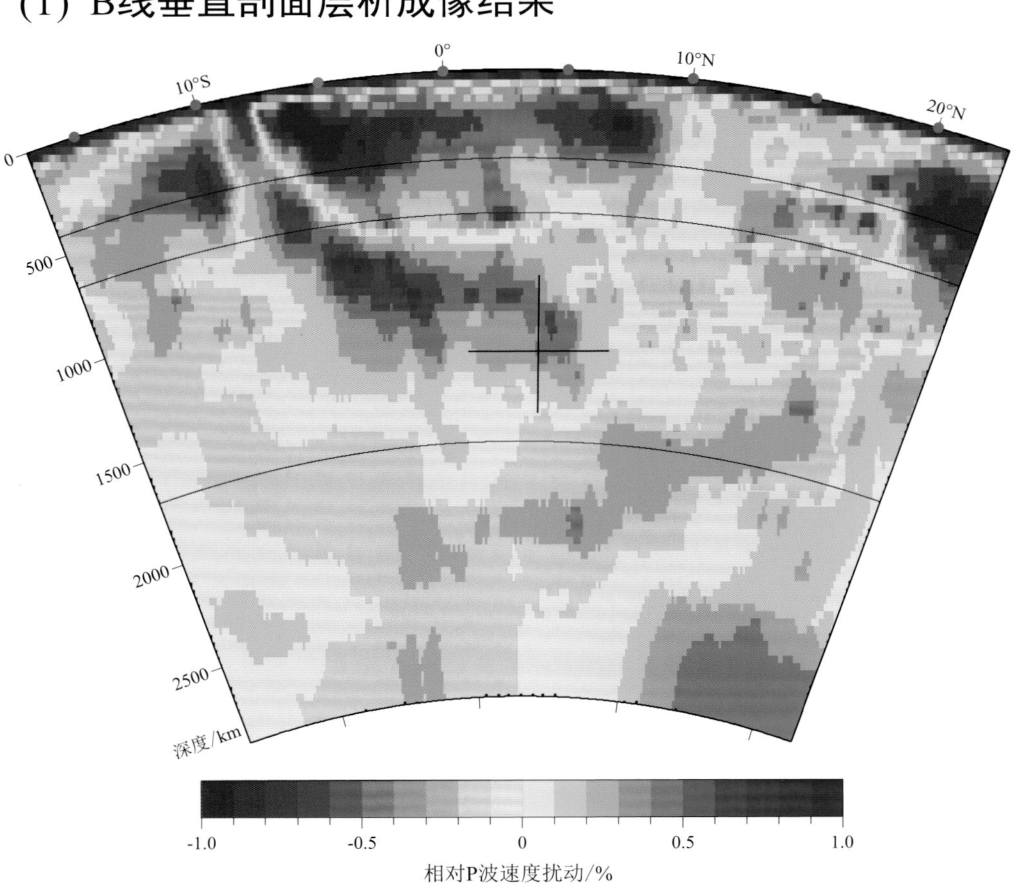

艾尔湖（Lake Eyre）异常

艾尔湖异常在早期的层析成像中已经被识别出来（Schellart and Spakman，2015），它位于南澳大利亚下方的下地幔上部，深度为 800~1200km（图 2-25）。在澳大利亚没有发现中生代或新生代俯冲的记录，但是以地幔热点作为参照揭示澳大利亚板块向北快速运动，可以在澳大利亚北部边缘地区研究艾尔湖板片俯冲的地质过程（Schellart and Spakman，2015）。在 50Ma 左右，澳

（图2-25） **艾尔湖微幔块层析成像剖面及位置**

(a) 深度800km水平切面层析成像结果

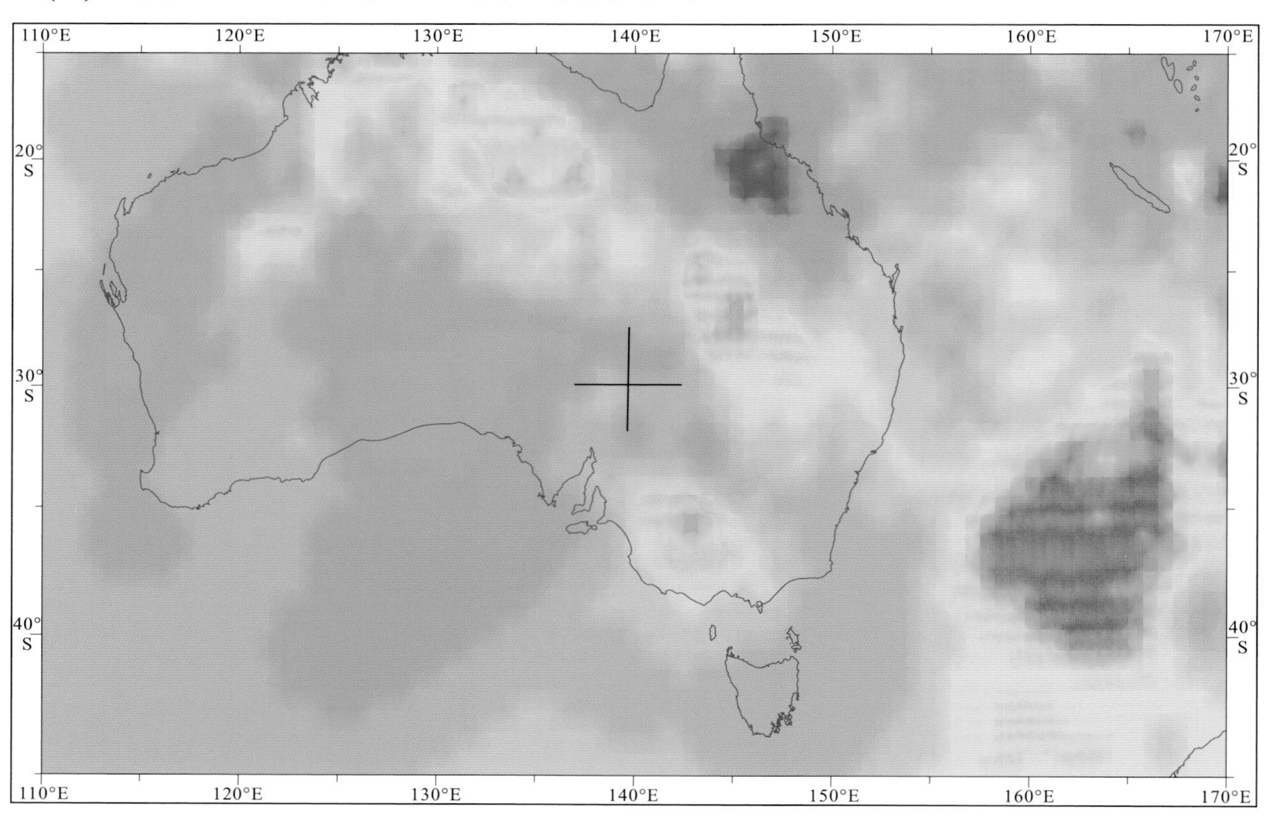

(c) 垂直剖面位

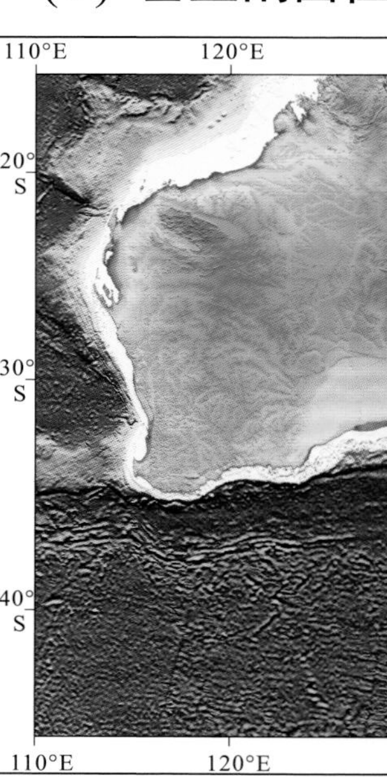

(d) 剖面位置

(b) 深度1000km水平切面层析成像结果

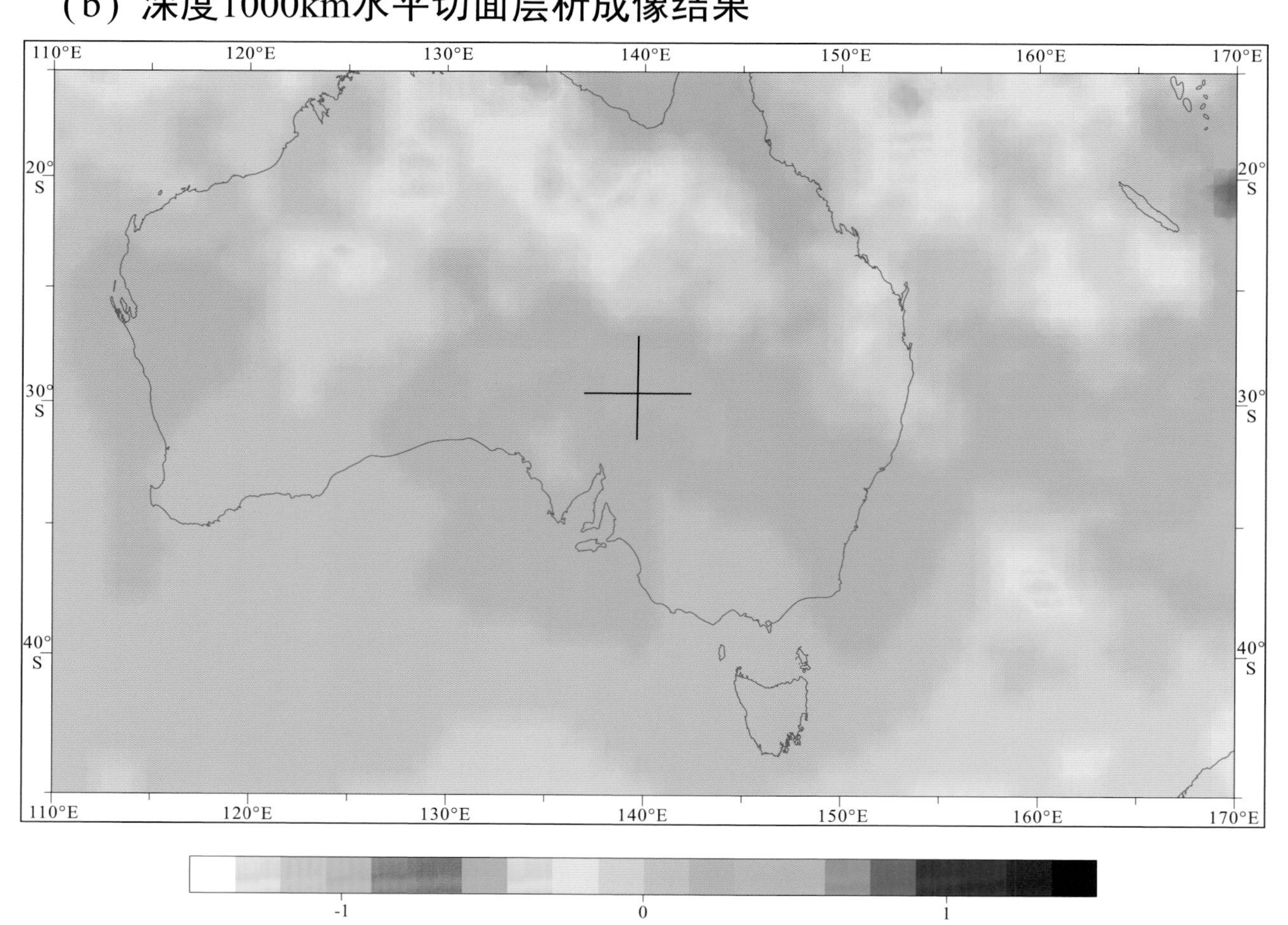

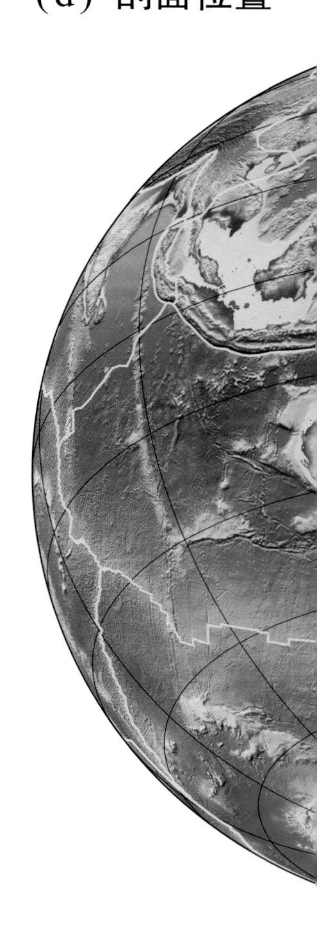

-1　0　1

相对P波速度扰动/%

大利亚大陆边缘的俯冲结束，这一时间也被认为是板片拆离的时间。之后，澳大利亚向北移动并碰撞，与拆离的板片相连（Schellart and Spakman，2015；van der Meer et al.，2018）。据此，艾尔湖微幔块的底部年龄是 75~65Ma，顶部的年龄是 52~49Ma（van der Meer et al.，2018）。

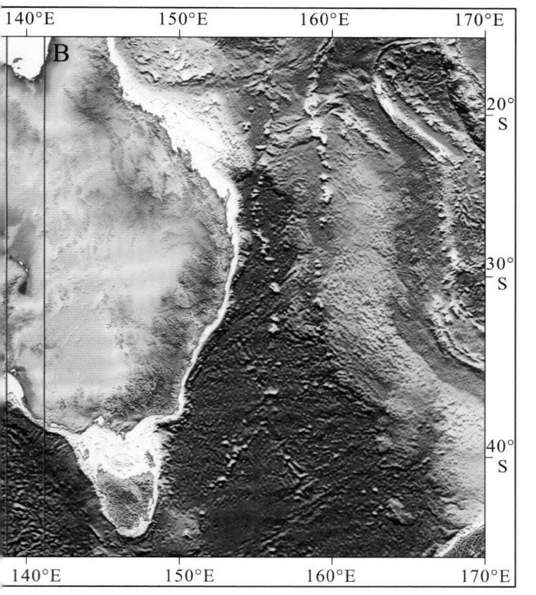

(e) A线垂直剖面层析成像结果

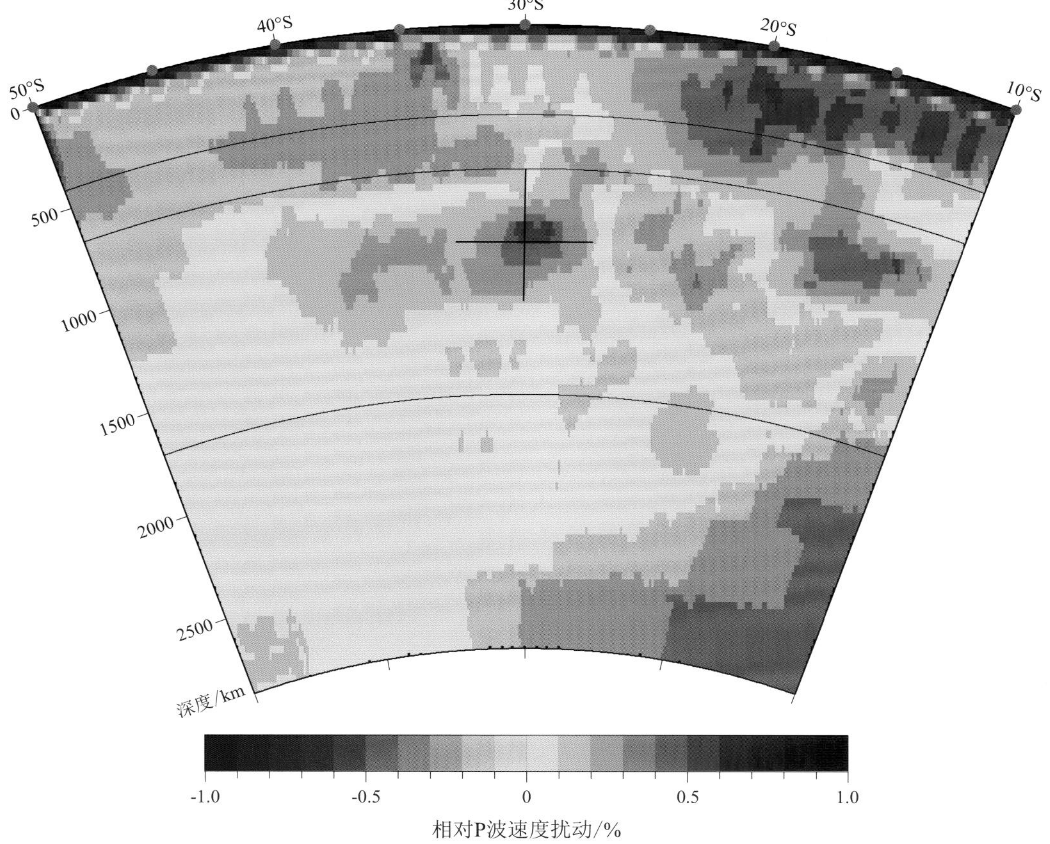

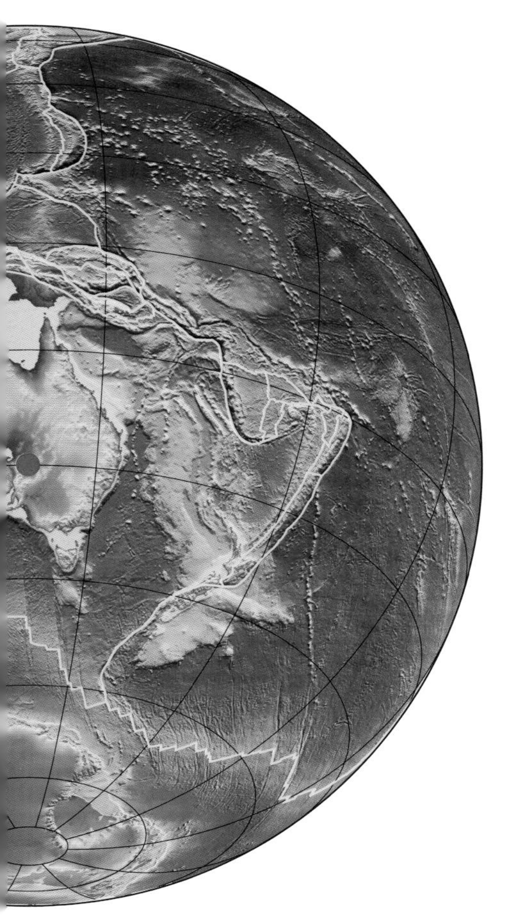

(f) B线垂直剖面层析成像结果

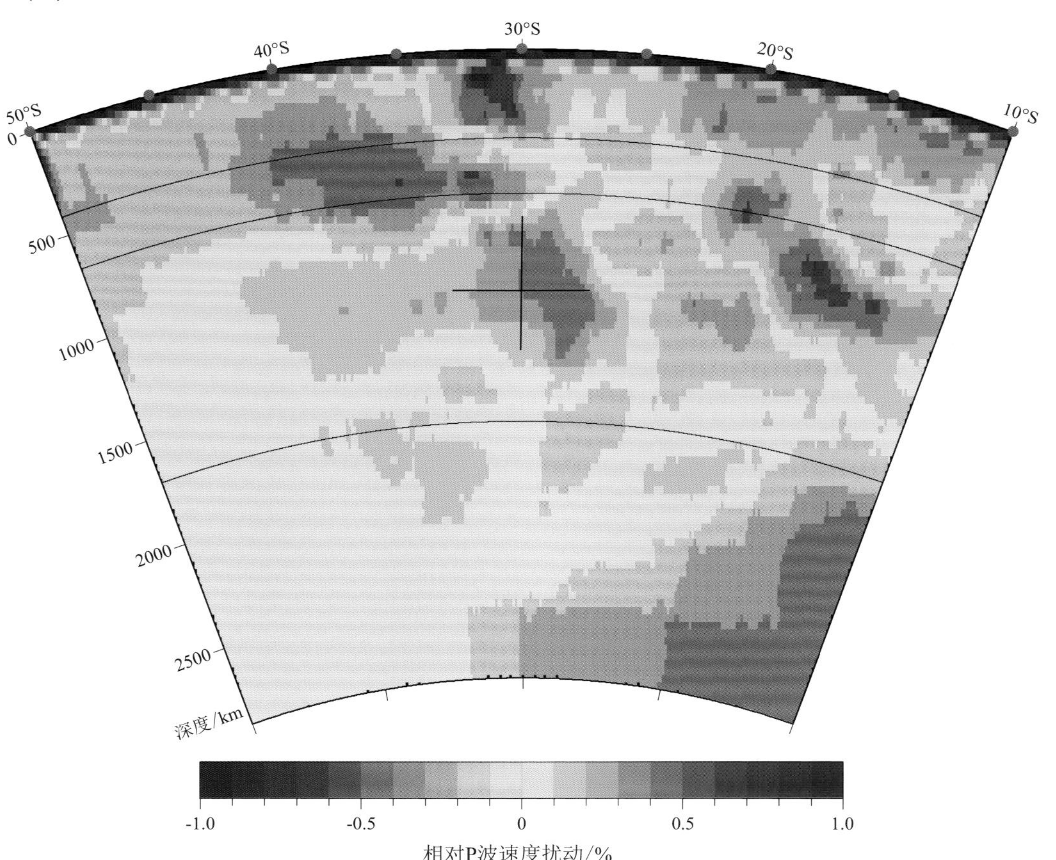

马尔代夫（Maldives）异常

马尔代夫异常位于西北印度洋下方，从深部地幔一直到下地幔的上部（图2-26）。在以前的层析成像研究中，它被称为III异常的东部部分（van der Voo et al.，1999b）或称为IO异常，为新特提斯洋洋内向北俯冲的结果（Hafkenscheid et al.，2006）。van

（图2-26） **马尔代夫微幔块层析成像剖面及位置**

(a) 深度1400km水平切面层析成像结果

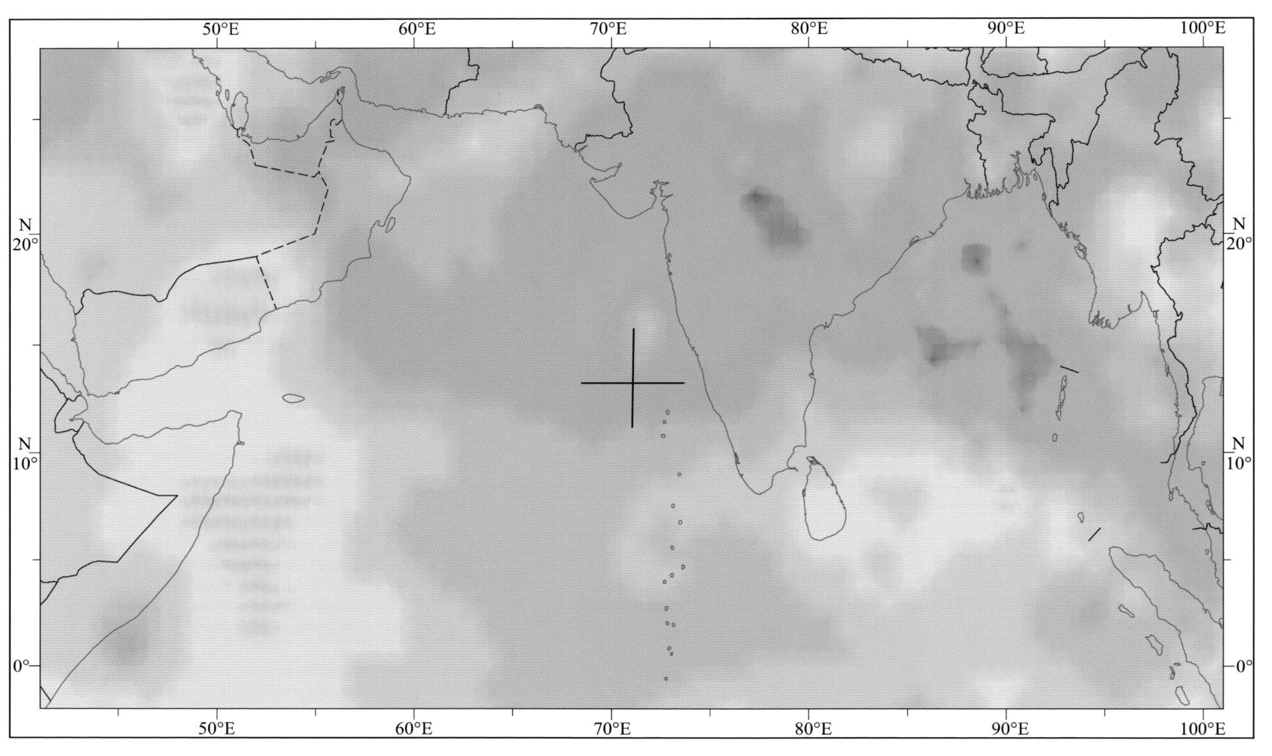

(c) 垂直剖面位置

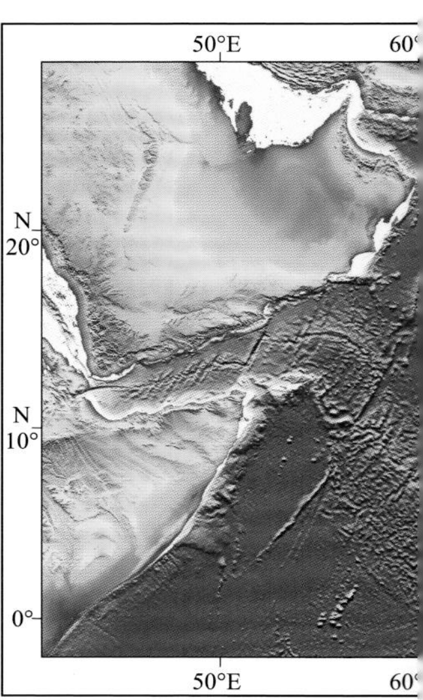

(d) 剖面位置

(b) 深度1600km水平切面层析成像结果

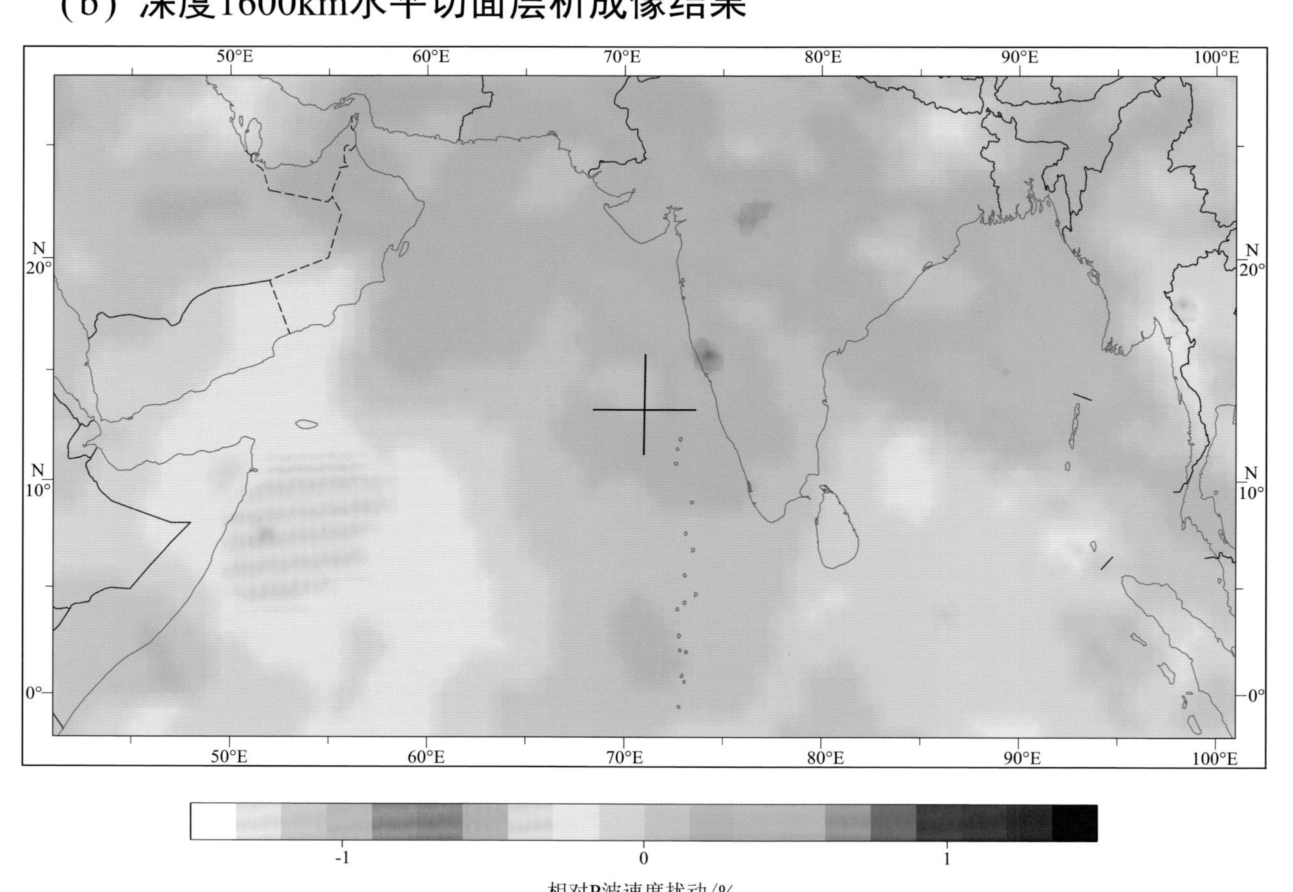

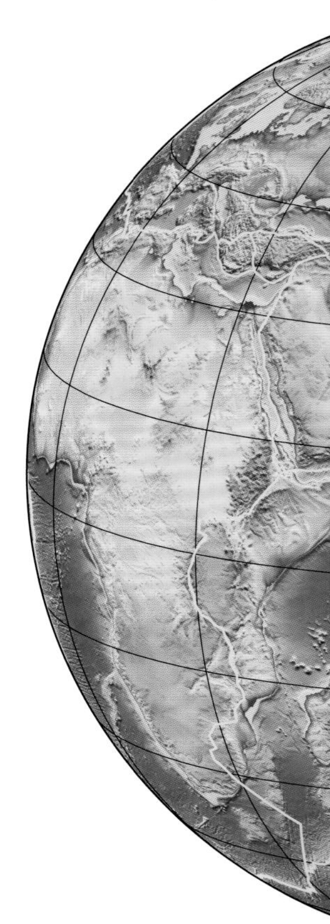

der Meer 等（2018）将更深的 NW-SE 走向的马尔代夫异常与较浅的 SW-NE 走向的卡尔斯伯格板片或微幔块（Gaina et al., 2015）区分开来。van der Meer 等（2010）解释了这种异常的俯冲发生早于晚三叠世，微幔块的顶部和底部年龄尚未明确。

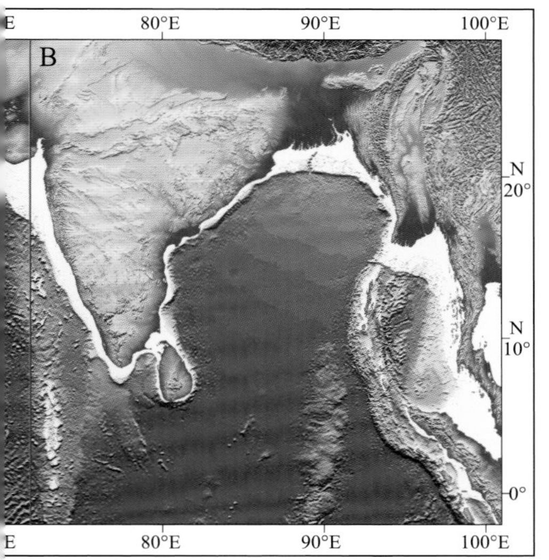

(e) A线垂直剖面层析成像结果

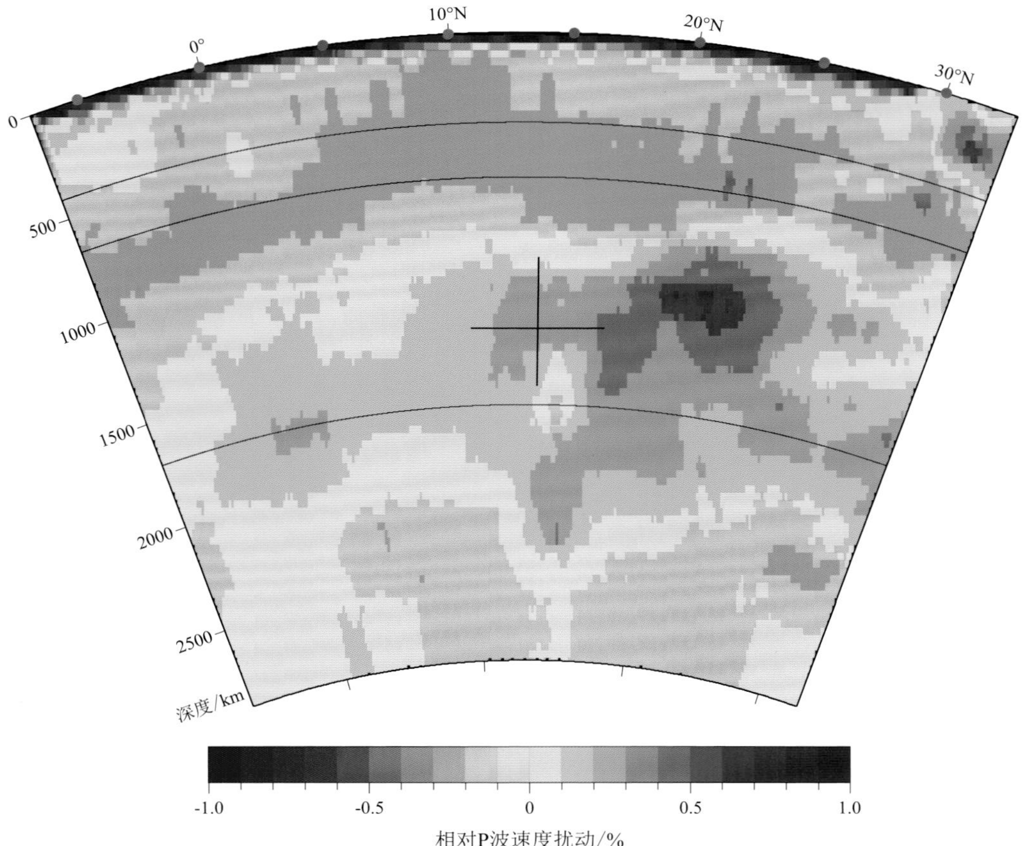

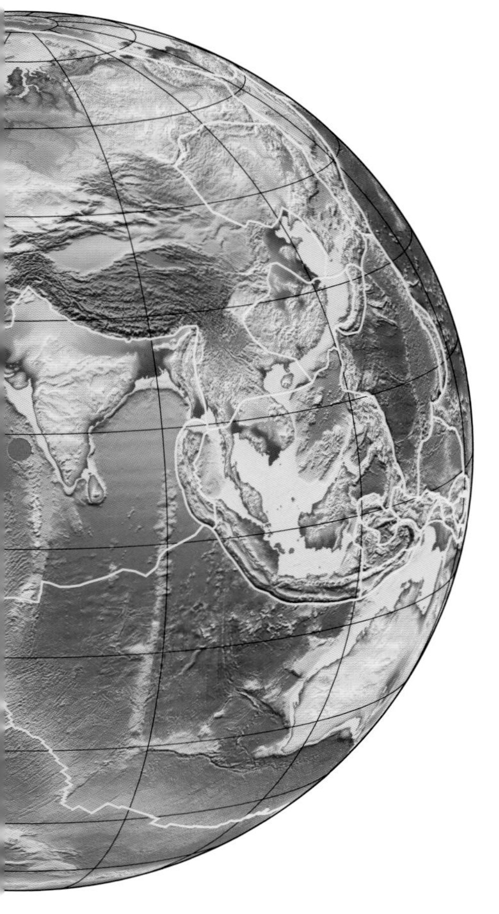

(f) B线垂直剖面层析成像结果

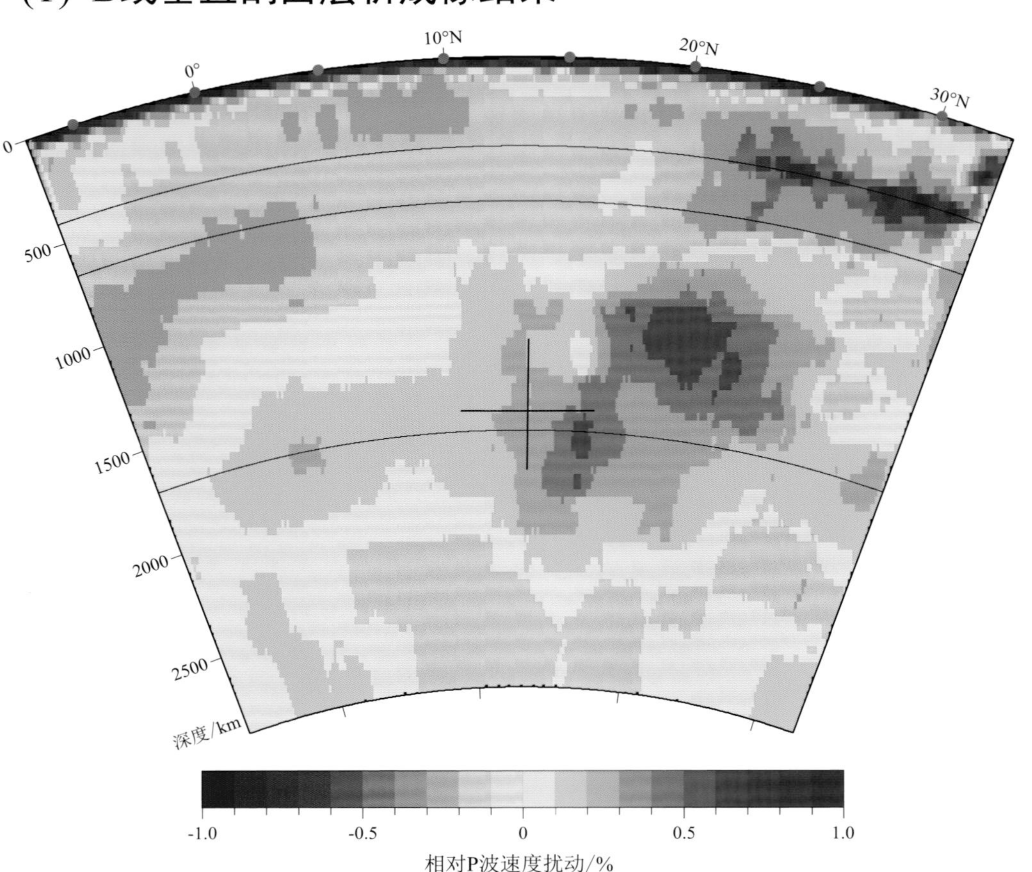

马尔佩洛（Malpelo）异常

马尔佩洛异常位于巴拿马盆地西部和南美洲西北部之下的中地幔（图 2-27），它呈 NW-SE 走向，深度在 1175km 以上，东面靠近委内瑞拉微幔块，北面靠近科科斯微幔块，南面靠近巴西利亚微幔块（van der Meer et al.，2018）。早期的层析成像解释为俯冲的法拉隆板片岩石圈（名为 FaP，Taboada et al.，2000），位于巴拿马-哥斯达黎加弧和南美洲西北部的乔科（Choco）微

（图2-27） **马尔佩洛微幔块层析成像剖面及位置**

（a）深度1200km水平切面层析成像结果

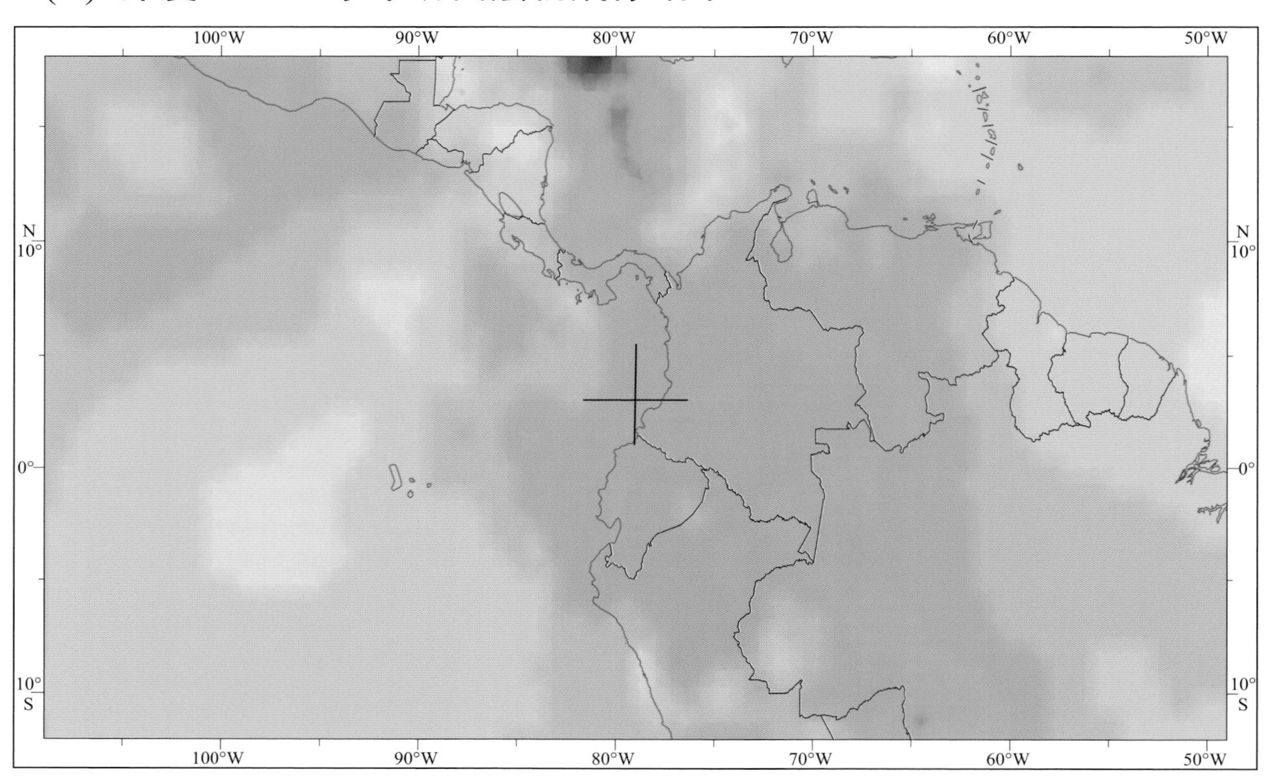

（c）垂直剖面位

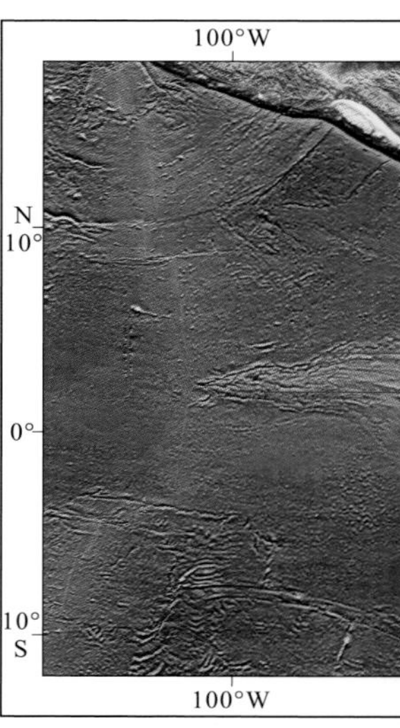

（d）剖面位置

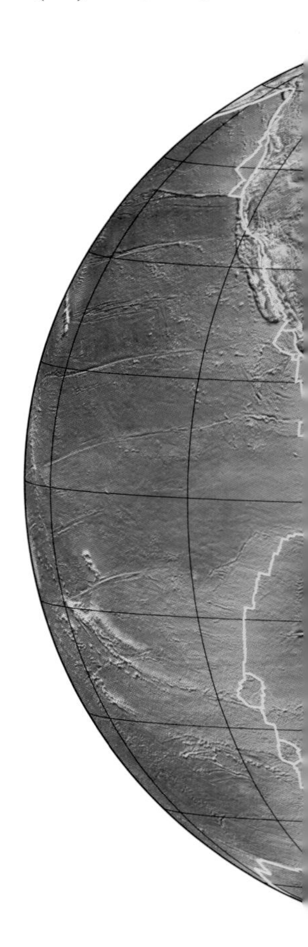

（b）深度1400km水平切面层析成像结果

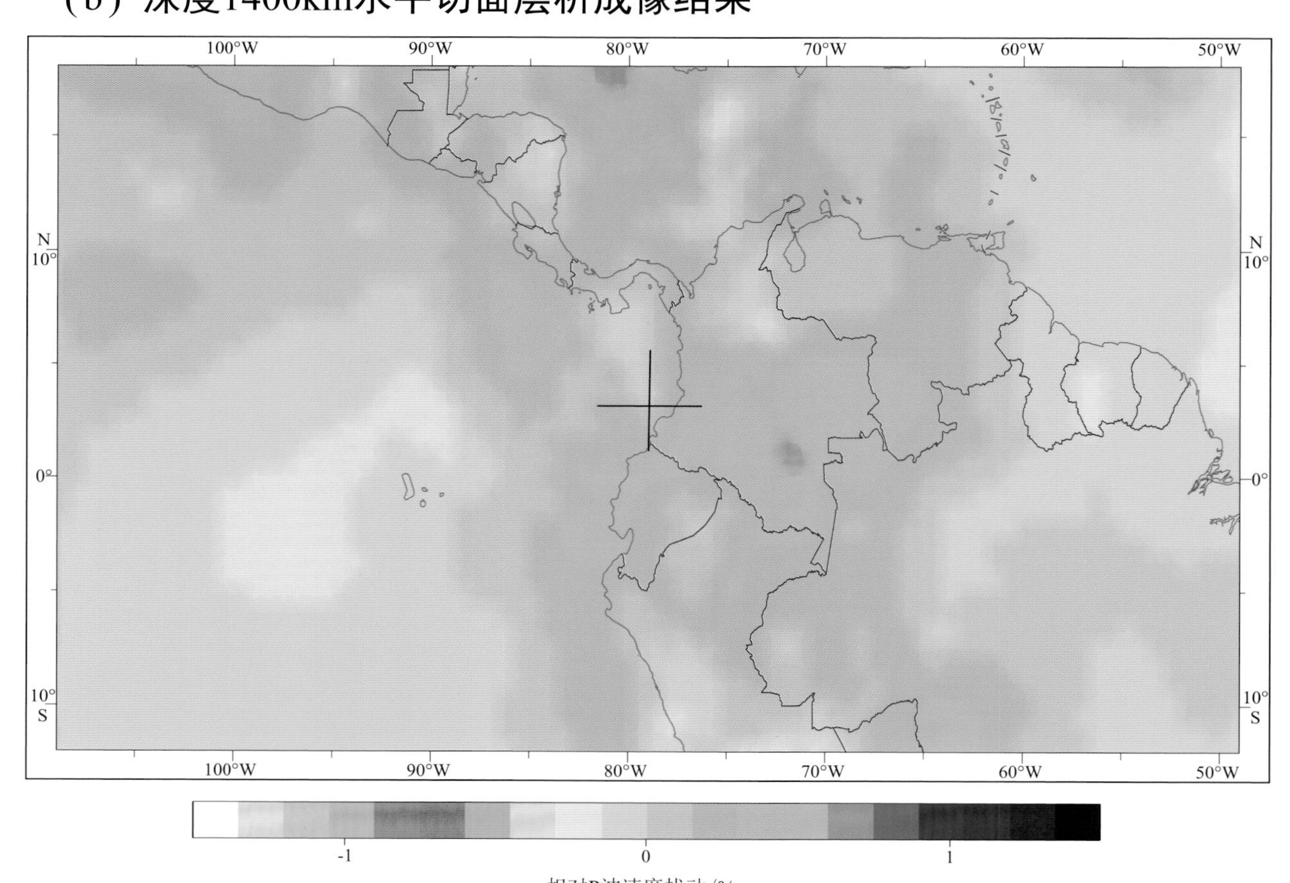

板块之下。马尔佩洛微幔块向南延伸至委内瑞拉微幔块正西方的位置，所处的地幔深度与委内瑞拉微幔块相同（van der Meer et al.，2010；Pindell et al.，2012；van Benthem et al.，2013），马尔佩洛微幔块更有可能起源于加勒比板块以西的向东俯冲，马尔佩洛微幔块的底部年龄为172~168Ma，顶部年龄为101~94Ma（van der Meer et al.，2018）。

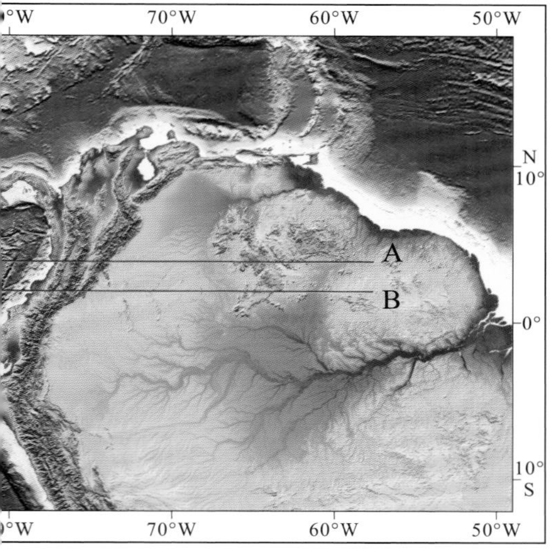

(e) A线垂直剖面层析成像结果

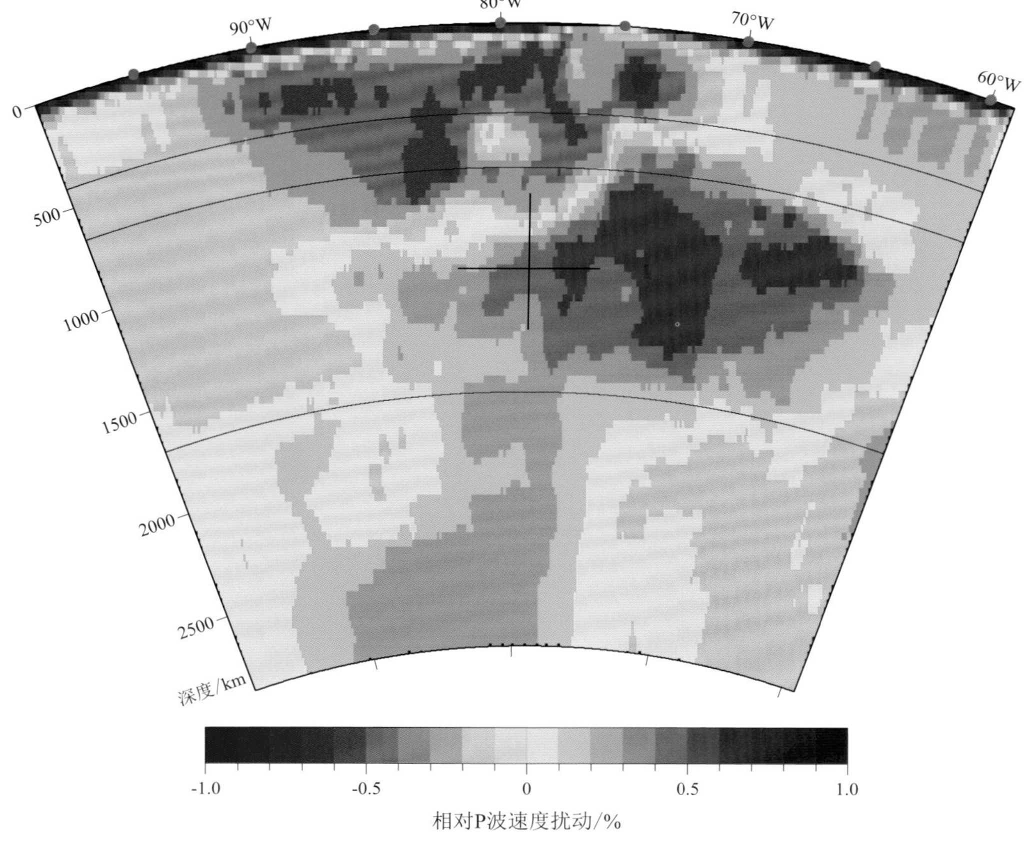

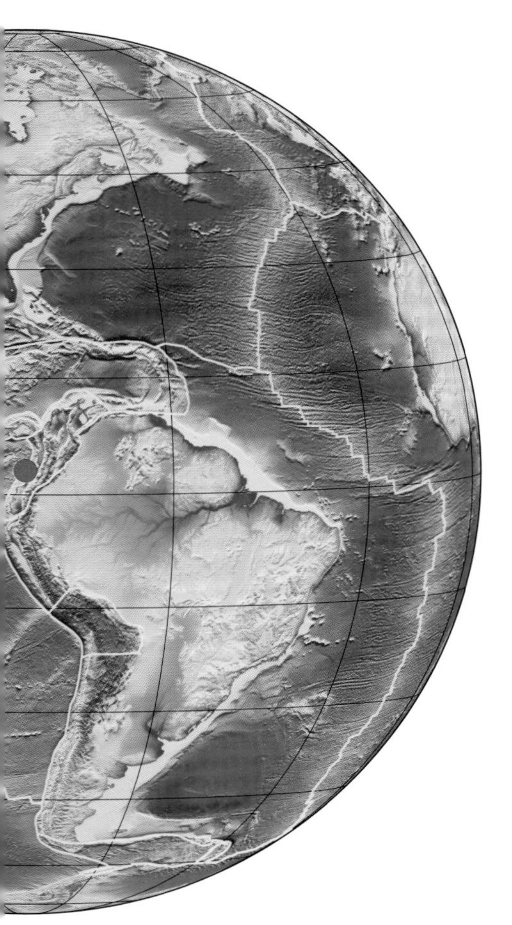

(f) B线垂直剖面层析成像结果

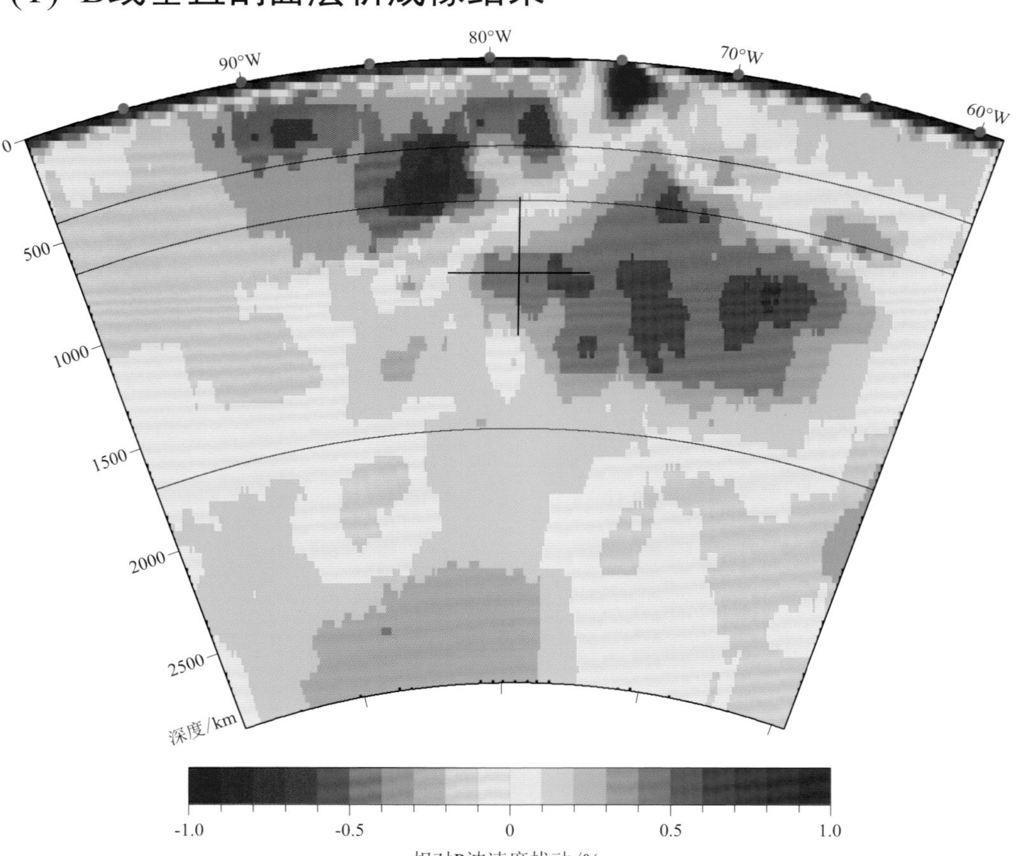

美索不达米亚（Mesopotamia）异常

美索不达米亚异常位于阿拉伯-欧亚板块交界处扎格罗斯（Zagros）造山带下方（图 2-28），从下地幔到中地幔，向上与位于上地幔的扎格罗斯地幔高速异常相连。在以前的层析成像研究中，它被称为 II 异常的西部部分（van der Voo et al.，1999b）或称为 SI 和 AI 异常（Hafkenscheid et al.，2006）或者 Sb1 异常（Agard et al.，2011）。美索不达米亚微幔块也被解释为新特提

（图2-28） 美索不达米亚微幔块层析成像剖面及位置

(a) 深度1400km水平切面层析成像结果

(c) 垂直剖面

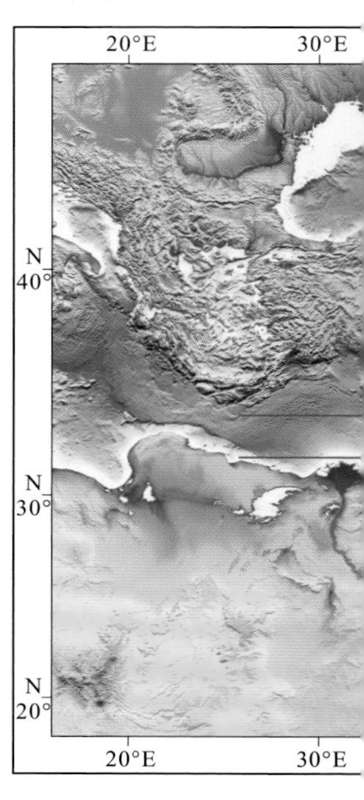

(d) 剖面位置

(b) 深度1600km水平切面层析成像结果

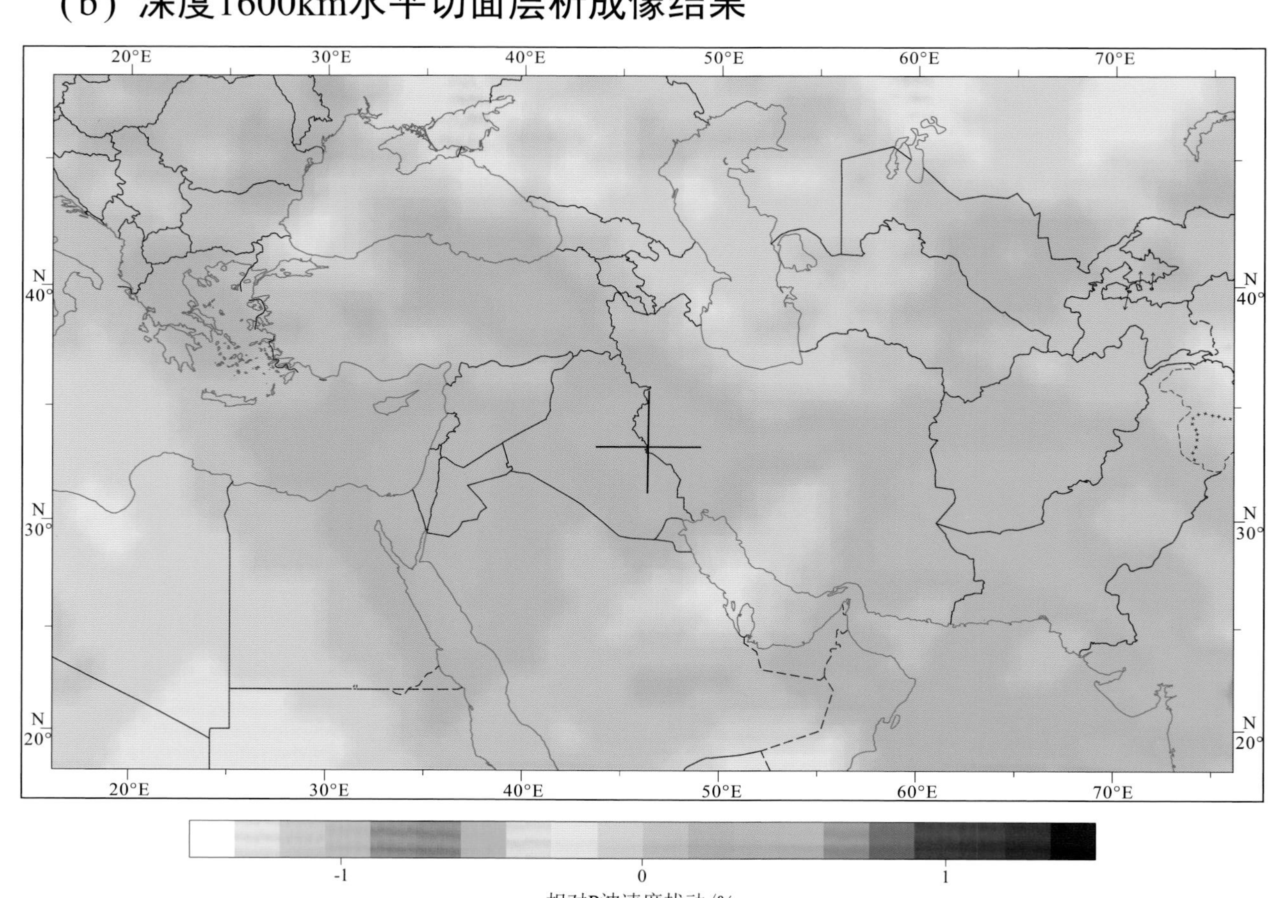

斯洋的洋内俯冲导致的板片（van der Meer et al.，2010）。在阿拉伯板块之下 1100~1300km 深处的美索不达米亚微幔块与西南部的阿拉伯微幔块是分开的（Hafkenscheid et al.，2006；van der Meer et al.，2018），美索不达米亚微幔块也可能与欧亚板块在伊朗边缘的俯冲有关（Agard et al.，2011）。美索不达米亚微幔块的底部年龄为 150~145Ma，顶部年龄为 70~60Ma（van der Meer et al.，2018）。

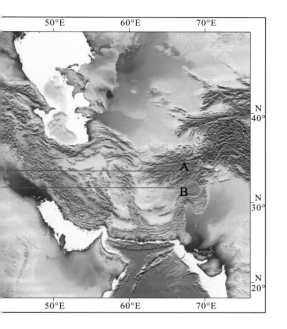

(e) A线垂直剖面层析成像结果

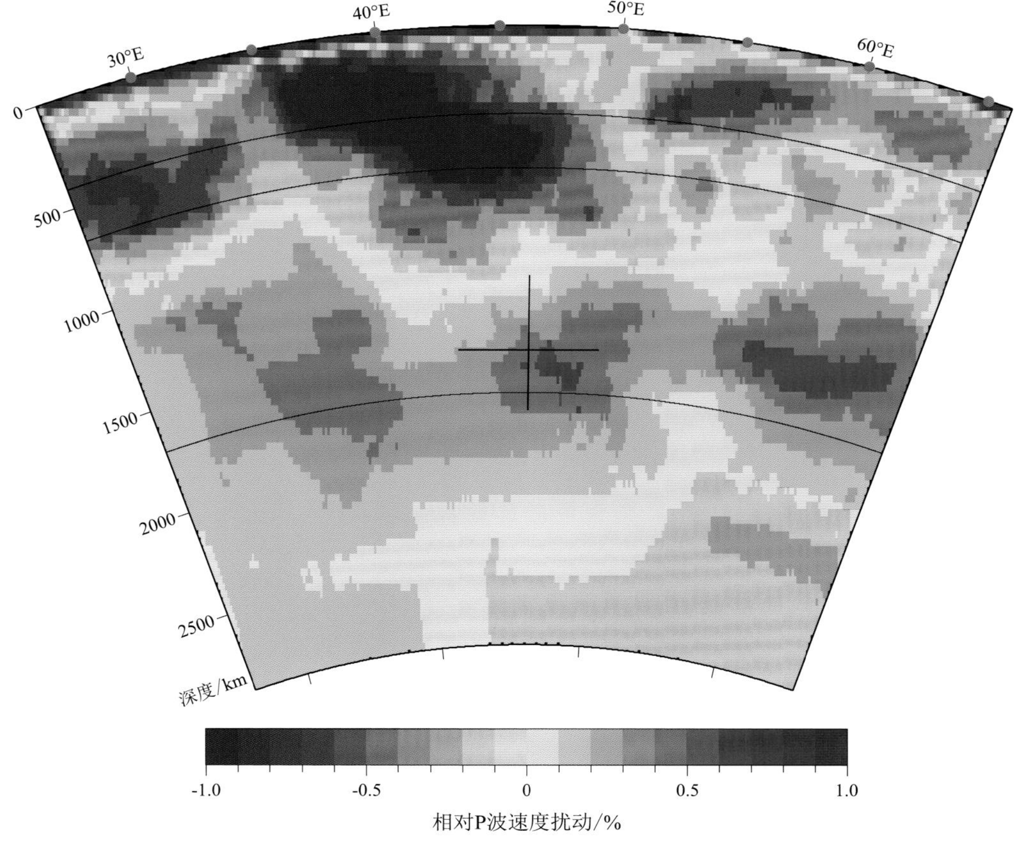

(f) B线垂直剖面层析成像结果

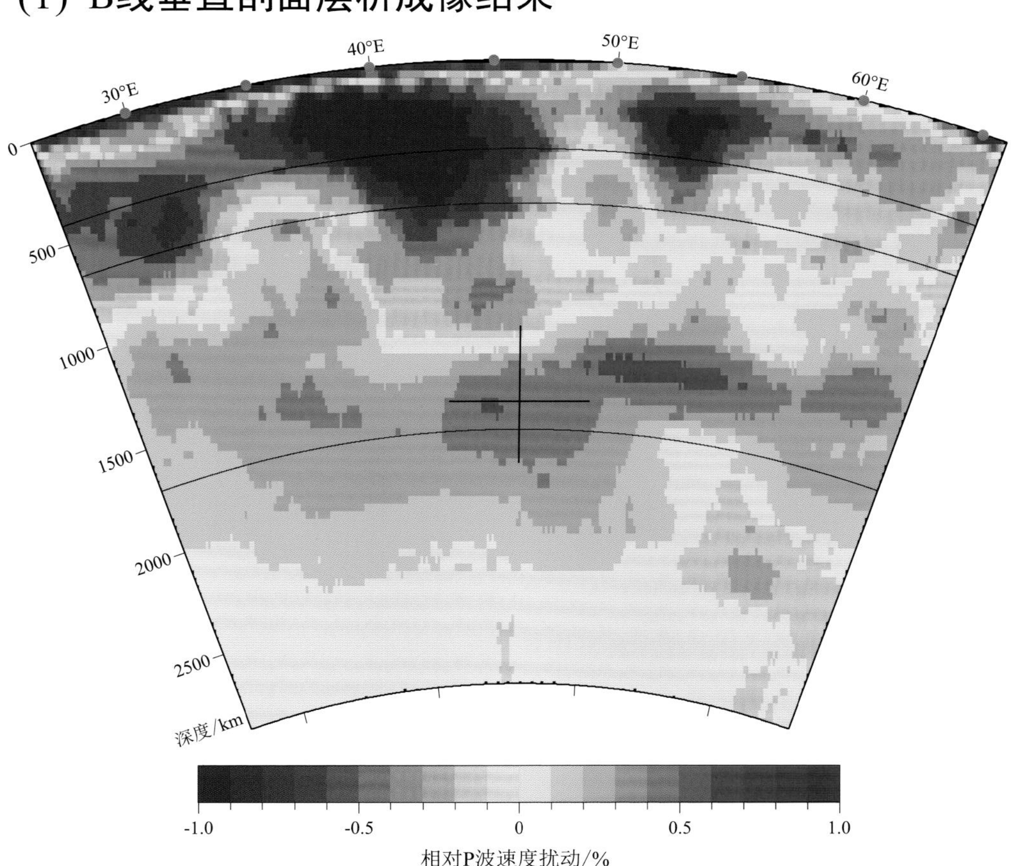

密西西比（Mississippi）异常

密西西比异常通常是一组异常的一部分（图2-29），在法拉隆异常带中处于中心位置呈NW-SE走向，位于北美洲中部和墨西哥湾北部地区下方的中地幔，在早期的层析成像中被识别发现（Grand et al.，1997），之后也被解释为法拉隆板片（van der Meer et al.，2010）。其底部与NS走向的哈特勒斯异常顶部相连，顶部靠近美国大盆区板片（van der Meer et al.，2018）。密西西

（图2-29） **密西西比微幔块层析成像剖面及位置**

(a) 深度800km水平切面层析成像结果

(c) 垂直剖面位

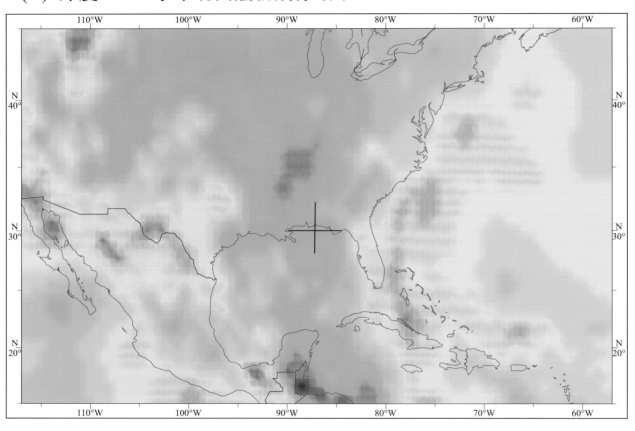

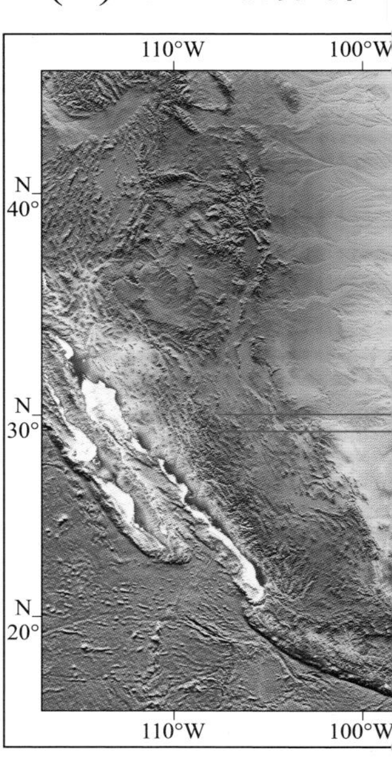

(d) 剖面位置

(b) 深度1000km水平切面层析成像结果

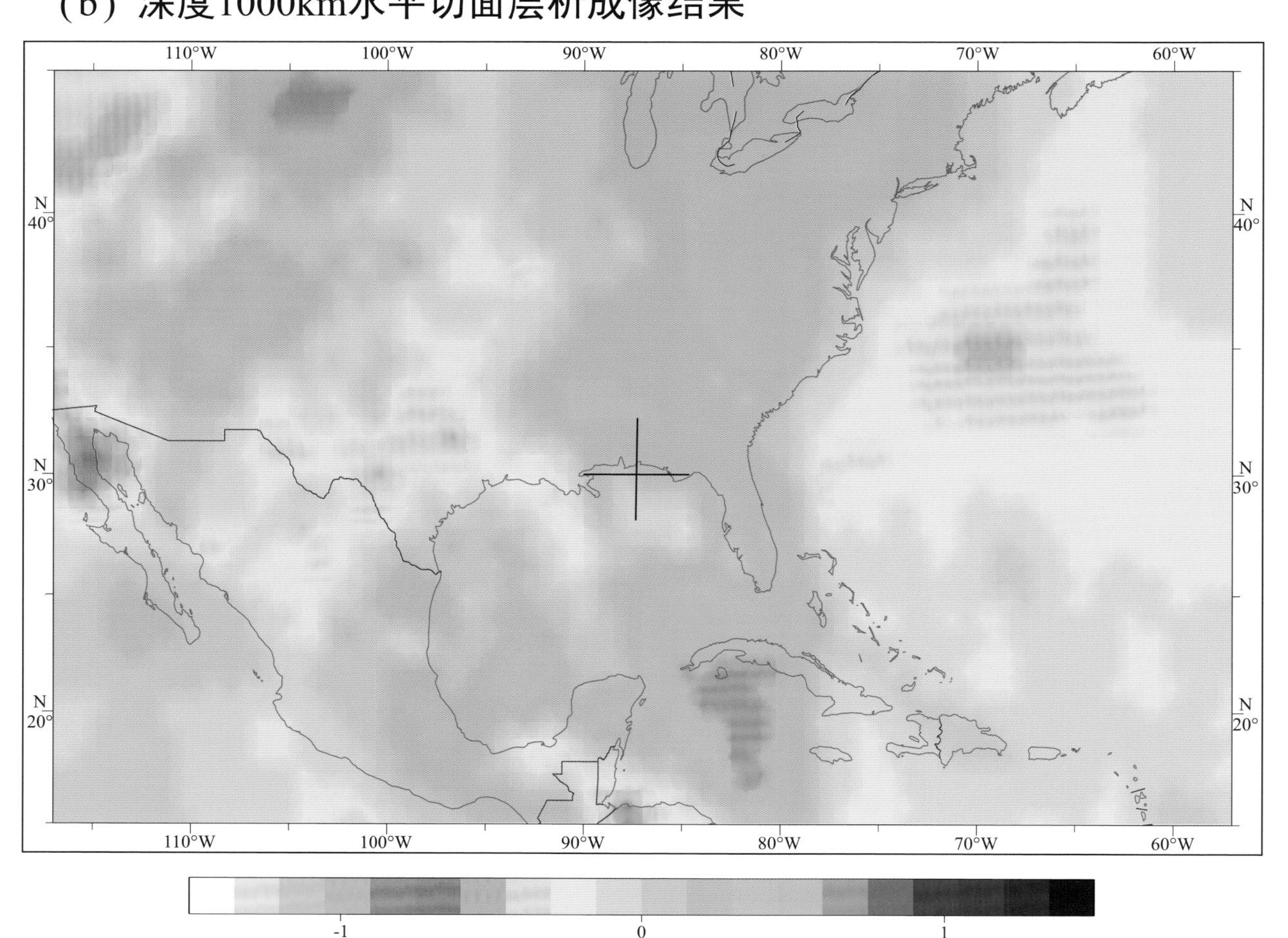

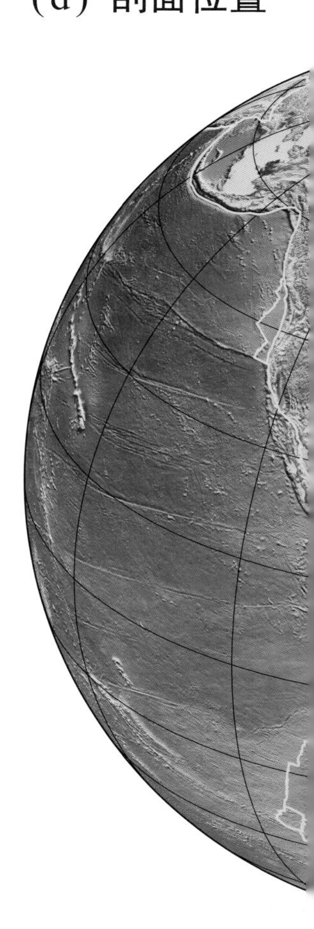

比异常也被解释为SF3异常，认为是在沙茨基海隆共轭高原增生后，南法拉隆海沟向西移动时形成的（Sigloch and Mihalynuk，2013）。故而，将85~65Ma作为密西西比板片俯冲的开始时间（van der Meer et al.，2018）。在上地幔中，板片分解成更小和更分散的碎片（Peng and Liu，2022），这些碎片与80~40Ma的俯冲有关（van der Lee and Nolet，1997；Sigloch et al.，2008；Liu and Stegman，2011）。密西西比板片或微幔块的底部年龄为85~65Ma，顶部的年龄约为40Ma（van der Meer et al.，2018）。

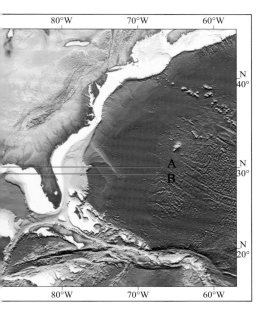

(e) A线垂直剖面层析成像结果

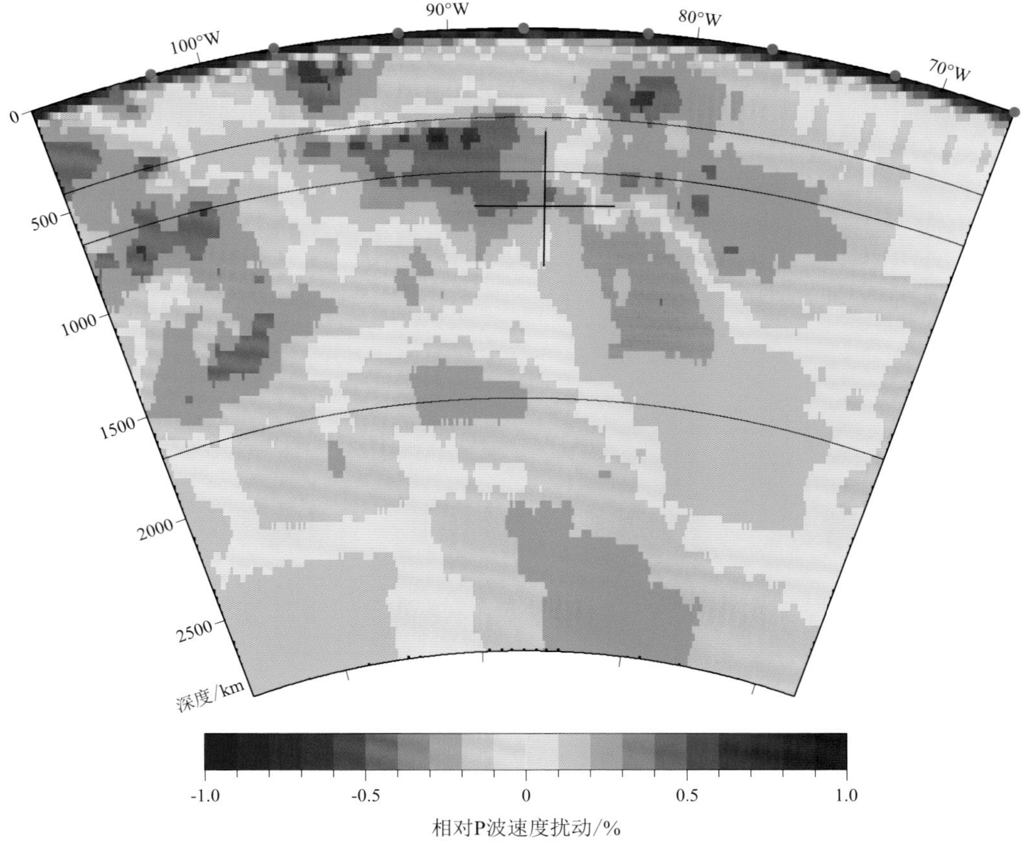

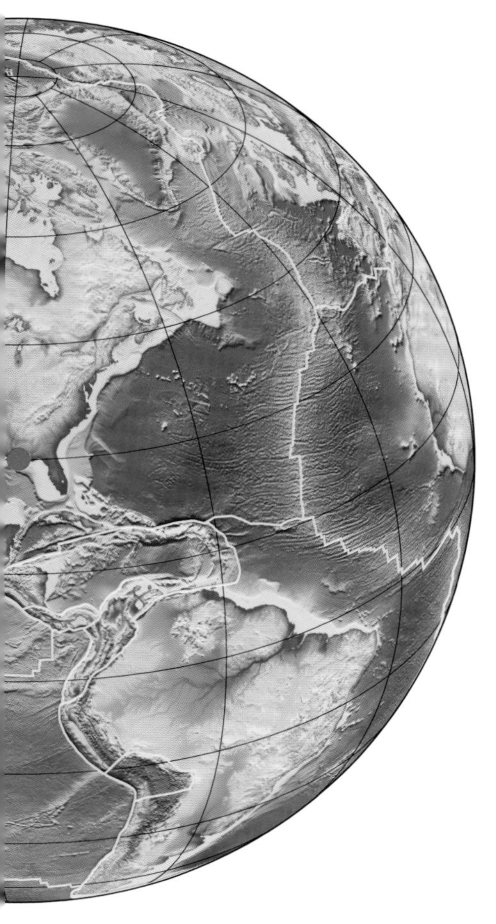

(f) B线垂直剖面层析成像结果

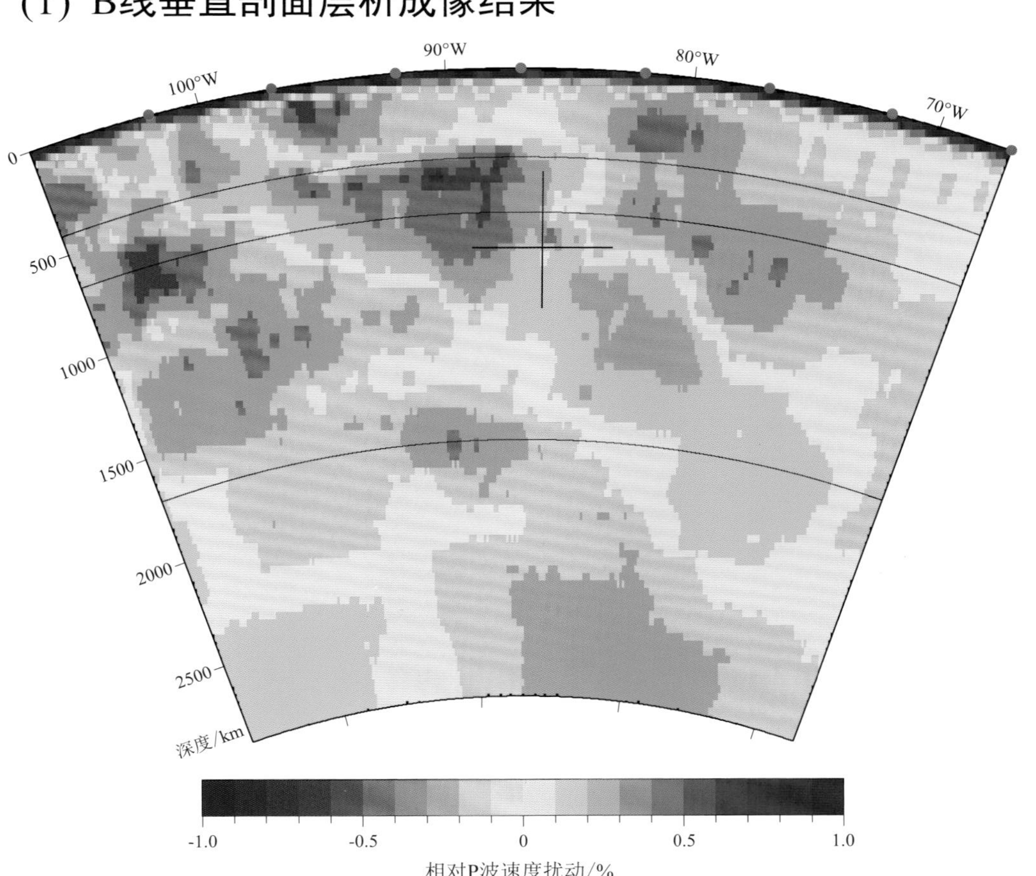

蒙古（Mongolia）异常

蒙古异常位于东北亚的中地幔（图 2-30）。在以前的层析成像研究中，它被称为太平洋板片（van der Voo et al.，1999a），推断其代表向西俯冲的太平洋板块岩石圈，俯冲时间范围约在中生代中晚期（van der Meer et al.，2010）。这个俯冲时间可能有问题，因为现今认为太平洋板块俯冲起始于 50Ma 之后，50Ma 之前俯冲的为古太平洋板块。Nokleberg 等（2000）和 Golonka 等

（图2-30）

蒙古微幔块层析成像剖面及位置

(a) 深度1600km水平切面层析成像结果

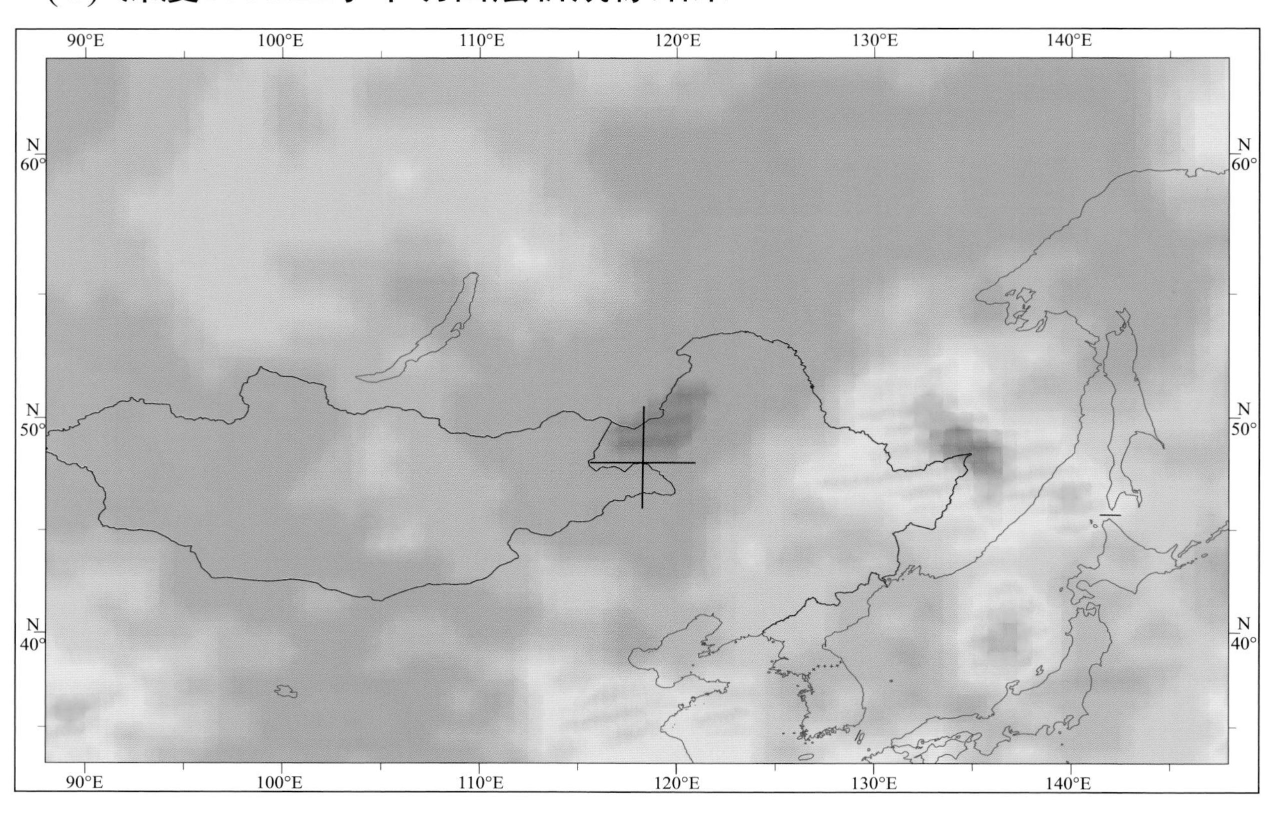

(c) 垂直剖面位置

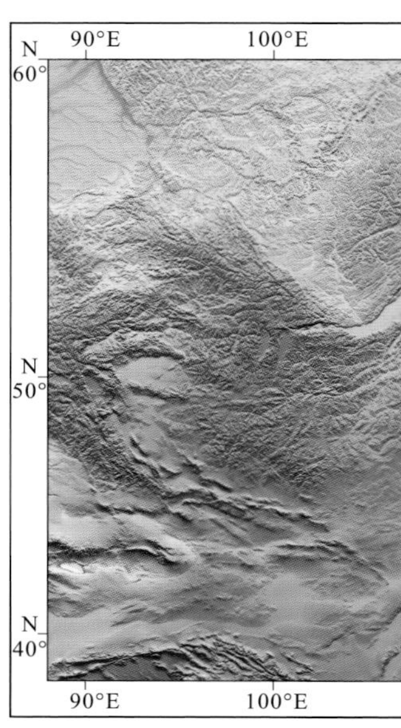

(d) 剖面位置

(b) 深度1800km水平切面层析成像结果

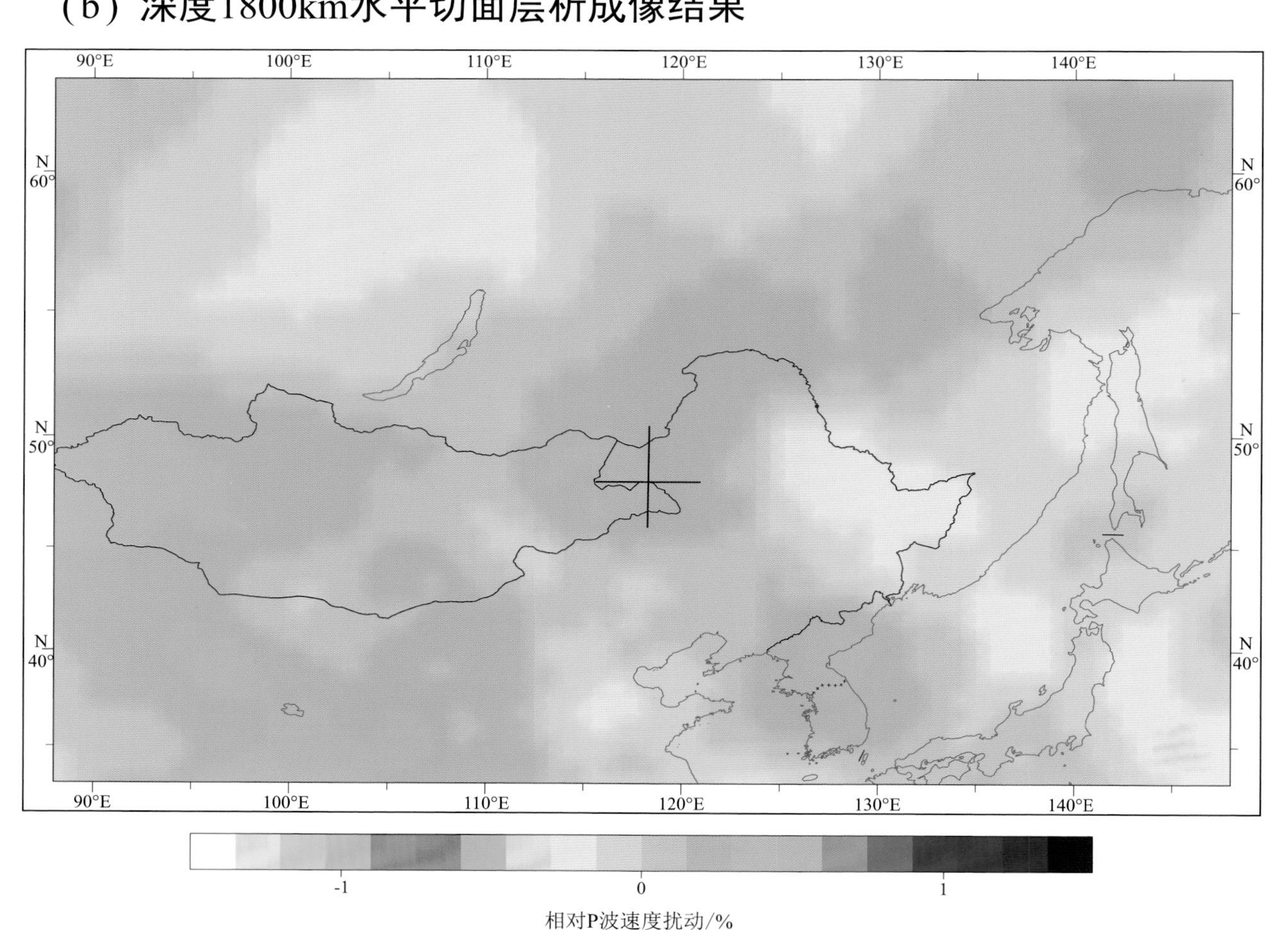

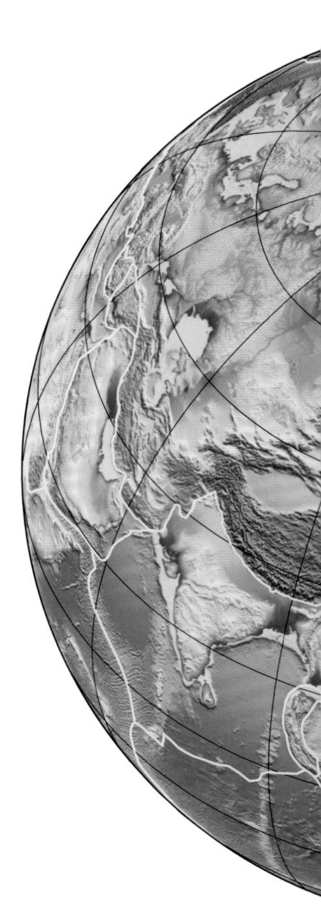

（2003）推断，亚洲东北缘古太平洋板块的大洋岩石圈向西俯冲与欧亚板块大陆边缘的兴安弧有关，该弧主要由130.8~126.3Ma至100.5~93.9Ma的安山岩、玄武岩和相关侵入岩组成（Nokleberg et al.，2000），据此，蒙古微幔块的底部年龄为155~110Ma，顶部年龄为94~50Ma（van der Meer et al.，2018）。

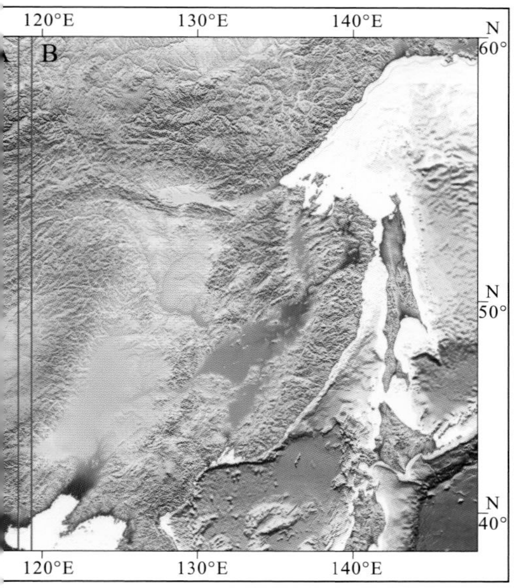

(e) A线垂直剖面层析成像结果

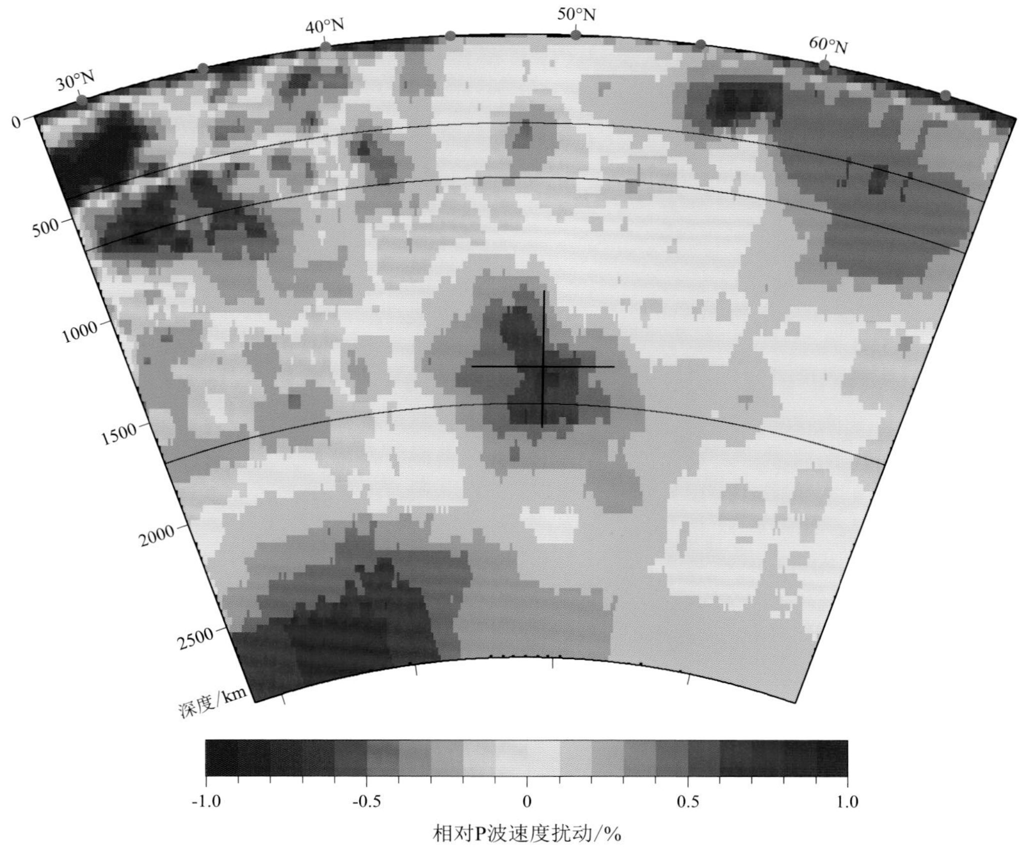

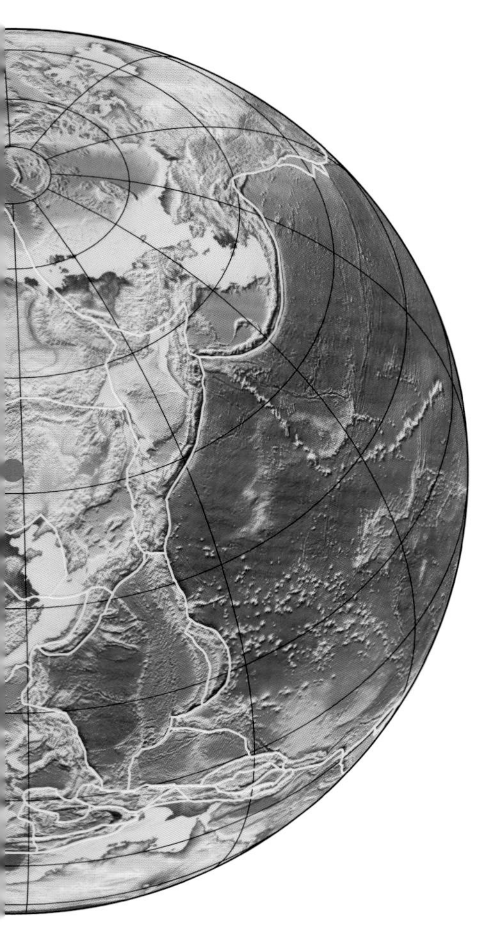

(f) B线垂直剖面层析成像结果

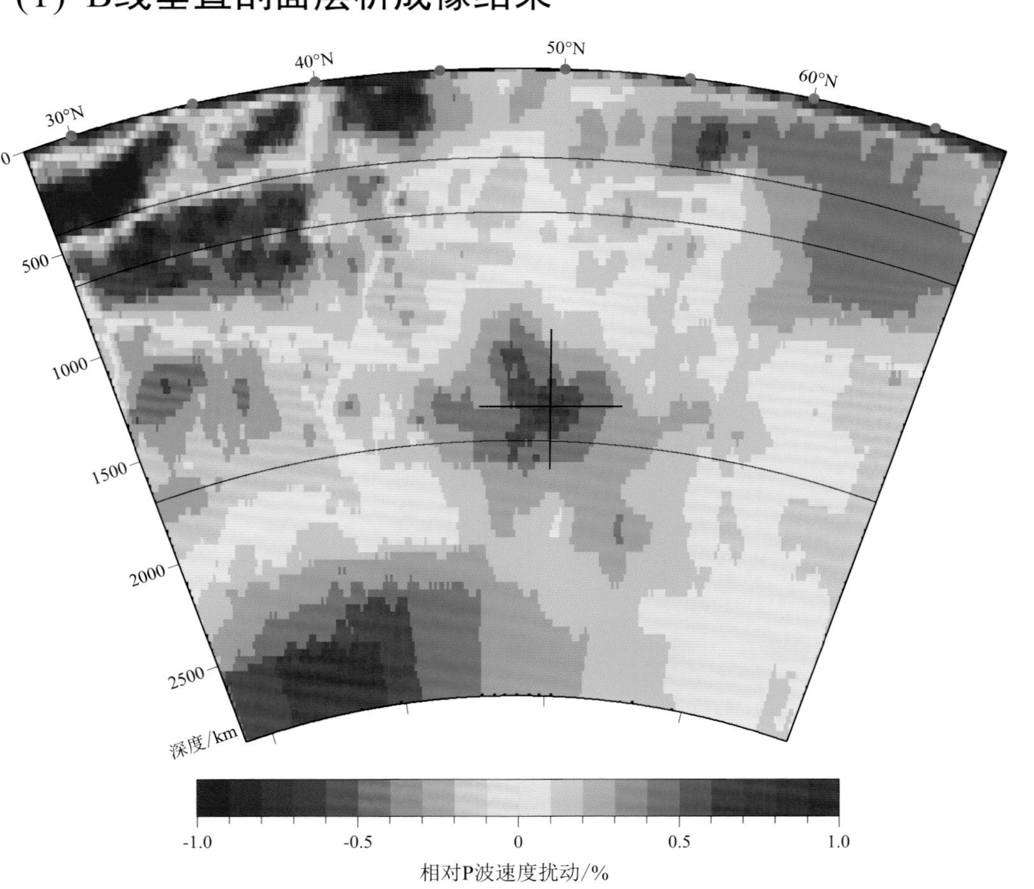

蒙古－哈萨克（Mongol-Kazakh）异常

蒙古－哈萨克异常位于西伯利亚北部以下，从核幔边界一直到中地幔（图 2-31）。在早期的层析成像研究中，该异常也被解释为蒙古－鄂霍次克异常（van der Voo et al.，1999a）。根据古地磁和地质资料推测，到晚侏罗纪—早白垩纪，该异常代表了蒙

（图2-31） 蒙古-哈萨克微幔块层析成像剖面及位置

(a) 深度1850km水平切面层析成像结果

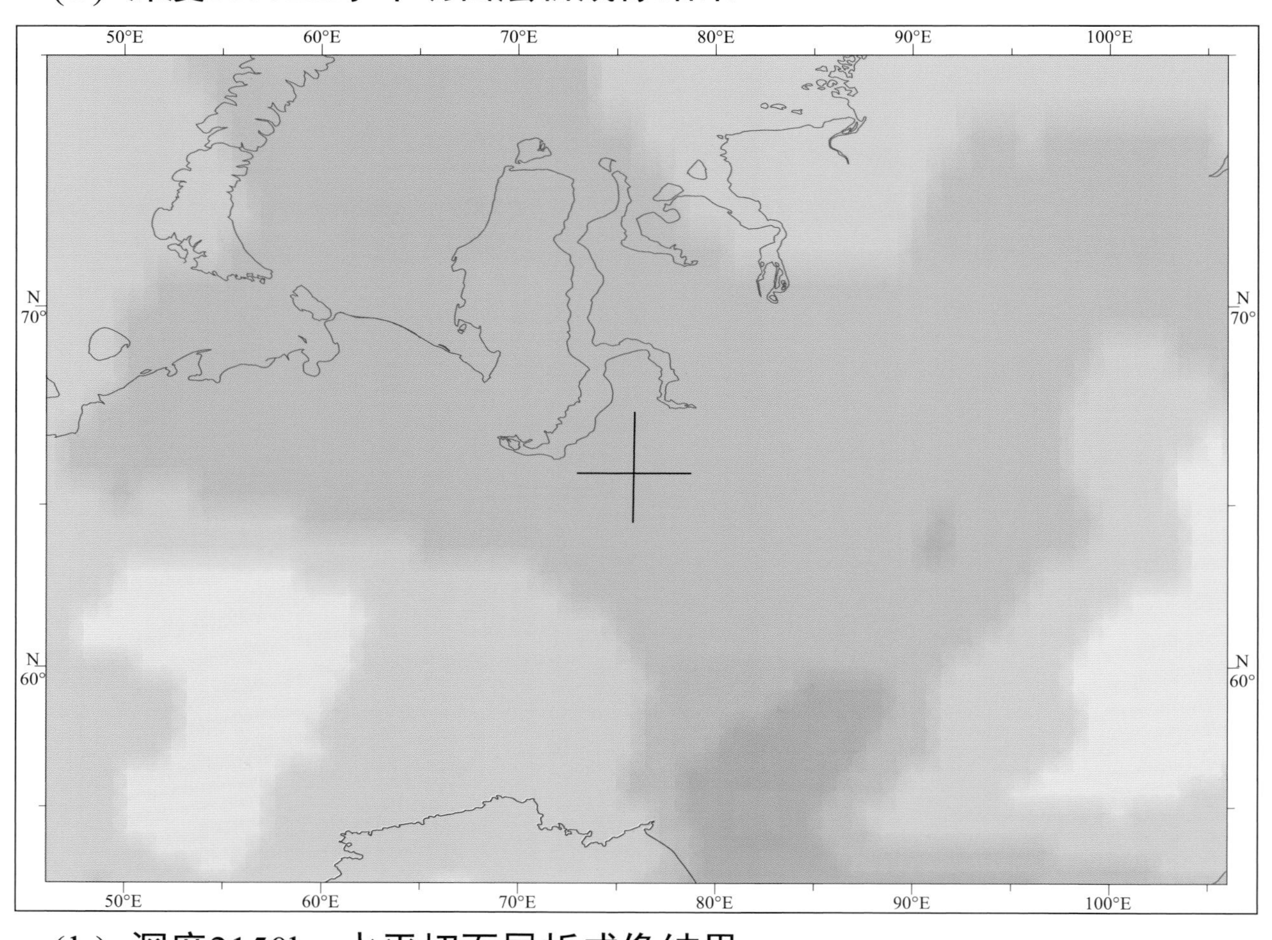

(c) 垂直剖面位

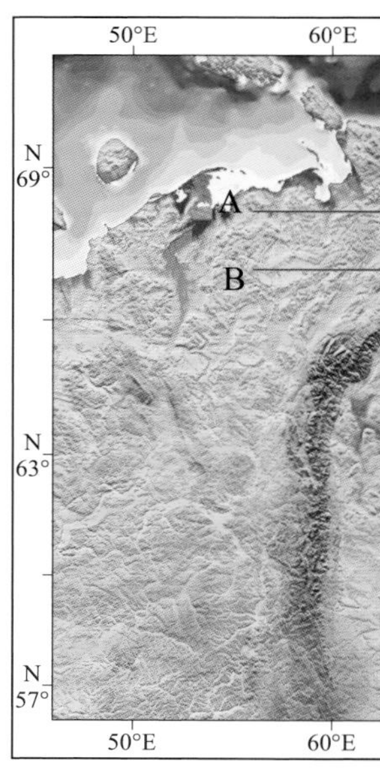

(b) 深度2150km水平切面层析成像结果

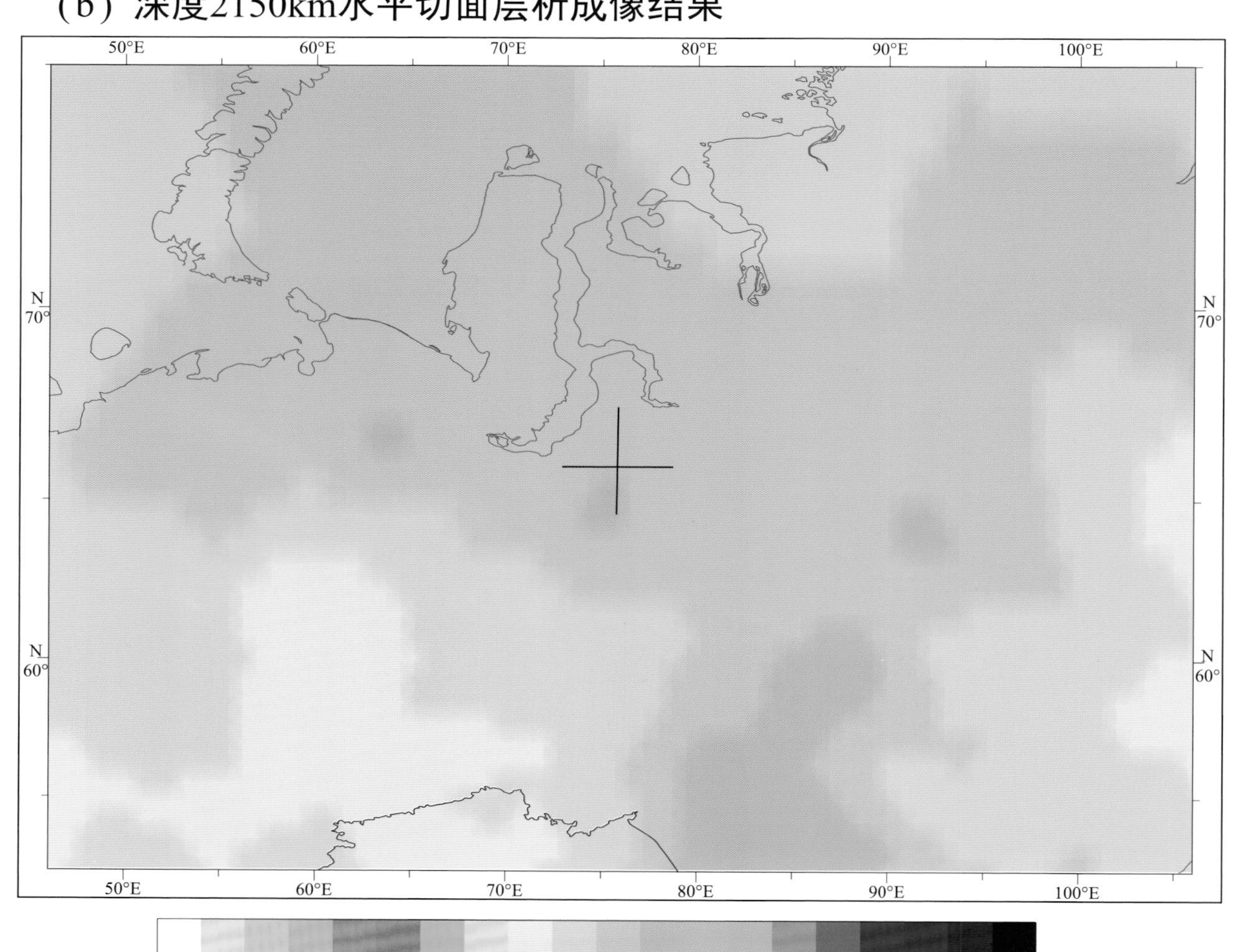

(d) 剖面位置

古-鄂霍次克洋的岩石圈（van der Voo et al.，1999a，2015）。依据后来的层析成像结果和异常所处的位置，解释为蒙古-哈萨克板片（van der Meer et al.，2018），其中，板片的中心位于蒙古、哈萨克斯坦、中国和俄罗斯之间的边界之下，板片底部与亚洲地幔底部相连，成为俯冲板片的墓地（van der Voo et al.，1999a）。蒙古-鄂霍次克洋的俯冲早在中生代之前就已经开始（Tomurtogoo et al.，2005；Donskaya et al.，2013），在核幔边界上方的微幔块中，可能看不到前中生代的岩石圈。该微幔块的形状表明其最深处的南北走向部分（约2000km）年龄为250~220Ma（van der Voo et al.，2015）。根据古地磁数据，蒙古-鄂霍次克洋的闭合在140±10Ma，比之前的推测要晚（Cogne et al.，2005；van der Voo et al.，2015）。据此，蒙古-哈萨克微幔块底部年龄为240~230Ma，顶部的年龄为150~130Ma（van der Meer et al.，2018）。

(e) A线垂直剖面层析成像结果

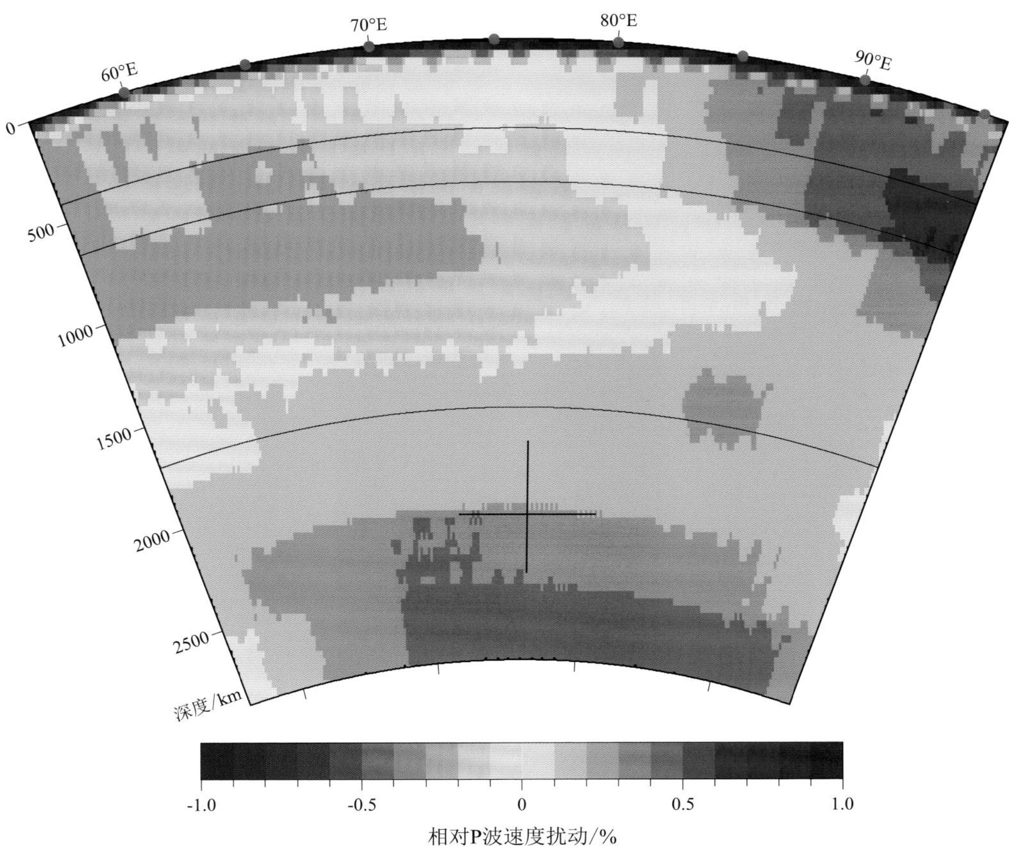

(f) B线垂直剖面层析成像结果

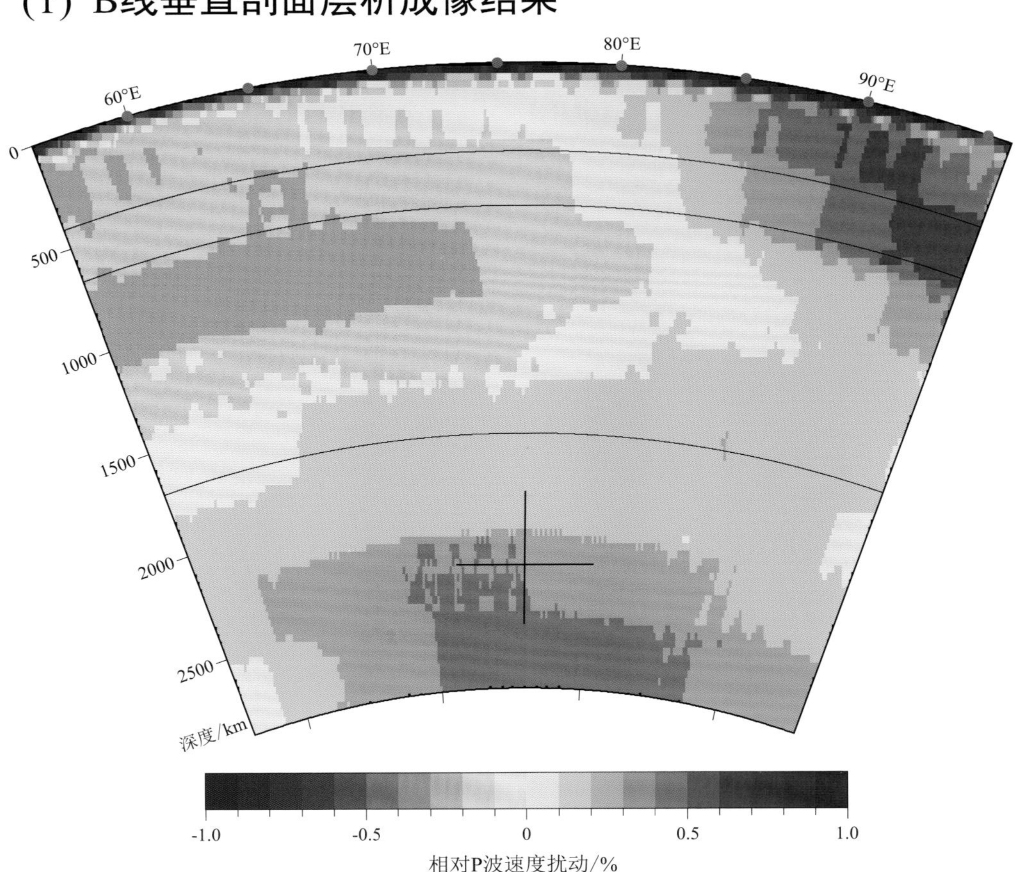

北太平洋（North Pacific）异常

北太平洋异常位于北太平洋和阿拉斯加南部，从中地幔到下地幔上部（图 2-32）。在以前的层析成像模型中，它被解释为库拉板片（Qi et al.，2007）、太平洋板片（Ren et al.，2007），称为 K 异常（Sigloch，2011），也有人推断北太平洋异常代表新

（图2-32） **北太平洋微幔块层析成像剖面及位置**

(a) 深度1000km水平切面层析成像结果

(c) 垂直剖面位置

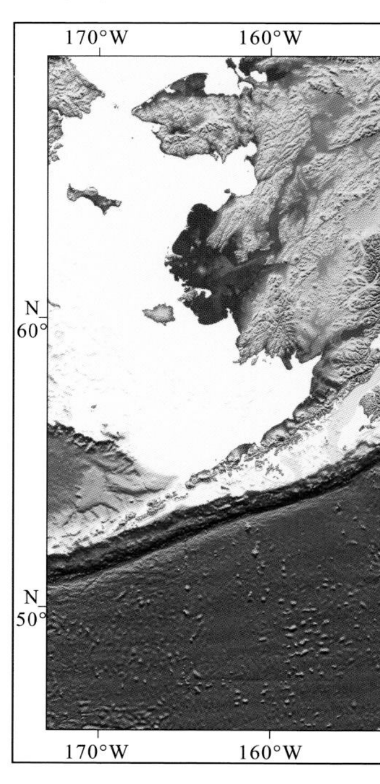

(b) 深度1200km水平切面层析成像结果

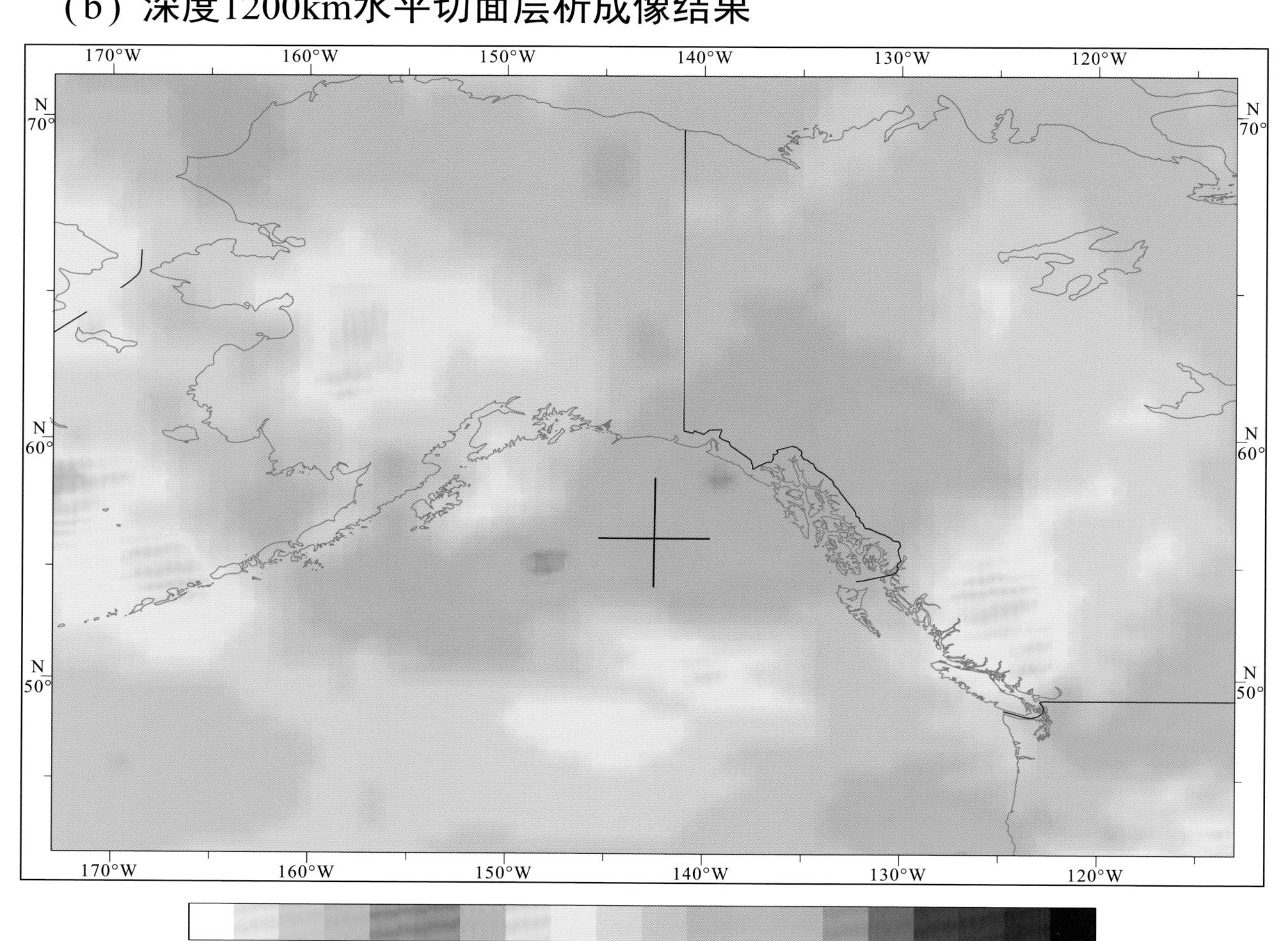

(d) 剖面位置

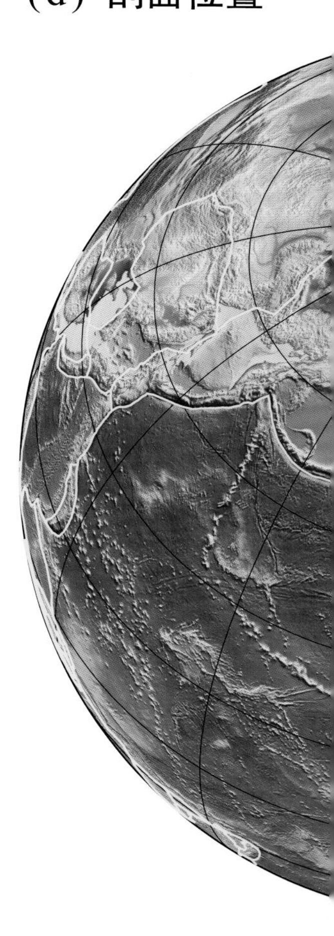

生代早期的俯冲岩石圈（van der Meer et al.，2010）。Shapiro 和 Solov'ev（2009）推断库拉大洋岩石圈向北俯冲到向南延伸的北美板块之下，导致出现了在堪察加（Kamchatka）半岛下的洋内岛弧，岛弧的活动年代为 73±7Ma~40±2Ma（Levashova et al.，2000）。据此，北太平洋微幔块的底部年龄在 80~66Ma，顶部年龄为 42~38Ma（van der Meer et al.，2018）。

(e) A线垂直剖面层析成像结果

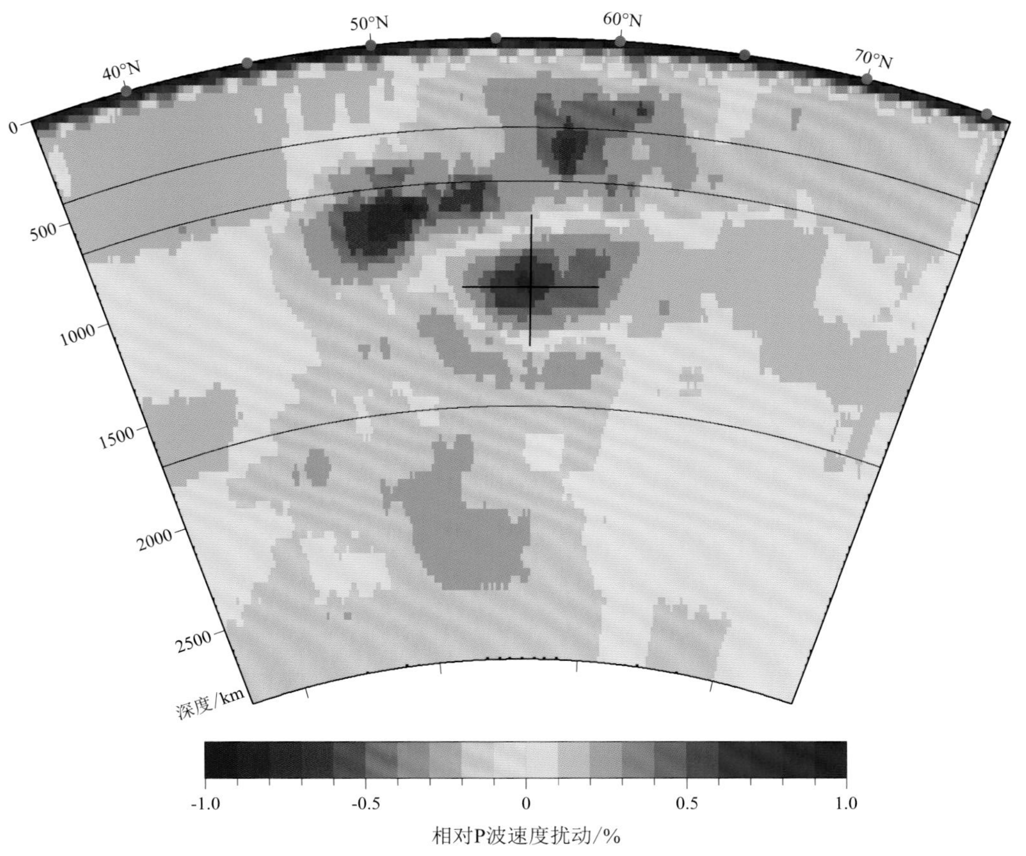

(f) B线垂直剖面层析成像结果

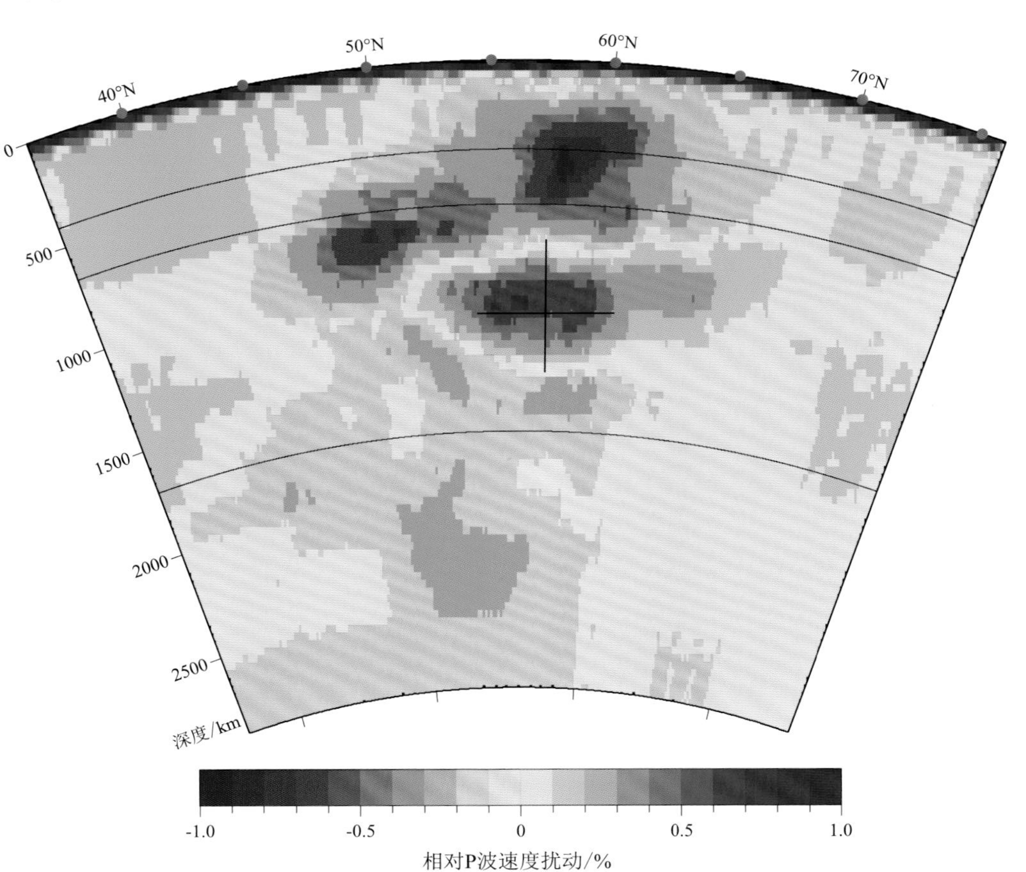

巴布亚（Papua）异常

巴布亚异常对应于层析成像早期识别的A7异常（Hall and Spakman，2002，2004）的北部，该异常位于巴布亚新几内亚到新赫布里底群岛和从澳大利亚东部边缘到所罗门群岛的区域之下（图2-33），平躺在上地幔底部和下地幔的顶部（van der Meer et al.，2018）。Hall 和 Spakman（2002，2004）指出，巴布亚异常并不是所有地方都能明确界定，可能代表一个以上的板片。基于

（图2-33） 巴布亚微幔块层析成像剖面及位置

(a) 深度500km水平切面层析成像结果

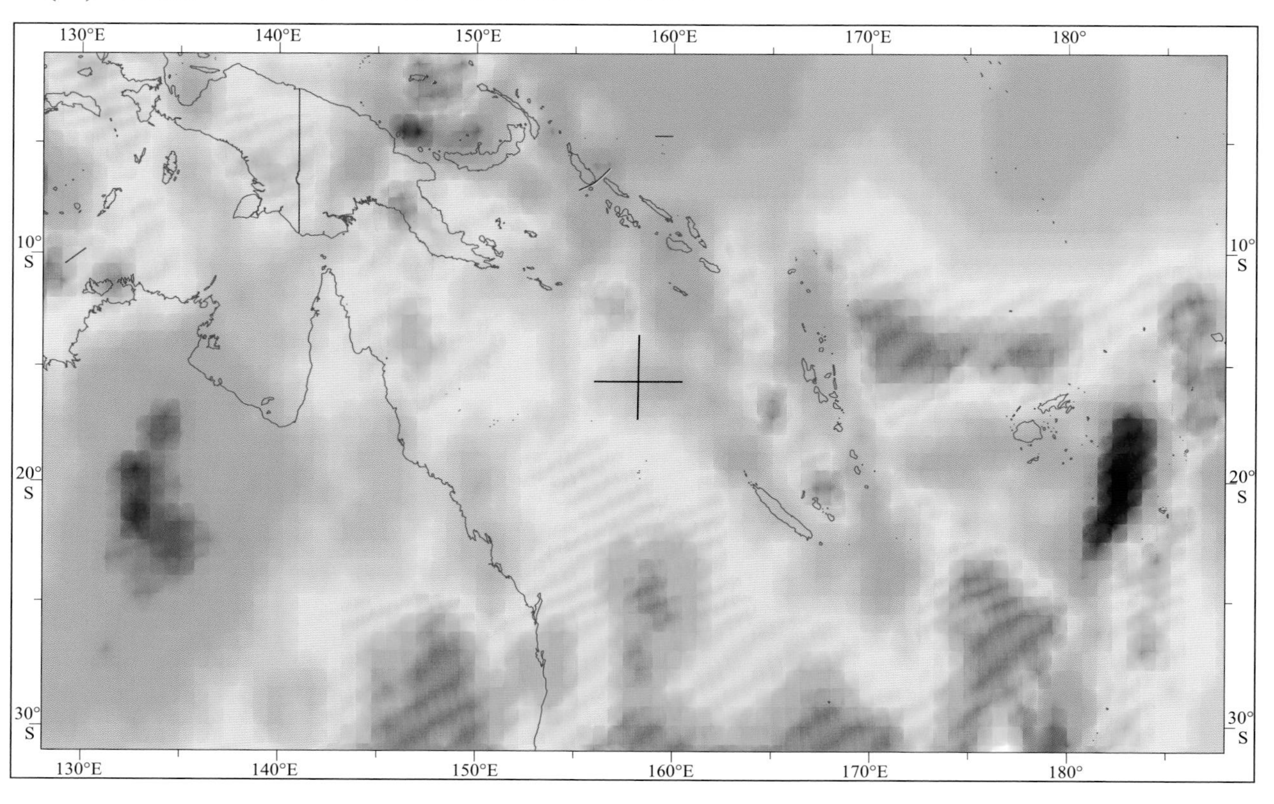

(c) 垂直剖面位

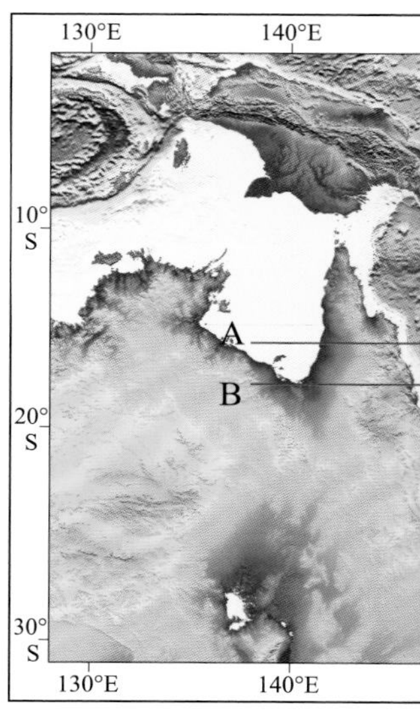

(d) 剖面位置

(b) 深度600km水平切面层析成像结果

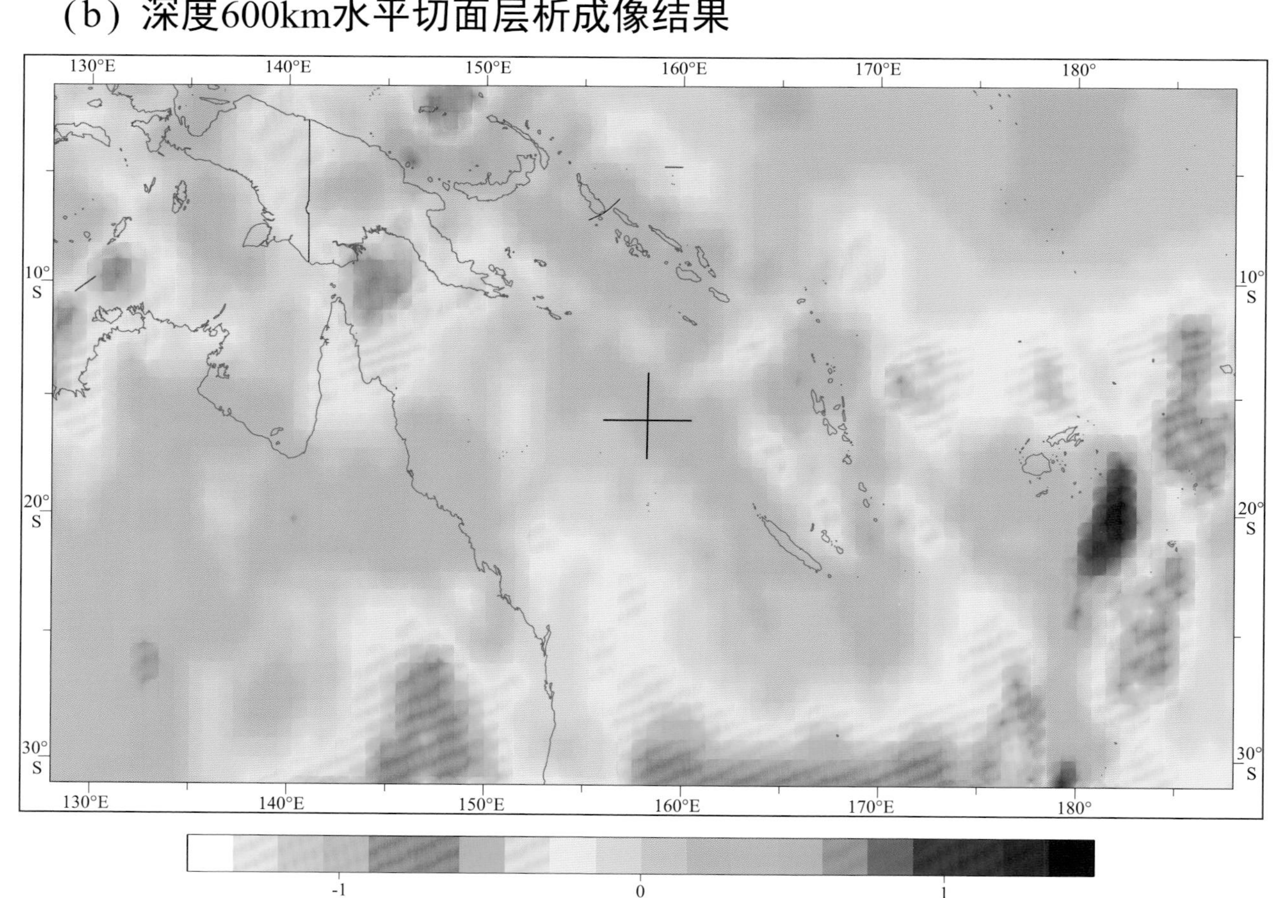

Hall（2002）的板块重建，从巴布亚新几内亚到新赫布里底山的异常北段是美拉尼西亚弧俯冲的结果，从45Ma俯冲到与~25Ma与翁通爪哇（Ontong Java）洋底高原的碰撞。Schellart等（2006）认为，沿美拉尼西亚弧向西的俯冲至少从90Ma开始就一直在进行，据此，巴布亚微幔块的底部年龄在90~45Ma，顶部年龄为26~20Ma（van der Meer et al.，2018）。

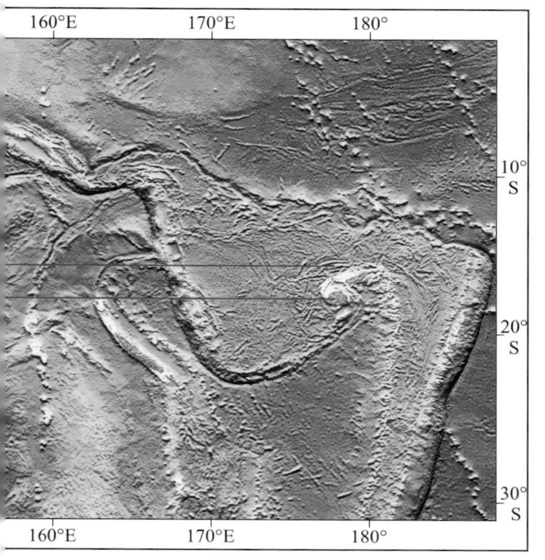

(e) A线垂直剖面层析成像结果

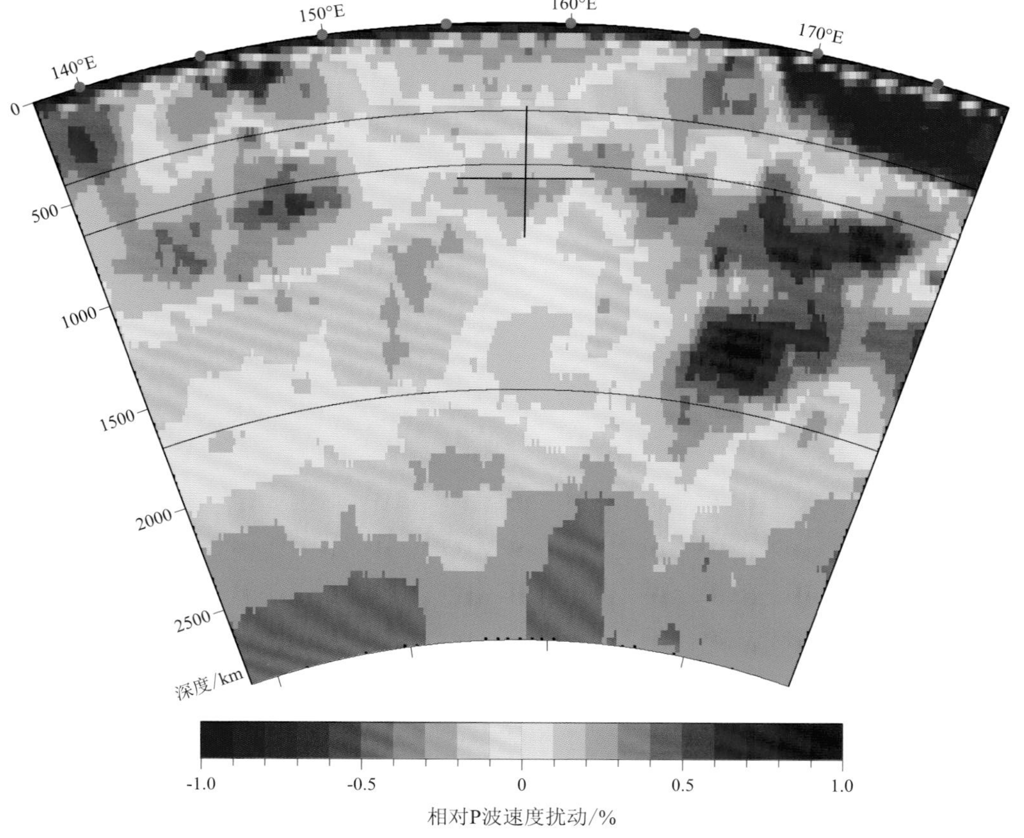

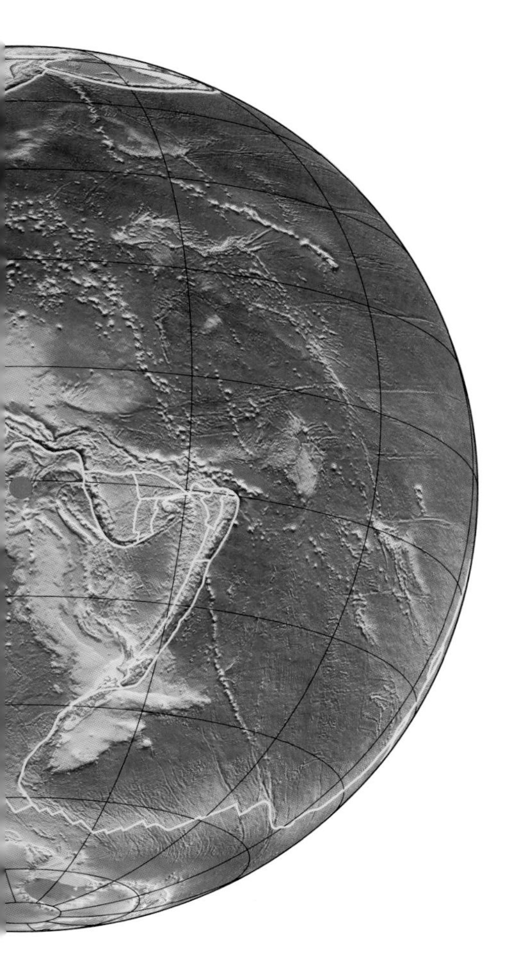

(f) B线垂直剖面层析成像结果

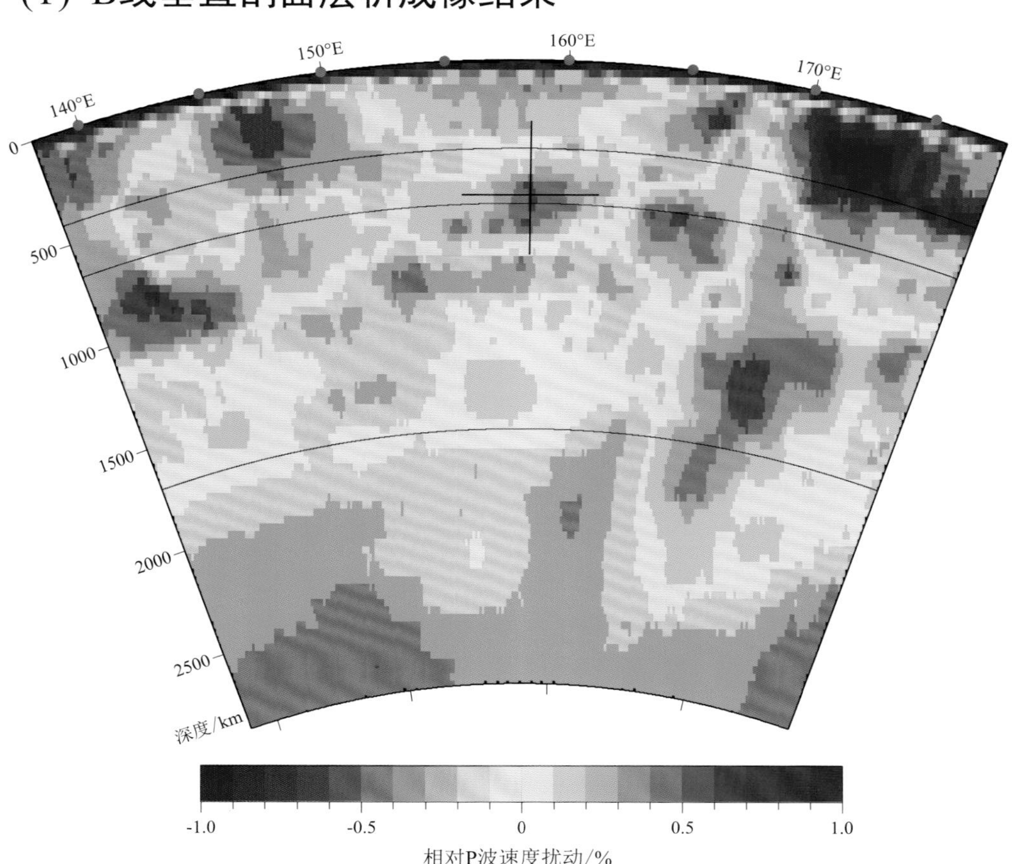

萨哈林（Sakhalin）异常

萨哈林异常位于东北亚下方的下地幔上部（图 2-34）。在之前的层析成像模型中解释为鄂霍次克岩石圈的俯冲板片（Gorbatov et al.，2000）。van der Meer 等（2010）推断，萨哈林板片可能在中生代晚期至新生代早期俯冲。依据早期的

（图2-34） 萨哈林微幔块层析成像剖面及位置

(a) 深度1200km水平切面层析成像结果

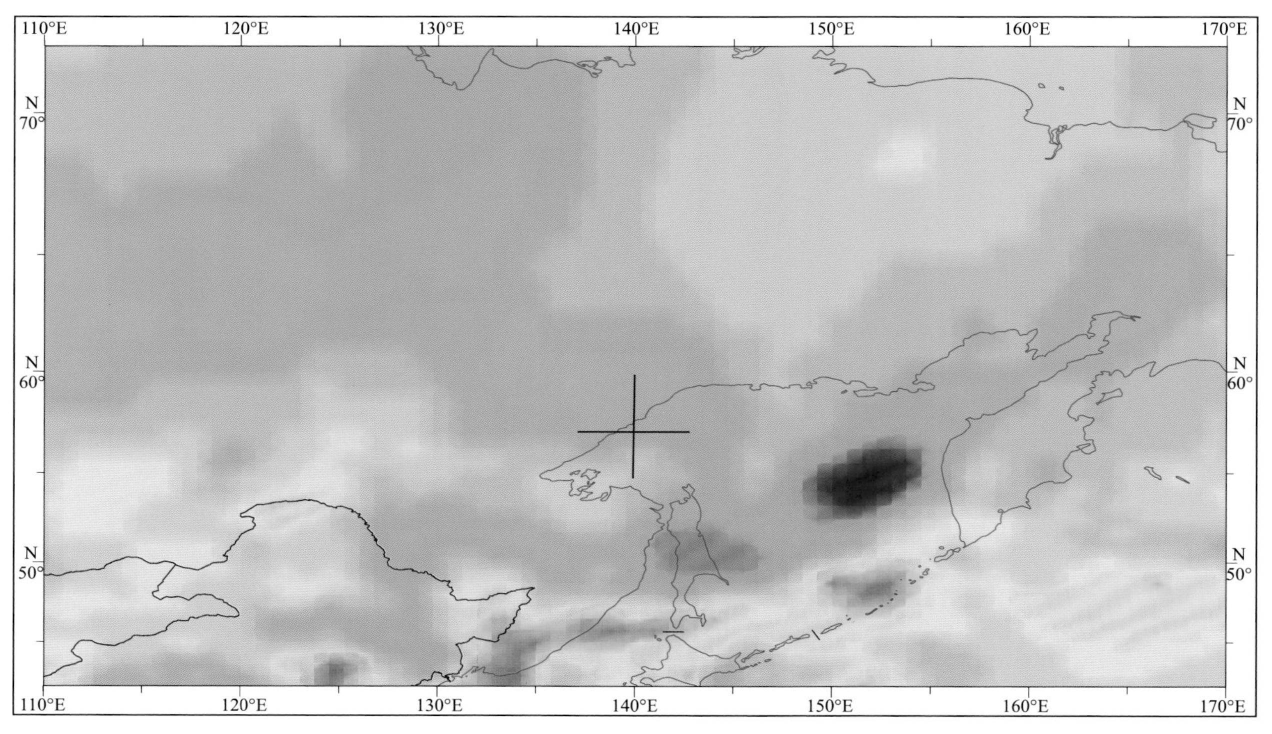

(c) 垂直剖面位

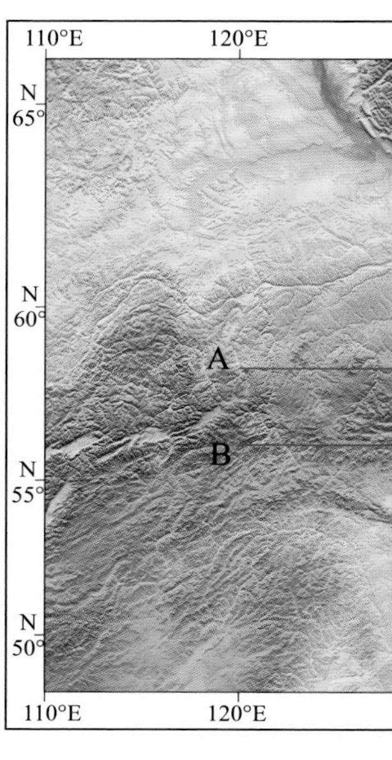

(d) 剖面位置

(b) 深度1200km水平切面层析成像结果

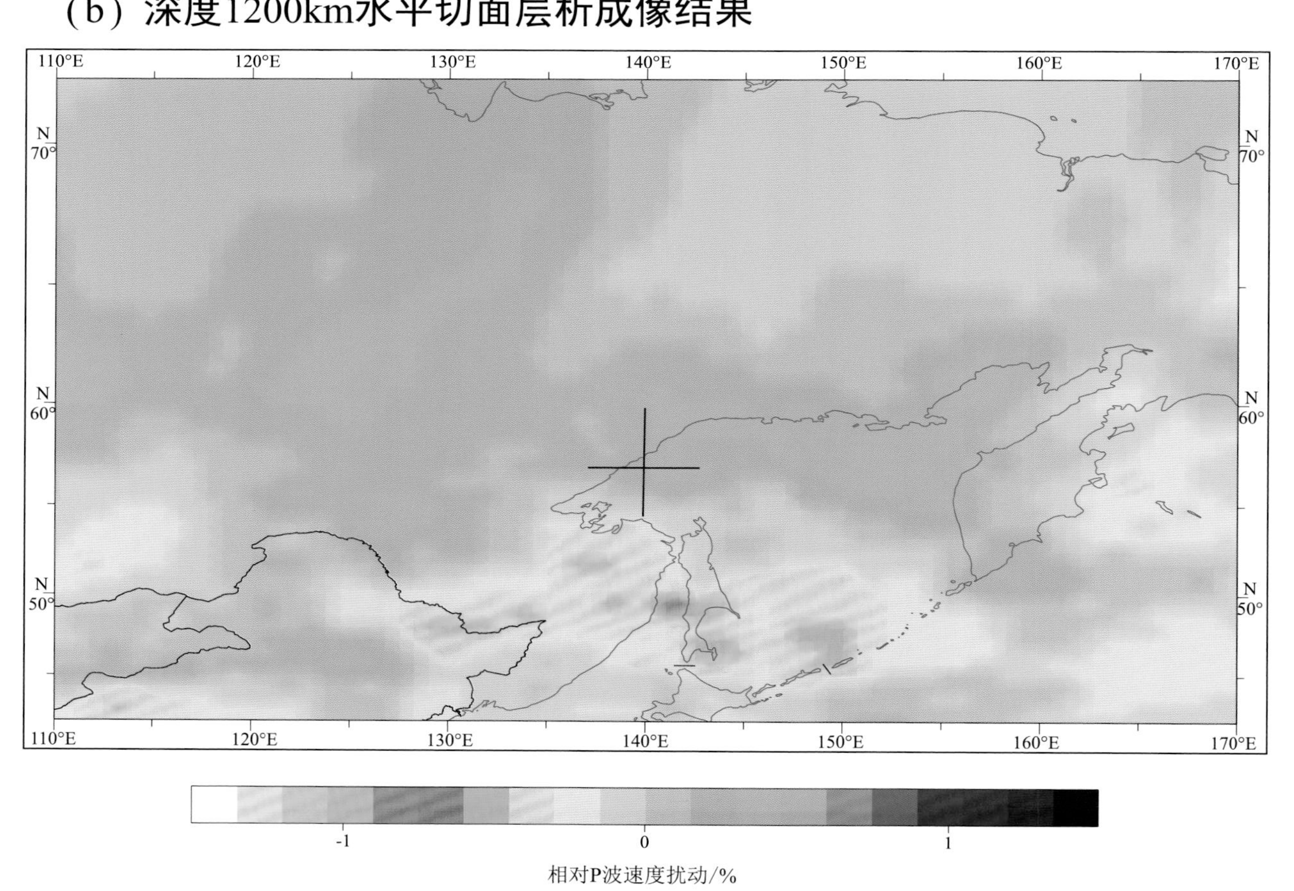

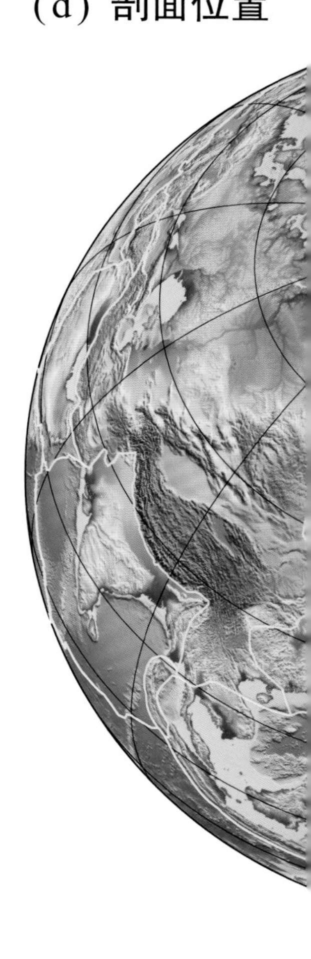

构造模拟结果，鄂霍次克岩石圈的俯冲始于晚白垩世锡霍特（Sikhote-Alin）弧下方的大陆边缘（Nokleberg et al., 2000）。据此，萨哈林微幔块的底部年龄为 101~94Ma，顶部年龄为 66~62Ma（van der Meer et al., 2018）。

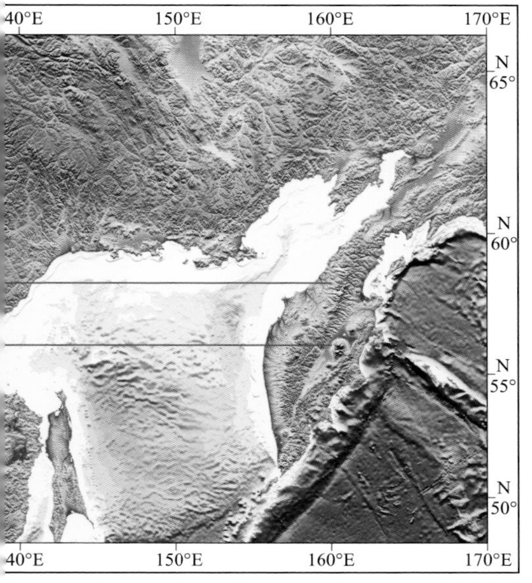

(e) A线垂直剖面层析成像结果

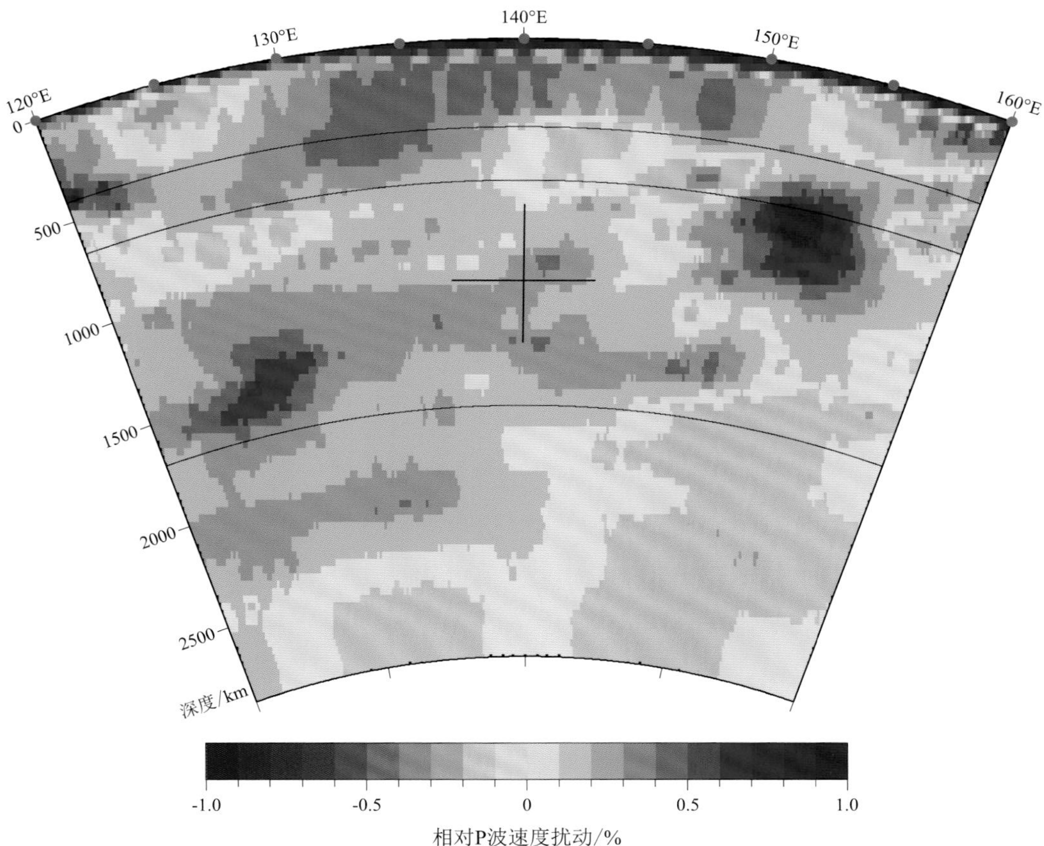

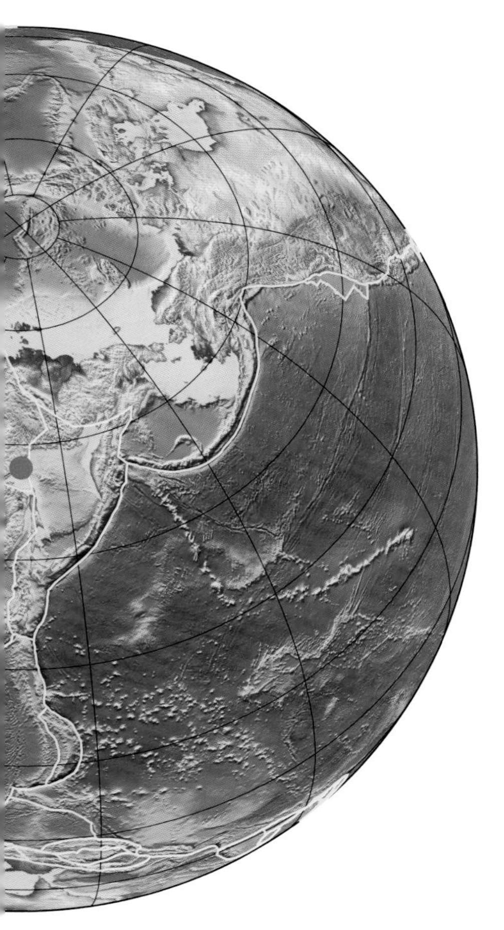

(f) B线垂直剖面层析成像结果

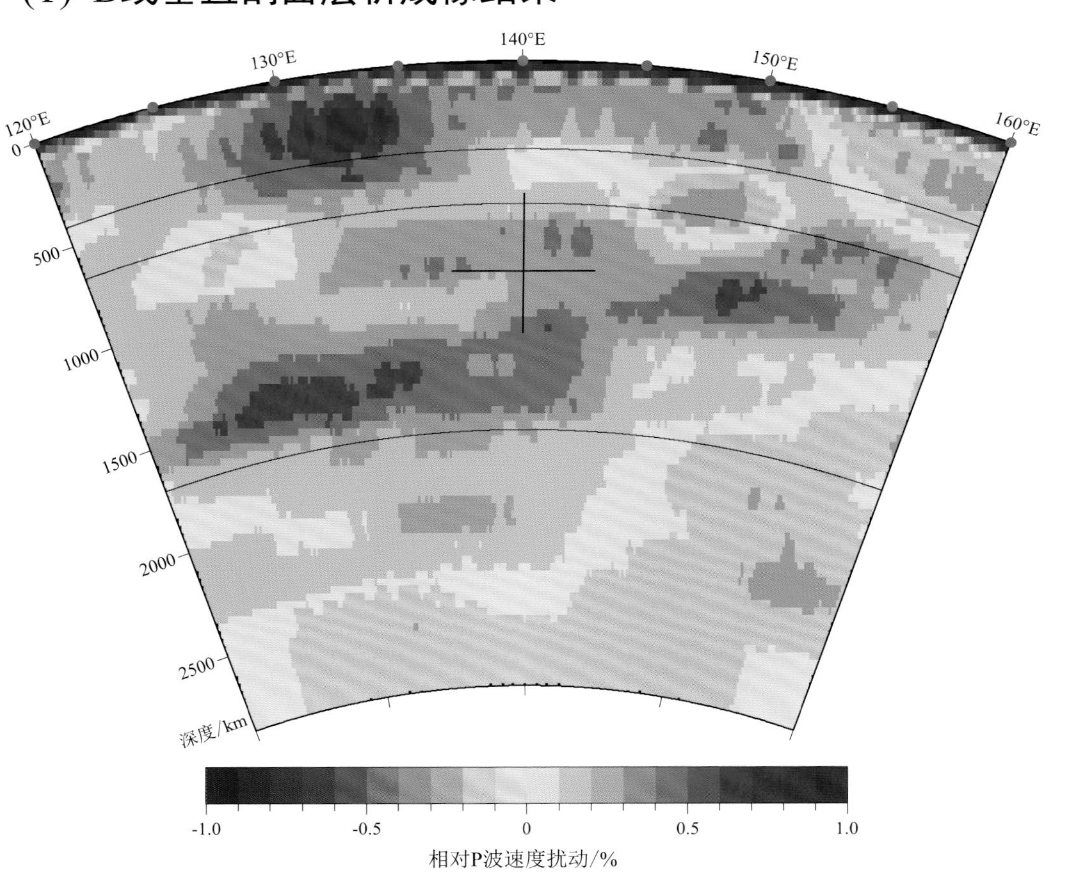

锡斯坦（Sistan）异常

锡斯坦异常呈NS走向，位于伊朗东部和阿富汗西部的下地幔上部（图2-35）。根据其所处的位置以及其周围的板片，锡斯坦异常可以用俯冲来解释，锡斯坦缝合线形成时，俯冲也随之终止。目前缝合线仍然覆盖在板片之上（van der Meer et al.，2018）。锡斯坦缝合线形成于早白垩世（Babazadeh and De Wever，2004），呈南北走向，将伊朗中部的卢特微陆块和阿

（图2-35） 锡斯坦微幔块层析成像剖面及位置

(a) 深度1400km水平切面层析成像结果

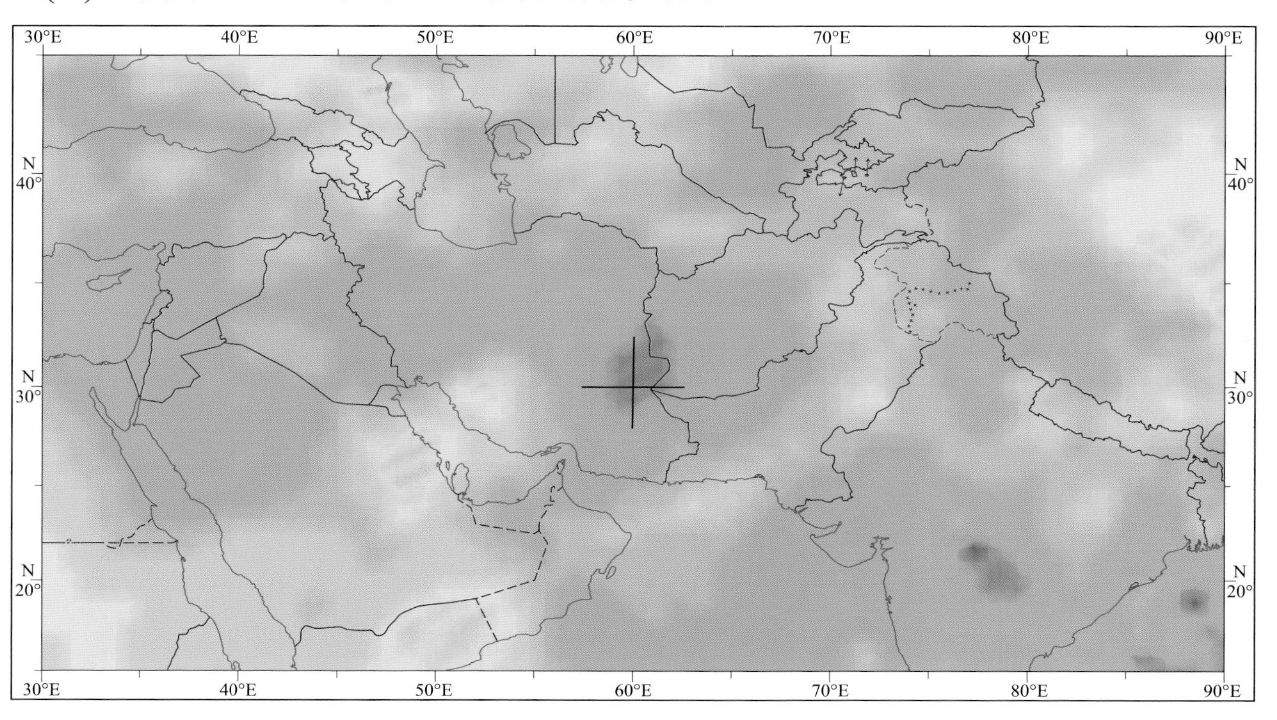

(c) 垂直剖面位

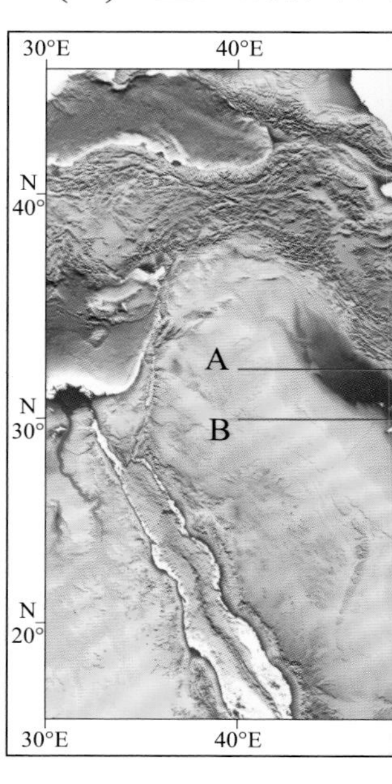

(d) 剖面位置

(b) 深度1600km水平切面层析成像结果

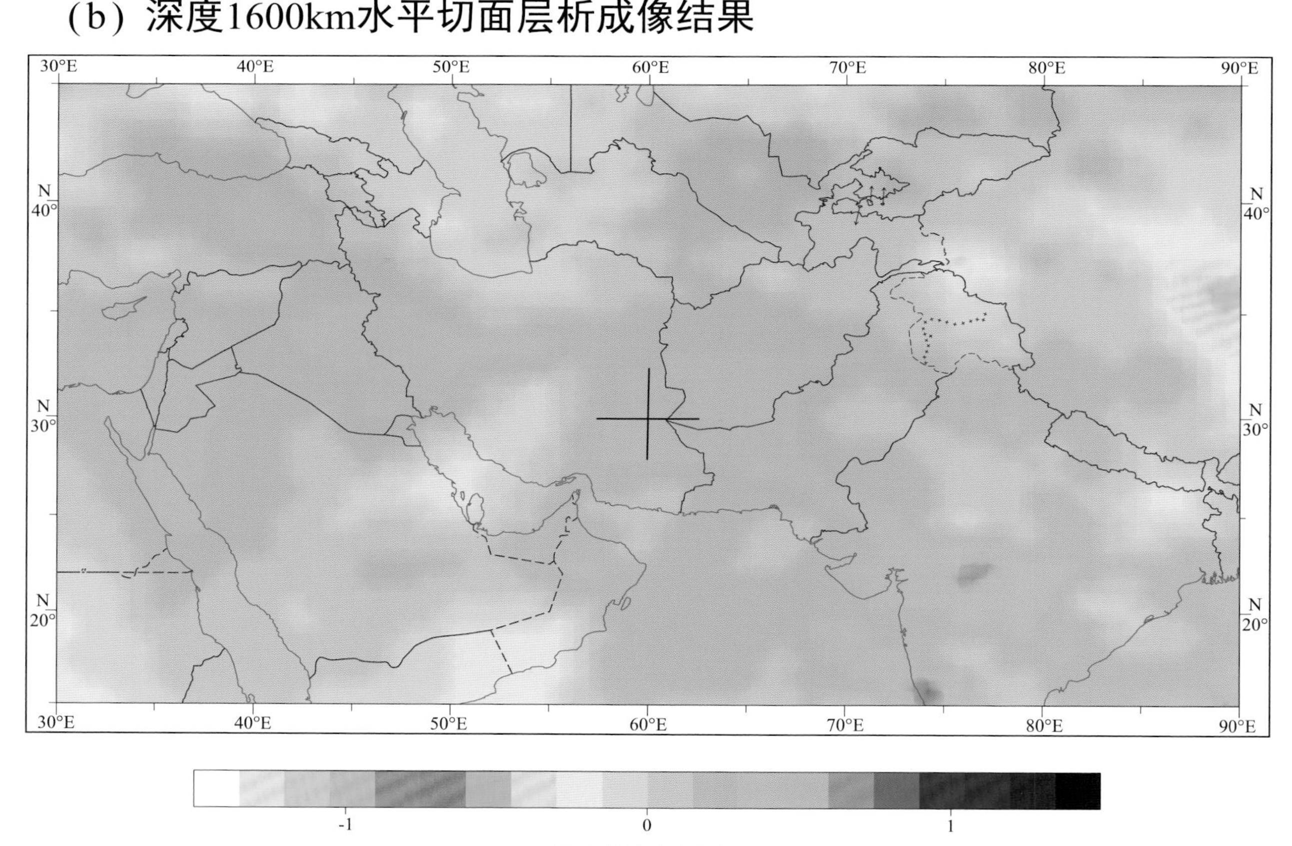

富汗的赫尔曼德微陆块分开（Camp and Griffis，1982；Tirrul et al.，1983）。根据热年代学，锡斯坦缝合线混杂岩中的榴辉岩和蓝片岩形成于早白垩世（~125Ma）（Fotoohi Rad et al.，2005），其年龄误差超过了 10Myr（Fotoohi Rad et al.，2009）。考虑到锡斯坦缝合线中的地层年龄（~125~100Ma），锡斯坦洋的俯冲开始时间为 100~90Ma，俯冲结束时间应在 59~46Ma（van der Meer et al.，2018）。

(e) A线垂直剖面层析成像结果

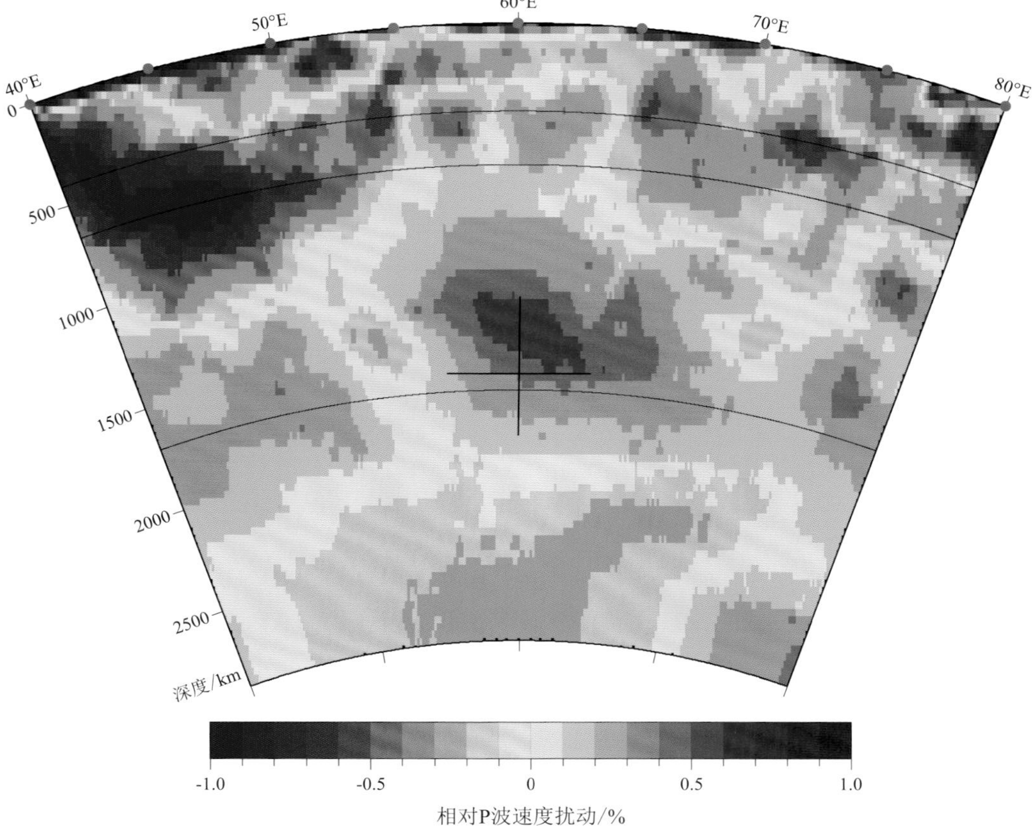

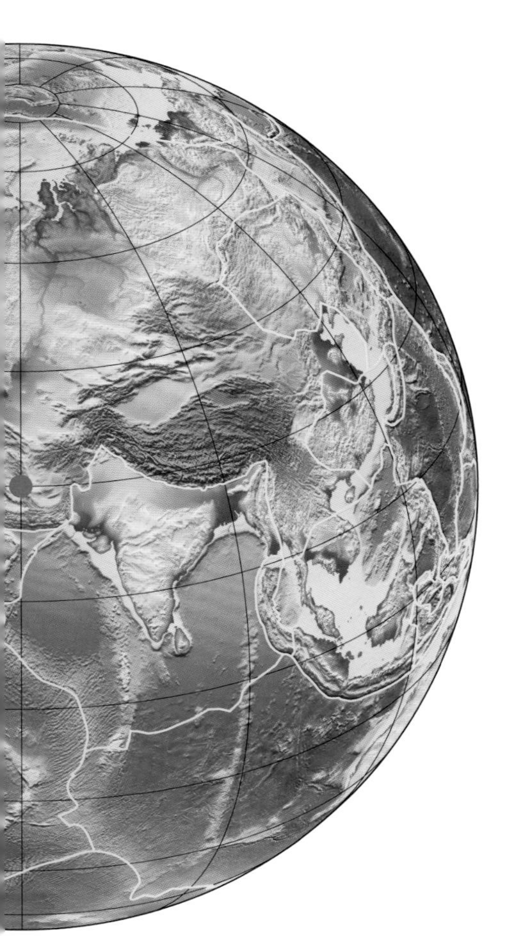

(f) B线垂直剖面层析成像结果

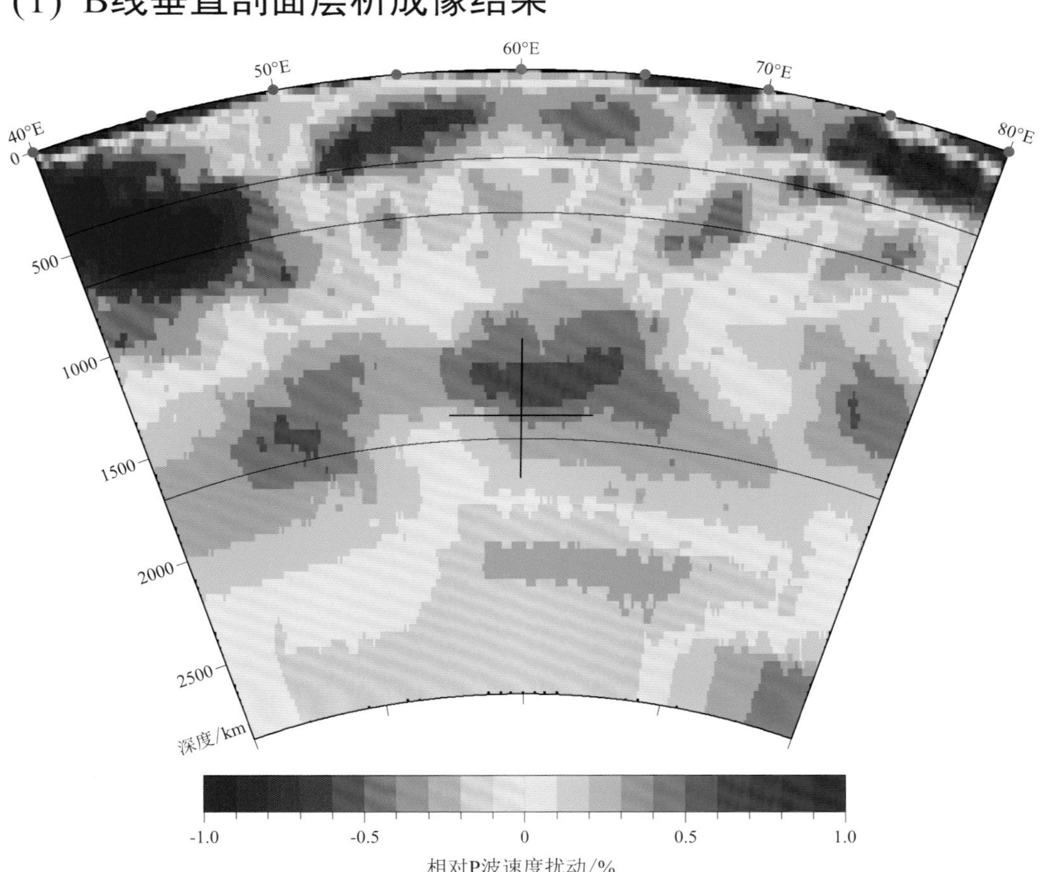

索科罗（Socorro）异常

索科罗异常位于北美西部下部的中地幔（图 2-36）。该异常最早由 van der Meer 等（2010）识别和描述，与其他层析成像解释的 CR-3 异常一致（Sigloch and Mihalynuk，2013）。爱达荷微幔块和索科罗微幔块具有相似的倾角，并覆盖了相似的深度范围，位置比哈特勒斯微幔块更为偏西，该微幔块的洋内起源时间即侏罗纪—白垩纪（van der Meer et al.，2018）。从早侏罗世到中侏罗世，

（图2-36） 索科罗微幔块层析成像剖面及位置

(a) 深度1600km水平切面层析成像结果

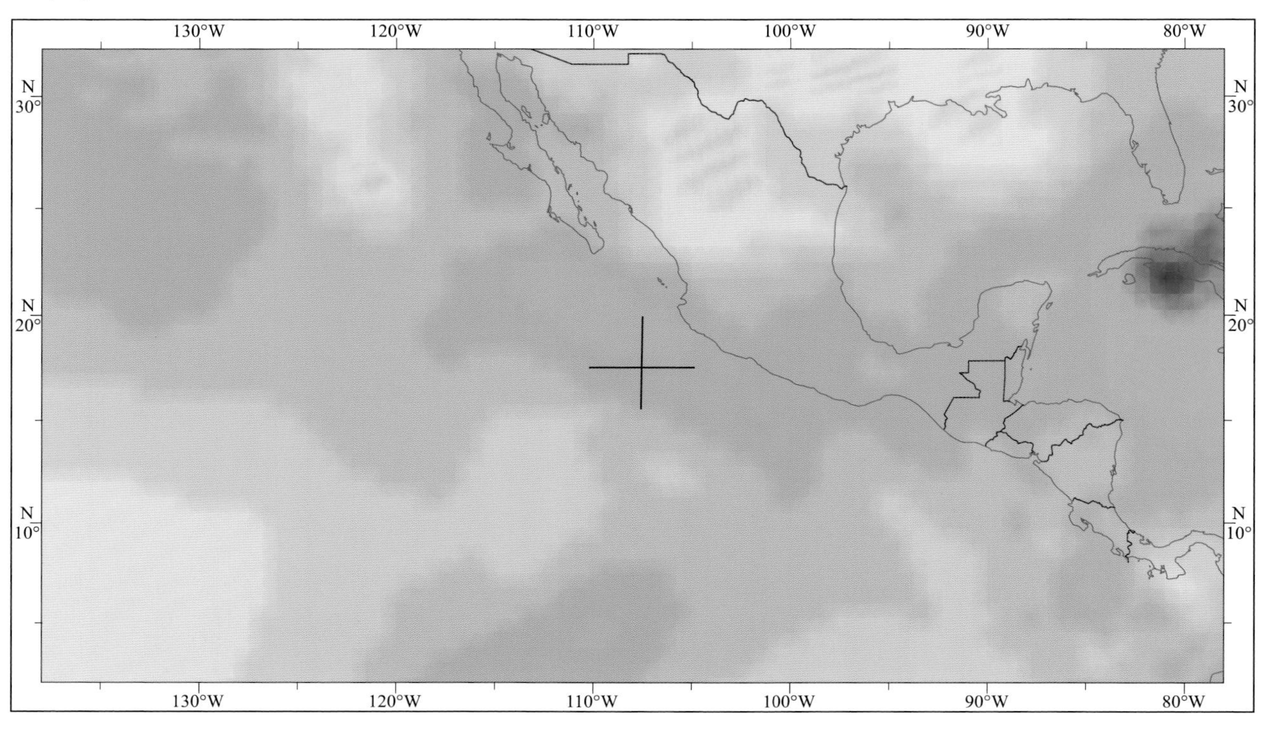

(c) 垂直剖面位

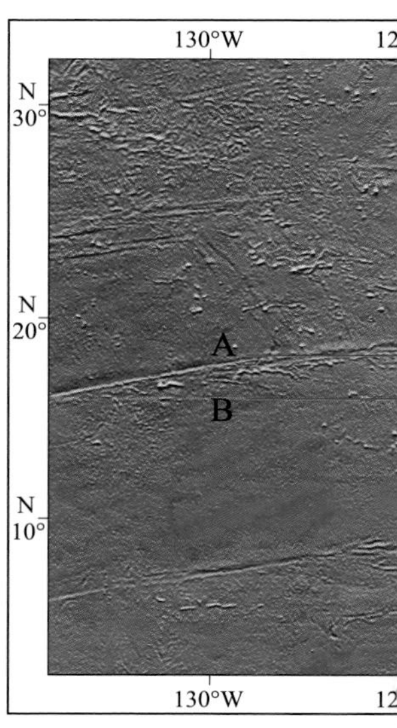

(d) 剖面位置

(b) 深度1800km水平切面层析成像结果

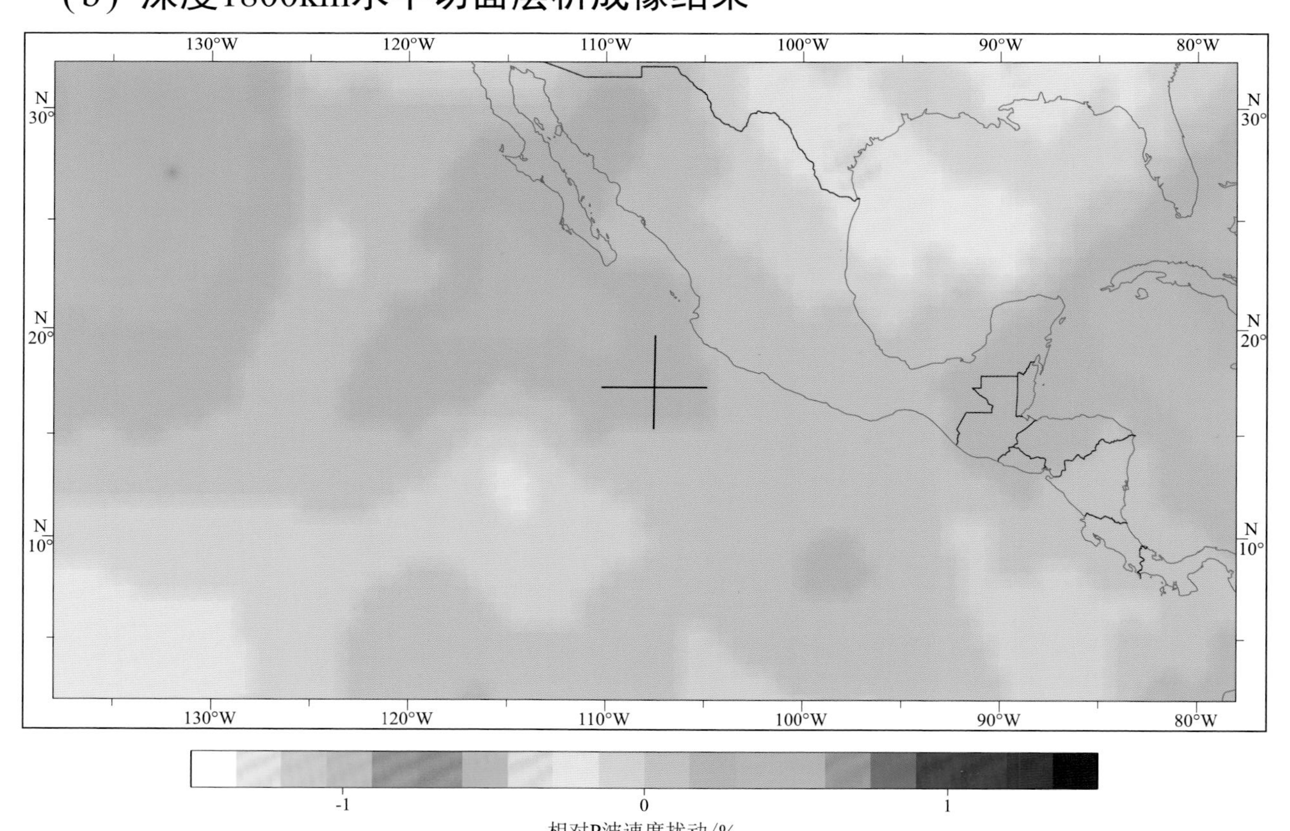

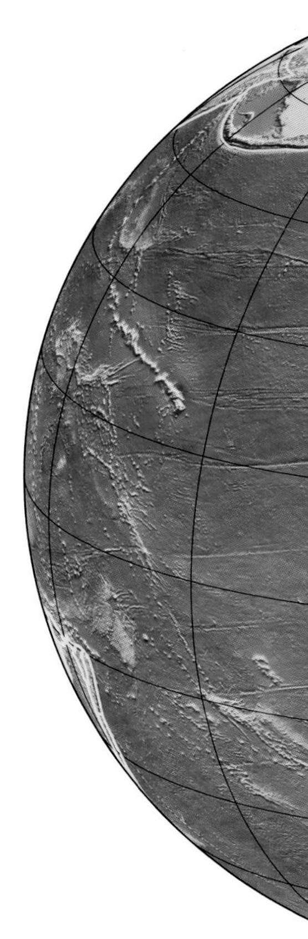

在兰格尔（Wrangellia）微板块南部的泛大洋/法拉隆岩石圈向东俯冲形成了索科罗微幔块。Sigloch和Mihalynuk（2013）推测，索科罗微幔块在55~50Ma被大陆边缘覆盖，可以进一步推测板片拆离的年龄，因此索科罗微幔快的底部年龄为为208~163Ma，顶部年龄为55~50Ma（van der Meer et al.，2018）。

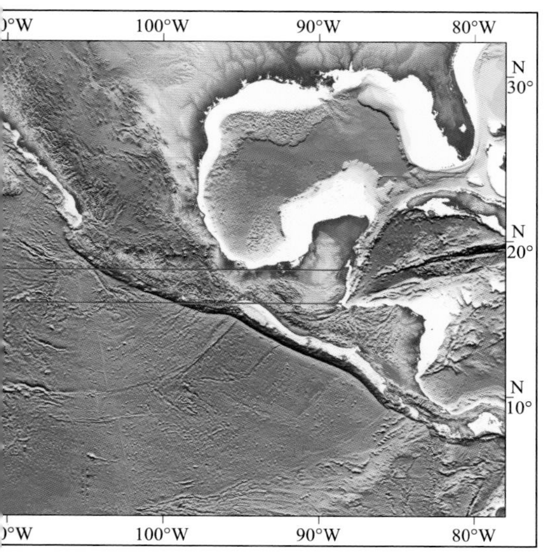

(e) A线垂直剖面层析成像结果

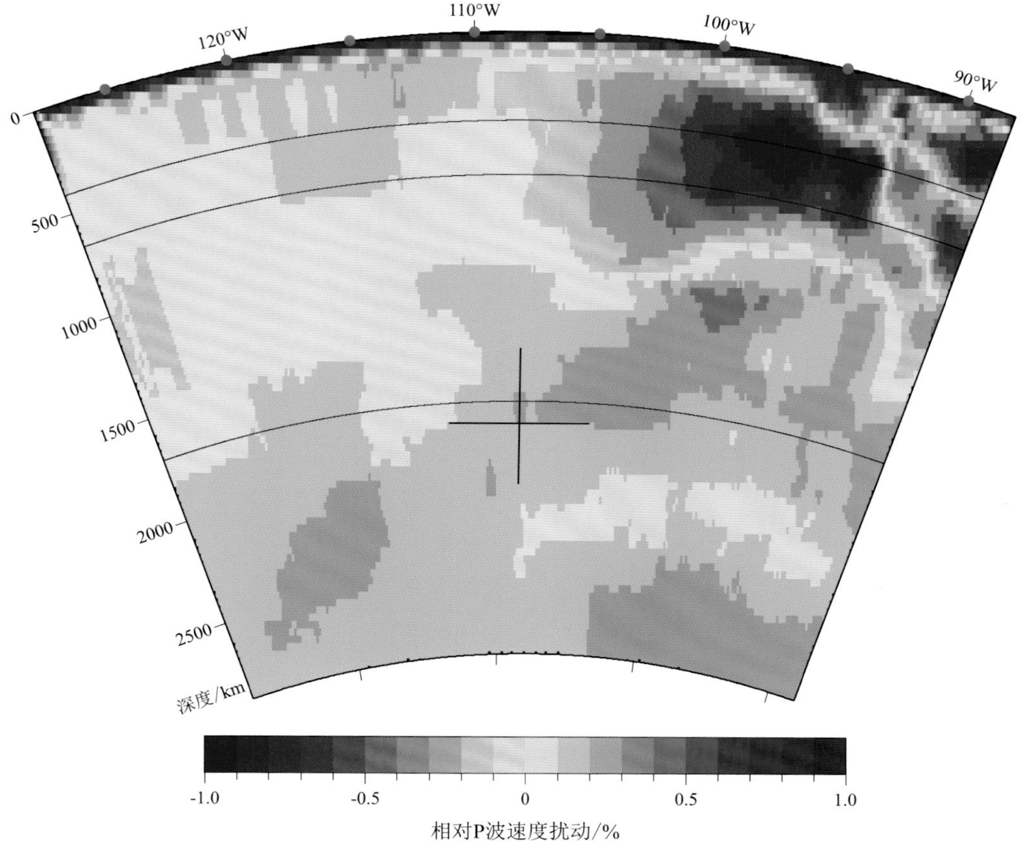

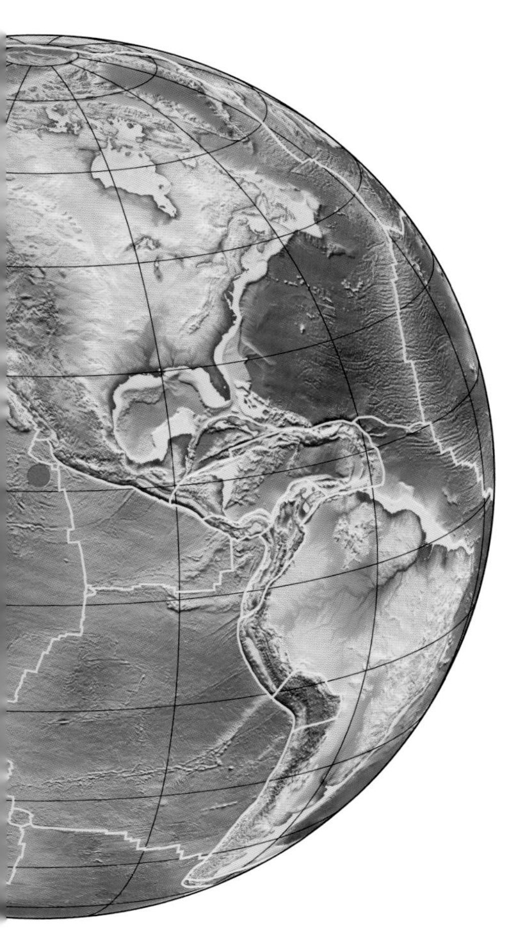

(f) B线垂直剖面层析成像结果

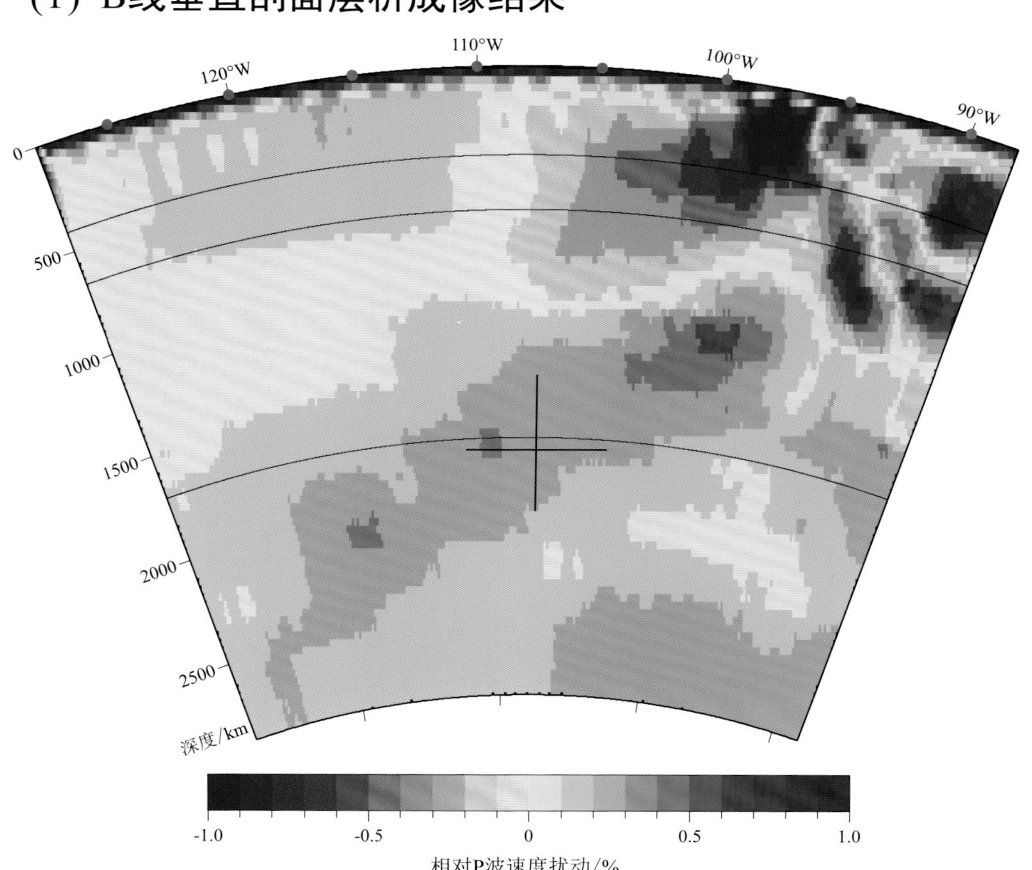

洛亚蒂南部盆地异常 (South Loyalty Basin)

北西–南东向的洛亚蒂南部盆地异常位于塔斯曼海的下地幔上部（图2-37），该微幔块也被早期的层析成像模型识别和解释（Schellart et al.，2009），在下地幔显示为一个平板状态，可能与东边陡倾的汤加–克马德克–希库朗伊俯冲板片相连，依据异

（图2-37） 洛亚蒂南部盆地微幔块层析成像剖面及位置

(a) 深度1000km水平切面层析成像结果

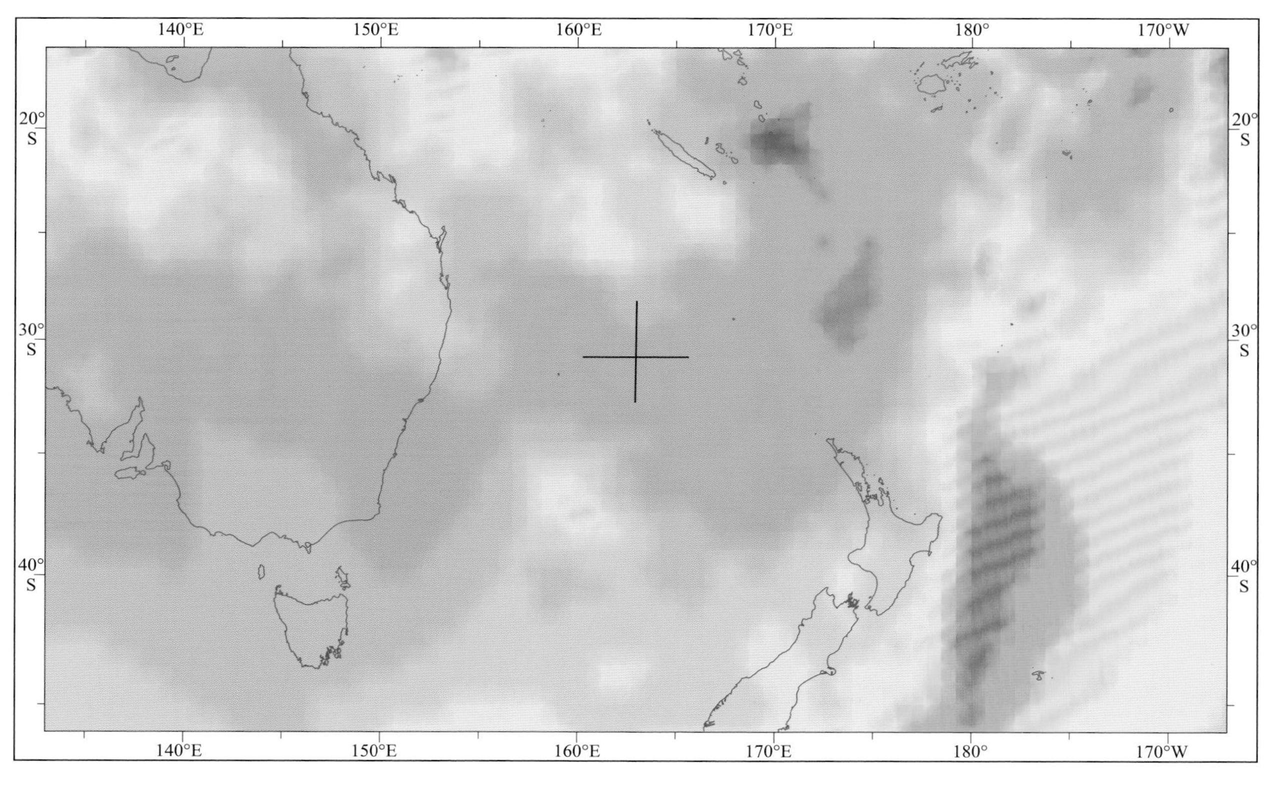

(c) 垂直剖面位

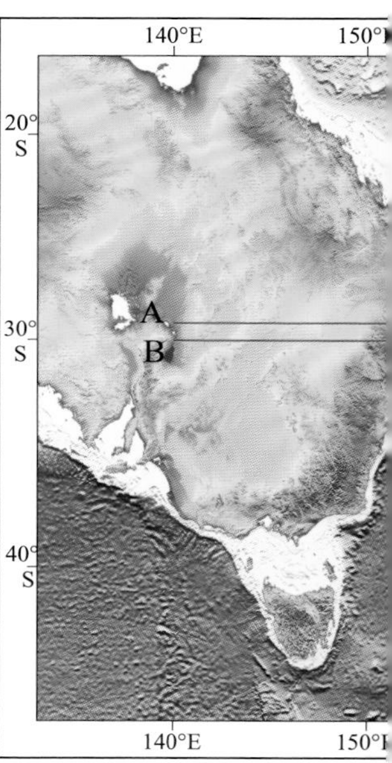

(d) 剖面位置

(b) 深度1200km水平切面层析成像结果

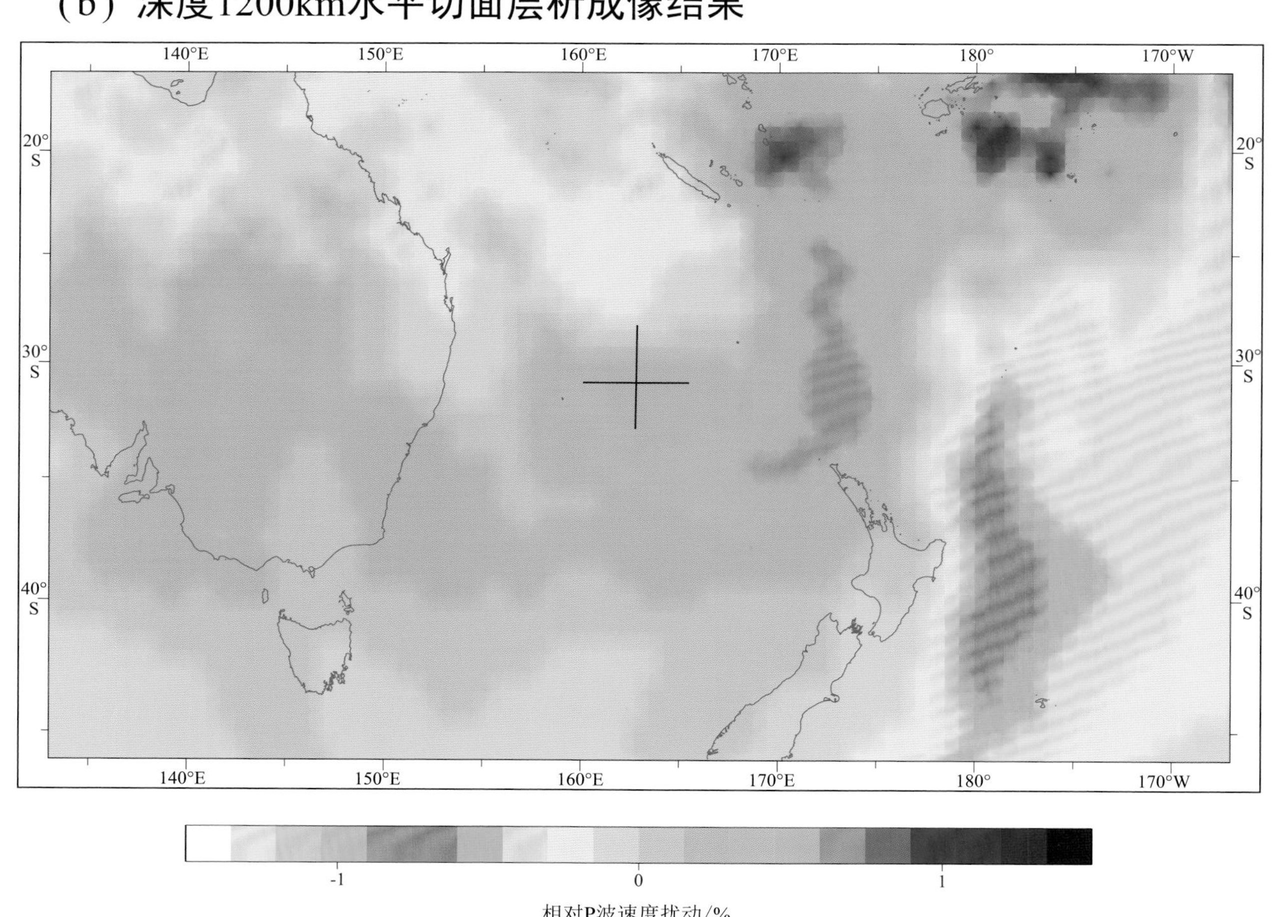

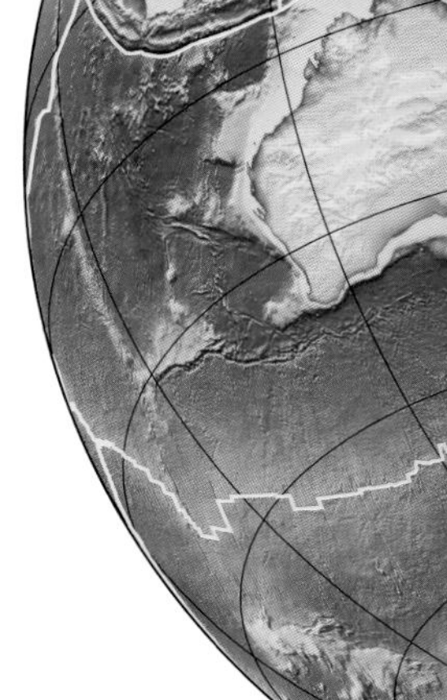

常的特征，可确定其在地幔1000~1200km深处（Schellart et al.，2009；Schellart and Spakman，2012）。据此，该异常也明确解释为洛亚蒂南部盆地异常（van der Meer et al.，2018）。依据板块运动学重建模型（van de Lagemaat et al.，2017），洛亚蒂南部盆地板片俯冲开始时间为60~56Ma，俯冲板片拆离的时间应在45~30Ma（van der Meer et al.，2018）。

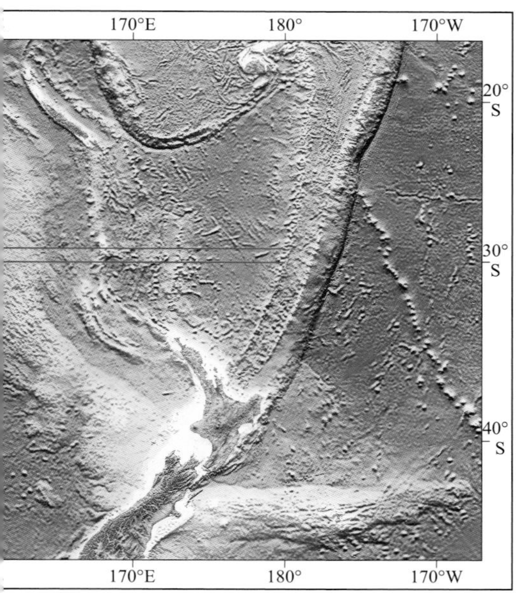

(e) A线垂直剖面层析成像结果

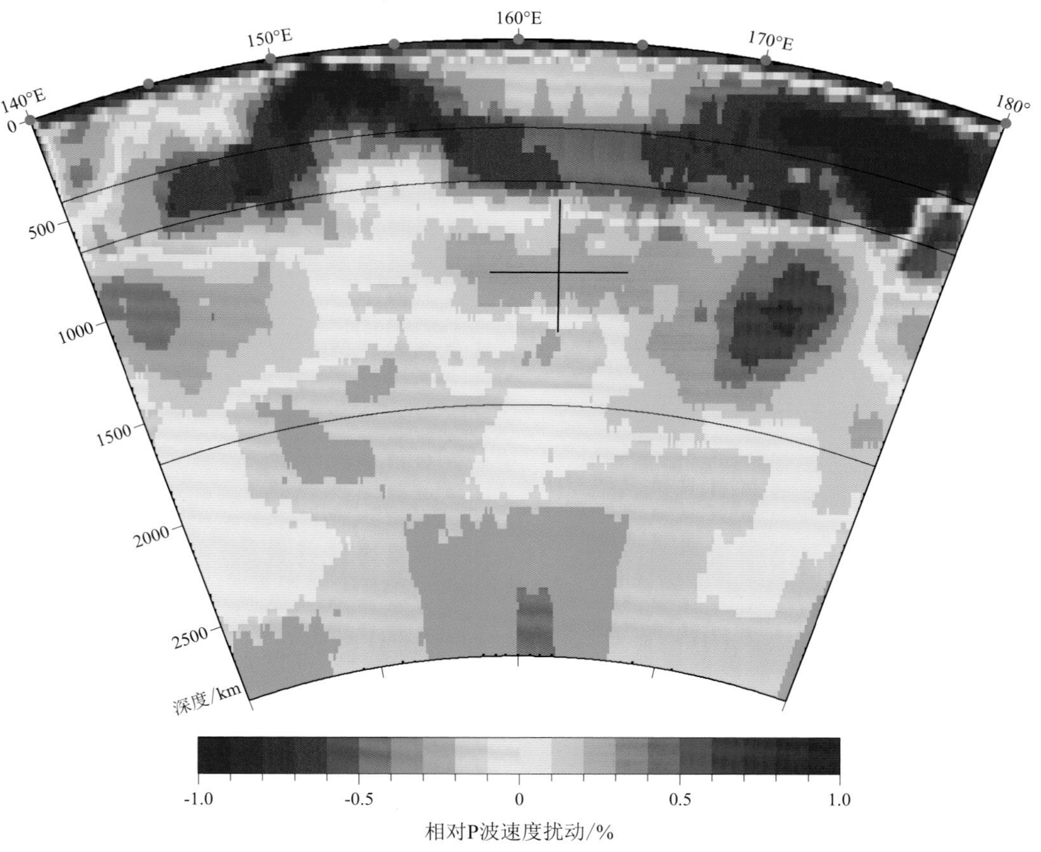

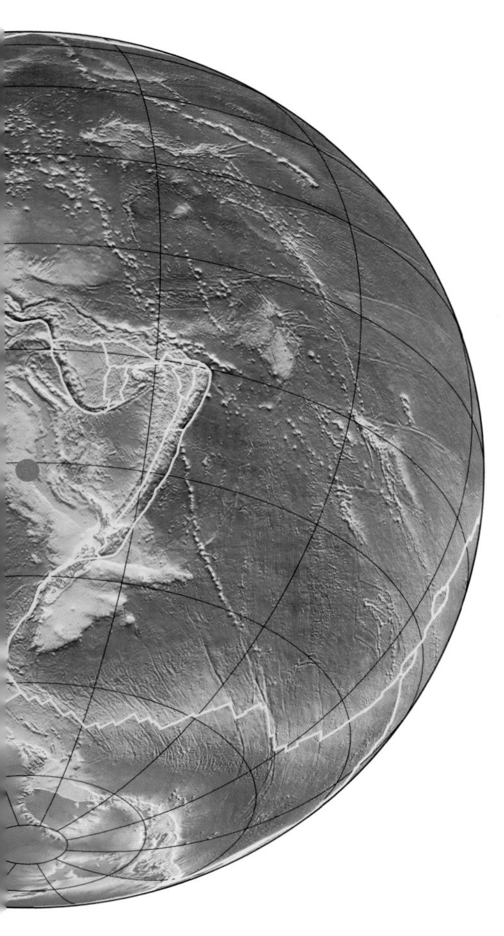

(f) B线垂直剖面层析成像结果

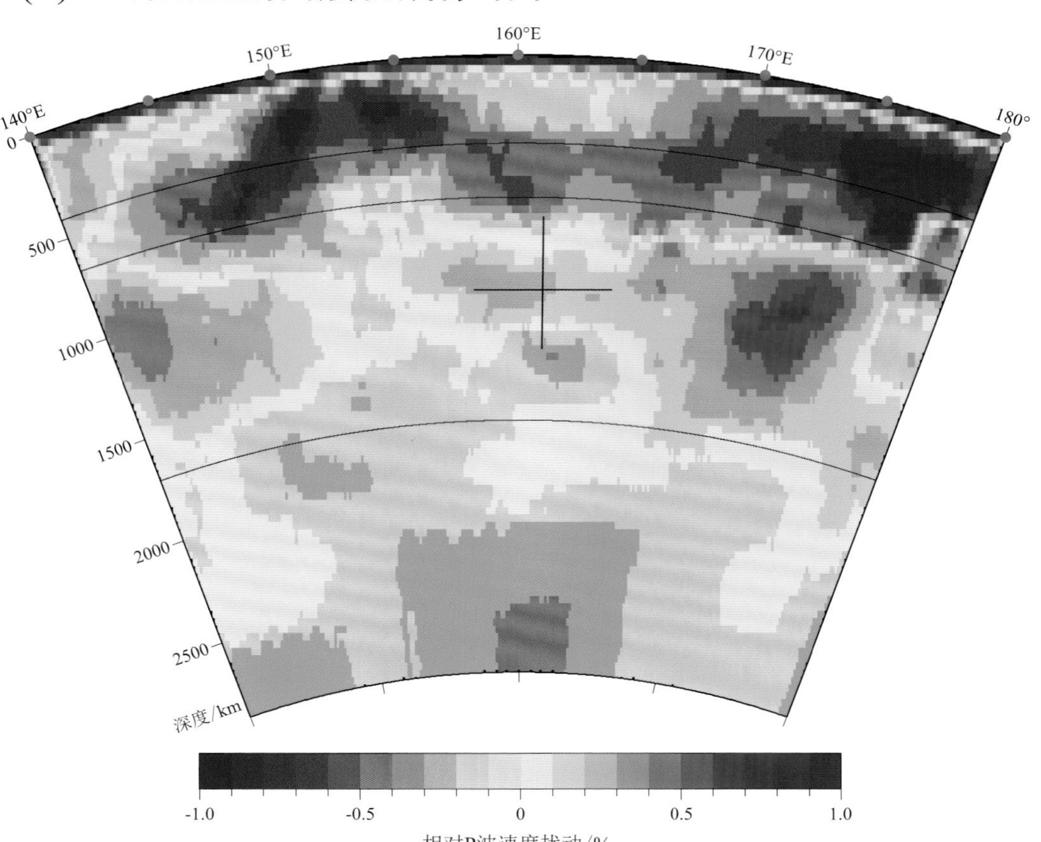

南奥克尼岛（South Orkney Island）异常

南奥克尼岛异常呈NW-SE走向，位于从巴塔哥尼亚东南部到威德尔海以下的中地幔（图2-38）。它可能代表古太平洋板块岩石圈俯冲在古安第斯或冈瓦纳古陆的边缘。Martin（2007）解释冈瓦纳古陆边缘裂离发生在早—中侏罗世（190~175Ma）至中

（图2-38） 南奥克尼岛微幔块层析成像剖面及位置

(a) 深度1800km水平切面层析成像结果

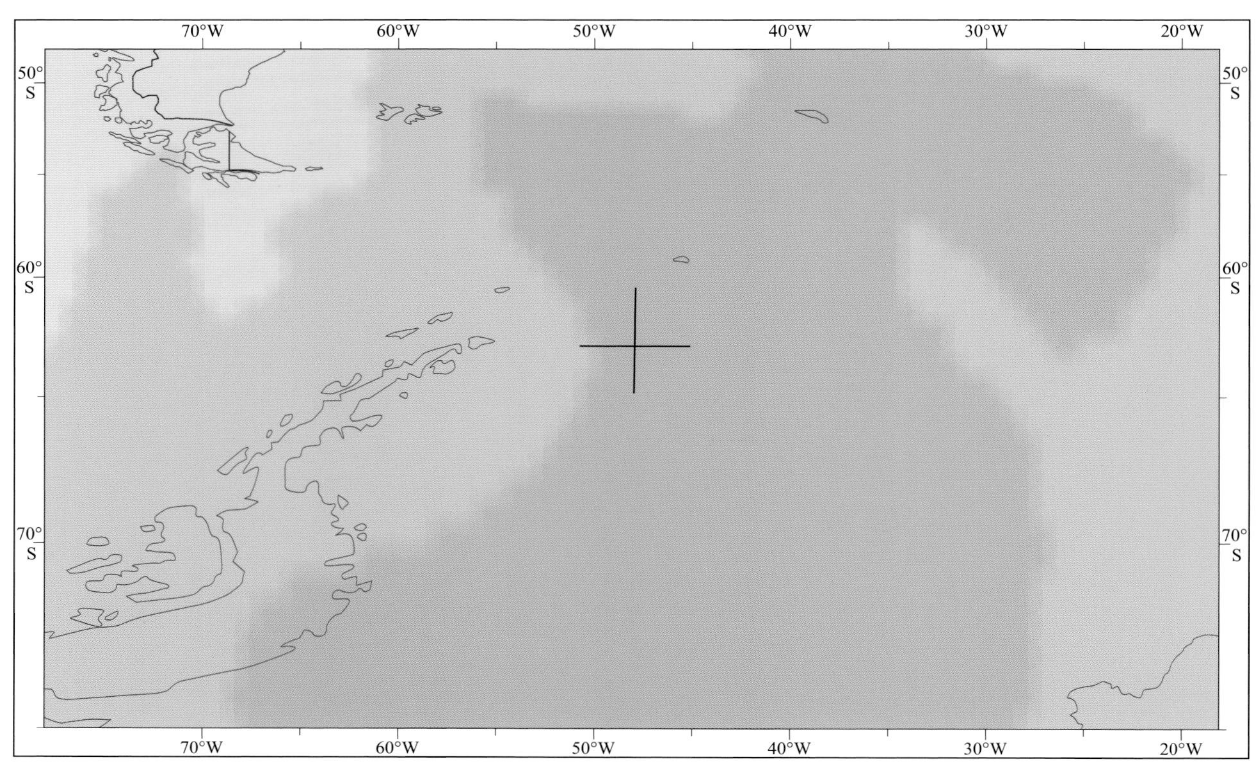

(c) 垂直剖面位

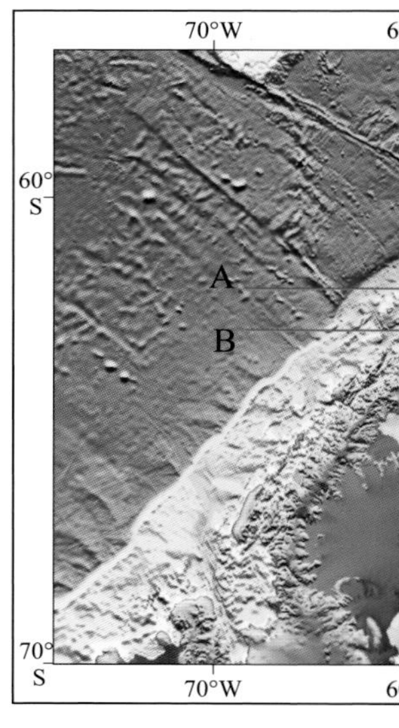

(d) 剖面位置

(b) 深度2150km水平切面层析成像结果

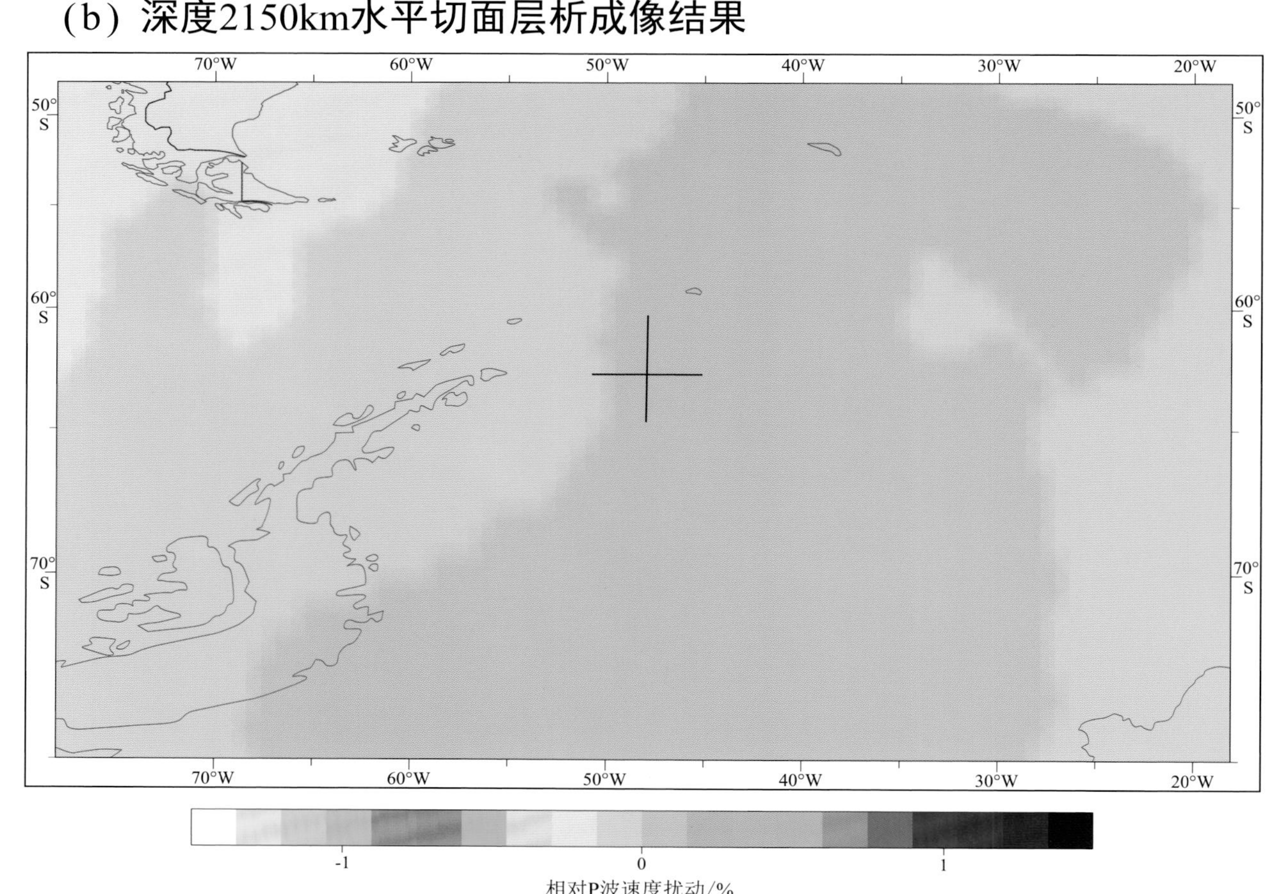

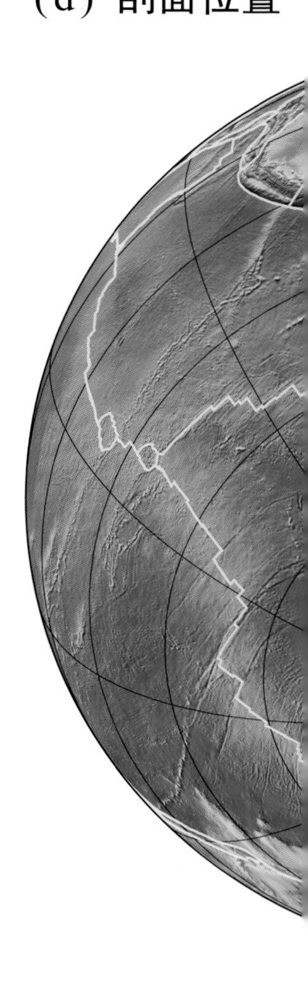

白垩世，是板片折返和弧后盆地扩张的结果。依据俯冲板片折返时间，南奥克尼岛板片或微幔块的底部年龄为190~175Ma，顶部年龄在103~94Ma（van der Meer et al.，2018）。

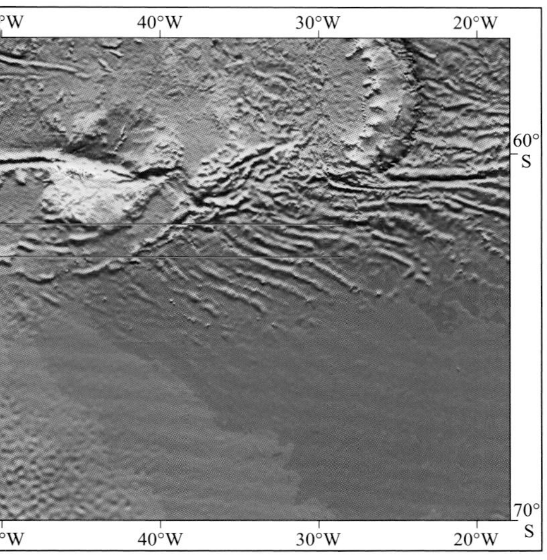

(e) A线垂直剖面层析成像结果

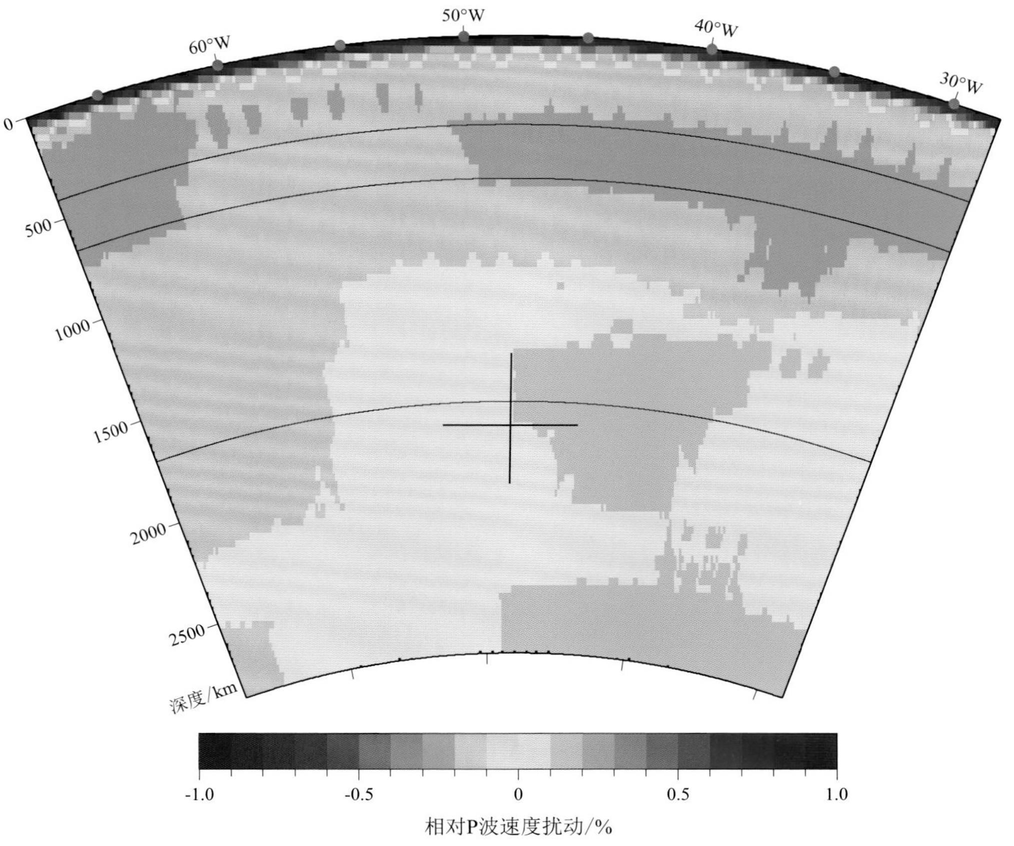

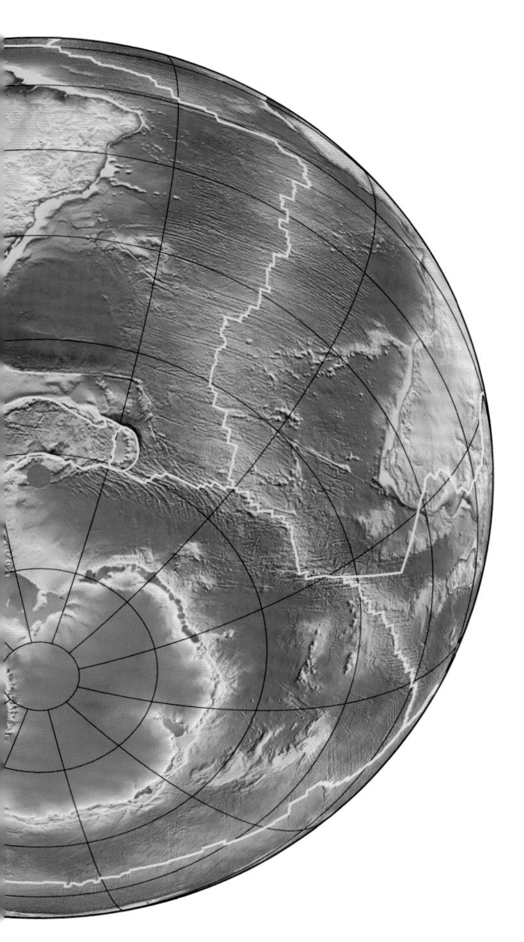

(f) B线垂直剖面层析成像结果

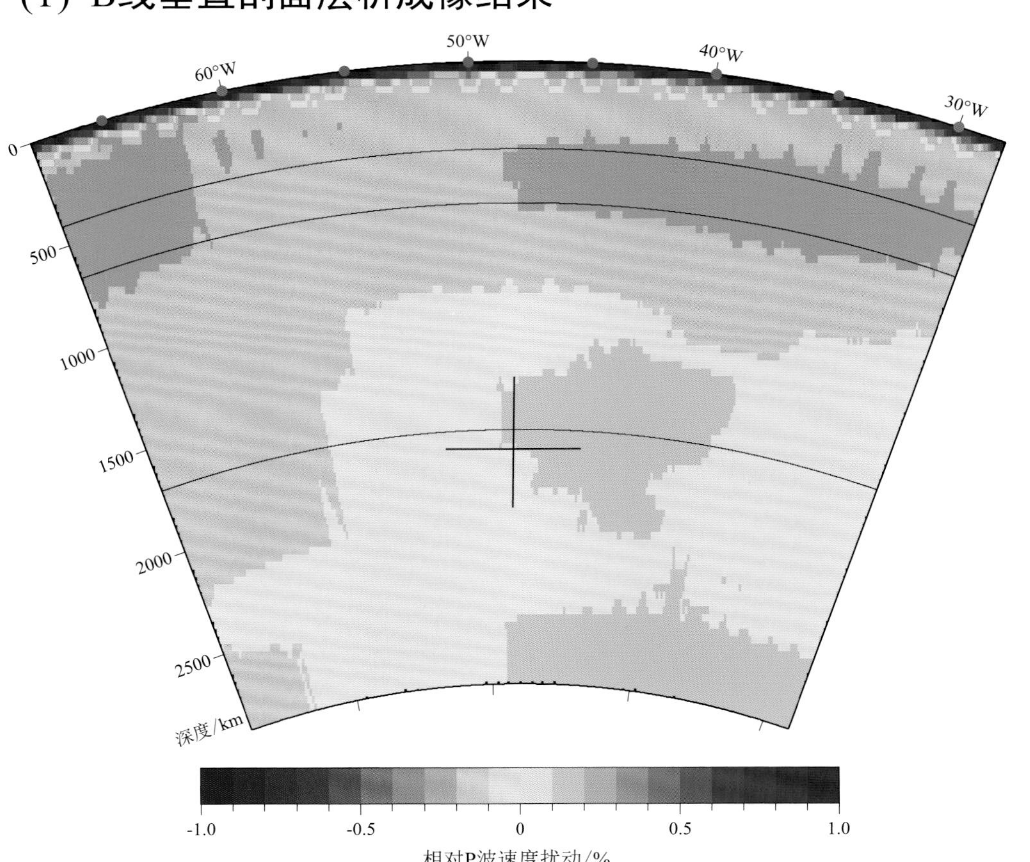

泰克尼亚（Telkhinia）异常

泰克尼亚异常是一系列NS走向的太平洋中部下方的高速异常带（图2-39），被解释为一系列三叠纪—侏罗纪洋内俯冲带（van der Meer et al.，2012）。在全球层析成像P波模型UUP07和S波模型S40RTS中，这些异常深度均在1500km以上的下地幔中，三条明显的洋内俯冲带与这些异常相关（van der Meer et al.，2018）。这些异常也被解释为由太平洋中部（Kaneshima and Helffrich，

（图2-39） 泰克尼亚微幔块层析成像剖面及位置

（a）深度1850km水平切面层析成像结果

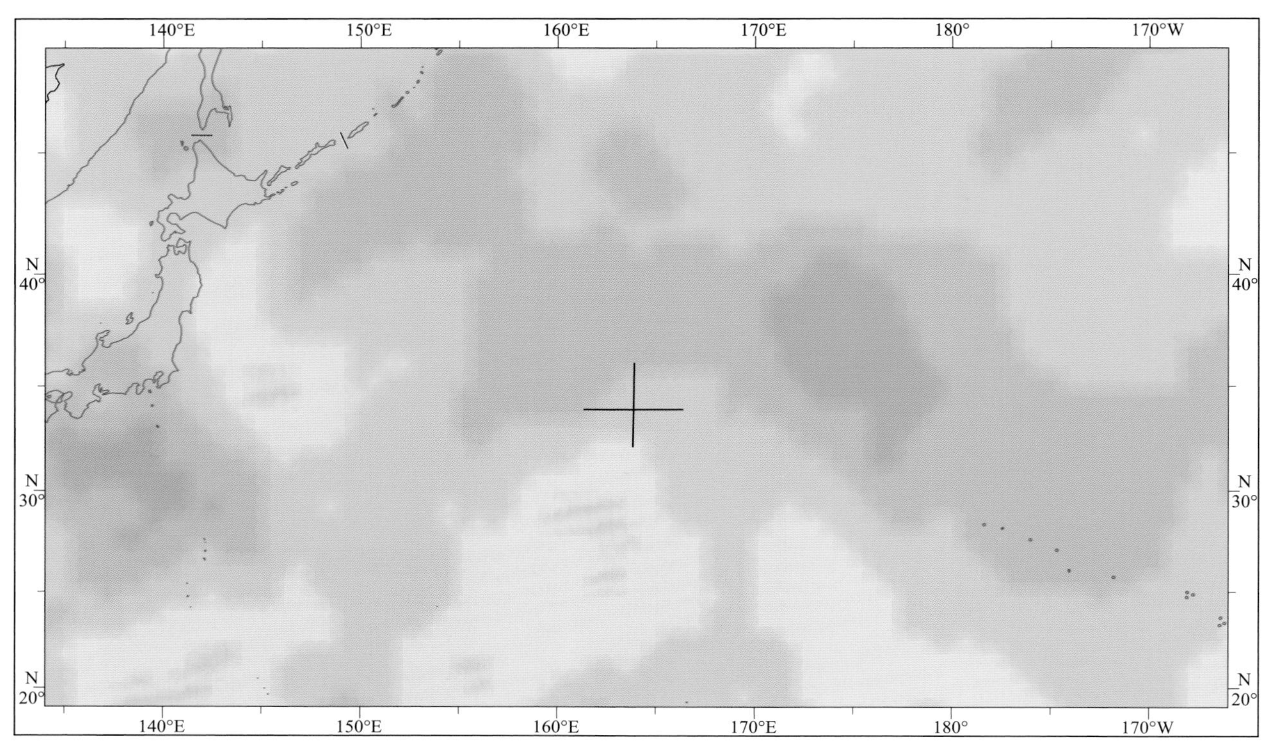

（c）垂直剖面位

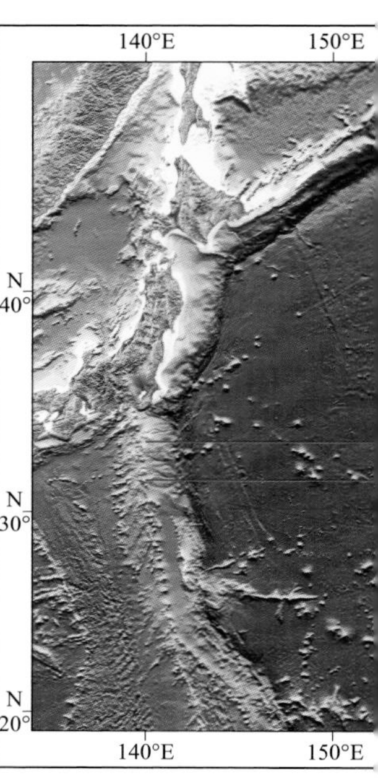

（d）剖面位置

（b）深度2150km水平切面层析成像结果

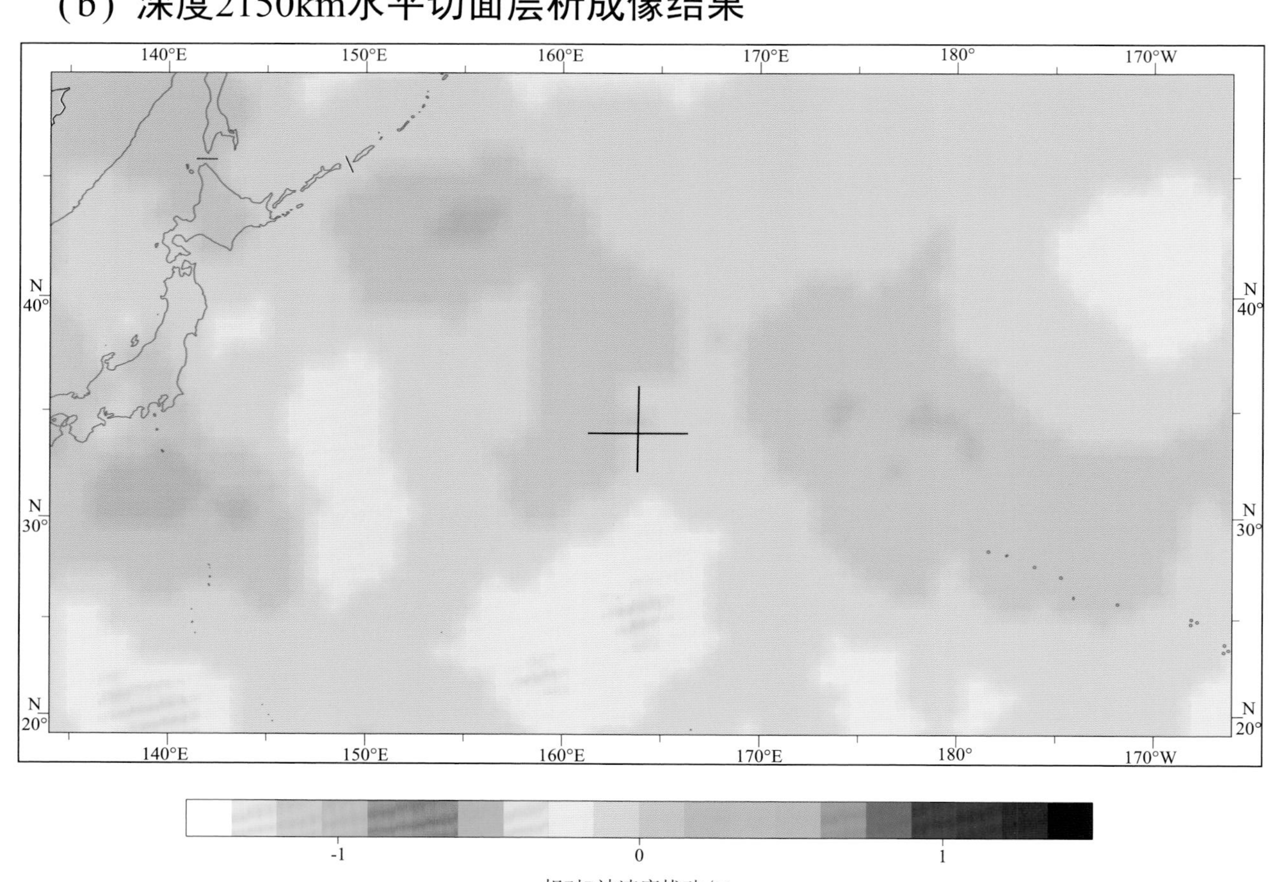

2010；Ma et al.，2016）或北太平洋深部（Schumacher and Thomas，2016）俯冲板片折返的古大洋岩石圈残留或微幔块。之后的层析成像研究证实了太平洋中部下地幔异常的存在（Simmons et al.，2012；Sigloch and Mihalynuk，2013；French and Romanowicz，2014；Suzuki et al.，2016）。依据板片下沉速率，将泰克尼亚微幔块解释为早—中中生代俯冲的结果（van der Meer et al.，2012）。

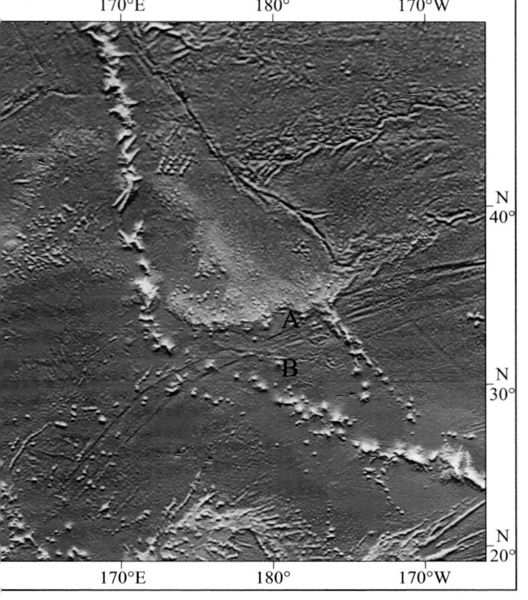

(e) A线垂直剖面层析成像结果

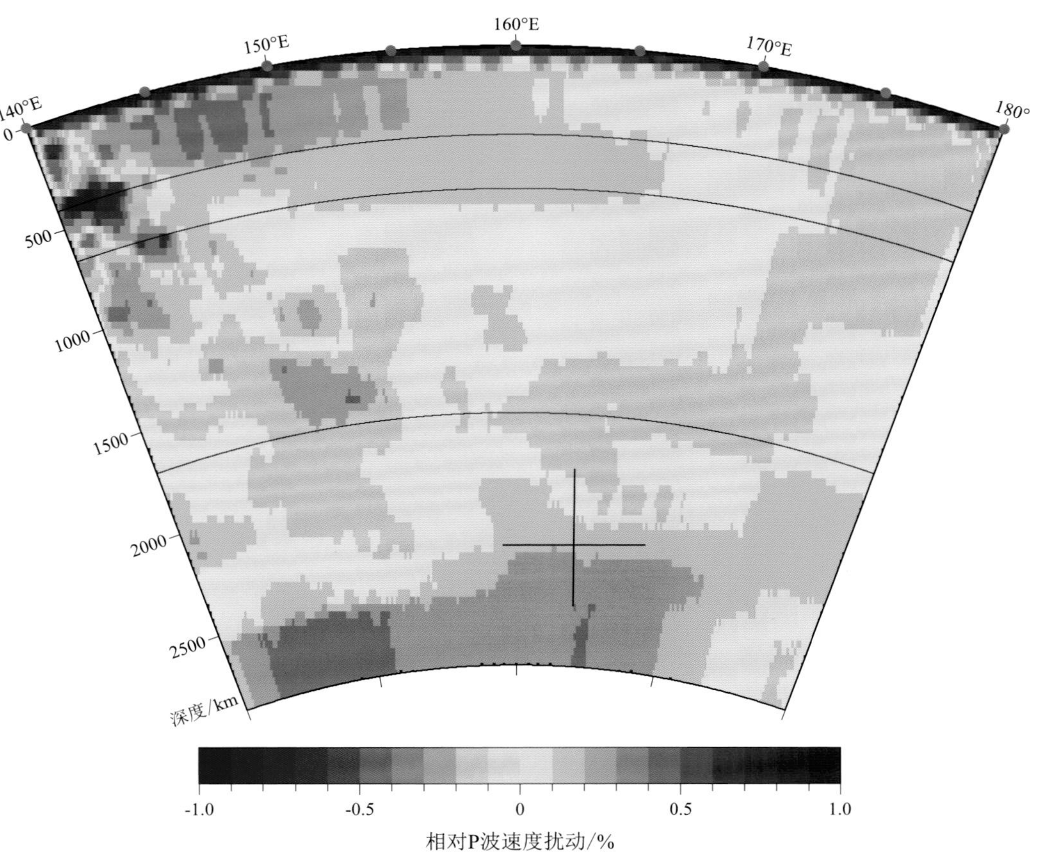

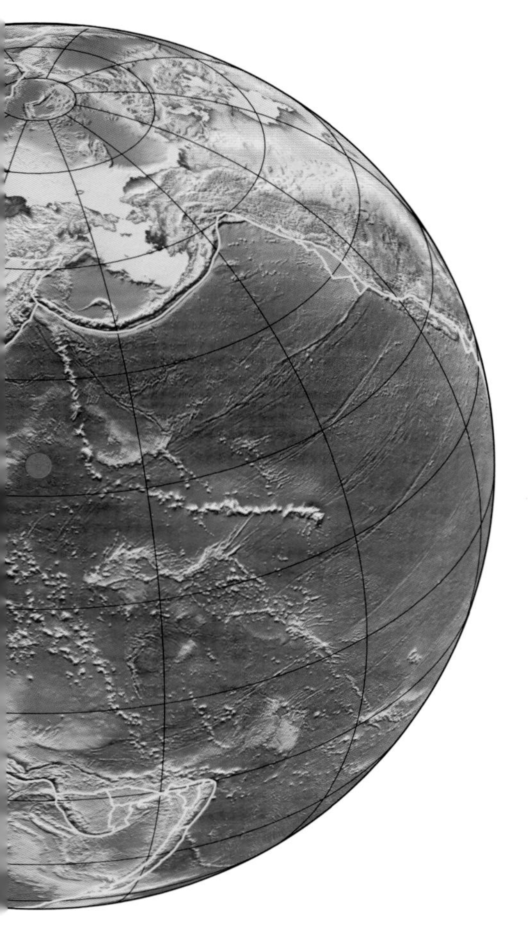

(f) B线垂直剖面层析成像结果

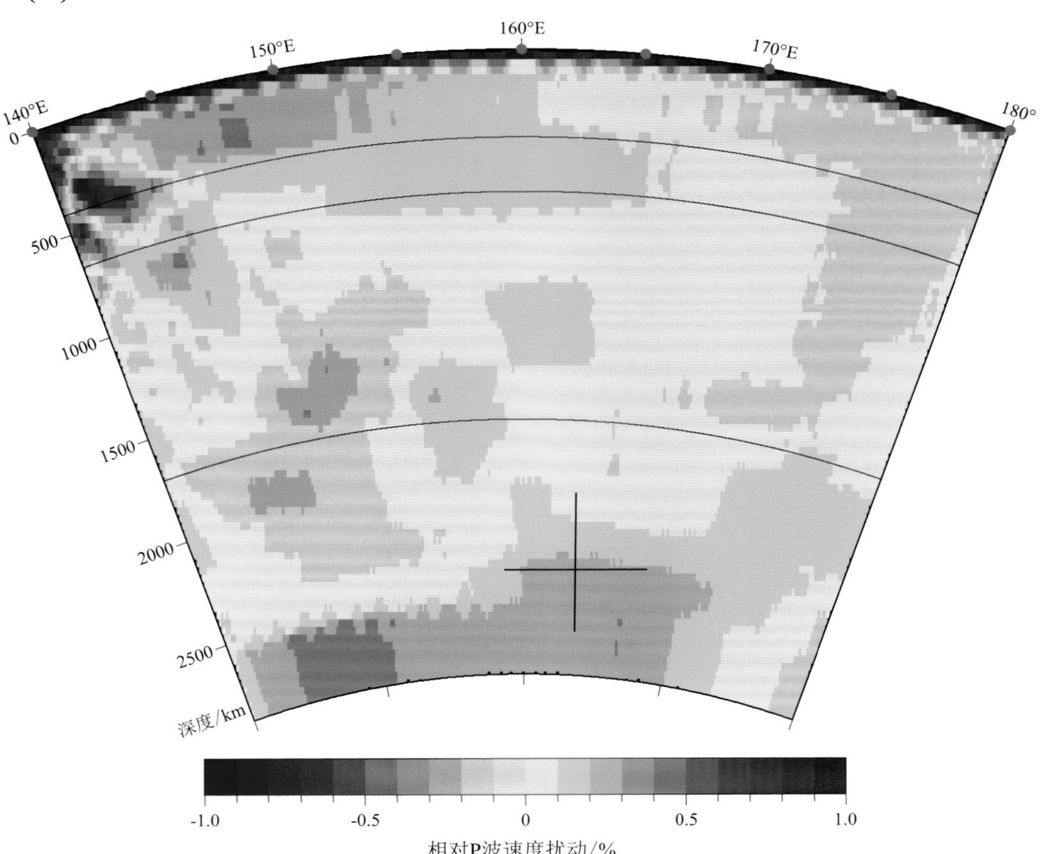

跨美洲（Trans-Americas）异常

跨美洲异常位于科科斯板片和中美洲下方，从核幔边界一直到深部地幔（图2-40），在以前的地震研究（Niu and Wen, 2001；Thomas et al.，2004；Hutko et al.，2006；Kito et al.，2007，2008）和层析成像研究（van der Hilst et al.，2007；Ko et al.，2017）中已被识别和解释。对比东北方向科科斯板片底部和北部爱达荷微幔块底部，推断跨美洲异常反映了中生代中期或之前俯冲的岩石圈（van der Meer et al.，2018）。van der Meer 等（2010）认为跨美洲板片是二叠纪—三叠纪法拉隆/泛大洋岩石

（图2-40） 跨美洲微幔块层析成像剖面及位置

（a）深度2400km水平切面层析成像结果

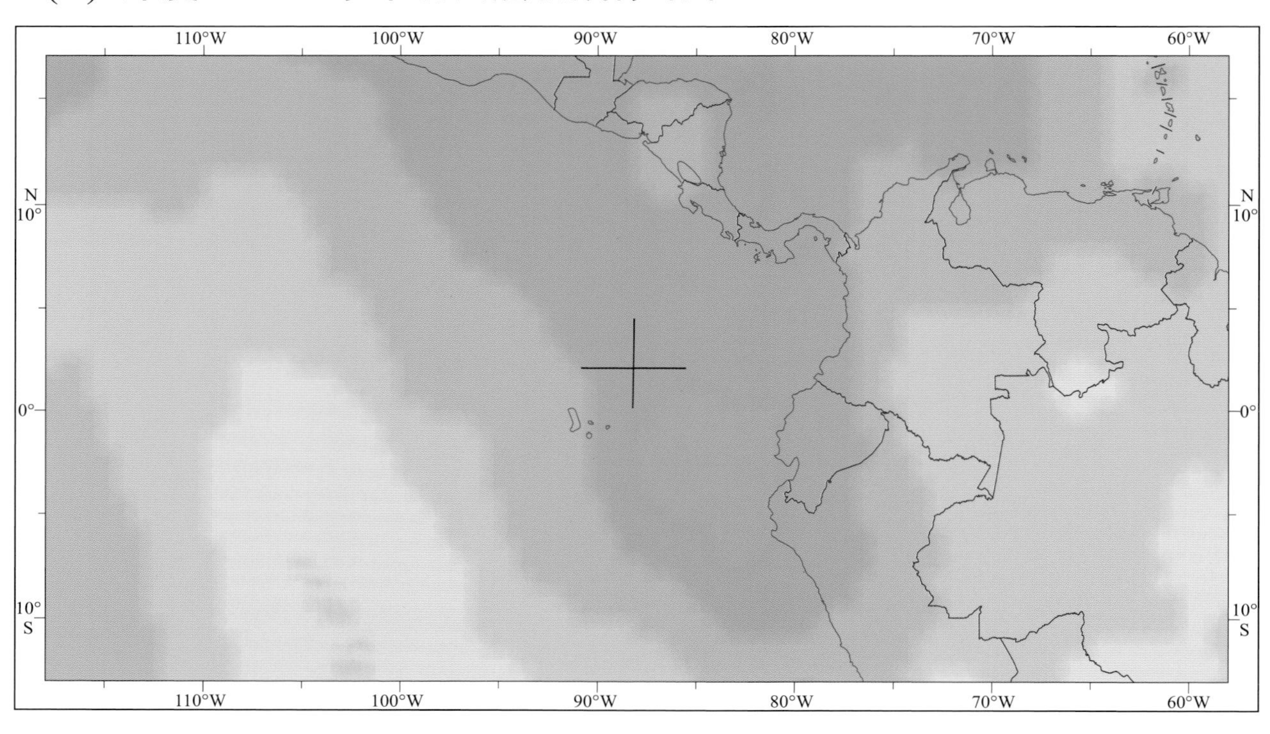

（c）垂直剖面位

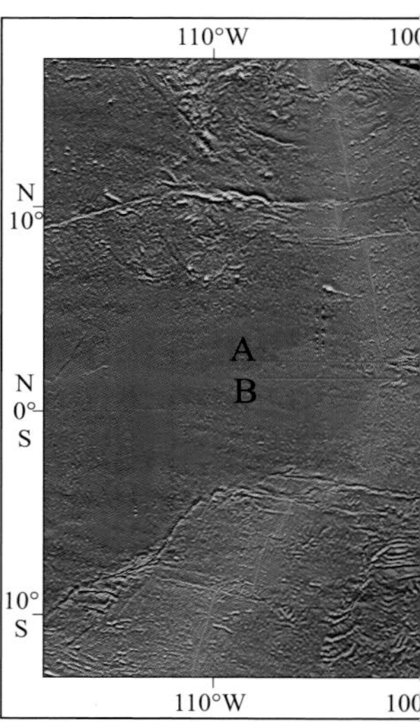

（d）剖面位置

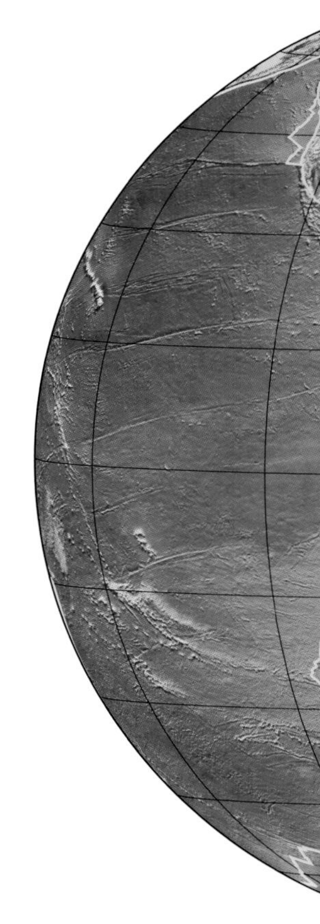

（b）深度2600km水平切面层析成像结果

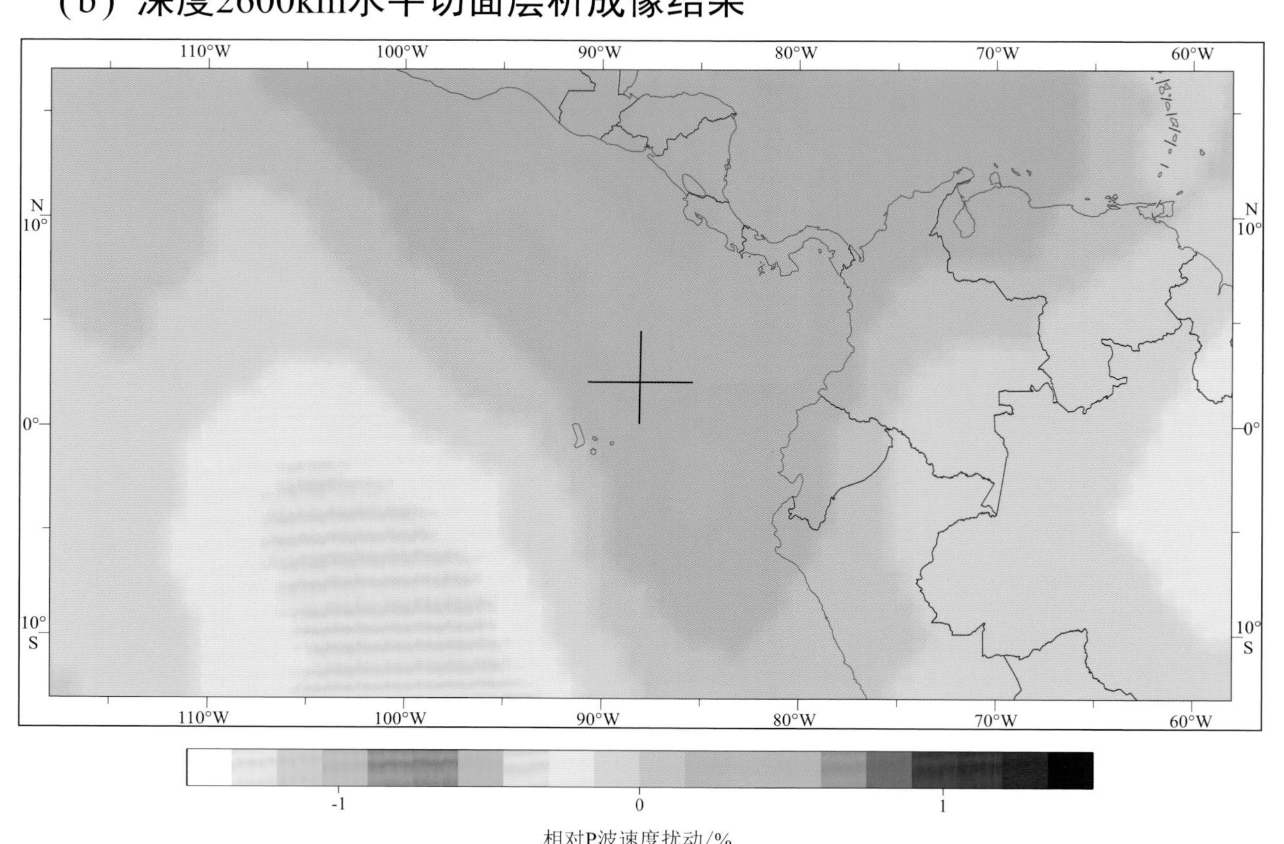

圈俯冲的结果，与劳伦（Laurentia）西缘的索诺马（Sonoma）造山运动有关（Ziegler，1989；Ward，1995；Cawood and Buchan，2007）。另外可能由于依泽奈崎－法拉隆（Izanagi-Farallon）板块边界处的三节点迁移，跨美洲板片可能也随之拆沉（Boschman and van Hinsbergen，2016），所以，跨美洲板片或微幔块的底部年龄为232~220Ma，顶部年龄在178~166Ma（van der Meer et al.，2018）。

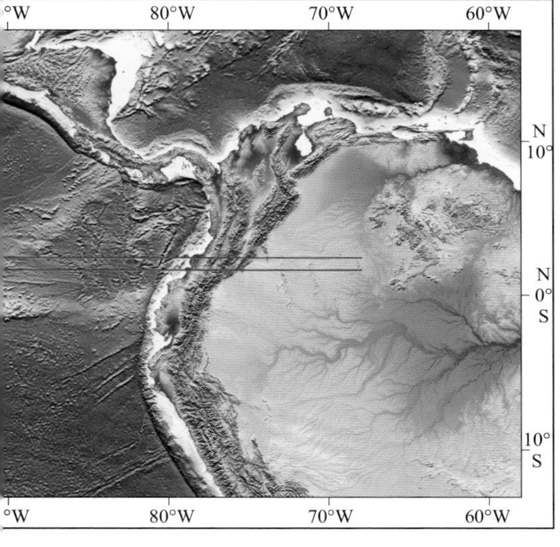

(e) A线垂直剖面层析成像结果

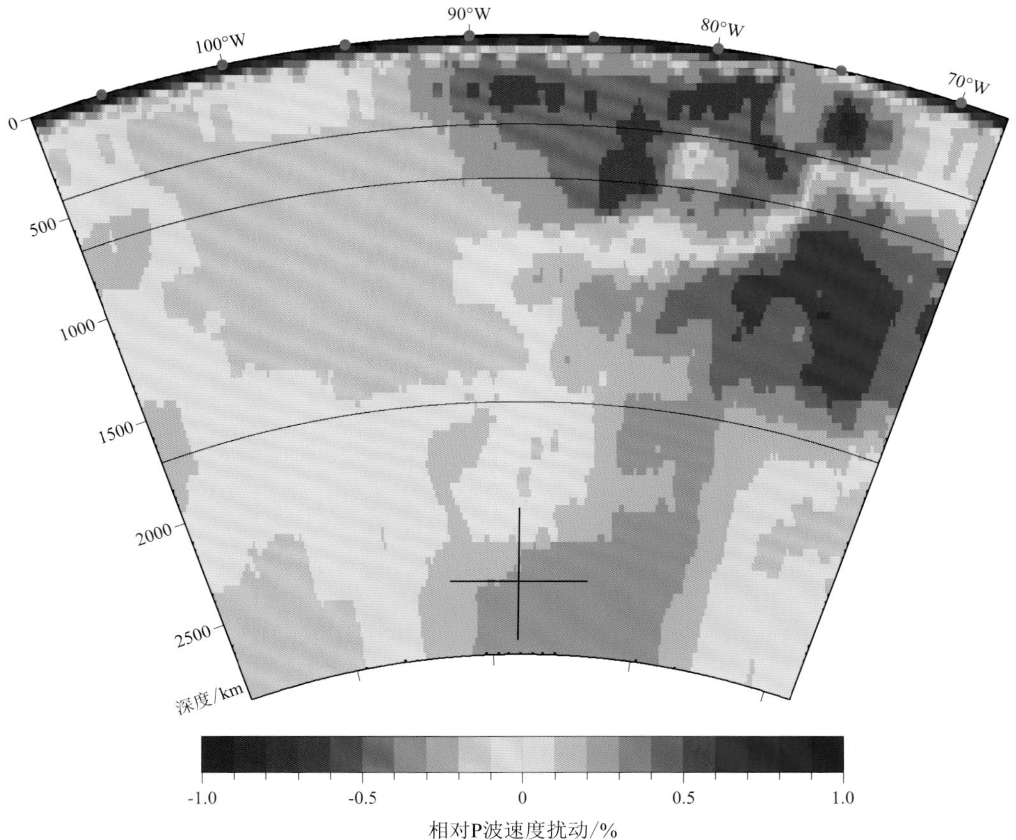

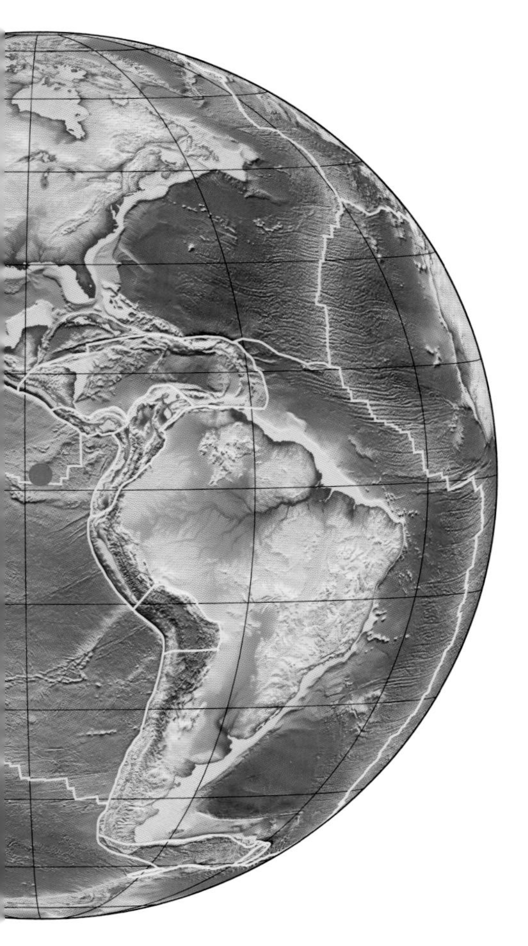

(f) B线垂直剖面层析成像结果

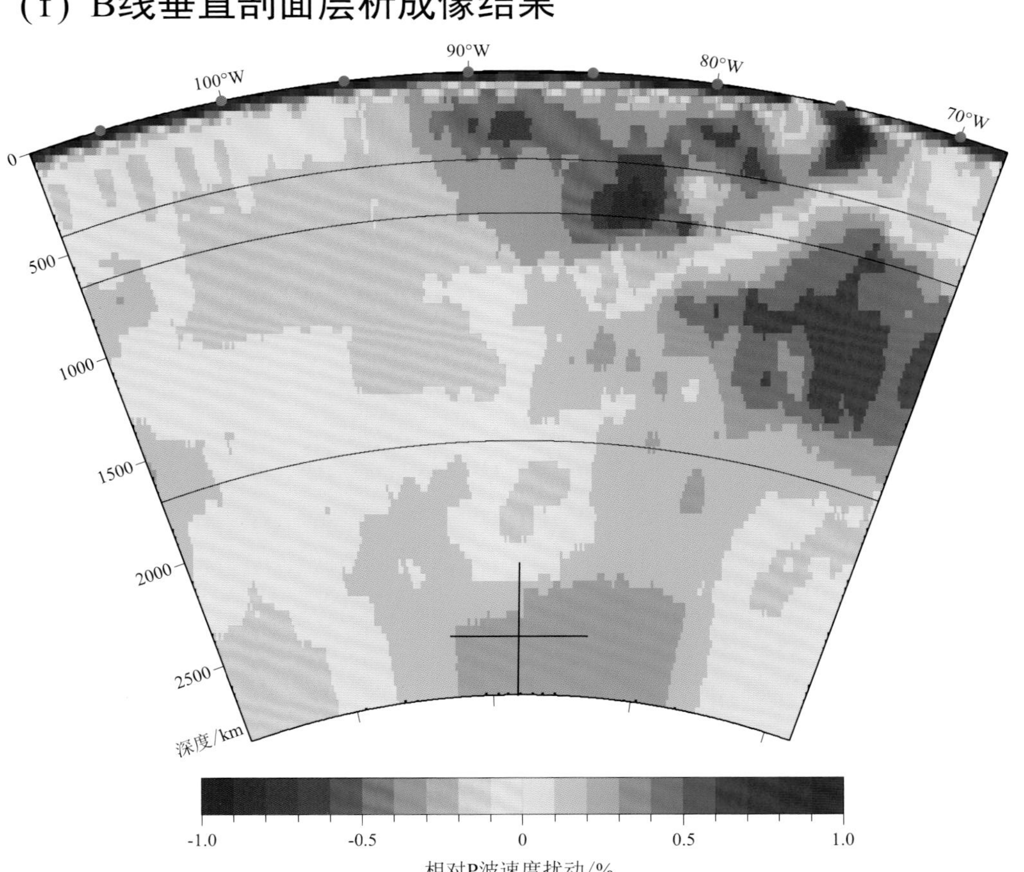

委内瑞拉（Venezuela）异常

委内瑞拉异常位于南美洲北部下方，从中地幔一直到下地幔的上部（图 2-41），在早期的层析成像研究中被发现（van der Meer et al.，2010），并被解释为 sGAC 板片（加勒比海南部大弧）。该板片或微幔块形成于白垩纪至始新世的俯冲时期（van Benthem et al.，2013）。委内瑞拉微幔块的俯冲可能与南加勒比海地区的火山弧形成有关（Boschman et al.，2014）。依据板块运动学重建，

（图2-41） 委内瑞拉微幔块层析成像剖面及位置

（a）深度1000km水平切面层析成像结果

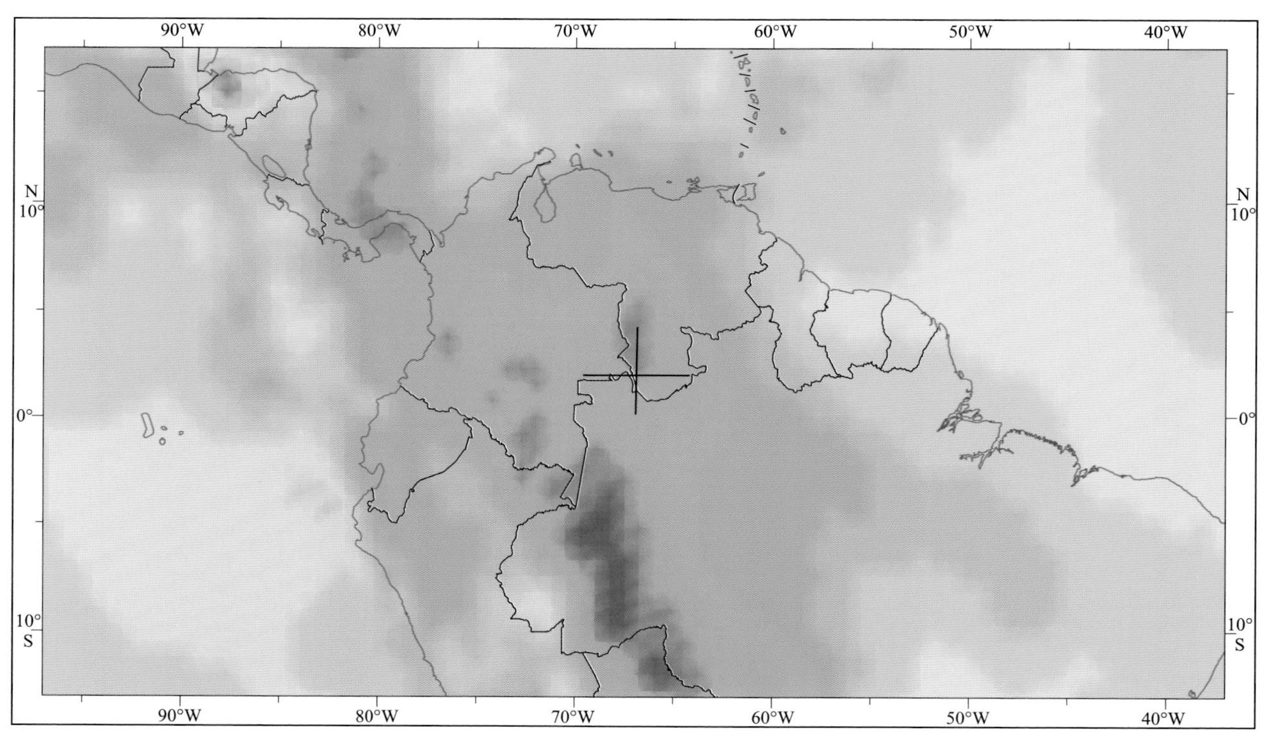

（c）垂直剖面位

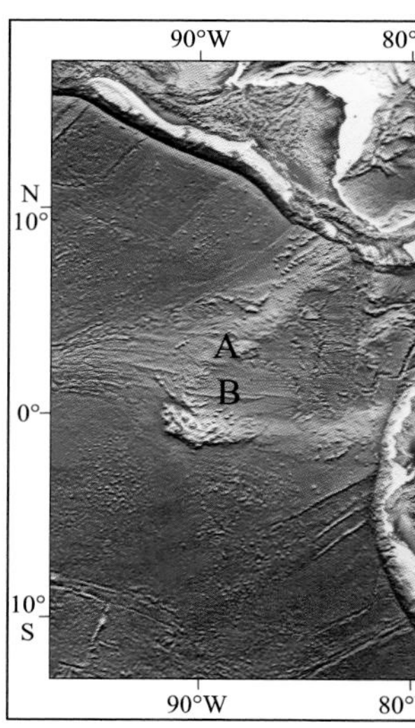

（d）剖面位置

（b）深度1200km水平切面层析成像结果

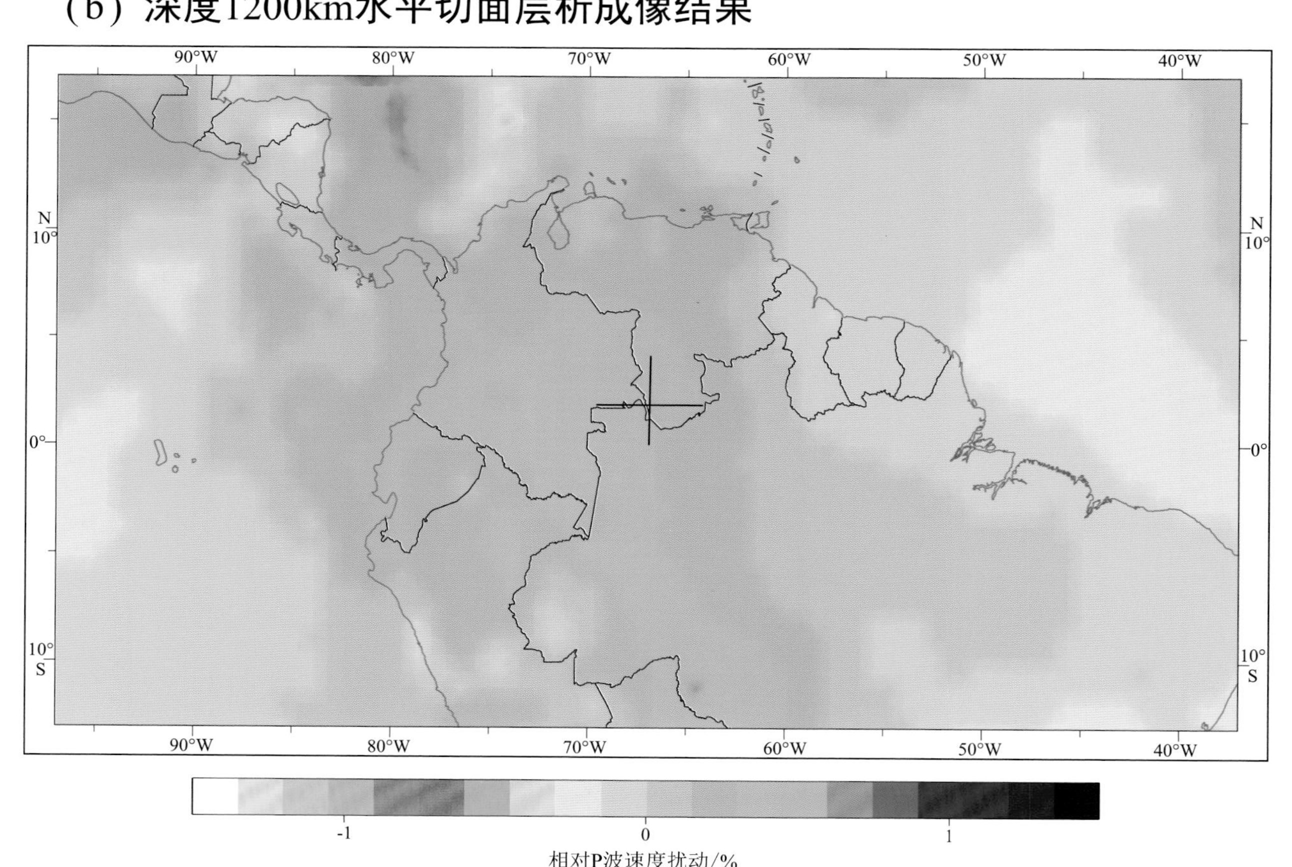

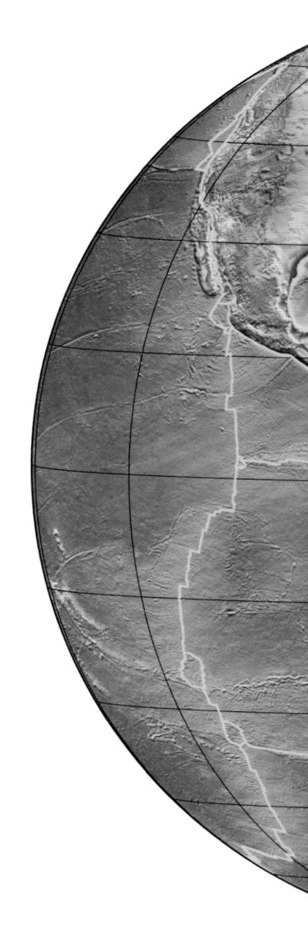

南美洲上覆在委内瑞拉微幔块之上（Pindell and Kennan，2009；Boschman et al.，2014），这表明委内瑞拉微幔块在 65±5Ma 发生破裂，之后该微幔块进一步向北后撤，解释委内瑞拉微幔块的底部年龄为 135~130Ma，顶部年龄为 70~60Ma（van der Meer et al.，2018）。

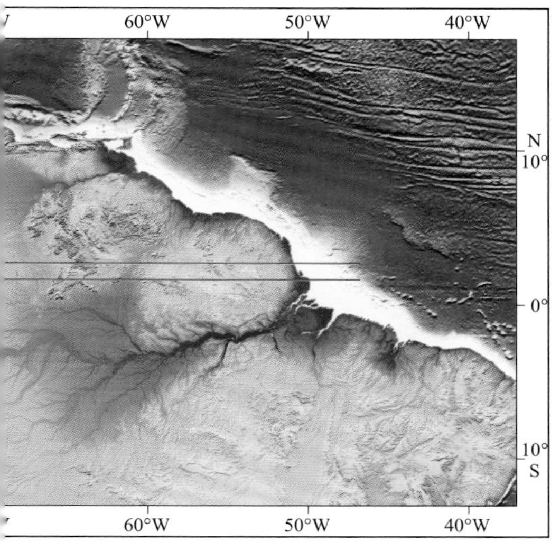

(e) A线垂直剖面层析成像结果

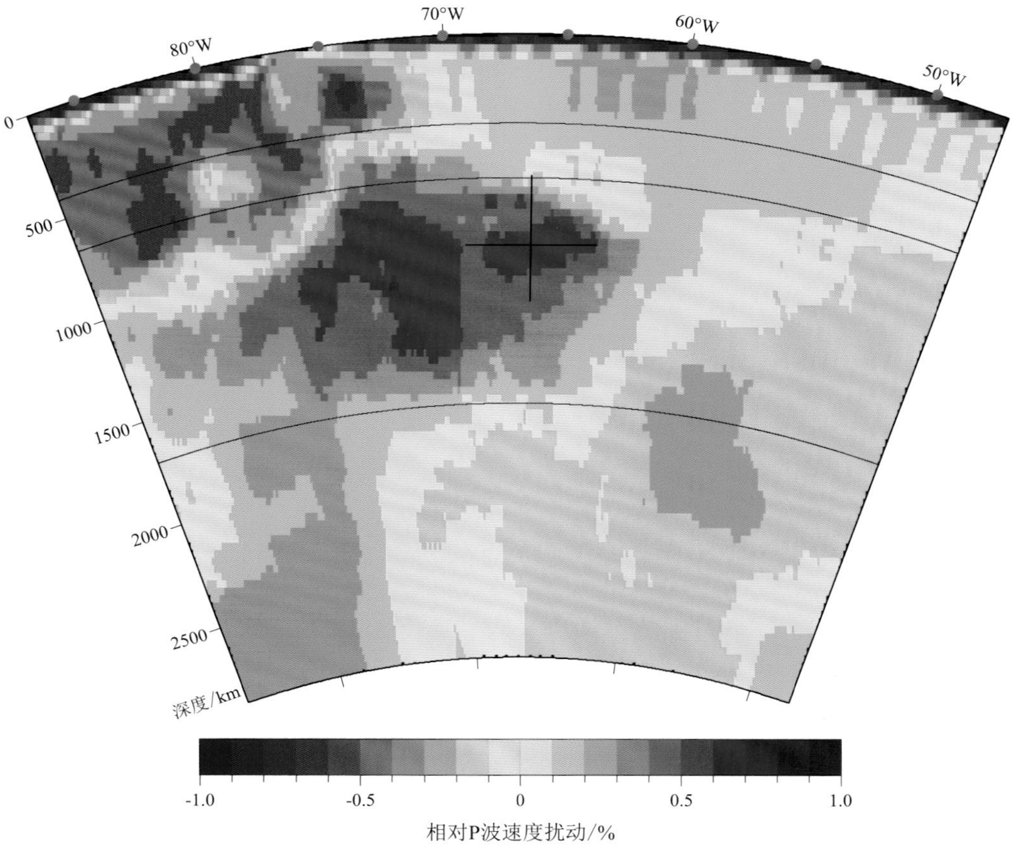

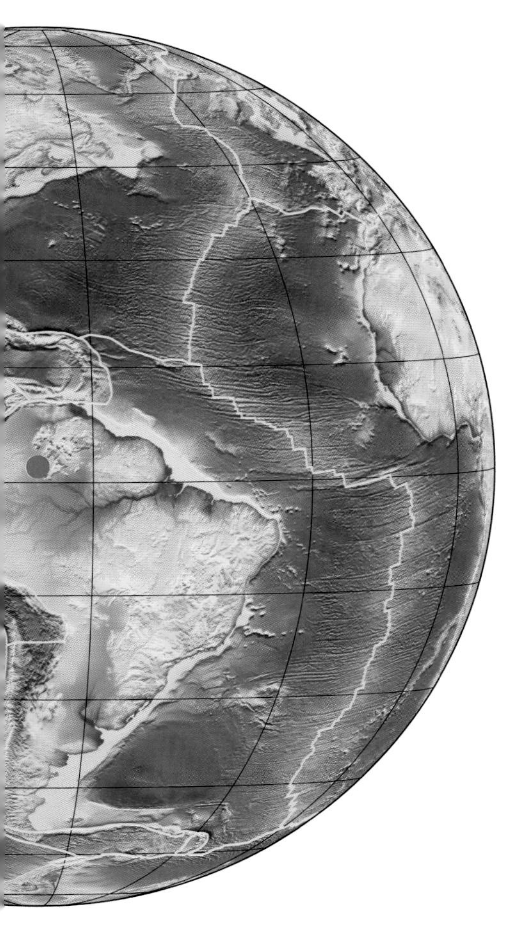

(f) B线垂直剖面层析成像结果

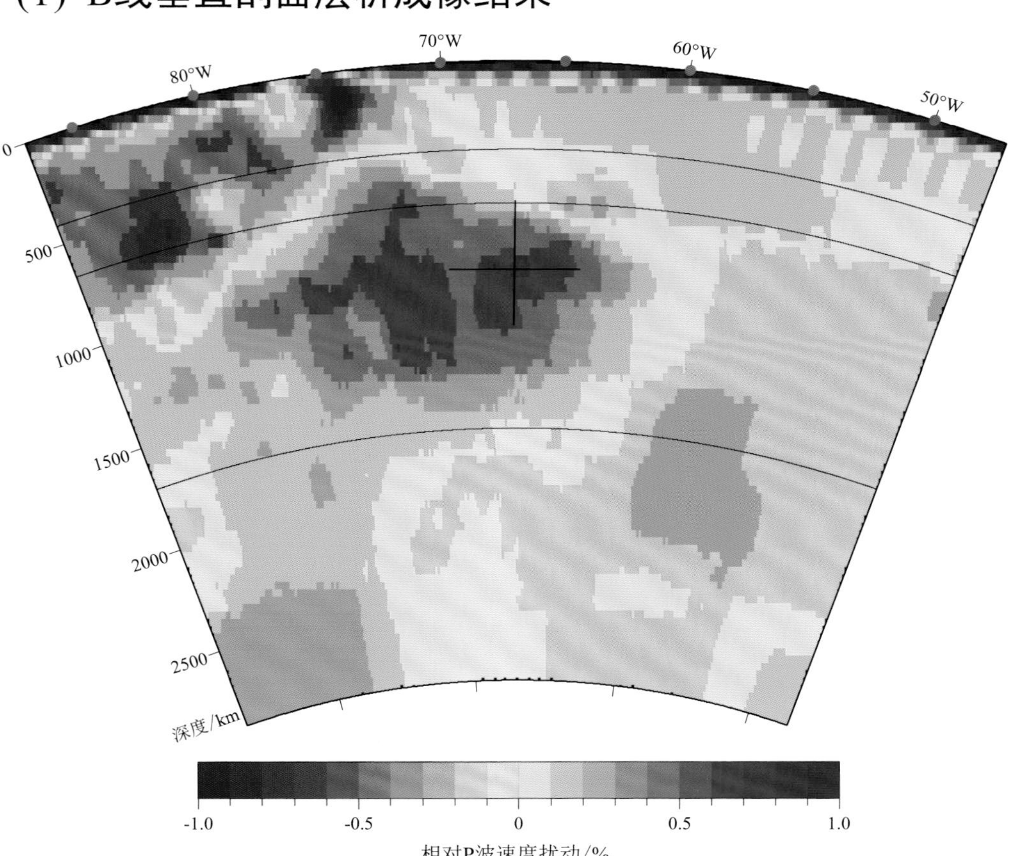

威奇托（Wichita）异常

威奇托异常位于北美中部以下，从核－幔边界一直到深部地幔（图 2-42），在早期的层析成像研究中已被发现和解释（van der Meer et al.，2010），之后又被解释为威奇托板片（van der Meer et al.，2018），是洋内俯冲消减于泛大洋岩石圈之下的结

（图2-42） 威奇托微幔块层析成像剖面及位置

(a) 深度2400km水平切面层析成像结果

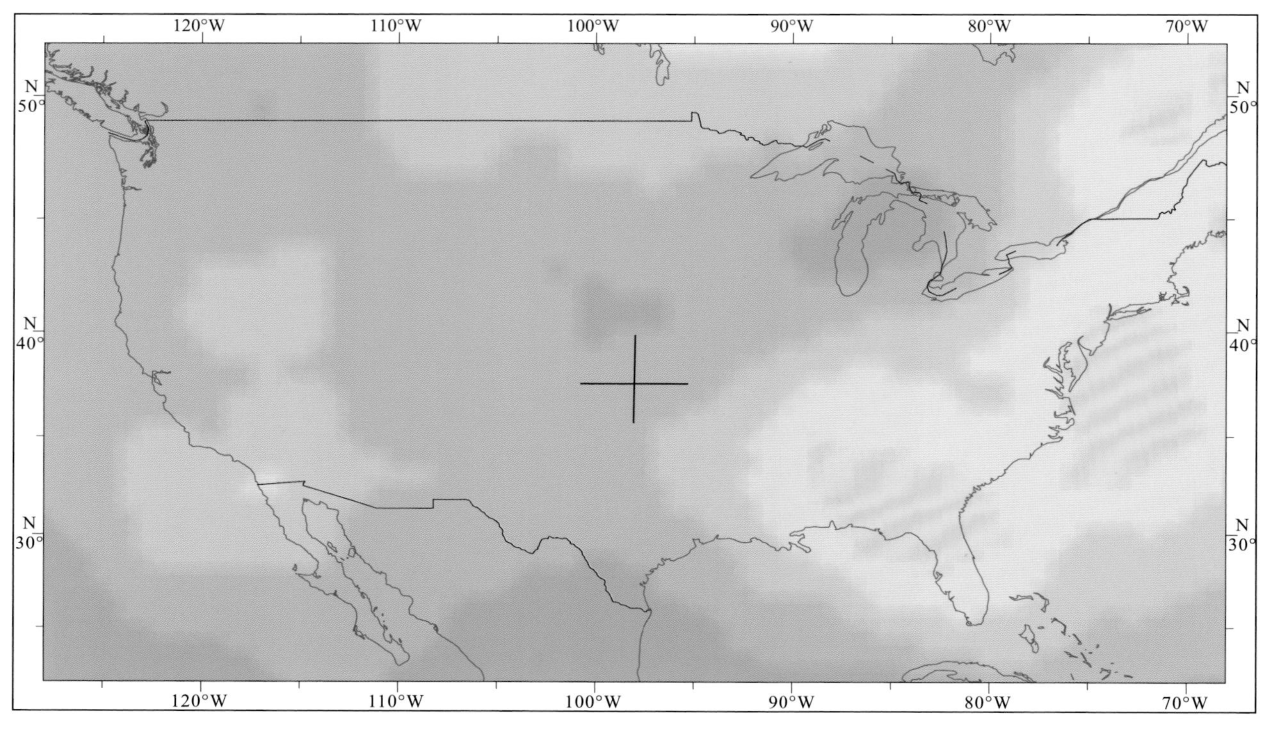

(c) 垂直剖面位

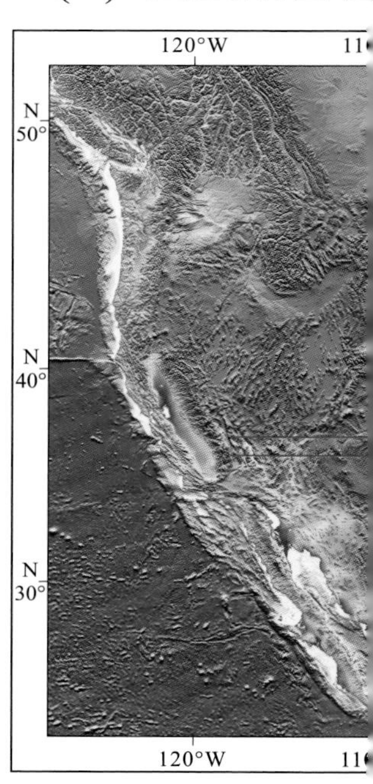

(d) 剖面位置

(b) 深度2600km水平切面层析成像结果

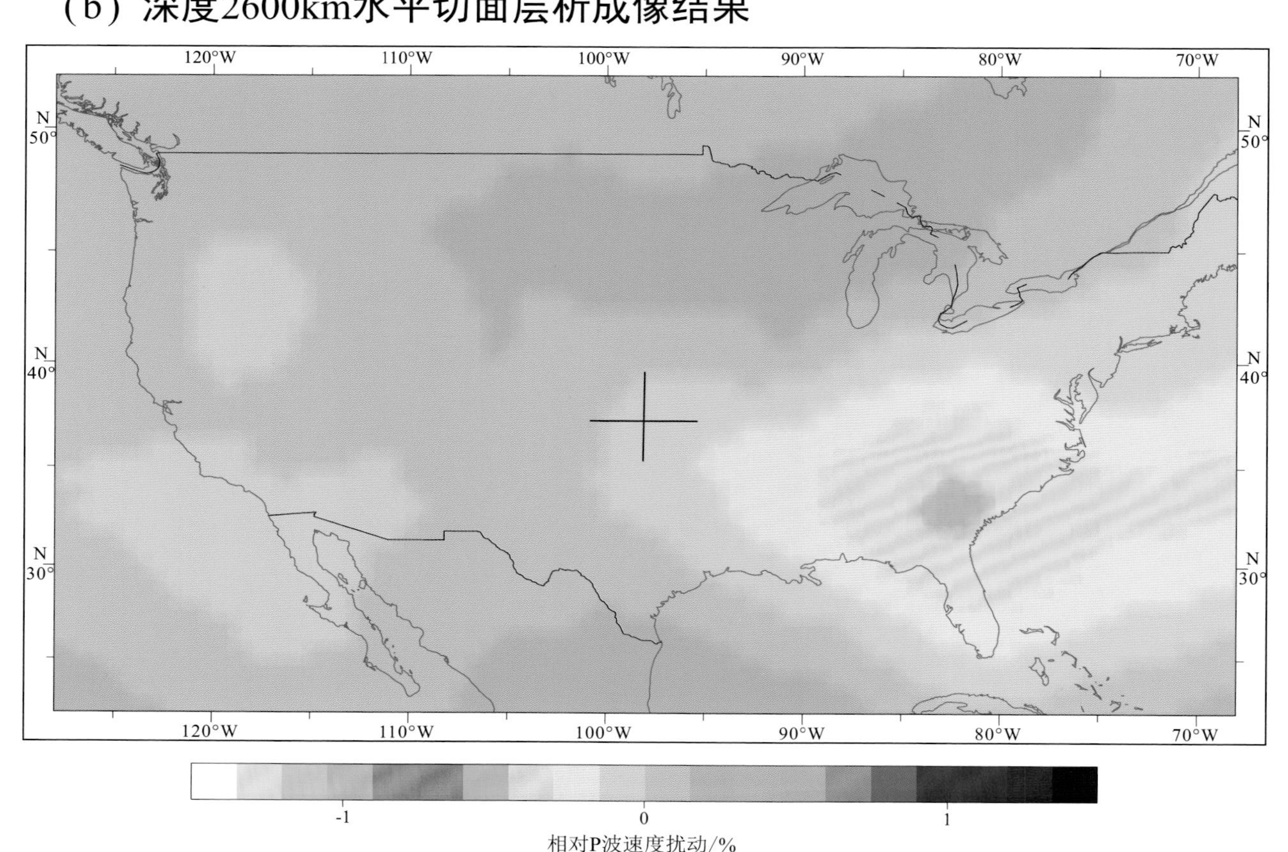

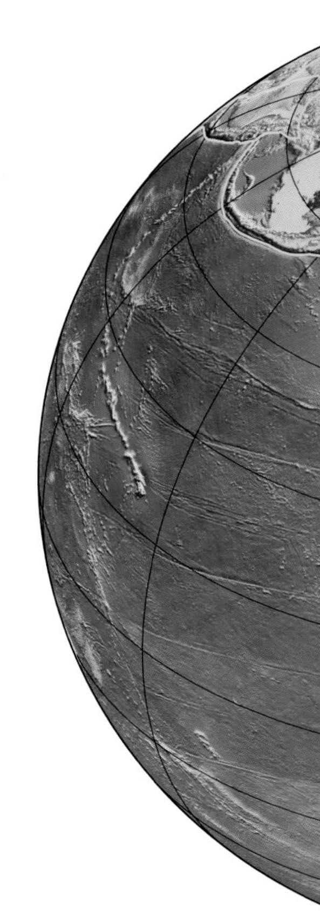

果，并形成了洋内古生代—中生代 Stikini-Quesnellia 弧的中生代部分（van der Meer et al.，2018）。Stikini-Quesnellia 弧主要由晚三叠世和早侏罗世火山岩和花岗质深成岩组成（Nokleberg et al.，2000）。依据岩石年代学数据和板块重建的解释，威奇托异常微幔块的底部年龄为 233~220Ma，顶部年龄为 178~166Ma（van der Meer et al.，2018）。

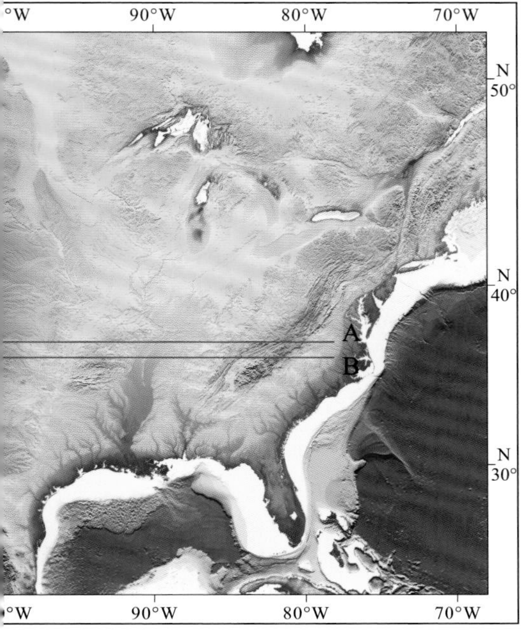

(e) A线垂直剖面层析成像结果

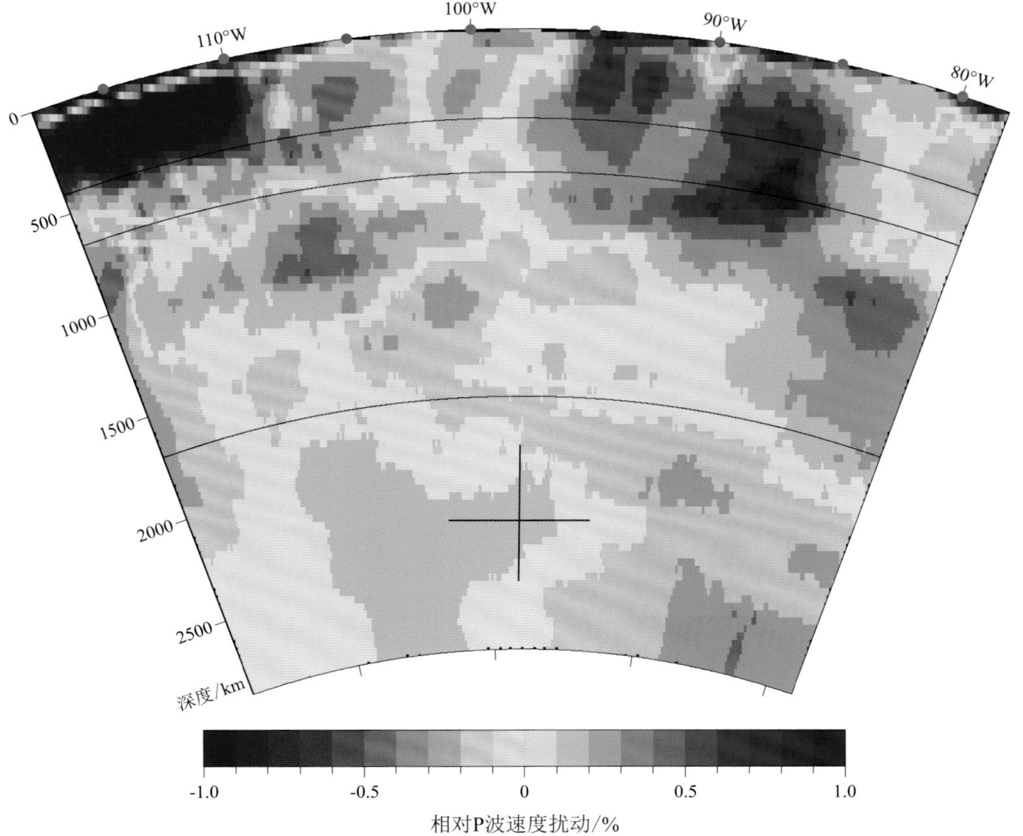

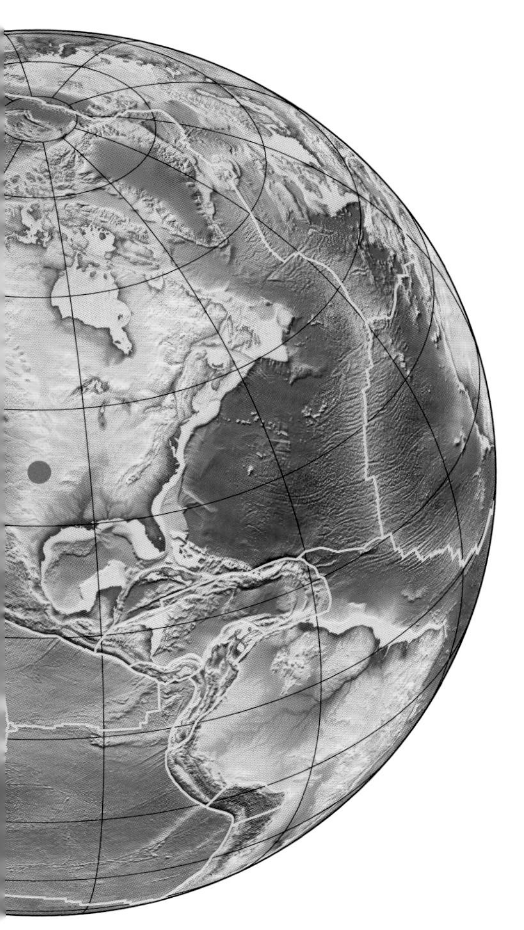

(f) B线垂直剖面层析成像结果

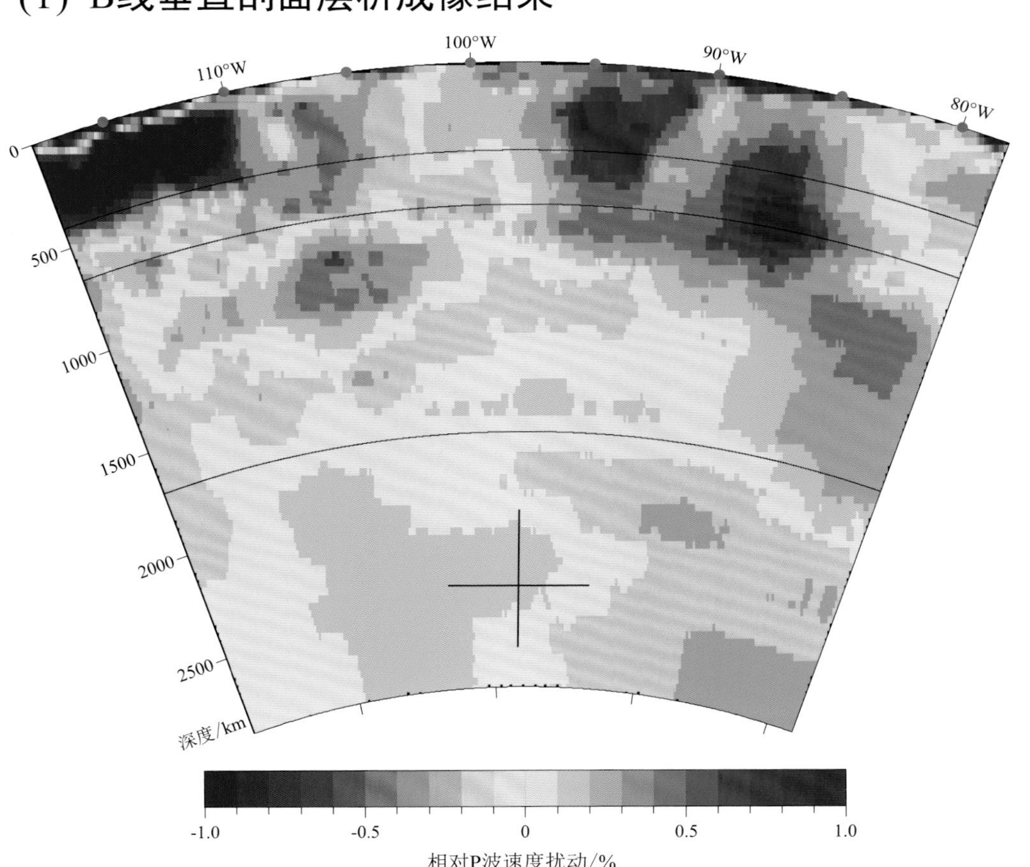

局部区带微幔块的层析成像图主要使用全球尺度的 P 波层析成像模型——MIT-P08 模型（Li et al.，2008a，2008b）。本部分主要分析多个典型的微幔块类型，它们主要分布在全球几个特定的区带，包括沿特提斯洋俯冲带、蒙古 - 鄂霍次克洋俯冲带以及古南海俯冲带消亡的大洋岩石圈在地幔中的高速异常体。这些高速异常体被解释为微幔块。局部区带微幔块层析成像的水平切面投影方式采用墨卡托投影。依据地幔内部的高速异常分布，特别是在微板块构造理论的框架下（Li et al.，2018a）古大洋消失在地幔的过程来看，微幔块生—消机制可能是俯冲过程中的板片折返、板片断离和拆沉等机制。

（1） 特提斯洋俯冲带

古俯冲带微幔块主要是随着地表古大洋消失已经完全俯冲在深地幔内部的相关板片。层析成像的解释可以约束这些古俯冲板片或微幔块的几何形态。沿着典型的古俯冲带，如沿着古特提斯洋和新特提斯洋俯冲带，一些古老板片已经俯冲消失在欧亚板块之下。

青藏高原由北部的羌塘微陆块和南部的拉萨微陆块组成，它们分别在三叠纪和晚侏罗世—早白垩世分别增生到不断增长的亚洲大陆南缘（Sengör，1984）。羌塘和拉萨微陆块早期为基梅里（Cimmerian）古陆的一部分，随后该古陆与冈瓦纳古陆分离，并在中生代前期向北漂移。这一运动伴随着古特提斯洋岩石圈的俯冲而消亡，而新特提斯洋则在这些微陆块的南部打开。土耳其、伊朗和印支微陆块也是基梅里古陆的一部分。至晚侏罗世，仍然残留少量古特提斯洋。尽管古特提斯洋的早期历史仍然存在争议，但学者普遍支持该大洋在早白垩世已彻底关闭。白垩纪之前，新特提斯洋打开导致印度大陆北部（被动）边缘向北漂移，当时它仍然是冈瓦纳古陆的一部分，新特提斯洋一直延伸到西藏南部的亚洲大陆边缘。在白垩纪期间，新特提斯洋板片因向北俯冲而逐渐消失，导致古近纪印度 - 亚洲大陆碰撞（Sengör，1984）。

古地理重建表明，新特提斯洋有两条分支的向北俯冲带，它们都在中晚白垩世期间活动。北部分支位于欧亚大陆的青藏南缘，南部分支位于非洲 - 阿拉伯陆缘，导致阿曼蛇绿岩的仰冲（Sengör，1984；van der Voo et al.，1999a）。层析成像结果显示，印度板块之下 1200~2000km 深处存在高速的 P 波异常，在深度大于 1000km 且通常小于 2300km 的地方，发现了几个 P 波速度较高的区域，在剖面中显示为斑块状，这些区域明显与地幔上部 1000km 的类似高速异常分离，并且在横向上彼此分离。这一异常的高速体前人称之为古特提斯洋板块俯冲消亡后、板片断离形成的孤立板片（van der Voo et al.，1999b），本书称为微幔块。大洋岩石圈通过俯冲过程，逐渐消失在地幔内部。故依据层析成像的结果，可解释新特提斯洋的关闭过程，在下地幔内部存在几个高速异常碎片 I、II、III 和 IV，在板片回卷和拆沉的作用下，这些高速异常体滞留在下地幔内部（van der Voo et al.，1999b），这些机制可以解释地幔内部许多碎片化的微幔块。

（2）蒙古 - 鄂霍次克洋俯冲带

蒙古 - 鄂霍次克洋位于北部的西伯利亚地块和南部的阿穆尔（蒙古）板块和华北板块之间，是已消失的大洋之一，主要存在于古生代（542~251Ma，Gradstein et al.，2004）和中生代（251~66Ma）。关于蒙古 - 鄂霍次克洋的关闭，目前主要有两种模式：一种依据 Seton 等（2012）的板块重建模式，俯冲方向主要是朝西侧的欧亚大陆俯冲；另一种是 Fritzell 等（2016）的重建模式，主要是朝南侧的阿穆尔（蒙古）板块俯冲。两者都认为俯冲板片消亡在欧亚大陆和阿穆尔（蒙古）板块之间。

第三部分 局部区带微幔块层析成像

在深度 1500~2700km 的层析成像剖面中，蒙古－鄂霍次克洋俯冲板片（微幔块）清晰可见（Fritzell et al.，2016）。蒙古－鄂霍次克洋俯冲板片（微幔块）在下地幔中显示为高速异常，被解释为 M 异常，Peng 和 Liu（2022）的模拟显示，该板片俯冲之后随着地幔流场逐渐西移，目前基本位于欧洲下面；其周边的彼尔姆（Perm）低速异常 s 标记为 P 异常。蒙古－鄂霍次克洋俯冲历史大约从 230Ma 开始，俯冲大约在 150Ma 结束，但是起始的微幔块深度可能需要进一步确定（Fritzell et al.，2016）。

（3）古南海俯冲带高速异常体

古南海在东亚板块构造重建中一直都是国内外学者关注的焦点，不同学者在其板块重建和岩石圈俯冲模式中都推测并建立了各自的古南海扩张及关闭模式（Holloway，1982；Taylor and Hayes，1983；Hinz et al.，1991；Lee and Lawver，1994；Hall，2012；Wu et al.，2016；Hall and Breitfeld，2017；Wu et al.，2016；Wu and Suppe，2018）。由于古南海消亡俯冲的板片可能已经消亡残留在现今南海及其周边之下，前述各种板块运动学重建模型缺失古南海板片的深部证据，对古南海板片在深部地幔中的形态和俯冲模式依然不清楚。

这里利用全球尺度的 P 波（MIT-P08，GAP_P4，LLNL-G3Dv3，DETOX-P2/P3）和 S 波层析成像模型（S40RTS），基于已有板块重建模型，通过对比和分析几种层析成像模型，识别并厘定了在地幔深部可能为古南海板片的高速异常特征，识别出北部古南海微幔块和南部古南海微幔块在地幔中的几何形态及空间展布（Zhu et al.，2022）。北部古南海微幔块处于一种平板状态，主要存在于地幔中（400~700km），大多数滞留在地幔过渡带（410~660km）；南部古南海微幔块在 800~1600km 深度范围，与巽他（Sunda）和东亚洋（East Asian Ocean）西部俯冲的微幔块（EAS-W）在下地幔相接，展现了复杂的深部演化特征。

本部分重点利用古南海微幔块在纬向和经向的变化，对北部古南海微幔块（PSCS-N）和南部古南海微幔块（PSCS-S）高速异常的空间变化特征进行解释，通过叠加高速异常的古南海微幔块和 3D 透视方法，可构建古南海微幔块的运动学演化模型。北部和南部古南海微幔块俯冲始于 60~45Ma（Zhu et al.，2022）。不管是单侧俯冲还是双侧俯冲，古南海微幔块都经历了撕裂和拆沉。识别的高速异常特征应为古南海微幔块所致，可能代表古南海深部微幔块。

（图3-1）

特提斯区带俯冲板片不同深度水平切面层析成像

（a）深度1500km水平切面层析成像

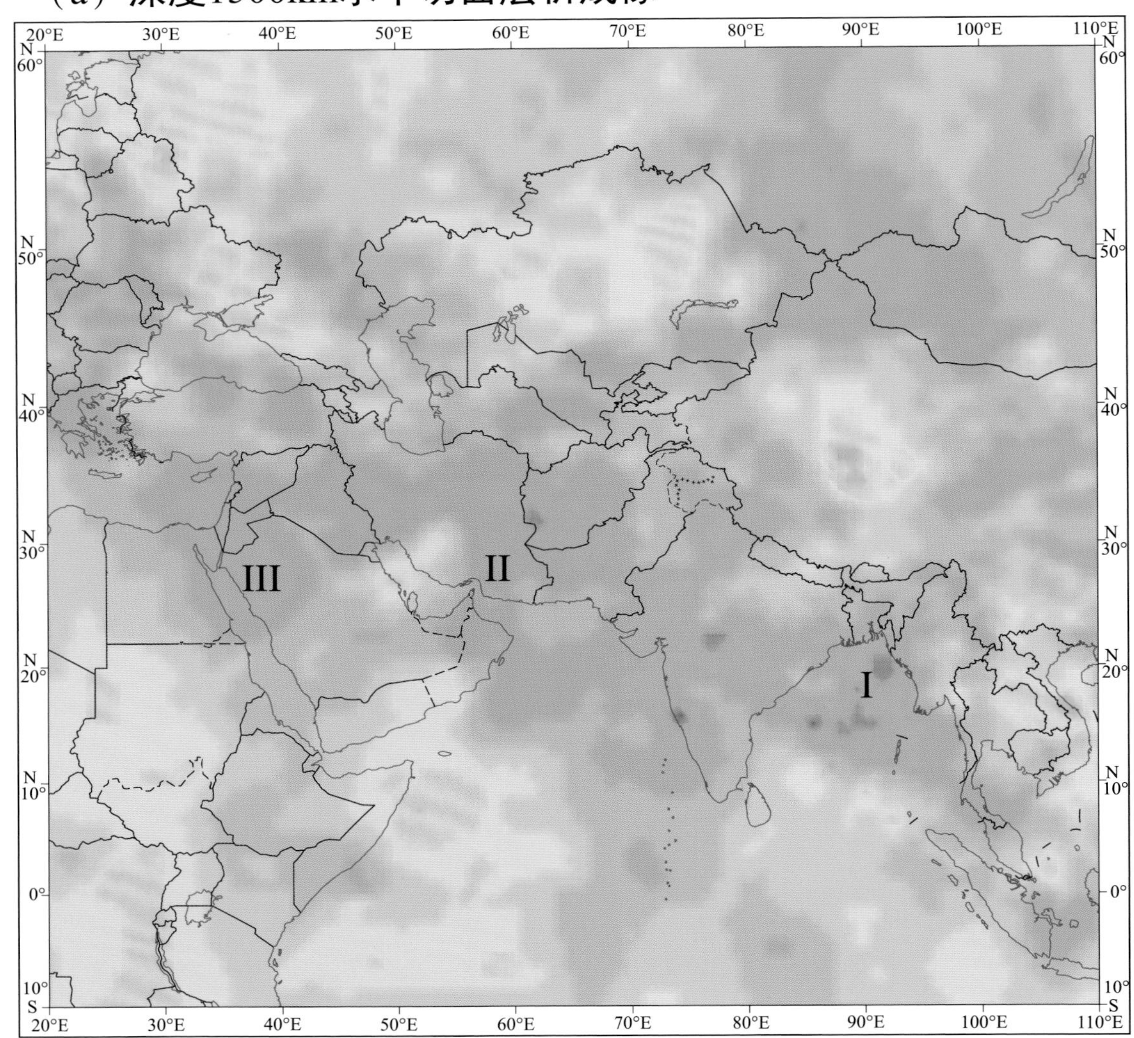

（c）深度2300km水平切面层析成像

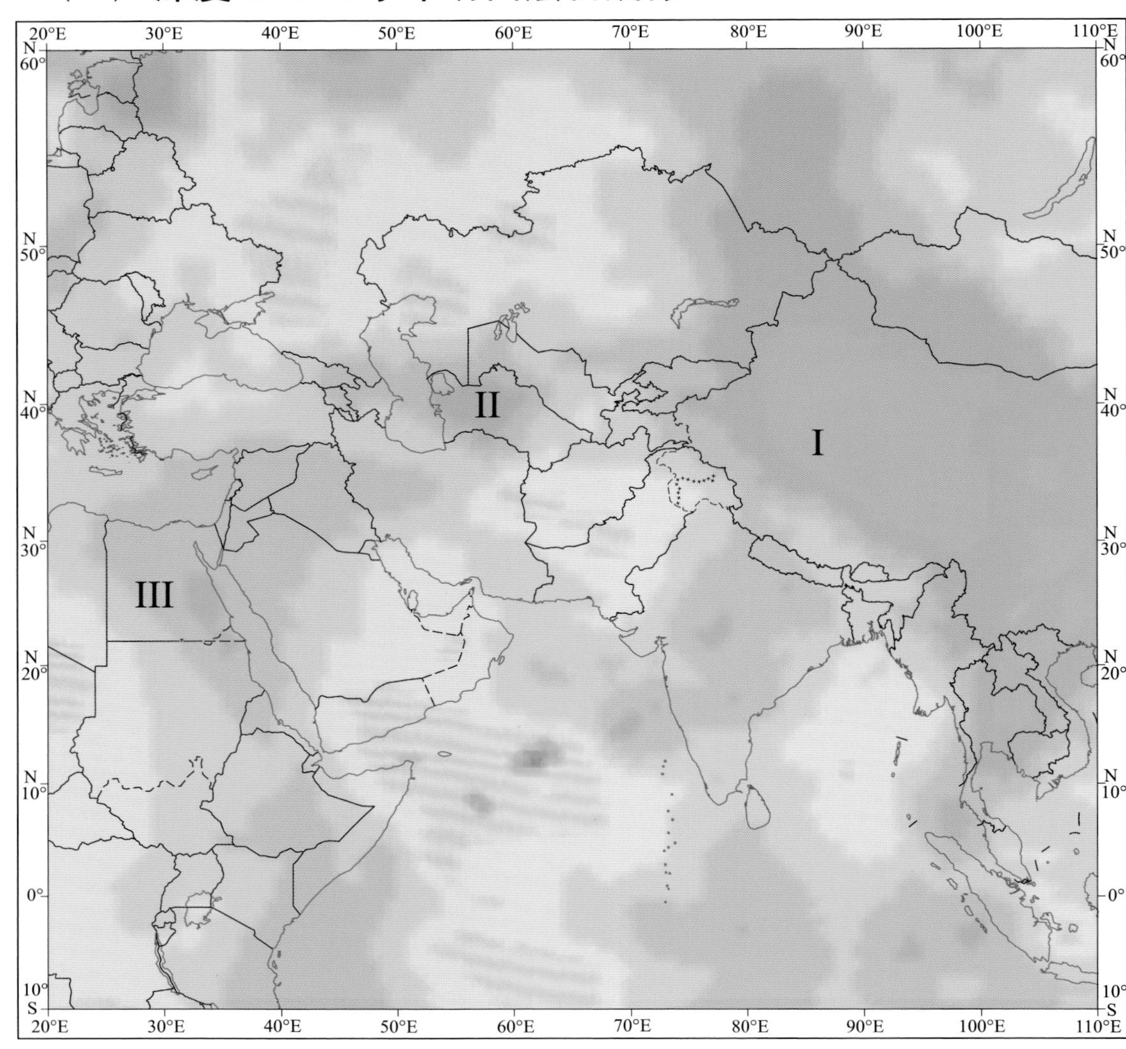

（a）1500km，（b）1900km，（c）2300km，（d）2700km，地幔中的高速异常 I、II 和 III 代表特提斯洋俯冲板片及特提斯微幔块，I、II 和 III 特提斯洋俯冲板片位置参考 van der Voo 等（1999b）的论述。

（b）深度1900km水平切面层析成像

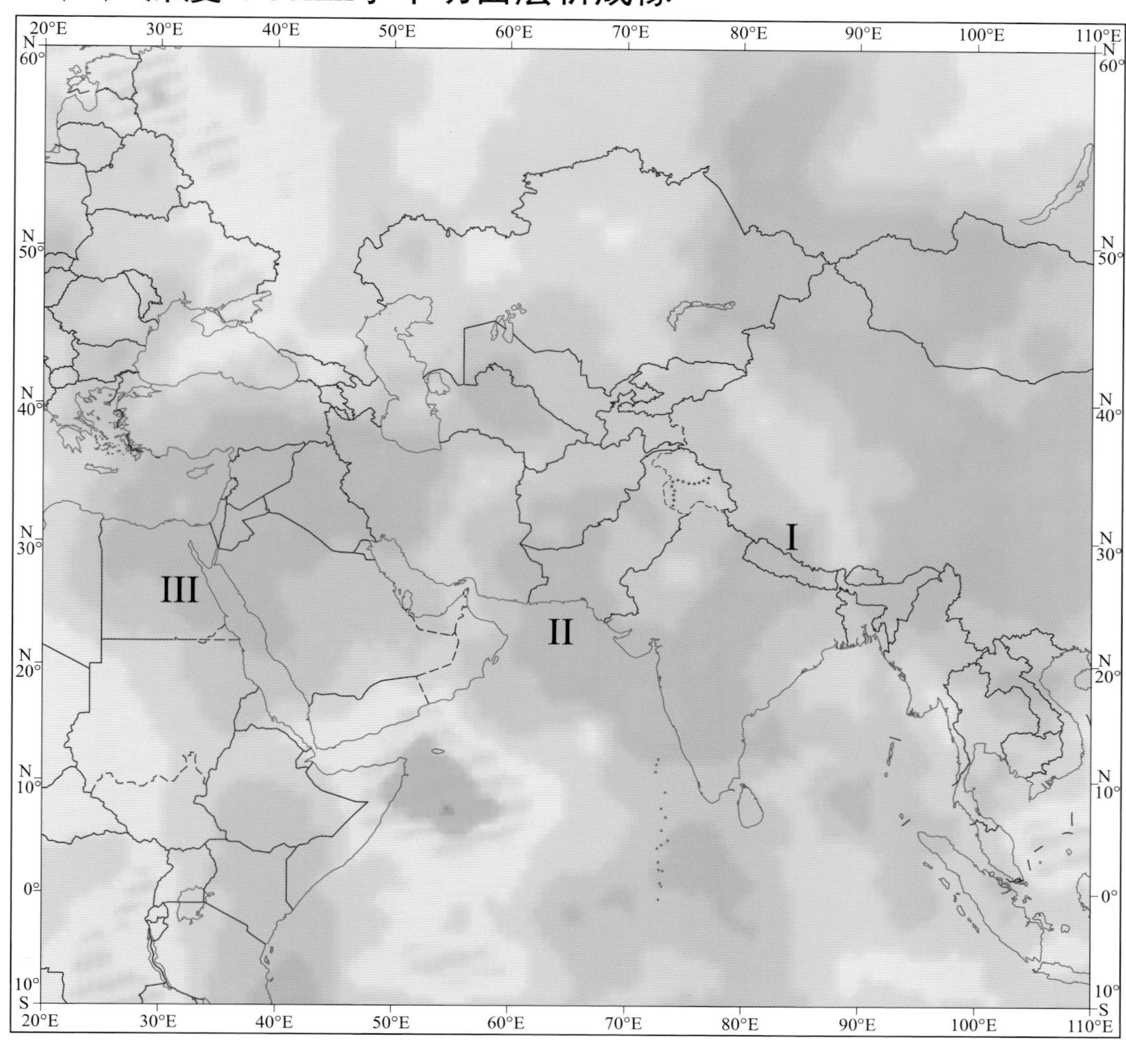

（d）深度2700km水平切面层析成像

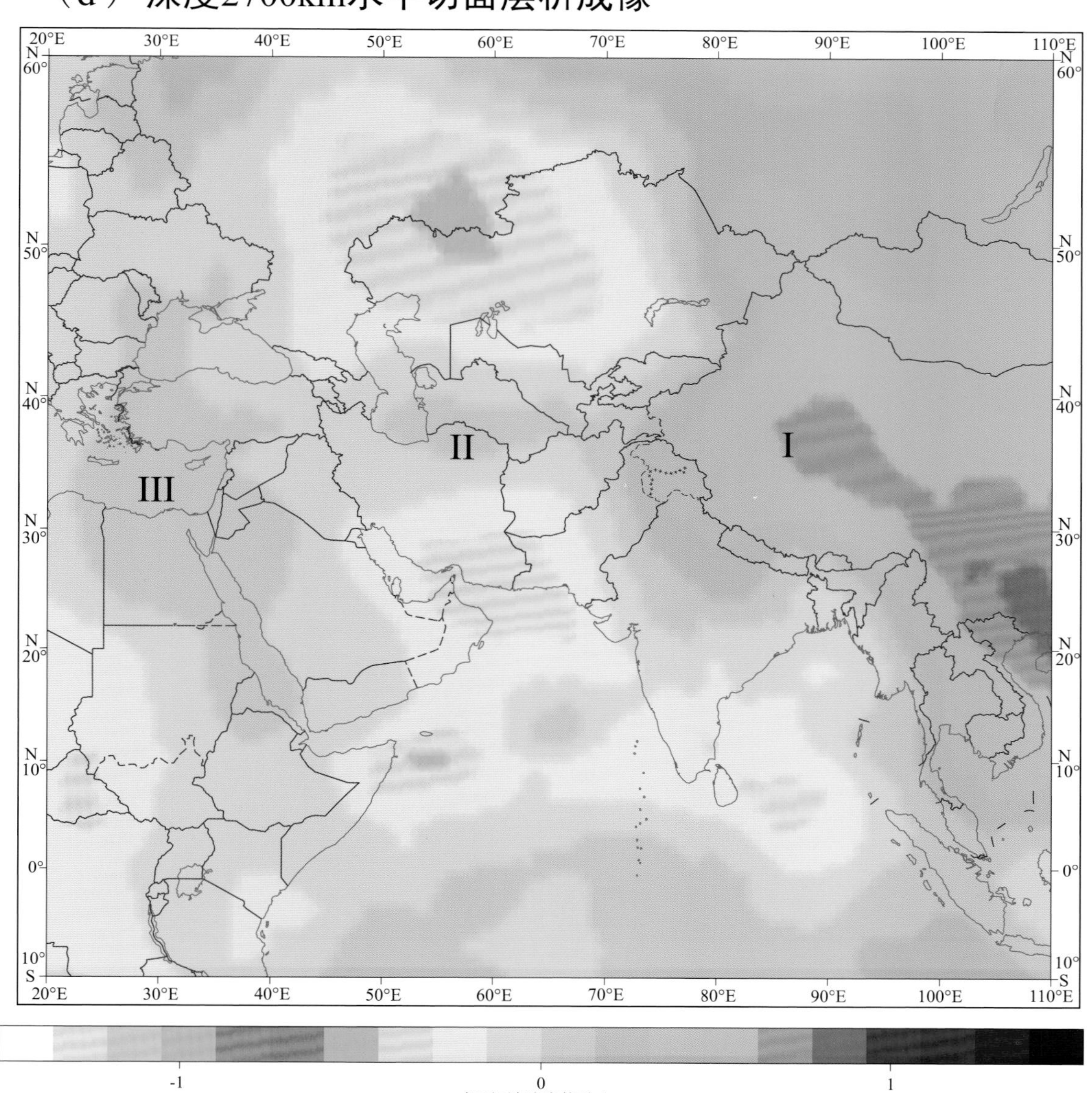

（图3-2）

蒙古-鄂霍次克区带俯冲板片不同深度水平切面层析成像

（a）深度1500km水平切面层析成像

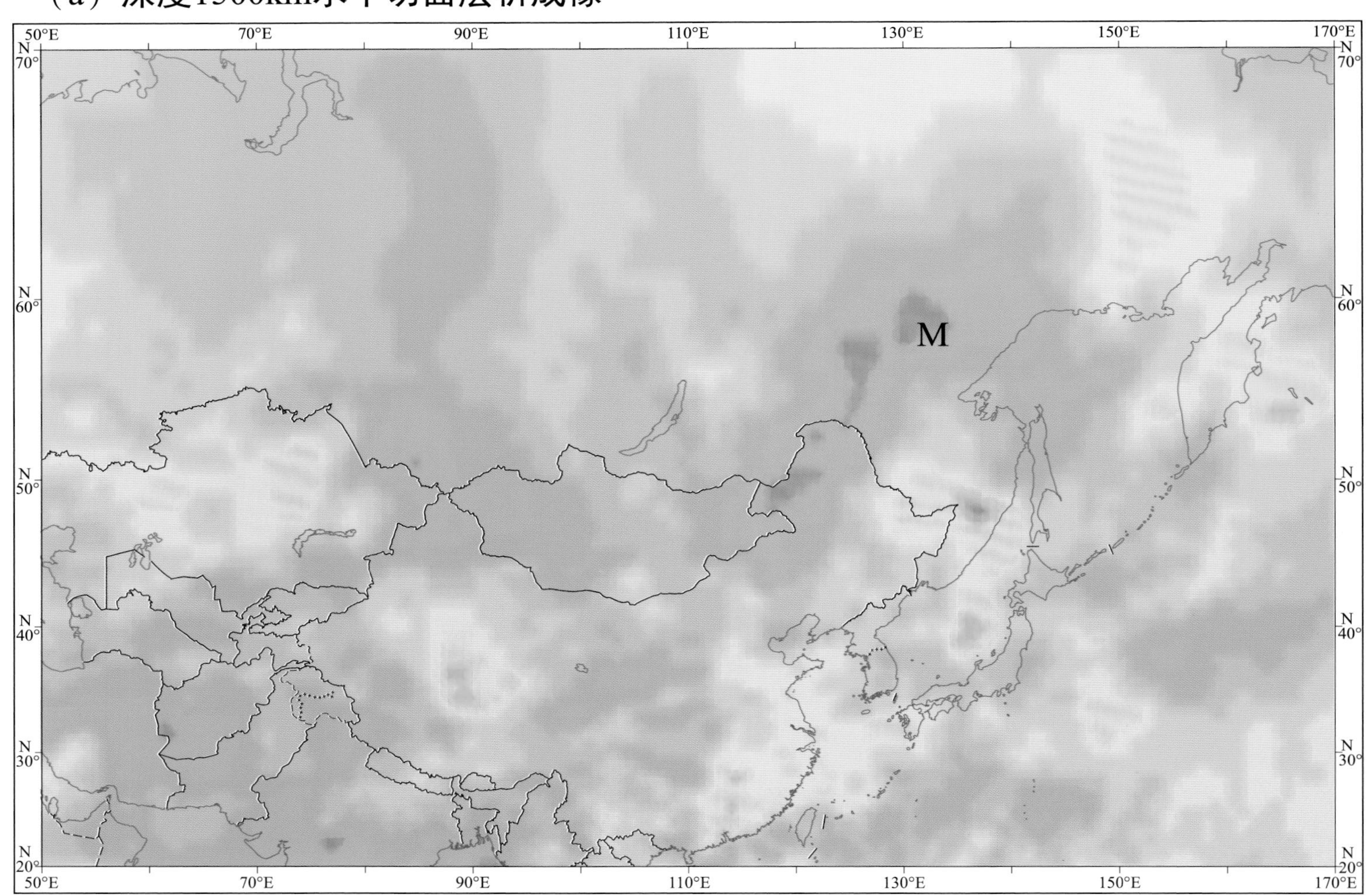

（c）深度2300km水平切面层析成像

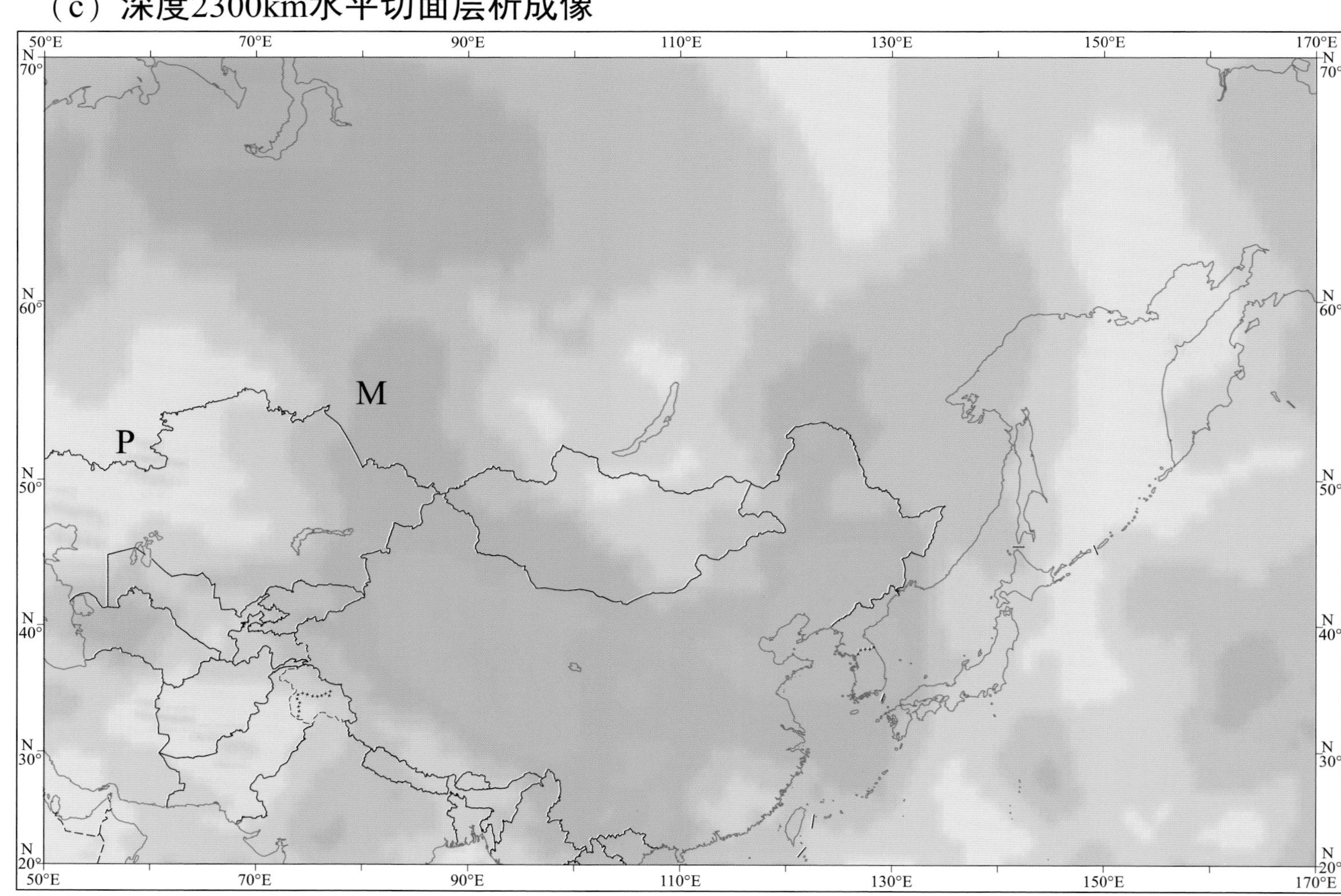

（a）1500km，（b）1900km，（c）2300km，（d）2700km，M：蒙古－鄂霍次克洋俯冲板片高速异常，P：彼尔姆低速异常，M 和 P 异常位置据 Fritzell 等（2016）的论述。

（b）深度1900km水平切面层析成像

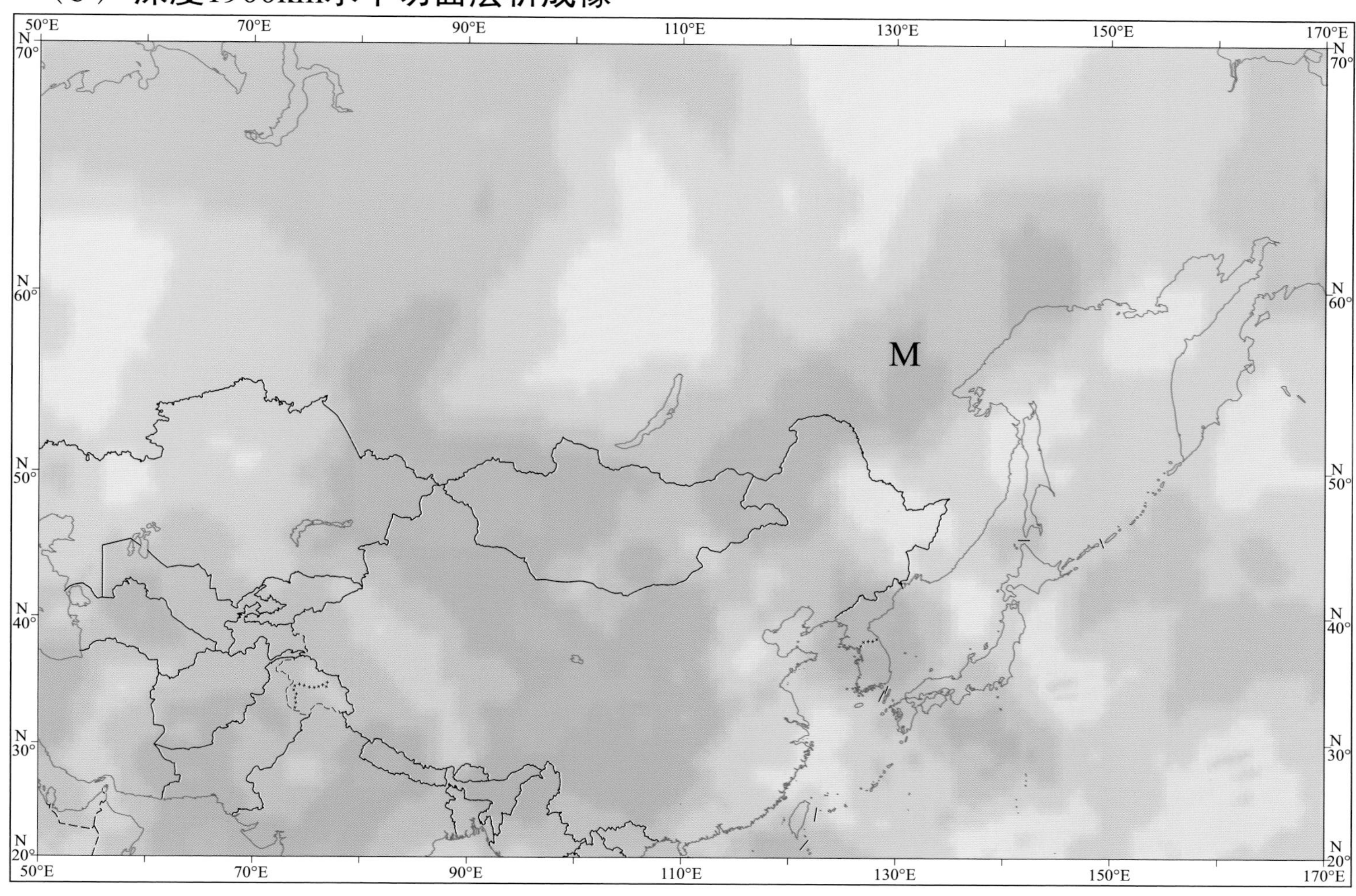

（d）深度2700km水平切面层析成像

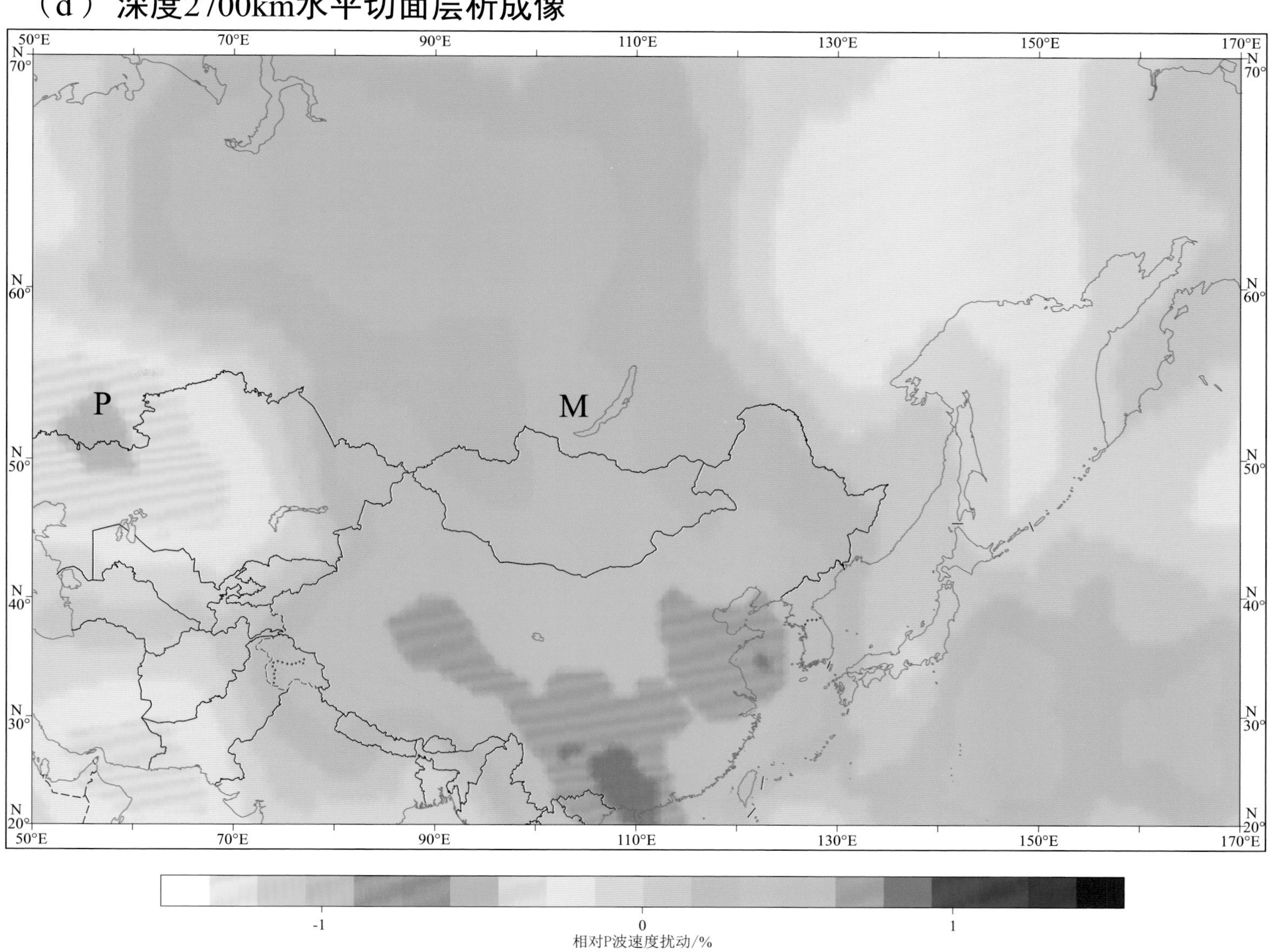

古南海区带北部和南部板片三维层析成像

（图3-3）

(a)

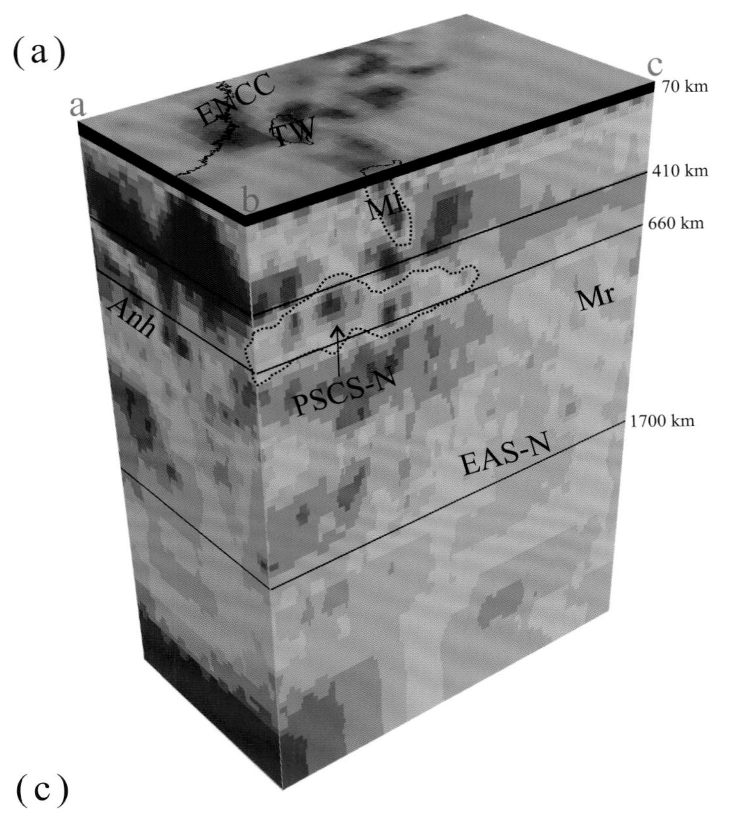

MI，马尼拉板片；Anh，安徽板片；Mr，马里亚纳板片；Sn，桑义赫板片；Hm，哈马黑拉板片；EAS-N，东亚洋北部板片；PSCS-N，古南海北部板片；PSCS-S古南海南部板片；TW，台湾岛。俯冲板片的缩写参考了van der Meer等（2010，2018）以及Wu和Suppe（2018）的相关论述。ENCC，华北克拉通东部岩石圈，见Wei等（2012）。EU，欧亚板块；IN，印度板块；PS，菲律宾海板块；AU，澳大利亚板块；SU，巽他板块；YA，扬子板块；ON，冲绳板块；CL，卡罗琳娜板块。本章板片多为微幔块。

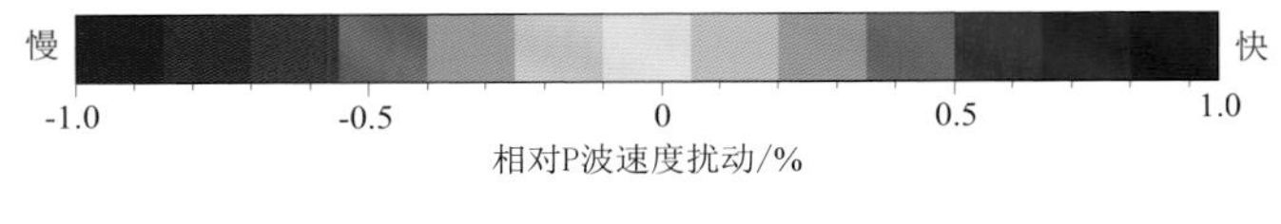

(c)

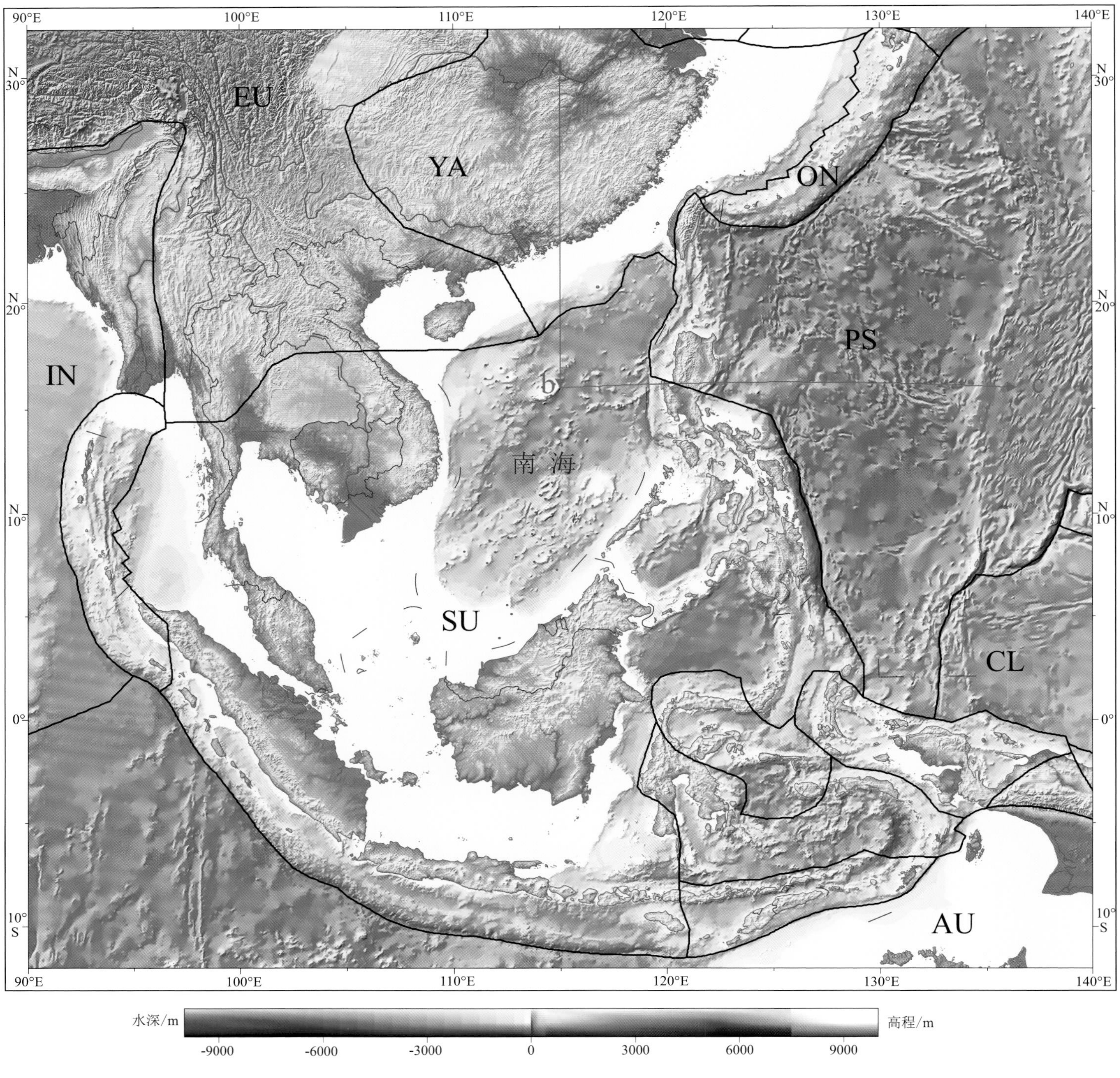

90°E 100°E 110°E 120°E 130°E 140°E
30°N 20°N 10°N 0° 10°S
EU
YA
ON
IN
PS
南海
SU
CL
AU
水深/m 高程/m
-9000 -6000 -3000 0 3000 6000 9000

(b)

a
c
SCS
70 km
Hm
410 km
660 km
Sn
PSCS-N
加里曼丹
EAS-W
1700 km

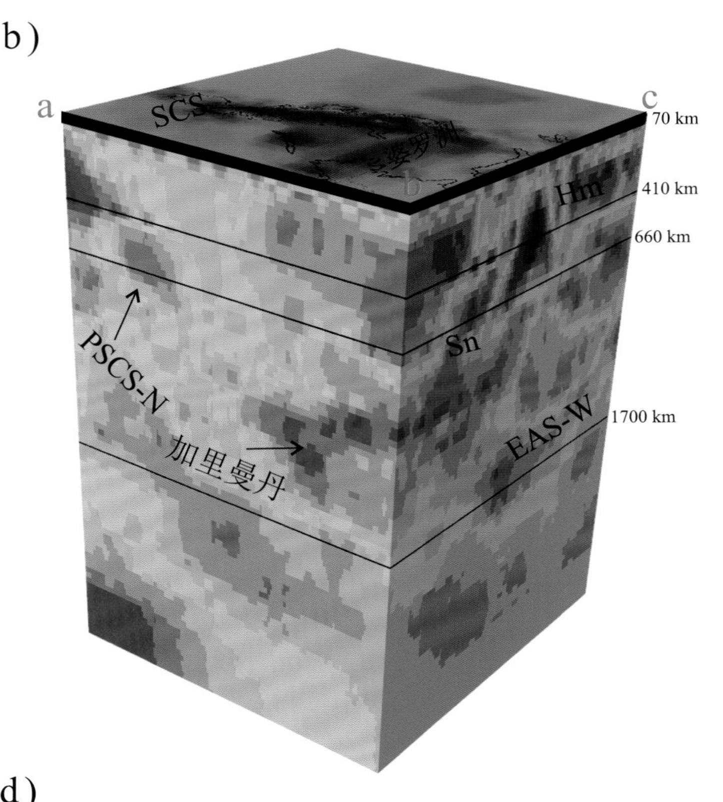

MI，马尼拉板片；Anh，安徽板片；Mr，马里亚纳板片；Sn，桑义赫板片；Hm，哈马黑拉板片；EAS-N，东亚洋北部板片；PSCS-N，古南海北部板片；PSCS-S 古南海南部板片；TW，台湾岛。俯冲板片的缩写参考了 van der Meer 等（2010，2018）以及 Wu 和 Suppe（2018）的相关论述。ENCC，华北克拉通东部岩石圈，见 Wei 等（2012）。EU，欧亚板块；IN，印度板块；PS，菲律宾海板块；AU，澳大利亚板块；SU，巽他板块；YA，扬子板块；ON，冲绳板块；CL，卡罗琳娜板块

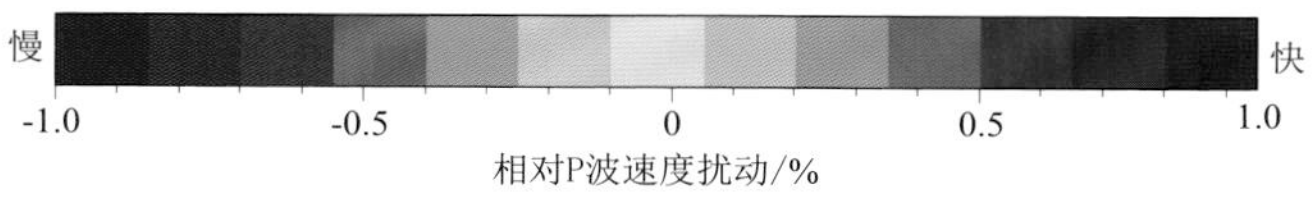

慢
快
-1.0
-0.5
0
0.5
1.0
相对P波速度扰动/%

(d)

90°E
100°E
110°E
120°E
130°E
140°E
N 30°
N 20°
N 10°
0°
10° S
EU
YA
ON
IN
PS
南 海
SU
CL
AU
a
b
水深/m
高程/m
-9000
-6000
-3000
0
3000
6000
9000

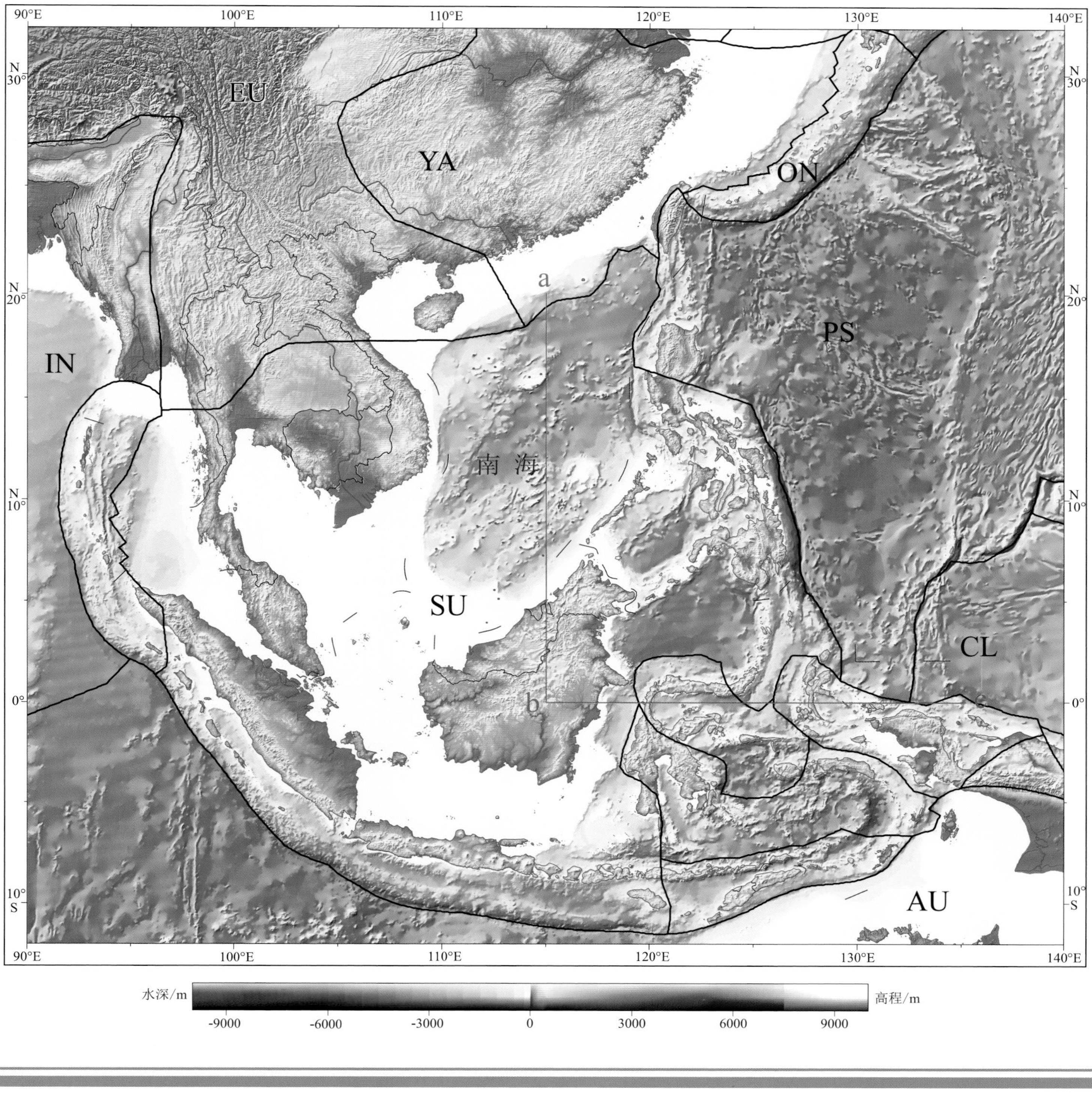

（图3-4）

古南海区带板片水平切面层析成像

（a）深度100km水平切面层析成像

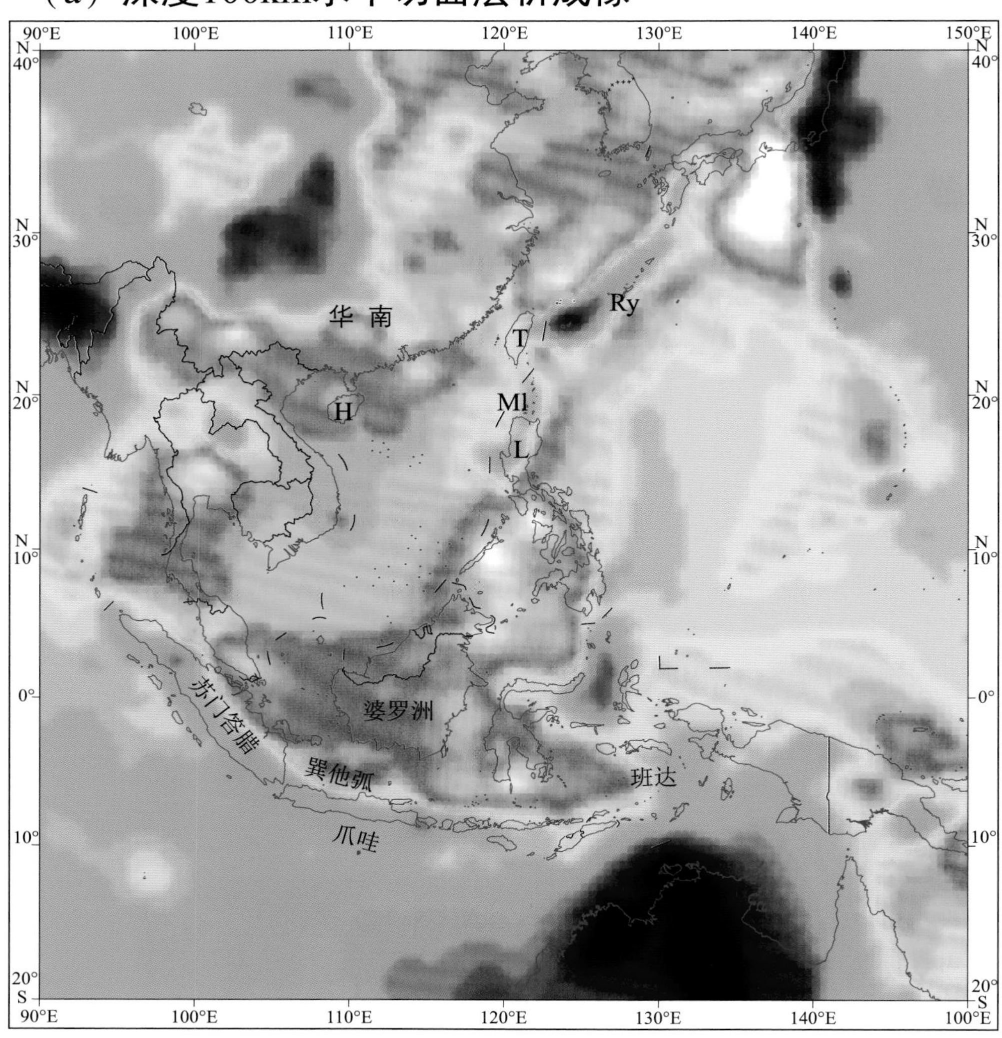

（b）深度200km水平

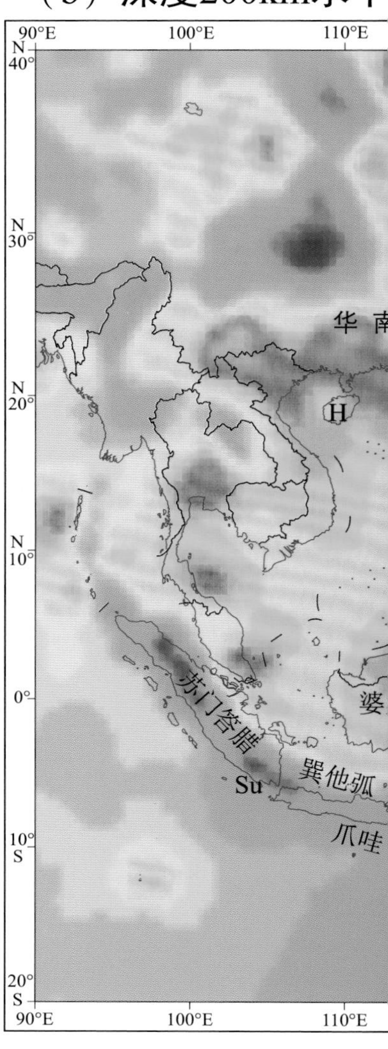

（d）深度400km水平切面层析成像

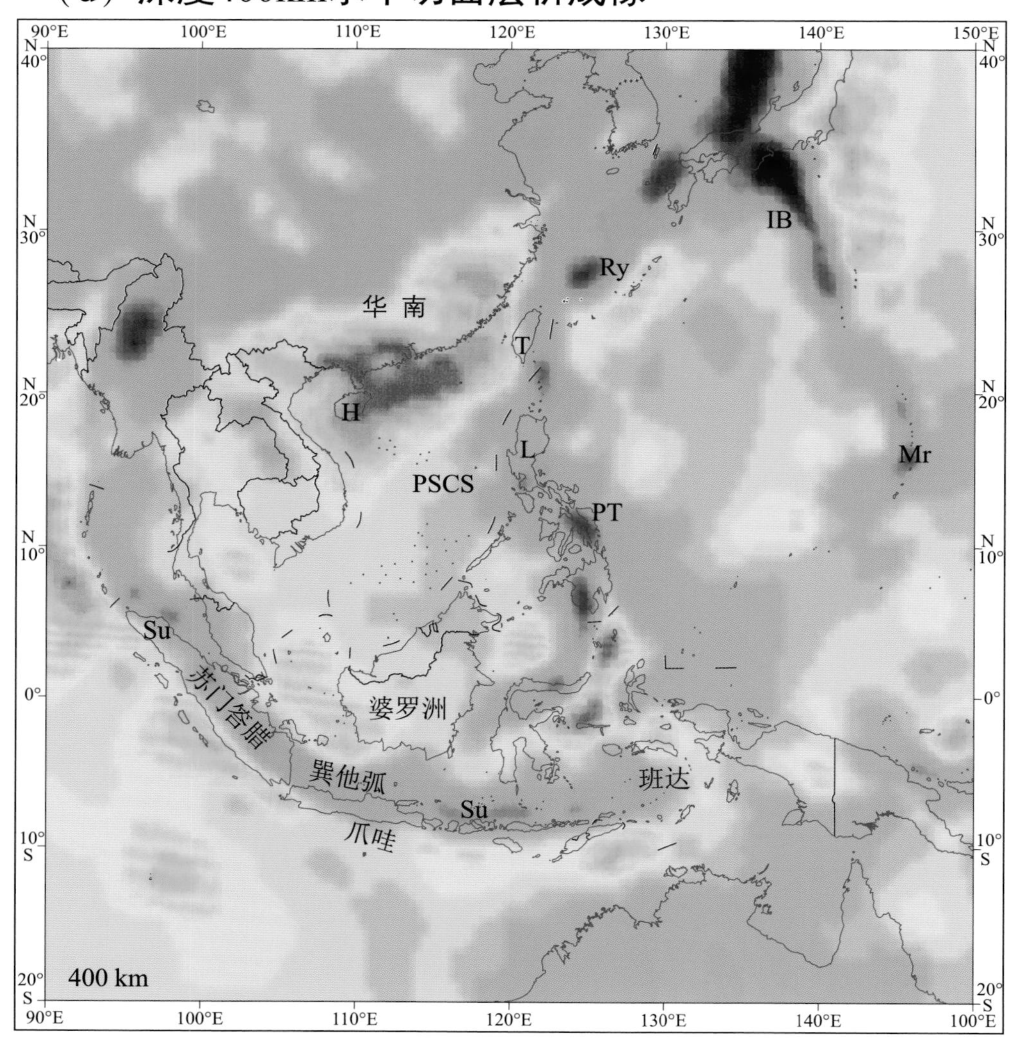

（e）深度500km水平

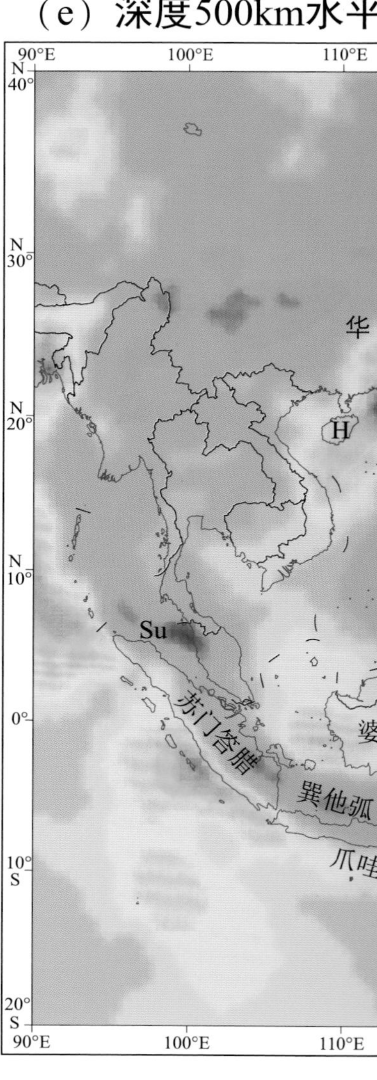

Anh，安徽；IB，伊豆－小笠原；Ka，加里曼丹；MI，马尼拉；Mr，马里亚纳；Ry，琉球；Sn，桑义赫；Su，巽他；PT，菲律宾海沟；EAS-N，东亚洋北部异常；EAS-W，东亚洋西部异常；PSCS，古南海；H，海南岛；T，台湾岛；L，吕宋岛。高速异常缩写参考 van der Meer 等（2010，2018）以及 Wu 和 Suppe（2018）。

析成像

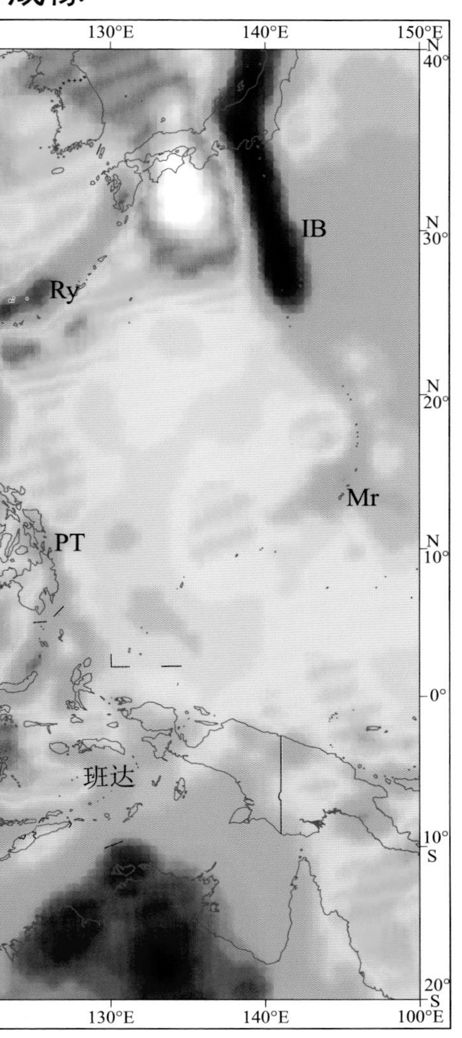

（c）深度300km水平切面层析成像

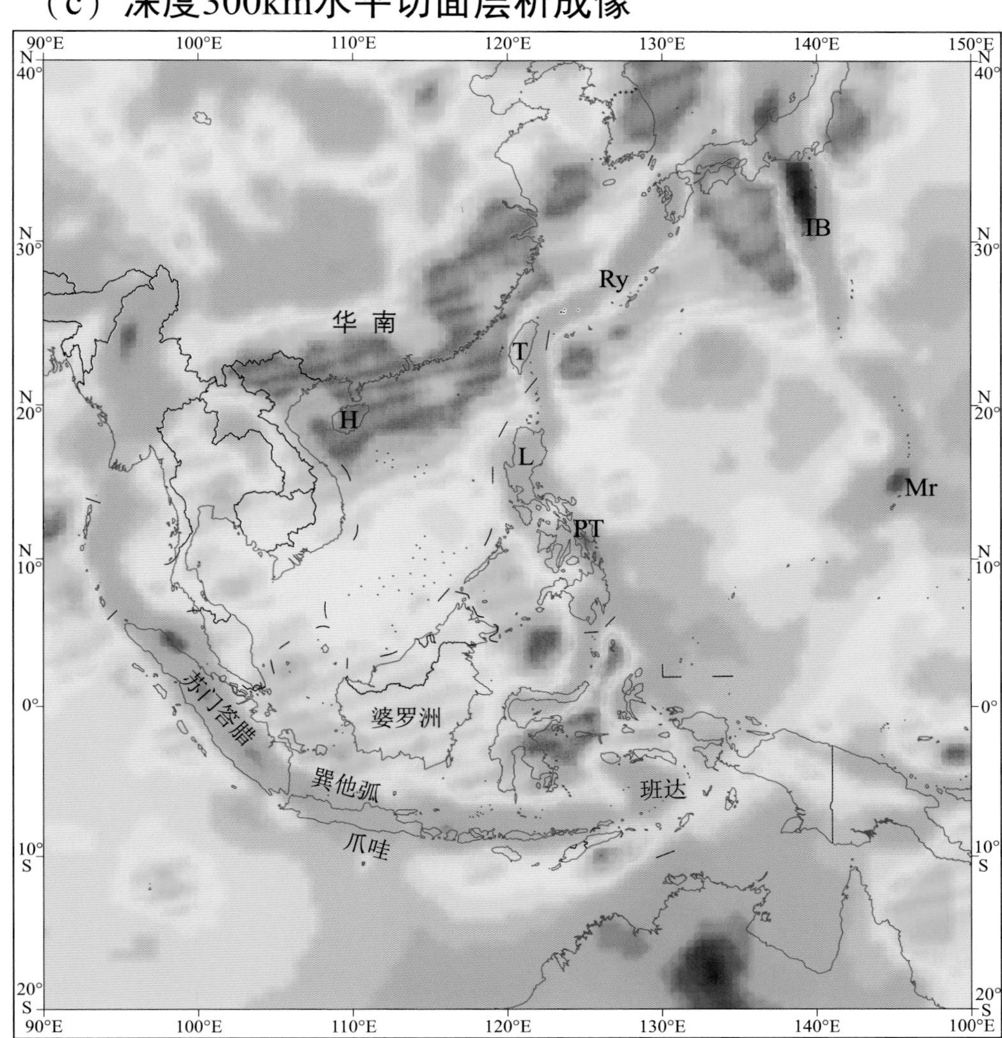

析成像

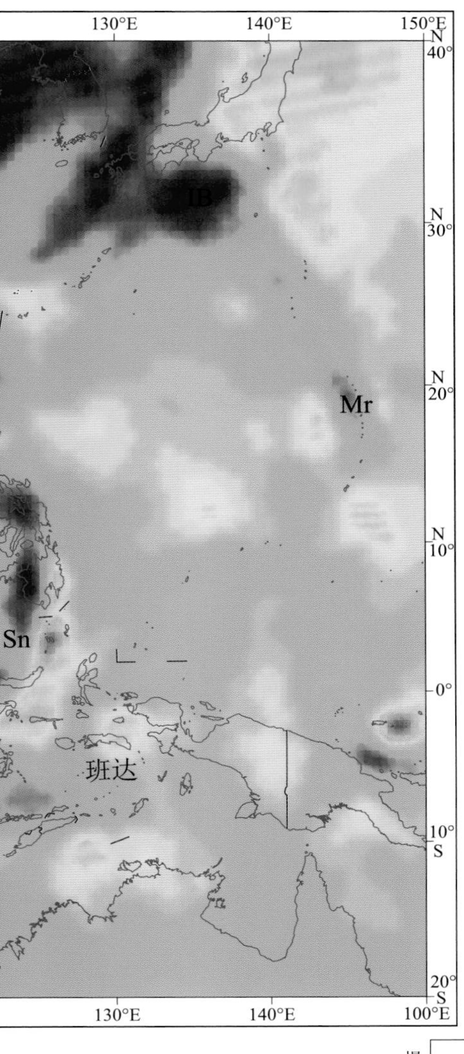

（f）深度600km水平切面层析成像

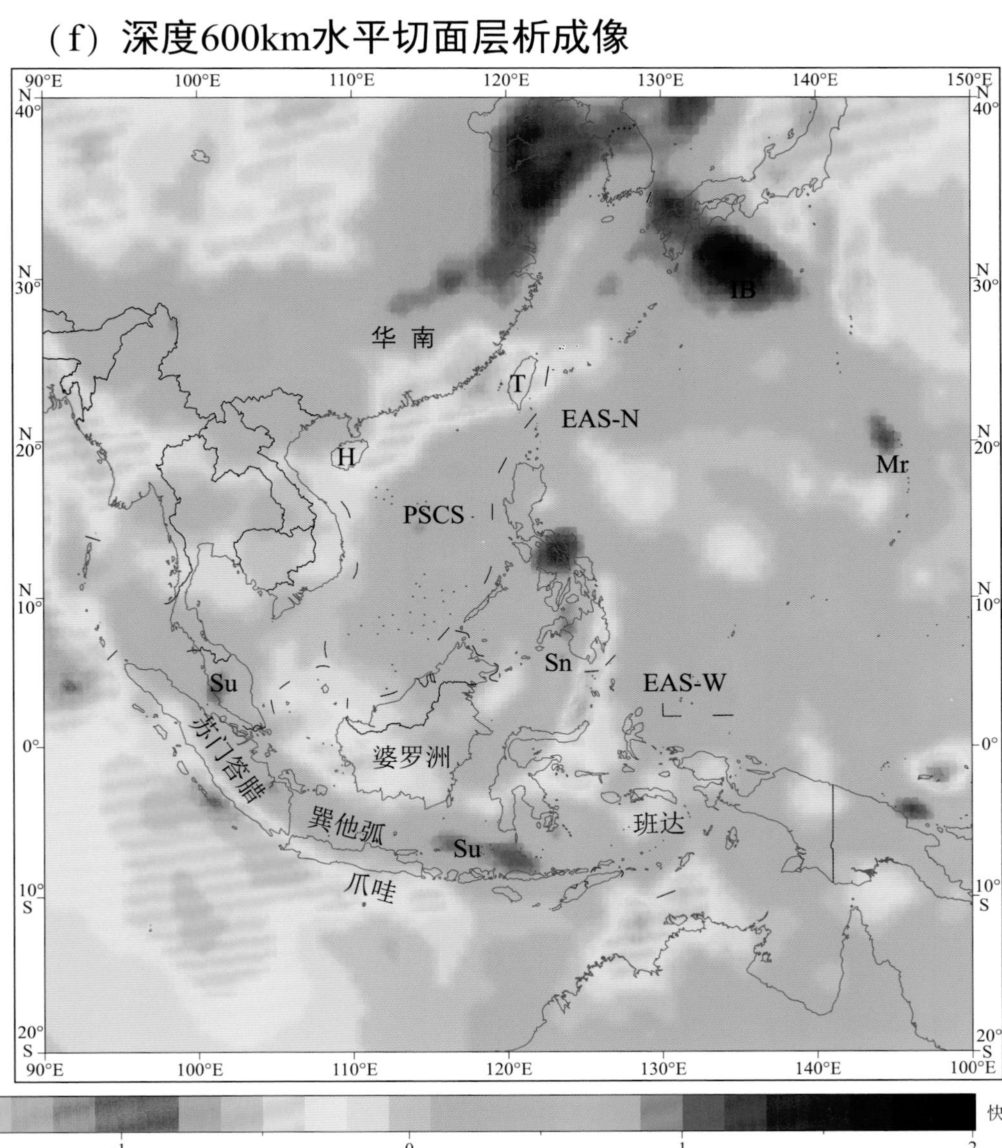

(g) 深度700km水平切面层析成像

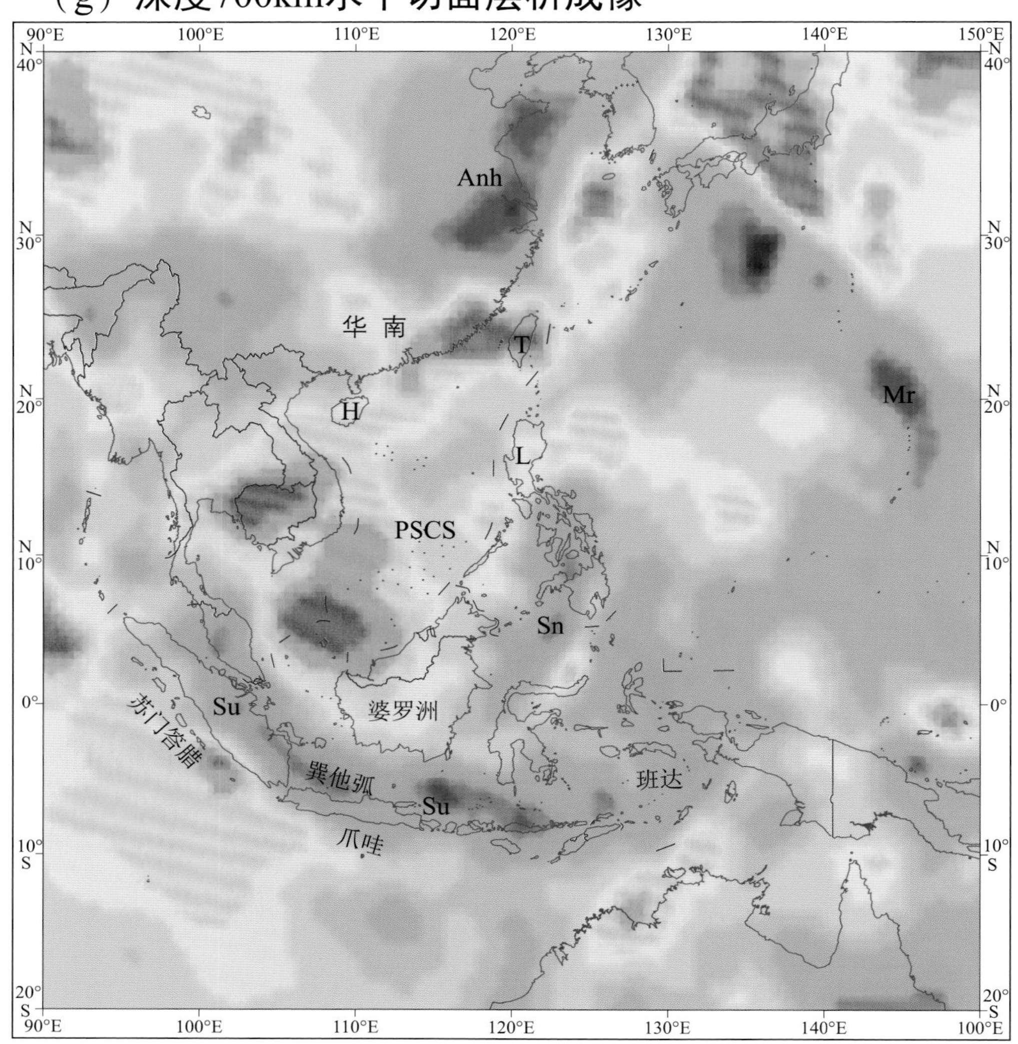

(h) 深度800km水平

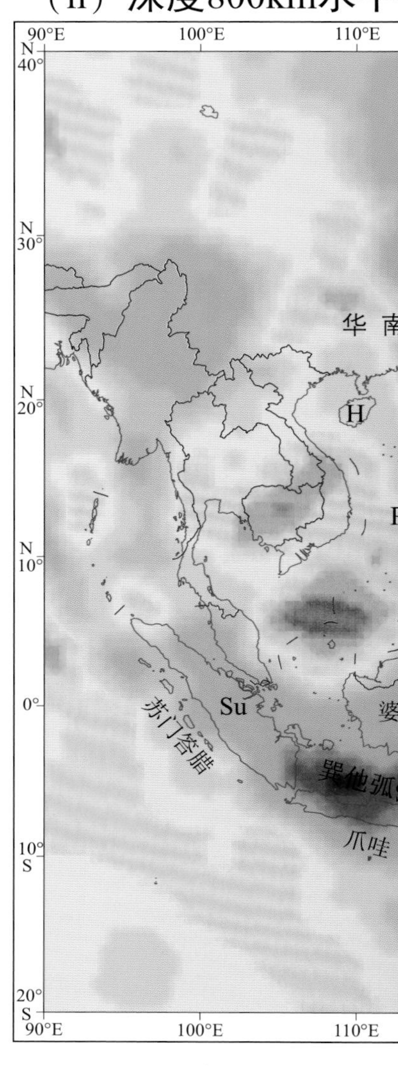

(j) 深度1000km水平切面层析成像

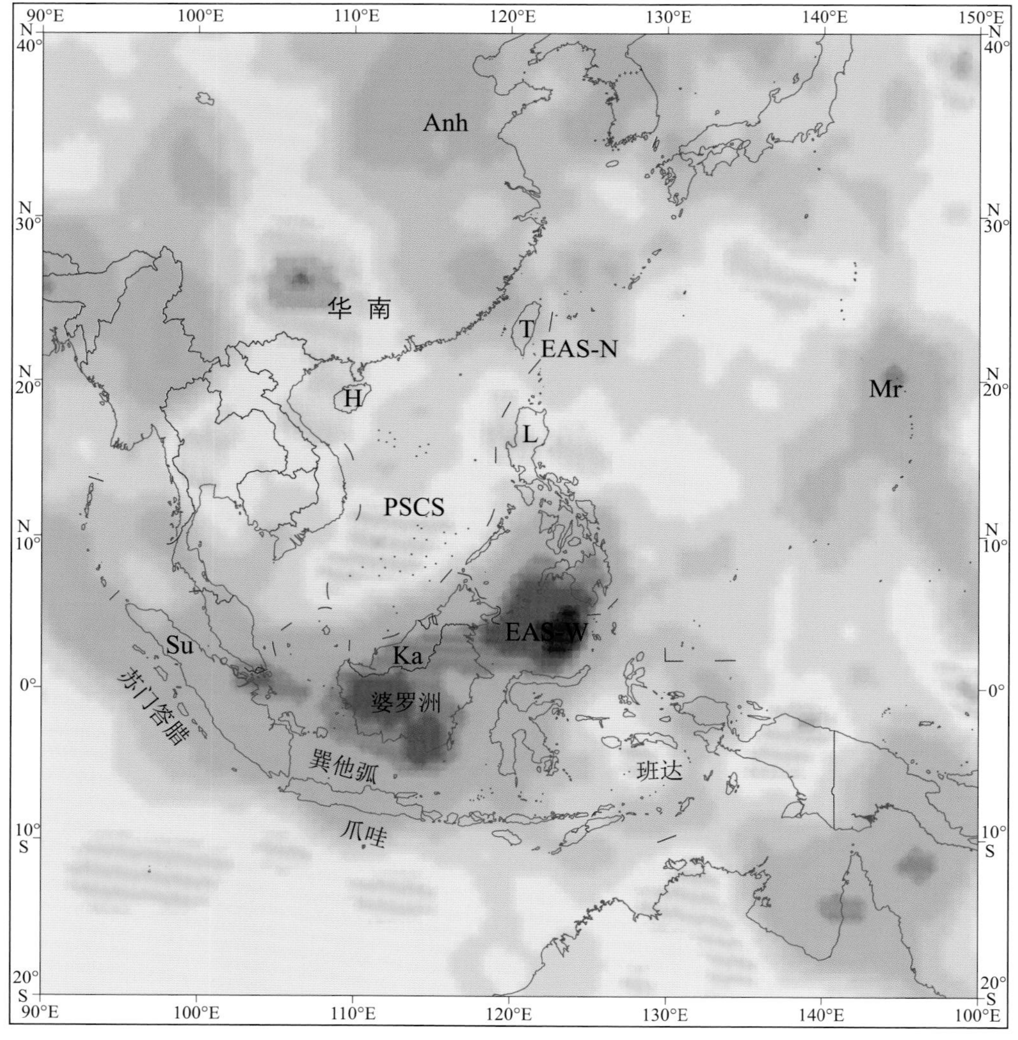

(k) 深度1100km水

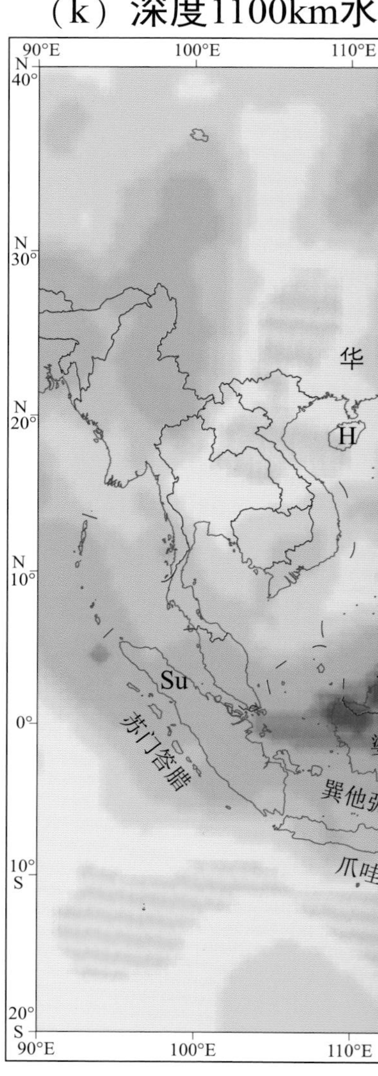

Anh，安徽；IB，伊豆-小笠原；Ka，加里曼丹；MI，马尼拉；Mr，马里亚纳；Ry，琉球；Sn，桑义赫；Su，巽他；PT，菲律宾海沟；EAS-N，东亚洋北部异常；EAS-W，东亚洋西部异常；PSCS，古南海；H，海南岛；T，台湾岛；L，吕宋岛。高速异常缩写参考 van der Meer 等（2010，2018）以及 Wu 和 Suppe（2018）。

成像

(i) 深度900km水平切面层析成像

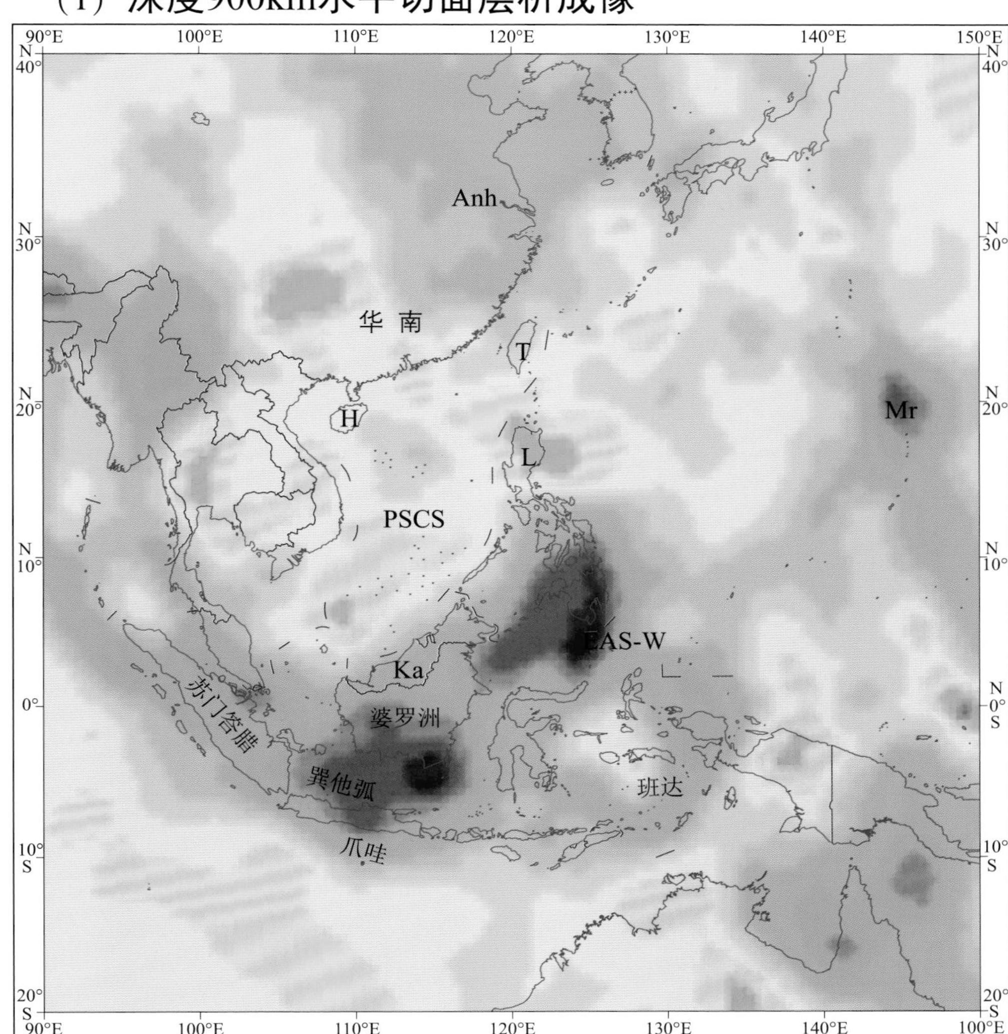

析成像

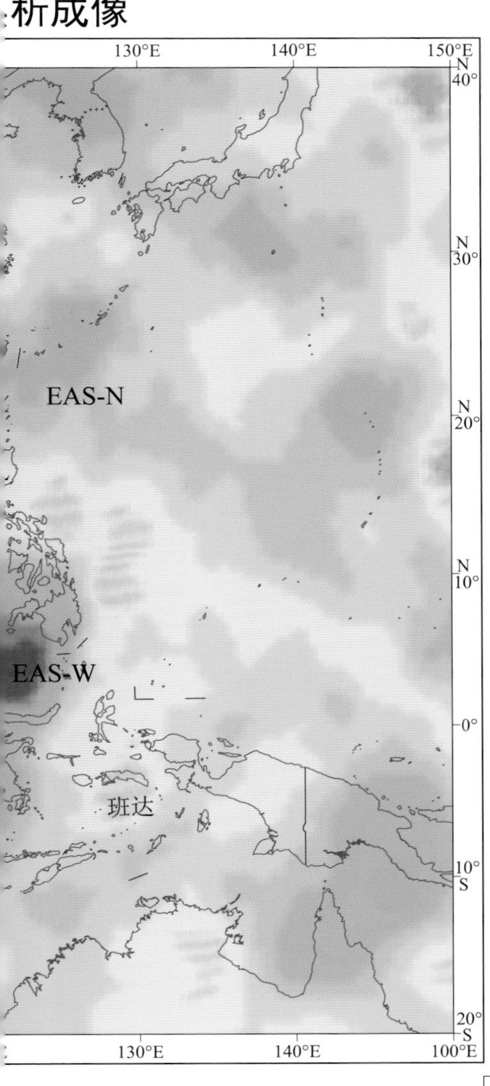

(l) 深度1200km水平切面层析成像

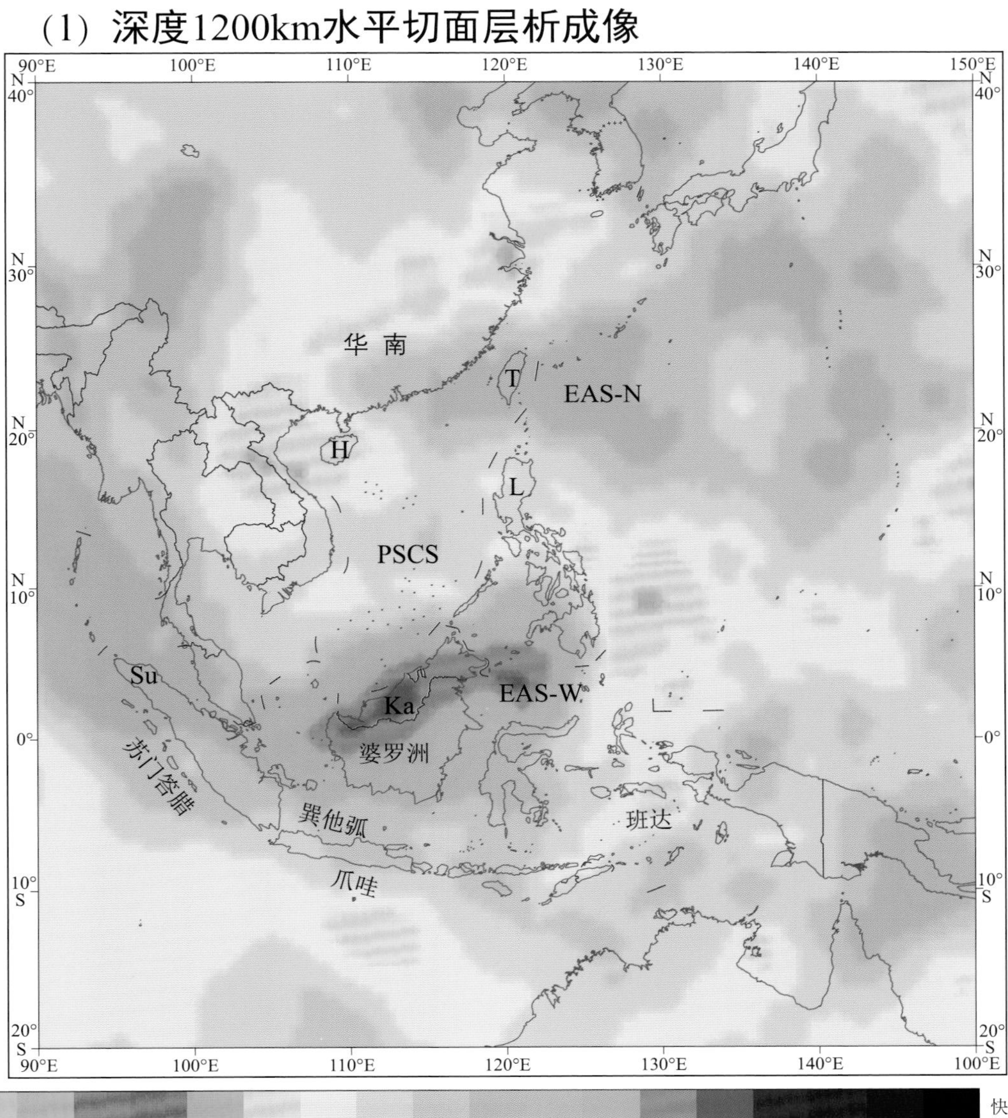

（图3-5）

古南海区带板片垂直剖面层析成像

(a) 23°N垂直剖面层析成像

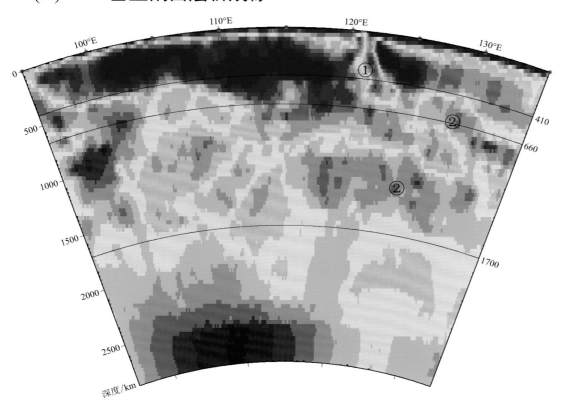

(b) 20°N垂直剖面层析成

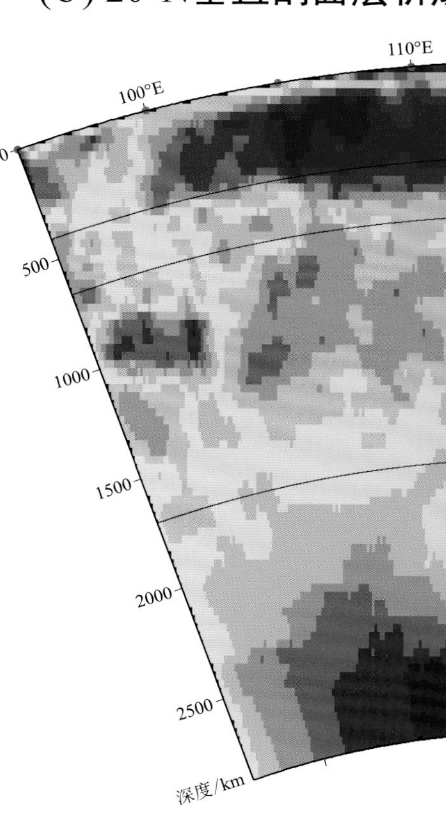

(d) 16°N垂直剖面层析成像

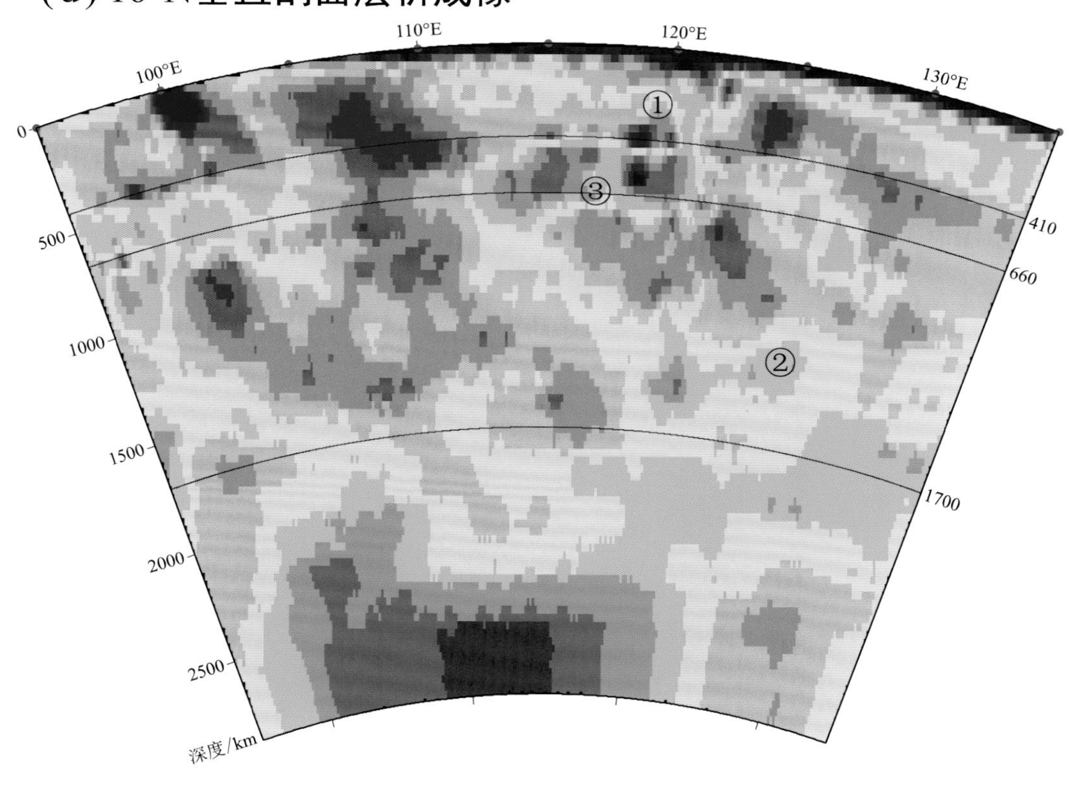

(e) 13°N垂直剖面层析成

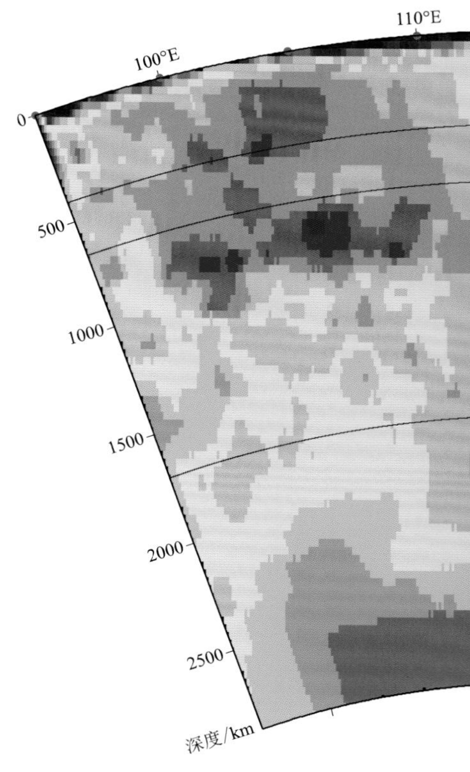

①马尼拉板片（Ml）②东亚洋（East Asian Ocean）北部板片（EAS-N，Wu et al.，2016）；③古南海北部板片（PSCS-N）；④桑义赫板片（Sn，van der Meer et al.，2018）；⑤菲律宾海板片（PT，Wu et al.，2016）；⑥古南海南部板片（PSCS-S）；⑦东亚洋（East Asian Ocean）西部板片（EAS-W，Wu et al.，2016）；⑧巽他板片（Su，van der Meer et al.，2018）；⑨哈马黑拉板片（Hm，van der Meer et al.，2018）；Te，特提斯洋高速异常。

(c) 18°N垂直剖面层析成像

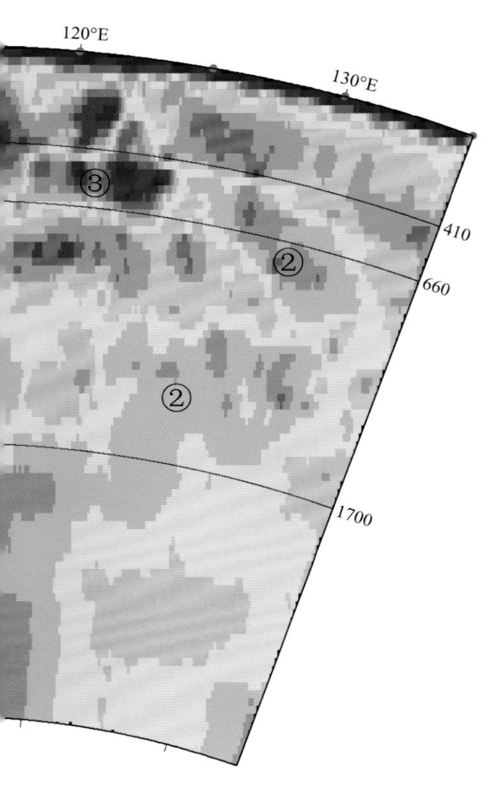

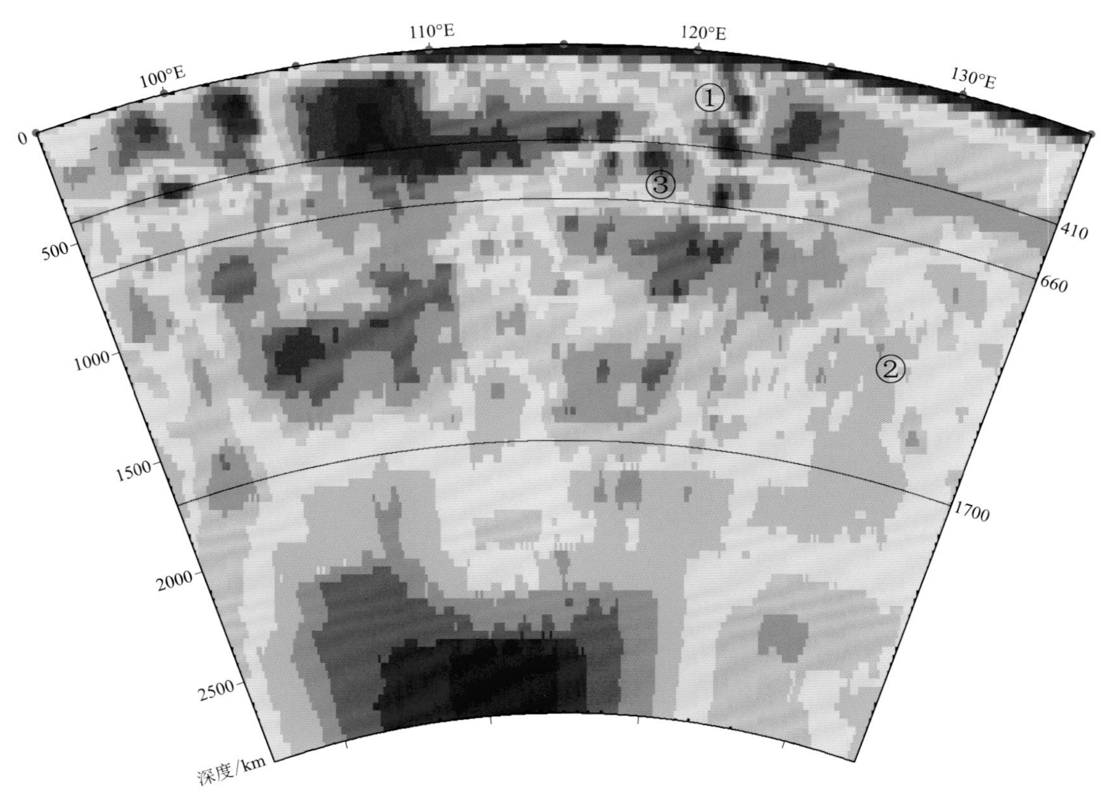

(f) 11°N垂直剖面层析成像

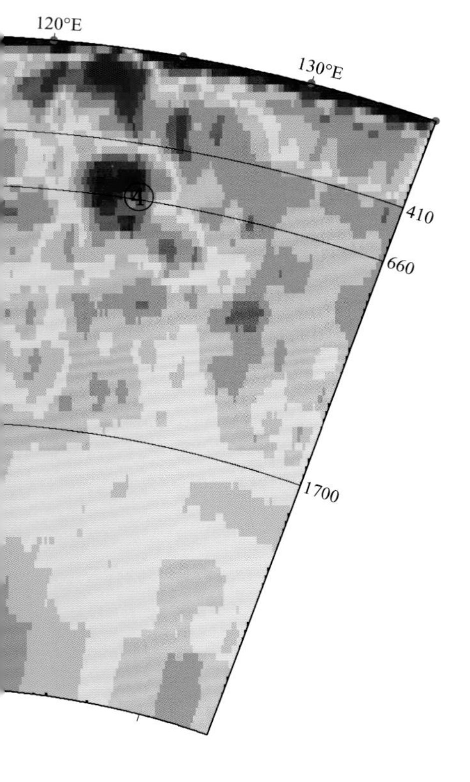

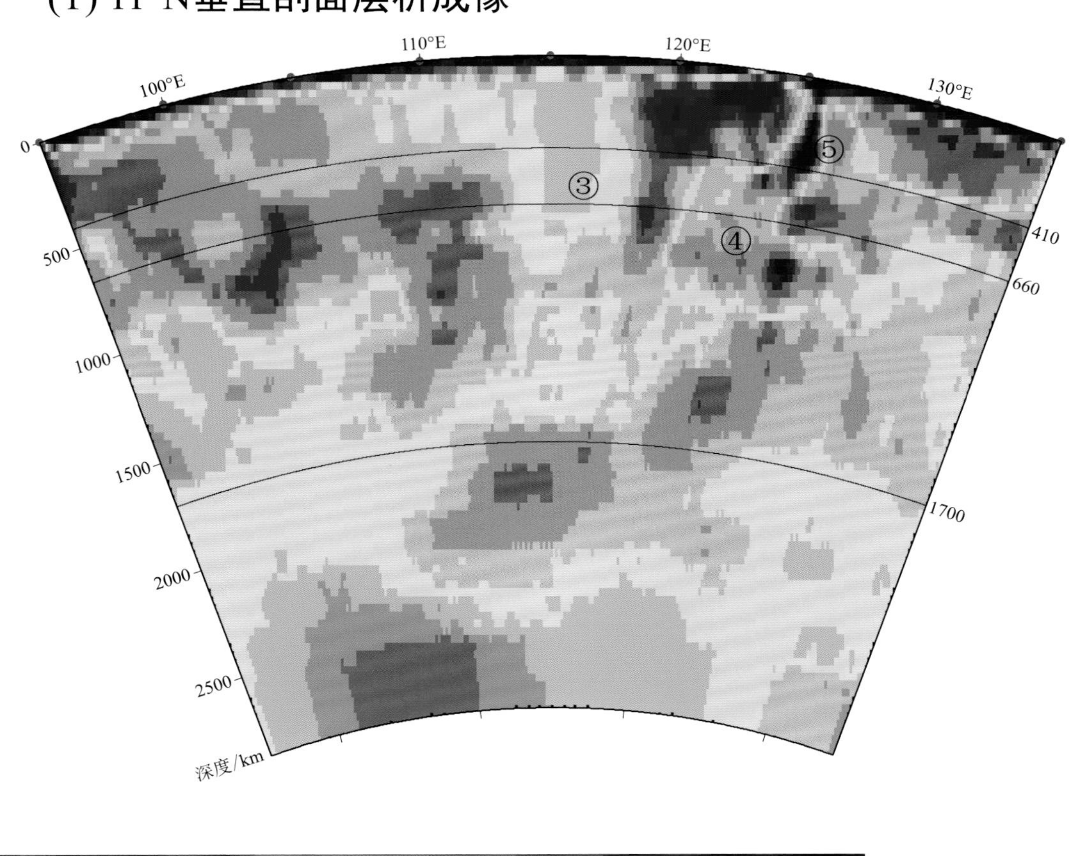

慢 快
-1.0 -0.5 0 0.5 1.0
相对P波速度扰动/%

(g) 9°N垂直剖面层析成像

(h) 7.5°N垂直剖面层析成像

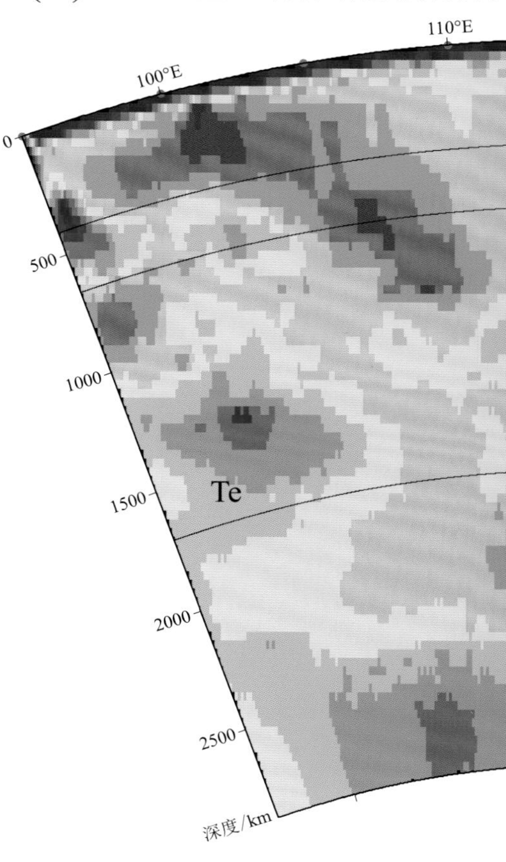

(j) 2.5°N垂直剖面层析成像

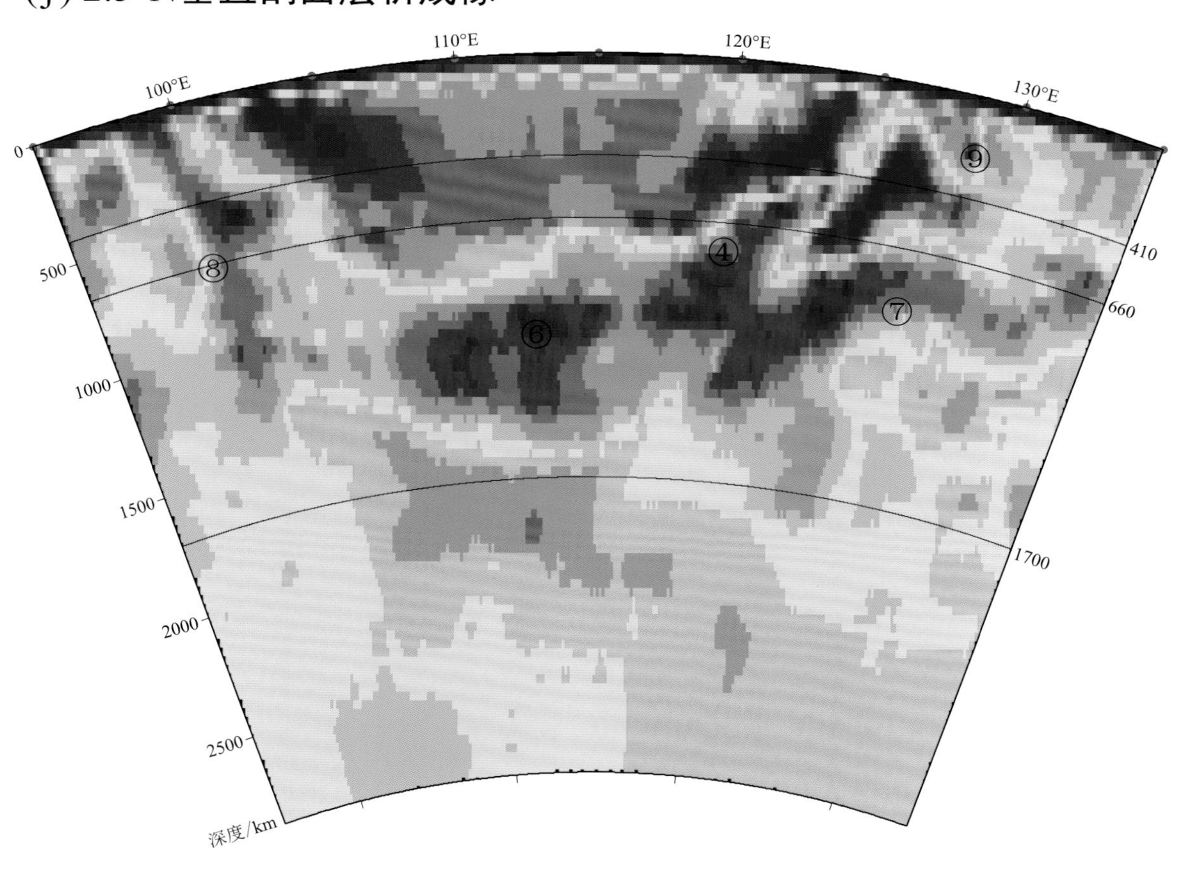

(k) 2°N垂直剖面层析成像

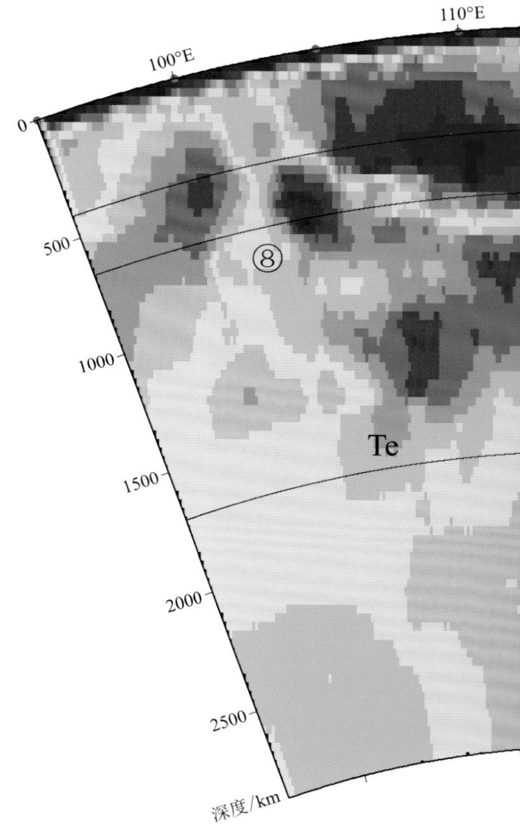

①马尼拉板片（Ml）②东亚洋（East Asian Ocean）北部板片（EAS-N，Wu et al.，2016）；③古南海北部板片（PSCS-N）；④桑义赫板片（Sn，van der Meer et al.，2018）；⑤菲律宾海板片（PT，Wu et al.，2016）；⑥古南海南部板片（PSCS-S）；⑦东亚洋（East Asian Ocean）西部板片（EAS-W，Wu et al.，2016）；⑧巽他板片（Su，van der Meer et al.，2018）；⑨哈马黑拉板片（Hm，van der Meer et al.，2018）；Te，特提斯洋高速异常。

(i) 5.5°N垂直剖面层析成像

120°E
130°E
100°E
110°E
0
500
1000
1500
2000
2500
410
660
1700
⑤
④
⑦
⑧
⑥
Te
深度/km

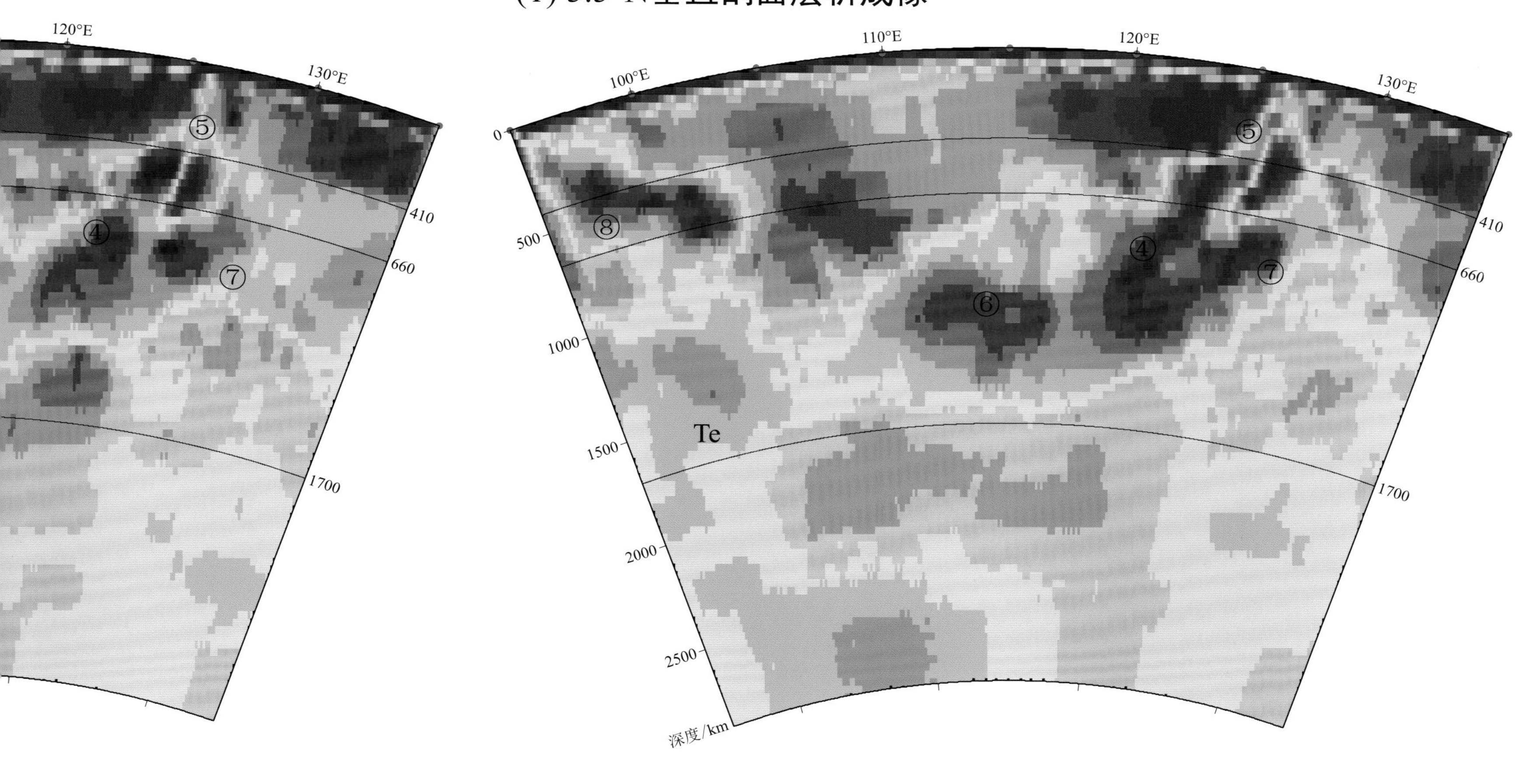

(l) 0.5°N垂直剖面层析成像

120°E
130°E
100°E
110°E
0
500
1000
1500
2000
2500
410
660
1700
⑨
④
⑧
⑥
⑦
深度/km

慢
快
-1.0
-0.5
0
0.5
1.0
相对P波速度扰动/%

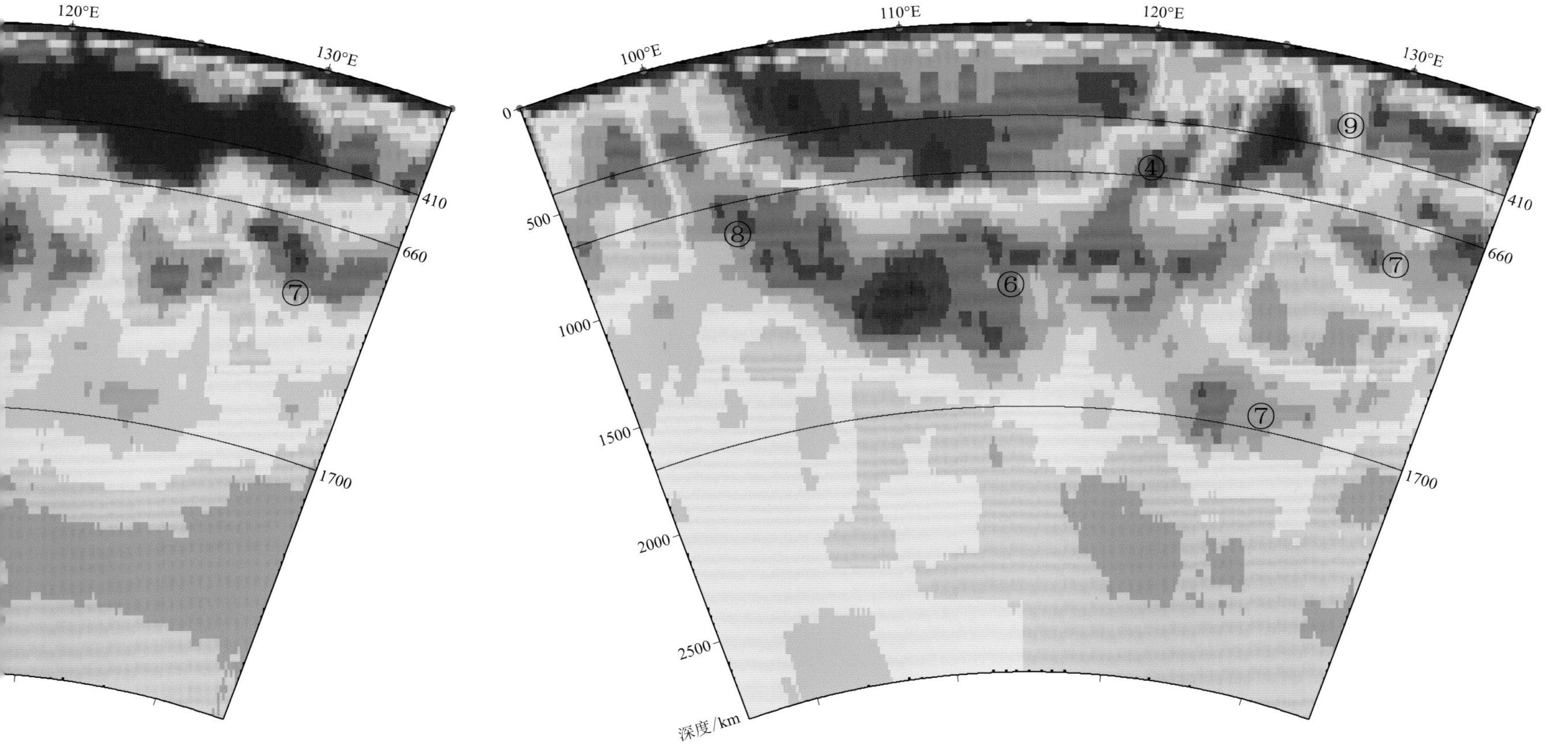

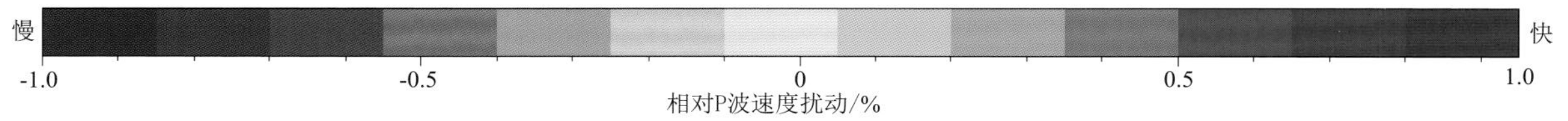

固体地球表壳演化的特征是刚性板块在下伏流动地幔之上的构造运动。基于地质地球物理观测建立的板块构造理论，意味着板块和浅部地幔共同演化。然而地幔底部尤其是大型横波低速异常区是否参与该演化难以得知。大型横波低速异常区虽处于地幔深处，但是与地表演化密切相关，例如它们被认为是洋岛玄武岩的富集组分源区（White，2015），以及引起了大地水准面的二阶异常（Hager et al.，1985）等。层析成像揭示微幔块能沉入下地幔，并可能落在核幔边界，结合潘吉亚超大陆形成后环太平洋俯冲带位置与现今核幔边界之上高速异常体之间的空间匹配，浅部板块可能也影响大型横波低速异常区的演化。超大陆的反复聚合和裂解主导了表壳的演化，而全球地幔柱强度显示出类似的周期性（Gamal El Dien et al.，2019）。上述现象表明，浅表板块与深部地幔可能存在密切关系，而分析该问题的主要方法是数值模拟（Cao et al.，2021）。通过建立板块运动驱动的地幔流模型，可以分析固体地球深、浅部的相互作用，并有助于认识地球内部年龄结构、运行过程与动力机制。

本部分图件是基于两组板块重建为边界条件的地幔流模型。其中，第一组板块重建模型（图4-1~图4-9）（Cao et al.，2021）通过GPlates（Müller et al.，2018）建立，并以板块运动速度场作为边界约束，通过CitcomS（Zhong et al.，2008）模拟地幔对流。板块重建在250Ma之前为相对简化的

第四部分

微幔块重建与地幔对流模拟

“内侧洋闭合”（Introversion）（Murphy and Nance，2003）端元模型，250Ma之后沿用了Young等（2019）的板块重建。地幔流模型精度在地表为50km × 50km × 15km（横向 × 纵向 × 垂向），在地幔底部为28km × 28km × 27km，在地幔中部分辨率较低，为40km × 40km × 100km。地幔流模型结果中，比同层地幔温度高310K的部分被认为是热异常结构（相当于层析成像中的横波低速异常区），比同层地幔温度低155K的部分被认为是冷异常结构。板块重建通过GMT软件作图，并选择罗宾森（Robinson）投影。地幔流模型呈现为三维图像，由Paraview软件制作。

第二组板块重建与地幔对流耦合模拟（图4-10~图4-16）（Peng and Liu，2022）侧重俯冲板片的形态演化，采用的板块重建基于Müller等（2016），通过CitcomS（Zhong et al.，2008）模拟对流过程，主要着眼2亿年以来的俯冲历史。该模型通过细致地表达板块边界黏度和岩石圈密度结构，最大程度上重现了俯冲板片随时间变化的各种形态，包括正常俯冲、平俯冲、板块撕裂，以及滞留板片。模型精度在地表为25km × 25km × 12km（横向 × 纵向 × 垂向），在地幔底部为12km × 12km × 26km。该组模拟使用GMT软件作图，采用全球视角的Hammer投影，通过镶嵌于板片内部的示踪粒子演示其形态随时间的变化。

（图4-1） 400Ma以来全球板块重建

(a) 400Ma

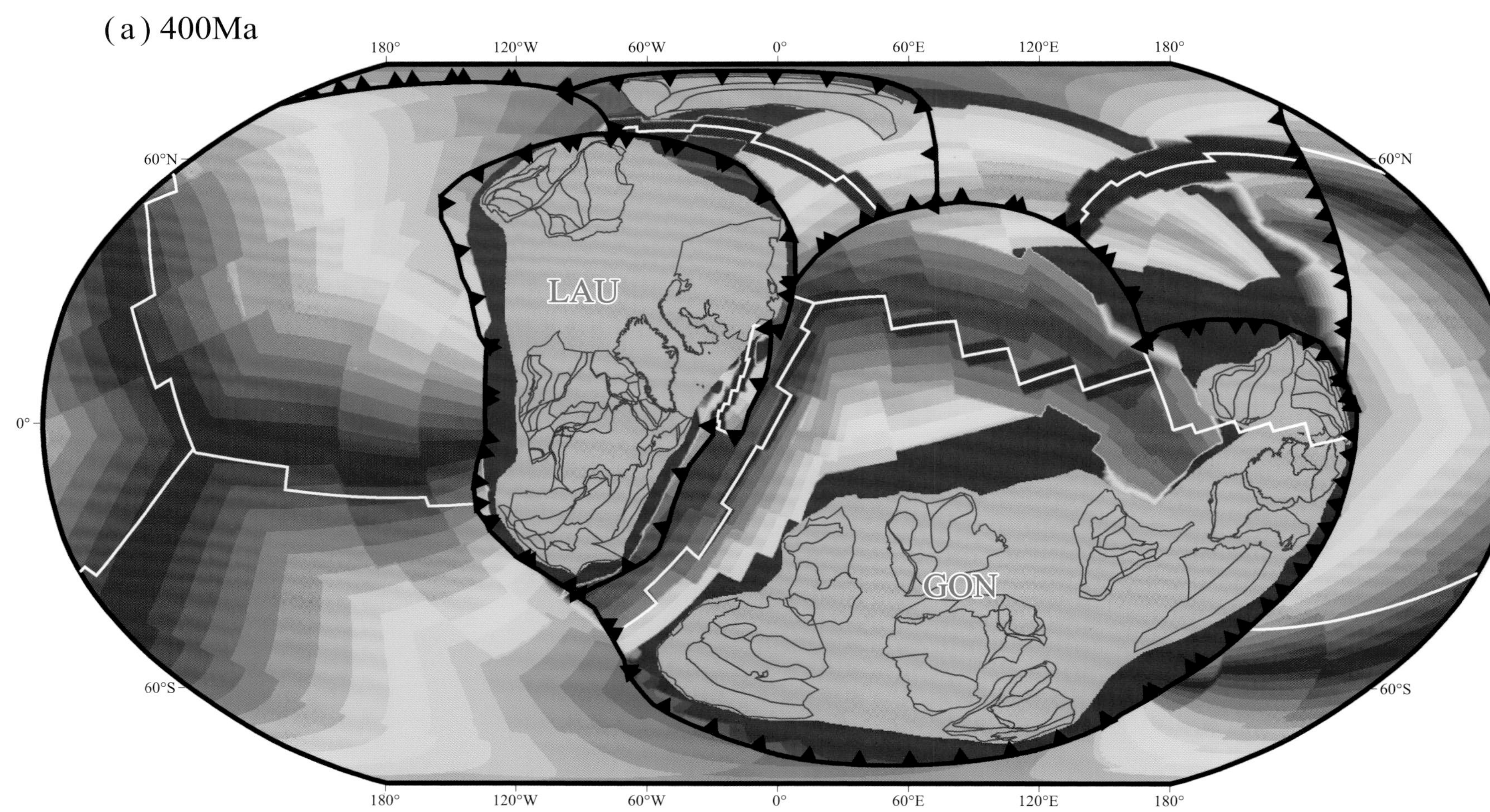

(c) 150Ma

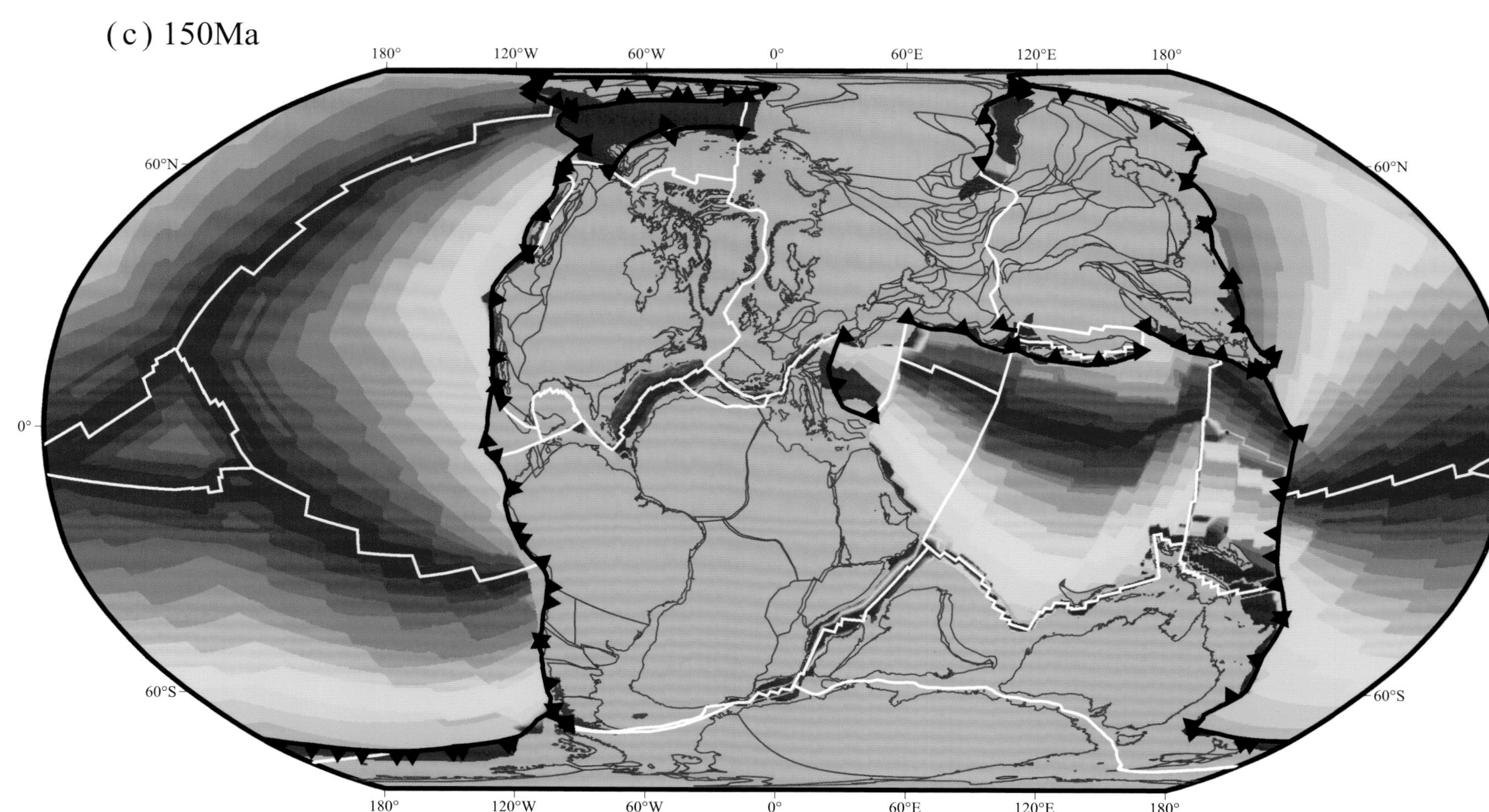

400Ma时全球主要包括两个大陆，分别是劳伦古陆（LAU）和冈瓦纳古陆（GON），两个大陆在320Ma左右拼合形成潘吉亚超大陆（泛大陆）。随后潘吉亚超大陆于200Ma左右裂解。LAU-劳伦古陆，GON-冈瓦纳古陆，NA-北美，SA-南美，AFR-非洲，EUR-欧亚，SC-华南。后同。该重建模式问题在于250Ma华北板块与华南板块在苏鲁-大别造山带尚未碰撞，且华南板块位置偏西，这不符合中国地质事实。

(b) 250Ma

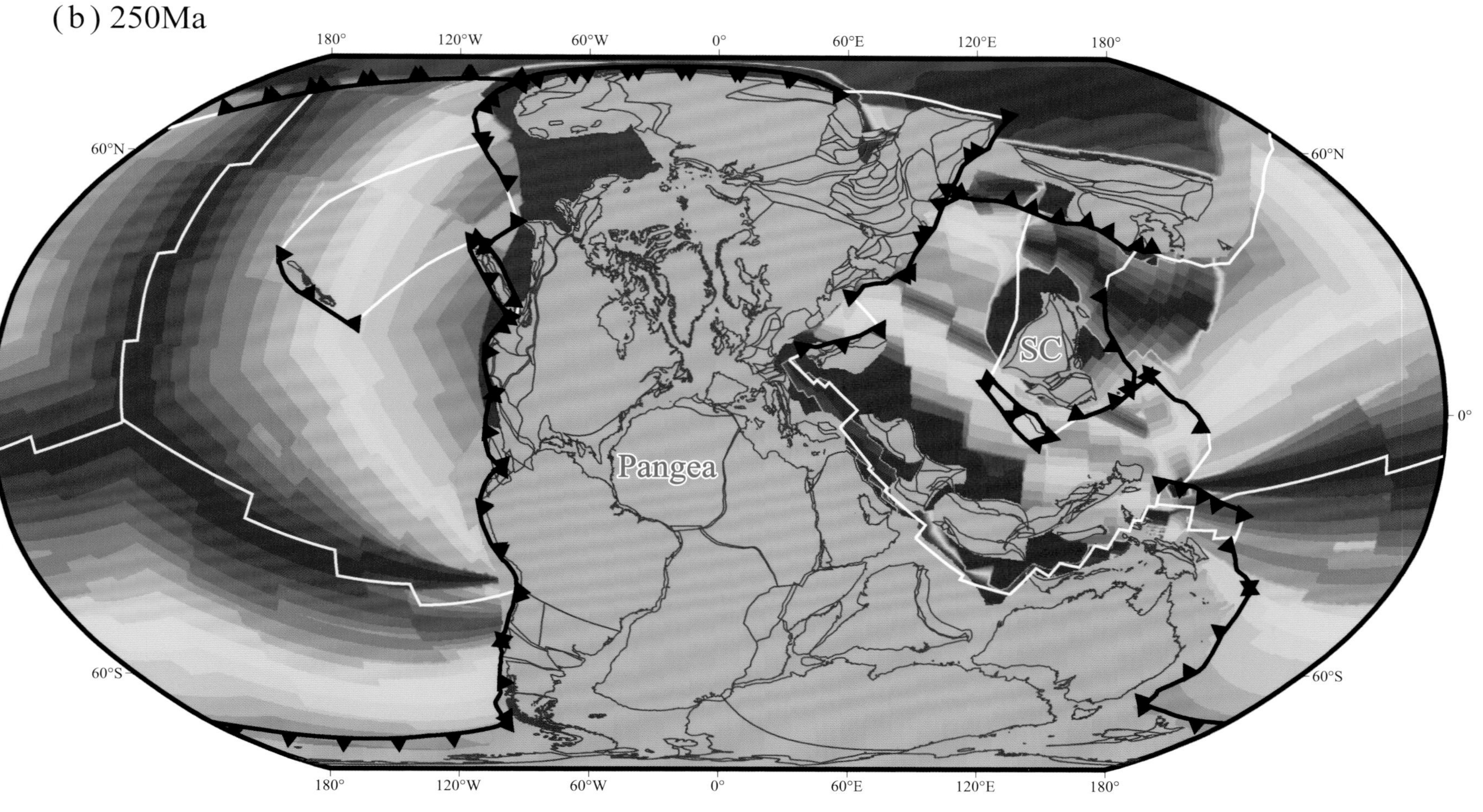

(d) 现今

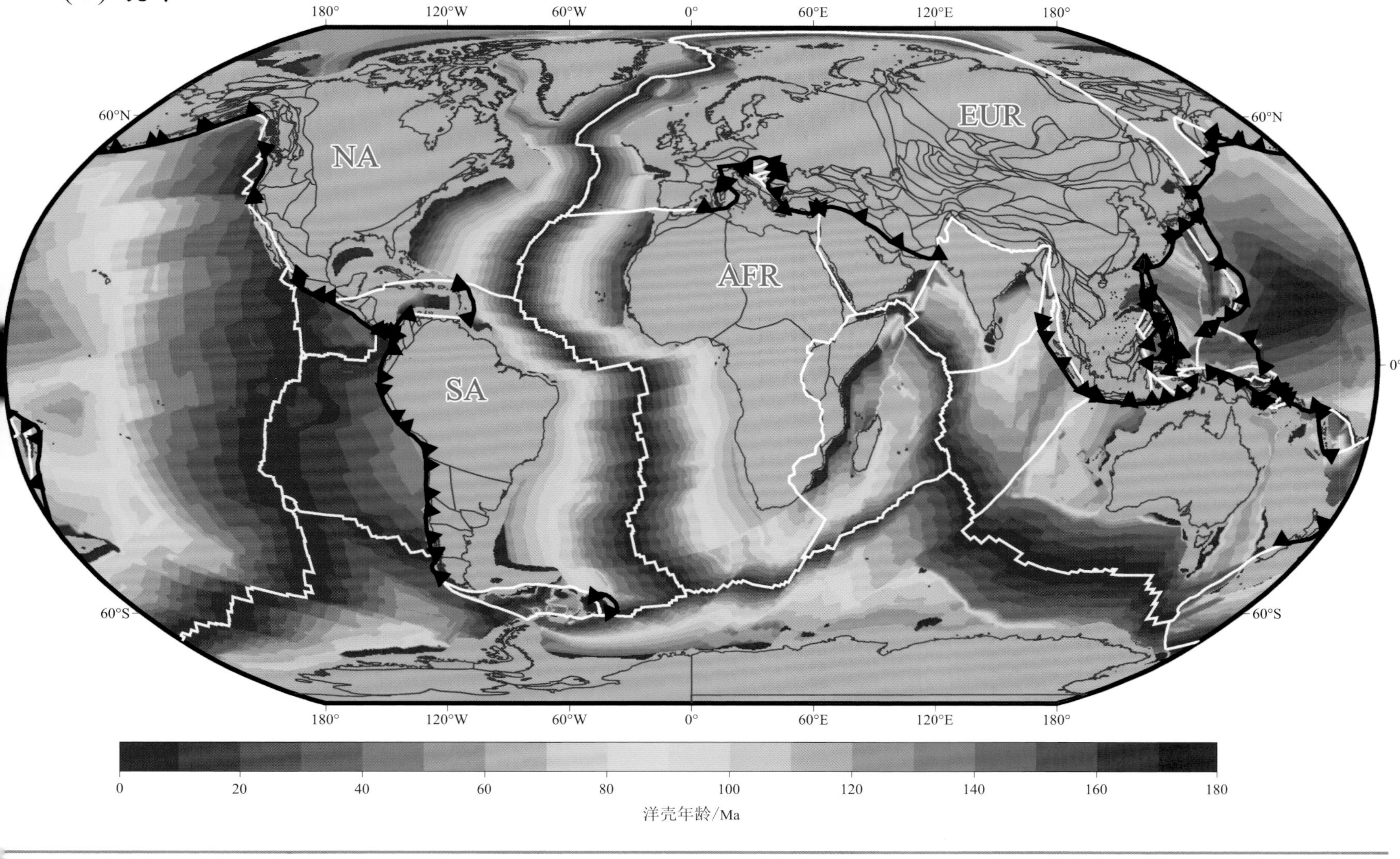

180° 120°W 60°W 0° 60°E 120°E 180°

60°N 60°N 0° 60°S 60°S

NA

EUR

AFR

SA

0 20 40 60 80 100 120 140 160 180

洋壳年龄/Ma

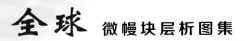

（图4-2） 400Ma地幔底部热异常结构

(a) 板块重建

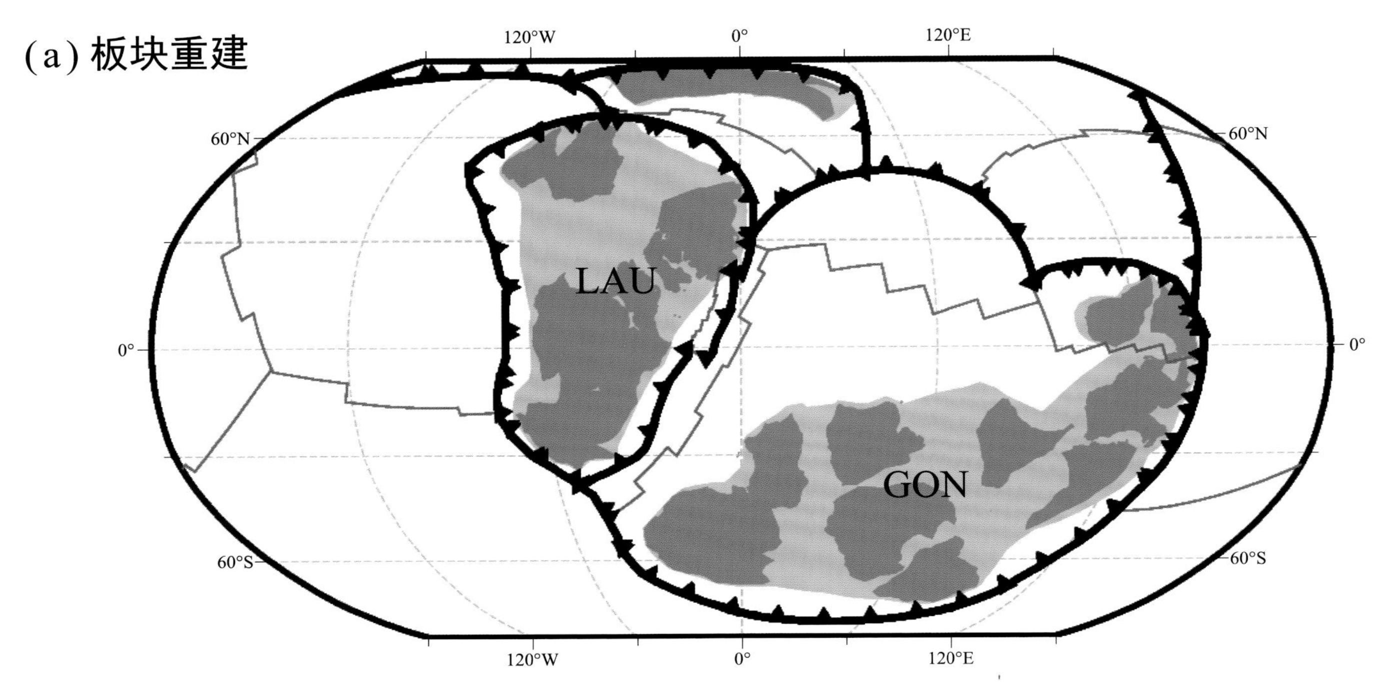

(b) 非洲半球

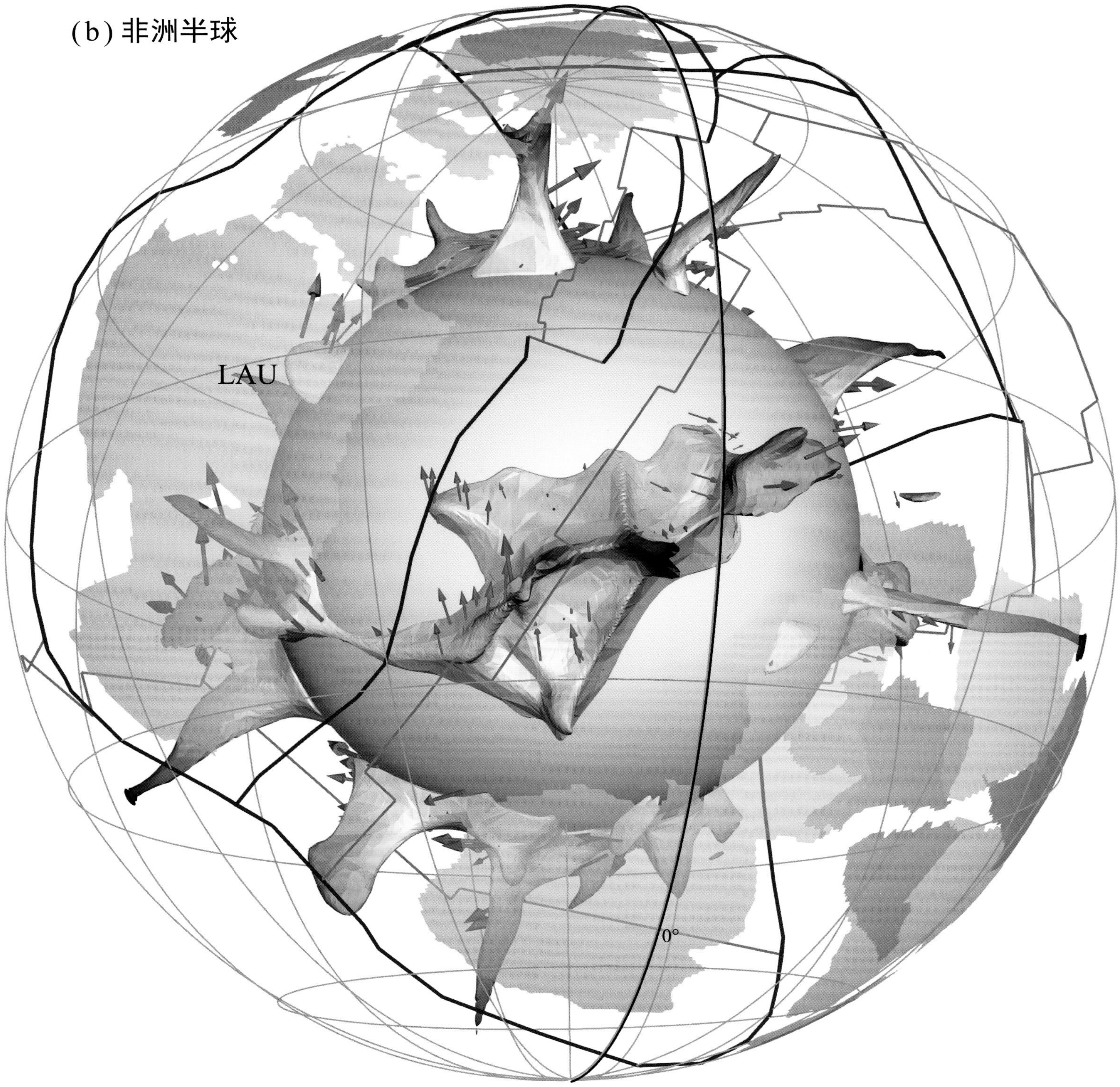

LAU

0°

400Ma时非洲半球不存在大型热异常体，仅存在一些较离散的小型热异常体。这是由于潘吉亚超大陆聚合过程中，持续的板块俯冲导致微幔块沉至核幔边界，将热异常体切碎。太平洋半球在赤道附近偏北侧存在一个较大的热异常体，且在热异常体边缘发育较多地幔柱。

(c) 太平洋半球

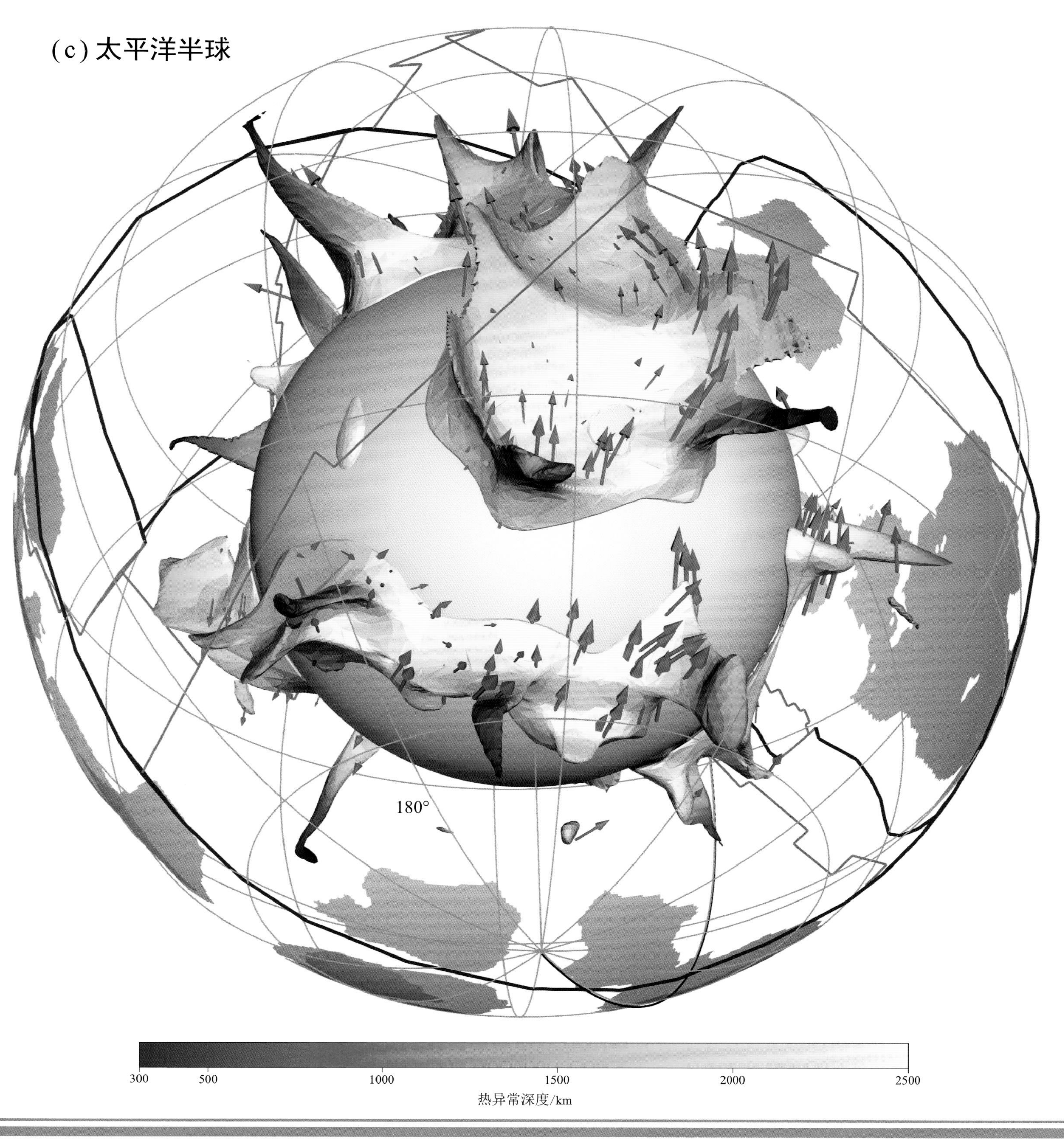

（图4-3） 240Ma地幔底部热异常结构

(a) 板块重建

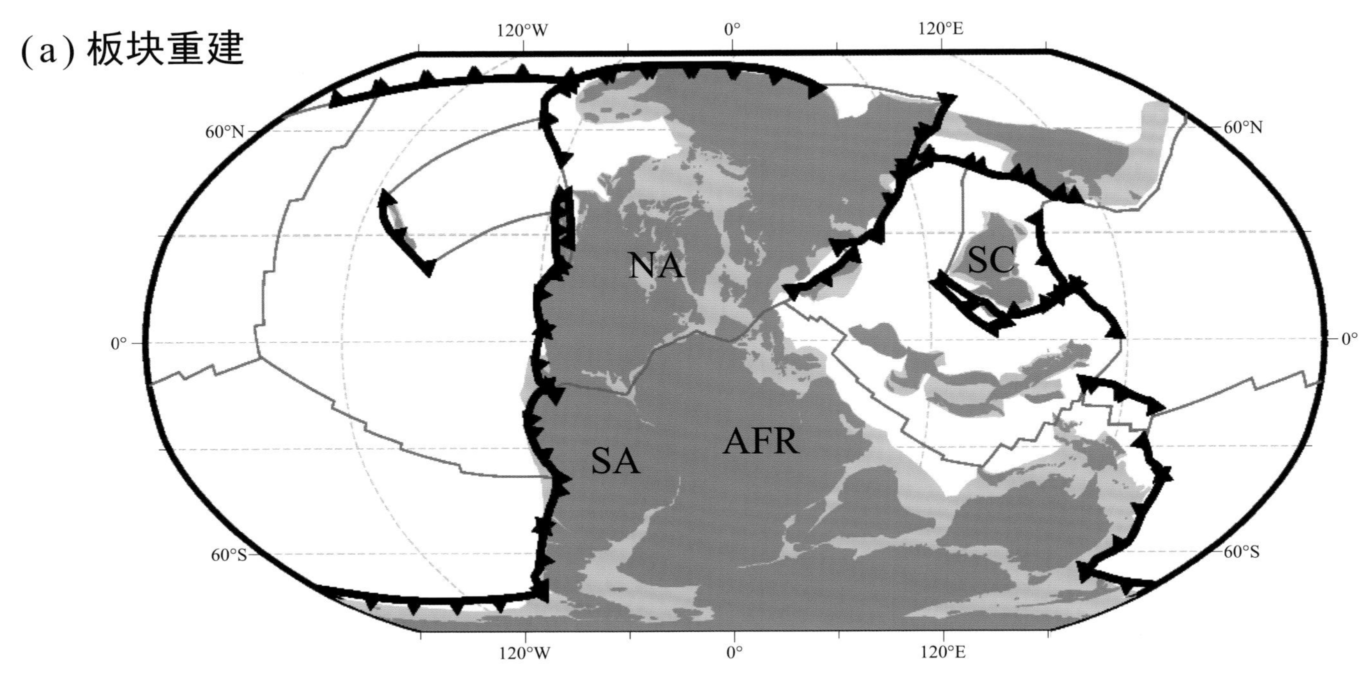

(b) 非洲半球

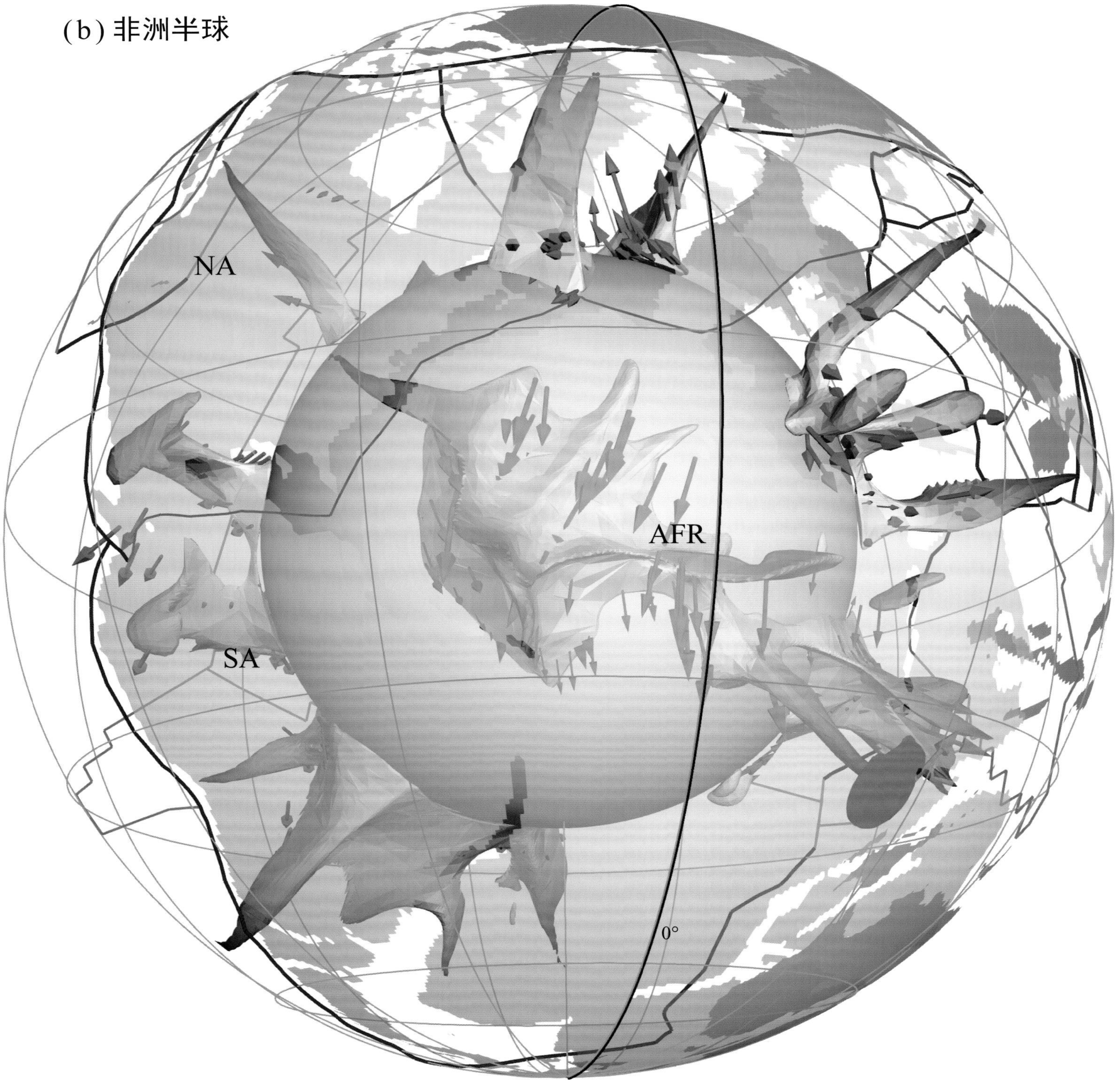

NA

AFR

SA

0°

240Ma时非洲半球仍仅存在小型热异常体；太平洋半球在赤道附近发育一个大型的热异常体。在太平洋半球热异常体边缘发育较多地幔柱，且其内部发育少量地幔柱。

(c) 太平洋半球

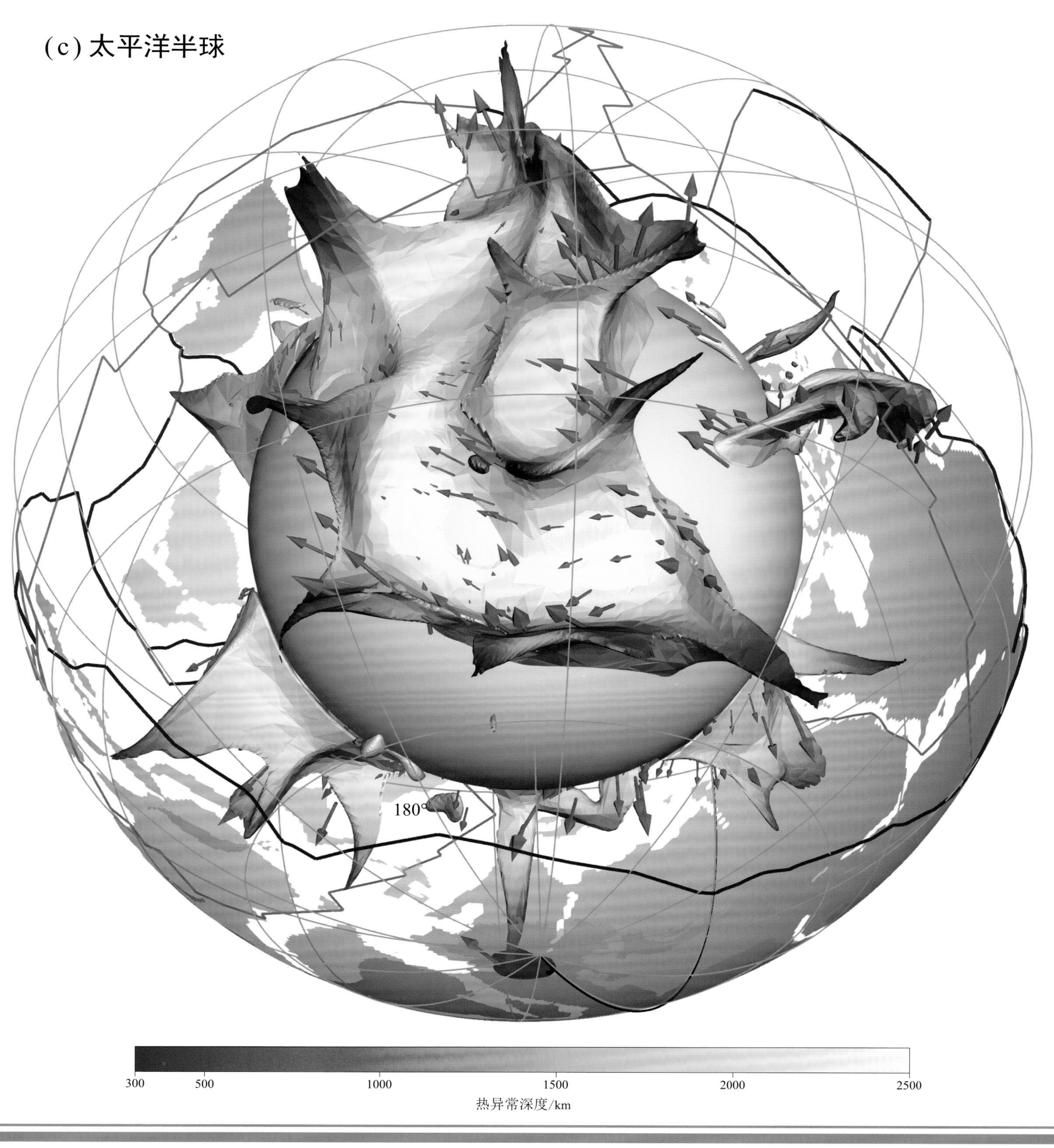

（图4-4） # 120Ma地幔底部热异常结构

(a) 板块重建

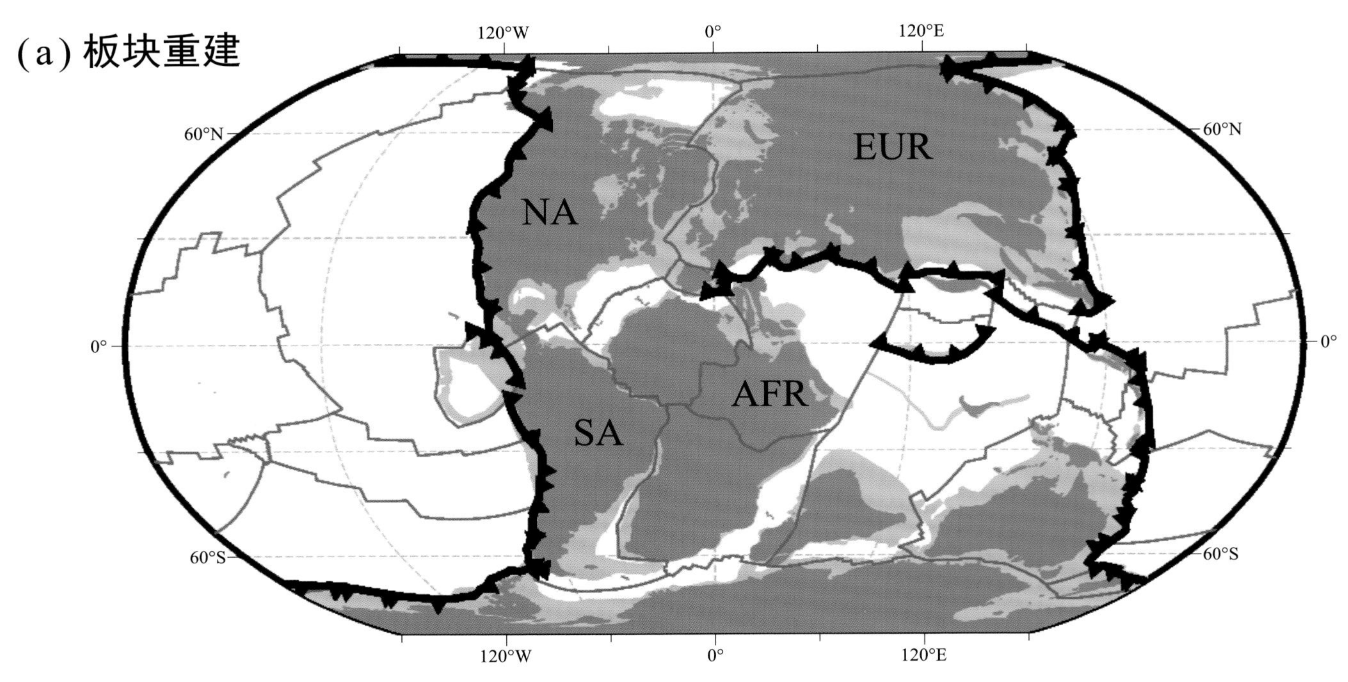

(b) 非洲半球

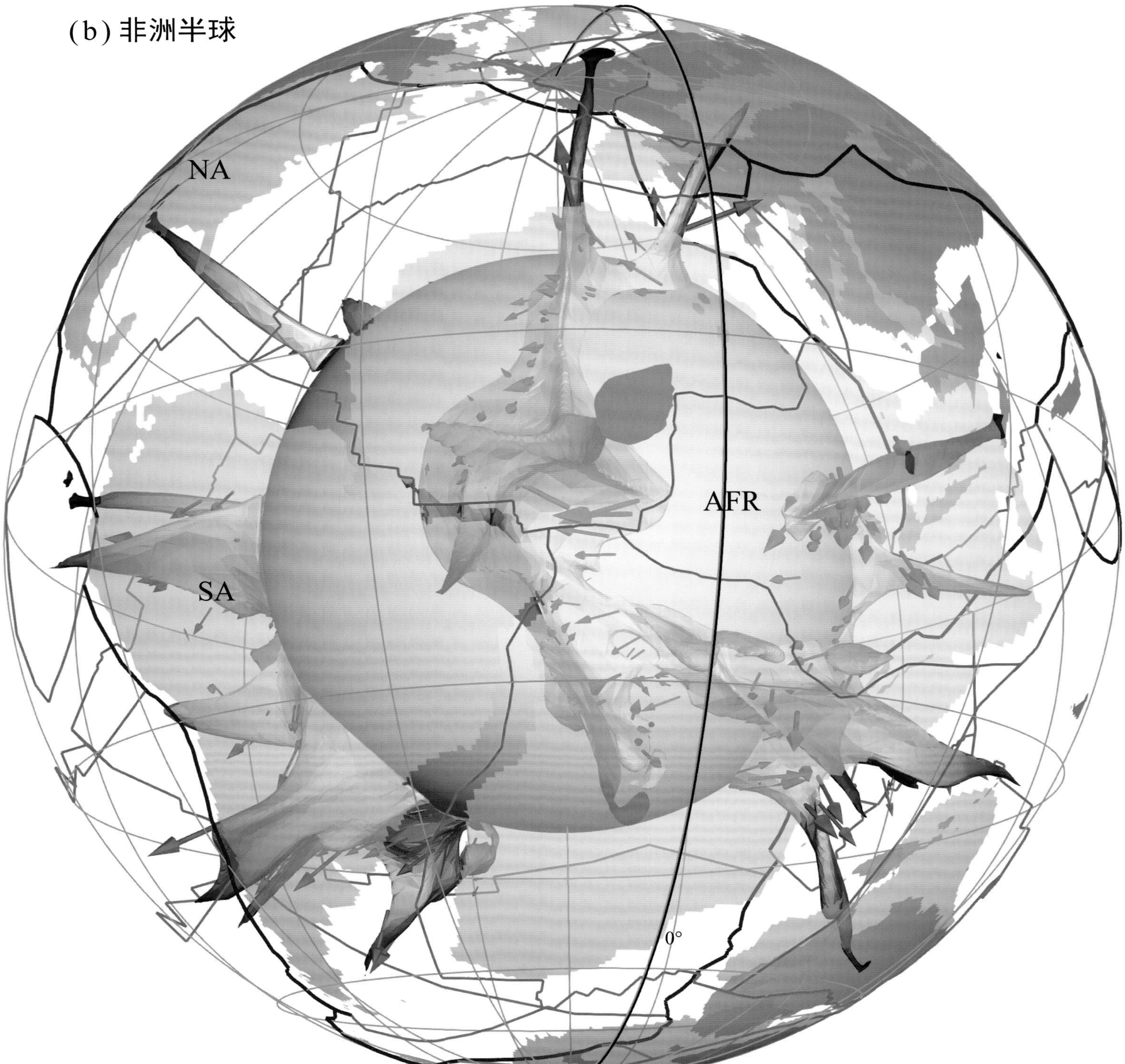

NA
AFR
SA
0°

120Ma左右非洲半球发育一个较完整的南北向热异常体；太平洋半球地幔结构与240Ma相似，在赤道附近存在一个大型的热异常体。在太平洋半球热异常体边缘及内部均发育较多地幔柱。

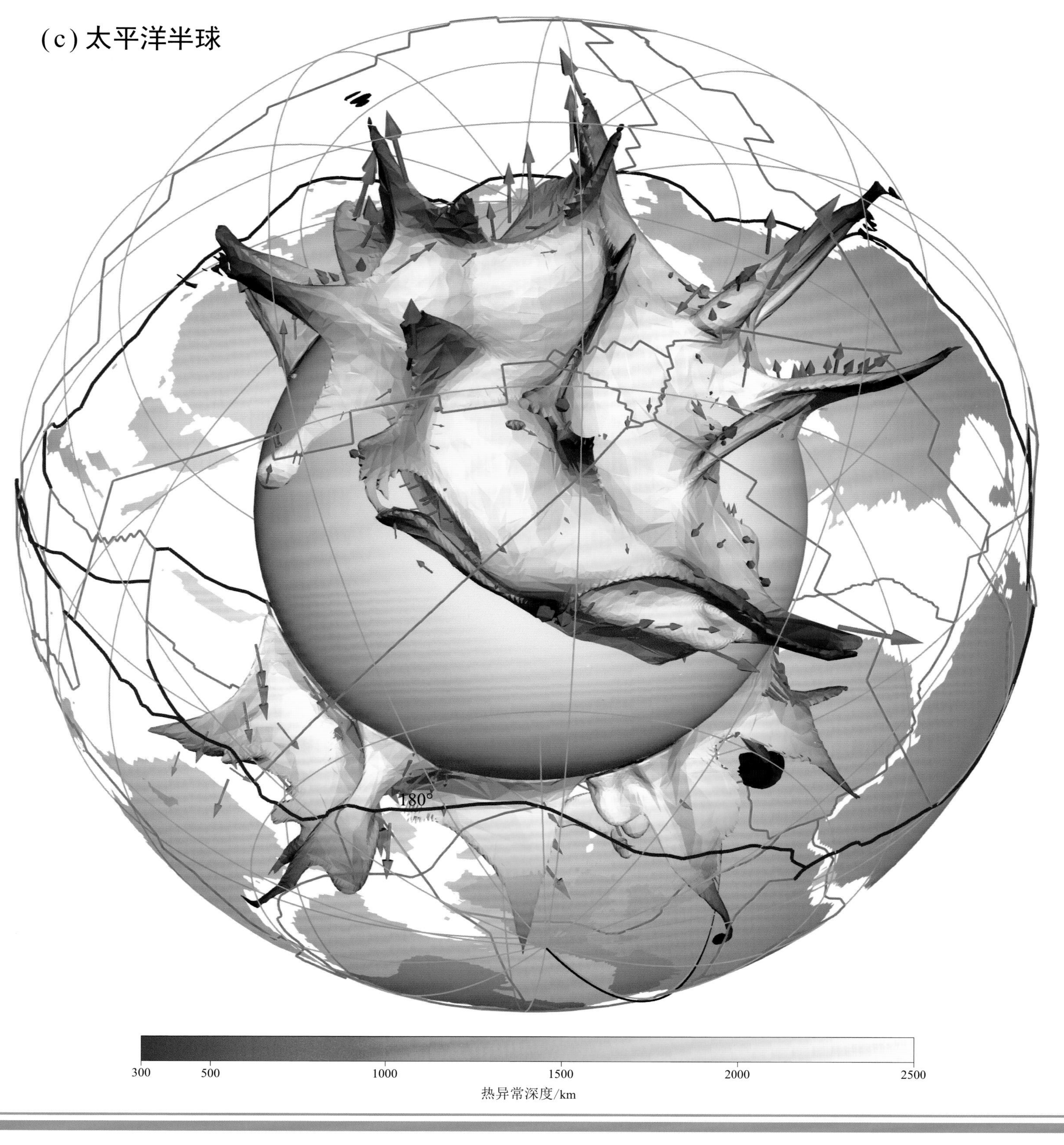

（图4-5）

现今地幔底部热异常结构

(a) 板块重建

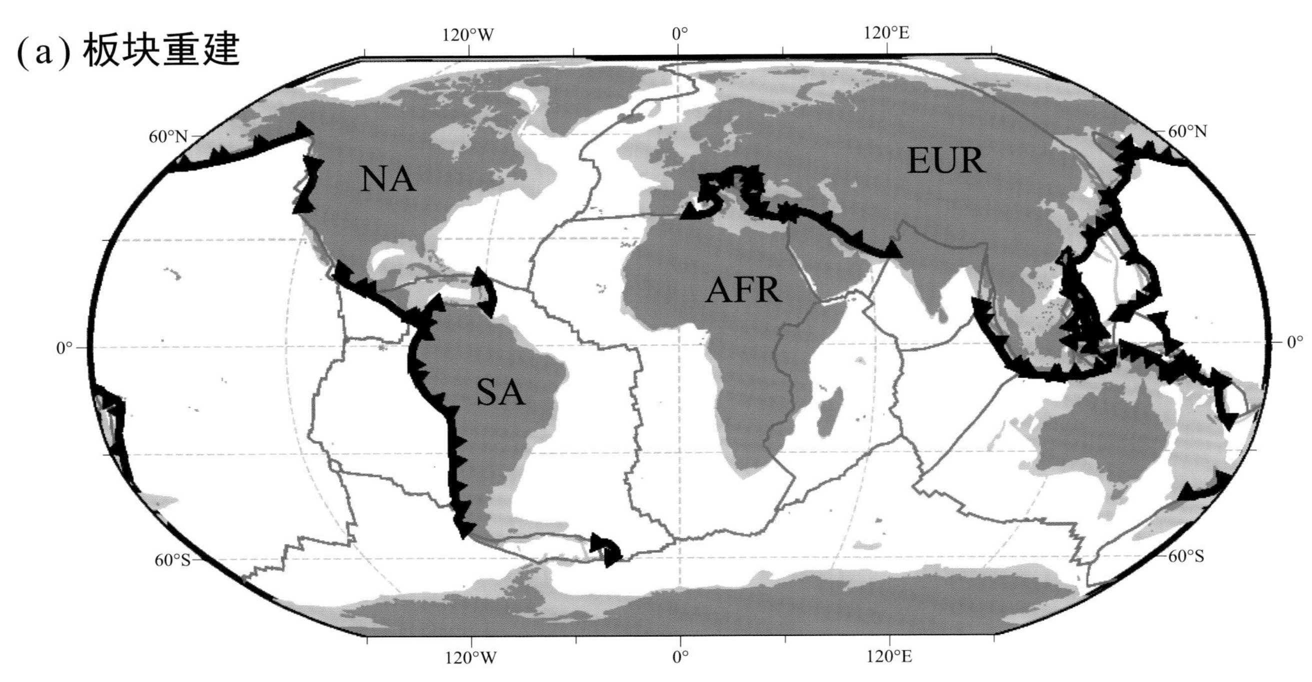

(b) 非洲半球

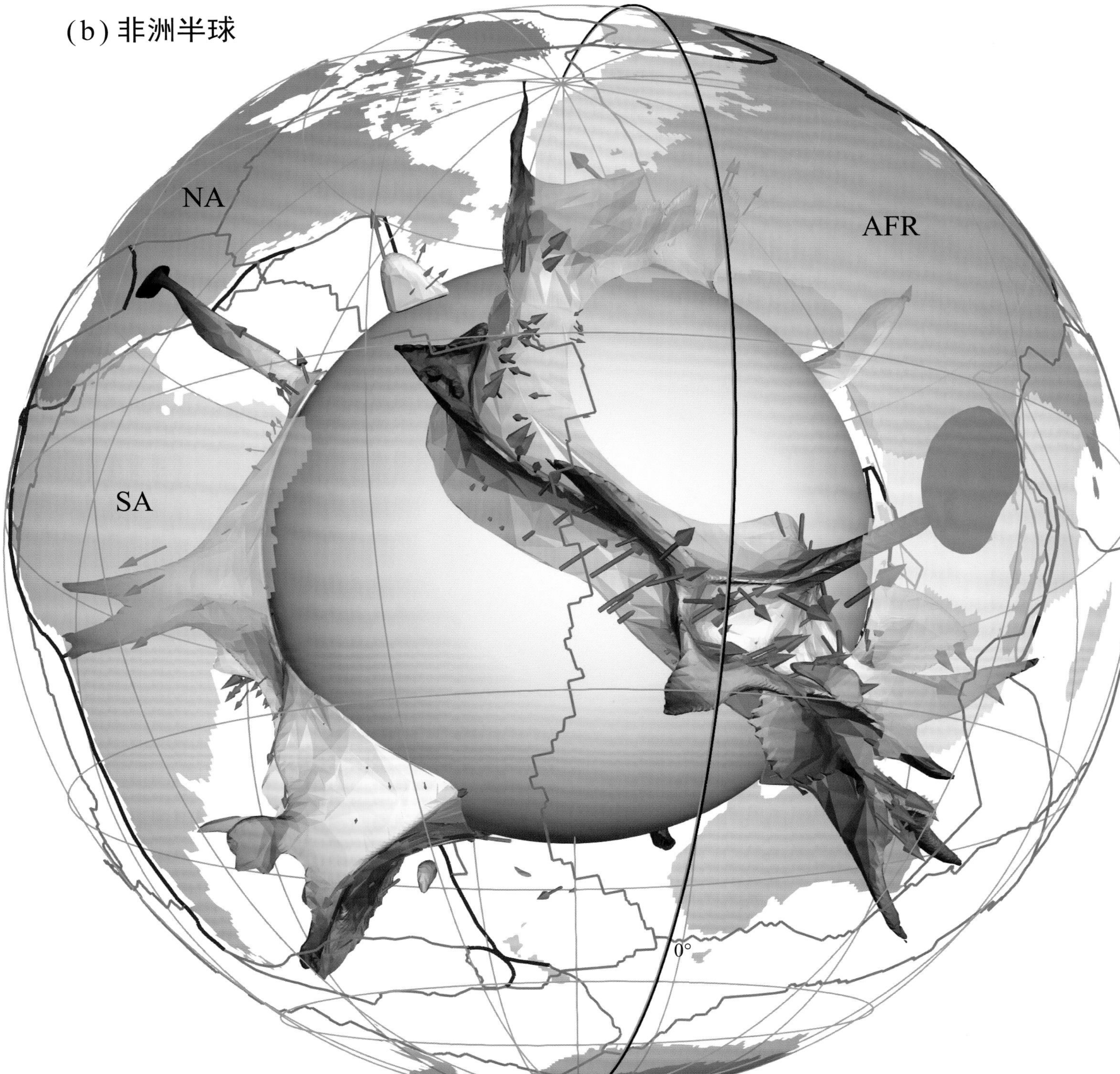

NA

AFR

SA

0°

现今非洲半球和太平洋半球均发育一个大型热异常体，与层析成像结果基本吻合。

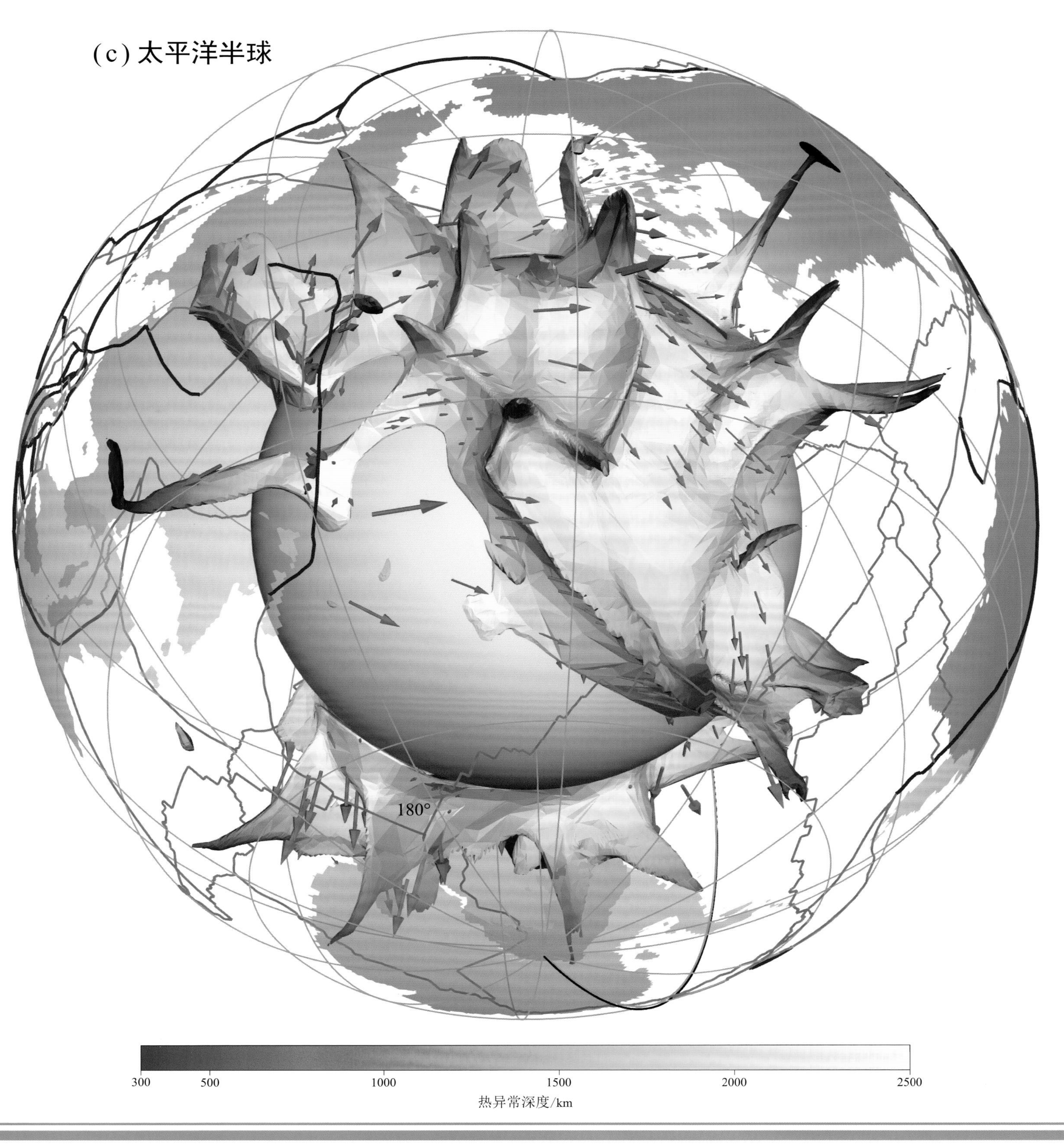

（图4-6）

220Ma西太平洋地区地幔结构

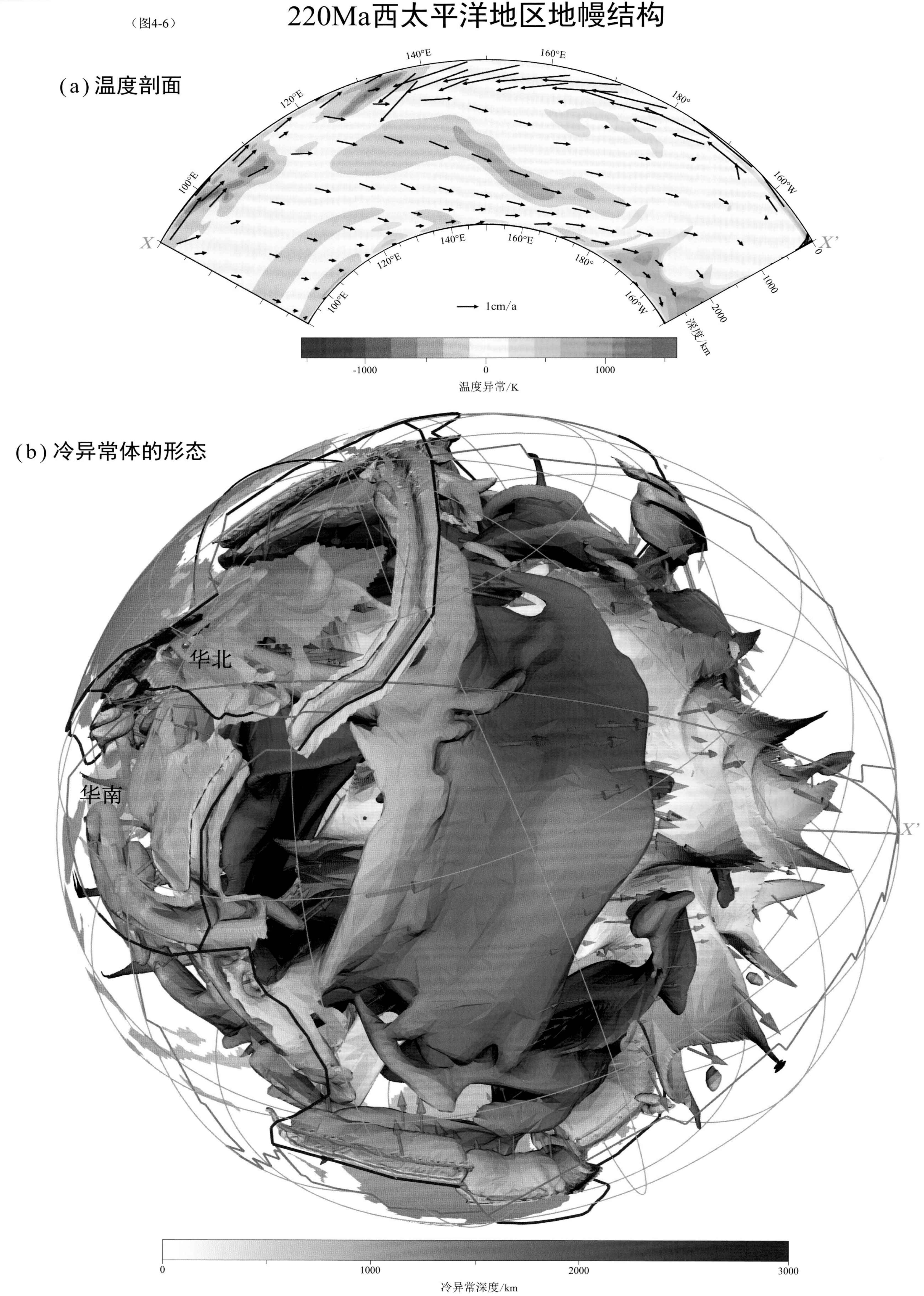

蓝色为冷异常体，一般为俯冲板片或微幔块，红色为热异常体。绿色箭头表示冷异常体的运动速度，紫红箭头表示热异常体运动速度。沿着华北华南东侧俯冲的冷异常体，下沉至地幔底部并将太平洋半球热异常体推向东侧。

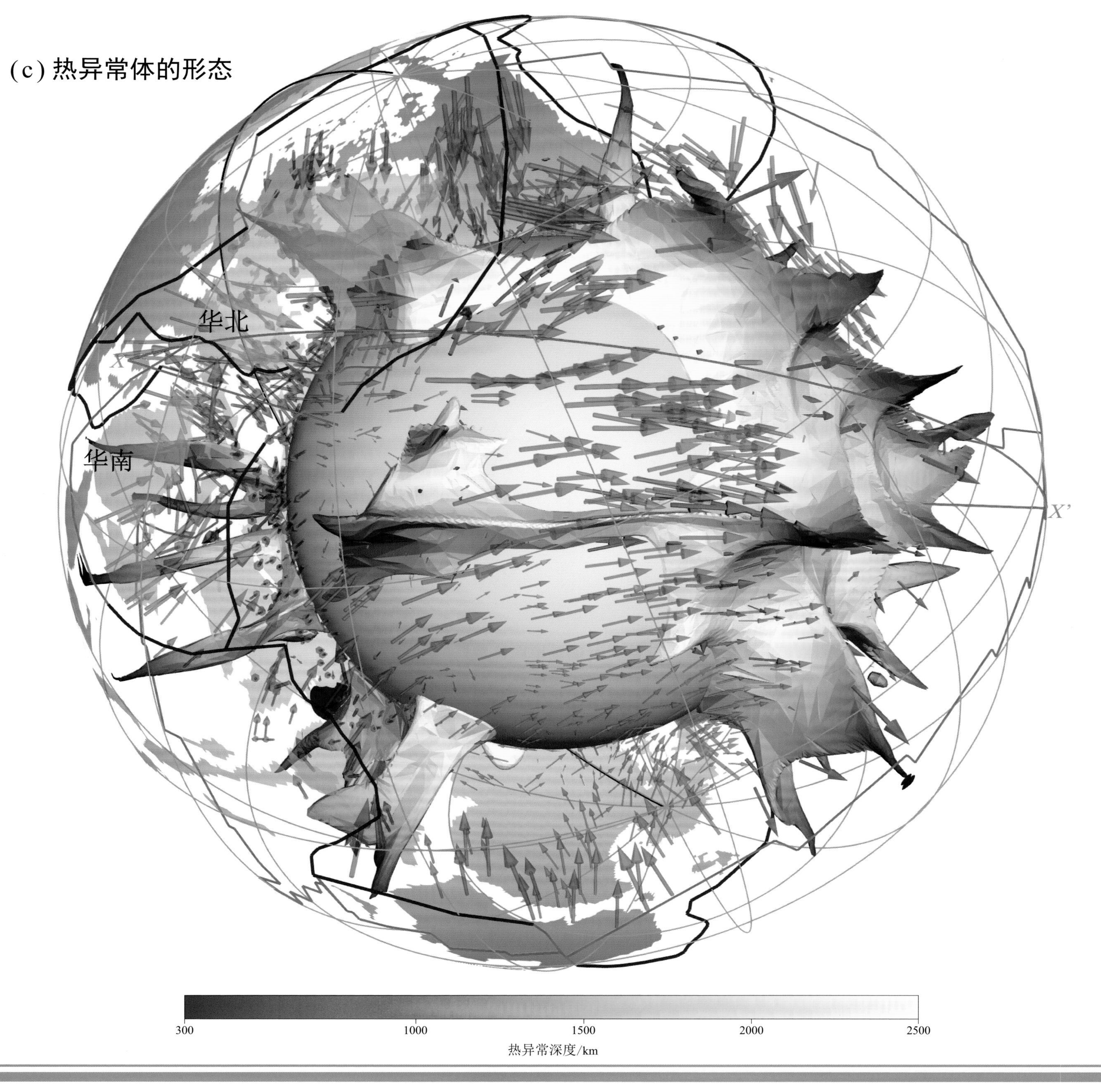

（图4-7）

140Ma西太平洋地区地幔结构

(a) 温度剖面

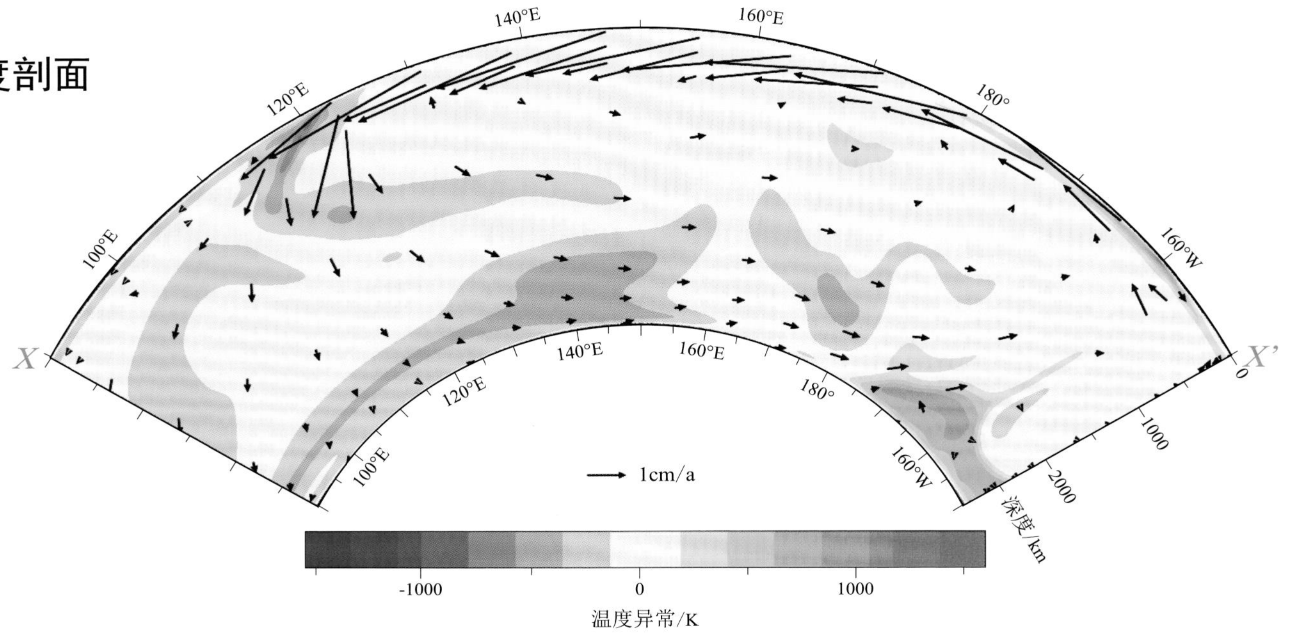

140°E 160°E 120°E 180° 100°E 160°W

X X'

140°E 160°E 120°E 180° 100°E 160°W

1cm/a

0 1000 2000 深度/km

-1000 0 1000

温度异常/K

(b) 冷异常体的形态

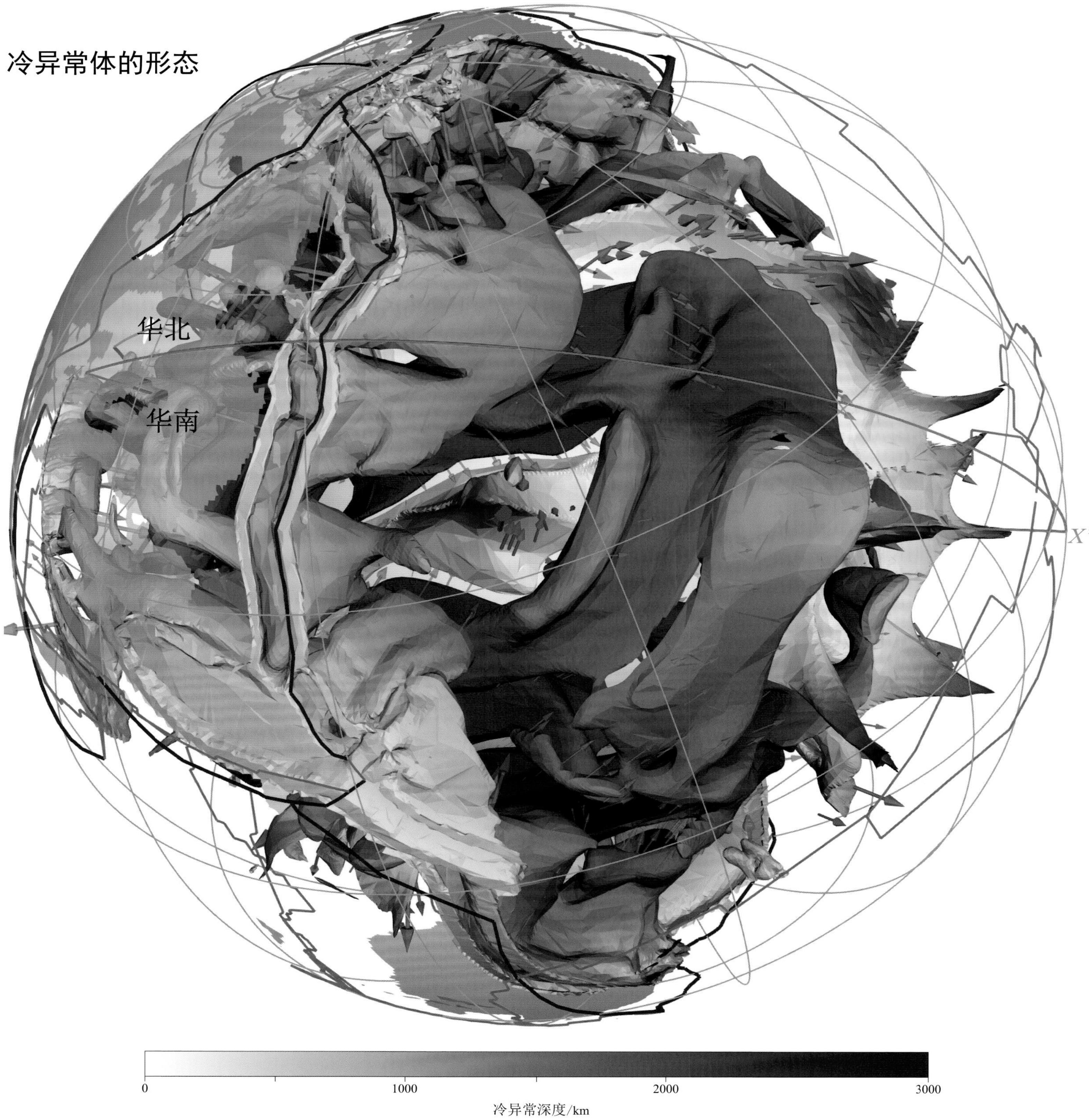

华北

华南

X'

0 1000 2000 3000

冷异常深度/km

地幔结构与220Ma时相似，但是更多冷异常体位于核幔边界之上，并持续将热异常体推向太平洋一侧，但是向东运动速度相对较小。

(c) 热异常体的形态

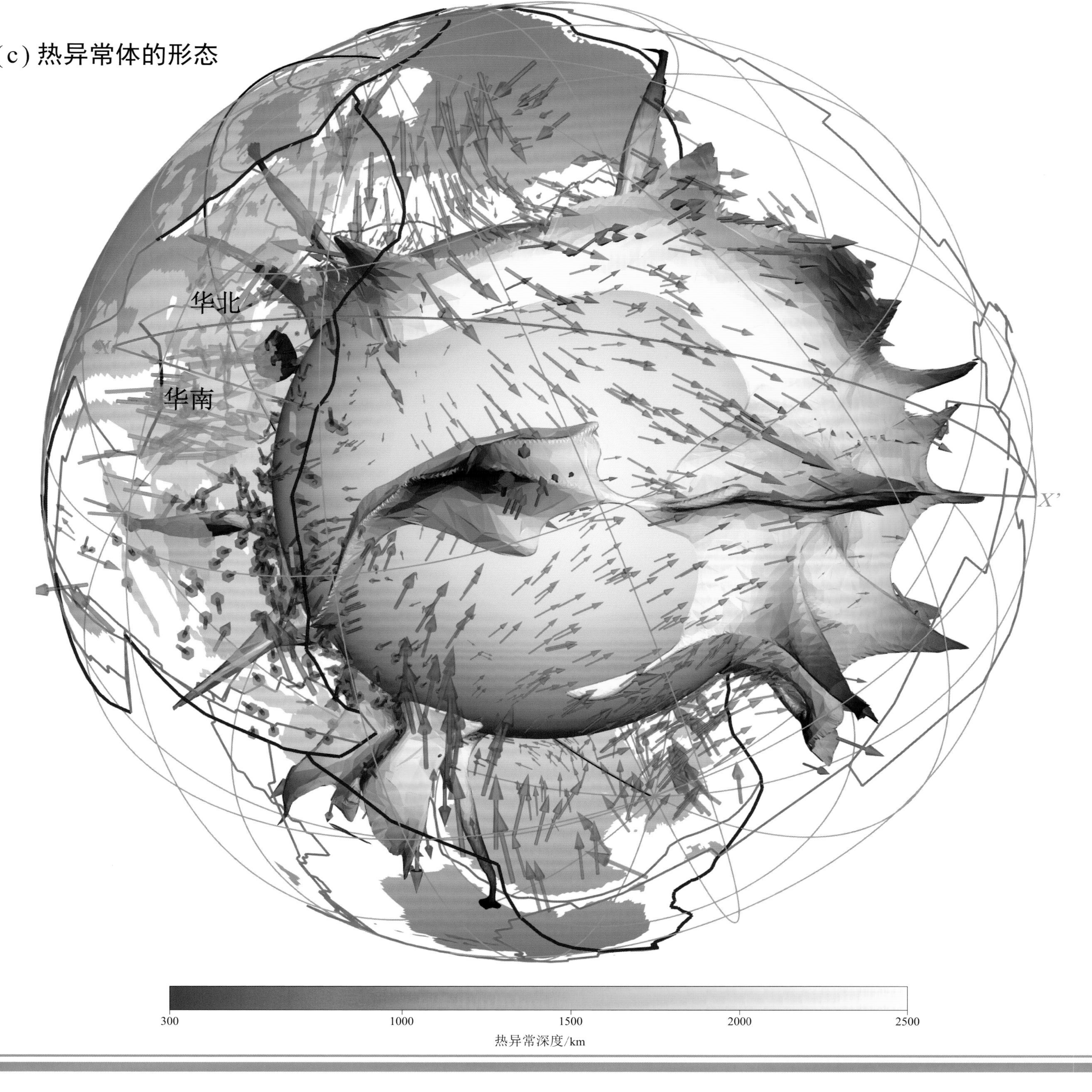

（图4-8）

60Ma西太平洋地区地幔结构

(a) 温度剖面

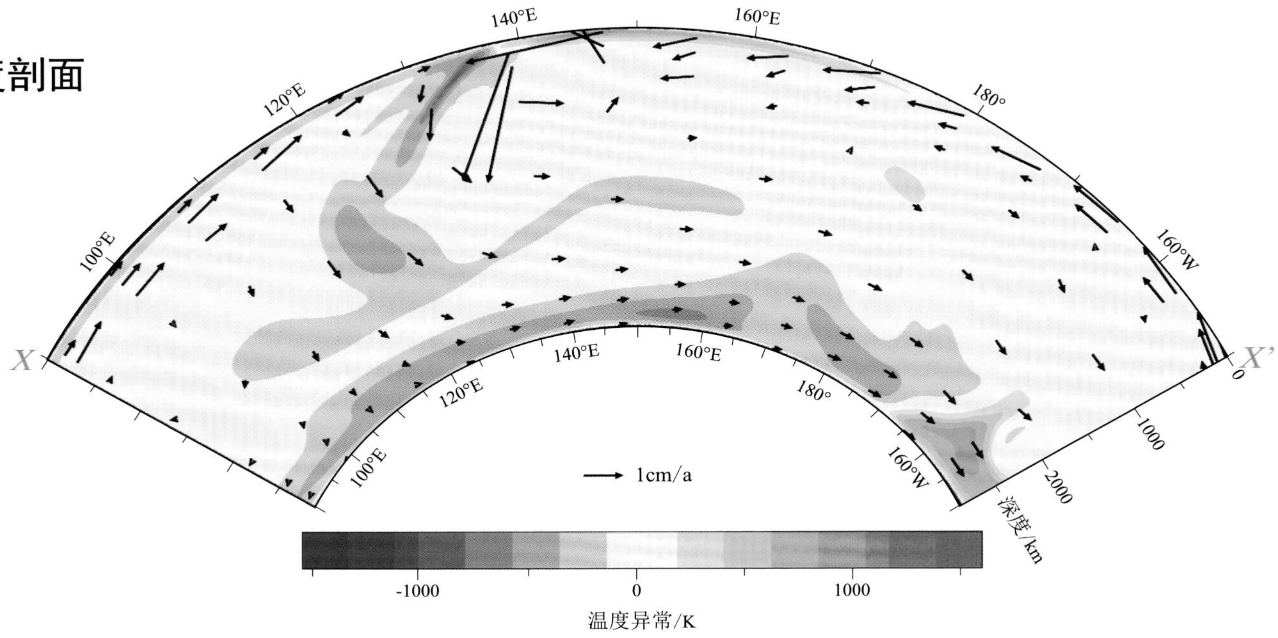

(b) 冷异常体的形态

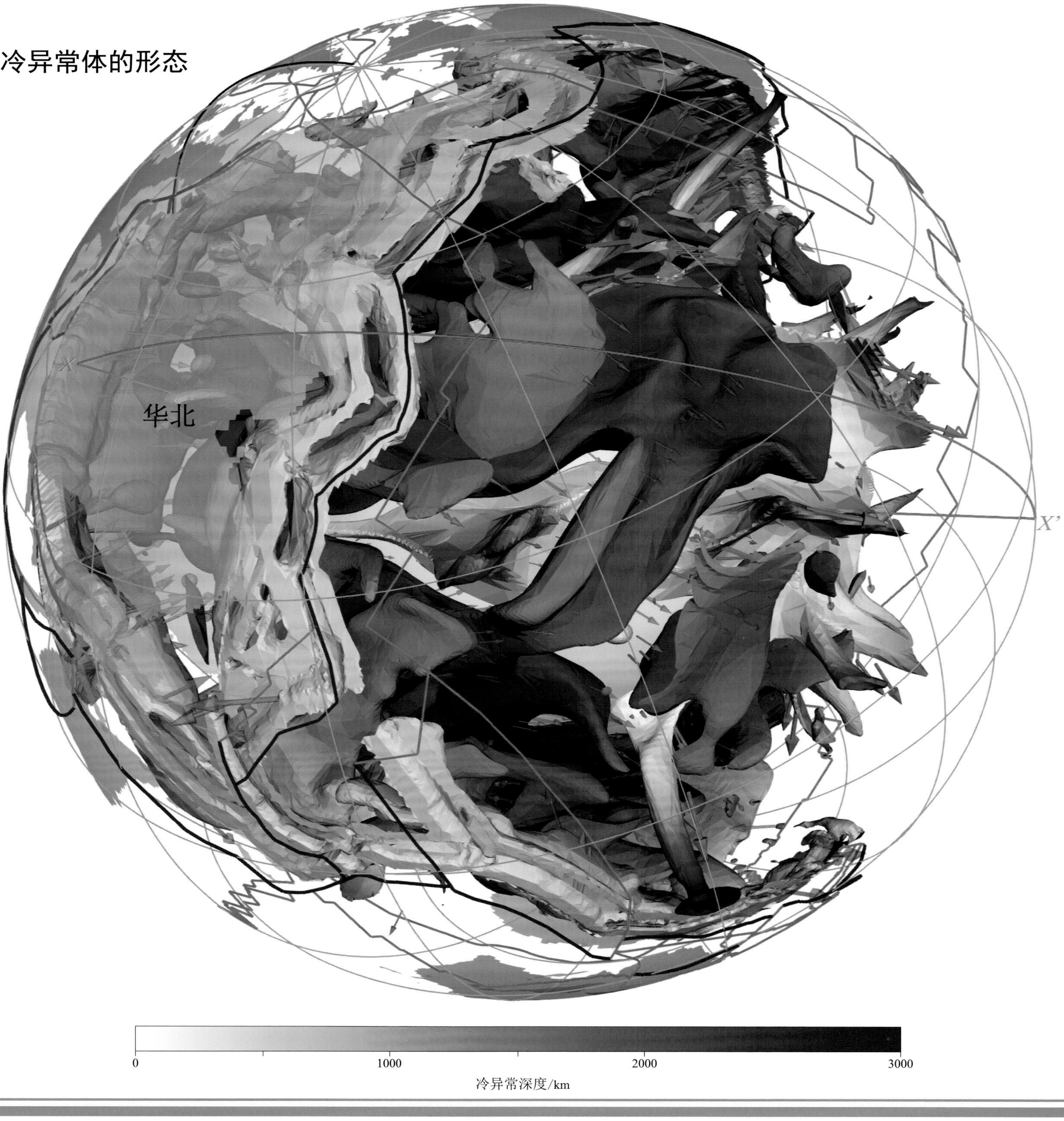

地幔温度结构与140Ma相似，此时西太平洋俯冲带向东后撤。

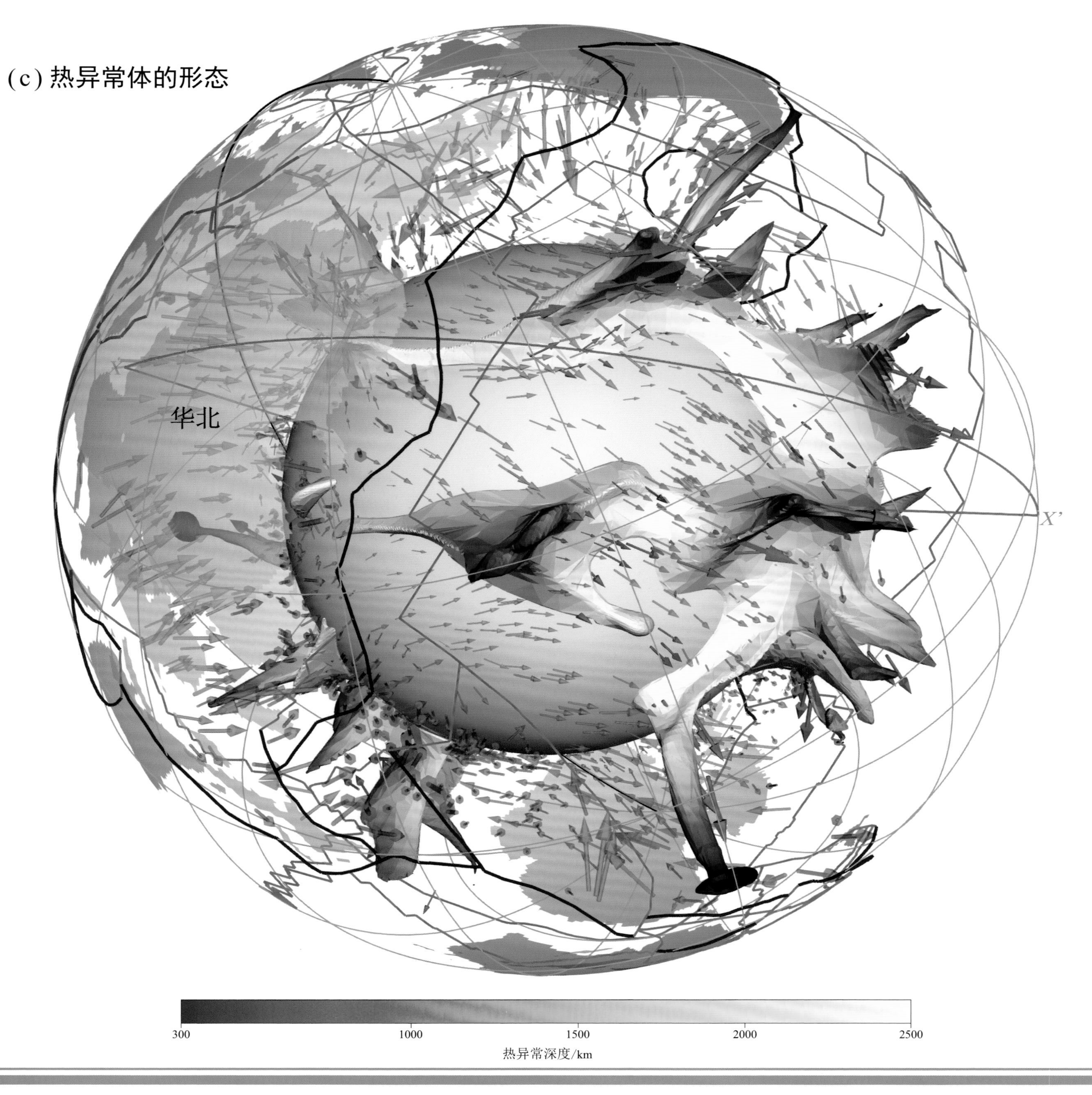

（图4-9）

现今西太平洋地区地幔结构

(a) 温度剖面

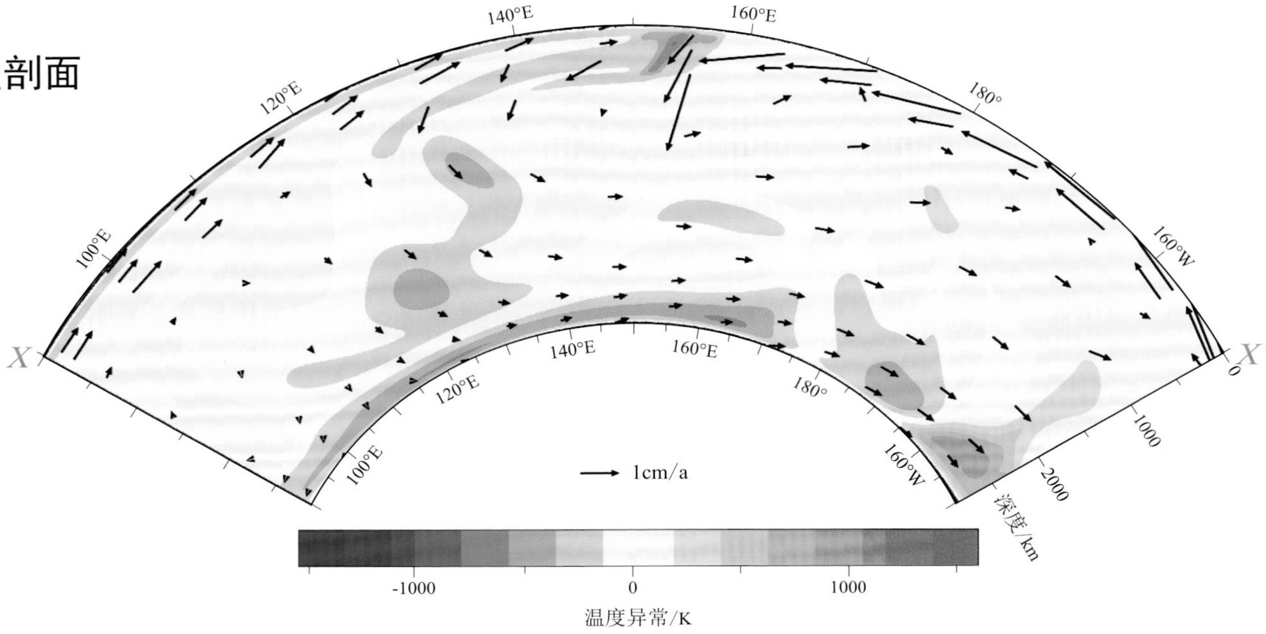

(b) 冷异常体的形态

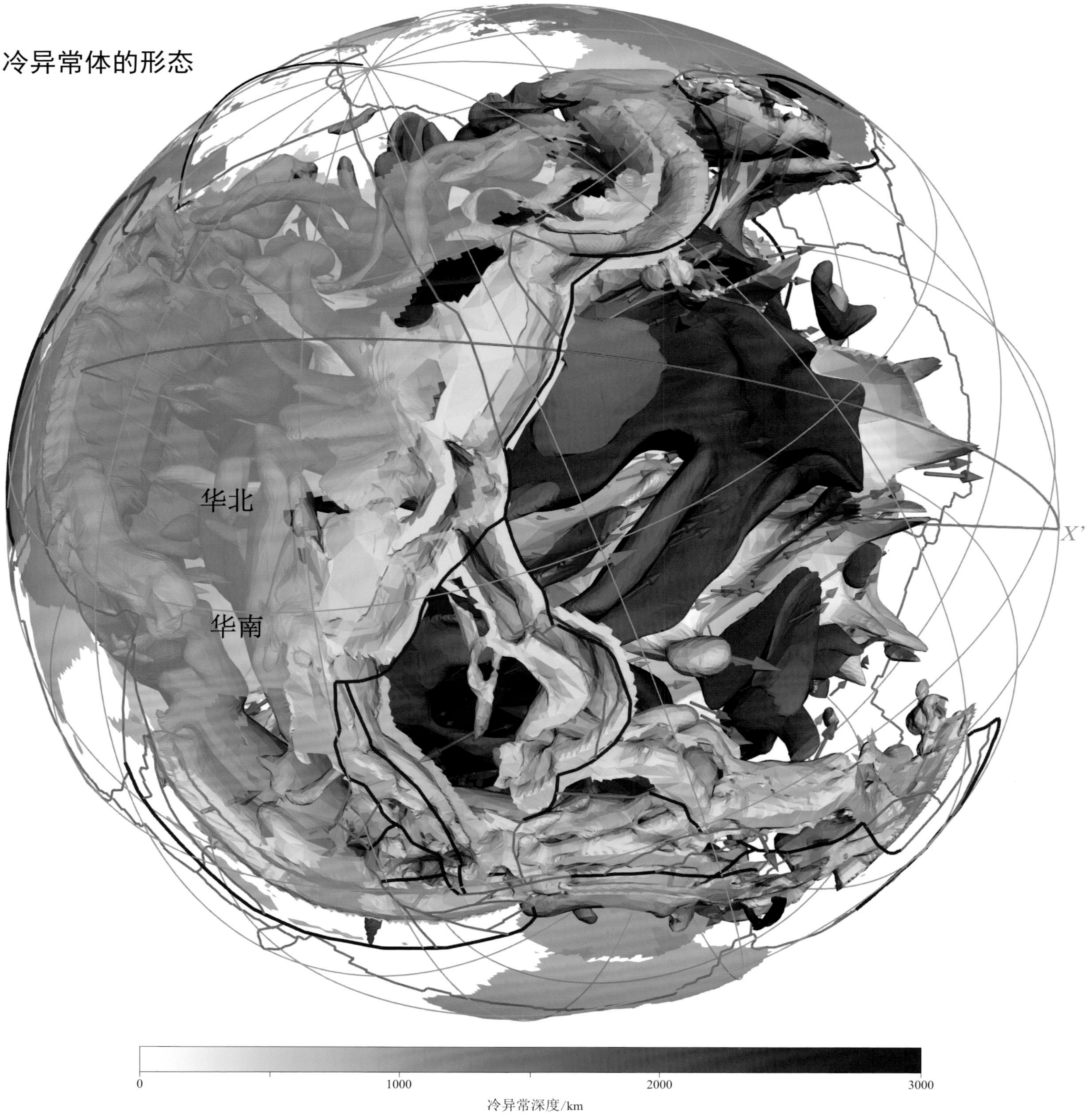

俯冲带继续向东后撤，并在地幔过渡带形成滞留板片。深部热异常体继续向太平洋一侧迁移。

(c) 热异常体的形态

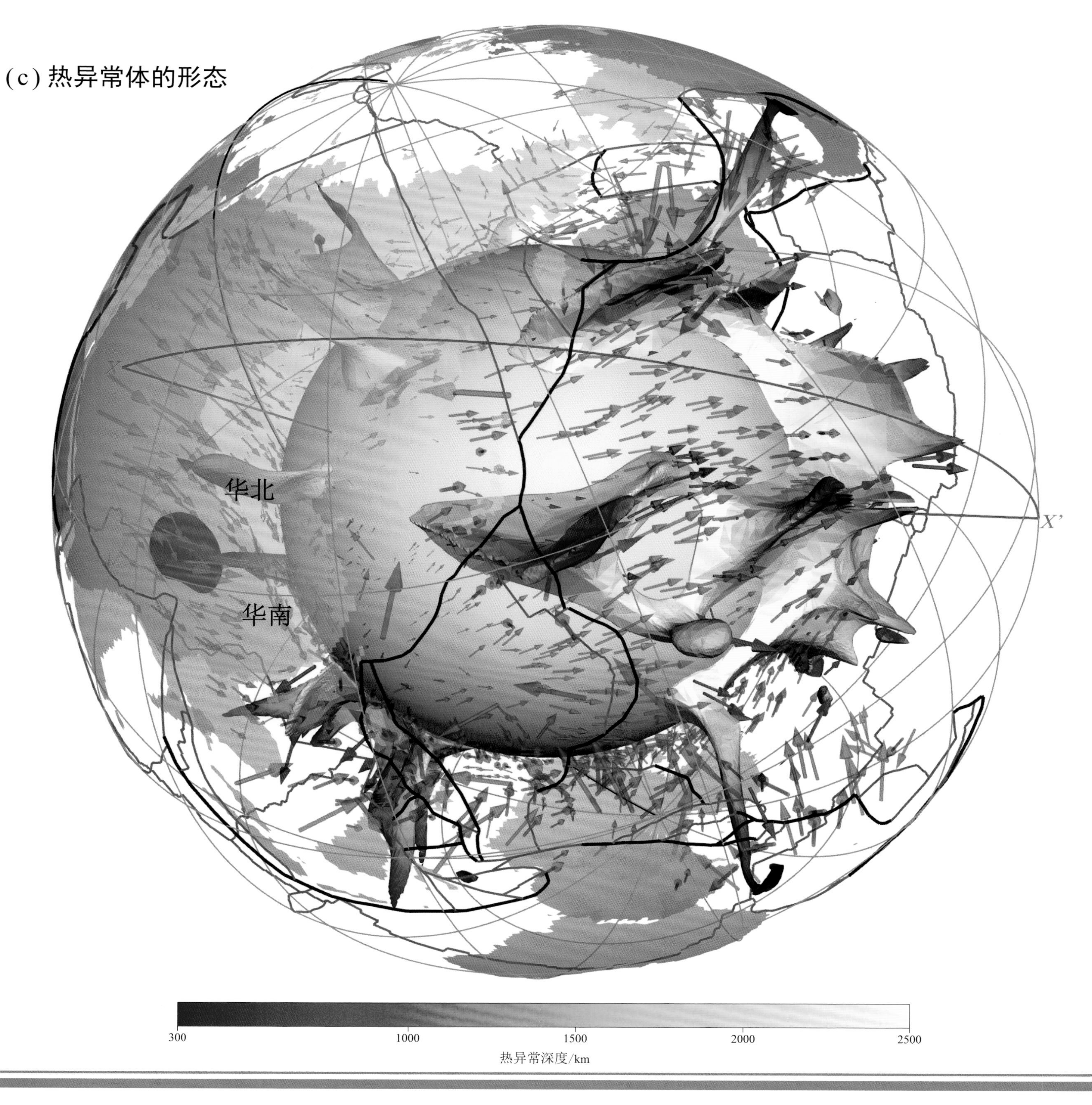

（图4-10）

通过数据同化方法模拟的120Ma全球俯冲板片形态

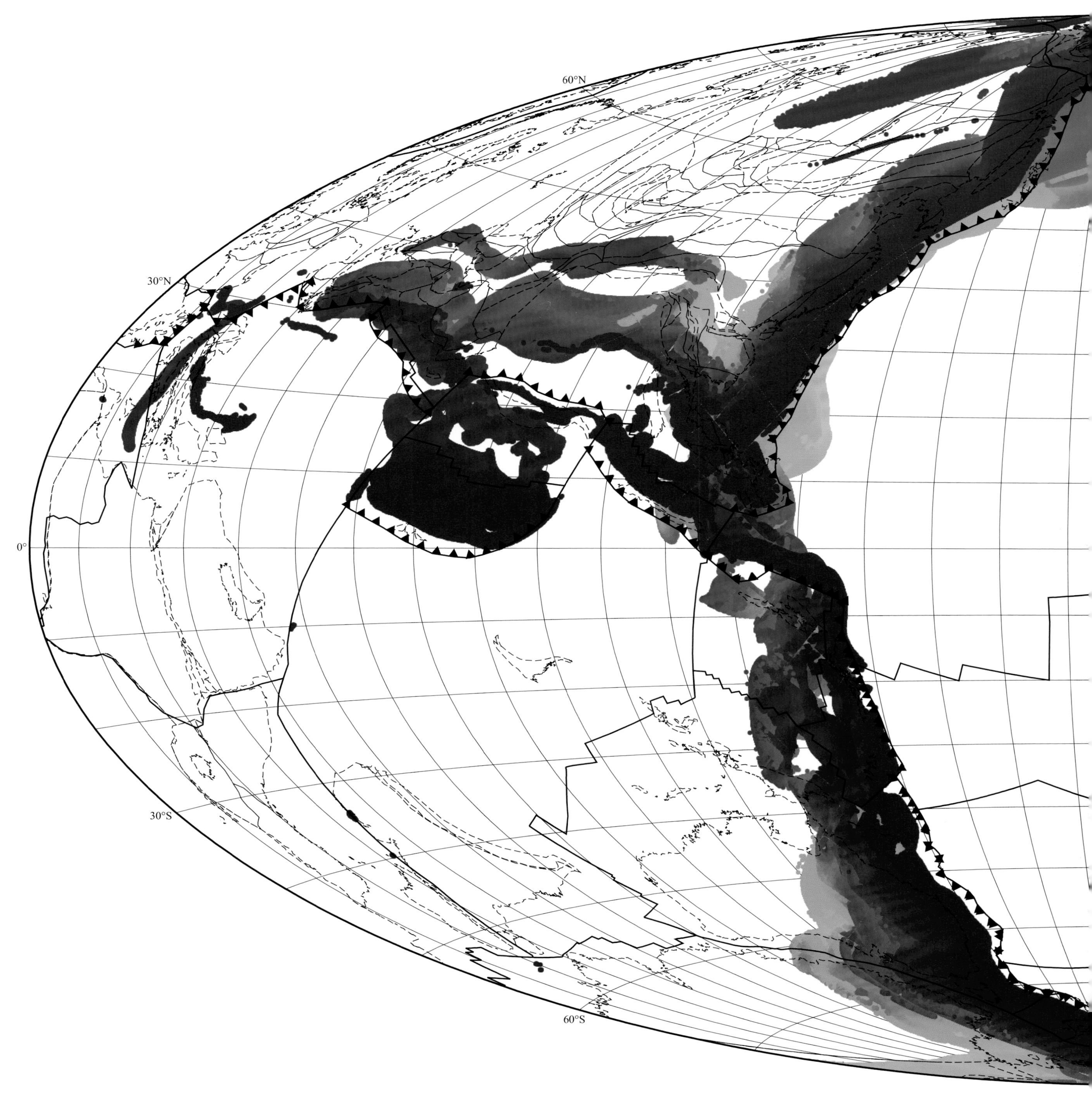

图中显示的是自200Ma以来累积的板片。颜色对应板片在不同时期的深度。后同。

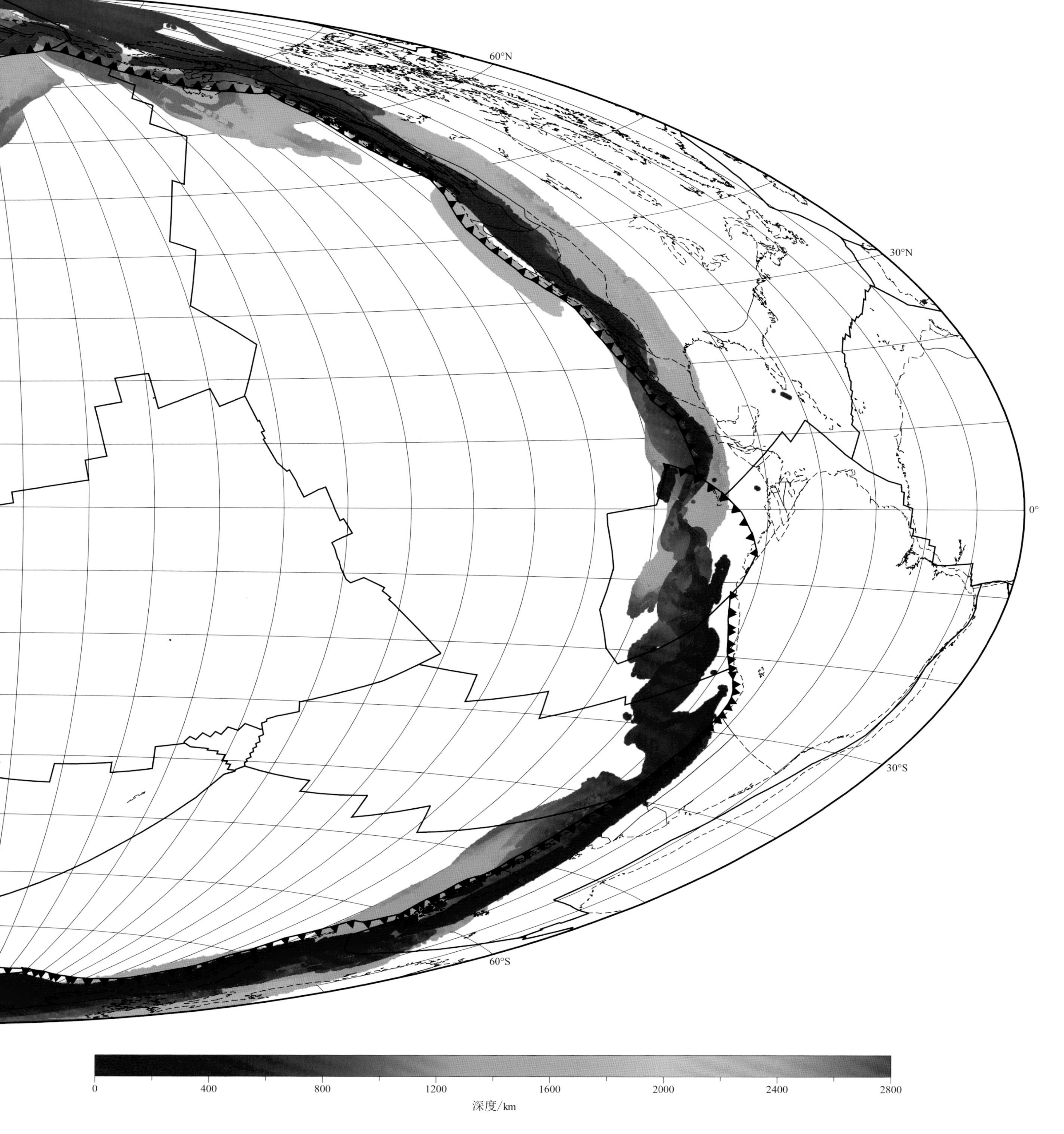
60°N
30°N
0°
30°S
60°S
0
400
800
1200
1600
2000
2400
2800
深度/km

（图4-11）

通过数据同化方法模拟的101Ma全球俯冲板片形态

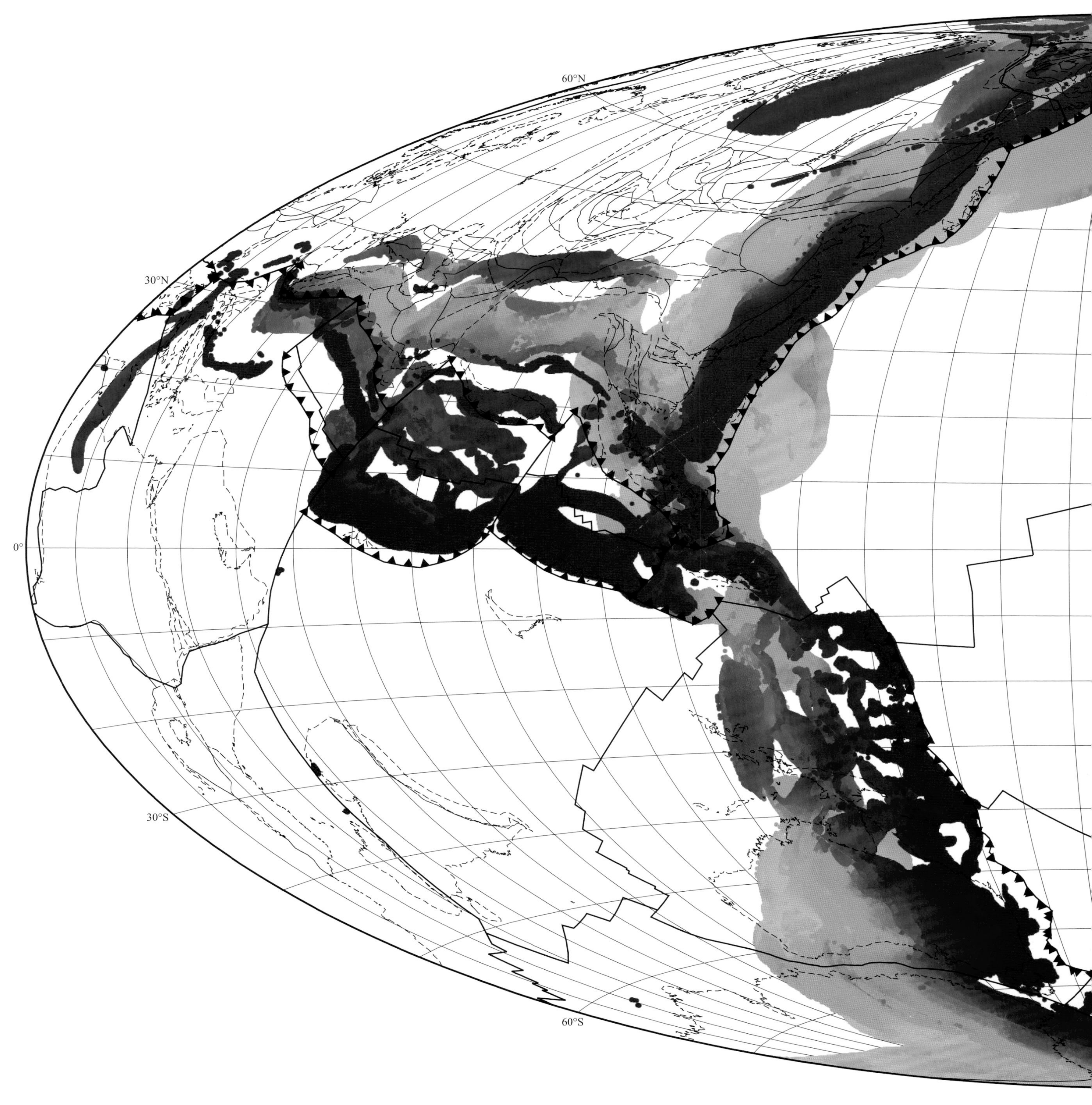

图中显示的是自200Ma以来累积的板片。

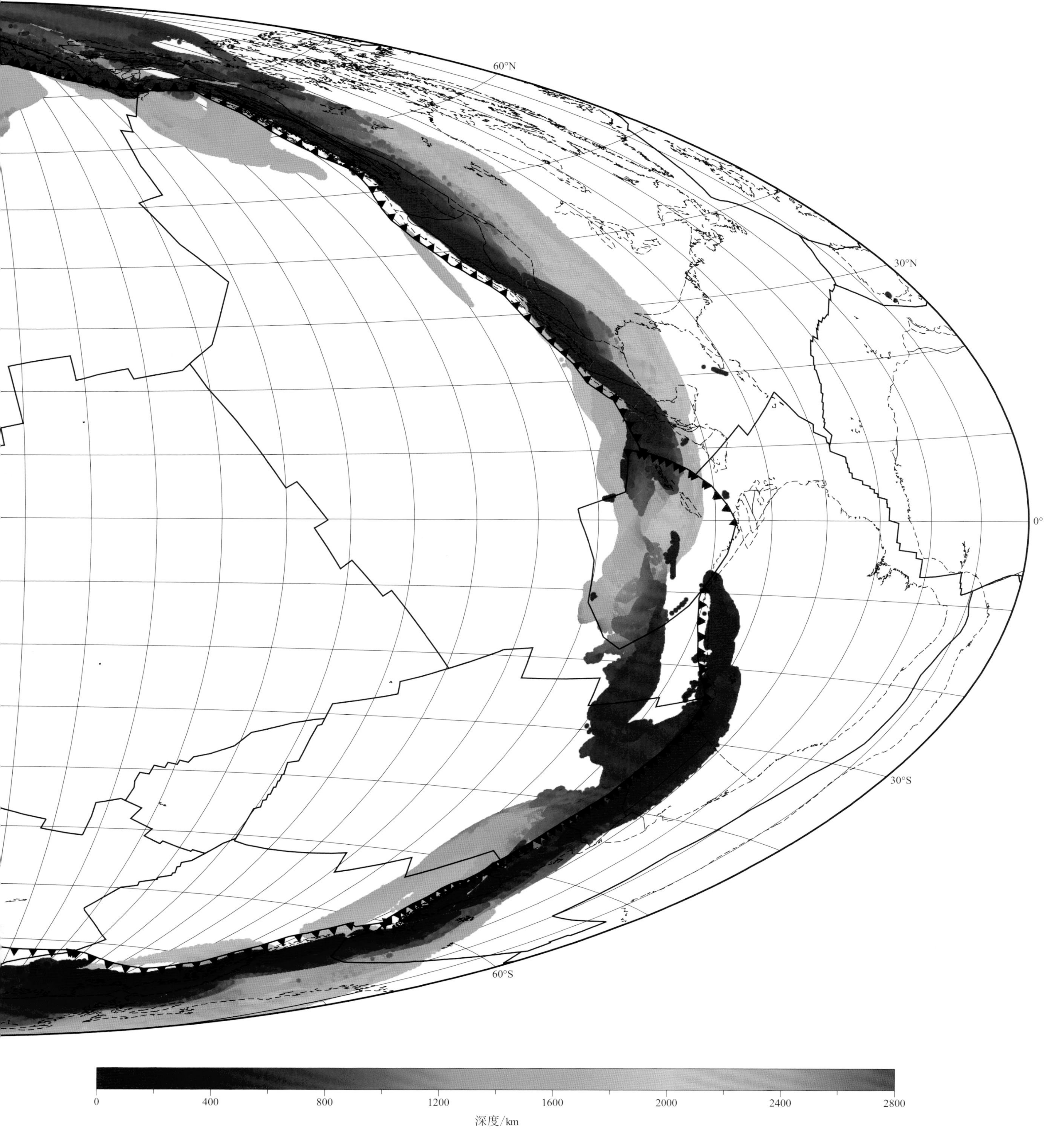
60°N
30°N
0°
30°S
60°S
0
400
800
1200
1600
2000
2400
2800
深度/km

（图4-12）

通过数据同化方法模拟的80Ma全球俯冲板片形态

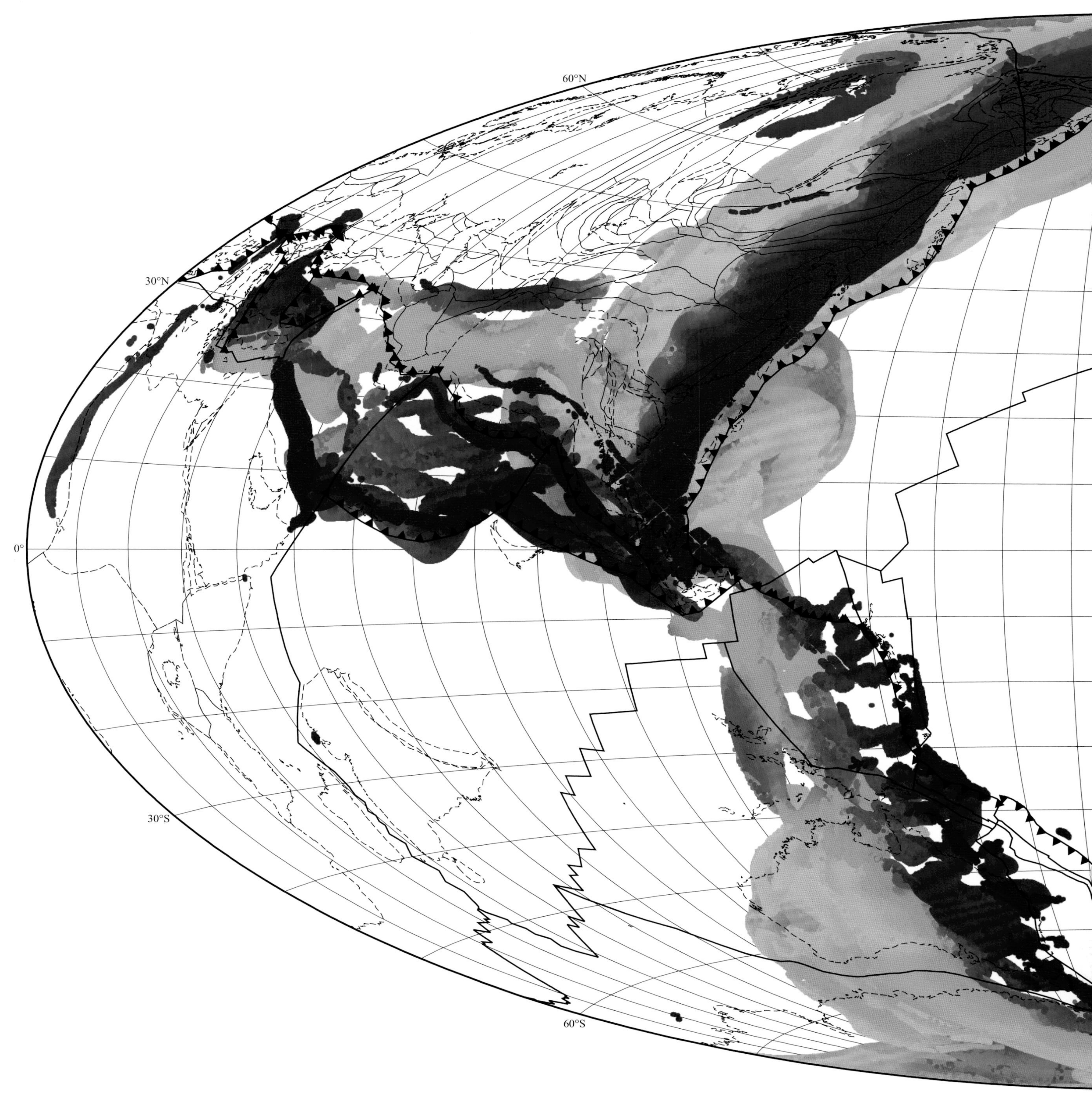

图中显示的是自200Ma以来累积的板片。

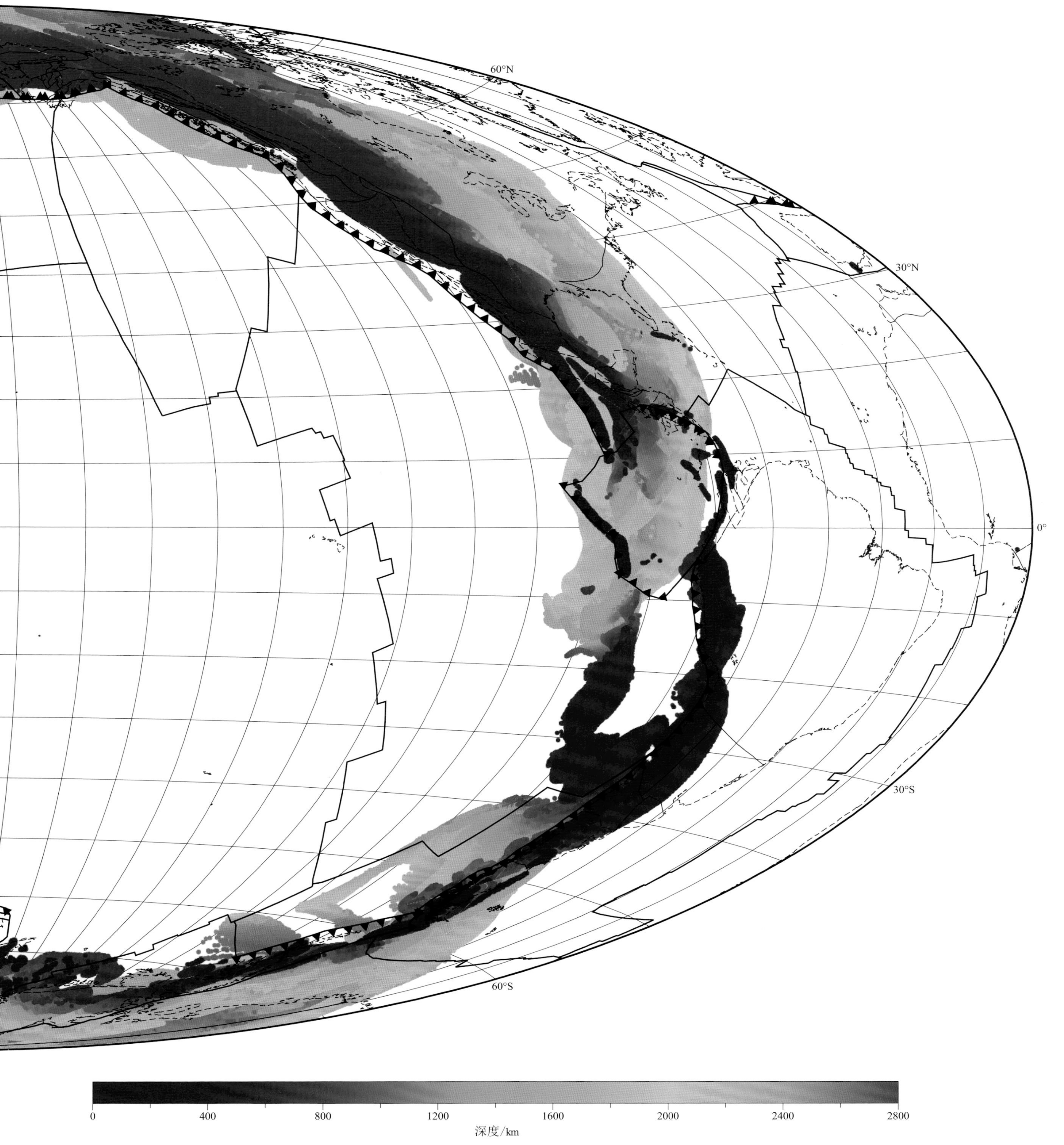
60°N
30°N
0°
30°S
60°S
0
400
800
1200
1600
2000
2400
2800
深度/km

（图4-13） 通过数据同化方法模拟的60Ma全球俯冲板片形态

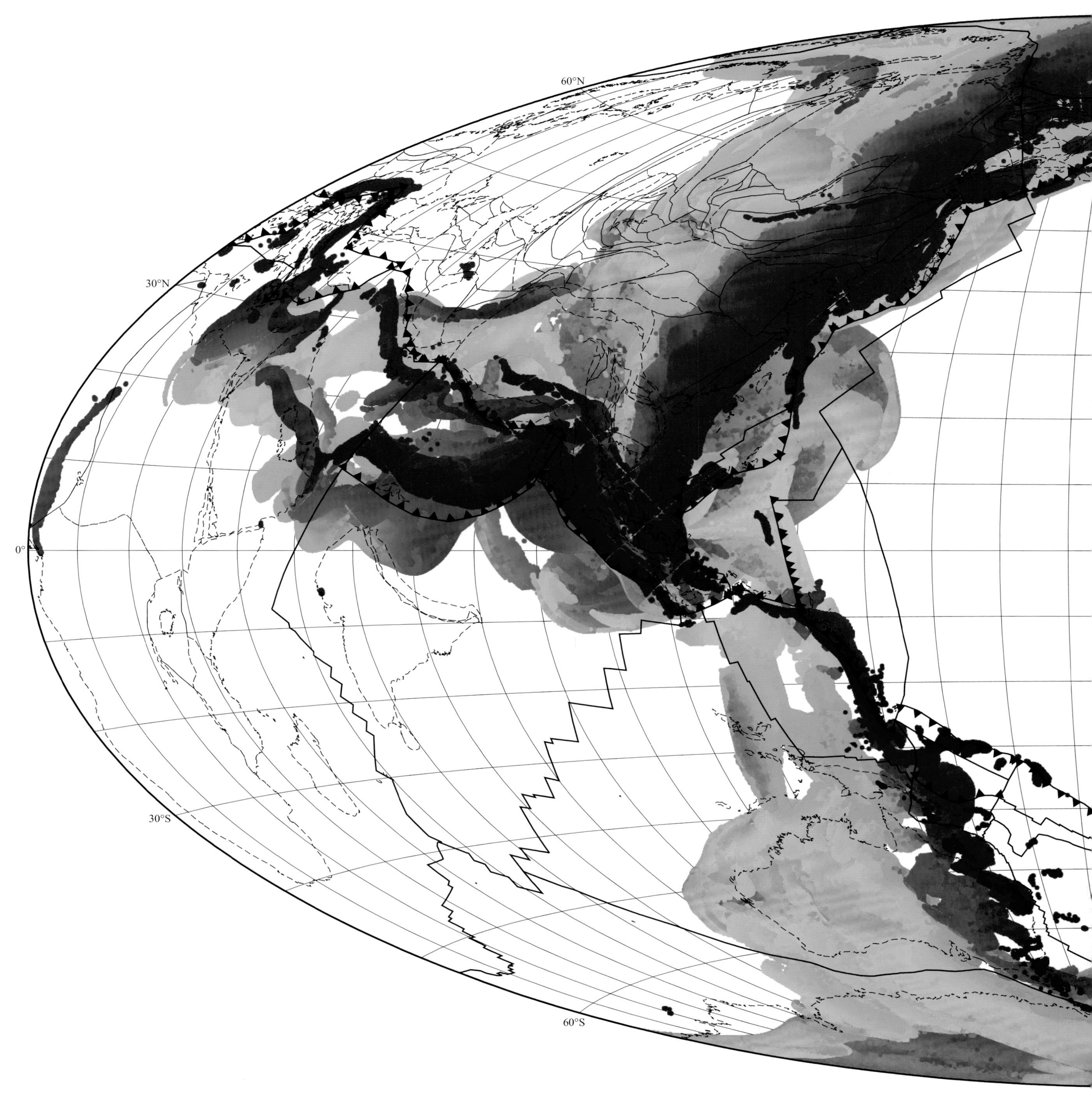

图中显示的是自200Ma以来累积的板片。

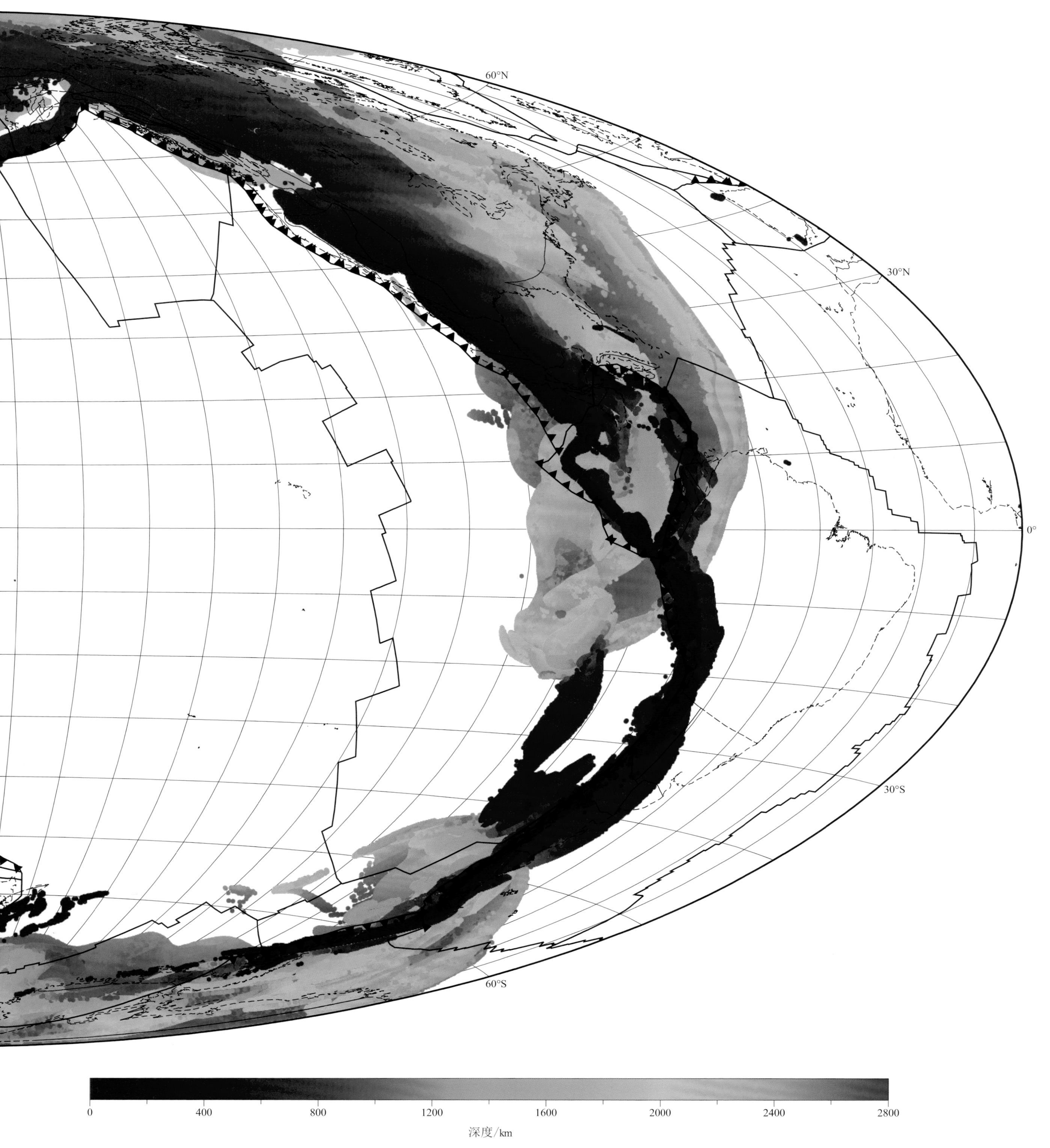
60°N
30°N
0°
30°S
60°S
0
400
800
1200
1600
2000
2400
2800
深度/km

（图4-14）

通过数据同化方法模拟的40Ma全球俯冲板片形态

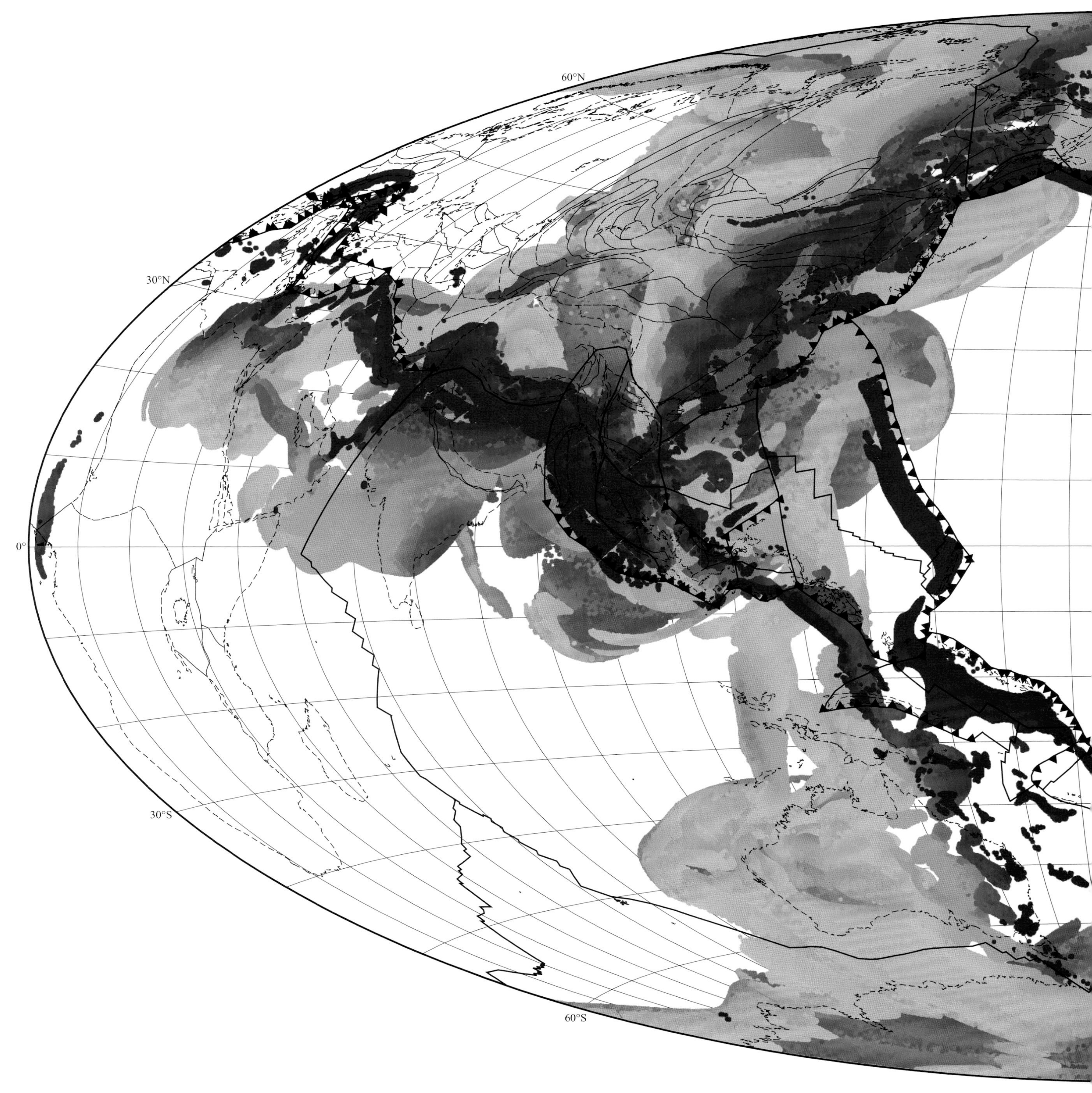

图中显示的是自200Ma以来累积的板片。

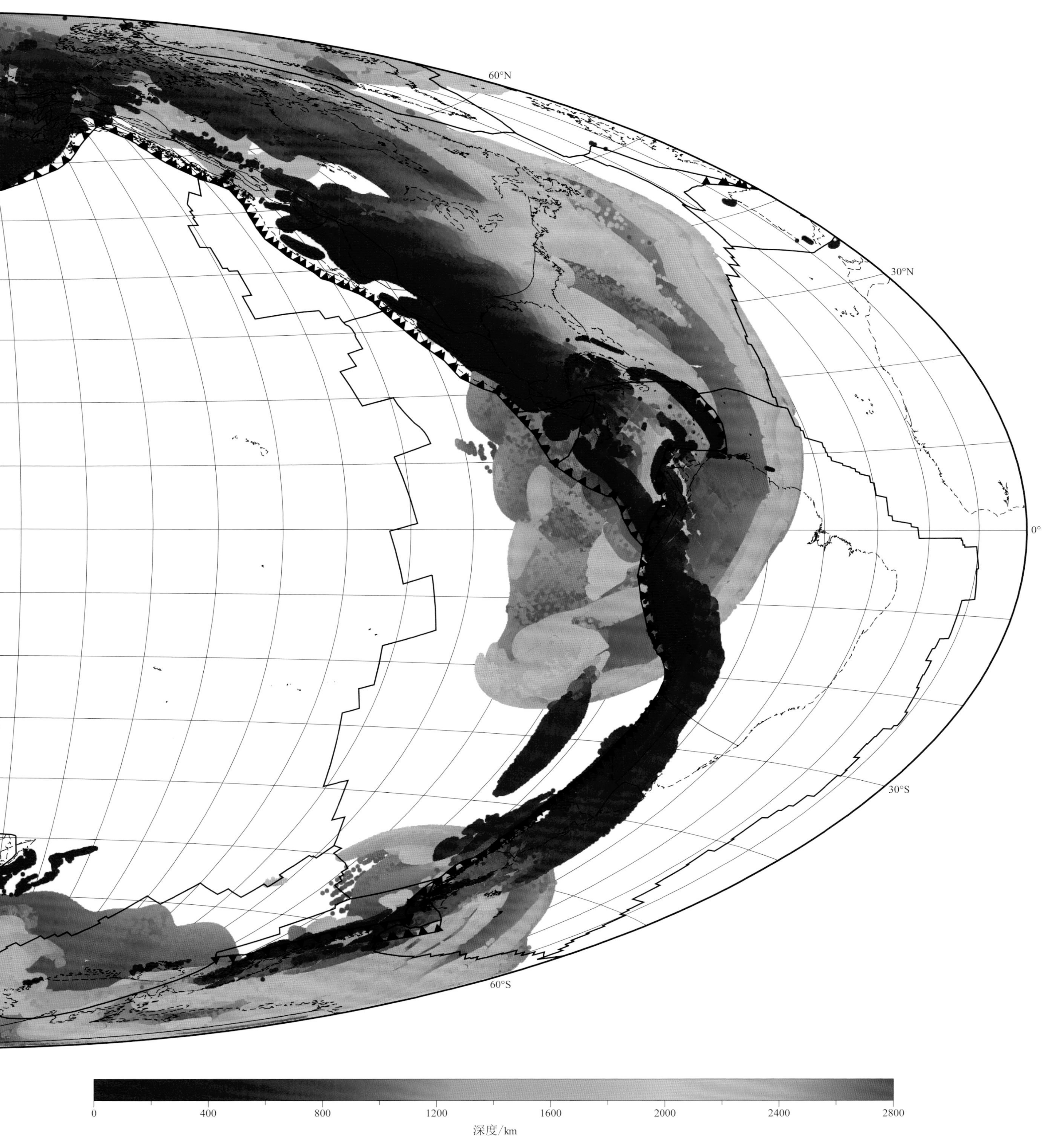
60°N
30°N
0°
30°S
60°S
0
400
800
1200
1600
2000
2400
2800
深度/km

（图4-15）

通过数据同化方法模拟的21Ma全球俯冲板片形态

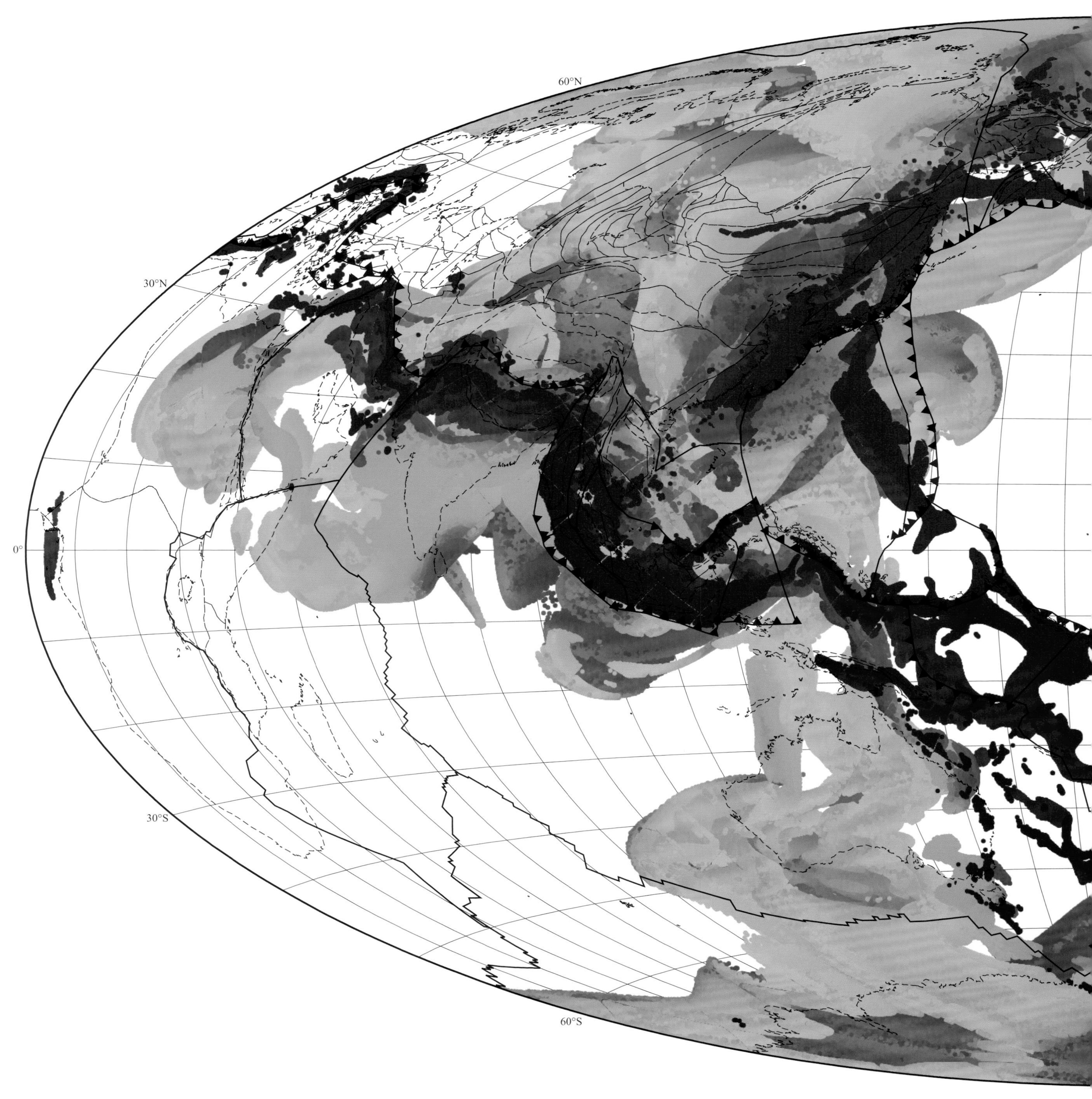

图中显示的是自200Ma以来累积的板片。

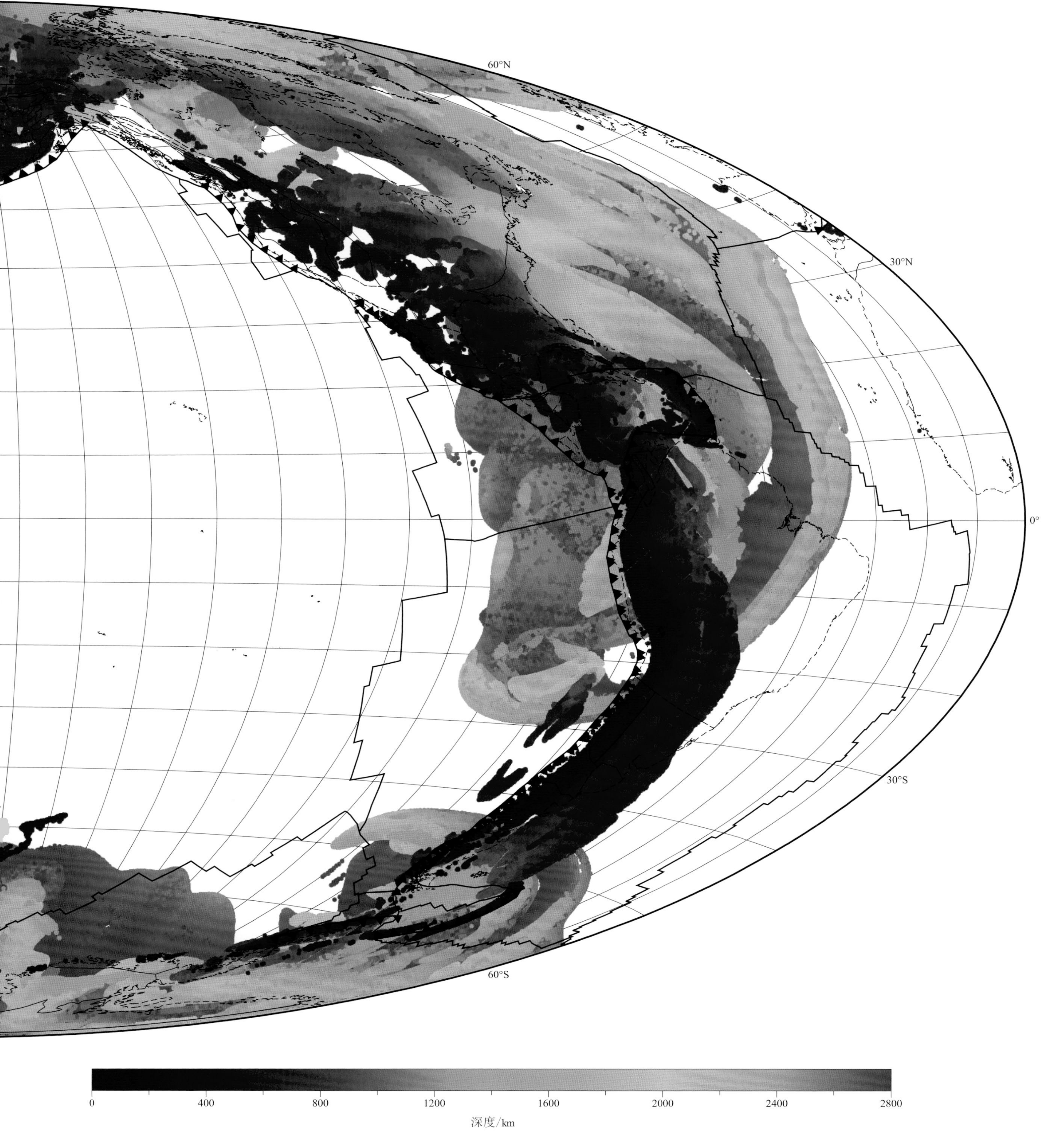
60°N
30°N
0°
30°S
60°S
0
400
800
1200
1600
2000
2400
2800
深度/km

（图4-16）

通过数据同化方法模拟的0Ma全球俯冲板片形态

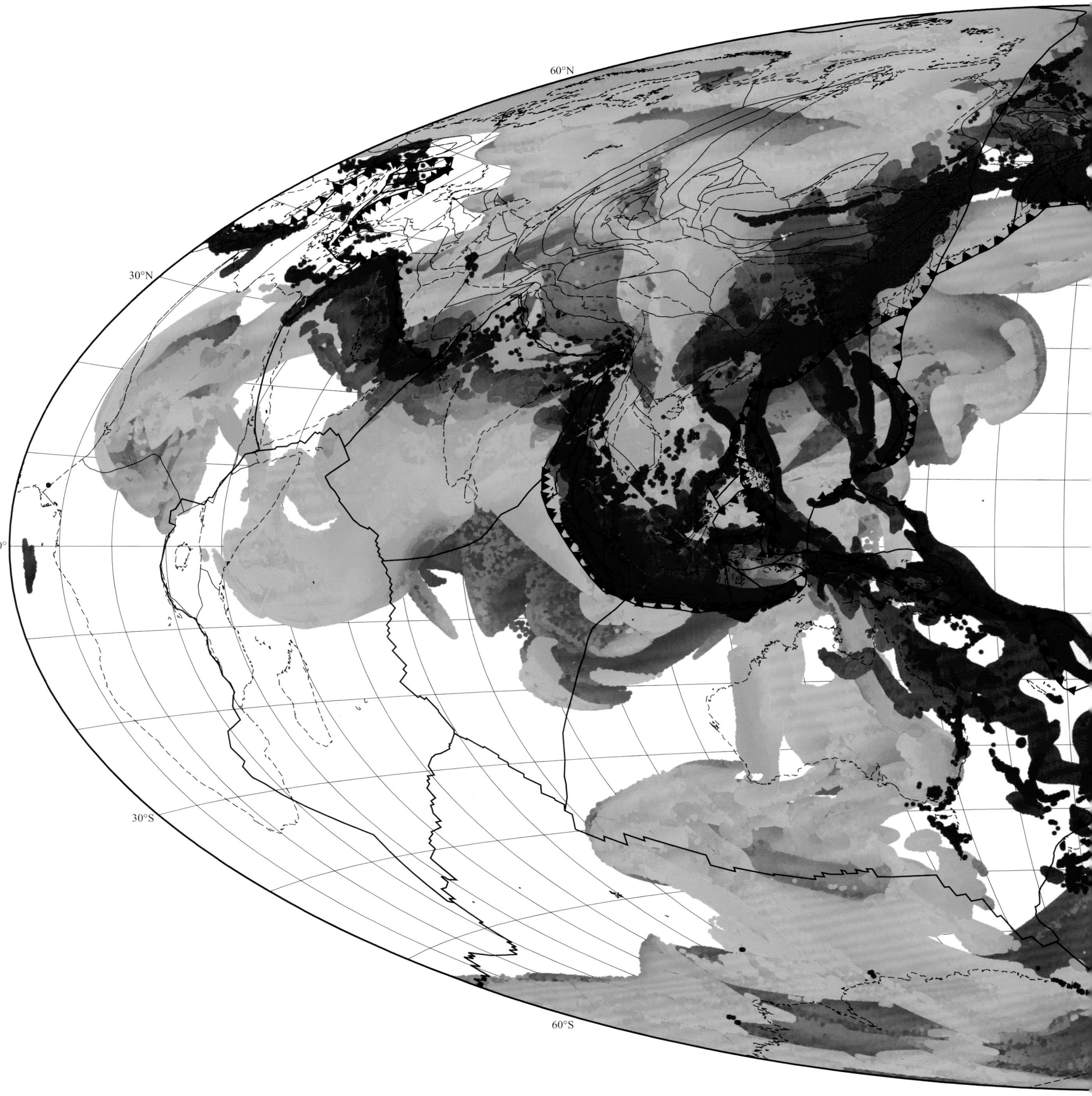

图中显示的是自200Ma以来累积的板片。

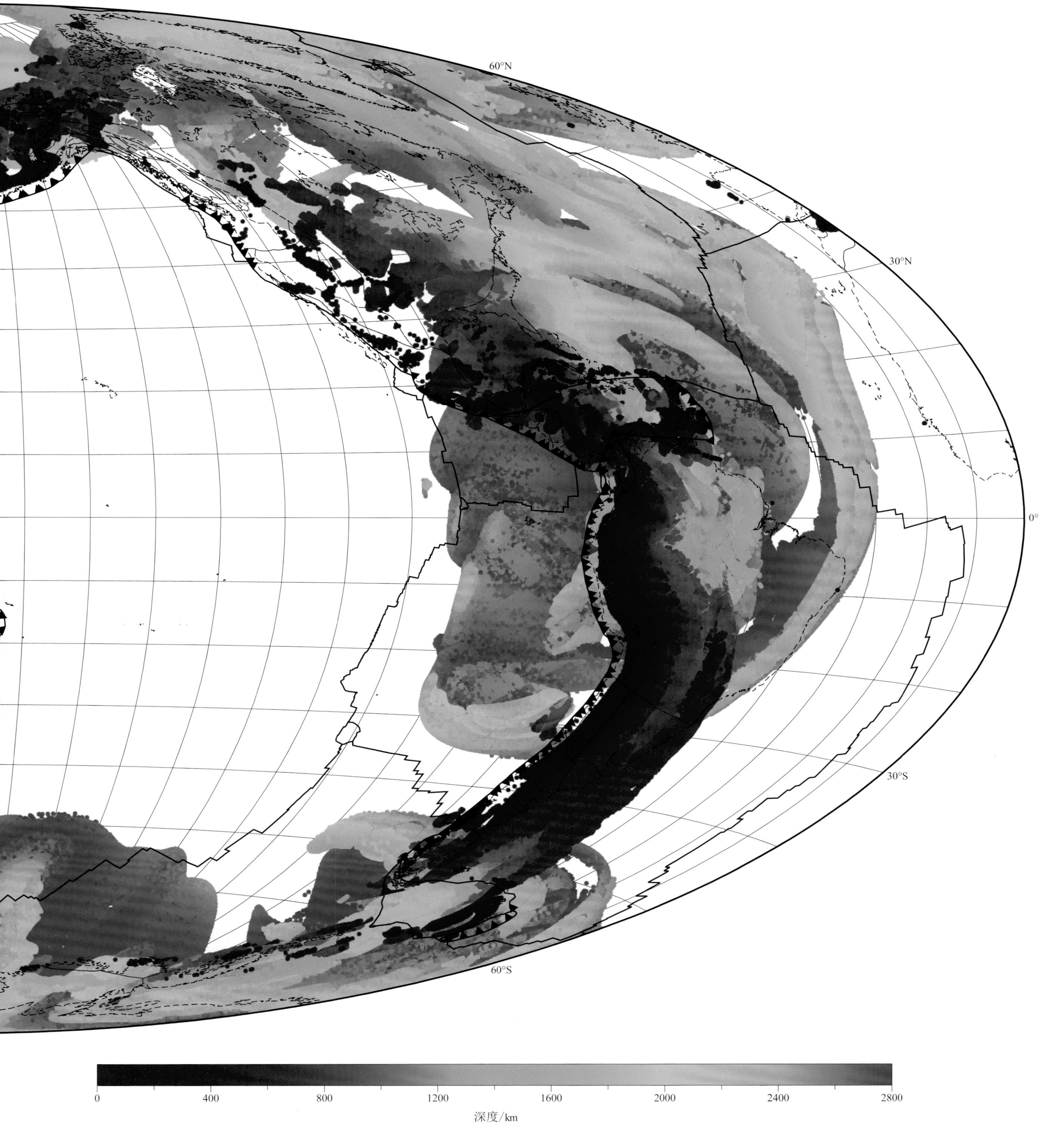
60°N
30°N
0°
30°S
60°S
0
400
800
1200
1600
2000
2400
2800
深度/km

参考文献

李三忠，索艳慧，周洁，等．2022．微板块与大板块：基本原理与范式转换．地质学报，96：1-18.

李三忠，索艳慧，刘博等 . 2018. 微板块构造理论：全球洋内与陆缘微地块研究的启示 . 地学前缘，25（5）：324-355.

李三忠，曹现志，王光增等 . 2019a. 太平洋板块中 — 新生代构造演化及板块重建 . 地质力学学报，25（5）：642-677.

李三忠，索艳慧，王光增等 . 2019b. 海底“三极”与地表“三极”：动力学关联 . 海洋地质与第四纪地质，39（5）：1-22.

李三忠，王光增，索艳慧等 . 2019c. 板块驱动力：问题本源与本质 . 大地构造与成矿学，43（4）：605-643.

朱介寿，曹家敏，蔡学林等 . 2004. 欧亚大陆及西太平洋边缘海岩石圈结构 . 地球科学进展，19（3）：387-392.

Agard P，Omrani J，Jolivet L，et al. 2011. Zagros orogeny：A subduction-dominated process. Geological Magazine，148：692-725.

Al-Riyami K，Robertson A H F，Dixon J E，et al. 2002. Origin and emplacement of the Late Cretaceous Baer-Bassit ophiolite and its metamorphic sole in NW Syria. Lithos，65：225-260.

Amaru M L. 2007. Global travel time tomography with 3-D reference models. Utrecht：University PhD Thesis.

Babazadeh S A，De Wever P. 2004. Early Cretaceous radiolarian assemblages from radiolarites in the Sistan Suture（eastern Iran）. Geodiversitas，26：185-206.

Bassin C，Laske G，Masters G G. 2000. The current limits of resolution for surface wave tomography in north America. Eos Transactions American Geophysical Union，81（48）：F897.

Best M G，Christiansen E H. 1991. Limited extension during peak Tertiary volcanism，Great Basin of Nevada and Utah. Journal of Geophysical Research Solid Earth，96（B8）：13509-13528.

Bijwaard H，Spakman W，Engdahl E R. 1998. Closing the gap between regional and global travel time tomography. Journal of Geophysical Research，103：30055-30078.

Bird P. 2003. An updated digital model of plate boundaries. Geochemistry，Geophysics，Geosystems，4：1027.

Biryol C B，Beck S L，Zandt G，et al. 2011. Segmented African lithosphere beneath the Anatolian region inferred from teleseismic P-wave tomography. Geophysical Journal International，184：1037-1057.

Bolton H，Masters G. 2001. Travel times of P and S from global digital seismic networks：Implication for the relative variation of P and S velocity in the mantle. Journal of Geophysical Research，106：13527-13540.

Boschman L M，van Hinsbergen D J J. 2016. On the enigmatic birth of the Pacific Plate within the Panthalassa Ocean. Science Advances，2（7），doi：10. 1126/sciadv. 1600022.

Boschman L M，van Hinsbergen D J J，Torsvik T H，et al. 2014. Kinematic reconstruction of the Caribbean region since the Early Jurassic. Earth-Sciences Reviews，138：102-136.

Bunge H P，Grand S P. 2000. Mesozoic plate-motion history below the northeast Pacific Ocean from seismic images of the subducted Farallon slab. Nature，405：337-340.

Burke K，Steinberger B，Torsvik T H，et al. 2008. Plume generation zones at the margins of large low shear velocity provinces on the core-mantle boundary. Earth and Planetary Science Letters，265：49-60.

Camp E，Griffis R J. 1982. Character，genesis and tectonic setting of igneous rocks in the Sistan suture zone，eastern Iran. Lithos，15：221-239.

Cao X Z，Flament N，Bodur O F，et al. 2021a. The evolution of basal mantle structure in response to supercontinent aggregation and dispersal. Scientific Reports，11：22967.

Cao X Z，Flament N，Müller D. 2021b. Coupled Evolution of Plate Tectonics and Basal Mantle Structure. Geochemistry，Geophysics，Geosystems，22（1），doi.org/10.1029/2020GC009244.

Cawood A，Buchan C. 2007. Linking accretionary orogenesis with supercontinent assembly. Earth-Sciences Reviews，82：217-256.

Clennett E J，Sigloch K，Mihalynuk M G，et al. 2020. A quantitative tomotectonic plate reconstruction of western North America and the eastern Pacific basin. Geochemistry，Geophysics，Geosystems，20，e2020GC009117. https：//doi.org/10.1029/2020GC009117.

Cogne J P，Kravchinsky A，Halim N，et al. 2005. Late Jurassic-Early Cretaceous closure of the Mongol Okhotsk Ocean demonstrated by new Mesozoic palaeomagnetic results from the Trans-Baikal area（SE Siberia）. Geophysical Journal International，163：813-832.

Conrad C P，Steinberger B，Torsvik T H. 2013. Stability of active mantle upwelling revealed by net characteristics of plate tectonics. Nature，498（7455）：479-82.

Csontos L，Voros A. 2004. Mesozoic plate tectonic reconstruction of the Carpathian region. Palaeogeography，Palaeoclimatology，Palaeoecology，210：1-56.

DeCelles G，Ducea M N，Kapp P，et al. 2009. Cyclicity in Cordilleran orogenic systems. Nature Geoscience，2：251-257.

Dickinson W R. 2006. Geotectonic evolution of the Great Basin. Geosphere，2：353-417.

Dilek Y，Furnes H. 2009. Structure and geochemistry of Tethyan ophiolites and their petrogenesis in subduction rollback systems. Lithos，113：1-20.

Donskaya T V，Gladkochub D P，Mazukabzov A M，et al. 2013. Late Paleozoic-Mesozoic subduction-related magmatism at the southern margin of the Siberian continent and the 150 million year history of the Mongol-Okhotsk Ocean. Journal of Asian Earth Sciences，62：79-97.

Domeier M. 2016. A plate tectonci scenario for the Iapetus and Rheic oceans. Gondwana Research，36：275-295.

Domeier M，Torsvik T H. 2014. Plate tectonics in the late Paleozoic. Geoscience Frontiers，5：303-350.
Engdahl E R，Hilst R D V D，Buland R P. 1998. Global teleseismic earthquake relocation with improved travel times and procedures for depth determination. Bulletin of the Seismological Society of America，88（3）：722-743.
Faccenna C，Bellier O，Martinod J，et al. 2006. Slab detachment beneath eastern Anatolia：A possible cause for the formation of the North Anatolian fault. Earth and Planetary Science Letters，242：85-97.
Fotoohi Rad G R，Droop G T R，Amini S，et al. 2005. Eclogites and blueschists of the Sistan Suture Zone，eastern Iran：A comparison of P-T histories from a subduction mélange. Lithos，84：1-24.
Fotoohi Rad G R，Droop G T R，Burgess R. 2009. Early Cretaceous exhumation of high-pressure metamorphic rocks of the Sistan Suture Zone，eastern Iran. Geological Journal，44：104-116.
French S W，Romanowicz B A. 2014. Whole-mantle radially anisotropic shear velocity structure from spectral-element waveform tomography. Geophysical Journal International，199：1303-1327.
Fritzell E H，Bull A L，Shephard G E. 2016. Closure of the Mongol-Okhotsk Ocean：Insights from seismic tomography and numerical modelling. Earth and Planetary Science Letters，445：1-12.
Fukao Y，Obayashi M. 2013. Subducted slabs stagnant above，penetrating through，and trapped below the 660km discontinuity. Journal of Geophysical Research，118：5920-5938.
Gaina C，van Hinsbergen D J J，Spakman W. 2015. Tectonic interactions between India and Arabia since the Jurassic reconstructed from marine geophysics，ophiolite geology，and seismic tomography. Tectonics，34（5）875-906.
Gamal El Dien H，Doucet L S，Li Z X. 2019. Global geochemical fingerprinting of plume intensity suggests coupling with the supercontinent cycle. Nature Communications，10（1）：5270.
Gianni G，Likerman J，Navarrete C R，et al. 2023. Ghost-arc geochemical anomaly at a spreading ridge caused by supersized flat subduction. Nature Communications，14：2083.
Gnos E，Immenhauser A，Peters T. 1997. Late Cretaceous/early Tertiary convergence between the Indian and Arabian plates recorded in ophiolites and related sediments. Tectonophysics，271：1-19.
Golonka J，Bocharova N Y，Ford D，et al. 2003. Paleogeographic reconstructions and basins development of the arctic. Marine & Petroleum Geology，20：211-248.
Golonka J，Gaweda A. 2012. Plate tectonic evolution of the southern margin of Laurussia in the Paleozoic//Sharkov E. Tectonics-Recent Advances. InTech，261-282. http：//dx.doi.org/10.5772/50009.
Gorbatov A，Widiyantoro S，Fukao Y，et al. 2000. Signature of remnant slabs in the North Pacific from P-wave tomography. Geophysical Journal International，142：27-36.
Gradstein F，Ogg J，Smith A，et al. 2004. A Geologic Time Scale 2004. Cambridge：Cambridge University Press.
Grand S，van der Hilst R D，Widiyantoro S. 1997. Global seismic tomography：A snapshot of convection in the earth. GSA Today，7：1-7.
Gurnis M，Moresi L，Müller D R. 2000. Models of mantle convection incorporating plate tectonics：the Australian region since the Cretaceous//The History and Dynamics of Global Plate Motions. Geophysical Monograph Series American Geophysical Union，Washington，D. C.，211-238.
Hafkenscheid E，Wortel M J R，Spakman W. 2006. Subduction history of the Tethyan region derived from seismic tomography and tectonic reconstructions. Journal of Geophysical Research，111：B08401，doi：10.1029-2005JB003791.
Hager B H，Clayton R W，Richards M A，et al. 1985. Lower mantle heterogeneity，dynamic topography and the geoid. Nature，313（6003）：541-545.
Hall R. 2002. Cenozoic geological and plate tectonic evolution of SE Asia and the SW Pacific：Computer-based reconstructions，model and animations.Journal of Asian Earth Sciences，20：353-431.
Hall R. 2012. Late Jurassic-Cenozoic reconstructions of the Indonesian region and the Indian Ocean. Tectonophysics，doi.org/10.1016/j.tecto.2012.04.021.
Hall R，Spakman W. 2002. Subducted slabs beneath the eastern Indonesia-Tonga region：Insights from tomography. Earth and Planetary Science Letters，201：321-336.
Hall R，Spakman W. 2004. Mantle structure and tectonic evolution of the region north and east of Australia. Geological Society of Australia Special Publication，22：361-381.
Hall R，Spakman W. 2015. Mantle structure and tectonic history of SE Asia. Tectonophysics，658：14-45.
Hall R，Breitfeld H. 2017. Nature and demise of the Proto-South China Sea. Bulletin of the Geological Society of Malaysia，63：61-76.
Hall R，van Hattum M W A，Spakman W. 2008. Impact of India-Asia collision on SE Asia：the record in Borneo. Tectonophysics，451：366-389.
Handy M R，Schmid S M，Bousquet R，et al. 2010. Reconciling plate-tectonic reconstructions of Alpine Tethys with the geological-geophysical record of spreading and subduction in the Alps. Earth-Science Reviews，102：121-158.

Handy M R, Ustaszewski K, Kissling E. 2014. Reconstructing the Alps-Carpathians-Dinarides as a key to understanding switches in subduction polarity, slab gaps and surface motion. International Journal of Earth Sciences, 104: 1-26.
Harrison C. 2016. The present-day number of tectonic plates. Earth, Planets and Space, 68（1）: 1-14.
Hinz K, Block M, Kudrass H R, et al. 1991. Structural elements of the Sulu Sea, Phillipines. Geologisches Jahrbuch, Reihe A, 127: 483-506.
Holloway N H. 1982. North Palawan block, Philippines-its relation to Asian mainland and role in evolution of South China Sea. American Association of Petroleum Geologists Bulletin, 66: 1355-1383.
Homke S, Verges J, Serra-Kiel J, et al. 2009. Late Cretaceous-Paleocene formation of the protoZagros foreland basin, Lurestan Province, SW Iran. Geological Society of America Bulletin, 121: 963-978.
Huang W, van Hinsbergen D J J, Maffione M, et al. 2015. Lower Cretaceous Xigaze ophiolites formed in the Gangdese forearc: Evidence from paleomagnetism, sediment provenance, and stratigraphy. Earth and Planetary Science Letters, 415: 142-153.
Hutko A R, Lay T, Garnero E J, et al. 2006. Seismic detection of folded subducted lithosphere at the core-mantle boundary. Nature, 441: 333-336.
Jahn-Awe S, Froitzheim N, Nagel T J, et al. 2010. Structural and geochronological evidence for Paleogene thrusting in the Western Rhodopes（SW Bulgaria）: Elements for a new tectonic model of the Rhodope Metamorphic Province. Tectonics, 29: TC3008, doi: 10.1029-2009TC002558.
Ji W Q, Wu F Y, Chung S L, et al. 2009. Zircon U-Pb geochronology and Hf isotopic constraints on petrogenesis of the Gangdese batholith, southern Tibet. Chemical Geology, 262: 229-245.
Jiang Z X, Li S Z, Liu Q S, et al. 2021. The trials and tribulations of the Hawaii hot spot model. Earth-Science Reviews, 215: 103544.
Kaneshima S, Helffrich G. 2010. Small scale heterogeneity in the mid-lower mantle beneath the circum-Pacific area. Physics of the Earth and Planetary Interiors, 183: 91-103.
Kapp P, DeCelles G, Gehrels G E, et al. 2007. Geological records of the Cretaceous Lhasa-Qiangtang and Indo-Asian collisions in the Nima basin area, central Tibet. Geological Society of America Bulletin, 119: 917-933.
Kissling E. 1993. Deep structure of the alps—what do we really know? Physics of The Earth and Planetary Interiors, 79（1-2）: 87-112.
Kissling E. 2008. Deep structure and tectonics of the Valais—and the rest of the Alps. Bulletin Fuer Angewandte Geologie, 13: 3-10.
Kissling E, Spakman W. 1996. Interpretation of tomographic images of uppermost mantle structure: Examples from the Western and Central Alps. Journal of Geodynamics, 21: 97-111.
Kito T, Rost S, Thomas C, et al. 2007. New insights into the P- and S-wave velocity structure of the D″ discontinuity beneath the Cocos Plate. Geophysical Journal International, 169: 631-645.
Kito T, Thomas C, Rietbrock A, et al. 2008. Seismic evidence for a sharp lithospheric base persisting to the lowermost mantle beneath the Caribbean. Geophysical Journal International, 174: 1019-1028.
Ko J Y T, Hung S H, Kuo B Y, et al. 2017. Seismic evidence for the depression of the D″ discontinuity beneath the Caribbean: Implication for slab heating from the Earth's core. Earth and Planetary Science Letters, 467: 128-137.
Koop W, Stoneley R. 1982. Subsidence history of the Middle East Zagros Basin: P ermian to recent. Philosophical Transactions of the Royal Society of London. Series A, 305: 149-168.
Koppers A, Becker T W, Jackson M G, et al. 2021. Mantle plumes and their role in Earth processes. Nature Reviews Earth & Environment, 2021: 1-20.
Lee T Y, Lawver L A. 1994. Cenozoic plate reconstructions of the South China Sea region. Tectonophysics, 235: 149-180.
Lei J, Zhao D. 2007. Teleseismic evidence for a break-off subducting slab under Eastern Turkey. Earth and Planetary Science Letters, 257: 14-28.
Levashova N M, Shapiro M N, Beniamovsky V N et al. 2000. Paleomagnetism and geochronology of the Late Cretaceous-Paleogene island arc complex of the Kronotsky Peninsula Kamchatka Russia: Kinematic implications. Tectonics, 19 (5): 834–851.
Li C, van der Hilst R D, Toksöz M N. 2006. Constraining P-wave velocity variations in the upper mantle beneath Southeast Asia, Physics of the Earth and Planetary Interiors, 154: 180-195.
Li C, van der Hilst R D, Engdahl E R, et al. 2008a. A new global model for 3-D variations of P-wave velocity in the Earth's mantle, Geochemistry, Geophysics, Geosystems, 9: Q05018.
Li C, van der Hilst R D, Meltzer A S, et al. 2008b. Subduction of Indian lithosphere beneath the Tibetan plateau and Burma, Earth and Planetary Science Letters, 274: 157-168.
Li J H, Zhang Y Q, Dong S W, et al. 2014. Cretaceous tectonic evolution of South China: A preliminary synthesis. Earth-Science Reviews, 134: 98-136.
Li S, Guilmette C, Ding L, et al. 2017. Provenance of Mesozoic clastic rocks within the Bangong-Nujiang suture zone, central Tibet: Implications for the age of the initial Lhasa-Qiangtang collision. Journal of Asian Earth Sciences, 147: 469-484.
Li S Z, Jahn B M, Zhao S J, et al. 2017. Triassic southeastward subduction of North China Block to South China Block: Insights

from new geological，geophysical and geochemical data. Earth-Science Reviews，166：270-285.
Li S Z，Suo Y H，Li X Y，et al. 2018a. Microplate Tectonics：New insights from micro-blocks in the global oceans，continental margins and deep mantle. Earth-Science Reviews，185：1029-1064.
Li S Z，Zhao S J，Liu X，et al. 2018b. Closure of the Proto-Tethys Ocean and Early Paleozoic amalgamation of microcontinental blocks in East Asia. Earth-Science Reviews，186：37-75.
Li S Z，Li X Y，Wang G Z，et al. 2019a. Global Meso-Neoproterozoic plate reconstruction and formation mechanism for Precambrian basins：Constraints from three cratons in China. Earth-Science Reviews，198：102946.
Li S Z，Suo Y H，Li X Y，et al. 2019b. Mesozoic tectono-magmatic evolution in the East Asian ocean-continent connection zone and its relationship with Paleo-Pacific Plate subduction. Earth-Science Reviews，192：91-137.
Li Z，Qiu J S，Yang X M. 2014. A review of the geochronology and geochemistry of Late Yanshanian（Cretaceous） plutons along Cretaceous. Earth-Science Reviews，128：232-248.
Li Z X，Li X H. 2007. Formation of the 1300-km-wide intracontinental orogen and postorogenic magmatic province in Mesozoic South China：A flat-slab subduction model. Geology，35：179-182.
Li Z X，Bogdanova S V，Collins A S，et al. 2008. Assembly，configuration，and break-up history of Rodinia：A synthesis. Precambrian Research，160（1-2）：179-210.
Li Z X，Liu Y B，Ernst R. 2023. A dynamic 2000-540 Ma Earth history：From cratonic amalgamation to the age of supercontiennt cycle. Earth-Science Reviews，238：104336.
Lippitsch R，Kissling E，Ansorge J. 2003. Upper mantle structure beneath the Alpine orogen from high-resolution teleseismic tomography. Journal of Geophysical Research，108：2376.
Liu L. 2014. Constraining cretaceous subduction polarity in eastern Pacific from seismic tomography and geodynamic modeling. Geophysical Research Letters，41：8029-8036.
Liu L，Spasojević S，Gurnis M，2008. Reconstructing Farallon Plate Subduction Beneath North America back to the Late Cretaceous，Science，322：934-938，doi：10.1126/science.1162921.
Liu L，Gurnis M，Seton M，et al. 2010. The role of oceanic plateau subduction in the Laramide orogeny，Nature Geoscience，3：353-357
Liu X，Zhao D P，Li S Z，et al. 2017. Age of the subducting Pacific slab beneath East Asia and its geodynamic implications. Earth and Planetary Science Letters，464：166-174.
Luyendyk B P. 1995. Hypothesis for Cretaceous rifting of east Gondwana caused by subducted slab capture. Geology，23：373-376.
Ma X，Sun X，Wiens D A，et al. 2016. Strong seismic scatterers near the core-mantle boundary north of the Pacific Anomaly. Physics of the Earth and Planetary Interiors，253：21-30.
Maffione M，Thieulot C，van Hinsbergen D J J，et al. 2015a. Dynamics of intraoceanic subduction initiation：1. Oceanic detachment fault inversion and the formation of supra-subduction zone ophiolites. Geochemistry，Geophysics，Geosystems，16：1753-1770.
Maffione M，van Hinsbergen D J J，Koornneef L M T，et al. 2015b. Forearc hyperextension dismembered the south Tibetan ophiolites. Geology，43：475-478.
Maffione M，van Hinsbergen D J J，de Gelder G I N O，et al. 2017. Kinematics of subduction initiation in the Neo-Tethys Ocean during the Late Cretaceous reconstructed from ophiolites of Turkey，Cyprus，and Syria. Journal of Geophysical Research，122（5）：3953-3976.
Maruyama S，Santosh M，Zhao D. 2007. Superplume，supercontinent，and post-perovskite：Mantle dynamics and anti-plate tectonics on the core-mantle boundary. Gondwana Research，11：7-37.
Martin A K. 2007. Gondwana breakup via double-saloon-door rifting and seafloor spreading in a backarc basin during subduction rollback. Tectonophysics，445：245-272.
Merdith A S，Williams S E，Collins A S，et al. 2021. Extending full-plate tectonic models into deep time：Linking the Neoproterozoic and the Phanerozoic. Earth-Science Reviews，214：103477.
Morgan J P，Vannucchi P. 2021. Engergetics of the solid Earth：Implications for the structure of mantle convection//Duarte J C. Dynamics of Plate Tectonics and Mantle Convection. Amsterdam：Elsevier，35-66.
Müller R D，Seton M，Zahirovic S，et al. 2016. Ocean basin evolution and global-scale plate reorganization events since pangea breakup. Annual Reviews of the Earth Planetary Sciences，44：107-138.
Müller R D，Cannon J，Qin X，et al. 2018. GPlates：Building a Virtual Earth Through Deep Time. Geochemistry，Geophysics，Geosystems，19（7）：2243-2261.
Murphy J B，Nance R D. 2003. Do supercontinents introvert or extrovert? Sm-Nd isotope evidence. Geology，31（10）：873-876.
Natal'in B A，Sunal G，Satir M，et al. 2012. Tectonics of the Strandja Massif，NW Turkey：History of a long-lived arc at the northern margin of Paleo-Tethys. Turkish Journal of Earth Sciences，21：755-798.
Niu F，Wen L. 2001. Strong seismic scatterers near the core-mantle boundary west of Mexico. Geophysical Research Letters，28：3557-3560.

Nokleberg W J，Parfenov L M，Monger J W H，et al. 2000. Phanerozoic tectonic evolution of the circum-north Pacific. USGS Professional Paper，1626：1-122.

Nolet G. 1985. Solving or resolving inadequate and noisy tomographic systems. Journal of Computational Physics，61（3）：463-482.

Obrebski M，Allen R M，Xue M，et al. 2010. Slab-plume interaction beneath the Pacific Northwest. Geophysical Research Letters，37，doi：10.1029/2010GL043489.

Paige C C，Saunders M A. 1982. Algorithm 583：LSQR：Sparse Linear Equations and Least Squares Problems. ACM Transactions on Mathematical Software（TOMS），8（2）：195-209.

Pankhurst R J，Rapela C W，Fanning C M，et al. 2006. Gondwanide continental collision and the origin of Patagonia. Earth-Science Reviews，76：235-257.

Peng D D，Liu L J. 2022. Quantifying slab sinking rates using global geodynamic models with data-assimilation. Earth-Science Reviews，230：104039.

Petersen K D，Schiffer C，Nagel T. 2018. LIP formation and protracted lower mantle upwelling induced by rifting and delamination. Scientific Report，8：16578.

Pindell J L，Kennan L. 2009. Tectonic evolution of the Gulf of Mexico，Caribbean and northern South America in the mantle reference frame：An update. Geological Society，London，Special Publications，328：1-55.

Pindell J，Maresch W V，Martens U，et al. 2012. The Greater Antillean Arc：Early Cretaceous origin and proposed relationship to Central American subduction mélanges：Implications for models of Caribbean evolution. International Geology Review，54:131-143.

Piromallo C，Morelli A. 2003. *P* wave tomography of the mantle under the Alpine-Mediterranean area. Journal of Geophysical Research，108：2065.

Qi C，Zhao D，Chen Y. 2007. Search for deep slab segments under Alaska. Physics of the Earth and Planetary Interiors，165：68-82.

Ramos A. 2008. Patagonia：A paleozoic continent a drift? Journal of South American Earth Sciences，26：235-251.

Rangin C，Bijwaard H，Pubellier M，et al. 1999. Tomographic and geological constraints on subduction along the eastern Sundaland continental margin（SouthEast Asia）. Bulletin de la Société Géologique de France，170：775-788.

Ren Y，Strutzmann E，van der Hilst R D，et al. 2007. Understanding seismic heterogeneities in the lower mantle beneath the Americas from seismic tomography and plate tectonic history. Journal of Geophysical Research，112:B01302，doi：10.1029-2005JB004154.

Ren Y，Stuart G W，Houseman G A，et al. 2012. Upper mantle structures beneath the Carpathian-Pannonian region implications for the geodynamics of continental collision. Earth and Planetary Science Letters，（349-350）：139-152.

Replumaz A，Kárason H，van der Hilst R D，et al. 2004. 4-D evolution of SE Asia's mantle from geological reconstructions and seismic tomography. Earth and Planetary Science Letters，221：103-115.

Replumaz A，Negredo A M，Villaseñor A，et al. 2010. Indian continental subduction and slab break-off during Tertiary collision. Terra Nova，22：290-296.

Roth J B，Fouch M J，James D E，et al. 2008. Three-dimensional seismic velocity structure of the northwestern United States. Geophysical Research Letters，35（15），doi.org/10.1029/2008GL034669.

Schellart W P，Spakman W. 2012. Mantle constraints on the plate tectonic evolution of the Tonga-Kermadec-Hikurangi subduction zone and the South Fiji Basin region. Australian Journal of Earth Sciences，59：933-952.

Schellart W P，Spakman W. 2015. Australian plate motion and topography linked to fossil New Guinea slab below Lake Eyre. Earth and Planetary Science Letters，421：107-116.

Schellart W P，Lister G S，Toy V G. 2006. A Late Cretaceous and Cenozoic reconstruction of the Southwest Pacific region：tectonics controlled by subduction and slab rollback processes. Earth-Science Reviews，76：191-233.

Schellart W P，Kennett B L N，Spakman W，et al. 2009. Plate Reconstructions and Tomography Reveal a Fossil Lower Mantle Slab Below the Tasman Sea. Earth and Planetary Science Letters，278：143-151.

Schmandt B，Humphreys E. 2010. Complex subduction and small-scale convection revealed by body-wave tomography of the western United States upper mantle. Earth and Planetary Science Letters，297. 435-445.

Schmid S M，Fgenschuh B，Kissling E，et al. 2004. Tectonic map and overall architecture of the Alpine orogen. Eclogae Geologicae Helvetiae，97：93-117.

Schmid S M，Bernoulli D，Fügenschuh B，et al. 2008. The Alpine-Carpathian-Dinaridic orogenic system：correlation and evolution of tectonic units. Swiss Journal of Geosciences，101：139-183.

Schumacher L，Thomas C. 2016. Detecting lower-mantle slabs beneath Asia and the Aleutians. Geophysical Journal International，205：1512-1524.

Searle M P，Cox J C. 2009. Tectonic setting，origin and obduction of the Oman Ophiolite. Geological Society of America Bulletin，111：104-122.

Sengör A. 1984. The Cimmeride orogenic system and the tectonics of Eurasia. Geological Society of America Special Papers，195：88.

Seton M，Müller R D，Zahirovic S，et al. 2012. Global continental and ocean basin reconstructions since 200 Ma. Earth-Science Reviews，113：212-270.

Seton M，Flament N，Whittaker J，et al. 2015. Ridge subduction sparked reorganization of the Pacific plate-mantle system 60-50 million years ago. Geophysical Research Letters，42：1732-1740.

Shapiro M N，Solov'ev A V. 2009. Formation of the Olyutorsky-Kamchatka fold belt：A kinematic model. Russian Geology and Geophysics，50：668-681.

Shen L，Zhao L F，Xie X B，et al. 2023. Extemely weak Lg attenuation reveals ancient contienntal relicts in the South China Block. Earth and Planetary Science Letters，611：118144.

Shephard G E，Müller R D，Seton M. 2013. The tectonic evolution of the Arctic since Pangea breakup：Integrating constraints from surface geology and geophysics with mantle structure. Earth-Science Reviews，124：148-183.

Sigloch K. 2011. Mantle provinces under North America from multifrequency P wave tomography. Geochemistry，Geophysics，Geosystems，12，doi：10. 1029/2010GC003421.

Sigloch K，Mihalynuk M G. 2013. Intra-oceanic subduction shaped the assembly of Cordilleran North America. Nature，496：50-56.

Sigloch K，McQuarrie N，Nolet G. 2008. Two-stage subduction history under North America inferred from multiple-frequency tomography. Nature Geoscience，1：458-462.

Simmons N A，Myers S C，Johannesson G，et al. 2012. LLNL-G3Dv3：Global P wave tomography model for improved regional and teleseismic travel time prediction. Journal of Geophysical Research，117：B10302.

Skolbeltsyn G，Mellors R，Gok R，et al. 2014. Upper mantle S wave velocity structure of the East Anatolian-Caucasus Region. Tectonics，33：207-221.

Spakman W. 1991. Delay-time tomography of the upper mantle below Europe，the Mediterranean，and Asia Minor. Geophysical Journal International，107（2）：309-332.

Spakman W，Wortel M J R. 2004. A tomographic view on western Mediterranean geodynamics//Cavazza W，Roure F，Spakman W，et al. The TRANSMED Atlas，The Mediterranean Region from Crust to Mantle. Heidelberg：Springer，31-52.

Spakman W，van der Lee S，van der Hilst R. 1993. Travel-time tomography of the European-Mediterranean mantle down to 1400km. Physics of the Earth and Planetary Interiors，79：3-74.

Stampfli G M，Borel G D. 2002. A plate tectonic model for the Paleozoic and Mesozoic constrained by dynamic plate boundaries and restored synthetic oceanic isochrons. Earth and Planetary Science Letters，196：17-23.

Stampfli G M，Borel G D. 2004. The TRANSMED transects in space and time：Constraints on the Paleotectonic evolution of the Mediterranean domain//Cavazza W，Roure F，Spakman W，et al. The TRANSMED Atlas. The Mediterranean Region from Crust to Mantle. Heidelberg：Springer，53-80.

Stampfli G M，Hochard C，Verard C，et al. 2013. The formation of Pangea. Tectonophysics，593：1-19.

Steinberger B，Torsvik T H，Becker T W. 2012. Subduction to the lower mantle – A comparison between geodynamic and tomographic models. Solid Earth，3：415-432.

Sun Y，Li X，Kuleli S，et al. 2004. Adaptive moving window method for 3D P-velocity tomography and its application in China. Bulletin of the Seismological Society of America，94：740-746.

Suzuki Y，Kawai K，Geller R J，et al. 2016. Waveform inversion for 3-D S-velocity structure of D″ beneath the Northern Pacific：possible evidence for a remnant slab and a passive plume. Earth Planets Space，68：198.

Taboada A，Rivera L A，Fuenzalida A，et al. 2000. Geodynamics of the northern Andes：Subductions and intracontinental deformation（Colombia）. Tectonics，19：787-813.

Taylor B，Hayes D E. 1983. Origin and history of the South China Basin//Hayes D E. Tectonic and Geologic Evolution of Southeast Asian Seas and Islands. Geophysical Monograph Series，27，Washington，DC：AGU.

Thomas C，Garnero E J，Lay T. 2004. High-resolution imaging of lowermost mantle structure under the Cocos plate. Journal of Geophysical Research，109：B08307.

Tirrul R，Bell I R，Griffis R J，et al. 1983. The Sistan suture zone of eastern Iran. Geological Society of America Bulletin，94：134-150.

Tomurtogoo O，Windley B F，Kröner A，et al. 2005. Zircon age and occurrence of the Adaatsag ophiolite and Muron shear zone，central Mongolia：Constraints on the evolution of the Mongol-Okhotsk ocean，suture and orogen. Journal of the Geological Society，162：125-134.

Torsvik T H，Smethurst M A，Burke K，et al. 2008. Long term stablility in deep mantle structure：Evidence from the ~300 Skagerrak-Centered large igneous province（the SCLIP）. Earth and Planetary Letters，267：444-452.

Torsvik T H，van der Voo R Doubrovine P V，et al. 2014. Deep mantle structure as a reference frame for movements in and on the Earth. Proceedings of the National Academy of Sciences of the United States of America，111（24）：8735.

Torsvik T H，Doubrovine P V，Steinberger B，et al. 2017. Pacific plate motion change caused the Hawaiian-Emperor Bend. Nature Communications，8（1）：1-12.

van Benthem S，Govers R，Spakman W，et al. 2013. Tectonic Evolution and Mantle Structure of the Caribbean，118：3019-3036.
van der Hilst R D，de Hoop M V，Wang P，et al. 2007. Seismostratigraphy and thermal structure of Earth's Core-Mantle Boundary Region. Science，315：1813-1817.
van de Lagemaat，van Hinsbergen J J，Boschman L，et al. 2017. Southwest Pacific absolute plate kinematic econstruction reveals major mid —Late Cenozoic Tonga-Kermadec slab-dragging. Tectonics，37：2647-2674.
van der Lee S，Nolet G. 1997. Seismic image of the subducted trailing fragments of the Farallon plate. Nature，386：266-269.
van der Meer D G，Spakman W，van Hinsbergen D J J，et al. 2010. Towards absolute plate motions constrained by lower-mantle slab remnants. Nature Geoscience，3：36-40.
van der Meer D G，Torsvik T H，Spakman W，et al. 2012. Intra-Panthalassa Ocean subduction zones revealed by fossil arcs and mantle structure. Nature Geoscience，5：215-219.
van der Meer D G，van Hinsbergen D J J，Spakman W. 2018. Atlas of the underworld：Slab remnants in the mantle，their sinking history，and a new outlook on lower mantle viscosity. Tectonophysics，723：309-448.
van der Voo R，Spakman W，Bijwaard H. 1999a. Mesozoic subducted slabs under Siberia. Nature，397：246-249.
van der Voo R，Spakman W，Bijwaard H. 1999b. Tethyan subducted slabs under India. Earth and Planetary Science Letters，171：7-20.
van der Voo R，van Hinsbergen D J J，Domeier M，et al. 2015. Latest Jurassic-earliest Cretaceous closure of the Mongol-Okhotsk Ocean：A paleomagnetic and seismological-tomographic analysis. Geological Society of America Special Papers，513：589-606.
van Hinsbergen D J J，Lippert C，Dupont-Nivet G，et al. 2012. Greater India Basin hypothesis and a two-stage Cenozoic collision between India and Asia. Proceedings of the National Academy of Sciences of the United States of America，109：7659-7664.
Vissers R，van Hinsbergen D J J，Meijer T，et al. 2013. Kinematics of Jurassic ultra-slow spreading in the Piemonte Ligurian ocean. Earth and Planetary Science Letters，380：138-150.
von Raumer J F，Stampfli G M. 2008. The birth of the Rheic Ocean-Early Palaeozoic subsidence patterns and subsequent tectonic plate scenario. Tectonophysics，461：9-20.
Ward L. 1995. Subduction cycles under western North America during the Mesozoic and Cenozoic eras. GSA Special Paper，299：1-40.
Wei W，Xu J，Zhao D，et al. 2012. East Asia mantle tomography：New insight into plate subduction and intraplate volcanism. Journal of Asian Earth Sciences，60：88-103.
Wessel P，Luis J F，Uieda L，et al. 2019. The generic mapping tools version 6. Geochemistry，Geophysics，Geosystems，20（11）：5556-5564.
West J D，Fouch M J，Roth J B，et al. 2009. Vertical mantle flow associated with a lithospheric drip beneath the Great Basin. Nature Geoscience，2：439-444.
White W M. 2015. Isotopes，DUPAL，LLSVPs，and Anekantavada. Chemical Geology，419：10-28.
Widiyantoro S，van der Hilst R D. 1996. Structure and evolution of lithospheric slab beneath the Sunda Arc，Indonesia. Science，271：1566-1570.
Widiyantoro S，van der Hilst R D. 1997. Mantle structure beneath Indonesia inferred from high-resolution tomographic imaging. Geophysical Journal International，130：167-182.
Wortel M J R，Spakman W. 2000. Subduction and slab detachment in the Mediterranean-Carpathian region. Science，290：1910-1917.
Wu J，Suppe J. 2018. Proto-South China Sea plate tectonics using subducted slab 1177 constraints from tomography. Journal of Earth Science，29（6）：1304-1318.
Wu J，Suppe J，Lu R，et al. 2016. Philippine Sea and East Asian plate tectonics since 52 Ma constrained by new subducted slab reconstruction methods. Journal of Geophysical Research，121：4670-4741.
Yin A，Harrison T M. 2000. Geologic evolution of the Himalayan-Tibetan orogen. Annual Reviews of the Earth Planetary Sciences，28：211-280.
Young A，Flament N，Maloney K，et al. 2019. Global kinematics of tectonic plates and subduction zones since the late Paleozoic Era. Geoscience Frontiers，10（3）：989-1013.
Zahirovic S，Müller R D，Seton M，et al. 2012. Insights on the kinematics of the India-Eurasia collision from global geodynamic models. Geochemistry，Geophysics，Geosystems，13，doi：10.1029/2011GC003883.
Zhong S，McNamara A，Tan E，et al. 2008. A benchmark study on mantle convection in a 3-D spherical shell using CitcomS. Geochemistry，Geophysics，Geosystems，9（10），doi：10.1029/2008gc002048.
Zhu H，Bozdağ E，Peter D，et al. 2012. Structure of the European Upper Mantle Revealed by Adjoint Tomography. Nature Geoscience，5：493-498.
Zhu J J，Li S Z，Jia Y G，et al. 2022. Links of high velocity anomalies in the mantle to the Proto-South China Sea slabs：Tomography-based review and perspective. Earth-Science Reviews，231：104074.
Ziegler A. 1989. Evolution of Laurussia. Dordrecht：Kluwer Academic Publications.
Zor E. 2008. Tomographic evidence of slab detachment beneath eastern Turkey and the Caucasus. Geophysical Journal International，175：1273-1282.

后　记

微板块（Microplate）或微地块（Micro-block）一词，并非新名词，板块构造理论提出之初就已经被提出。1968 年以来，板块被分为大、中、小、微四级。微板块构造（Microplate Tectonics）也并非新术语，2016 年一篇发表在 *Nature* 的文章专门讨论了微板块构造，2018 年该词被 Ronald Martin 纳入其出版的 *Earth's Evolving Systems: The History of Planet Earth* 教材中，并专门设立了一节来介绍。

我围绕微板块开展研究，已逾 30 年。自 1988 年至 1996 年博士毕业，我已进行了 8 年多华北克拉通早前寒武纪微板块集结过程的调查研究。1996 年 10 月我到西北大学做博士后，在张国伟院士指导下开始研究秦岭造山带南部的勉略带，之后逐渐关注秦岭造山带中的碧口、鱼洞子、南秦岭、北秦岭、中祁连、欧龙布鲁克、柴达木等微板块，分析这些微板块在造山过程中的聚散过程。当时的研究主要是通过传统的构造解析、地质学对比等手段，结合造山带构造演化历史，对其聚散过程进行定性的恢复研究。我对这个显生宙期间微板块聚散过程的研究，一直持续到 2017 年，算起来我对微板块的研究又持续了 21 年。近几年，我陆续承担了多个相关的国家和省部级自然科学基金项目，包括国家自然科学基金重大计划课题“原特提斯洋–陆格局与微地块早古生代拼合”（41190072）及山东省泰山学者攀登计划“微板块–微循环动力过程及资环效应”（tspd20210305）等，始终围绕微板块“生、消、聚、散”展开研究。基于以上支持，我对微板块的研究逐渐系统化、理论化。在此期间，我也笔耕不辍，发表了一些学术论文。同时，我着实花了一些精力仔细调查中国除新疆之外其他所有省份的地质构造，也借助各种研究和学习机会，对中国境内及周邻国家的微板块开展了系统的对比与分析。1998 年我来到中国海洋大学工作以后，开启了海底的微板块研究。这不仅拓宽了我的学术视野，也开辟了我地质生涯的一个新路径。近年来，我逐渐组建起一支多学科交叉的创新团队围绕微板块开展研究，目前团队核心成员已有近 20 位教授和 30 位副教授。

多年的积累终于结出硕果，2018 年，我们在《地学前缘》、*Earth-Science Reviews* 撰文系统概括了微板块构造的方方面面，接着 2019 年在《大地构造与成矿学》出版了微板块构造专辑，初步构建了微板块构造理论框架。但我们并没有满足于此，也从未停歇。怀着对微板块研究的持久热爱，在提出这个理论框架 4 年后，2022 年，中国地质学会成立 100 周年纪念之际，我们发展和补充了传统板块构造理论，进一步深入论述了“微板块与大板块”的本质区别，提出了更多让人深思的关键科学问题与创新发展方向。我仔细核实全球每个微板块的具体地质特征，经过反复对比和检验，完成了《全球微板块重磁图集》《全球微幔块层析图集》两本图集的编制，并即将以中、英文形式出版。我们期待这两本图集给人留下深刻印象，也向国际同行展现中国学者的学术自信、自主、自强，向他们展示中国学者面对世界难题提出的中国方案，并以此体现中国创造。

中国是一个多造山带的国家，造山带类型多样而复杂，我们继承前人研究基础，在研究错综复杂、多时代的造山带同时，更多地从这些造山带分割的微地块或微板块角度，来认识不同块体间相互作用下的造山带、微地块，力求视角新颖、把握全面。这要求我们需要付出更多。只有这样，成果才更为坚实。这两本图集提供了更多微地块或微板块的信息，从某种程度上说，是试图另辟蹊径开拓创新研究新范式。

《全球微板块重磁图集》《全球微幔块层析图集》两本图集的编制力求编撰细致、内容丰富、图件精美，而且试图分别按照区域构造特色、大地构造环境、大型古构造带等，编制出具有鲜明特色的全球或区域构造图件，具体体现在：①这两本图集中微板块划分有着坚实的地球物理资料支撑，基于此，我们团队还采用当今最为先进的 Gplates 板块重建技术和 CitcomS 地幔动力学模拟技术，动态再现了地球 18 亿年以来的四维地球演化历程，以及微板块聚散过程和微板块聚集为当今八大板块的过程，开辟了“深时”构造研究的新领域、新思路；②团队利用层析成像技术，深挖微板块三种类型之一的微幔块，揭示出微幔块的动态演化历程，弥补了地球物理方法难以确定深部地幔结构形成年龄的缺陷，采用板块构造重建与地幔动力学紧密耦合的方法，将传统板块构造理论适用范围从岩石圈拓展到软流圈，乃至下地幔、核幔边界，开辟了“深地”构造研究的新空间、新手段。

总之，这两本图集是我们长期锲而不舍不断研究微板块或微地块的阶段性成果与结晶，是我们献给国内和国际构造界的一份薄礼。同时，我们也期待以此邀请广大科研人员共同探讨并深入发展微板块构造。全球微板块千千万万，需要更多的地质学家、地球化学家、地球物理学家、地球系统科学家等从更多角度倾注更多精力，来一个个研究得更深入、更透彻，如此必将促进“智能感知、精准勘探、数字预测”的地球科学调查与研究新范式的实现。

人们对地球微板块的认知在深入，对天地宇宙中其他星球构造的认知在深化，希望这两本图集能够推动更多地质工作者在深地、深海、深时、深空的微板块领域锐意创新，催生令人印象更加深刻的新手段与新方法。

2023 年 3 月